JN314888

原子分子物理学ハンドブック

市川行和
大谷俊介

［編集］

朝倉書店

まえがき

　原子分子物理学は自然科学の中で最も基礎的な学問分野であるといわれる．それは，ひとつには原子の発見および物質やその変化などに対する原子論的な見方の発展を通して現代科学が形成された歴史があるからであり，加えて原子や分子のふるまいが多くの自然現象を支配するため自然の理解には原子分子物理学の知識と考え方が必須との認識が深まったためである．そして，科学や工学の多くの分野が急速に展開しつつある現在，それらをさらに進展させるには，その基礎となる原子分子物理学の知見を深め駆使する必要があり，この分野への関心がますます高まってきた．

　これらのことは以下の例を見ても明らかであろう．宇宙の大部分はプラズマ状態にあるとされるが，その中では原子や分子，電子や光子などが飛び回り，互いにエネルギーを交換したり，姿を変えたり，ある時には化学反応などを起こして別の物質粒子が生まれたりしている．これらの現象を理解するには，原子や分子の量子状態や光の放射機構および粒子間の衝突過程に関する知識が必要である．また，最近のがん治療において，X線や電子線あるいは重粒子線を体内に注入し，がん細胞を死滅させる方法が活用されているが，その治療法を理解しさらに発展させるにも原子分子物理学が大きな役割を担っている．

　このように既存の原子分子物理学の知見が，一方で多くの関連分野の発展に有用であるのみならず，他方ではそれ自身ますます前進し先端科学として重要な学問分野を形成しつづけている．たとえば，レーザーを有力な実験道具として，光子との相互作用により原子集団を極低温にしボーズ-アインシュタイン凝縮を起こさせ，それを用いて新しい原子分子物理学としてのさまざまな基礎的学問分野が開拓されつつある．

　このような状況の中で，広範な原子分子物理学について簡便にして要領よくその知識を得ることのできる書物の出版が強く望まれるようになった．本書『原子分子物理学ハンドブック』はこの要望にこたえるために編集された．ここでは原子分子物理学とその周辺の関連分野の豊富な内容を項目ごとに整理して，それぞれについて基礎から先端的な研究内容までを初学者にも判りやすく解説すること

を目標とした．読者として高学年の大学生から第一線で活躍する研究者までを対象としている．初学者にとってこのハンドブックは幅広い内容を体系的に学習する手がかりを与え，原子分子物理学を専門とする研究者にはこれまでに得た多くの知見を改めて整理して見直すのに役立つであろう．また，この分野には多くの科学と工学の分野が関係しているが，その中で比較的近い関連分野には，プラズマ物理学や核融合工学，宇宙物理学や宇宙化学，表面科学，環境科学，ナノテクノロジー，気体エレクトロニクス，プラズマプロセス工学，放射線治療学などが含まれる．これらの関連分野の研究者にとっては，このハンドブックはそれぞれの研究現場の中で新たにその知識が要求される原子分子物理学のある特定の事項を容易かつ簡便に理解するために活用できるであろう．

原子分子物理学は最近になって急速に発達したレーザーや放射光などの光学技術の利用により大きく前進した．そのためこの分野は国際的に「原子分子光物理学」，Atomic, Molecular and Optical (AMO) Physicsと総称されるようになった．本書でも光と原子分子の相互作用に関する内容を大きく取り上げたが，それでも現在急膨張しているレーザー利用の原子分子研究の紹介は不充分であろう．また，衝突過程の項目の中で，加速器などを利用する高エネルギーイオン衝突の研究紹介も充分とはいえない．これらに対してはいずれ本書の改訂版出版などの増補の機会があれば補充することとしたい．

本書では関連分野の研究者にとって有用ないわゆる「原子分子データ」そのものは扱っていない．データは各章の理解を助けるための実例として必要最小限それぞれの項目に記載するに留まっている．最新の原子分子データの多くはインターネット上で検索可能であるので，それらを利用していただきたい．本書はそれらのデータの意味を理解し利用するためのガイドの役割をも担っている．

本書の各項目の執筆は，現在国内で望みうる最高の専門家にお願いした．そして，編集者と充分な検討を加えた上で原稿が完成した．執筆者の方々には，編集者の意図を理解して本ハンドブックにふさわしい原稿を書いてくださったことに対して，深く感謝したい．

最後に，朝倉書店編集部には本書の企画から編集，校正確認まで入念に進めていただいた．ここに厚く感謝申し上げる．

2012年1月

市川行和・大谷俊介

編　集　者

市川　行和　宇宙航空研究開発機構宇宙科学研究所名誉教授
大谷　俊介　電気通信大学名誉教授

執　筆　者（執筆順）

生田　通太　電気通信大学名誉教授
松澤　通　　自然科学研究機構核融合科学研究所助教
加藤　太　　北海道大学名誉教授
田中　皓郎　上智大学理工学部教授
東　善　　　産業技術総合研究所計測標準研究部門客員研究員
鈴木　功　　富山大学大学院理工学研究部（理学）教授
松島　房和　富山大学大学院理工学研究部（理学）准教授
小林　かおり　名古屋大学大学院理学研究科教授
菱川　明行　宇宙航空研究開発機構宇宙科学研究所名誉教授
市川　行和　上智大学理工学部教授
田中　大　　宮崎大学名誉教授
髙崎　忍　　北里大学一般教育部准教授
長木嶋　秀之　東京理科大学理学部第二部教授
北木　泰公二　名古屋工業大学名誉教授
本間　重彦　兵庫県立大学大学院物質理学研究科教授
奥野　健和　首都大学東京大学院理学研究科客員教授
鶴淵　誠信　東京農工大学名誉教授
中村　正行　電気通信大学レーザー新世代研究センター准教授
中井　俊人　日本大学理工学部教授
金谷　之介　理化学研究所原子物理研究室専任研究員
大村　俊介　電気通信大学名誉教授
市飼　淳　　宇宙航空研究開発機構宇宙科学研究所助教
鵜村　正隆　東京農工大学大学院工学研究院教授
今崎　史　　国立環境研究所環境計測研究センター長
藪　　努　　京都大学名誉教授

目　　次

第1章　原子・分子・イオンの構造および基本的性質

1.1　原子とイオンの構造（非相対論）……………………………………[松澤通生]… 4
　1.1.1　水素原子（および水素様イオン）　4
　1.1.2　ヘリウム原子（およびヘリウム様イオン）　12
　1.1.3　多電子原子・元素の周期律　20
　1.1.4　励起原子　25
1.2　原子とイオンの構造：特論（相対論的効果ほか）……………[加藤太治]… 35
　1.2.1　外場中の原子構造　35
　1.2.2　相対論効果　38
　1.2.3　輻射補正，超微細構造，同位体シフト　41
　1.2.4　重元素原子の理論的取り扱い　41
1.3　分子の構造………………………………………………………………[田中　皓]… 42
　1.3.1　原子核の運動と電子の運動の分離（ボルン-オッペンハイマーの断熱近似）　44
　1.3.2　二原子分子　51
　1.3.3　小さな多原子分子　64

第2章　光との相互作用

2.1　原子分子の光吸収……………………………………………………[東　善郎]… 78
　2.1.1　原子による光の吸収・放出　79
　2.1.2　光イオン化　83
　2.1.3　振動子強度　87
　2.1.4　分子と光の相互作用　88
2.2　原子分子の分光：序論および可視からX線までの分光………[鈴木　功]… 93
　2.2.1　可視光，紫外線の分光　98
　2.2.2　真空紫外線，軟X線　107
　2.2.3　X線の分光　118
　2.2.4　光吸収　125
2.3　マイクロ波，赤外分光………………………………[松島房和・小林かおり]… 132

2.3.1 マイクロ波,赤外域のスペクトルの特徴　132
2.3.2 マイクロ波領域,赤外領域の分光方法　144
2.3.3 マイクロ波,赤外域のデータの活用　155
2.4 レーザー場中の原子分子……………………………………[菱川明栄]… 158
2.4.1 非共鳴多光子過程　158
2.4.2 強レーザー場過程　161
2.4.3 強レーザー場分子過程　170

第3章 衝突過程

3.1 衝突過程に関係する物理量……………………………………[市川行和]… 175
3.1.1 原子衝突断面積　175
3.1.2 量子論による扱い　176
3.1.3 二体衝突と相対運動　177
3.1.4 中心力ポテンシャルによる散乱　178
3.2 電子と原子分子の衝突…………………………………………[田中　大]… 179
3.2.1 はじめに　179
3.2.2 電子衝突研究といろいろな電子分光法　186
3.2.3 電子衝突に関する理論の簡単な紹介　214
3.2.4 電子衝突断面積データベース　225
3.2.5 おわりに　225
3.3 電子と原子イオンの衝突………………………………………[中﨑　忍]… 227
3.3.1 はじめに　227
3.3.2 電子・イオン衝突実験法の概要　228
3.3.3 励起過程　230
3.3.4 弾性散乱　235
3.3.5 電離過程　236
3.3.6 再結合過程　240
3.4 電子と分子イオンの衝突………………………………………[髙木秀一]… 245
3.4.1 電子と分子イオンの衝突：概要　246
3.4.2 解離性再結合　247
3.4.3 解離性再結合の機構　249
3.4.4 生体分子イオンとの衝突　253
3.5 陽電子と原子分子の衝突………………………………………[長嶋泰之]… 254
3.5.1 はじめに　254
3.5.2 陽電子　255
3.5.3 陽電子の束縛状態　256
3.5.4 陽電子の生成　258

3.5.5　陽電子寿命測定　259
3.5.6　陽電子散乱実験　262
3.5.7　陽電子トラップを用いた原子分子との衝突実験　266
3.6　中性原子分子間衝突……………………………………………[北　重公]…270
3.6.1　分子間力　270
3.6.2　散乱理論　272
3.6.3　衝突実験装置　277
3.6.4　弾性散乱　280
3.6.5　回転・振動遷移　286
3.6.6　電子状態励起・イオン化　295
3.7　化学反応………………………………………………………[本間健二]…301
3.7.1　はじめに：化学反応をとらえる観点　301
3.7.2　化学反応速度定数と反応断面積　301
3.7.3　化学反応の理論的取り扱い　302
3.7.4　ポテンシャルエネルギー曲面の形状と反応のダイナミクス　305
3.7.5　具体的な反応の例：$F+H_2 \rightarrow HF+H$　308
3.7.6　おわりに　310
3.8　イオンと原子・分子・イオンの衝突……………………………[奥野和彦]…311
3.8.1　二体衝突における力学的関係　311
3.8.2　ポテンシャル散乱と散乱断面積　315
3.8.3　実験手法の概要　321
3.8.4　理論手法の要約　326
3.8.5　イオン衝突におけるいろいろな原子過程　333
3.9　イオンと固体表面の衝突………………………………………[鶴淵誠二]…352
3.9.1　固体標的原子のスパッタリング　352
3.9.2　励起原子の生成　354
3.9.3　脱励起過程　359
3.9.4　標的表面の化学的効果　362
3.9.5　2次イオンの生成メカニズム　368
3.9.6　2次電子放出　371

第4章　特異な原子分子

4.1　多価イオン……………………………………………………[中村信行]…377
4.1.1　はじめに　377
4.1.2　多価イオンの特徴　379
4.1.3　多価イオンの生成　381
4.1.4　構　　造　383

4.1.5　放　射　過　程　387
　4.1.6　衝　突　過　程　389
4.2　原子分子クラスター ……………………………………………[中村正人]… 396
　4.2.1　クラスターとは何か？　396
　4.2.2　クラスターの生成法と分析法　399
　4.2.3　クラスターの構造と安定性：殻構造を鍵として　400
　4.2.4　ファンデルワールスクラスターの殻構造　400
　4.2.5　アルカリ金属クラスターの殻効果と超殻効果　404
　4.2.6　多価に帯電したクラスターの安定性とダイナミクス　409
　4.2.7　クラスターと他の粒子の相互作用　410
4.3　エキゾチック粒子を含む原子 ……………………………………[金井保之]… 412
　4.3.1　エキゾチック粒子　413
　4.3.2　エキゾチック粒子を含む原子　413
　4.3.3　結合エネルギーと軌道の大きさ　414
　4.3.4　A：原子核＋負のエキゾチック粒子の系（エキゾチック原子）　415
　4.3.5　B：電子＋正のエキゾチック粒子の系（水素原子の同位体と考えられる系）　420
　4.3.6　C：正のエキゾチック粒子＋負のエキゾチック粒子からなる系　421

第5章　応　　　　　用

5.1　プラズマ中の原子分子過程 ……………[加藤太治・大谷俊介・市川行和]… 425
　5.1.1　磁場閉じ込め核融合プラズマの原子分子過程　425
　5.1.2　高密度プラズマ中の原子分子過程　441
　5.1.3　弱電離プラズマ中の原子分子過程　446
5.2　宇宙における原子分子過程 ………………………………………[市村　淳]… 449
　5.2.1　宇宙の探求と原子分子過程　449
　5.2.2　天体の進化と原子分子過程　451
　5.2.3　原子分子研究の始まり　452
　5.2.4　宇宙における原子分子過程の始まり　454
5.3　放射線作用の基礎過程 ……………………………………………[鵜飼正敏]… 456
　5.3.1　は じ め に　456
　5.3.2　放射線の減速スペクトル・トラック構造　457
　5.3.3　放射線作用と超励起分子　460
　5.3.4　2次粒子による生体分子の損傷　469
　5.3.5　凝縮系効果　472
5.4　環境科学における原子分子過程 …………………………………[今村隆史]… 475
　5.4.1　地球大気の構造　476

- 5.4.2 大 気 組 成　477
- 5.4.3 化学反応速度　477
- 5.4.4 大気中での化学反応　479
- 5.4.5 イオン-分子反応と大気計測　494

5.5 精密測定・標準 ………………………………………………[藪﨑　努]… 495
- 5.5.1 時間（周波数）標準　495
- 5.5.2 光周波数標準に向けた新しい動向　499
- 5.5.3 おわりに：原子を用いた基礎物理の研究　504

付録：基礎物理定数および原子単位 ………………………………[市川行和]… 507

索　　引 …………………………………………………………………………509

1 原子・分子・イオンの構造および基本的性質

われわれは通常長さが 1 m, 重さ 1 kg 程度の世界の中で生活している.これを含めてさらに長い尺度で,またさらに重い天体の運動などを記述するのに古典力学(ニュートン力学)がよく成り立つことが知られている.これを巨視的古典力学的世界と呼ぶことにしよう.さてこのような巨視的古典力学的世界での力学的現象の記述が原子の大きさの程度,おおむね 10^{-10} m といった微視的な長さの尺度や電子の重さの程度,おおむね 10^{-30} kg といった微視的な重さの尺度でそのまま成立しているであろうか?

プランク(Max Planck)は 1900 年に黒体輻射の研究に基づいて,光の量子仮説を発表した.これによれば,光のエネルギーはいくらでも小さく分割できるわけではなく,非常に小さいが,ある有限の大きさ以下には分割されない.そのエネルギーを ε, 光の振動数を ν とすれば h を普遍的な物理定数として以下のごとくになる.

$$\varepsilon = h\nu \tag{1.1.1}$$

ここで,プランク定数 $h = 6.626069 \times 10^{-34}$ Js である.なお,本ハンドブックで用いている物理定数は国際推奨値の最新版 2006 CODATA に基づいている.巻末の付録を参照していただきたい.

光はエネルギーとして考えると,あるかたまり(つまり量子)として存在しているということになる.巨視的古典力学は物質は無限に小さく分割されうるという基本的な概念,すなわち連続性の概念の上に構築されている.このような量子としての存在(すなわち現在では光子といわれる),いいかえれば,離散性に基づく「量子化」という考えはすぐには受け入れられなかった.その後 1905 年にアインシュタイン(A. Einstein)が光量子仮説を提出しこれを用いて光電効果の説明が可能であることを示した.一方 19 世紀にはヤング(T. Young)の二重スリットの実験における干渉効果により光は波動であると認識されていたことを考えるとこれは光の波動性と粒子性の二重性を示唆している.

これらは光を含む輻射に関する問題であるが,1913 年になってボーア(N. Bohr)により量子的な概念が原子の構造においても重要な役割を果たすことが示された.いわゆる前期量子論である.これから出発して,1925 年にハイゼンベルグ(W. Heisenberg)の行列力学(matrix mechanics)に到る.もう一方の流れは 1923 年のド・ブロイ(L. de Broglie)による電子の波動性についての仮説(いわゆる物質波,電子の質量を m とす

るとド・ブロイ波長 $\lambda = h/mv$ の波が付随する）の考えから始まって 1926 年にシュレーディンガー（E. Schrödinger）の波動力学（wave mechanics）に到る．これらは本質的に同等であることが後に判明し，量子力学（quantum mechanics）の成立となる．また当時発見されたばかりの電子は粒子として認識されていたのであるが波動としての性格がありうることを示唆している．本ハンドブックは量子力学成立の歴史的過程を述べるのは目的ではない．この点に関心のある読者はしかるべき文献[1,2]を参照されたい．本ハンドブックの目的とする原子分子物理学の領域全般に焦点をあてた本格的な日本語の文献としては文献[3]がある．英文ではあるがやはり，学部・大学院学生向けにこの分野全体にわたりていねいな記述がされている文献[4]がある．

対象とする原子分子物理学の物理的諸現象を記述するためには，**連続性に基礎をおく巨視的古典力学的世界から離散性に基づく微視的量子力学的世界へのパラダイムの変換が必要である**．すなわち，以下の章や節で原子・分子・イオンの諸現象について記述するためには量子力学の取り扱いが必要となる．そのために物理量を記述するために演算子を，それが状態を記述する波動関数に作用するといった理論的枠組みを導入する．この波動関数に確率論的な解釈を与えるといった量子力学的な取り扱いの詳細については標準的な量子力学の教科書[5,6]にゆずり，以下にとくに重要と思われることにふれておこう．

まず粒子の位置を x，運動量を p とすればその測定時の誤差を Δx, Δp とし，$\hbar (= h/2\pi = 1.054572 \times 10^{-34}$ J s$)$ とすると原理的にそれらの積は以下の関係を満たす．

$$\Delta p \Delta x \geq \hbar/2 \tag{1.1.2}$$

これは 1927 年にハイゼンベルグにより有名な思考実験に基づいて発見された原理で，不確定性原理（uncertainty principle）といわれている．つまり，運動量と座標を測定する際に，同時にある値に確定することは原理的にできない．これによれば，古典力学で通常使われる粒子の軌道という概念は微視的量子力学的世界では物理的な意味を失うことになる．たとえば電子について，微視的量子力学的尺度では古典的な意味での軌道を考えることはできない（もちろん粒子の軌道という概念は，プランクの定数 h を 0 とみなしてよい巨視的古典力学的状況に近い条件下では，有効な概念となる場合が存在する）．

以上のことをさらによく理解するためにある物体の位置の測定についてより深く考えてみよう．通常位置測定をするためには被測定物体に対して光を照射しその反射をみることになる．光は量子化され最少の単位すなわち 1 つの光子が反射され測定器で検出される場合を考えてみる．このとき被測定物体の状態は乱される．もしこの物体が巨視的古典力学的世界に属すれば，式 (1.1.2) の制約下でもこの乱れは十分無視できるほどに小さい．巨視的古典力学的世界に住むわれわれはこの乱れは暗黙のうちに無視できると考えていたことになる．

一方，測定される物体が電子のように微視的量子力学的世界に属する粒子であればこのような乱れは無視できない．しかもこの場合電子の位置を決定するために照射される

光子による刺激を任意に小さくすることは「量子化」現象のためにできない．いいかえれば式 (1.1.2) の制約を満たす不確定さを無視はできず，たとえば電子の運動量の測定誤差の絶対値の大きさは，電子の運動量と同じ程度となり，巨視的古典力学的世界で有効であった記述の方法は破綻する．典型的な例として，粒子の古典的軌道という概念が無効となる．つまり「量子化」という現象は自然界で普遍的に起こっているが，巨視的古典力学的世界に住むわれわれはそれに起因する諸現象を認識できないのであり，微視的量子力学的世界においては「量子化」に起因する不確定性原理が本質的な役割を果たすことになる．そのことから明らかなように，われわれの日常的な生活の中での体験からかけ離れた状況（たとえば，トンネル効果）に遭遇することになる．微視的な原子分子の世界の力学的状態を記述するために，従来の巨視的古典力学的な世界における記述[7]とは異なる新しい記述の必要性を認識することが重要である．

以上で示唆されているように微視的量子力学的世界の粒子は波動・粒子の二重性をもつ．もともと"粒子"や"波動"といった概念は巨視的古典力学的世界で定義されたもので通常の意味でこれらは矛盾なく両立するとは考えにくい．これをいかに理解するかについて十分かつ明快な実験が行われるようになったので紹介する[8]．光の波動性の根拠となったヤングの二重スリットの実験がある．これは2つのスクリーンが平行におかれていて，最初のスクリーンに2つの穴をあけ光を照射するともう1つのスクリーンの上に波動性を示す干渉のパターンがみえるというものである．実験の道具立てはいささか異なるが同等の，バイプリズムにより電子線を2つの流れに分けそれらを合流させ電

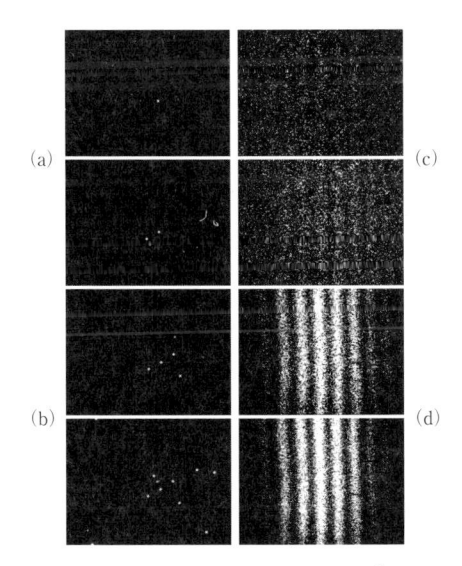

図 1.1.1 干渉パターンの形成過程[8]
時間的経過を (a)-(b)-(c)-(d) で示す．
図は文献[5]「量子力学 I」p.73 より転載．

子を検出スクリーンの上で検出するという実験を行う．このとき電流の強度を十分小さくし，バイプリズムと電子を検出するスクリーンの間に電子がたかだか1個しか存在しないという条件のもとで実験を行ってみると，はじめはランダムに1つの点として個々の電子が検出される．どの位置で検出されるかは予測できないが，十分電子の個数が増加するとスクリーン上に検出される点の濃淡が現れ，これがいわゆる干渉パターンを再現する．つまりこの干渉パターンがいかに形成されてゆくかを追跡できる（図1.1.1）．干渉パターンの濃淡はすでに述べた波動関数に対する確率論的解釈により理解される．ここでは電子の場合を考えたが光もじつは光子の集まりであり，2つのスクリーンの間にたかだか光子が1個ある状態で個々の光子を検出すれば（つまりヤングの実験を非常に弱い光の強度で行えば）同じような実験が光子についても可能である．微視的量子力学的世界の粒子は上記のような意味で波動・粒子の二重性を有すると理解することができる．

1.1 原子とイオンの構造（非相対論）

原子は中心に原子核があり，1つもしくは複数の電子がそのまわりに存在する．重心の一様な並進運動を分離すると原子核と複数の電子からなる系の相対的な運動に対するシュレーディンガー方程式が得られる．原子系は孤立しているのでその全エネルギーは保存される．内部運動のエネルギーは全エネルギーから並進エネルギー（一定）を差し引いたものでありこれは保存される．電子が1個の場合は水素原子（および水素様イオンすなわちHe^+, Li^{++}など）であり，これが以下の議論の基礎となる．

1.1.1 水素原子（および水素様イオン）

電荷Zeをもつ原子核と電荷$-e$をもつ電子からなる二体の系を考えよう．これを一電子等電子系列（isoelectronic series）という．$Z=1$の場合が水素原子に相当する．なおここで扱う一電子および次に取り上げる二電子原子については定評のある文献[9]がある．［以下文献[3-6, 9]についてはとくに必要と思われる場合は文中に文献[3] p. xx のごとく引用することがある．］

すでに述べたように，われわれが関心をもっているのは原子核と電子の相対運動であり，そのエネルギーは保存される．この2つの粒子間の相互作用ポテンシャルVはクーロン相互作用で中心力であり以下のごとく与えられる．

$$V(r) = -\frac{Ze^2}{(4\pi\varepsilon_0)}\frac{1}{r} \tag{1.1.3}$$

ここでrは2つの粒子間の距離であり，ε_0は真空の誘電率である．この系における相対運動のハミルトニアン$\hat{H}$は次式で与えられる．

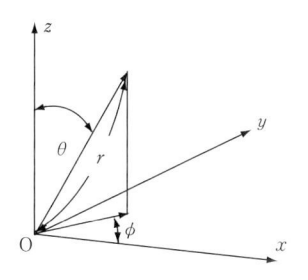

図 1.1.2 3次元極座標

$$\hat{H} = \frac{\hat{\bm{p}}^2}{2\mu} - \frac{Ze^2}{(4\pi\varepsilon_0)}\frac{1}{r} \tag{1.1.4}$$

換算質量 μ は原子核の質量を M,電子の質量を m_e とし,以下で与えられる.

$$\mu = \frac{m_e M}{m_e + M} \tag{1.1.5}$$

ここで運動量の演算子 $\hat{\bm{p}} = -i\hbar\nabla$ であるからこの系の時間に依存しないシュレーディンガー方程式は次式で与えられる.

$$\left[-\frac{\hbar^2}{2\mu}\nabla^2 - \frac{Ze^2}{(4\pi\varepsilon_0)}\frac{1}{r}\right]\psi(\bm{r}) = E\psi(\bm{r}) \tag{1.1.6}$$

この場合,この固有値方程式は厳密に解け,解析的な解が得られることが知られている.相互作用ポテンシャル V は中心力であり,r のみに依存するので3次元の動径ベクトル $\bm{r}$ を表すのに,3次元の極座標 (r, θ, ϕ) を用いるのが自然である(図1.1.2).3次元のデカルト座標を (x, y, z) とすれば $(x = r\sin\theta\cos\phi, y = r\sin\theta\sin\phi, z = \cos\theta)$ なる関係がある.上記固有値問題の解は変数分離の方法により次の2つの固有値方程式となる.まず解 ψ は以下のごとく変数 r のみの関数 R と変数 (θ, ϕ) のみの関数 Y の積の形に書ける.

$$\psi = R(r)Y(\theta, \phi)$$

ここで動径波動関数 R は以下の固有値問題の解であり,

$$\left[-\frac{\hbar^2}{2\mu}\left(\frac{d^2}{dr^2} + \frac{2}{r}\frac{d}{dr}\right) + \frac{\lambda}{2\mu r^2} - \frac{Ze^2}{(4\pi\varepsilon_0)}\frac{1}{r}\right]R(r) = ER(r) \tag{1.1.7}$$

である.角度部分の波動関数 $Y(\theta, \phi)$ は以下の固有値問題の解である.

$$\hat{\bm{L}}^2 Y = \lambda Y \tag{1.1.8}$$

ここで $\hat{\bm{L}}$ は角運動量の演算子である.2つの演算子 $\hat{A}, \hat{B}$ について交換子 $[\hat{A}, \hat{B}] = \hat{A}\hat{B} - \hat{B}\hat{A}$ を定義する.これが0であれば2つの演算子は可換であるといい,この演算子に対する物理量は測定時に同時に確定値をとれる[5,6].

角運動量の x, y, z 成分,$\hat{L}_x, \hat{L}_y, \hat{L}_z$ は互いに非可換で

$$[\hat{L}_x, \hat{L}_y] = i\hbar\hat{L}_z, \quad [\hat{L}_y, \hat{L}_z] = i\hbar\hat{L}_x, \quad [\hat{L}_z, \hat{L}_x] = i\hbar\hat{L}_y \tag{1.1.9}$$

となり,測定の際に同時に確定値はとれない.角運動量の絶対値の2乗の演算子 $\hat{\bm{L}}^2$ は

$$\hat{L}^2 = \hat{L}_x^2 + \hat{L}_y^2 + \hat{L}_z^2$$

各成分と可換であり，たとえば1つの成分をz成分とすれば，以下が成り立つ．

$$[\hat{L}^2, \hat{L}_z^2] = 0 \qquad (1.1.10)$$

すなわち，$\hat{L}^2$と$\hat{L}_z$は同時測定可能であり，これに対応する量子数を水素様原子の状態を指定する量子数として使うことができる．固有値問題(1.1.8)の固有関数Yは単位球面上（$0 \le \theta \le \pi, 0 \le \phi \le 2\pi$）で$Y$が1価正則である（すなわち，$\theta = 0, \pi$で関数は有限，$\phi$については$2\pi$の周期境界条件を満たす）という境界条件を満たすときこの固有関数がいわゆる球面調和関数（spherical harmonics）Y_{lm}であり，固有値λは

$$\lambda = l(l+1)\hbar^2 \qquad (1.1.11)$$

と与えられる．lは0および正の整数であるであることが知られている．角運動量の2乗の固有値は$l(l+1)\hbar^2$であるから角運動量の絶対値は$\sqrt{l(l+1)}\hbar$であるが通常lを角運動量と略称する．またlを方位量子数（azimuthal quantum number）ということもある．ここで角運動量のz成分$\hat{L}_z$の固有値は$m\hbar$（mは0または正負の整数）であるが，固有値問題(1.1.8)の固有値λは量子数mによらない．これを量子数mについて縮退（degenerate）しているという．ここで式(1.1.7)の左辺括弧内第3項（$\hbar^2 l(l+1)/2\mu r^2$）は遠心力項で角運動量が大きいほど電子が感ずるポテンシャル障壁は大きく，電子は原子核に近づけない．

角運動量lをもつ状態について以下のラテン文字による呼称が通常使われている．表1.1.1に角運動量に対する分光学的表示を示す．したがって，$l=0$をもつ状態をs状態，$l=1$をもつ状態をp状態のように呼ぶ．

ここで$\hat{L}_z$は角運動量のz成分であるから

$$|m| \le l \qquad (1.1.12)$$

でなければならない．量子数mは歴史的な経緯から磁気量子数と呼ばれている．

ここで式(1.1.8)の解の固有関数は球面調和関数$Y_{l,m}(\theta, \phi)$すなわち

$$Y_{l,m}(\theta, \phi) = (-1)^{\frac{m+|m|}{2}} \left[\frac{(2l+1)(l-|m|)!}{4\pi(l+|m|)!} \right]^{1/2} P_l^{|m|}(\cos\theta) e^{im\phi} \qquad (1.1.13)$$

と与えられる．$P_l^{|m|}(\cos\theta)$はルジャンドル（Legendre）の陪関数と呼ばれる．なお球面調和関数$Y_{l,m}(\theta, \phi)$は単位球面上で正規直交化されている．

固有値λの値(1.1.11)を式(1.1.7)に代入して

$$\left[-\frac{\hbar^2}{2\mu}\left(\frac{d^2}{dr^2} + \frac{2}{r}\frac{d}{dr}\right) + \frac{l(l+1)\hbar^2}{2\mu r^2} - \frac{Ze^2}{(4\pi\varepsilon_0)}\frac{1}{r} \right] R(r) = ER(r) \qquad (1.1.14)$$

を得る．距離rとエネルギーEを無次元化する．すなわち長さの次元をもつaを導入し，

表1.1.1 角運動量に対する分光学的表示

0	1	2	3	4	5	6	7	8	9	10
s	p	d	f	g	h	i	k	l	m	n

jは除かれていることに注意．

1.1 原子とイオンの構造（非相対論）

$r = \zeta a$, $E = \epsilon(\hbar^2/[\mu a^2])$ と変換する．a を

$$a = a(Z, M) = \frac{4\pi\varepsilon_0 \hbar^2}{\mu Z e^2} \tag{1.1.15}$$

とおけば，

$$\left[-\left(\frac{d^2}{d\zeta^2} + \frac{2}{\zeta}\frac{d}{d\zeta}\right) + \frac{l(l+1)}{\zeta^2} - \frac{2}{\zeta}\right]R(\zeta) = 2\epsilon R(\zeta) \tag{1.1.16}$$

を得る．この固有値問題は厳密解が知られている．$\epsilon < 0$ のときはエネルギースペクトルは離散的で，動径波動関数は $r = \infty$ で 0 となり電子が原子核に束縛された状態を表す．$\epsilon \geq 0$ のときは電子は無限遠まで運動でき，散乱状態を表す（すなわちイオン化した状態に対応する）．以下原子の構造に関心があるので差し当たり，$\epsilon < 0$ を満たす束縛状態に議論を限ろう．波動関数が $r = \infty$ で 0 となる境界条件のもとでは固有値 ϵ_n は

$$\epsilon_n = -\frac{1}{2n^2} \qquad n = 1, 2, 3, \ldots \tag{1.1.17a}$$

のごとく与えられ，正の整数 n を主量子数（principal quantum number）という．通常の単位系で書けば，水素様原子のエネルギー固有値，すなわちエネルギー準位は

$$E_n = -\frac{\mu Z^2 e^4}{(4\pi\varepsilon_0)^2 \hbar^2}\frac{1}{2n^2} \qquad n = 1, 2, 3, \ldots \tag{1.1.17b}$$

と与えられる．ここで $n = 1, 2, 3, \ldots, n \geq l+1$ なる条件が成り立つ．

固有関数 $R_{n,l}$ は $\rho = 2\zeta/n = 2r/(na)$ とおくと次式で与えられる．

$$R_{n,l} = -\left[\left(\frac{2}{na}\right)^3 \frac{(n-l-1)!}{2n[(n+l)!]^3}\right]^{1/2} e^{-\rho/2} \rho^l L_{n+l}^{2l+1}(\rho) \tag{1.1.18}$$

$L_{n+l}^{2l+1}(\rho)$ はラゲール（Laguerre）の陪多項式と呼ばれる．式 (1.1.13) のルジャンドルの陪関数や上記の多項式については文献[5,6]などを見ていただくとして，水素様原子についてはその固有関数は解析的に知られていることを認識しておくことが重要である．これらの定常状態のうち，$n = 1$ の場合を基底状態，$n \geq 2$ は励起状態といわれる．いままでの議論によれば水素様原子の量子状態はエネルギー保存則に由来する主量子数 n，クーロン力の原点に関する等方性からの角運動量の保存則に由来する角運動量 l および磁気量子数 m，のセット (n, l, m) で指定されることになる．ただし式 (1.1.17) のエネルギー準位は l と m によらず，縮退（degenerate）している．

l に関する縮退は偶然の縮退またはクーロン縮退といい，クーロン力の場合は角運動量に加えてルンゲ-レンツベクトル（Runge-Lentz vector）が保存されることに起因する（文献[4] p.173，文献[6] p.124 などを参照．古典力学の場合[7]，このベクトルに関しては 1.1.4 項 b「多電子励起状態」で後述．m についての縮退は場が球対称であることによる．m に関する縮退は $m = -l, -l+1, \ldots, l$ の $(2l+1)$ 重に縮退しており，かつ l

表 1.1.2 殻に対する分光学的表示

1	2	3	4	5	6
K	L	M	N	O	P

$=0, 1, ..., n-1$ の準位が同じ n に属しているので 1 つの主量子数 n に関しては

$$\sum_{l=0}^{n-1}(2l+1) = n^2$$

となり n^2 重に縮退している．なおこれを殻（shell）というが，主量子数 $n=1, 2, 3, 4, 5, 6$ に対応して表 1.1.2 のラテン文字で表され，$n=1$ の場合は K 殻，$n=2$ の場合は L 殻などという．また電子が $n=2, l=1, m=\pm 1$ なる量子状態にある場合については $2\mathrm{p}_{\pm 1}$ のような分光学的表示を用いることがある．またこのような水素様波動関数を軌道（orbital）と呼ぶ．

a. 原子単位系

さて微視的量子力学的世界に属する原子や分子の構造やダイナミクスを議論する際にしばしば用いられる単位系として原子単位系（atomic units, 以下 a.u. とする）がある．式 (1.1.15) で $Z=1, M=\infty$ とおけば仮想的な水素原子（水素原子において陽子の質量を ∞ とおいた）についての基底状態における電子の軌道の平均半径を与える．通常これはボーア半径 a_0 と呼ばれる．原子単位系は電子の質量 $m_\mathrm{e} = 9.109382 \times 10^{-31}$ kg を質量の 1 単位とし，$\hbar(=h/2\pi) = 1.054572 \times 10^{-34}$ J s を角運動量の 1 単位とし，仮想的な水素原子についてのリュードベリ定数を R_∞ とすると長さ，エネルギー，速さ，時間の 1 単位を以下のごとくとる．

$$\text{長さ：} a_0 \left[= a(1, \infty) = \frac{4\pi\varepsilon_0 \hbar^2}{m_\mathrm{e} e^2} \right] = 5.291772 \times 10^{-11} \text{ m} \tag{1.1.19a}$$

$$\text{エネルギー：} 2R_\infty \left[= \frac{m_\mathrm{e} e^4}{(4\pi\varepsilon_0)^2 \hbar^2} \right] = 4.359744 \times 10^{-18} \text{ J} \, (=27.21138 \text{ eV}) \tag{1.1.19b}$$

$$\text{速さ：} v_0 \left[= \frac{e^2}{4\pi\varepsilon_0 \hbar} \right] = 2.187691 \times 10^6 \text{ m s}^{-1} \tag{1.1.19c}$$

$$\text{時間：} \tau_0 \left[= \frac{(4\pi\varepsilon_0)^2 \hbar^3}{m_\mathrm{e} e^4} \right] = 2.418884 \times 10^{-17} \text{ s} \tag{1.1.19d}$$

ここで長さの単位は上記仮想的水素原子の基底状態における電子の軌道の平均半径 a_0，エネルギーの単位はその電子の束縛エネルギーの 2 倍 $2R_\infty$，速さの単位 v_0 はその軌道上での電子の平均速度，時間の単位はその電子が軌道上を 1 ラジアン走るのに要する時間である．式の上では，$m_\mathrm{e} = e = \hbar = a_0 = 1, \varepsilon_0 = \dfrac{1}{4\pi}$ とおけば原子単位系における表式が得られる．この単位系を使う利点は，われわれが原子分子物理の諸現象を記述する際には上記の尺度は原子分子の世界で標準的なものであり，ほぼ 1 桁の数字を扱えばよいという点にある．逆にこの単位系を用いていて 1 に比べて大きな数字が出てくるときは，微視的量子力学的世界の尺度を離れつつあることが容易に認識できる．たとえば，水素様原子のシュレーディンガー方程式 (1.1.6) に対して，仮想的な（$Z=1, M=\infty$）水素原子について書けば以下のごとく簡潔な方程式となる．

$$\left[-\frac{1}{2}\nabla^2 - \frac{1}{r}\right]\psi(\mathbf{r}) = E\psi(\mathbf{r}) \tag{1.1.6a}$$

なお原子単位系では α を微細構造定数とすると光速 $c(=1/\alpha)=137.0360$ a.u. である.一方電荷 Z の水素様原子・イオンの主量子数 n の軌道の電子の平均速度は $v=(Z/n)$ a.u. でありシュレーディンガー方程式(1.1.6a)は非相対論の範囲内で成り立つので $v/c \approx Z/(137n) \ll 1$ の条件が成立する必要がある.とくに多価イオンの基底状態 $n=1$ についてはいままで得られた結果の有効性について注意が必要である.

ここで一電子等電子系列の話題に戻る.最初のいくつかの水素様原子の波動関数の表式を表1.1.3に示す.

ここで a は式(1.1.15)で定義された長さで,$a=a(1,\infty)=a_0$ とおけば仮想的な水素原子であり,M_p を陽子の質量とすれば $a_\mathrm{H}=a(1,M_\mathrm{p})$ は現実の水素原子となる.$M_\mathrm{p}=1836m_\mathrm{e}$ であるから,水素原子の基底状態の電子の平均軌道半径は $a_\mathrm{H}=1.0005446a_0$ であり a_0 との差は無視されることがある.なお上記の表式は ϕ の依存性を複素数で表しているために ϕ 依存性を含めた実数空間での表示ができない.したがって $e^{\pm \imath m\phi}=\cos(m\phi)\pm \imath \sin(m\phi)$ の関係を用いて実数化して規格化した波動関数を用いることがある.$l=1$ の場合,$2\mathrm{p}_0$ は z に比例するので $2\mathrm{p}_z$ と書き,$2\mathrm{p}_{\pm 1}$ は $2\mathrm{p}_x, 2\mathrm{p}_y$ と変換される.同様に,$l=2$ の場合,$m=0$ は z^2 の依存性を含むので $3\mathrm{d}_{z^2}$ と書くことがある.同様に $m=\pm 1$ では xz, yz の依存性を含むので $3\mathrm{d}_{xz}, 3\mathrm{d}_{yz}$ と書き,$m=\pm 2$ の場合は xy, x^2-y^2 の依存性をもつので $3\mathrm{d}_{xy}, 3\mathrm{d}_{x^2-y^2}$ と書く.これらの実数型の表示は化学結合の方向性を示すのに使用されることがある.

図1.1.3に原子単位 $[a=a(1,\infty)=a_0=1]$ での波動関数 $\psi_{1\mathrm{s}}, \psi_{2\mathrm{s}}, \psi_{2\mathrm{p}_0}, \psi_{3\mathrm{s}}, \psi_{3\mathrm{d}_{xy}}, \psi_{3\mathrm{d}_{x^2-y^2}}$

表1.1.3 最初のいくつかの水素様原子の波動関数

殻	量子数 (nlm)	分光学的表示	波動関数 ψ_{nlm}
K	1, 0, 0	1s	$\dfrac{1}{\sqrt{\pi a^3}} e^{-\frac{r}{a}}$
L	2, 0, 0	2s	$\dfrac{1}{2\sqrt{2\pi a^3}}\left(1-\dfrac{r}{2a}\right)e^{-\frac{r}{2a}}$
	2, 1, 0	$2\mathrm{p}_0$	$\dfrac{1}{4\sqrt{2\pi a^3}}\left(\dfrac{r}{a}\right)e^{-\frac{r}{2a}}\cos\theta$
	2, 1, ±1	$2\mathrm{p}_{\pm 1}$	$\mp\dfrac{1}{8\sqrt{\pi a^3}}\left(\dfrac{r}{a}\right)e^{-\frac{r}{2a}}\sin\theta\, e^{\pm \imath \phi}$
M	3, 0, 0	3s	$\dfrac{1}{3\sqrt{3\pi a^3}}\left(1-\dfrac{2r}{3a}+\dfrac{2r^2}{27a^2}\right)e^{-\frac{r}{3a}}$
	3, 2, 0	$3\mathrm{d}_0$	$\dfrac{1}{81\sqrt{6\pi a^3}}\left(\dfrac{r}{a}\right)^2 e^{-\frac{r}{3a}}(3\cos^2\theta-1)$
	3, 2, ±1	$3\mathrm{d}_{\pm 1}$	$\mp\dfrac{1}{81\sqrt{\pi a^3}}\left(\dfrac{r}{a}\right)^2 e^{-\frac{r}{3a}}\sin\theta\cos\theta\, e^{\pm \imath \phi}$
	3, 2, ±2	$3\mathrm{d}_{\pm 2}$	$\dfrac{1}{162\sqrt{\pi a^3}}\left(\dfrac{r}{a}\right)^2 e^{-\frac{r}{3a}}\sin^2\theta\, e^{\pm 2\imath \phi}$

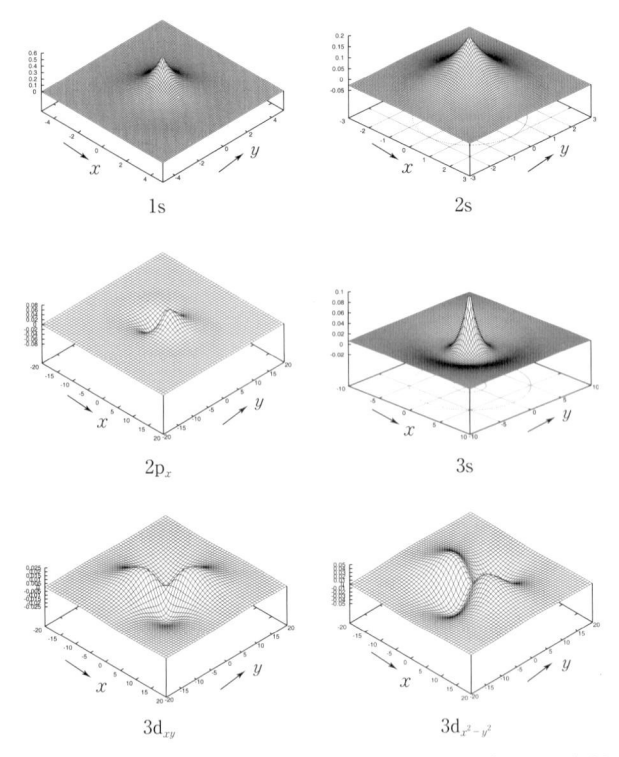

図1.1.3 表1.1.3の波動関数（1s, 2s, 2p$_x$, 3s, 3d$_{xy}$, 3d$_{x^2-y^2}$）の xy 平面上での値
2s, 3s 軌道の場合は下の平面に $z=0$ 面と節面との交線を射影して示す．

の $z=0$ 平面上の値を示す．波動関数 ψ_{1s} は基底状態に対応するもので，これはつねに正であるが，ψ_{2s}, ψ_{3s} についてはそれぞれ動径波動関数が1つ，2つの節点（nodal point）をもっており角度部分の波動関数 Y_{00} は節線（nodal line）をもっていないために3次元でみるとそれぞれ1つおよび2つの球面状の節面（nodal plane）をもつ．ψ_{2p_x} の場合は角度部分に1つの節線がありこれが3次元空間でみると1つの節面になる．この場合 $x=0$ がこれに対応する．$\psi_{3d_{xy}}, \psi_{3d_{x^2-y^2}}$ の場合は動径関数は節点をもっていないが，角度部分の関数は2つの節線をもっており，3次元ではそれぞれ $x=0, y=0$ および $x=\pm y$ の節面となりそれが図1.1.3に現れている．要約すると主量子数 n に属する波動関数は $n-1$ 個の節面をもつ．これは1次元の弦の振動の場合の基音，倍音などの節点の数との関係と同様である．水素原子の場合は3次元であり，クーロン力の対称性のため n^2 個のモードが縮退している点が異なる．じつは弦の振動とシュレーディンガー方程式の場合は，数学的にはまったく同じ扱いであって，得られる解について前者では弦の振動の振幅，後者では確率振幅を表すという物理的解釈が異なるのみともいえる．なお，

r のべき乗の期待値などについては文献[3] p. 20, 文献[9] p. 17 などを参照されたい.

b. スピン角運動量

角運動量は2種類あって，上記のように実際の座標の回転などに関連して現れる軌道角運動量（orbital angular momentum）と固有角運動量（intrinsic angular momentum）がある．後者は量子的微視的世界に属する粒子，いわゆる素粒子のもつ属性の1つでスピンと呼ばれる．これに関連して"粒子の回転"などを考えることはできないが，この角運動量も交換関係 (1.1.9) を満たす．角運動量はむしろこの交換関係で定義されるとし，この交換関係から出発すると角運動量は $\hbar$ を単位として0および正の整数，半整数であることが一般的に示される．軌道角運動量は $l\hbar$ と与えられ l は0または正整数であるが固有角運動量は半整数の場合も存在する．いままではあらわにならなかったが，以下で電子は固有角運動量として電子の状態を指定するのにスピン $\hat{s}$ を考える必要がある．このとき演算子 $\hat{s}^2$ の固有値は $s(s+1)\hbar^2$ となる．電子のスピンは $\frac{1}{2}\hbar$ であり，その z 成分 $\hat{s}_z = m_s\hbar = \pm\frac{1}{2}\hbar$ である．したがって水素原子（水素様イオン）の状態を完全に指定するためには (n, l, m, m_s) の4つの量子数の組が必要である．なおすでにみたように角運動量は $\hbar$ を単位としているので $l\hbar$ を角運動量 l と略称したようにスピン角運動量 $s\hbar$ についてもスピン s と略称することがある．上述の例でいえば電子のスピンは 1/2 であるという．

c. 殻と副殻

上述のようにスピンを考慮すると主量子数 n に属する状態数は $2n^2$ となりこの1組の状態を表1.1.2 に対応して殻（shell）といい，K 殻，L 殻などと呼ぶ．これに対して角運動量 l に属する $2(2l+1)$ 個の状態については表1.1.1 に対応して副殻（subshell）ということがある．

d. パ リ テ ィ

パリティ（parity）の演算子 $\hat{P}$ を以下のごとく定義する．
$$\hat{P}\psi(\boldsymbol{r}) = \psi(-\boldsymbol{r})$$
つまり粒子の座標の符号をすべて反転させる．この演算を2回繰り返せばもとに戻るから I を恒等演算子とすると $\hat{P}^2 = I$ でありパリティ演算子 $\hat{P}$ の固有値を λ とすれば $\lambda^2 = 1$ となり $\lambda = \pm 1$ である．$\lambda = 1$ の場合をパリティは偶（even）であるといい，$\lambda = -1$ の場合をパリティは奇（odd）であるという．この $\boldsymbol{r} \to -\boldsymbol{r}$ の変換は極座標では $(r, \theta, \phi) \to (r, \pi-\theta, \phi+\pi)$ となるが，中心力場では式 (1.1.4) のハミルトニアンはこの変換に関して不変である．すなわち $[\hat{P}, \hat{H}] = 0$ であり中心力場ではパリティは保存する．中心力場での角度部分の波動関数は球面調和関数 $Y_{l,m}(\theta, \phi)$ であり，上記の変換においては

$$Y_{l,m}(\pi-\theta, \phi+\pi) = (-1)^l Y_{l,m}(\theta, \phi)$$

なので，パリティは角運動量 l が偶数ならば偶，奇数ならば奇である．

1.1.2 ヘリウム原子（およびヘリウム様イオン）

前項では原子核と1個の電子の場合に限ってきたが以後複数電子の場合を考えよう．すなわち原子核と複数の同種粒子である電子からなる系を考察の対象とする．まず二電子の場合すなわちヘリウム原子およびヘリウム様イオンを取り扱う．これを二電子等電子系列という．その前に複数の同種粒子を扱うために 2, 3 の準備を行う．

a. 同種粒子の不可識別性

巨視的古典力学的世界では同種の粒子といえどもそれぞれの粒子に番号を振り，各粒子の運動を追跡することが可能である．微視的量子力学的世界では不確定性原理のために状況はまったく変わる．まず同種の2個の粒子（たとえば電子）を考えてみると，ある瞬間に1つの粒子の位置と運動量を測定する．仮にこれを1番目の粒子とし，他の粒子を2番目とする．これは式 (1.1.2) の条件下で行われる．次の瞬間に粒子の位置と運動量を測定したときに古典的な意味での軌道の概念が無意味になっているためにこの粒子がどちらの粒子であるかを決定する実験的方法が存在しない．つまりこの2つの粒子はまったく同等であって，区別することはできない．この2つの粒子の座標をスピン座標も含めて ξ_1, ξ_2 とし，この2つの電子を含む系の波動関数を $\Psi(\xi_1, \xi_2)$ とする．いまこの粒子を入れ換えた系の波動関数は $\Psi(\xi_2, \xi_1)$ となるが同種粒子は区別できないから，これらは同じ固有値問題の解であり，この交換の演算子を $\hat{P}$ とすれば（この記号をパリティの演算子についても使用したが混乱はないであろう）

$$\hat{P}\Psi(\xi_1, \xi_2) = \lambda \Psi(\xi_2, \xi_1)$$

と書ける．ここで，λ はたかだか定数である．もう一度粒子を入れ換えればもとの状況に戻るはずであるから，

$$\hat{P}^2 = \lambda^2 = 1$$

となるはずである．したがって $\lambda = \pm 1$ となる．つまり粒子の波動関数のうち，粒子の入れ換えに関して符号を変えない対称な (symmetrical) 波動関数と，符号を変える反対称な (antisymmetrical) 波動関数が存在する．この議論は任意の N 個の同種類の粒子からなる系についてその中から任意の2つの粒子の入れ換えを考えても成立する．要約すれば微視的量子力学的世界における粒子は粒子の入れ換えに関してその波動関数が符号を変えないものと変えるものとの2種類が存在する．前者に属する粒子をボーズ粒子 (boson)，後者に属するをフェルミ粒子 (fermion) という．量子統計物理学の言語を用いれば，前者はボーズ-アインシュタイン統計 (Bose-Einstein statistics) に従い，後者はフェルミ-ディラック統計 (Fermi-Dirac statistics) に従うという．0 または整数のスピンをもつものはボーズ粒子，半整数のスピンをもつ粒子はフェルミ粒子であることが知られている．光子はスピン1でボーズ粒子，電子はスピン1/2，陽子はスピン

1/2．中性子はスピン 1/2 でフェルミ粒子である．またいくつかの素粒子からなる複合粒子についてはその中に奇数個のフェルミ粒子を含めばフェルミ粒子，偶数個のフェルミ粒子を含めばボーズ粒子ということになる．

b．パウリの排他律

相互作用が無視できる N 個の同種粒子からなる系を考える．粒子のとりうる状態を α, β, ..., ν とするとこの系の波動関数は以下のごとく書ける．

$$\psi_\alpha(\xi_1)\psi_\beta(\xi_2)\cdots\psi_\nu(\xi_N)$$

ここで電子座標の置換 P を

$$P\psi(\xi_1, \xi_2, ..., \xi_N) = \psi(\xi_{P_1}, \xi_{P_2}, ..., \xi_{P_N})$$

と定義する．この同種粒子がボーズ粒子であれば状態を示す添え字 α, β, ..., ν の置換のすべてについての和になる．すなわち

$$\Psi(\xi_1, \xi_2, ..., \xi_N) = (N_\alpha!N_\beta!\cdots N_\nu!/N!)^{1/2}\Sigma_P P\psi_\alpha(\xi_1)\psi_\beta(\xi_2)\cdots\psi_\nu(\xi_N) \quad (1.1.20)$$

ここで N_α, N_β, ... は各状態を占める粒子数であり，それらの和は N に等しい．

2粒子の場合は

$$\Psi(\xi_1, \xi_2) = \frac{1}{\sqrt{2}}(\psi_\alpha(\xi_1)\psi_\beta(\xi_2) + \psi_\alpha(\xi_2)\psi_\beta(\xi_1)) \quad (1.1.21)$$

となる．粒子の交換に対して対称な波動関数が得られる．一方これらの粒子がフェルミ粒子の場合は P を置換とすると

$$\Psi(\xi_1, \xi_2, ..., \xi_N) = \left(\frac{1}{N!}\right)^{1/2}\Sigma_P (-1)^P P\psi_\alpha(\xi_1)\psi_\beta(\xi_2)\cdots\psi_\nu(\xi_N) \quad (1.1.22)$$

と書ける．ここで $(-1)^P$ は置換 P が偶置換のとき 1，奇置換のとき (-1) を示す．

2粒子の場合は

$$\Psi(\xi_1, \xi_2) = \frac{1}{\sqrt{2}}(\psi_\alpha(\xi_1)\psi_\beta(\xi_2) - \psi_\alpha(\xi_2)\psi_\beta(\xi_1)) \quad (1.1.23)$$

と任意の2つの対の粒子の交換に関して反対称な波動関数が得られる．以上で各表式の前の係数は規格化の定数である．式 (1.1.22) はスレーター行列といわれ，行列式で書ける．ここで $\alpha = \beta$ の場合を考えるとこの波動関数は 0 となることがわかる．また二粒子の場合をみれば明らかである．つまりフェルミ粒子の場合は 1 つの状態にたかだか 1 個の粒子のみが収容可能である．これをパウリの排他律（Pauli exclusion principle）という．ボーズ粒子についてはこのような制限は存在しない．1つの状態（通常は基底状態）にすべての粒子が入ることも可能である．これはボーズ-アインシュタイン凝縮（Bose-Einstein Condensation, BEC）という現象で近年レーザー冷却された原子について実験的に実現され活発な研究の対象となっている．フェルミ粒子に対するパウリの排他律やボーズ粒子のBECといった巨視的古典力学的世界では考えられない現象はハイゼンベルグの不確定性原理に由来し，さらにその淵源をたどると微視的量子力学的世界で普遍的に起こっている「量子化」に行き着くことを認識しておくことが重要である．

c. 角運動量の加法則，光の吸収放出における選択則

弱く相互作用している2つの部分からなる系を考えよう．もしこの相互作用が完全に無視できるのであればそれぞれの部分の角運動量 L_1, L_2 は厳密に保存される．この相互作用が十分弱くこれらが十分"よい量子数"であるような場合を考えよう．詳細は標準的教科書[5,6)]などに譲るが，系全体の角運動量 L は，角運動量の固有値をそれぞれ $L_1\hbar$, $L_2\hbar$, $L\hbar$ と書けば，合成されて

$$L = L_1 + L_2, L_1 + L_2 - 1, ..., |L_1 - L_2| \tag{1.1.24}$$

となる．これはベクトルモデルと呼ばれている．もし2つのベクトルが平行であれば，最大値 $L_1 + L_2$ をとり，反平行であれば最小値 $|L_1 - L_2|$ をとる．この加法則はスピン角運動量も含めて成り立つ．

いままで述べてきた原子やイオンの構造についての知見は分光学的手法によって実験的に得られたものが基礎となっている．これは第2章で議論されることになっているが，光の吸収や放出について選択則が存在する．角運動量の保存則やパリティの保存則の観点からこの選択則がどのように理解されるか簡潔に述べておこう．1つの光子と1つの原子（簡単のために一電子原子とし，その角運動量を l とする）が孤立して存在するとする．光子の吸収される場合を考えよう．光子のスピンは1，パリティは奇であるからこの系の全角運動量は上述の角運動量の加法則によれば1光子が吸収されて終状態で1つの原子が存在する場合，終状態の原子の角運動量を l' とすれば，上記加法則によると $l' = l + 1, l, l - 1$ である．このうち系の吸収前のパリティは $-(-1)^l$，吸収後のパリティは $(-1)^{l'}$ でありこれが保存されなければならないので $l' = l$ は除外され $\Delta l = l' - l = \pm 1$ となる．放出の場合も同様に理解できる．

この項での本題の二電子等電子系列の問題に戻ろう．この系は原子核と2個のフェルミ粒子すなわち電子からなる．水素負イオン H^- ($Z=1$)，ヘリウム原子 He ($Z=2$)，リチウムイオン Li^+ ($Z=3$)...などを含む．この系のシュレーディンガー方程式は重心系の座標を用いて以下のごとくに書ける．

$$\left[-\frac{\hbar^2}{2\mu}\nabla_{r_1}^2 - \frac{\hbar^2}{2\mu}\nabla_{r_2}^2 - \frac{\hbar^2}{M}\nabla_{r_1}\nabla_{r_2} - \frac{Ze^2}{(4\pi\varepsilon_0)}\frac{1}{r_1} - \frac{Ze^2}{(4\pi\varepsilon_0)}\frac{1}{r_2} + \frac{e^2}{(4\pi\varepsilon_0)}\frac{1}{r_{12}} \right] \psi(\boldsymbol{r}_1, \boldsymbol{r}_2) = E\psi(\boldsymbol{r}_1, \boldsymbol{r}_2) \tag{1.1.25}$$

ここで μ は式 (1.1.5) で定義された電子の原子核に関する換算質量，M は原子核の質量，r_1, r_2 は重心から各電子への距離，$r_{12} = |\boldsymbol{r}_1 - \boldsymbol{r}_2|$ で2電子間の距離である．式 (1.1.25) で左辺の括弧内の第3項 $\frac{\hbar^2}{M}\nabla_{r_1}\nabla_{r_2}$ は質量分極 (mass polarization) と呼ばれる項で分母に核の質量 M があるために十分小さく通常無視される．必要な場合は摂動項として考慮することができる．以下では $M = \infty$ すなわち $\mu = m_e$ とし，質量分極の項は無視し，さらに原子単位系を用いる．系のハミルトニアンは

$$\hat{H} = -\frac{1}{2}\nabla_{r_1}^2 - \frac{1}{2}\nabla_{r_2}^2 - \frac{Z}{r_1} - \frac{Z}{r_2} + \frac{1}{r_{12}} \tag{1.1.26}$$

となり，空間部分の波動関数の満たすシュレーディンガー方程式は

$$\left[-\frac{1}{2}\nabla_{r_1}^2 - \frac{1}{2}\nabla_{r_2}^2 - \frac{Z}{r_1} - \frac{Z}{r_2} + \frac{1}{r_{12}}\right]\psi(\boldsymbol{r}_1, \boldsymbol{r}_2) = E\psi(\boldsymbol{r}_1, \boldsymbol{r}_2) \tag{1.1.27}$$

となる．二電子系のハミルトニアン (1.1.26) はスピンの依存性はないが電子はフェルミ粒子であるためにパウリの排他律を満たす必要がある．いまスピン座標を含めた座標 ξ で表し，この系の波動関数 $\Psi(\xi_1, \xi_2)$ を表せば式 (1.1.23) となる．スピンの座標は $m_s = \pm\frac{1}{2}$ の2つの値しかとれないがこれを σ とする．スピン関数を $\chi_{S, M_S}(\sigma_1, \sigma_2)$ とすると以下のごとく書かれる．

$$\Psi(\xi_1, \xi_2) = \psi(\boldsymbol{r}_1, \boldsymbol{r}_2)\chi_{S, M_S}(\sigma_1, \sigma_2) \tag{1.1.28}$$

ここで S は2つの電子のスピンを合成したもので上述の角運動量の加法則によれば $S = 0, 1$ である．このスピン関数は $S = 0$ に対しては，スピンの z 成分は 0 であるから

$$\chi_{0,0}(\sigma_1, \sigma_2) = \frac{1}{\sqrt{2}}(\alpha(1)\beta(2) - \beta(1)\alpha(2)) \tag{1.1.29}$$

$S = 1$ に対しては $M_S = 1, 0, -1$ に従って

$$\chi_{1,1}(\sigma_1, \sigma_2) = \alpha(1)\alpha(2) \tag{1.1.30a}$$

$$\chi_{1,0}(\sigma_1, \sigma_2) = \frac{1}{\sqrt{2}}(\alpha(1)\beta(2) + \beta(1)\alpha(2)) \tag{1.1.30b}$$

$$\chi_{1,-1}(\sigma_1, \sigma_2) = \beta(1)\beta(2) \tag{1.1.30c}$$

と書ける．慣用に従いスピンの向きが上向きのスピン関数を α，下向きの関数を β としている．

ここで空間部分の波動関数 $\psi(\boldsymbol{r}_1, \boldsymbol{r}_2)$ に戻ろう．式 (1.1.26) のハミルトニアンは電子の交換に関して対称であり，したがって空間部分の波動関数 $\psi(\boldsymbol{r}_1, \boldsymbol{r}_2)$ は電子の交換に対して対称であるか反対称である．一方スピン関数には交換に対する上記のような対称性があるので，この二電子系の全体に対して反対称であるためには，空間部分の波動関数は $S = 0$ に対しては対称，$S = 1$ に対しては反対称でなければならない．すなわち，ハミルトニアンにスピンに作用する演算子を直接含んでいなくても，その影響が空間部分の波動関数を規定することを認識しておくことは重要である．

原子核の電荷 Z が十分低い ($Z \lesssim 40$) 場合で考えれば通常の相対論的効果はそれほど大きくなく，軌道・スピン相互作用（これについては後述する）が十分小さければ，角運動量は十分"よい量子数"であり，2つの電子の角運動量を $\hat{\boldsymbol{L}}_1, \hat{\boldsymbol{L}}_2$，合成した角運動量を $\hat{\boldsymbol{L}}$ すなわち

$$\hat{\boldsymbol{L}} = \hat{\boldsymbol{L}}_1 + \hat{\boldsymbol{L}}_2$$

とすると原子のエネルギー準位を分光学的には

$$^{2S+1}L$$

と指定することができる．ここで左肩の $2S+1$ は多重度 (multiplicity) と呼ばれ，スピンによる縮退度を示す．上述の例でいえば $S = 0$ では一重項 (singlet) および $S = 1$ では三重項 (triplet) という．この場合軌道角運動量 $\boldsymbol{L}$ もスピン $\boldsymbol{S}$ も"よい量子数"なのでそれを合成した全角運動量 $\boldsymbol{J}$

$$\hat{J} = \hat{L} + \hat{S}$$

が保存され，$J = L+S, L+S-1, ..., |L-S|$ となる．スピン軌道相互作用 (spin-orbit interaction) を考慮するとJによってレベルの縮退がとける．これを LS 結合 (LS coupling) またはラッセル-ソンダーズ結合 (Russell-Saunders coupling) という．その場合は原子の準位を以下のごとく指定できる．

$$^{2S+1}L_J$$

空間部分の波動方程式 (1.1.27) に戻ろう．この方程式は解析的には解けないので近似的な解法が必要である．ここでこれらの詳細は文献[3, 4, 9)]に譲るが，以下の議論に有用な2, 3の近似的方法の例について述べる．議論を具体的にするためにまず二電子系原子の基底状態 1^1S を考えよう．この場合スピン関数は反対称関数なので，空間部分の波動関数は対称でなければならない．さらに電子間反発相互作用 $1/r_{12}$ を無視できるとすれば，電子は1s軌道に2個の電子が入り，スピンはすでにみたように上向きと下向きになっており，パウリの排他律を満たすような近似的な波動関数 $\psi(\boldsymbol{r}_1, \boldsymbol{r}_2)$ は空間部分で二電子はまったく同等であるから1s軌道に二電子が入り

$$\psi(\boldsymbol{r}_1, \boldsymbol{r}_2) = u_{1s}(r_1) u_{1s}(r_2) \tag{1.1.31}$$

のように書けると考えられる．これを $1s^2$ と略記し，電子配置 (electron configuration) という．

d. 変 分 法

ここでは水素様原子の軌道 $\psi_{1s}(r)$ をそのまま用いても近似度はよくない．そこで電子に対するもう1つの電子の影響をなんらかの形で取り入れた軌道 $u_{1s}(r)$ を考える必要がある．これを他の電子が電荷を遮蔽することによると考えれば $u_{1s}(r) \propto \exp(-Z_e r)$ なる関数形が考えられる．これを上式に代入すれば

$$\psi(\boldsymbol{r}_1, \boldsymbol{r}_2) = N \exp[-Z_e(r_1 + r_2)] \tag{1.1.32}$$

となる．ここでNは規格化定数，Z_eは電子が相手の電子により遮蔽されて感ずる電荷である．この遮蔽された核の電荷を決めるために変分法を用いる．この方法の理論的根拠などは文献[3, 4)]に譲るが以下その概略を説明する．任意の2乗可積分な関数をϕとする．ハミルトニアン (1.1.26) に対して汎関数 $E[\phi]$ を次のごとく定義する．

$$E[\phi] = \frac{\int \phi^* \hat{H} \phi dx}{\int \phi^* \phi dx} \tag{1.1.33}$$

この任意の関数ϕを変化させたとき，これが極値をとればこのときのϕはシュレーディンガー方程式 $\hat{H}\phi = E\phi$ を満たすことが示される．とくに基底状態の場合は基底状態のエネルギーを E_0 とすれば

$$E[\phi] \geq E_0 \tag{1.1.34}$$

を示すことができる．このときこの汎関数$E[\phi]$は最小値をとる．関数ϕを試行関数 (trial function) という．またこれを変分原理 (variational principle) という．変分法ではこの試行関数の中に直接変分パラメータを含めその試行関数の範囲内で極値（もしくは最

1.1 原子とイオンの構造（非相対論）

表 1.1.4 2電子系ハミルトニアン(1.1.26)の基底状態のエネルギー (a.u.)

Z	ion	式 (1.1.37)	文献[11]	文献[14]
1	H$^-$	-0.4727	-0.5278	-0.5259
2	He	-2.8477	-2.9037	-2.8954
3	Li$^+$	-7.2227	-7.2799	
6	C^{4+}	-32.3477	-32.4062	
8	O^{6+}	-59.0977	-59.1566	
10	Ne^{8+}	-93.8477	-93.9068	

小値）を求める．

さて二電子等電子系列に戻り，式 (1.1.32) の右辺を試行関数とすると，
$$\phi = N \exp[-Z_e(r_1 + r_2)] \tag{1.1.35}$$
この場合 Z_e を変分パラメータとし汎関数を計算すると
$$E[\phi] = E(Z_e) = Z_e^2 - 2ZZ_e + \frac{5}{8} Z_e \tag{1.1.36}$$
を得る．上の式で第1項は電子の運動エネルギー，第2項はクーロン相互作用，第3項は電子間相互作用の項である．これから最小値は $Z_e = Z - \frac{5}{16}$ のとき，
$$E = -\left(Z - \frac{5}{16}\right)^2 \text{ a.u.} \tag{1.1.37}$$
となる．この結果を表1.1.4の第3列に示す．これは試行関数を水素型の軌道関数とし，電子間の反発相互作用を甚だ不完全な形でしか取り入れていない．したがって水素負イオンは実験的に存在が確認されているにもかかわらず，式 (1.1.37) によれば $E = -0.4727$ a.u. でこれでは水素原子の束縛エネルギーが 0.5 a.u. であるから，$E > -0.5$ となり水素負イオンの束縛状態としての基底状態は存在しないという結果となっている．これは上記の試行関数 (1.1.35) ではまだ電子相関を十分考慮できていないためである．この二電子系の基底状態は ^{1}S 状態であるから，その波動関数は球対称で座標回転に関して不変であり，試行関数 ϕ は r_1, r_2, r_{12} の関数である．これらの変数を取り入れたより柔軟な試行関数を用いての変分計算がヒレラース (E. A. Hylleraas, 1932) によって行われ，その取り扱いがペケリス (C. L. Pekeris) ら[10]により組織的に発展させられ，非常によい精度で実験と一致することが示されている[3,4]．なお基底状態では波動関数に $\ln R$ ($R = \sqrt{r_1^2 + r_2^2}$) のような依存性があることが理論的に指摘されており，それらをも考慮したヒレラース型の試行関数による変分計算の結果[11]を表1.1.4の第4列に示す．

2つの結果を比較すると，たとえば水素負イオンについていえば，$E_0 = -0.5278$ a.u. であり，水素原子の基底状態に対して，さらに 0.0278 a.u. (= 0.756 eV) だけ低い．これは水素原子の電子親和力の値を十分再現している．同じくヘリウム原子については $E_0 = -2.9037$ a.u. (= -79.014 eV) となり，一方ヘリウム原子の第一イオン化ポテンシャルおよび第二イオン化ポテンシャルの実験値はそれぞれ 24.59 eV, 54.42 eV でありそれ

らの和であるヘリウム原子の 79.01 eV が E_0 の絶対値 79.014 eV との比較となるのでその一致はよい．また表 1.1.4 の第 3 列の値は Z が大きくなるに従って第 4 列の値に近づくがこれは Z が大となるにつれてクーロン力の影響が大きくなり，一方電子相関のウェイトが小さくなり，式 (1.1.35) のような電子を独立した粒子として扱う近似がよくなることを示している．表 1.1.4 の第 4 列の値は文献[11]の結果の小数点以下 5 桁目を四捨五入した値である．実験値との比較にはさらに質量分極，相対論的効果などの補正が必要であるがヘリウム原子についてはよい一致が得られている［文献[4] p.338］．この一致は非相対論的量子力学での理論的枠組みで完全に実験結果を説明できることを示している．この事実を認識することは重要である．

以上二電子等電子系列の基底状態に話を限った．二電子系の場合，たとえば電子配置で $(1s, ns)^1S, ^3S$ 励起状態があるが 1s 電子以外の電子の主量子数 n が十分大きければ独立粒子の描像がよい近似である．$n = 2, 3$ に対しては電子相関の寄与が無視できないので，これらについては多くの変分計算が行われていて実験との良好な一致をみている[4,9]．

e. ハートリー-フォックの方法

変分原理に対して試行関数の中に変分パラメータを入れて直接極値を求める上記の方法はより複雑な原子では，電子数が増え，したがって変分パラメータの数が増えると急速に計算が困難となる．

ハートリー（D. R. Hartree, 1928）は独立粒子的描像に基づき，それぞれの電子は原子核からの引力と他の電子がつくる平均的な場の中で運動すると考えた近似法を導入した．これは後に変分法により理論的根拠を与えられた．さらにフォックにより，電子の不可識別性に起因する波動関数の反対称性を考慮した電子間交換相互作用が考慮されて，ハートリー-フォック法（Hartree-Fock method，以下 HF 法とする）と呼ばれる．これはまた自己無撞着（つじつまの合った）場の方法（self-consistent field method，以下 SCF 法）とも呼ばれるが，これは 1 つの電子を考えたときこの電子が感ずる他の電子がつくる平均的な場の形成に自分自身が関与しているからである．

その基本的方程式の導出の考え方[3,4]の大筋は以下のとおりである．簡単のために二電子系を考える．すなわち，ハミルトニアンは式 (1.1.26) で電子はフェルミ粒子であるから粒子の交換に関して反対称であり，式 (1.1.23) で表される．

$$\Psi(\xi_1, \xi_2) = \frac{\psi_1(\xi_1)\psi_2(\xi_2) - \psi_1(\xi_2)\psi_2(\xi_1)}{\sqrt{2}} \tag{1.1.38}$$

ここで電子の占める状態を具体的に軌道 1, 2 とした．空間部分の軌道関数を u，スピン関数を χ とすると

$$\psi_i(\xi) = u_i(\mathbf{r})\chi_i(\sigma) \tag{1.1.39}$$

と書ける．ここで上向きスピン状態を慣用に従って α，下向きスピン状態を β とすれば $\sigma = 1/2$ であれば $\chi_i(1/2) = \alpha$，$\sigma = -1/2$ であれば $\chi_i(-1/2) = \beta$ である．つまり変分法における試行関数を式 (1.1.38) の形に限定して，その範囲内で変分原理を適用する．そ

の結果軌道関数 u_1 の満たすべき方程式として次式が得られる.

$$\left[-\frac{1}{2}\nabla_1^2-\frac{Z}{r_1}+\int\frac{1}{r_{12}}|u_2(\boldsymbol{r}_2)|^2 d\boldsymbol{r}_2\right]u_1(\boldsymbol{r}_1)-\left[\int\frac{1}{r_{12}}u_2^*(\boldsymbol{r}_2)u_1(\boldsymbol{r}_2)d\boldsymbol{r}_2\delta_{\sigma_1\sigma_2}\right]u_2(\boldsymbol{r}_1)=\epsilon_1 u_1(\boldsymbol{r}_1)$$
(1.1.40)

ここで1と2を入れ換えると軌道関数 u_2 に対する方程式が得られる.これがハートリー-フォックの方程式である.左辺第2カッコ内の項は同じスピンの項のときのみ現れる.これは波動関数の反対称化によって生じる非局所的相互作用で交換相互作用といわれる.式 (1.1.40) で交換相互作用が存在する場合は上記の u_1 および u_2 に対する2つの方程式を連立して逐次的に解きその解が収束するまで解く必要がある.なおこの方法は本質的に独立粒子的な考えに基づいているので,さらに電子間の相関を考慮するためには配置間相互作用（configuration interaction）の方法を用いる必要がある.ただしその収束は遅い.二電子系にこのような方法を用いるメリットはあまりないが,多電子系の場合に容易に拡張できるので多電子原子についてはその有効性が知られており,その真価を発揮する.またこの平均場の概念は物性物理学の領域で広く使われていることを指摘しておく.

f. 電子の集団運動としての電子相関の取り扱い

独立粒子的描像から出発するのは自然であるが,上記のHF法（SCF法）などで得られた結果は電子相関を取り入れることが必要である.一方,ヒレラース型の試行関数を用いて変分計算を詳しく行うと結果は十分よい精度が得られるが,二電子系の中で電子がどのような挙動をしているかを具体的にみることが容易ではない.2つの電子はいかなる相関関係にあるのかをみるのが困難である.つまり"木を見る"ことはできるが"森を見る"ことがむずかしい傾向がある.

そこでこれと対照的な方法として,この系の電子の運動を集団的（この系では電子は2個しかないが）にとらえる方法として超球座標法がある.これは2個の電子の座標の位置ベクトルの絶対値 r_1, r_2 に対して $R=\sqrt{r_1^2+r_2^2}$ および $\alpha=\arctan(r_2/r_1)$ を導入する.前者を超半径(hyperradius)と呼び,これは系のサイズを表す.後者を超角(hyperangle)と呼びこれは r_1, r_2 の相対的変化,すなわち動径相関を表す.したがって,二電子の座標を

$$R, \alpha, \hat{\boldsymbol{r}}_1, \hat{\boldsymbol{r}}_2$$

なる6個の変数で表す.ここで $\hat{\boldsymbol{r}}_1, \hat{\boldsymbol{r}}_2$ はそれぞれの位置ベクトルの方向の単位ベクトルである.この座標系によりヘリウム原子の二電子励起状態の研究が行われた[12].シュレーディンガー方程式 (1.1.27) は以下のごとく書き直される.

$$\left[-\frac{1}{2}\frac{\partial^2}{\partial R^2}+\frac{\Lambda^2-1/4}{2R^2}-\frac{C}{R}\right](R^{5/2}\sin\alpha\cos\alpha\Phi)=E(R^{5/2}\sin\alpha\cos\alpha\Phi) \quad (1.1.41)$$

$$\Lambda^2=-\frac{\partial^2}{\partial\alpha^2}+\frac{\hat{l}_1^2}{\cos^2\alpha}+\frac{\hat{l}_2^2}{\sin^2\alpha}$$

$$C(\alpha, \theta_{12}) = \frac{Z}{\cos\alpha} + \frac{Z}{\sin\alpha} - \frac{1}{\sqrt{1-\sin 2\alpha \cos\theta_{12}}}$$

ここでΛ^2は3次元における角運動量の2乗に相当し，Cは有効ポテンシャルに対応する．θ_{12}は2つの単位ベクトル$\hat{r}_1, \hat{r}_2$のなす角度である．経験的に変数Rと他の5個の変数$\Omega = (\alpha, \hat{r}_1, \hat{r}_2)$はよく分離していることが判明しているのでここではまず系のサイズを指定するRを固定し，他の変数についてのシュレーディンガー方程式

$$[\Lambda^2 - 2RC]\Phi_\nu(R;\Omega) = R^2 U_\nu(R)\Phi_\nu(R;\Omega) \tag{1.1.42}$$

を解き，その固有値$U_\nu(R)$および固有関数$\Phi_\nu(R;\Omega)$が得られる．これらの固有値，固有関数はRにパラメータ的に依存する．分子のボルン-オッペンハイマー（Born-Oppenheimer）近似の場合と同じく，Rの関数としての固有値を超球断熱ポテンシャルと呼び，Rの関数としての固有関数をチャネル関数という．ここでは断熱ポテンシャルを得た後で，このポテンシャルの中でのRに関する運動について解いてエネルギー準位を決定するという方法である．これは分子の問題に対して用いられる原子核の運動は遅く，電子の運動は速いという事実に基づくボルン-オッペンハイマー近似とは数学的に同じである．これによれば，水素負イオンや，ヘリウム原子の基底状態において e—H$^+$—e や e—He^{++}—e といった直線状の配置になっており線形三原子分子たとえば O—C—O のように電子は原子核に関して反対の位置を占め，またその振動や回転といった基準モードとの類似性が示されている[13]．また表 1.1.4 にこの方法で得られた比較的小規模な計算結果[14]を比較のために示す．これに関しては後に原子の多電子励起状態の項でふれることにする．

なお以上の議論では電子の質量に対し原子核の質量は無限大とする近似を行ってきたが，ここで扱ってきた3体系に関しては任意の質量比の場合も十分精度よく取り扱うことが可能な超球楕円座標系が発見されている[15]．これは電子の代わりにより重いμ中間子などを含む dtμ イオンなどのエキゾティックな系を扱う場合に有効である．

1.1.3 多電子原子・元素の周期律

以上一，二電子等電子系列すなわち水素原子（および水素様イオン），ヘリウム原子（ヘリウム様イオン）について述べてきた．前者は一電子系で非相対論の範囲内では厳密に解け，結果は種々の実験結果（たとえばバルマー系列の吸収スペクトルなど）を正しく説明できる．後者についてはシュレーディンガー方程式は厳密には解けないが，それに対する近似的解法などを通してその理解を深めてきた．その基底状態の束縛エネルギーについては近似の精度を上げ，定量的にも電子相関に適正な近似法を用いれば非相対論的な枠組みの中で実験値を高い精度で再現できることがわかった．本項では，主として多電子原子の基底状態について，1) 水素様原子・イオンのエネルギー準位，2) パウリの排他律，3) 独立粒子的描像から出発してハートリー-フォック（HF）近似などに基礎をおいて議論する．

メンデレーエフ（D. I. Mendeleev, 1869）は経験的に元素を原子量の順番に並べると

その化学的性質も含めて，周期的な性質を示すことを見出した．後に原子番号順に並べるべきであることが示された．電子構造が原子番号とともに周期的に変化することを見出し，周期律の存在をはじめてその物理的な意味も含めて理論的に説明したのはボーア（N. Bohr, 1913）である．水素様のエネルギー準位に基づき，パウリの排他律に従い，その殻構造（主量子数 n で指定される殻の電子の収容可能な数はすでに述べたように $2n^2$ 個である）も考慮して，エネルギー順に下からつめることにより説明できると考えられる．しかし他の電子の存在のために水素様のエネルギー準位式 (1.1.17) は修正される．各電子が感ずる HF 的な平均場的なポテンシャル（交換ポテンシャルを含むので局所的ではなく，また球対称にならないこともあるがその場合は方向について平均化し球対称化する）は他の電子による電荷の遮へいなどによりとくに原子核に近いところでクーロン型のポテンシャルからのずれが生じ，n に属する準位の縮退がとれ分裂する．量子数の組 (n, l) に属する軌道については空間的な向きに応じて $(2l+1)$ 個の独立な軌道関数があり，さらにスピンの自由度を考慮すると各副殻（subshell）は $2(2l+1)$ 個の電子を収容することが可能である．同じ (n, l) に属する電子を等価な電子（equivalent electron）という．この軌道を電子がすべて占有していればその副殻（subshell）を閉殻（closed shell），空席が残っている場合は開殻（open shell）という．

(n, l) に属する電子のエネルギー準位 E_{nl} は n と l が大きくなると増加する．このような軌道では r が大きい領域に電子が存在することによる．また準位 E_{nl} は l を固定したときは n の増加関数であり，n を固定したときは l の増加関数である．これは遠心力障壁により電子は内部領域に入れないことによる．もし基底状態や比較的低い励起状態に限ればほぼ同じような状況を示す．たとえば水素様の 4s 軌道は 3d 軌道より上にあるが，それらが非常に近くなり，場合によっては逆転する．これは s 軌道では遠心力障壁がなく電子は内部領域に入り核の引力を十分感ずるのに対して，d 軌道では遠心力障壁により外部にあるので核の電荷が遮へいされることによると考えられる．

準位 E_{nl} の順序は表 1.1.5 のごとくになる［文献[6] p.270］．またその中に収容される電子数はそれぞれの副殻（subshell）に収容可能な電子数 $2(2l+1)$ の和である．上記の順序で上から順に電子が軌道を占めてゆくことになる．

原子の周期表はいわゆる 8 個の元素からなる短周期型や 18 個の元素からなる長周期

表 1.1.5 エネルギー準位 E_{nl} の順序と収容可能な電子数

周期	(n, l)	収容可能電子数
7	7s, 6d, 5f, ⋯	
6	6s, 4f, 5d, 6p	32
5	5s, 4d, 5p	18
4	4s, 3d, 4p	18
3	3s, 3p	8
2	2s, 2p	8
1	1s	2

型がある．元素は電子配置の観点からすると大きく2グループにわけられる．1) 典型元素（main group element）：d電子をもたないかd軌道が完全に満たされていて原子番号の増加につれてsおよびp軌道が埋まってゆく元素，2) 遷移元素（transition element）：典型元素以外の主として不完全なdまたはf副殻をもつ元素である．この遷移元素の取り扱いなどを考えると長周期型の周期表が電子配置の観点からは理解しやすいと思われるので以下長周期型で考えることにしよう．

表1.1.6に長周期型の周期表の典型元素の部分をその電子配置も含めて示す（裏見返しの表も参照）．表1.1.6中の各周期での上段は元素名その左下に原子番号を，下段は電子配置を示す．なお表中の［元素名］はその元素の電子配置を示し，それより右側ではその元素の電子配置に加えて占有された軌道を示す．ここで[Zn] = [Ar]$4s^2 3d^{10}$, [Cd] = [Kr]$5s^2 4d^{10}$, [Hg] = [Xe]$6s^2 4f^{14} 5d^{10}$ であり，Gaの場合は電子配置はZnの電子配置に4p電子が1つ加わったことを示す．この範疇の元素は各族（すなわち周期表の縦列）の化学反応性なども含めてその性質の類似性が高いことが知られている．これは多くの性質が外殻電子であるs電子やp電子の存在により支配されているためである．

第4周期からd副殻が埋まるようになるがこれは表1.1.6では"***"で示してある部分で遷移元素に相当する．これに対応する遷移元素の主要部分であるn = 4, 5の部分

表1.1.6 長周期型の周期表（典型元素の部分）

周期	1族	2族		13族	14族	15族	16族	17族	18族
1	$_1$H 1s								$_2$He $1s^2$
2 [He]	$_3$Li 2s	$_4$Be $2s^2$	[Be]	$_5$B 2p	$_6$C $2p^2$	$_7$N $2p^3$	$_8$O $2p^4$	$_9$F $2p^5$	$_{10}$Ne $2p^6$
3 [Ne]	$_{11}$Na 3s	$_{12}$Mg $3s^2$	[Mg]	$_{13}$Al 3p	$_{14}$Si $3p^2$	$_{15}$P $3p^3$	$_{16}$S $3p^4$	$_{17}$Cl $3p^5$	$_{18}$Ar $3p^6$
4 [Ar]	$_{19}$K 4s	$_{20}$Ca $4s^2$	*** [Zn]	$_{31}$Ga 4p	$_{32}$Ge $4p^2$	$_{33}$As $4p^3$	$_{34}$Se $4p^4$	$_{35}$Br $4p^5$	$_{36}$Kr $4p^6$
5 [Kr]	$_{37}$Rb 5s	$_{38}$Sr $5s^2$	*** [Cd]	$_{49}$In 5p	$_{50}$Sn $5p^2$	$_{51}$Sb $5p^3$	$_{52}$Te $5p^4$	$_{53}$I $5p^5$	$_{54}$Xe $5p^6$
6 [Xe]	$_{55}$Cs 6s	$_{56}$Ba $6s^2$	*** [Hg]	$_{81}$Tl 6p	$_{82}$Pb $6p^2$	$_{83}$Bi $6p^3$	$_{84}$Po $6p^4$	$_{85}$At $6p^5$	$_{86}$Rn $6p^6$
7 [Rn]	$_{87}$Fr 7s	$_{88}$Ra $7s^2$	***						

表1.1.7 長周期型の周期表（遷移元素の主要部分）

周期	3族	4族	5族	6族	7族	8族	9族	10族	11族	12族
4 [Ar]	$_{21}$Sc (2, 1)	$_{22}$Ti (2, 2)	$_{23}$V (2, 3)	$_{24}$Cr (1, 5)	$_{25}$Mn (2, 5)	$_{26}$Fe (2, 6)	$_{27}$Co (2, 7)	$_{28}$Ni (2, 8)	$_{29}$Cu (1, 10)	$_{30}$Zn (2, 10)
5 [Kr]	$_{39}$Y (2, 1)	$_{40}$Zr (2, 2)	$_{41}$Nb (1, 4)	$_{42}$Mo (1, 5)	$_{43}$Tc (2, 5)	$_{44}$Ru (1, 7)	$_{45}$Rh (1, 8)	$_{46}$Pd (0, 10)	$_{47}$Ag (1, 10)	$_{48}$Cd (2, 10)

すなわち 3d 電子および 4d 電子が入る過程を電子配置も含めて表 1.1.7 に示す．ここで各周期の上段は元素記号を，また左下に原子番号を示す．下段は電子配置を示す．表 1.1.6 と同じく［元素名］はその元素の電子配置を示し，表中の括弧内の数値は $n=4$ では ［Ar］$4s^k 3d^m$ の (k, m) を，$n=5$ では ［Kr］$5s^k 4d^m$ の (k, m) を示す．なお 12 族の亜鉛族元素（Zn, Cd, Hg）は d 殻は完全に満されているので遷移元素に含めず典型元素とすることもある．

4 周期で d 副殻が埋まる過程では 4s 電子と 3d 電子の入り方について 2, 3 の不規則性が存在する．5 周期目では 4d 電子が埋められていく過程であるが，5s 電子と 4d 電子の入り方についてはその不規則性がさらに顕著になる．むしろ 5s 電子と 4d 電子が競争的に埋まってゆくと考えられる．つまり表 1.1.5 の順序が崩れるところがある．これはここまでの議論で考慮されていない電子相関などの存在を考えれば当然である．遷移元素で特徴的なことは周期表の族ごとの縦の類似性は顕著ではなく，むしろ横方向に類似な性質をもっている点にある．たとえばこれらの元素では単体は硬く，機械的強度が大きい重金属でかつ常磁性を示すといった点がみられる．

なお 4f 電子が入る過程の $_{57}$La から $_{71}$Lu はランタノイド，5f 電子が入る過程の $_{89}$Ac から $_{103}$Lr まではアクチノイドと呼ばれ，それぞれ 1 つのグループとしてまとめられる．周期表の中ではいずれも 3 族に分類され，そのグループのメンバーは付加的な表としてまとめられている．この場合横方向の類似性がより顕著になっていることが示されている．長周期の周期表の全体については裏見返しの表を参照されたい．

ここでフントの経験則（Hund's rules）について言及しておこう．それは基底状態の等価電子を含む場合の電子配置から生ずる項に関するもので

1) ある電子配置に対して，最大のスピン S をもつ項のエネルギーが最も低い．他の項は S の値が減少すると大きくなる．

2) 最大の S についていくつかの L が可能な場合は L が最大の項がエネルギーが最も低い．

上記典型元素の p 電子が占有されていく過程の 13 族から 17 族の（たとえば，p^3 電子配置では $^4S_{3/2}$ となる）場合や，遷移金属の例でみると Cr($^7S_3$) や Mn($^6S_{5/2}$) などではフントの法則は成り立っている．

以上電子配置（すなわち独立粒子的描像に基づいて）の観点から中性の原子の構造を定性的に考えてきたが，以下 2 つの物理量すなわち原子の第一イオン化ポテンシャル（ionization potential：I_p）[16] および電子親和力（electron affinity：EA）[17] を例にとってより定量的に考えてみよう．これらの物理量の定義は元素 A について $E(A)$ を元素 A のエネルギーとすれば $I_p(A) = E(A^+) - E(A)$，$EA(A) = E(A) - E(A^-)$ である．図 1.1.4 に各原子の第一イオン化ポテンシャル I_p と電子親和力 EA を横軸にその系のもっている電子数 N をとり，その依存性を示す．通常電子親和力は中性原子に電子が付加するときの束縛エネルギーとして定義されているが，ここでは $EA>0$ で原子負イオンが存在する場合の負イオンの第一"イオン化ポテンシャル"と考えている．

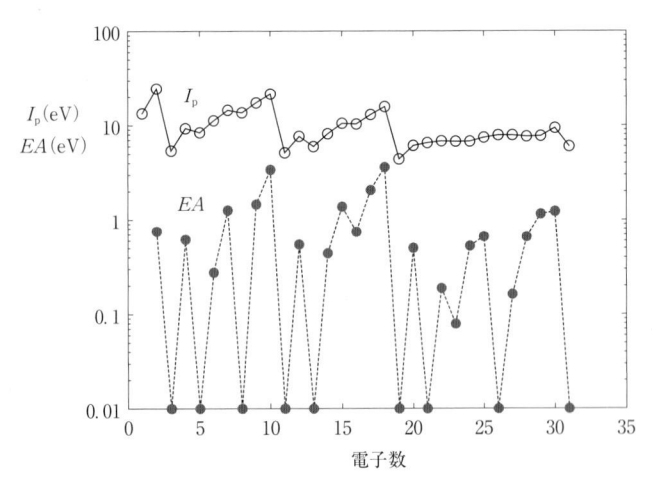

図 1.1.4 イオン化ポテンシャル I_p(eV) と電子親和力 EA(eV) の電子数
依存性
$EA<0$ の場合は便宜上 $EA=0.01$ としてプロットしてある.

イオン化ポテンシャル I_p に関しては，各副殻が完全に埋まって閉殻になるときに極大を示す．とくに 18 族の希ガス（He, Ne, Ar）についてこの傾向が顕著である．この状況はこの図に含まれていない $Z>30$ の場合についてもよく成り立つ．これは $n\geq 2$ の場合 np^6 の電子配置のときに起こるが，ns 副殻が閉じて ns^2 となるときも程度はそれほど顕著でないが同様な傾向を示す．原子についてよく知られているが，図 1.1.4 にはイオン化ポテンシャル（I_p）に加えて電子親和力（EA）も横軸をその負イオンのもつ電子数についてプロットしてある．原子負イオンについても中性の原子と同様な殻構造を示す．違いはまず各副核が閉じたときそのあとで電子が付加した負イオンは存在しない．したがって $EA<0$ となる．電子配置の観点からいえば，たとえば中性原子の場合ではこれはアルカリ元素に相当するが，（I_p）は急激に減少する．中性原子として存在できるが電子数は同じでも負イオンの場合はクーロン力は減少しているために束縛状態は存在できないと解釈できよう．なお 1 価の正イオンと中性原子の電子配置についても同様な考察ができる［文献[3] p.164］．したがって原子や正負のイオンの状態に関しては原子番号よりは電子数の方が周期律を理解する上で本質的に重要であるといえる．

またアルカリ元素の負イオン，たとえば Na^- で水素負イオンの場合と同じく束縛状態が存在するのは電子相関が重要な役割を果たしていると考えられる．

最近，正の多価イオンの生成が実験的に可能になってきたがこれらについては，非相対論の範囲内であるが Z が大きくなるにつれて核によるクーロンエネルギーが電子相関エネルギーに比べて相対的に大きくなり，二電子の等電子系列の項でみたように独立粒子的な描像に基づく HF 的な取り扱いがよい記述を与えることになる．

ここで扱ってきた多電子原子は独立粒子モデルに基づき定量的に電子相関を取り入れ

るためには，HF 的な方法で用意した軌道により各配置に対するスレーター行列を作成しそれらの線形結合により配置間相互作用（configuration interaction, CI）を取り入れるのが標準的な方法である．これは多配置ハートリー–フォック法（multi-configuration Hatree-Fock method, 以下 MCHF 法）という［文献[3] p.198，文献[4] p.403］．

ここまでは完全に非相対論的な枠組みの中で議論してきたが，相対論的なディラック（Dirac）方程式［この方程式に基づく相対論的効果については1.2節参照］の解析により Z が低い非相対論的領域でも考慮が必要な補正としてスピン–軌道相互作用（spin-orbit interaction）がある．これはスピンについては1次で次式で与えられる．

$$\hat{H}_{so} = \Sigma_i \xi(r_i) \hat{l}_i \hat{s}_i \tag{1.1.43}$$

$$\xi(r_i) = \frac{1}{2m_e^2 c^2} \frac{1}{r_i} \frac{dV(r_i)}{dr_i} \tag{1.1.44}$$

ここで $V(r)$ は HF 法によって求めたハートリー–フォックポテンシャルである．添え字 i は原子内電子についての和をとる．$\hat{l}_i, \hat{s}_i$ は各電子の角運動量，スピン角運動量の演算子である．ここで式（1.1.44）は通常の単位系で与えてある．原子全体のハミルトニアンを $\hat{H}$ としハートリー–フォック近似に対応するハミルトニアンを $\hat{H}_{HF}$ とするとこれでは表せない電子相関に対するハミルトニアンを $\hat{H}_{corr}$，スピン–軌道相互作用のハミルトニアンを $\hat{H}_{so}$ とすれば

$$\hat{H} = \hat{H}_{HF} + \hat{H}_{corr} + \hat{H}_{so} \tag{1.1.45}$$

と書ける．いままでは相対論的な相互作用であるスピン–軌道相互作用は小さく $|\hat{H}_{corr}| \gg |\hat{H}_{so}|$ の場合を考えてきたので各電子の軌道角運動量とスピン角運動量はそれぞれ合成されて原子全体の L, S が定義でき，スピン–軌道相互作用は

$$\hat{H}_{so} = A\hat{L}\hat{S} \tag{1.1.46}$$

と書ける．これはすでに述べた LS 結合の場合に相当する．閉殻に対しては $L=0, S=0$ であるからスピン–軌道相互作用の寄与はない．したがって最外殻の電子について考慮すればよい．開殻では全角運動量 J によりレベルは分裂する．これを微細構造（fine structure）という．たとえば酸素原子では電子配置は $2p^4$ で $^3P_2$ となり，$J=0,1,2$ であるが $J=2$ が基底状態となっている．

一方 $|\hat{H}_{corr}| \ll |\hat{H}_{so}|$ の場合はまず各電子の軌道角運動量とスピンが合成され各電子の全角運動量 $\hat{j}_i = \hat{l}_i + \hat{s}_i$ がよい量子数となりそれが合成されるので jj 結合（jj coupling）と呼ばれる．上述の多価イオンではこの場合に相当することが多い．詳細は文献[3, 4] を参照されたい．

この項で，原子の構造を物理的に理解するために殻構造の概念が重要な役割を果たしていることを見てきたが，これは原子核の構造［文献[6] p.480］や金属原子クラスターの構造を理解する上においても有効な概念であることを指摘しておこう．

1.1.4 励起原子

いままで主として原子およびイオンの基底状態について述べてきた．原子の励起状態

は多様であるが，以下2種類の特徴のある励起状態にある原子について述べる．1つは独立粒子的描像が最もよく成立するもので高リュードベリ状態と呼ばれる．他は電子相関が強く電子の運動は集団的な運動としてとらえる必要がある励起状態であり，多電子励起状態と呼ばれる．

a. 高リュードベリ状態

　高リュードベリ状態は原子内の電子の1つが高い軌道に励起された膨張した原子であり，独立粒子的な描像が最もよく成り立つ系でもある．この場合残りのイオン芯は十分遠くからみればよい近似で1価の点電荷とみなせるから，1.1.1項で述べた水素様の原子であり高リュードベリ原子と略称される．このような原子の存在が星間空間で観測されている[18]．超高真空の星間空間で存在する原子イオン A^+ は電子との放射再結合過程により

$$A^+ + e \longrightarrow A^{**}(n, l) + h\nu$$

となり主量子数 n が高い状態に入る．この原子が光（この場合は電波領域の電磁波）を吸収し $n \longrightarrow n+1$ なる遷移を起こすときの吸収スペクトルを $n\alpha$ の再結合線という．炭素の高リュードベリ原子について $C^{**}(732\alpha)$ が観測されている．なおこの場合 $l \sim n$ すなわち角運動量が非常に高い軌道に入る．一方地球上の実験室では1970年代の中頃から色素レーザーが普及しはじめたことにより $n \sim 50$ 程度のアルカリ高リュードベリ原子が生成されるようになり衝突など多くの実験が行われた．これらの励起原子の基本的性質を $n=1$ の場合を含めて表1.1.8に示す．すでに1.1.1項で述べられたようにこれらは簡単なスケーリング則が成立しており，通常の単位で与えてある．$n=1$ の欄の値は原子単位系で書けば1もしくは1桁の数値となることはすでに述べた．$n=50$ の平均半径 r_{50} は約2500 a.u. となり，微視的量子力学的世界の尺度から離れつつあることを示す．

　通常の原子分子の世界の常識では電子が関与する遷移のエネルギーは eV の程度であるが $C^{**}(732\alpha)$ では 10^{-4} meV のオーダーであり非常に小さい．またその軌道半径も十分大きく，たとえば主量子数 n に対して円軌道（$l = n-1$）では軌道半径（$r_n = n^2 a_0$）に対して，電子のド・ブロイ波長は $\lambda = na_0$ であるからこのような条件下で $\lambda/r_n \sim 1/n$ と

表1.1.8 高リュードベリ原子の基本的性質

主量子数	n	1	50	732
平均半径 (r_n)	$n^2 a_0$	5.3×10^{-11} m $(= a_0)$	1.3×10^{-7} m	2.8×10^{-5} m
幾何学的断面積 (πr_n^2)	$\pi n^4 a_0^2$	8.8×10^{-21} m^2 $(= \pi a_0^2)$	5.5×10^{-14} m^2	2.5×10^{-9} m^2
結合エネルギー $(|E_n|)$	R_∞/n^2	13.6 eV $(= R_\infty)$	5.5 meV	0.025 meV
最近接レベル間隔 $(\Delta E_n = E_{n+1} - E_n)$	$2R_\infty/n^3$	****	0.22 meV	6.9×10^{-5} meV ($= 16.8$ MHz)
電子の平均速度 (v_n)	v_0/n	2.2×10^6 m s^{-1} $(= v_0)$	4.4×10^4 m s^{-1}	3.0×10^3 m s^{-1}
周期 (τ_n)	$2\pi n^3 \tau_0$	1.5×10^{-16} s $(= 2\pi\tau_0)$	1.9×10^{-11} s	5.9×10^{-8} s

なり n が大ならば電子の古典的な軌道を十分よい近似で定義できる.

この原子は励起 (n, l) 状態であり, ある寿命 (T_{nl}) をもって下準位に脱励起する. この放射の寿命は $l \ll n$ の場合は $T_{nl} \propto n^3$, $l \sim n$ の場合は $T_{nl} \propto n^5$ となる. $n=732$ の円軌道にある状態は1つ下の円軌道状態にのみに脱励起することが可能でその寿命は約 5.4 時間である.

また高リュードベリ原子内の高い励起軌道にある励起電子（以下リュードベリ電子と略称する）の束縛結合エネルギーは表 1.1.8 にあるように非常に小さい. したがって n = 15〜30 程度では温度が 300 K 程度の黒体放射中の光子のエネルギーがこのあたりのリュードベリ状態のエネルギー間隔と同程度になる. さらにこの原子の遷移双極子が大きいこともあって励起後, 数 μs で数 % 程度がさらに上の状態に励起されることが観測されているなど, クーロン力の長距離性に起因する多くの興味ある挙動を示す.

以上の議論ではイオン芯を 1 価の点電荷としたが, 水素原子を除く実在の原子では, イオンの近傍で電子交換による短距離型の相互作用によるクーロン相互作用からのずれが存在する. さらにイオン芯は内部構造ももっているので励起電子が近くにくればエネルギーや角運動量を交換する場合がある. l が大きい場合は遠心力障壁のために励起電子はイオン芯に近づけない. l が小さい場合はイオン芯と相互作用をする. いいかえれば励起電子はイオン芯と"衝突"しているともいえる. 例としてナトリウム原子について考えよう. 通常は基底状態の Na(3s) から 1 光子を吸収して Na**(np) となる. このリュードベリ状態のエネルギー準位は, Na$^+$ イオンの質量は約 42000 a.u. でありこれを無限大とすると, 水素様原子のエネルギー準位（1.1.17）が修正された以下の表式でよく近似されることが知られている.

$$E_{n,l} = -\frac{R_\infty}{(n-\delta_{nl})^2} \tag{1.1.47}$$

ここで δ_{nl} は非常に弱い n 依存性をもつパラメータで量子欠損（quantum defect）と呼ばれる. このパラメータの物理的意味はむしろ低速電子 e と Na$^+$ イオンとの弾性衝突

$$e + Na^+ \rightarrow e + Na^+ \tag{1.1.48}$$

を考えると理解しやすい. まず Na$^+$ イオンは Ne 原子と同じく $1s^2 2s^2 2p^6$ なる閉殻構造をもち, リュードベリ電子のような低速な電子ではその内部状態の自由度を励起できない. つまりこのとき Na$^+$ イオンは近距離では電子の交換相互作用による近距離型の相互作用がクーロン相互作用に加わったものとして電子に作用する. 一方, 非常に遅い（入射エネルギー $E \geq 0$）の電子と Na$^+$ の弾性衝突（1.1.48）を考えると, 高リュードベリ原子におけるリュードベリ電子（束縛エネルギー $E<0$）とイオン芯の相互作用の物理は本質的に同じである. 違いは無限遠における境界条件にある. すなわち束縛状態である高リュードベリ原子では電子の波動関数は無限遠では 0 になるのに対し弾性衝突における散乱状態の波動関数では無限遠まで波動関数は有限である. クーロン相互作用の場合は式（1.1.16）の散乱状態の解は 2 つの独立な, 原点で正則な解 $f(r)$ と非正則な解 $g(r)$ をもっている. クーロン相互作用のみの場合は解として $f(r)$ のみとればよいが,

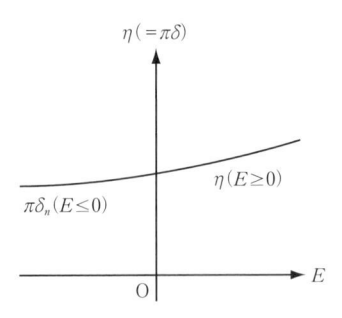

図 1.1.5 量子欠損 ($\pi\delta_n$) と散乱の位相差 (η)

クーロン相互作用からのずれがあれば解として $f(r)$ と $g(r)$ 線形結合をとる必要がある．十分大きな r に対してはこの電子の波動関数は

$$\phi = \cos\eta f(r) - \sin\eta g(r) \propto \sin(kr + \eta_c + \eta)$$

と書ける．r が十分大きいところではポテンシャルは完全にクーロン型の波動関数となり，原点の近傍の電子交換に起因する効果はクーロン位相 η_c からのずれに対応する散乱波位相差 η として現れる．これらの考察からイオン化の極限（$E=0$）で以下の関係があることが示される．

$$\eta_l = \pi\delta_l \tag{1.1.49}$$

図 1.1.5 に示すように横軸に電子のエネルギー，すなわち $E<0$ では電子の束縛エネルギー (E_{nl})，$E \geq 0$ では電子の入射エネルギーとし縦軸に $\eta_l (=\pi\delta_{nl})$ をプロットするとイオン化極限（$E=0$）で滑らかにつながる．つまり量子欠損は原点の近傍のクーロン相互作用からのずれを記述する有効なパラメータとなっている．通常 n 依存性を無視して角運動量 l に対して量子欠損を δ_l と書く．Na(nl) 系列に対しては $\delta_s = 1.35$，$\delta_p = 0.85$，$\delta_d = 0.0144$ である．なお上述の遠心力障壁に関する議論から明らかなように δ は $l \geq 3$ では十分小さい．

ところが量子欠損の n 依存性を調べると，ある n の領域で急激に変化する場合がある．たとえばカルシウム原子の 4sns リュードベリ系列をみるとそのような状況になっている．これはイオン芯 Ca^+ は内部自由度をもち，リュードベリ電子との間でエネルギーや角運動量を交換するためである．この場合は原子の内部状態の異なるいくつかのイオン化極限に収束するリュードベリ系列が強く相互作用をする．このようにイオン化限界の近傍の束縛状態と散乱状態を統一的に記述する理論的枠組みを量子欠損理論（quantum defect theory）という．上記の例の Na のような場合を単一チャネル量子欠損理論（single channel quantum defect theory），Ca のように複数のチャネルが関係する場合は多チャネル量子欠損理論（multichannel quantum defect theory，以下 MQDT）といわれシートン（M. J. Seaton）やファーノ（U. Fano）によって発展させられた[19]．以上では話題をこの励起原子についての構造とその基本的性質に限ったが，この原子の他の側面；外

1.1 原子とイオンの構造（非相対論）

場中の挙動，他粒子との衝突といった話題にも関心のある読者は文献[3, 4, 19-23]を参照されたい．

b. 多電子励起状態

これは独立粒子的なモデルに基づく"言語"によれば2つ以上の電子が励起軌道に入っている場合である．多重励起状態ともいう．また以下このの励起状態にある原子を多電子励起原子と略称する．なお多電子原子での内部の軌道に空席がある多電子励起原子を中空原子（hollow atom）と呼ぶこともある．現状では二電子励起状態について最も理解が進んでいるので，二電子等電子系列の場合についてとくにヘリウム原子について考察する．

図 1.1.6 にヘリウム原子のエネルギー準位を示す．ヘリウム原子から2個の電子がイオン化して解離した状態をエネルギーの原点としてある．したがってヘリウムの基底状態 $(1s^2)\,^1S_0$ はその束縛エネルギーは 79.0 eV であるから -79.0 eV の位置にある．それよりヘリウム原子のイオン化ポテンシャル 24.6 eV 上に1価のヘリウムイオンの基底状態がありこれを $[\text{He}^+(n=1)+e^-]$ と表してある．

$E \leq -54.4$ eV であればヘリウム内の二電子は He^{++} に束縛された離散状態となる．電子配置が $1snl$ の場合，通常のヘリウムの離散的な励起状態を形成する．たとえば 1s2s の電子配置であればすでに 1.1.2 項で述べた $(1s, 2s)\,^1S, {}^3S$ 励起状態となる．n が小さいときは電子相関がかなり大きく，これらの状態を記述するにはヒレラース型の関数を用いれば精度よく記述できる．n が大きくなれば前項で述べたヘリウム原子の高リュードベリ状態となる．

$E \geq -54.4$ eV では1つの電子は散乱状態にあり，このようなエネルギーについて連

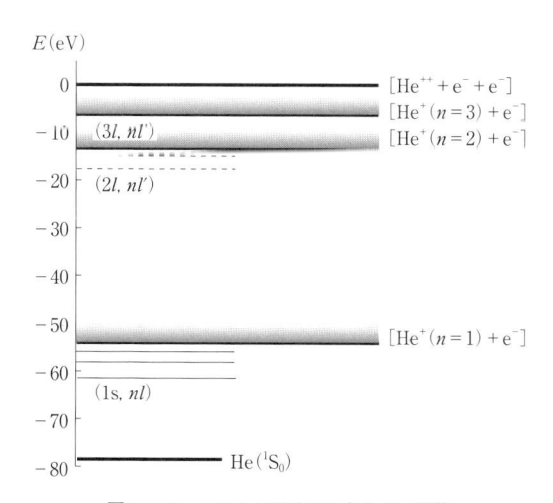

図 1.1.6 ヘリウム原子のエネルギー準位

続スペクトルを形成する．以下 He^+ の束縛された電子の主量子数 n が増加するにつれて $[He^+(n)+e^-]$ なる連続スペクトルが重なっていく．

ここで $(2l, nl')$ なる電子配置をもつ状態を考えてみよう．これはエネルギー的には $[He^+(n=2)+e^-]$ より低い位置にあり連続状態 $[He^+(n=1)+e^-]$ の中に埋まっている．$Z=2$ とおいた二電子系のハミルトニアン (1.1.26) の解としてはこの離散状態と連続状態の線形結合をつくりその対角化を行うと連続状態中のファーノプロファイル (Fano profile) と呼ばれる構造として表れる．この二電子励起状態がなんらかの方法で生成された場合，自動的に $[He^+(n=1)+e^-]$ の状態を経由して電離してゆくので自動電離状態 (autoionizing state) と呼ばれる．実験的には放射光を使ってヘリウムの基底状態からの励起エネルギー $\Delta E=60\sim65$ eV の領域でヘリウム原子の光電離断面積において $2snp, 2pns$ に関係するシリーズが初めて観測された[24]．これらダイナミクスを含む（とくに実験的）側面は第2章以下で議論されるので，以下の議論をこれらの励起状態の構造，すなわちその状態の構造，とくにエネルギー準位の分類などに焦点を絞ろう．さてここまでは独立粒子モデルによる描像に従ってきたが，とくに (nl, nl') といった電子が同じ殻にある場合は電子間相互作用が強い．この場合はいままで用いてきた独立粒子的モデルに基づく"言語"は妥当性を欠くことになる．

以下の議論のための準備も含めてまずクーロン場 (1.1.3) がもつ対称性についての補足説明を行う．すでに述べたようにクーロン場では角運動量に加えてルンゲ-レンツベクトル A が保存される．これは

$$A = \frac{1}{Z}(l \times p) + \frac{r}{r} \quad (1.1.50)$$

$$\hat{A} = \frac{1}{2Z}(\hat{l} \times \hat{p} - \hat{p} \times \hat{l}) + \frac{r}{r} \quad (1.1.51)$$

と与えられる．式 (1.1.50) は古典力学の場合[7]でこれが運動の定数となる．量子力学の場合は式 (1.1.51) で与えられ，$[\hat{H}, \hat{A}]=0$ が成り立ち，保存される．ここで

$$a = ZA/\sqrt{-2E} \quad (1.1.52)$$

と定義すると

$$[\hat{a}_i, \hat{a}_k] = ie_{ikl}\hat{l}_l \quad (1.1.53a)$$

$$[\hat{l}_i, \hat{a}_k] = ie_{ikl}\hat{a}_l \quad (1.1.53b)$$

が成り立つ．式 (1.1.9) は3次元の回転に対しての角運動量の交換関係を表すが，ここでの記号で書きなおすと

$$[\hat{l}_i, \hat{l}_k] = ie_{ikl}\hat{l}_l \quad (1.1.53c)$$

を得る．ここで e_{ikl} は添え字に関して反対称で $e_{123}=1$ であり，添え字が2回出てくる場合は和をとるものとする．式 (1.1.53a), (1.1.53b), (1.1.53c) 全体で4次元空間における直交回転群をなす［文献[6] p.124］．これは $O(4)$ 群と呼ばれクーロン場は中心力場より高い対称性をもつことを示す．これによりすでに述べた水素原子のエネルギー準位の角運動量に関する偶然の縮退が起こる．いままでの独立粒子的描像による議論にお

いては，現実の原子の構造を説明するためには他の粒子による平均場近似やイオン芯内の電子の存在による交換相互作用，あるいは相対論的効果である LS 相互作用などの存在によりこの高い対称性が低くなる（つまり縮退が分裂する）過程を見てきたともいえる．

ここで二電子励起状態の問題に戻ろう．ヘリック（D. R. Herrick）ら[25, 26]は原子核と2個の電子からなる系に関して電子間の斥力を無視すればその縮退を記述するには $O(4) \times O(4)$ なる直積が適していることから出発して電子間の斥力による摂動によりレベルが分裂すると考えて二電子励起状態についての超多重項（supermultiplet）と呼ばれる構造が存在することを見出した．さらにこれらがヘリウム原子は2つの電子が核に対して反対側に存在する（$e^- - He^{++} - e^-$）のごとき線形三原子分子（たとえば O-C-O）の振動回転の基準モードと同様な解釈ができることを示した．一方，リン（C. D. Lin）[27]はすでに 1.1.2 項 f で言及した超球座標による方法を発展させ，ヘリックらによる量子数 K, T と動径相関を表す補助的な量子数 A を用いて二電子励起状態の分類を与えた．K, T, A をまとめて相関量子数と呼ぶことがある．その物理的意味は近似的にいえば T は平均の分子軸のまわりの回転量子数（全角運動量 L のこの軸への投影）であり，K は

$$K \approx -\langle r_< \cos\theta_{12}\rangle$$

であり，$r_<$ は内側の電子の半径，θ_{12} は2個の電子の動径ベクトルのなす角である．K が大きいと電子は核の反対側にあることを示す．この二電子励起原子を線形三原子分子

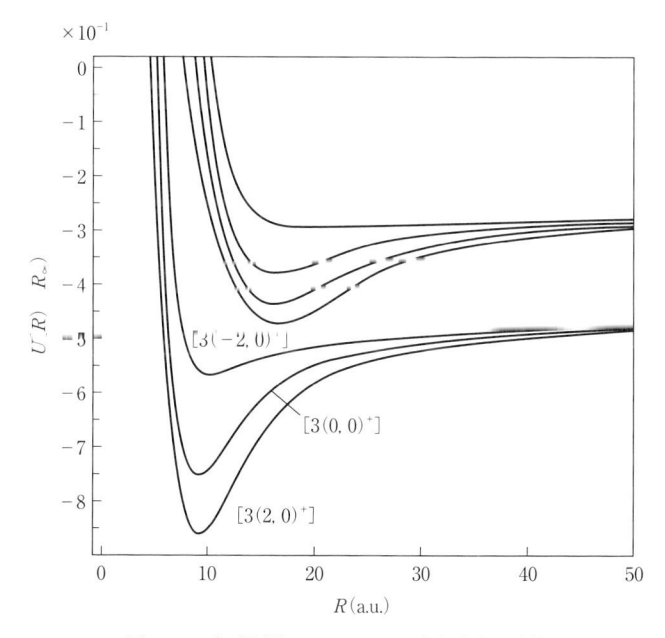

図 1.1.7 超球断熱ポテンシャル $U(R)$ $[3(K, 0)^+]$

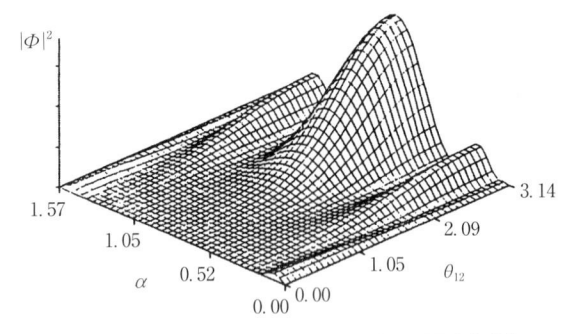

図 1.1.8 [3(2, 0)⁺3] 状態波動関数の表面電荷密度分布
縦軸は任意単位.

とみなしたときにはその折れ曲がり振動の量子数 v とは $K=N-1-v$ なる関係がある. 2つの量子数 K, T は2電子間の角相関を表している. 一方, 量子数 $A=1, 0, -1$ は動径相関を表し, $A=1$ は $\alpha=\pi/4$ でチャネル関数が極大をもつのに対し, $A=-1$ は $\alpha=\pi/4$ でチャネル関数は節をもつ. $A=0$ は1電子励起状態に対応する.

ここで2つの電子の属する殻のそれぞれの主量子数を $N, n (N \leq n)$ とすると 1.1.2 項 f で述べた超球断熱ポテンシャルを $[N(K, T)^A]^{2S+1}L^\pi$ と指定し, そのポテンシャルの中のレベルを $[N(K, T)^A n]^{2S+1}L^\pi$ と表記できる[13]. ここで π はパリティである.

図 1.1.7 に $(3l, 3l')$ の一連の二電子励起状態の中で相関量子数で書けば $[3(K, 0)^+]$ $^1S^e$ で, $K=2, 0, -2$ に対応する超球断熱ポテンシャル $U(R)$ を示す. ここで $L=0$ なので $T=0$ である. この一番下の $[3(2, 0)^+]$ に属する超球断熱ポテンシャル中に存在する"束縛状態"(厳密には自動電離状態) を $[3(2, 0)^+ n]^1S^e$ と表す. ここでこの超球断熱ポテンシャルに属する一番低いレベルのチャネル関数 $\Phi(R, \Omega)$ の絶対値の2乗 $|\Phi|^2$ すなわち表面電荷密度分布を超半径 R をポテンシャルの極小の近傍の値 ($R=8.8$ a.u.) に固定して α, θ_{12} 平面上にプロットしたものを図 1.1.8 に示す.

これを見ると $\alpha=\pi/4, \theta_{12}=\pi$ に存在確率のピークがあることがわかる. これは2つの電子がそれぞれ原子核から等距離にあるが, 原子核とは反対側に存在する傾向が強いことを示す. この場合ヘリウム原子を線形三原子分子とみなせることを示す. またこの"分子"の折れ曲がり振動の量子数は $v=0$ となる. したがって独立粒子的な記述で $(3s^2)$ $^1S^e$ なる状態は電子間の相関のために上記のような分子的な描像がよりよく成り立っていることがわかる. しかしピークの広がりが十分大きいことから非常に折れ曲がりやすい"線形三原子分子"であるといえる. ヘリウム原子の基底状態 $(1s^2)^1S^e$ (相関量子数のスキームで書けば $[1(0, 0)^+1]^1S^e$) でも電子相関のためこの状況は保持される. このためにヒレラース型の試行関数が必要であったわけである.

最後に水素負イオンに戻ろう. ヘリウム原子の図 1.1.6 に対応する図を書けば図 1.1.9 となる. 水素負イオンではクーロン力が弱くなるために束縛状態は基底状態 $(1s^2)^1S^e$ (相

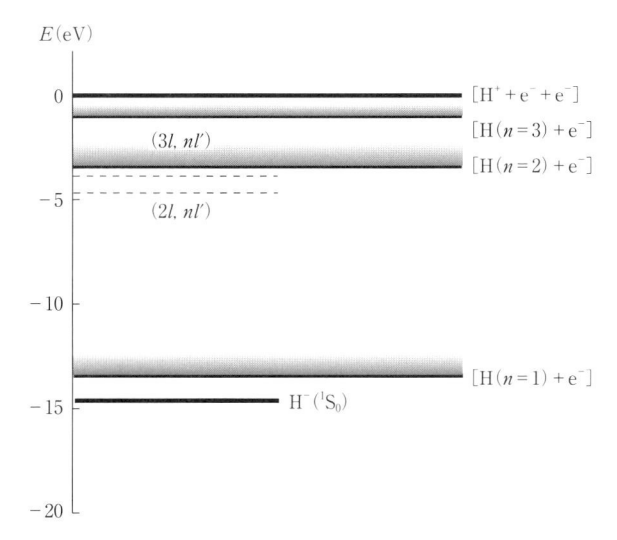

1.1 原子とイオンの構造（非相対論）

図 1.1.9 水素負イオンのエネルギー準位

関量子数のスキームで書けば $[1(0,0)^+1]^1S^e$ がただ一つ存在する．つまりヘリウム原子の場合と比較すると電子相関に比べて核によるクーロン力がより弱くなるのでこのような分子的な描像がよりよく成り立つことがわかる．この場合はヘリウム原子の場合における一電子励起状態（リュードベリ状態を含む）は存在しない．

水素原子の電子親和力はすでに見たとおり 0.75 eV であった．なおアルカリ原子の負イオンについても水素負イオンの場合と定性的には類似の状況があることを指摘しておこう．水素負イオンの場合もヘリウム原子と同じく二電子励起状態の存在が考えられる．図 1.1.9 で $[H(n=2)+e^-]$ の閾値の下のところにこの場合は $[H(n=1)+e^-]$ なる連続状態に埋まった二電子励起状態が存在する．これは自動的に電子が離脱してゆくので自動離脱状態（autodetaching state）と呼ばれる．

この励起状態は原子・イオンの電子散乱過程における中間状態でいわゆるフェシュバッハ（Feshbach）共鳴として現れる．たとえば

$$e^- + H(1s) \rightarrow H^-(2s, nl) \rightarrow e^- + H(1s)$$

の弾性散乱断面積のエネルギー依存性におけるファーノプロファイルとして観測される（3.2.2 項 i を参照）．この場合入射電子が 1s 軌道にある電子を上記の例では励起して自身も高い励起状態につかまりこれがまたある時間を経過後自動離脱して散乱状態に戻り，励起された電子はもとの軌道に脱励起されると解釈できるが，この途中の中間状態として二電子励起状態が生成される．この例や一電子等電子系列のリュードベリ状態における量子欠損理論から明らかなように１つのハミルトニアンで記述される系については束縛状態と連続状態について統一的理解を得ることが望ましい．

以上話題を二電子励起状態に限ったが，比較的最近までの二電子等電子系列について

の総説[28]をあげておく．

また最後に三電子励起状態については励起電子の運動を集団的にとらえ，三電子のエネルギー準位の分類は D_{3h} の対称性をもつ分子（たとえば NH_3 分子）の基準モードと同型であることが示されている[29]．その生成についての実験的研究[30,31]が行われており，文献[30]では独立粒子モデルによるレベルの同定が行われており，文献[31]では超球座標法による解析が試みられている．しかし現状では三電子励起状態以上については電子の集団運動の観点からのわれわれの理解は不十分である． 〔松澤通生〕

文　献

注）以下の文献ですべてを網羅しているわけではないことをお断りしておく．
1) 天野　清,「量子力学史」（中央公論社，1973）
2) a) 広重　徹,「物理学史 II」（培風館，1968）
   b) 以下の文献はこの領域で大きな寄与をした科学者の個人的側面も述べていて興味深い．
      E. Segrè, *From X-rays to Quarks, Modern Physicists and Their Discoveries* (Freeman, New York, 1980) [E. セグレ著，久保亮五，矢崎祐二訳,「X 線からクオークまで」（みすず書房，1982）]
3) 高柳和夫,「原子分子物理学」（朝倉書店，2000）pp. 1-426.
4) B. H. Bransden and C. J. Joachain, *Physics of Atoms and Molecules*, 2nd ed. (Prentice Hall, 2003) pp. 1-1114.
5) 量子力学の教科書は多数あるがたとえば初学者に適当と思われるのは
   江沢　洋,「量子力学 I」（裳華房，2002）pp. 1-240.
   江沢　洋,「量子力学 II」（裳華房，2002）pp. 1-209.
6) より本格的な教科書としては，たとえば，原著はロシア語版であるが，英訳としては（本文中ではこの英訳を引用した）L. D. Landau and E. M. Lifshitz, *Quantum Mechanics* (*Non-relativistic Theory*) *Course of Theoretical Physics*, Vol. 3, 3rd ed. (Pergamon Press, Oxford, 1977) pp. 1-673.
   邦訳としては
   L. D. ランダウ・E. M. リフシッツ著，佐々木健・好村滋洋・井上健男訳,「量子力学（非相対論的理論）」I, II（東京図書，1967, 1970）．
7) これも原著はロシア語版であるが下記の邦訳がある．
   L. D. ランダウ・E. M. リフシッツ著，広重　徹・水戸　巌訳,「力学」（東京図書，1974）．
8) A. Tonomura, T. Endo, T. Matsuda, T. Kawasaki and H. Ezawa, *Am. J. Phys.* **57** (1989) 117.
9) H. A. Bethe and E. E. Salpeter, *Quantum Mechanics of One- and Two Electron Atoms* (Springer-Verlag, 1957) pp. 1-368.
10) C. L. Pekeris, *Phys. Rev.* **112** (1958) 1649.
11) K. Frankowski and C. L. Pekeris, *Phys. Rev.* **146** (1966) 46.
12) J. Macek, *J. Phys.* **B1** (1968) 831.
13) a) 渡辺信一，松澤通生，日本物理学会誌 **44** (1989) 500.
    b) S. Watanabe, T. Morishita, D. Kato, O. I. Tolstikhin, K. Hino and M. Matsuzawa, *Nucl. Inst. Meth. Phys. Res.* **B124** (1997) 218.
14) N. Koyama, H. Fukuda, T. Motoyama and M. Matsuzawa, *J. Phys.* **B19** (1986) L331.
15) a) O. I. Tolstikhin, S. Watanabe and M. Matsuzawa, *Phys. Rev. Lett.* **74** (1995) 3573.
    b) O. I. Tolstikhin and M. Matsuzawa, *Phys. Rev.* **A63** (2001) 062705.
16) C. E. Moore, *Atomic Energy Levels* (as derived from the Analysis of Optical Spectra), NSRDS **35** (1971) Vol. 3 XXXIV.

17) H. Hotop and W. C. Lineberger, *J. Phys. Chem. Ref. Data.* **14**（1985）731.
18) a) A. A. Konovalenko and L. G. Sodin, *Nature* **294**（1981）135.
    b) A. A. Konovalenko, *Pis'ma Astron. Zh.* **10**（1984）846.
19) たとえば U. Fano and A. R. P. Rau, *Atomic Collisions and Spectra*（Academic Press, Orlando, 1986）
20) 松澤通生, 日本物理学会誌 **32**（1977）335, ibid. **41**（1986）402.
21) R. F. Stebbings and F. B. Dunning（Eds.), Rydberg States of Atoms and Molecules（Cambridge University Press, Cambridge, 1983).
22) 松澤通生, 高リュードベリ原子, 物理学最前線 24（共立出版, 1989）pp. 117-198.
23) T. F. Gallagher, Rydberg Atoms, Cambrigde Monogragh on *Atom. Mol. Chem. Phys.* **3**(1994).
24) R. P. Madden and K. Codling, *Astrophys. J.* **141**（1965）364.
25) D. R. Herrick and O. Sinanoǧlu, *Phys. Rev.* **A11**（1975）97.
26) M. E. Kellman and D. R. Herrick, *Phys. Rev.* **A22**（1980）1536.
27) C. D. Lin, *Adv. Atom. Mol. Phys.* **22**（1986）77.
28) G. Tanner, K. Richter and J-M. Rost, *Rev. Mod. Phys.* **72**（2000）497.
29) S. Watanabe and C. D. Lin, *Phys. Rev.* **A36**（1987）511.
30) Y. Azuma, S. Hasegawa. F. Koike, G. Kutluk, T. Nagata, E. Shigemasa, A. Yagishita, I. A. Sellin, *Phys. Rev. Lett.* **74**（1995）3768.
31) M. Zamkov, E. P. Benis, C. D. Lin. T. G. Lee, T. Morishita, P. Richard, T. J. M. Zouros, *Phys. Rev.* **A67**（2003）050703（R).

1.2 原子とイオンの構造：特論（相対論的効果ほか）

1.2.1 外場中の原子構造

本項では，外場中に原子が置かれた場合の原子構造の変化について考えてみる[1,2]．水素原子の 1s 軌道のクーロン場の強さはおよそ 10^{11} V m^{-1}，また 1s 軌道電子の平均的な運動エネルギーは，10^5 T もの強磁場中に置かれた自由電子のサイクロトロン運動（ランダウ準位）のエネルギーに匹敵する．よって，通常の実験室レベルでは，基底状態や低い励起状態の電子軌道に対する外場の影響は摂動として取り扱うことができる（超短パルスレーザーがつくりだす強光子場中では，原子内部に匹敵する強度の電場が得られる．詳しくは 2.4 節をご覧いただきたい）．ただし，リュードベリ状態の原子構造には，非摂動的な外場の影響（電界イオン化や準ランダウ共鳴など）が現れる．本項ではこれについてはふれないので，興味のある方は他の文献[3,4]をご覧いただきたい．

a. ゼーマン効果

ゼーマン（Zeeman）が一様な静磁場中に置かれたナトリウム原子からの D$_1$ 線（波長 5896 Å, $^2S_{1/2}-^2P_{1/2}$）と D$_2$ 線（5889 Å, $^2S_{1/2}-^2P_{3/2}$）の分裂を発見[5]したことから，磁場の影響による電子あるいは原子核準位構造の変化はゼーマン効果（Zeeman effect）と呼ばれる．全角運動量ベクトル $\boldsymbol{J}$ をもつ電子に付随する磁気モーメントは，磁気回転比 g_J（Landé の g 因子）を用いて一般に $\boldsymbol{\mu}_J = -\mu_B g_J \boldsymbol{J}/\hbar$ のように書ける．ここで，$\mu_B = e\hbar/2m_e \approx 5.7883 \times 10^{-5}$ eV T^{-1} はボーア磁子である．この磁気モーメントと一様な静

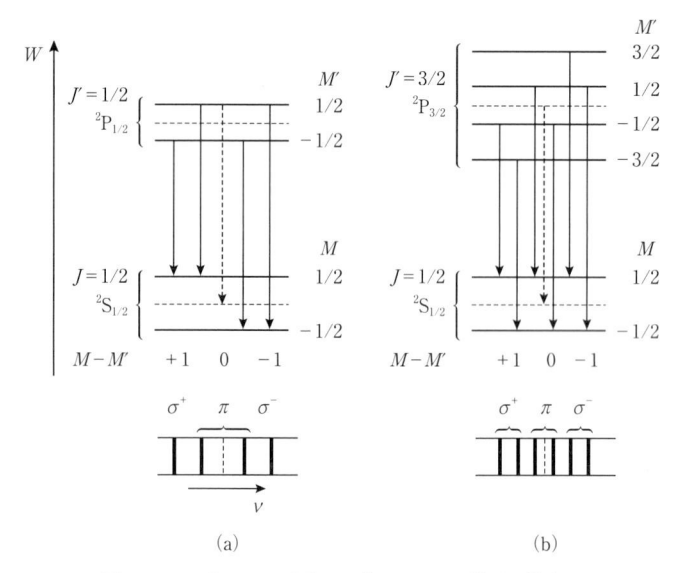

図 1.2.1 ナトリウム原子の D 線のゼーマン効果の模式図
(a) D_1 線の分裂
(b) D_2 線の分裂
上図の破線は磁場がないときのエネルギー準位.
下図の破線は磁場がないときの D 線の位置.

磁場ベクトル $\boldsymbol{B}$ との相互作用エネルギーは 1 次近似では $-\boldsymbol{B} \cdot \boldsymbol{\mu}_J$ であり，常磁性を示す．したがって，磁気モーメント（電子の全角運動量）が磁場の向きと平行（反平行）になるようにトルクが生じる．そのため，いわゆるジャイロ効果によって，$\boldsymbol{J}$ は磁場の向きに対して一定の角度を保ったまま歳差運動を行う．ただし，$\boldsymbol{J}$ は磁場の向きを量子化軸とした場合の磁気量子数 M で与えられる離散的な向きしかとれない（方向量子化）．よって，静磁場中に置かれた原子のエネルギー準位は，孤立した原子のエネルギー準位に対して $\Delta W = B\mu_\mathrm{B} g_J M$ のように分裂する．

図 1.2.1 は，ゼーマン効果による，ナトリウム原子の D 線の分裂の模式図である．発光線は $\Delta M = 0, \pm 1$ の 3 つのグループに分裂し，それぞれ，磁場に沿って直線偏光した π 成分，磁場に垂直面上での円偏光成分 $\sigma^\pm$（+は時計回り，−は反時計回り）に分かれる．もし，上準位と下準位の磁気回転比 g_J が同じ値であれば，発光線は全部で π 成分と $\sigma^\pm$ 成分のそれぞれ 3 本（Lorentz triplet）に分裂する（正常ゼーマン効果）．しかし，一般に磁気回転比は，LS 結合（1.1.2 項参照）で指定されるエネルギー準位に対して，方位量子数 L，スピン量子数 S，およびそれらの合成である全角運動量量子数 J によって 1 から 2 の間の値をもつ．

$$g_J = \frac{J(J+1) + L(L+1) - S(S+1)}{2J(J+1)} + g_\mathrm{s} \frac{J(J+1) - L(L+1) + S(S+1)}{2J(J+1)} \quad (1.2.1)$$

g_s は電子スピンに対する磁気回転比であり，相対論的量子力学によれば，それは2（実際は量子電磁力学効果によって2よりわずかに大きくなり，これは異常磁気モーメントと呼ばれる[6]）という値をもつ．上準位と下準位で g_J の値が異なる場合には，図1.2.1のように Lorentz triplet はさらに細かい線に分裂する（異常ゼーマン効果）．また，電気双極子遷移 $J' \to J$ の場合には，分裂した発光線の相対的な強度 I は次のようになる．

$$J = J': \begin{cases} I \propto M^2, & M = M' \\ I \propto (1/2)(J \pm M)(J \mp M + 1), & M = M' \pm 1 \end{cases}$$
$$J_2 = J_1 + 1: \begin{cases} I \propto J_2^2 - M^2, & M = M' \\ I \propto (1/2)(J_2 + M)(J_2 + M - 1), & M = M' \pm 1 \end{cases} \quad (1.2.2)$$

J_1, J_2 はそれぞれ，J, J' のうち小さい方と大きい方をさしており，$-J_2 \le M \le J_2$ である．ただし，J が1つだけ違う複数の上準位のエネルギー差が小さく，それらの電子状態間の結合が起こるほど磁場の影響が強い場合には，複数の上準位からの光放射遷移の干渉によって，ゼーマン分裂した発光線はより複雑な強度分布を示すので注意する[2]．また，ゼーマン効果によるエネルギー準位の分裂が，微細構造（1.2.2項参照）によるエネルギー準位の分裂よりも著しく大きな場合には，異常ゼーマン効果から正常ゼーマン効果への移行が起こる（パッシェン-バック効果）．

ところで，軌道角運動量とスピン角運動量がともに0（$^1S_0$）のエネルギー準位は本来磁気モーメントをもたないため，上述した磁場に比例する1次のゼーマン効果はない．よって，エネルギー準位に影響を与えるのは2次のゼーマン効果である．2次のゼーマン効果による磁場との相互作用エネルギーの期待値は磁場の強さの2乗に比例する正値で，つまり反磁性を示す．

b. シュタルク効果

電場によって縮退した電子のエネルギー準位が分裂することをシュタルク（Stark）が初めて発見[7]したので，原子構造に与える電場の影響はシュタルク効果と呼ばれる．プラズマ中のイオンからの発光線のシュタルク広がり（5.1.1項参照）も，周辺の荷電粒子による電場の影響である．

電場がエネルギー準位に与える影響は，静電場中の電気双極子モーメントを考えればわかりやすい．ただし，孤立した原子の電子軌道は空間反転対称性（パリティ保存）のために本来双極子モーメントをもたない（ただし，水素原子の励起準位の場合は事情が異なる）．外部から印加した電場によって双極子モーメントが誘起され，その電場方向の成分の大きさは電場の強さ E と，エネルギー準位に対応した電子軌道の分極率 α_d の積で表せる．よって，エネルギー準位は電場の強さの2乗に比例して $\Delta W = -(\alpha_d/2)E^2$（2次のシュタルク効果）のように分裂する．静電場中で，磁気量子数の符号（電子の回転の向き）だけが反対の電子軌道の分極率は等しい．よって，そのような軌道のエネルギー準位は縮退したままである．結果として，図1.2.2のように，電場による発光線の分裂は孤立原子のものに対して非対称になる．

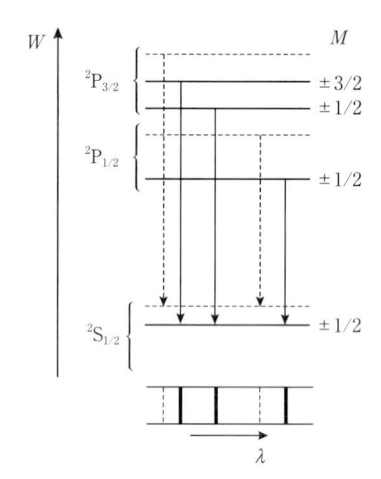

図 1.2.2 ナトリウム原子の D 線のシュタルク
効果の模式図
上図の破線は電場がないときのエネルギー準位.
下図の破線は電場がないときの D 線の位置.

原子の分極率は,外場に対する物質の応答係数の中で,最も詳しい微視的な理解が得られているものである[8]. 分極率の値は電子軌道の広がりと他の軌道への電気双極子遷移に必要なエネルギーの大きさに依存し,とくに閉殻軌道のものは小さな値を示し,一方,アルカリ金属では著しく大きな値を示す. たとえば,ヘリウム原子の分極率はおよそ 0.2(単位は $4\pi\varepsilon_0 \times 10^{-30}\,\mathrm{m}^3$)だが,リチウム原子では 24.3 になる. ところで,周期的に変動する電場の周波数が,軌道電子の光遷移周波数と共鳴した場合には,光子の吸収や誘導放出が起こるが,共鳴しない周波数で変動する電場は,その周波数に依存したエネルギー準位のずれや分裂を生じる. つまり,原子の分極率は外部から印加した電場の周波数に依存する. その理論的取り扱いでは,周期的な変動電場と電子が非摂動的に結合した状態(擬エネルギー状態またはフローケ状態)が用いられる[4].

さて,1.1.1 項で述べたとおり,水素原子の励起準位は,磁気量子数のほか,異なる方位量子数の準位も縮退している. 電場によって,方位量子数が 1 つだけ異なる,つまりパリティの異なる電子軌道どうしが混じりあい,電場の強さに比例したエネルギー準位の分裂が生じる(1 次のシュタルク効果). なお,他の原子でも,電場の強さを大きくして,電場によるエネルギー準位の分裂が,もともと分離していた準位のエネルギー差に匹敵するようになれば,一般に 1 次のシュタルク効果の方が顕著になる.

1.2.2 相対論効果

異常ゼーマン効果は,電子が単なる点電荷ではなくスピン(磁気モーメント)を内在し,その磁気回転比は $g_\mathrm{s}=2$ であると考えれば説明できた. 自然が与えたこの電子の特

性は，ディラック（Dirac）が提案[9]した相対論的量子力学の基礎方程式であるディラック方程式から，静磁場中での非相対論近似（パウリ（Pauli）近似）によって示された．これについて詳しいことは他の専門書[10]に譲り，ここでは相対論効果によるエネルギー準位の微細構造について概説する．

クーロン場 $V(r) = -Ze^2/4\pi\varepsilon_0 r$ 中のディラック方程式のハミルトニアンは，パウリ近似によって次のようになる（一般に，パウリ近似を与える相似変換をフォールディ-ウウトホイゼン（Foldy-Wouthuysen）変換と呼ぶ[6]）．

$$H = \frac{p^2}{2m_e} + V(r) - \frac{p^4}{8m_e^3 c^2} + \frac{1}{2m_e^2 c^2}\frac{1}{r}\frac{dV}{dr}\boldsymbol{l}\cdot\boldsymbol{s} + \frac{\pi h^2}{2m_e^2 c^2}\left(\frac{Ze^2}{4\pi\varepsilon_0}\right)\delta(\boldsymbol{r}) \quad (1.2.3)$$

右辺の第1項と第2項はクーロン場中のシュレーディンガー方程式にほかならない．つまり，残りの3つの項がエネルギーに対する相対論効果を表している．先に第4項をみると，これはすでに1.1.3項で簡単に述べた，電子スピンと軌道角運動量の相互作用（スピン軌道相互作用）のエネルギーを表している．古典的には，クーロン電場中を回転運動している電子スピンが，自身の回転座標系で生じる磁場のトルクと慣性力を受けながら，ジャイロ効果によって歳差運動していると解釈できる[11]．第3項は，特殊相対論での電子の全エネルギーから，古典的運動エネルギーと静止エネルギーを差し引いた2次の補正項を表す．つまり，運動する電子の質量増加に相当する．この項のエネルギー期待値はつねに負の値を示すので，波動関数を原子核の方へ収縮させる効果をもつ．さて，第5項であるが，電子のジグザグ運動（zitterbewegung）とか高速量子振動の効果であるという解釈が一般的である．この項はダーウィン項と呼ばれ，エネルギー期待値は正定値で，軌道角運動量が0のエネルギー準位だけに影響を与える．

以上の3つの相対論補正を加えると，異なる全角運動量 j をもつエネルギー準位が次のように分裂することになる．

$$\Delta E = E_n \frac{(Z\alpha)^2}{n^2}\left[\frac{n}{j+1/2} - \frac{3}{4}\right] \quad (1.2.4)$$

ただし，E_n は主量子数で与えられる水素原子（水素様イオン）のエネルギーである．これが，相対論効果によるエネルギー準位の微細構造である．たとえば，水素原子の $2p_{1/2}$ と $2p_{3/2}$ のエネルギー準位はおよそ 4.5×10^{-5} eV（$\nu = 10943$ MHz）だけ分離する（図1.2.3）．水素原子の微細構造は，その名のとおり非常に細かな構造であるが，重元素（$Z \gg 1$）や多価イオンになると顕著になる（4.1節参照）．

ヘリウムの場合，2つの電子スピンどうしの磁気相互作用が，上述のスピン軌道相互作用と同程度の大きさをもつ．

$$V_{ss} = \frac{\mu_0}{4\pi}\frac{4\mu_B^2}{\hbar^2}\left[\frac{\boldsymbol{s}_1\cdot\boldsymbol{s}_2}{r^3} - 3\frac{(\boldsymbol{s}_1\cdot\boldsymbol{r})(\boldsymbol{s}_2\cdot\boldsymbol{r})}{r^5}\right] \quad (1.2.5)$$

この磁気相互作用は，BetheとSalpeter[12]の相対論的取り扱いの中で，ブライト（Breit）相互作用（通常のクーロン相互作用に，電子の速度と光速の比，つまり微細構造定数について2次の相対論補正を加えたもの．量子電磁力学では，電子間での仮想光子の

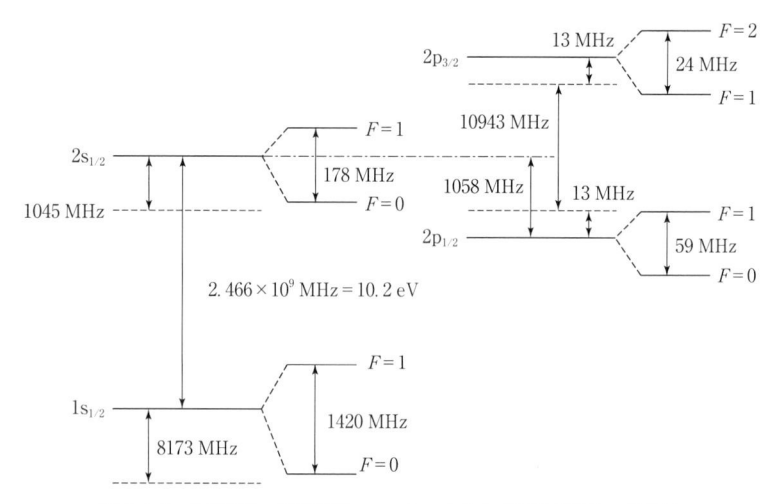

図 1.2.3 水素原子の微細構造，ラムシフトおよび超微細構造の模式図
破線はディラックのエネルギー準位．図中のエネルギーは文献[6]に掲載されている数値．

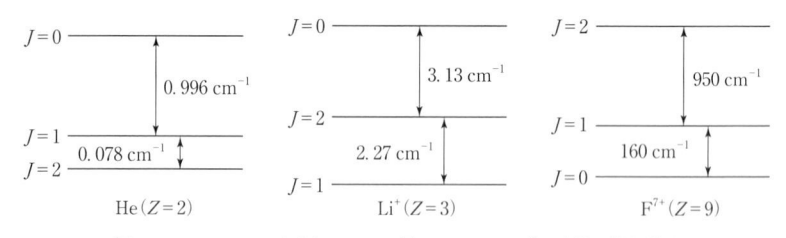

図 1.2.4 ヘリウム原子とヘリウム様イオンの$1s2p^3P_J$準位の微細構造
図中のエネルギーは文献[10]に掲載されている実験値．

やりとりの効果として現れる[6]．光速による遅延効果まで含めたものは一般化ブライト相互作用と呼ばれる）の一部としてパウリ近似（ブライト-パウリ方程式）に現れるため，電子間相互作用に対する相対論補正と解釈することができる．また，片方の電子スピンと，もう片方の電子の軌道角運動量とのスピン軌道相互作用（spin-other orbit interaction）も存在する．ただし，原子番号の大きなヘリウム様多価イオンでは，これらは通常のスピン軌道相互作用に比べて小さな効果しか示さなくなる．例として，ヘリウム原子とヘリウム様イオンの$1s2p^3P_J$準位の微細構造を図1.2.4に示す．ヘリウム原子では二電子間の磁気相互作用が顕著で，通常のスピン軌道相互作用とは異なる微細構造（準位の逆転はおもに spin-other orbit interaction による）を示す．

ところで，ブライト相互作用には，古典的解釈では，上述の電子スピンの磁気相互作用のほかに，片方の電子運動のカレントともう片方の電子運動に付随するベクトルポテンシャルとの相互作用も含まれる[11]．多価イオンでは後者がより大きな効果を示すと考えられる．

1.2.3　輻射補正，超微細構造，同位体シフト

ディラックの理論によれば，水素原子の $2s_{1/2}$ と $2p_{1/2}$ のエネルギー準位は，全角運動量 $j = 1/2$ が等しいので縮退したままである．ところが，ラム (Lamb) とラザフォード (Retherford) は水素原子線の精密なマイクロ波分光を行い[13]，$2s_{1/2}$ がわずかに $2p_{1/2}$ よりも高いエネルギー準位にあることを示した（図 1.2.3）．このわずかなエネルギー差はラムシフトと呼ばれ，現在，その値は $\nu = 1057.845 \pm 0.009$ MHz であることが実験により確かめられている．ラムシフトは，ディラック理論に対する輻射補正として知られ，電子スピンの異常磁気モーメントと並び，量子電磁力学の最もよく知られる効果の1つである．輻射補正は，電子による仮想光子の放出・再吸収，また真空での仮想的な電子・陽電子対の生成・消滅により生じると解釈され，このうち前者が輻射補正エネルギーの大部分に寄与する．これに加え，より高次の量子電磁力学効果や原子核の反跳効果まで含めた理論値は $\nu = 1057.855 \pm 0.014$ MHz を与え，実験値ときわめて正確に一致する．

原子核固有のスピンとの磁気双極子相互作用，非球対称な電荷分布による電気四重極子相互作用の影響を超微細構造と呼ぶ．超微細構造を表すとき，原子核固有のスピン角運動量 I と，電子の全角運動量 J との合成で与えられる原子（電子＋原子核）の全角運動量 $F = I + J$ が用いられる．詳しい解説は他の文献[1, 2, 10]に譲り，ここでは水素原子の例（図 1.2.3）を示すにとどめる．よく知られているのは，水素原子の 1s 軌道の超微細構造分裂（$\nu = 1420.4057518$ MHz）で，世の中で最も精密に測定されている物理量の1つである[14]．ただし，おもに陽子の内部構造の知見が限られているために，理論的な検証は実験値の精度にはまだ遠く及ばない．ところで，同準位間の遷移による発光線の波長はおよそ 21 cm に相当し，電波天文学では，われわれの銀河系における水素原子の分布を与える重要な観測対象となっている．

このほか，原子核による影響として電子のエネルギー準位の分離を伴わないものに，原子核が有限の質量をもつことに起因する効果（換算質量と質量分極）と原子核の電荷分布の広がりによる体積効果がある．これらの影響を総称して同位体シフトと呼ぶ．理論的には，換算質量の効果は（原子核の質量がわかっている範囲で）自明であるが，複数電子をもつ原子の場合に現れる質量分極効果の評価には，正確な波動関数の数値計算を要する．ヘリウムについては変分法によりきわめて正確な波動関数が得られており（1.1.2項参照），質量分極，および相対論補正や輻射補正がエネルギー準位に与える影響について高精度の理論値が得られる[15]．これに基づいて，精密化が進んだ不安定同位体の分光測定との比較から，中性子を過剰に含んだエキゾチックな原子核の電荷分布（体積効果）の研究が行われている．

1.2.4　重元素原子の理論的取り扱い

よく知られているものにトーマス-フェルミ模型がある．これは，原子内の電子集団を原子核のクーロン場中の自由電子気体とみる模型である．電子の運動エネルギーや静電相互作用エネルギー，および交換エネルギーはすべて電子密度分布関数で表される（交

換エネルギーを含むものはトーマス-フェルミ-ディラック模型と呼ばれる）．この模型は精密ではないが，電子を多数もつ原子の平均的な電子状態を比較的簡単に与えるので広く応用されている．しかし，原子核近傍と大きな動径距離では物理的に正しくない電子密度分布を与えることや，殻構造（1.1.3項参照）を表すことができないなどの原理的な欠陥ももっている．

電子密度分布関数によって系のエネルギーを表す点で，トーマス-フェルミ模型と同じものに密度汎関数法がある．とくに，コーン-シャム（Kohn-Sham）密度汎関数法が広く用いられている．この方法では，電子の運動エネルギーや交換・相関エネルギーの精度が，自由電子気体に基づくトーマス-フェルミ模型よりも格段に優れている．ただし，計算結果の評価には他の計算結果や実験との比較が必要である．ハートリー-フォック法や配置間相互作用法などと違って，比較対象がない場合に精度を改良する系統的な方法はいまだ確立されていない．以上，本項に関してより詳しい内容は他の文献[16]をご覧いただきたい．　　　　　　　　　　　　　　　　　　　　　　　　　　　〔加藤太治〕

文　　献

1) G. ヘルツベルグ著，堀　健夫訳，「原子スペクトルと原子構造」（丸善，1964）p. 114.
2) R. D. Cowan, *The Theory of Atomic Structure and Spectra* (Univ. California Press, Berkeley, 1981).
3) S. Watanabe, *Atoms in Static Electric and Magnetic Fields in "Review of Fundamental Processes and Applications of Atoms and Ions"*, Edited by C. D. Lin (World Scientific, 1993).
4) H. Friedrich, *Theoretical Atomic Physics* (Springer-Verlag, 1990).
5) P. Zeeman, *Phil. Mag.* **43** (1897) 226.
6) W. Greiner and J. Reinhardt, *Quantum Electrodynamics* (Springer-Verlag, 1994).
7) J. Stark, *Ann. Physik.* **43** (1914) 965.
8) 金子尚武・井口道生，日本物理学会誌 **28** (1973) 825.
9) P. A. M. Dirac, *Proc. R. Soc. Lond.* **A117** (1928) 610.
10) B. H. Bransden and C. J. Joachain, *Physics of Atoms and Molecules*, 2nd ed. (Prentice Hall, 2003).
11) J. D. Jackson, *Classical Electrodynamics*, 2nd ed. (John Wiley & Sons, 1975).
12) H. A. Bethe and E. E. Salpeter, *Quantum Mechanics of One and Two-Electron Atoms* (Plenum Press, 1977).
13) W. E. Lamb and R. C. Retherford, *Phys. Rev.* **72** (1947) 241.
14) N. F. Ramsey, *Metrologia* **1**(1) (1965) 7.
15) G. W. F. Drake, *Theory and Recent Experiments in Atomic Systems in "Long-range Casimir Forces"*, Edited by F. S. Levin and S. A. Micha (Plenum, 1993).
16) 高柳和夫，「原子分子物理学」（朝倉書店，2000）5.6節．

1.3　分　子　の　構　造

分子の大きさは数オングストローム（Å）の程度，すなわち $10^{-10} \sim 10^{-9}$ m 程度の非常に小さい世界である．分子の状態を正確に認識するには量子力学による理解が必要で

1.3 分子の構造

ある.

　一方，われわれが住んでいる世界で見る事象の多くは古典力学によって説明されるので，われわれは古典力学的な考え方に慣れている．分子を量子力学に基づいて考察するにしても，実は古典力学との対応を考えることが多い．

　上記のような対応を可能にする背景には，分子系のシュレーディンガーの方程式に対するいくつかの近似が介在するが，まず分子に関するシュレーディンガー方程式を正確に解こうとすると，たいへんなことになることを示し，近似の導入の必要性を見よう．

　多原子分子で最も簡単な分子の1つとして，水分子（H_2O）の波動関数を求めることを考る．つまり，原子核3個，電子10個からなる13体問題である．この系の波動関数に対する，正確な解析的な解を得ることはもちろん不可能で，電子計算機を用いて，シュレーディンガー方程式（偏微分方程式）を数値的に解くことを考える．39個の自由度のうち，分子全体としての並進と回転の自由度6を差し引いても，内部自由度は33個もある．各自由度に対して不十分ではあるが，10点を割り当てることにする．10個の電子が区別不可能なこと，2個の水素原子核がやはり区別できないことによる対称性を考慮に入れても，$10^{33}/(2\cdot10!)$ 個の座標点が対象となる．1点における波動関数の値に対して8バイトを割り当てるとして，$\cdot 10^{27}$ バイト $= \cdot 10^{18}$ ギガバイト，値が非常に小さくなる点には4バイトを割り当てても焼け石に水で，オーダーとしては 10^{17} ギガバイトぐらいは必要であろう．途方もなく大きい記憶容量を要することになる．それが水のような簡単な分子においてである．なんらかの近似の導入は不可欠である．

　実際，いろいろなレベルで，工夫，努力が払われた．原子核の質量は電子の質量の約2000倍か，それ以上ある．この大きな差ゆえに，原子核と電子をまったく同等に扱う必要はなく，原子核の運動と電子の運動の分離という取り扱いをしても，かなりよい近似となる．

　また，多電子に関する取り扱い法も，高速で大規模処理が可能なコンピュータの大発展と相まって，いろいろの工夫がなされた．ディラックは1929年の「多電子系の量子力学」という論文中に，物理の大部分，化学のすべての問題について，解くべき方程式があまりに複雑で解けないという困難に対して，膨大な計算をせずに複雑な系の性質を説明する実用的近似法の展開が望まれると指摘している．ディラックが論文を書いたときには，おそらく，コンピュータの特筆すべき大発展は予想してなかったであろうと思われる．つまり"膨大な計算をせずに"とか"複雑な系"の意味が，ディラックが考えたであろう規模と現在行われている計算規模とでは大いに違っていると思われる．実際いまやタンパク質を構成するいくつかの分子の多量体の計算が高い信頼度をもって行われている．これらは量子化学の分野で大発展しており，ここで取り扱いきれる問題ではないので，電子構造理論の詳細は，他の量子化学の分野の専門書にゆだねることにする．たとえば文献[1-4]は参考となるであろう．

　本節では，原子核の運動と電子の運動の分離（ボルン-オッペンハイマーの断熱近似）について簡単にふれ，二原子分子と，小さな多原子分子に関する基礎的な事項を述べる．

筆者の著書[5]も一部参考になると思われる．

1.3.1 原子核の運動と電子の運動の分離（ボルン-オッペンハイマーの断熱近似）

原子核の運動は回転や振動という古典力学に現れる言葉を用いて語られる．実際には分子が古典力学的なイメージで回転や振動をしているわけではないが，古典的な概念と対応づけることができて，それが問題の理解を助けてくれる．

分子の"平衡構造"という言葉が使われる．これは分子が"平衡構造"という確定した形で存在するという意味ではない．平衡構造で存在する状態を観測する確率が最も大きいという意味である．まさに構造には不確定さがあって，それが振動という言葉で語られる．

では平衡構造の理論的な定義であるが，前節に示したように，分子系の正確な波動関数を求めえない以上，核間距離の期待値を求めることもできないので，別の方法から近似的に引き出される．この節の主要題目である原子核の運動と電子の運動に対する波動関数の変数の分離による断熱近似が平衡構造に対するとてもよい近似を与える．

a. 断熱近似

系の電子と原子核の数をそれぞれ，n および N として，各電子と原子核を表すインデックスをそれぞれ，$i, j, k, ...$ と $\lambda, \mu, \nu, ...$ で表すことにする．まず原子核と電子の質量と座標を以下で定義しておく．

μ 番目の原子核の位置ベクトル： $\boldsymbol{R}_\mu$

μ 番目の原子核の質量： M_μ

j 番目の電子の位置ベクトルとスピン座標： $\boldsymbol{x}_j(\boldsymbol{r}_j, \sigma_j)$

電子の質量： m_e

以上に基づいて，系の非相対論的なハミルトニアンは

$$\hat{H} = -\sum_\mu \frac{\hbar^2}{2M_\mu}\Delta_\mu - \sum_j \frac{\hbar^2}{2m_\mathrm{e}}\Delta_j$$
$$+ \hat{V}(\boldsymbol{r}_1, \boldsymbol{r}_2, ..., \boldsymbol{r}_j, ..., \boldsymbol{R}_1, \boldsymbol{R}_2, ..., \boldsymbol{R}_\mu, ...) \tag{1.3.1}$$

$$\hat{V}(\boldsymbol{r}_1, \boldsymbol{r}_2, ..., \boldsymbol{r}_j, ..., \boldsymbol{R}_1, \boldsymbol{R}_2, ..., \boldsymbol{R}_\mu, ...)$$
$$= \frac{1}{4\pi\epsilon_0}\left\{-\sum_{\mu,j}\frac{Z_\mu e^2}{|\boldsymbol{r}_j - \boldsymbol{R}_\mu|} + \sum_{i>j}\frac{e^2}{|\boldsymbol{r}_i - \boldsymbol{r}_j|} + \sum_{\mu>\nu}\frac{Z_\mu Z_\nu e^2}{|\boldsymbol{R}_\mu - \boldsymbol{R}_\nu|}\right\} \tag{1.3.2}$$

具体的な議論に入る前に上の式と関連して，長さとエネルギーの単位について述べておこう．上の式において MKS 単位系の表現を用いたが，原子や分子の取り扱いでは，しばしば原子単位を用いる．長さに関してはボーア半径 a_0 を単位として表す．

$$a_0 = \frac{4\pi\epsilon_0 \hbar^2}{m_\mathrm{e} e^2} = 5.291772 \times 10^{-11}\,\mathrm{m} = 0.5291772\,\text{Å}$$

エネルギーの単位として

1.3 分子の構造

$$\frac{e^2}{4\pi\epsilon a_0} = \frac{m_e e^4}{(4\pi\epsilon)^2 \hbar^2}$$

をとり,これも原子単位といい,1 a.u. と表す.1 a.u. と他のエネルギーに関する単位との比較をしておく.

$$1 \text{ a.u.} = 2.194745 \times 10^7 \text{ m}^{-1}$$
$$= 27.21138 \text{ eV}$$
$$= 6.57968 \times 10^6 \text{ GHz}$$
$$= 627.509 \text{ kcal mol}^{-1}$$

分子系の重心,原子核の重心および分子系の全運動量を以下で定義しておこう.

$$\boldsymbol{R}_g = \frac{\sum_\mu M_\mu \boldsymbol{R}_\mu + m_e \sum_j \boldsymbol{r}_j}{M}, \qquad \boldsymbol{R}_\gamma = \frac{\sum_\mu M_\mu \boldsymbol{R}_\mu}{M'} \tag{1.3.3}$$

$$\hat{\boldsymbol{P}} = \sum_\mu \frac{\hbar}{i}\nabla_\mu + \sum_j \frac{\hbar}{i}\nabla_j \tag{1.3.4}$$

ここで,M と M' は以下の意味をもつ.

$$M = \sum_\mu M_\mu + n m_e, \qquad M' = \sum_\mu M_\mu \tag{1.3.5}$$

分子系の電子と原子核の座標を重心および相対座標

$$\boldsymbol{r}'_j = \boldsymbol{r}_j - \boldsymbol{R}_\gamma, \qquad \boldsymbol{R}'_\mu = \boldsymbol{R}_\mu - \boldsymbol{R}_\lambda \tag{1.3.6}$$

によって次のように表すことにする.

$$\boldsymbol{R}_g, \boldsymbol{r}'_1, \boldsymbol{r}'_2, ..., \boldsymbol{r}'_j, ..., \boldsymbol{r}'_n, \boldsymbol{R}'_1, \boldsymbol{R}'_2, ..., \boldsymbol{R}'_\mu, ..., \boldsymbol{R}'_N \quad (\mu \neq \lambda)$$

ここで,λ はある特定の原子核をさす.ここでは最も質量が大きい原子核をさすことにしよう.

ハミルトニアン $\hat{H}$ と $\hat{\boldsymbol{P}}$ は交換するので,

$$[\hat{H}, \hat{\boldsymbol{P}}] = 0, \tag{1.3.7}$$

ハミルトニアン $\hat{H}$ の固有関数 Ψ は $\hat{\boldsymbol{P}}$ の固有関数に選ぶことができる.すなわち,

$$\hat{H}\Psi(\boldsymbol{x}_1, \boldsymbol{x}_2, ..., \boldsymbol{x}_n, \boldsymbol{R}_1, \boldsymbol{R}_2, ..., \boldsymbol{R}_N)$$
$$= E\Psi(\boldsymbol{x}_1, \boldsymbol{x}_2, ..., \boldsymbol{x}_n, \boldsymbol{R}_1, \boldsymbol{R}_2, ..., \boldsymbol{R}_N) \tag{1.3.8}$$

$$\hat{\boldsymbol{P}}\Psi(\boldsymbol{x}_1, \boldsymbol{x}_2, ..., \boldsymbol{x}_n, \boldsymbol{R}_1, \boldsymbol{R}_2, ..., \boldsymbol{R}_N)$$
$$= \hbar \boldsymbol{K}_0 \Psi(\boldsymbol{x}_1, \boldsymbol{x}_2, ..., \boldsymbol{x}_n, \boldsymbol{R}_1, \boldsymbol{R}_2, ..., \boldsymbol{R}_N) \tag{1.3.9}$$

したがって,$\hat{\boldsymbol{P}}$ と共役な変数 $\boldsymbol{R}_g$ は他の変数と分離されて,

$$\Psi(\boldsymbol{x}_1, \boldsymbol{x}_2, ..., \boldsymbol{x}_n, \boldsymbol{R}_1, \boldsymbol{R}_2, ..., \boldsymbol{R}_N)$$
$$= \exp\{i\boldsymbol{K}_0 \cdot \boldsymbol{R}_g\} \Phi(\boldsymbol{x}'_1, \boldsymbol{x}'_2, ..., \boldsymbol{x}'_n, \boldsymbol{R}'_1, \boldsymbol{R}'_2, ..., \boldsymbol{R}'_\mu) \quad (\mu \neq \lambda) \tag{1.3.10}$$

ここで,$\boldsymbol{x}'_j = (\boldsymbol{r}'_j, \sigma_j)$ である.

Φ は $\hat{\boldsymbol{P}}\Phi = 0$ を満たして,分子全体として運動量が 0 で,分子全体の回転と内部運動の状態を表す.分子全体の角運動量演算子

$$\hat{\boldsymbol{J}} = \sum_\mu \frac{\hbar}{i}\hat{\boldsymbol{R}}_\mu \times \nabla_\mu + \sum_j \frac{\hbar}{i}\hat{\boldsymbol{r}}_j \times \nabla_j \tag{1.3.11}$$

はハミルトニアンと交換して

$$[\hat{H}, \hat{\boldsymbol{J}}] = 0, \tag{1.3.12}$$

である.しかし $[\hat{\boldsymbol{P}}, \hat{\boldsymbol{J}}] \neq 0$ であるので,$\varPhi$ は $\hat{\boldsymbol{J}}$ の固有関数ではない.

次式でパラメータ κ を定義する.

$$\kappa = \left(\frac{m_{\mathrm{e}}}{M'}\right)^{1/4} \tag{1.3.13}$$

これを用いてハミルトニアン (1.3.1) を式 (1.3.3),(1.3.6) に従い書き直すと,

$$\hat{H} = \frac{\hat{\boldsymbol{P}}^2}{2M} + \hat{H}_e + \hat{T}_{\mathrm{nucl}}, \tag{1.3.14}$$

$$\hat{H}_e = -\sum_j \frac{\hbar^2}{2m_{\mathrm{e}}}(1 + \kappa^4)\varDelta'_j - \kappa^4 \sum_{i>j} \frac{\hbar^2}{m_{\mathrm{e}}} \nabla'_i \cdot \nabla'_j + V \tag{1.3.15}$$

$$T_{\mathrm{nucl}} = -\kappa^4 \sum_{\mu, \nu}^{(\mu, \nu \neq \lambda)} C_{\mu\nu} \frac{\hbar^2}{2m_{\mathrm{e}}} \nabla'_\mu \cdot \nabla'_\nu, \tag{1.3.16}$$

$$C_{\mu\nu} = \begin{cases} \dfrac{M'(M_\mu + M_\lambda)}{2M_\mu M_\lambda}, & \text{for } \mu = \nu \\ \dfrac{M'}{2M_\lambda}, & \text{for } \mu \neq \nu \end{cases} \tag{1.3.17}$$

$\varPhi$ は $W = E - \hbar^2 K_0^2/2M$ として,次式に従う.

$$\{\hat{H}_e + \hat{T}_{\mathrm{nucl}}\}\varPhi = W\varPhi. \tag{1.3.18}$$

これは,分子骨格の回転と内部運動および電子の状態を記述する波動関数 $\varPhi$ を決定する固有値方程式である.

いま,回転と内部運動をそれぞれ,θ と ξ に分けることができたとする.

$$\theta = (\theta_1, \theta_2, \theta_3), \tag{1.3.19}$$

$$\xi = (\xi_1, \xi_2, \ldots, \xi_{3N-6}), \tag{1.3.20}$$

さらに,

$$\boldsymbol{x}' = (\boldsymbol{x}'_1, \boldsymbol{x}'_2 \cdots \boldsymbol{x}'_i \cdots \boldsymbol{x}'_n) \tag{1.3.21}$$

と表すことにしよう.すでにふれたように,原子核の質量は電子の質量に比べてはるかに大きいので,電子に比べゆっくり動くと考えられる.そこで,$\varPhi$ が電子の状態を記述する部分 ψ と原子核の運動を記述する部分 χ の積という形で,近似的に変数分離できると仮定しよう.

$$\varPhi(\boldsymbol{x}', \xi, \theta) \simeq \psi(\boldsymbol{x}'; \xi)\chi(\xi, \theta) \tag{1.3.22}$$

ψ は電子的ハミルトニアン $\hat{H}_e$ の固有関数であるとする.固有値を w とすると,$\hat{H}_e$ の中には ξ がポテンシャル V を通してパラメータとして含まれるので,w は ξ に依存する.そして,ψ 中の ξ は変数という意味をもつのではなく,パラメータである.

$$\hat{H}_e \psi_n(\boldsymbol{x}'; \xi) = w_n(\xi)\psi_n(\boldsymbol{x}'; \xi) \tag{1.3.23}$$

ここで,n は電子状態を表す添え字である.以上の近似がボルン-オッペンハイマーの断熱近似である.

さて式 (1.3.18) に現れる $\hat{H}_e + \hat{T}_{\mathrm{nucl}}$ は式 (1.3.15),(1.3.16) に見るように,式 (1.3.13)

のパラメータ κ に依存する．このパラメータの概略の意味を考えておこう．いま，分子を質量 M' をもつ振動子にたとえて，この分子の形の微小変形に対する力の定数が k であるとしよう．この振動子の 0 点振動における空間的な広がりの程度（構造の不確かさの程度）を古典力学による振幅 β_0 で，次式によって見積もると，

$$\frac{\hbar}{2}\sqrt{\frac{k}{M'}} = \frac{k}{2}\beta_0^2, \qquad \beta_0 = \left(\frac{\hbar^2}{M'k}\right)^{1/4}, \tag{1.3.24}$$

力の定数 k は分子の構造の変化に対するエネルギーの 2 次の微分係数である．その大きさの程度をボーア半径 a_0 を用いて，$\dfrac{e^2/a_0}{a_0^2}$ で見積もることにしよう．ここで，e^2/a_0 は電子的エネルギーの程度を表し，a_0 で 2 回割っているのは，分子の変形による 2 階微分に対応させている．$e^2/a_0^3 = \hbar^2/(m_e a_0^4)$ に注意して，これを式（1.3.24）に代入すると

$$\beta_0 = \left(\frac{m_e}{M'}\right)^{1/4} a_0 = \kappa a_0, \tag{1.3.25}$$

を得る．すなわち，κ は安定構造の不確かさの程度を与えている．この値は最も軽い水素分子でも，$\beta_0 = 0.13 a_0 = 0.07$ Å と，とても小さい．

b. 振動・回転状態のエネルギーの大きさの程度

分子構造は原子核の相対的な位置関係で決まるから，それは式（1.3.20）で示した ξ によって表される．前述したように，ピタッと決まる分子の平衡構造は存在しえないが，状態 ψ_n に対応する固有エネルギー $w_n(\xi)$ が最小となる点 ξ^0 を，その状態の理論的な平衡点とすることにする（ψ_n による ξ の期待値ではない）．この平衡点からずれた構造 ξ を

$$\xi = \xi^0 + \kappa \zeta, \tag{1.3.26}$$

と定義しよう．

$$\hat{H}_{e\zeta} = \sum_i \frac{\partial H_e}{\partial \xi_i}\Big|_{\xi=\xi^0} \zeta_i, \qquad \hat{H}_{e\zeta\zeta} = \frac{1}{2!}\sum_{ij} \frac{\partial^2 H_e}{\partial \xi_i \partial \xi_j}\Big|_{\xi=\xi^0} \zeta_i \zeta_j, \cdots \tag{1.3.27}$$

$$\hat{w}_{\zeta} = \sum_i \frac{\partial w_n}{\partial \xi_i}\Big|_{\xi=\xi^0} \zeta_i, \qquad \hat{w}_{\zeta\zeta} = \frac{1}{2!}\sum_{ij} \frac{\partial^2 w_n}{\partial \xi_i \partial \xi_j}\Big|_{\xi=\xi^0} \zeta_i \zeta_j, \cdots \tag{1.3.28}$$

と $\xi = \xi^0$ における微分係数を用いて，$\hat{H}_e, w_n, \psi_n$ を ξ^0 のまわりに κ のべきによって展開し，κ を摂動の大きさのパラメータとして，状態に縮退がないものとして摂動論を適用する．

$$\hat{H}_e(\xi) = \hat{H}_e(\xi^0) + \kappa \hat{H}_{e\zeta} + \kappa^2 \hat{H}_{e\zeta\zeta} + \kappa^3 \hat{H}_{e\zeta\zeta\zeta} + \kappa^4 \hat{H}_{e\zeta\zeta\zeta\zeta} + \cdots \tag{1.3.29}$$

$$w_n(\xi) = w_n(\xi^0) + \kappa w_{\zeta} + \kappa^2 w_{\zeta\zeta} + \kappa^3 w_{\zeta\zeta\zeta} + \kappa^4 w_{\zeta\zeta\zeta\zeta} + \cdots \tag{1.3.30}$$

$$\psi_n(\boldsymbol{x}';\xi) = \psi_n(\boldsymbol{x}';\xi^0) + \kappa \psi^{(1)} + \kappa^2 \psi^{(2)} + \kappa^3 \psi^{(3)} + \cdots \tag{1.3.31}$$

これによって，電子部分の高次の波動関数とエネルギーを得る．たとえば，ξ^0 は w_n の極小点を与えるので，

$$w_{\zeta} = \langle \psi_n(\xi^0) | \hat{H}_{e\zeta} | \psi_n(\xi^0) \rangle = 0 \tag{1.3.32}$$

となる．そして

$$w_{\zeta\zeta} = \langle \psi_n(\xi^0) | \hat{H}_{e\zeta} | \psi^{(1)} \rangle + \langle \psi_n(\xi^0) | \hat{H}_{e\zeta\zeta} | \psi_n(\xi^0) \rangle \tag{1.3.33}$$

$$w_{\zeta\zeta\zeta} = \langle \psi_n(\xi^0)|\hat{H}_{e\zeta}|\psi^{(2)}\rangle + \langle \psi_n(\xi^0)|\hat{H}_{e\zeta\zeta}|\psi^{(1)}\rangle$$
$$+ \langle \psi_n(\xi^0)|\hat{H}_{e\zeta\zeta\zeta}|\psi_n(\xi^0)\rangle \tag{1.3.34}$$

$$w_{\zeta\zeta\zeta\zeta} = \langle \psi_n(\xi^0)|\hat{H}_{e\zeta}|\psi^{(3)}\rangle + \langle \psi_n(\xi^0)|\hat{H}_{e\zeta\zeta}|\psi^{(2)}\rangle$$
$$+ \langle \psi_n(\xi^0)|\hat{H}_{e\zeta\zeta\zeta}|\psi_n(\xi^1)\rangle + \langle \psi_n(\xi^0)|\hat{H}_{e\zeta\zeta\zeta\zeta}|\psi_n(\xi^0)\rangle \tag{1.3.35}$$

を得る．また高次の波動関数として，

$$\psi^{(1)} = \sum_{m \neq n} \psi_m(\xi^0) \frac{\langle \psi_m(\xi^0)|\hat{H}_{e\zeta}|\psi_n(\xi^0)\rangle}{w_n(\xi^0) - w_m(\xi^0)} \tag{1.3.36a}$$

$$\psi^{(2)} = \sum_{m \neq n} \psi_m(\xi^0) \frac{\{\langle \psi_m(\xi^0)|\hat{H}_{e\zeta}|\psi^{(1)}\rangle + \langle \psi_m(\xi^0)|\hat{H}_{e\zeta\zeta}|\psi_n(\xi^0)\rangle\}}{w_n(\xi^0) - w_m(\xi^0)} \tag{1.3.36b}$$

である．以上導出の詳細は省いたが，振動・回転のエネルギーの大きさの程度を得るための準備である．

核の運動エネルギー項，$\hat{T}_{\text{nucl}}$ を ξ と θ を用いて，

$$\hat{T}_{\text{nucl}} = \kappa^2 \hat{T}_{n\zeta\zeta} + \kappa^3 \hat{T}_{n\zeta\theta} + \kappa^4 \hat{T}_{n\theta\theta} \tag{1.3.37}$$

と表せる．したがって

$$\hat{H}_e(\xi) + \hat{T}_{\text{nucl}} = \hat{H}_e(\xi^0) + \kappa \hat{H}_{e\zeta} + \kappa^2(\hat{H}_{e\zeta\zeta} + \hat{T}_{n\zeta\zeta})$$
$$+ \kappa^3(\hat{H}_{e\zeta\zeta\zeta} + \hat{T}_{n\zeta\theta}) + \kappa^4(\hat{H}_{e\zeta\zeta\zeta\zeta} + \hat{T}_{n\theta\theta}) + \cdots \tag{1.3.38}$$

となる．

$$W = W^{(0)} + \kappa W^{(1)} + \kappa^2 W^{(2)} + \kappa^3 W^{(3)} + \cdots \tag{1.3.39}$$

とおくと，式 (1.3.22) を次のように展開する．

$$\Phi \simeq (\psi_n(\xi^0) + \kappa \psi^{(1)} + \kappa^2 \psi^{(2)} + \cdots)(\chi^{(0)} + \kappa \chi^{(1)} + \kappa^2 \chi^{(2)} + \cdots)$$
$$= \Phi^{(0)} + \kappa \Phi^{(1)} + \kappa^2 \Phi^{(2)} + \kappa^3 \Phi^{(3)} + \cdots \tag{1.3.40}$$

ここで，$\psi_n(\xi^0), \psi^{(1)}, \psi^{(2)}, \ldots$ は式 (1.3.29)～(1.3.31) を組み合わせた摂動論によって得られる電子部分の波動関数で，$\chi^{(0)}, \chi^{(1)}, \chi^{(2)}, \ldots$ は式 (1.3.18) に式 (1.3.34)～(1.3.36) を組み合わせて摂動論を適用して得る，原子核の内部運動を表現する波動関数である．以下 κ のべきで整理して，κ の 0 次のオーダーは

$$(\hat{H}_e(\xi^0) - W^{(0)})|\Phi^{(0)}\rangle = 0, \quad \Phi^{(0)} = \psi_n(\xi^0)\chi^{(0)}(\zeta, \theta) \tag{1.3.41}$$

から，

$$W^{(0)} = w_n(\xi^0) \tag{1.3.42}$$

を得る．

κ の 1 次のオーダーの方程式は

$$(\hat{H}_e - W^{(0)})|\Phi^{(0)}\rangle = -(\hat{H}_{e\zeta} - W^{(1)})|\Phi^{(0)}\rangle \tag{1.3.43}$$

であり，次を得る．

$$(\langle \psi_n(\xi^0)|\hat{H}_{e\zeta}|\psi_n(\zeta^0)\rangle - W^{(1)})|\chi^{(0)}\rangle = 0 \tag{1.3.44}$$

すなわち，式 (1.3.32) から

$$W^{(1)} = \langle \psi_n(\xi^0)|\hat{H}_{e\zeta}|\psi_n(\zeta^0)\rangle = 0 \tag{1.3.45}$$

となる．

κ^2 のオーダーの方程式は

$$(\hat{H}_e - W^{(0)})|\varPhi^{(2)}\rangle = -(\hat{H}_{e\zeta} - W^{(1)})|\varPhi^{(1)}\rangle - (\hat{T}_{n\zeta\zeta} + \hat{H}_{e\zeta\zeta} - W^{(2)})|\varPhi^{(0)}\rangle \qquad (1.3.46)$$

$$\varPhi^{(1)} = \psi_n(\xi^0)\chi^{(1)} + \psi^{(1)}\chi^{(0)} \qquad (1.3.47)$$

と式 (1.3.32), (1.3.33), (1.3.35) を用いて,

$$W^{(2)}|\chi^{(0)}\rangle = (\hat{T}_{n\zeta\zeta} + w_{\zeta\zeta})|\chi^{(0)}\rangle \qquad (1.3.48)$$

を得る.

$$k_{ij} = \frac{\partial^2 w}{\partial \zeta_i \partial \zeta_j}\bigg|_{\xi=\xi^0} \qquad (1.3.49)$$

と定義すると, 行列 **k** は正定値である. したがって方程式

$$\left[\left(\hat{T}_{n\zeta\zeta} + \frac{1}{2}\sum_{ij} k_{ij}\zeta_i\zeta_j\right) - W^{(2)}\right]|\chi^{(0)}\rangle = 0 \qquad (1.3.50)$$

は下に凸なポテンシャルに対する束縛状態を与える. 波動関数 $\chi^{(0)}$ は振動状態を記述し, 固有値は振動のエネルギーを与える. それを ω_v とすると,

$$W^{(2)} = \omega_v \qquad (1.3.51)$$

以上の結果は, 振動のエネルギーは κ に関して 2 次の大きさであることがわかる.

$\chi^{(0)}$ は ζ, θ の関数であるが, 式 (1.3.50) の演算子部分は θ を含んでいない. したがって $\chi^{(0)}(\zeta, \theta)$ は変数分離されて,

$$\chi^{(0)}(\zeta, \theta) = \varphi_v(\zeta)\vartheta(\theta) \qquad (1.3.52)$$

となる. 式 (1.3.50) の演算子部分は ζ の反転に対して不変なので φ_v は偶奇性があって

$$\varphi_v(-\zeta) = \pm \varphi_v(\zeta) \qquad (1.3.53)$$

が成立する.

κ^3 のオーダーの方程式は

$$\begin{aligned}(\hat{H}_e(\zeta^0) - W^{(0)})|\varPhi^{(3)}\rangle = &-(\hat{H}_{e\zeta} - W^{(1)})|\varPhi^{(2)}\rangle \\ &- (\hat{T}_{n\zeta\zeta} + \hat{H}_{e\zeta\zeta} - W^{(2)})|\varPhi^{(1)}\rangle \\ &- (\hat{T}_{n\zeta\theta} + \hat{H}_{e\zeta\zeta\zeta} - W^{(3)})|\varPhi^{(0)}\rangle \end{aligned} \qquad (1.3.54)$$

κ^4 のオーダーの方程式は

$$\begin{aligned}(\hat{H}_e(\zeta^0) - W^{(0)})|\varPhi^{(4)}\rangle = &-(\hat{H}_{e\zeta} - W^{(1)})|\varPhi^{(3)}\rangle \\ &- (\hat{T}_{n\zeta\zeta} - \hat{H}_{e\zeta\zeta} - W^{(2)})|\varPhi^{(2)}\rangle \\ &- (\hat{T}_{n\zeta\theta} - \hat{H}_{e\zeta\zeta\zeta} - W^{(3)})|\varPhi^{(1)}\rangle \\ &- (\hat{T}_{n\theta\theta} + \hat{H}_{e\zeta\zeta\zeta\zeta} - W^{(4)})|\varPhi^{(0)}\rangle \end{aligned} \qquad (1.3.55)$$

$$\varPhi^{(2)} = \psi_n(\xi^0)\chi^{(2)} + \psi^{(1)}\chi^{(1)} + \psi^{(2)}\chi^{(0)} \qquad (1.3.56)$$

$$\varPhi^{(3)} = \psi_n(\xi^0)\chi^{(3)} + \psi^{(1)}\chi^{(2)} + \psi^{(2)}\chi^{(1)} + \psi^{(3)}\chi^{(0)} \qquad (1.3.57)$$

とおいて, 式 (1.3.54), (1.3.55) に $\langle\psi_n(\xi^{(0)})|$ を作用させ, 式 (1.3.32)〜(1.3.35) を考慮に入れると

$$\begin{aligned}(\hat{T}_{n\zeta\zeta} + w_{\zeta\zeta} - W^{(2)})\chi^{(1)} = &-(\langle\psi(\xi^{(0)})|\hat{T}_{n\zeta\zeta}|\psi^{(1)}\rangle + \hat{T}_{n\zeta\theta} \\ &+ w_{\zeta\zeta\zeta} - W^{(3)})\chi^{(0)} \end{aligned} \qquad (1.3.54\text{b})$$

$$(\hat{T}_{n\zeta\zeta} + w_{\zeta\zeta} - W^{(2)})\chi^{(2)} = -(\langle\psi(\xi^{(0)})|\hat{T}_{n\zeta\zeta}|\psi(1)\rangle + \hat{T}_{n\zeta\theta} + w_{\zeta\zeta\zeta} - W^{(3)})\chi^{(1)}$$

$$
\begin{aligned}
&- (\langle \psi(\xi^{(0)}) | \hat{T}_{n\zeta\zeta} | \psi(2) \rangle + \langle \psi(\xi^{(0)}) | \hat{T}_{n\zeta\theta} | \psi^{(1)} \rangle \\
&+ \hat{T}_{n\theta\theta} + w_{\zeta\zeta\zeta\zeta} - W^{(4)}) \chi^{(0)}
\end{aligned} \tag{1.3.55b}
$$

を得る．両式に左から φ_v^* をかけて，ζ について積分すると，φ_v の偶奇性も考慮に入れて，式（1.3.54b）から

$$W^{(3)} = 0 \tag{1.3.58}$$

を得る．式（1.3.55b）からの4次の項の取り扱いをする前に，行列要素 $Q_{v'v}(\theta)$ を次のように定義する．

$$Q_{v'v}(\theta) = \langle \varphi_{v'} | \{ \langle \psi_n(\xi^{(0)}) | \hat{T}_{n\zeta\zeta} | \psi^{(1)} \rangle + \hat{T}_{n\zeta\theta} + w_{\zeta\zeta\zeta} \} | \varphi_v \rangle \tag{1.3.59}$$

これを用いて，式（1.3.54b）から $\chi^{(1)}(\chi, \theta)$ を求めて，

$$
\begin{aligned}
\hat{R}_{\theta\theta} = \hat{T}_{n\theta\theta} &+ \sum_{v'}^{v' \neq v} (\omega_v - \omega_{v'})^{-1} Q_{vv'}(\theta) Q_{v'v}(\theta) + \langle \varphi_v | \{ \langle \psi n(\xi^0) | \hat{T}_{n\zeta\zeta} | \psi^{(2)} \rangle \\
&+ \langle \psi_n(\xi^0) | \hat{T}_{n\zeta\theta} | \psi^{(1)} \rangle + w_{\zeta\zeta\zeta\zeta} \} | \varphi_v \rangle
\end{aligned} \tag{1.3.60}
$$

を定義すると，4次のエネルギー $W^{(4)} = \epsilon_j$ は，4次の式（1.3.55b）から，回転状態の波動関数 ϑ_j を決める固有値方程式，

$$(\hat{R}_{\theta\theta} - \epsilon_j) \vartheta_j(\theta) = 0 \tag{1.3.61}$$

を得る．以上まとめると

$$W_{nvj} = w_n(\xi^0) + \kappa^2 \omega_v + \kappa^4 \epsilon_j + \cdots \tag{1.3.62}$$

となる．すなわち振動準位間の間隔は κ^2 のオーダーであるのに対し，回転準位間の間隔は κ^4 のオーダーである．

c. 断熱近似の破れ

以上の議論は縮退のない摂動論に基づいて，しかも波動関数が次式で表されると仮定して得られたものである．

$$\Phi_{nvj}(\boldsymbol{x}, \xi, \theta) \simeq \psi_n(\boldsymbol{x}; \xi) \{ \varphi_v(\zeta) + \sum_{v' \neq v} \varphi_{v'}(\zeta) Q_{v'v}(\theta) \} \vartheta_j(\theta) \tag{1.3.63}$$

この波動関数は電子が ψ_n で表される状態にあって，分子骨格としては，v, j で表される振動回転の状態にあることを表している．振動状態を解く式（1.3.50）は式（1.3.23）の固有値 $w_n(\xi)$ をポテンシャルとする原子核の内部運動を表している．これは断熱近似に基づいているので $w_n(\xi)$ を断熱ポテンシャルと呼ぶ．

断熱近似はどのような場合でも近似として妥当であるとは限らない．これまで，縮退のない摂動論を用いて議論してきたが，断熱ポテンシャル $w_n(\xi)$ が他の電子状態の断熱ポテンシャルとエネルギー的に近くなると，縮退のない摂動論はもはや適用不能となる．近接する状態の結合を考慮に入れた変分摂動論，あるいは縮退のある摂動論を適用することが適当であろう．断熱近似は破れ，断熱近似で得る，異なる電子状態間に遷移が起こる確率が出てくる．この遷移を非断熱遷移と呼んでいる．ここではこれ以上立ち入らないが，1つ注意すべきは，非断熱遷移というとあたかも物理現象として起こるように聞こえるかもしれないが，注意すべきは，これは断熱近似に基づく断熱ポテンシャ

ルという非観測量を用いた議論であって,非断熱遷移が実際に存在するわけではない.断熱近似に基づいて考えると,実際に起こる遷移現象を,わかりやすく説明できるということに留意した方がよい.

1.3.2 二原子分子
a. 断熱近似の実際：二原子分子を例として

重心の並進運動を表す運動エネルギー項を分離したのちの二原子分子のハミルトニアンは

$$\hat{H} = -\frac{\hbar^2}{2\mu}\Delta_R + \hat{H}_e \tag{1.3.64}$$

で表される.ここで μ は原子核の換算質量であり,Δ_R は原子核間の相対座標 $\boldsymbol{R}$ によるラプラシアンである.極座標を用いると

$$\Delta_R = \frac{\partial^2}{\partial R^2} + \frac{2}{R}\frac{\partial}{\partial R} - \frac{\hat{L}^2}{R^2} \tag{1.3.65}$$

となる.$\hat{L}^2$ は角運動量の2乗の演算子である.電子的ハミルトニアン $\hat{H}_e$ は分子がどの方向を向いているかということには関係がないので,原子核の座標としては,極座標 (R, θ, ϕ) のうち,R にのみ依存する.したがって断熱ポテンシャルは R のみの関数となる.

$$\hat{H}_e \psi_n(\boldsymbol{x}; R) = w_n(R)\psi_n(\boldsymbol{x}; R) \tag{1.3.66}$$

全波動関数を断熱近似に基づいて

$$\Phi_{nvjm}(\boldsymbol{x}, R) = \psi_n(\boldsymbol{x}; R)\frac{\varphi_v(R)}{R}Y_{jm}(\theta, \phi) \tag{1.3.67}$$

と表す.$Y_{jm}(\theta, \phi)$ は球面調和関数であって,分子の回転部分を記述する.これによると,φ は次式に従う.

$$\left[-\frac{\hbar^2}{2\mu}\left\{\frac{d^2}{dR^2} + 2\left\langle\psi_n\left|\frac{\partial}{\partial R}\right|\psi_n\right\rangle\frac{\partial}{\partial R} + \left\langle\psi_n\left|\frac{\partial^2}{\partial R^2}\right|\psi_n\right\rangle\right\} + \frac{\hbar^2}{2\mu}\frac{j(j+1)}{R^2} + w_n(R)\right]\varphi_{nvj}(R)$$
$$= W_{nvj}\varphi_{nvj}(R) \tag{1.3.68}$$

第2項と第3項は $\psi_n(\boldsymbol{x}; R)$ が R をパラメータとして含むことによるが,$\left\langle\psi_n\left|\frac{\partial}{\partial R}\right|\psi_n\right\rangle$ は ψ_n が規格化されているので,0である.また一般に $\left\langle\psi_n\left|\frac{\partial^2}{\partial R^2}\right|\psi_n\right\rangle$ は前節の摂動論による議論では高次項で考慮されることになるが,多くの場合小さいとして無視する.その結果

$$\left[-\frac{\hbar^2}{2\mu}\frac{d^2}{dR^2} + \frac{\hbar^2}{2\mu}\frac{j(j+1)}{R^2} + w_n(R)\right]\varphi_{nvj} = W_{nvj}\varphi_{nvj}(R) \tag{1.3.69}$$

を解くのが一般的である.

b. 断熱ポテンシャルのふるまいと分子の安定性：H_2^+ の例

H_2^+ の電子的ハミルトニアンは原子単位に基づくと

$$\hat{H}_e = -\frac{1}{2}\Delta - \frac{1}{r_a} - \frac{1}{r_b} + \frac{1}{R} \tag{1.3.70}$$

ここで，R, r_a, r_b はそれぞれ陽子間距離，電子と陽子 a との距離，電子と陽子 b との間の距離である．電子の位置は r_a, r_b および分子軸のまわりの回転角 φ によって座標系 (r_a, r_b, φ) によって表せる．この座標系から楕円座標 (ξ, η, φ) へ変換する．

$$\xi = \frac{r_a + r_b}{R}, \quad \eta = \frac{r_a - r_b}{R} \tag{1.3.71}$$

ここで，$1 \leq \xi < \infty$, $-1 \leq \eta \leq 1$, $0 \leq \varphi < 2\pi$ である．式（1.3.70）で与えられるハミルトニアンの固有値を $w(R)$ とし，

$$p^2 = -\frac{R^2}{2}\left(w(R) - \frac{1}{R}\right) \tag{1.3.72}$$

を定義するとこの変換によって，ハミルトニアン（1.3.70）は次のように書きかえられる．

$$\begin{cases} \hat{H}_e = \dfrac{2}{R^2}(\hat{H}_1 + \hat{H}_2) \\ \hat{H}_1 = \dfrac{\partial}{\partial \xi}(\xi^2 - 1)\dfrac{\partial}{\partial \xi} + \dfrac{1}{\xi^2 - 1}\dfrac{\partial^2}{\partial \varphi^2} - p^2\xi^2 + 2R\xi \\ \hat{H}_2 = \dfrac{\partial}{\partial \eta}(1 - \eta^2)\dfrac{\partial}{\partial \eta} + \dfrac{1}{1 - \eta^2}\dfrac{\partial^2}{\partial \varphi^2} + p^2\eta^2 \end{cases} \tag{1.3.73}$$

式（1.3.70）または（1.3.73）の固有関数は次のように変数分離ができて，

$$\psi(\xi, \eta, \varphi; R) = X(\xi; R) Y(\eta; R) \Phi(\varphi) \tag{1.3.74}$$

$$\begin{cases} \left[\dfrac{\partial}{\partial \xi}(\xi^2 - 1)\dfrac{\partial}{\partial \xi} - \dfrac{\lambda^2}{\xi^2 - 1} - p^2\xi^2 + 2R\xi - A\right] X(\xi; R) = 0 \\ \left[\dfrac{\partial}{\partial \eta}(1 - \eta^2)\dfrac{\partial}{\partial \eta} - \dfrac{\lambda^2}{1 - \eta^2} + p^2\eta^2 + A\right] Y(\eta; R) = 0 \\ \Phi(\varphi) = \dfrac{1}{\sqrt{2}}e^{i\lambda\varphi}, \quad \lambda = 0, \pm 1, \pm 2, \ldots \end{cases} \tag{1.3.75}$$

ここで A は分離のための未定定数である．この方程式を解くことにより，得られた p から $w(R_{ab})$ を求めることができる．$\lambda \neq 0$ の場合には，この状態は 2 重に縮退する．$\lambda = 0$, $|\lambda| = 1$, $|\lambda| = 2$, ... はそれぞれ σ, π, δ, ... と分類される．

H_2^+ は等核二原子分子であるゆえに，分子の中心を通って，分子軸に垂直な面を鏡面とする対称操作によって分子の状態は不変である．この操作は η の符号を変えて $-\eta$ とすることに相当するが，これによってハミルトニアンは不変である．それゆえ $Y(-\eta; R) = \pm Y(\eta; R)$ すなわち

$$\psi(\xi, -\eta, \varphi; R) = \pm \psi(\xi, \eta, \varphi; R) \tag{1.3.76}$$

さらに，分子の中心に関する反転対称操作に対してもハミルトニアンは不変であり，この操作は $\eta \to -\eta$ かつ $\varphi \to \varphi + \pi$ で表現される．

$$e^{i\lambda(\varphi + \pi)} = (-1)^\lambda e^{i\lambda\varphi} \tag{1.3.77}$$

に注意して，

1.3 分子の構造

表 1.3.1 等核二原子分子の分子軌道の対称性の分類．反転による偶奇性

対称面による偶奇性	偶	奇
楕円座標による関数 Y	$Y_\lambda(-\zeta) = Y_\lambda(\zeta)$	$Y_\lambda(-\zeta) = -Y_\lambda(\zeta)$
原子軌道関数	$\chi_{l\lambda}^a + (-1)^{(l-\lambda)} \chi_{l\lambda}^b$	$\chi_{l\lambda}^a - (-1)^{(l-\lambda)} \chi_{l\lambda}^b$
$\lambda=0$	σ_g	σ_u
$\lambda=1$	π_u	π_g
$\lambda=2$	δ_g	δ_u
$\lambda=3$	ϕ_u	ϕ_g
…	…	…
…	…	…

$$\psi(\xi, -\eta, \varphi+\pi; R) = \pm(-1)^\lambda \psi(\xi, \eta, \varphi; R) \tag{1.3.78}$$

この関数の反転対称操作に対する偶奇性は関数 Y の鏡面対称操作に対する偶奇性と軸対称性に伴う量子数 λ に依存する．反転に対する偶奇性まで考慮に入れると，反転に対して，偶である状態を g，奇である状態を u で表して，$\sigma_g, \sigma_u, \pi_u, \pi_g, \delta_g, \delta_u, …$ などと，分類することになる．表 1.3.1 にまとめたので参照されたい．

方程式（1.3.73）は 1953 年に Bates ら[6]によって，正確な解が得られた．得られた関数は分子全体に広がっていて，その関数に 1 個の電子が対応している．ここでは H_2^+ の例として示したが，一般に分子全体に広がった一電子関数を分子軌道関数（molecular orbital function）と呼ぶ（しばしば略して分子軌道（MO）と呼ぶ）．

H_2^+ が解離した場合（2 個の水素原子核が無限に離れた場合）には波動関数はどのようになっているであろうか．正確な解がわかっているのだから，追求するまでもないことではあるが，この場合はもっと簡単なイメージを浮かべることができる．簡単のために基底状態を考える．基底状態にある H_2^+ が解離すると，一方は電離した H^+，もう一方は水素原子の基底状態（1s 状態）にあるはずである．原子核 a 上に置いた（原子核 a を原点とする）1s 軌道関数を $1s_a$ 原子核 b 上に置いた（原子核 b を原点とする）1s 軌道関数を $1s_b$ とすると，2 つの原子核のうち，1s 状態にあると観測される確率はそれぞれ半々のはずである．$1s_a(\boldsymbol{r}) 1s_b(\boldsymbol{r}) = 0$ であるから，この状態の 1 に規格化された波動関数は，

$$\psi(\boldsymbol{r}) = \frac{1}{\sqrt{2}} 1s_a(\boldsymbol{r}) \pm \frac{1}{\sqrt{2}} 1s_b(\boldsymbol{r}) \tag{1.3.79}$$

となるはずである．式（1.3.79）中の複号のうち，+ をとる関数が σ_g，- をとる方の関数が σ_u に分類される．

より一般的に表すことにしよう．各原子核に置いた原子軌道の方位量子数と磁気量子数をそれぞれ l, λ とする．各関数に関する z 軸を分子軸に沿って同じ方向にとり，原点をそれぞれ a, b にとる．分子軸まわりの回転角は共通で（楕円座標の場合とも同じで）φ である．それらの原子軌道関数を $\chi_{l\lambda}^a(r_a, \theta_a, \varphi)$，$\chi_{l\lambda}^b(r_b, \theta_b, \varphi)$ とすると，解離極限の MO は

$$\frac{1}{\sqrt{2}}\chi_{l\lambda}^{\mathrm{a}}(r_{\mathrm{a}},\theta_{\mathrm{a}},\varphi) \pm (-1)^{l-\lambda}\frac{1}{\sqrt{2}}\chi_{l\lambda}^{\mathrm{b}}(r_{\mathrm{b}},\theta_{\mathrm{b}},\varphi) \qquad (1.3.80)$$

で表される.反転操作 ($\hat{I}$) に対する上記関数の偶奇性は

$$\hat{I}\left[\frac{1}{\sqrt{2}}\chi_{l\lambda}^{\mathrm{a}}(r_{\mathrm{a}},\theta_{\mathrm{a}},\varphi) \pm (-1)^{l-\lambda}\frac{1}{\sqrt{2}}\chi_{l\lambda}^{\mathrm{b}}(r_{\mathrm{b}},\theta_{\mathrm{b}},\varphi)\right]$$

$$= \pm (-1)^{\lambda}\left[\frac{1}{\sqrt{2}}\chi_{l\lambda}^{\mathrm{a}}(r_{\mathrm{a}},\theta_{\mathrm{a}},\varphi) \pm (-1)^{l-\lambda}\frac{1}{\sqrt{2}}\chi_{l\lambda}^{\mathrm{b}}(r_{\mathrm{b}},\theta_{\mathrm{b}},\varphi)\right] \qquad (1.3.81)$$

となる.この結果も表1.3.1にまとめてある.核間距離が有限になると,相手方の原子核の影響を受けるので,原子軌道関数を基底として,その重ね合わせ (linear combination) で表現することになる (LCAOMO).

$$\frac{1}{\sqrt{2(1+S)}}\sum_{i}\{\chi_{i(l\lambda)}^{\mathrm{a}}(r_{\mathrm{a}},\theta_{\mathrm{a}},\varphi) \pm (-1)^{l_i-\lambda}\chi_{i(l_i\lambda)}^{\mathrm{b}}(r_{\mathrm{b}},\theta_{\mathrm{b}},\varphi)\}C_i \qquad (1.3.82)$$

$$S = \sum_{ij}(-1)^{l_j-\lambda}\int d\tau \chi_{i(l\lambda)}^{\mathrm{a}}{}^{*}(r_{\mathrm{a}},\theta_{\mathrm{a}},\varphi)\chi_{j(l_j\lambda)}^{\mathrm{b}}(r_{\mathrm{b}},\theta_{\mathrm{b}},\varphi)C_i^{*}C_j \qquad (1.3.83)$$

H_2^+ は一電子系なので,その波動関数は軌道関数そのものである.これらは各対称性ごとにエネルギーの低い方から,$1\sigma_{\mathrm{g}}, 2\sigma_{\mathrm{g}}, 1\sigma_{\mathrm{u}}, 2\sigma_{\mathrm{u}}, 1\pi_{\mathrm{u}}, 2\pi_{\mathrm{u}}$ などと表す.図1.3.1には,エネルギーが低い $1\sigma_{\mathrm{g}}, 1\sigma_{\mathrm{u}}, 1\pi_{\mathrm{u}}$ 状態に関して,分子軸を含む平面上での波動関数の値を縦軸にとって波動関数の概略図を示した.これらの状態に対応する断熱ポテンシャルは図1.3.2に示す.$1\sigma_{\mathrm{g}}$ 状態の波動関数は2つの原子核の付近で大きな振幅をもつが,両者は同位相で,2つの原子核の間に電子を見出す確率は大きく,それだけ結合が強いこ

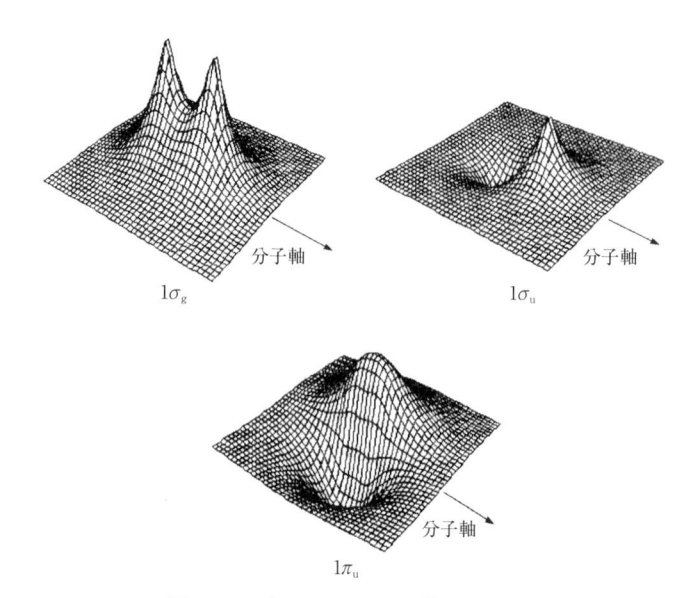

図 1.3.1 H_2^+ の $1\sigma_{\mathrm{g}}, 1\sigma_{\mathrm{u}}, 1\pi_{\mathrm{u}}$ 状態の軌道関数

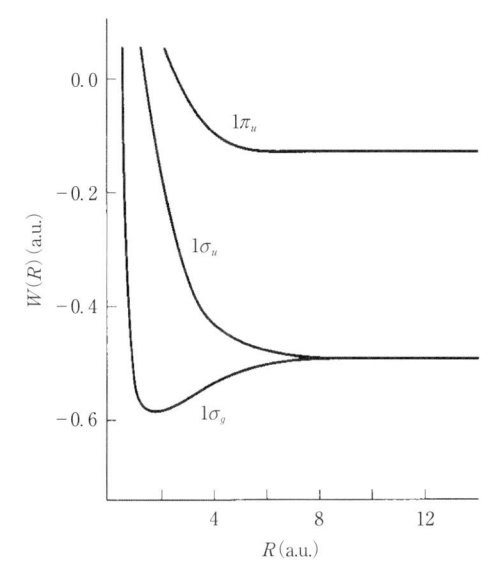

図 1.3.2 H_2^+ の $1\sigma_g$, $1\sigma_u$, $1\pi_u$ 状態の断熱ポテンシャル

とが期待される.このような型の軌道関数を結合性の軌道という.実際断熱ポテンシャルをみると,最安定状態は核間距離が 2.0 a.u.（1.06 Å）で,解離極限からみると安定化して,結合エネルギーは 2.78 eV である.

一方,$1\sigma_u$ 状態の波動関数は2つの原子核の付近で大きな振幅をもつが,両者は逆位相で,ちょうど真ん中で節をもち,2つの原子核の間に電子を見出す確率は,$1\sigma_g$ より小さいはずである.それだけ結合が弱くなると考えられる.このような型の軌道関数を反結合性の軌道という.図 1.3.2 に示した $1\sigma_u$ 状態の断熱ポテンシャルをみると,非結合的で,解離極限がエネルギー的に最も低い.

$1\pi_u$ 状態は結合性の状態であるが,軌道関数は分子軸に対して垂直の方向に大きな振幅をもつので,$1\sigma_g$ 状態ほどの強い結合は期待できない.実際,図 1.3.2 に見るように $1\pi_u$ 状態の結合エネルギーは $1\sigma_g$ 状態に比べて非常に小さい.

c. 併合原子極限と解離極限での状態の相関

前節で H_2^+ の $1\sigma_g$, $1\sigma_u$, $1\pi_u$ の分子が解離した状態を考察した.それでは,2個の原子核が近づいた極限（$R \to 0$）では,どのようになるであろうか.このような極限を併合原子極限（united atom limit）と呼ぶ.この極限でのエネルギーは $\frac{1}{R} \to \infty$ ゆえに無限大に発散するが,波動関数は図 1.3.1 からも想像できると思うが,$1\sigma_g \to 1s(He^+)$ 状態となるであろう.ハミルトニアン（1.3.70）から $\frac{1}{R}$ を取り除いて計算したエネルギー

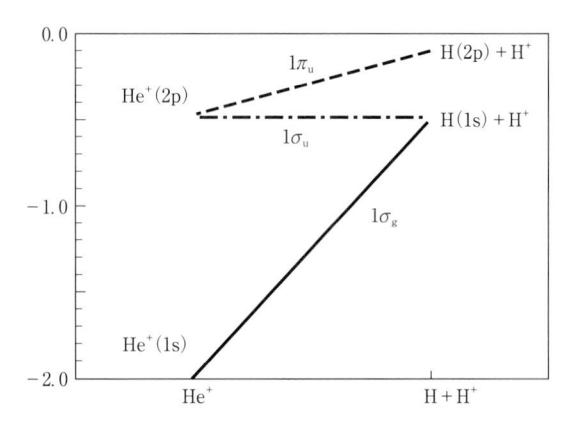

図 1.3.3 H_2^+ の $1\sigma_g$, $1\sigma_u$, $1\pi_u$ 状態の併合原子状態と解離状態の軌道対応関係

を途中を無視して解離極限と併合原子極限での状態を結ぶ軌道の対応を図1.3.3に示す.

$1\sigma_g$ 状態は併合原子極限では $He^+(1s)$ 状態となり，解離極限では $H(1s) + H^+$ となる. $1\sigma_u$ 状態は併合原子極限では $He^+(2p)$ 状態となり，解離極限では $H(1s) + H^+$ であり，$1\pi_u$ 状態は併合原子極限では $He^+(2p)$ 状態となり，解離極限でも $H(2p) + H^+$ となる.

併合原子極限や解離極限という概念は，二原子分子と限らず，多原子分子でも原子対の併合した極限や解離した極限を考えることによって，いくつかの状態の断熱ポテンシャルの相互の関係，状態の性質を考える上で重要なヒントを与えてくれる.

d. 水素分子のSCFMO法によって求めた波動関数と断熱ポテンシャル

水素分子の強い結合を初めて量子力学に基づいて明らかにしたのは，Heitler と London[7] であった．彼らの当初の目的はファンデルワールス力という小さな安定化エネルギーに起因する力の説明だったが，はるかに大きな化学結合のエネルギーの説明に至ったのだった．目的とは異なる方向に発展して特筆すべき成果を得た事例であって，この理論はのちに一般の分子の結合に対する電子対結合モデルや局在する電子スピンに依拠する物質の磁性に関する理論へと発展した．本節ではこれに関してはこれ以上論じず，分子軌道の理論に絞る.

最初にハミルトニアンを原子単位で書いておこう．

$$\hat{H}_e = \sum_{i=1}^{2} \hat{h}(i) + \frac{1}{r_{12}} + \frac{1}{R} \tag{1.3.84}$$

$$\hat{h}(i) = -\frac{1}{2}\Delta_i - \frac{1}{r_{ia}} - \frac{1}{r_{ib}} \tag{1.3.85}$$

r_{12} は二電子間の距離，r_{ia}, r_{ib} はそれぞれ i 番目の電子と原子核 a と，i 番目の電子と原

1.3 分子の構造

子核 b との距離である.

H_2 の基底状態の波動関数に対する,最も簡単な近似は,2 個の電子が $1\sigma_g$ を占有する配置 $1\sigma_g^2$ で表す近似である.この一電子配置のもとでの,最適の波動関数は,$1\sigma_g$ を最適にすればよい.LCAOMO 法に基づく軌道関数は式(1.3.82)から

$$1\sigma_g = \frac{1}{\sqrt{2(1+S)}} \sum_i \{\chi^a_{i(l,0)}(r_a, \theta_a, \varphi) + (-1)^l \chi^b_{i(l,0)}(r_b, \theta_b, \varphi)\} C_i \qquad (1.3.82b)$$

となる.$1\sigma_g(1)$ を 1 番目の電子が $1\sigma_g$ を占有していることを表すとして,二電子波動関数

$$1\sigma_g(1) 1\sigma_g(2) \frac{1}{\sqrt{2}} \{\alpha(1)\beta(2) - \beta(1)\alpha(2)\} \qquad (1.3.86)$$

による,二電子ハミルトニアンの期待値を最小にするように,変分のパラメータ $\{C_i\}$ を最適にする.これは 1.1.2 項に述べている.SCF 法の H_2 への適用で,LCAOMO-SCF 法という.図 1.3.4(a) で示した曲線が LCAOMO-SCF 法によって得られた断熱ポテンシャルである.1 個の水素原子の全エネルギーは -0.5 a.u. であるから,2 つの水素原子の基底状態に解離したときの全エネルギーは -1.0 a.u. のはずである.ところがSCF 法によって得られた断熱ポテンシャル(図 1.3.4(a))は核間距離が 3 a.u.(1.58 Å)付近でエネルギー値が -1.0 a.u. を突き抜けてしまう.どうしてこのようなことになるかというと,SCF 法の波動関数が,式(1.3.86)のように 1 つの電子配置に制限することからくるのである.

いま,2 つの原子軌道関数 $\sigma 1s_a$, $\sigma 1s_b$ を次のように定義すると

$$\sigma 1s_a = \sum_i \chi^a_{i(l,0)}(r_a, \theta_a, \varphi) C_i, \qquad \sigma 1s_b = \sum_i (-1)^l \chi^b_{i(l,0)}(r_b, \theta_b, \varphi) C_i \qquad (1.3.87)$$

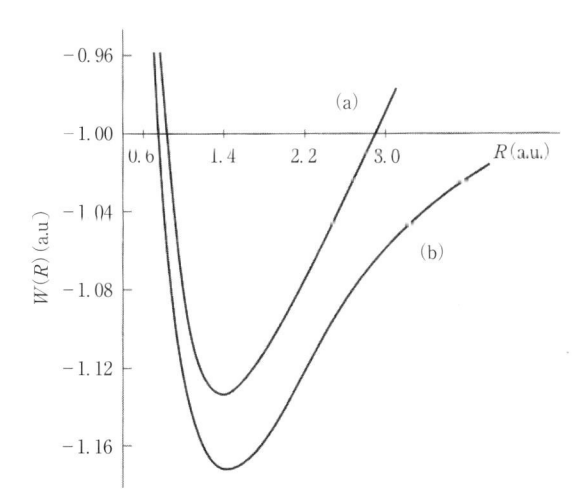

図 1.3.4 H_2 の基底状態の断熱ポテンシャル
(a) は LCAOMO-SCF,(b) は高精度計算.

と書き直される．ここで，$S=\int d\tau \sigma 1s_a \sigma 1s_b$ である．$\sigma 1s$ と書いたのは，$1s$ が主成分であることを示している．そこで，配置関数 $1\sigma_g(1)1\sigma_g(2)$ を原子軌道関数 $\sigma 1s_a, \sigma 1s_b$ を用いて表すと，

$$1\sigma_g = \frac{\sigma 1s_a + \sigma 1s_b}{\sqrt{2(1+S)}} \tag{1.3.88}$$

$$1\sigma_g(1)1\sigma_g(2) = \frac{\sigma 1s_a(1)\sigma 1s_b(2) + \sigma 1s_b(1)\sigma 1s_a(2) + \sigma 1s_a(1)\sigma 1s_a(2) + \sigma 1s_b(1)\sigma 1s_b(2)}{2(1+S)} \tag{1.3.89}$$

式 (1.3.89) 右辺の最初の2項は電子がそれぞれ1個ずつ別々の原子軌道を占有して核間距離が大きくなると2個の水素原子に解離した状態を表しているが，後の2項は H^- と H^+ に分かれた状態（イオン対状態）を表している．つまり，波動関数 (1.3.86) は核間距離が大きくなると近似度が悪くなって，正しい解離極限を表さなくなる．これがポテンシャル曲線 (a) の破綻の原因である．それでは，どう改善するかというと，

$$1\sigma_u = \frac{\sigma 1s_a - \sigma 1s_b}{\sqrt{2(1-S)}}. \tag{1.3.90}$$

を用いて，配置関数

$$1\sigma_u(1)1\sigma_u(2) = \frac{-\sigma 1s_a(1)\sigma 1s_b(2) - \sigma 1s_b(1)\sigma 1s_a(2) + \sigma 1s_a(1)\sigma 1s_a(2) + \sigma 1s_b(1)\sigma 1s_b(2)}{2(1-S)} \tag{1.3.91}$$

に着目して，式 (1.3.89) と式 (1.3.91) の配置関数の混合を考える．

$$\begin{aligned} &c_1 1\sigma_g(1)1\sigma_g(2) + c_2 1\sigma_u(1)1\sigma_u(2) \\ &= \left(\frac{c_1}{2(1+S)} - \frac{c_2}{2(1-S)}\right)\{\sigma 1s_a(1)\sigma 1s_b(2) + \sigma 1s_b(1)\sigma 1s_a(2)\} \\ &\quad + \left(\frac{c_1}{2(1+S)} + \frac{c_2}{2(1-S)}\right)\{\sigma 1s_a(1)\sigma 1s_a(2) + \sigma 1s_b(1)\sigma 1s_b(2)\} \end{aligned} \tag{1.3.92}$$

ここで，c_1 と c_2 を変分法によって最適にするという考え方である．この結果，ポテンシャル曲線は R が大きくなるにつれて，イオン的な配置の割合が減っていき，全エネルギーが -1 a.u. を突き抜けるという破綻は解消される．この波動関数によるポテンシャル曲線は図 1.3.4 の (a) と (b) の間にあって，正確なポテンシャル曲線 (b)（(b) については次項で取り扱う）とほぼ同様のふるまいをする．波動関数は $R \to \infty$ のときは $c_1 = -c_2$ となる．このとき $S=0$ なので，1 に規格化すると波動関数は適正な解離極限を表して

$$\frac{1}{\sqrt{2}}\{\sigma 1s_a(1)\sigma 1s_b(2) + \sigma 1s_b(1)\sigma 1s_a(2)\}$$

で与えられる．

ここで，式 (1.3.92) のように，2個の配置関数を重ね合わせて，重ね合わせの係数を変分法によって最適にする手法にふれた．この手法は配置間相互作用法(configuration interaction，略して CI）と呼ばれる手法の最も簡単な例である．

基本的な考え方は，もし多電子の関数に対応する完全系 $\{\phi_i\}$ があれば，任意の関数 $\varPhi$ を展開し，平均の意味で，限りなく $\varPhi$ に近づけることができる．

$$\varPhi = \sum_j^\infty \phi_j C_j \tag{1.3.93}$$

もし $\varPhi$ がハミルトニアンの固有関数であるなら，

$$(\phi_i, \hat{H}\varPhi) = \sum_j^\infty (\phi_i, \hat{H}\phi_j) C_j = E C_i \tag{1.3.94}$$

を得る．実際に計算するとすれば，有限項でなければ処理できない．いま，$\varPhi$ に対する近似関数 $\bar{\varPhi}$ を有限の数の関数で展開して

$$\bar{\varPhi} = \sum_j^N \phi_j \bar{C}_j \tag{1.3.93b}$$

$\dfrac{(\bar{\varPhi}, \hat{H}\bar{\varPhi})}{(\bar{\varPhi}, \bar{\varPhi})}$ を $\{\bar{C}_i\}$ に関して変分すると，

$$\sum_j^N (\phi_i, \hat{H}\phi_j) \bar{C}_j = E \bar{C}_i \tag{1.3.94b}$$

を得る．すなわち有限関数の展開によっても，正しい方程式（1.3.94）と同じ形（有限項だが）の方程式（1.3.94b）を得る．この点が，CI 法の簡潔さと見通しのよさである．

e. 電子相関の考察

式（1.3.92）によって，一電子配置による近似の欠点を解消して，正しい解離極限を与えることをみたが，この近似によって，じつは電子相関が取り込まれる．たとえば，最も簡単な近似として σ_a と σ_b として

$$\sigma 1s_a = \sqrt{\frac{\zeta^3}{\pi}} \exp(-\zeta r_a), \qquad \sigma 1s_b = \sqrt{\frac{\zeta^3}{\pi}} \exp(-\zeta r_b) \tag{1.3.95}$$

ととった1つの関数（スレーター型関数）を用いる近似で $\zeta = 1.193$ としたとき，結合エネルギー（断熱ポテンシャル上のエネルギーの最小値と解離極限でのエネルギー -1 a.u. との差）は式（1.3.86）のタイプの波動関数では，3.49 eV であるのに対して波動関数（1.3.92）によると，電子相関を取り込んだことを反映して，最小値が下がり，

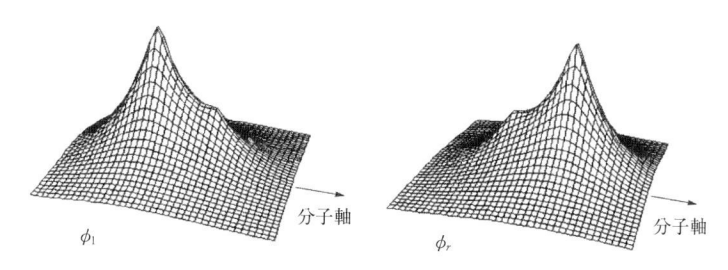

図 1.3.5 H_2 の半局在化軌道

結合エネルギーは $4.0\,\mathrm{eV}$ となる．ちなみに観測値は $4.74\,\mathrm{eV}$ である．では，電子相関を取り込んだことがどのように波動関数に反映されるであろうか．

$$p^2 + q^2 = \frac{c_1}{2(1+S)} - \frac{c_2}{2(1-S)}, \quad 2pq = \frac{c_1}{2(1+S)} + \frac{c_2}{2(1-S)} \tag{1.3.96}$$

とおいて，

$$\phi_l = p\sigma 1\mathrm{s}_a + q\sigma 1\mathrm{s}_b, \quad \phi_r = p\sigma 1\mathrm{s}_b + q\sigma 1\mathrm{s}_a, \tag{1.3.97}$$

とすると

$$c_1 1\sigma_\mathrm{g}(1) 1\sigma_\mathrm{g}(2) + c_2 1\sigma_\mathrm{u}(1) 1\sigma_\mathrm{u}(2) = \phi_l(1)\phi_r(2) + \phi_r(1)\phi_l(2) \tag{1.3.98}$$

と表すことができる．平衡核間距離付近では $p/q \simeq 3.6$ で，そのときの ϕ_l と ϕ_r を図 1.3.5 に示す．ϕ_l と ϕ_r は半局在化した結合性の軌道を表している．波動関数 (1.3.98) では 2 個の電子が ϕ_l と ϕ_r に 1 個ずつ入っており，波動関数 (1.3.86) に比べて，電子が避けあう確率が大きいことが理解されよう．

さて図 1.3.4 の正確な断熱ポテンシャル (b) をもたらす波動関数について述べよう．この波動関数は Kolos と Wolniewicz[8] が提案したもので，楕円座標と電子間距離を用いて，

$$\Phi(1, 2) = e^{-\alpha\xi_1 - \bar{\alpha}\xi_2} \cosh(\beta\eta_1 + \bar{\beta}\eta_2)\{\xi_1, \xi_2, \eta_1^2, \eta_2^2, r_{12} \text{ に関する多項式}\} \tag{1.3.99}$$

として，

$$\Phi(1, 2) + \Phi(2, 1) \tag{1.3.100}$$

のハミルトニアンの期待値を変分して最適にする．ここで，$\alpha, \bar{\alpha}, \beta, \bar{\beta}$ と多項式の重ね合わせの係数が変分のパラメータで，項数は核間距離によって変わるが，最大 80 項である．その結果は結合エネルギーが $4.74\,\mathrm{eV}$ となり，3 桁とも観測値と一致するほどに正確な波動関数が得られている．最大 80 程度の項数でこのように正確な結果が得られた要因の 1 つは，電子間距離 r_{12} を変数としてあらわに取り込んでいることが考えられる．すなわちこれによって電子相関が効率よく取り込まれるからである．

f. 励起状態：リュードベリ型状態と原子価型状態

Kolos と Wolniewicz[8] は基底状態 ($X^1\Sigma_\mathrm{g}^+$) のほかに励起状態 $b^3\Sigma_\mathrm{u}^+$ と $C^1\Pi_\mathrm{u}$ 状態の断熱ポテンシャルも報告し，さらに Wolniewicz ら[9,10] は同じ方法によって，高い励起状態の断熱ポテンシャルについて報告している．図 1.3.6 にはこれらから得た情報をもとに，$X^1\Sigma_\mathrm{g}^+, b^3\Sigma_\mathrm{u}^+, C^1\Pi_\mathrm{u}$（以上文献[8]）と $EF^1\Sigma_\mathrm{g}^+$（文献[9]）$B^1\Sigma_\mathrm{u}^+$（文献[10]）状態の断熱ポテンシャルを載せた．ここで多電子状態の対称性に関する分類には大文字で $\Sigma, \Pi, \Delta, \dots$ を用いている．これは原子において，軌道状態を s, p, d, ... で表すのに対して，多電子状態については大文字を用いて，S, P, D, ... と表すのと同じである．

さて，ここでは，励起状態の性格 (character) を分子軌道関数による記述に基づいて述べることにする．併合原子極限では系は He の基底状態で，おもに $1\mathrm{s}^2$ の電子配置で代表される．これを $\mathrm{He}(1\mathrm{s}^2)$ で表す．この状態は核間距離が有限で小さいうちには $\mathrm{H}_2(1\sigma_\mathrm{g}^2)$ で代表され，だんだん核間距離が大きくなるにつれ式 (1.3.92) で代表される

1.3 分子の構造

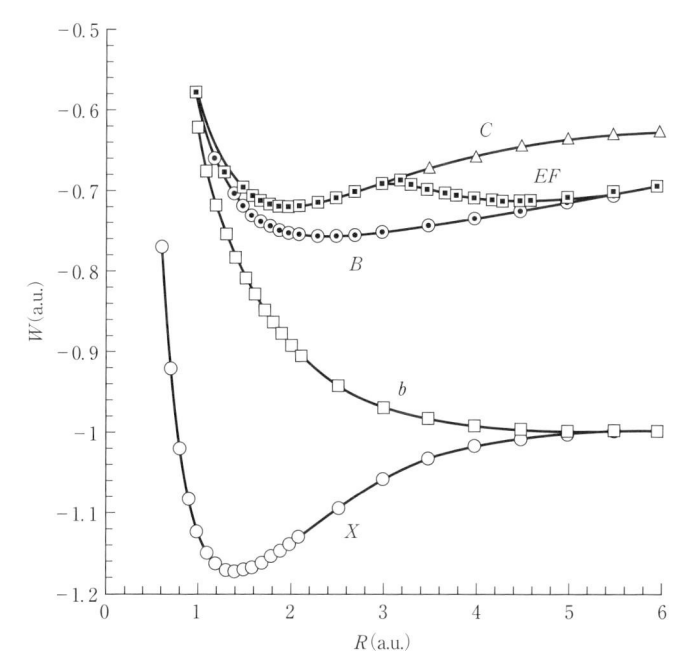

図 1.3.6 H_2 の基底状態（$X^1\Sigma_g^+$），励起状態（$b^3\Sigma_u^+$, $C^1\Pi_u$, $B^1\Sigma_u^+$, $EF^1\Sigma_g^+$）の断熱ポテンシャル

混合が強くなり，解離極限では H(1s)＋H(1s) となる．この間，波動関数の振幅はおもには分子軸近くにあって，電子が原子価結合を担う形となる．このような状態はしばしば，原子価型の状態と呼ぶ．

励起状態のうち最も低い $b^3\Sigma_u^+$ 状態は，併合原子極限では He(1s2p) の電子配置で代表される．すなわち，1snp(n=2, 3, 4, ...) のリュードベリ（Rydberg）シリーズの最低エネルギー状態に対応する．このとき H_2 の核間距離が小さいうちは，$H_2(1\sigma_g 1\sigma_u)$ という電子配置で代表され，$1\sigma_u$ は $1\sigma_g$ に比べて空間的に広がった関数となっている．このような状態はしばしばリュードベリ型の状態と呼ぶ．しかしながら，$b^3\Sigma_u^+$ 状態は図 1.3.6 を見るとわかるように，解離極限では H(1s)＋H(1s) となる．すなわち原子価型の状態となる．これは，大きな核間距離では $1\sigma_g$ と $1\sigma_u$ がほぼ共通の AO でそれぞれ，式（1.3.88）と式（1.3.90）のような形で表され，三重項状態の波動関数は空間部分が反対称になるので

$$\frac{1\sigma_g(1)1\sigma_u(2)-1\sigma_u(1)1\sigma_g(2)}{\sqrt{2}}=\frac{\sigma 1s_a(1)\sigma 1s_b(2)-\sigma 1s_b(1)\sigma 1s_a(2)}{\sqrt{2(1-S^2)}} \quad (1.3.101)$$

となり，解離極限では $\sigma 1s_a$ と $\sigma 1s_b$ はそれぞれ，水素原子の 1s 軌道 $1s_a$ と $1s_b$ になって正しく解離極限を表す．

$B^1\Sigma_u^+$ と $C^1\Pi_u$ 状態は併合原子極限ではともに He(1s2p) になり，$EF^1\Sigma_g^+$ 状態は He(1s2s) となる．またこれら 3 状態は解離極限では H(2s または 2p) + H(1s) となり，両極限では，リュードベリ型の状態である．しかし，有限核間距離では，三者三様の異なったふるまいをする．

$C^1\Pi_u$ は全核間距離を通じて，H_2^+ 殻にほとんど 2p 軌道からなる，原子価殻（いまの場合 K 殻）に比べて，空間的に広がった π 軌道に 1 個の電子が入る電子配置となり，リュードベリ型の状態となる．その平衡核間距離も 1.95 a.u. (1.03 Å) で，リュードベリ系列が収束する，陽イオン（H_2^+ の基底状態）の平衡核間距離にほとんど等しく，断熱ポテンシャル曲線の形もほぼ陽イオン（H_2^+）の形と同じである．

$B^1\Sigma_u^+$ 状態は C 状態同様，併合原子極限では He(1s2p) で表され，小さな核間距離では，電子配置 $H_2(1\sigma_g 1\sigma_u)$ で代表され，$1\sigma_u$ は空間的に広がった 2p 殻を主成分とする軌道である．しかし核間距離が 1 a.u. (0.529 Å) ぐらいから大きくなると，$1\sigma_u$ の性格が変わり，$1\sigma_u$ の空間的な広がりが小さく縮んでくる．これは，$1\sigma_g$ を式 (1.3.88) で表すとすると，$1\sigma_u$ が空間的に同じくらいの広がりをもつ式 (1.3.90) で表される形の波動関数で近似される状態がリュードベリ型の状態とエネルギー的に近くなるため，リュードベリ型の状態と原子価型の状態が強く混合するためである．ちなみにこの原子価型の状態の波動関数はスピン部分は一重項なので，電子座標の入れ替えに対して反対称であるから，空間部分は対称であることに注意して

$$\frac{(\sigma 1s_a(1) + \sigma 1s_b(1))(\sigma 1s_a(2) - \sigma 1s_b(2)) + (\sigma 1s_a(1) - \sigma 1s_b(1))(\sigma 1s_a(2) + \sigma 1s_b(2))}{2\sqrt{2(1-S^2)}}$$

$$= \frac{\sigma 1s_a(1)\sigma 1s_a(2) - \sigma 1s_b(1)\sigma 1s_b(2)}{\sqrt{2(1-S^2)}} \qquad (1.3.102)$$

で示されるように，イオン対 $H^- + H^+$ 的構造をもっている．この電子配置のエネルギーは核間距離が 5 a.u. (2.6 Å) より大きくなると，次第に高くなり，再びリュードベリ型の状態に変わっていく．

$EF^1\Sigma_g^+$ 状態も B 状態とほぼ同じふるまいをする．まず核間距離が小さいうちはリュードベリ型の状態で，そのエネルギーは 1.95 a.u. (1.03 Å) でいったん極小となり，核間距離 3 a.u. (1.6 Å) ぐらいまでは C 状態とほぼ同じふるまいをする．ところが，この状態は基底状態 $X^1\Sigma_g^+$ 状態と同じ対称性に属すので，式 (1.3.92) に直交する波動関数

$$c_2 1\sigma_g(1) 1\sigma_g(2) - c_1 1\sigma_u(1) 1\sigma_u(2)$$
$$= \left(\frac{c_2}{2(1+S)} - \frac{c_1}{2(1-S)}\right)\{\sigma 1s_a(1)\sigma 1s_a(2) + \sigma 1s_b(1)\sigma 1s_b(2)\}$$
$$+ \left(\frac{c_2}{2(1+S)} + \frac{c_1}{2(1-S)}\right)\{\sigma 1s_a(1)\sigma 1s_b(2) + \sigma 1s_b(1)\sigma 1s_a(2)\} \qquad (1.3.103)$$

で表されるイオン対の性質が強い状態のエネルギーが，核間距離 3 a.u. (1.6 Å) より大きくなると，低下してリュードベリ状態というより，原子価型（イオン対）の状態となる．そして全エネルギーは核間距離 4.4 a.u. (2.3 Å) で最小となり，それより大きな核

間距離では，ほぼ B 状態と同じふるまいをする．

ここで，例として，H_2 の低い励起状態に関して少し詳しく紹介したが，リュードベリ型の状態のほかに，原子価型の状態が混合して，分光学的に複雑な様相を示すことは多くの分子でみられる．ときには電子構造を詳しく調べ，状態の性質を考察することの重要性があるといえよう．

ここでは電子構造の詳しい記述は避けるが，たとえば同様の問題が話題になった例として，エチレン分子 (C_2H_4) をあげることができる．これに関しては総説[11, 12]を紹介するにとどめる．

g. 断熱ポテンシャルの非交差則

これまで，等核二原子分子の簡単な例として，H_2 を扱ってきた．異核二原子分子を取り上げて断熱ポテンシャルの非交差則にふれる．その一例として，比較的簡単な LiF を取り上げる．これは共有結合というより，Li^+ と F^- からなるイオン結合的な状態になっている点で，参考となろう．Li のイオン化ポテンシャル（Li^+ にイオン化するに要するエネルギー）は約 5.4 eV．F の電子親和力（電子が付着して安定化するエネルギー）が約 3.5 eV である．したがって解離極限では，F + Li と中性原子に解離した方が F^- + Li^+ とイオン対に解離した場合より，約 1.9 eV だけエネルギーが低いことになる．

平衡核間距離付近での LiF の基底状態の主要電子配置は，おおよそ

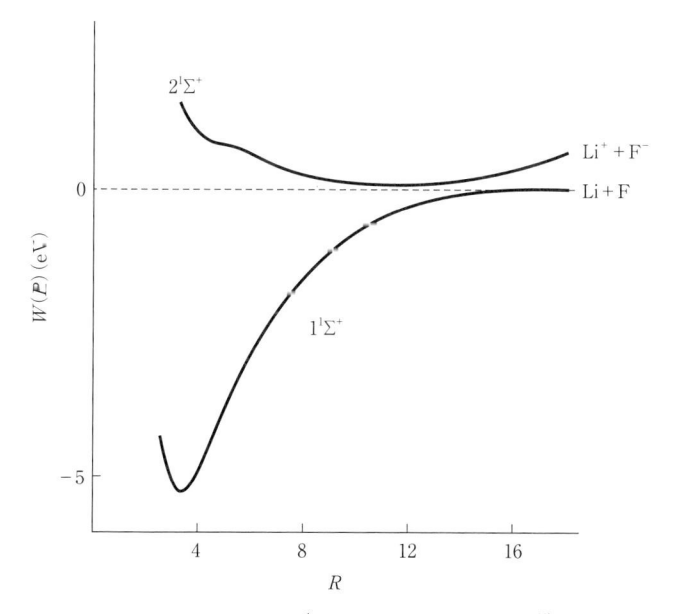

$$1s_F^2 1s_{Li}^2 2s_F^2 2p\pi_F^4 (2p\sigma_F + \kappa 2s_{Li})^2 \tag{1.3.104}$$

図 1.3.7 LiF の 2 つの $^1\Sigma^+$ 状態の断熱ポテンシャル[13]

で表され，ほぼイオン的な電子配置（κ は 1 に比べて小さく，共有結合性がわずかに入っていることを表す）の閉殻構造をしている．ここで $1s_F$ はフッ素の 1s を主体とする MO であることを示し，他も同様である．上記の電子配置は，F＋Li に解離した状態を記述しえない．少なくとも

$$1s_F^2 1s_{Li}^2 2s_F^2 2p\pi_F^4 (2p\sigma_F + \kappa 2s_{Li})^1 (2s_{Li} - \lambda 2p\sigma_F)^1 \qquad (1.3.105)$$

が必要となる．これら 2 つの電子配置による多電子関数に対して，電子相関を取り込むような励起電子配置関数を加えた関数の組を用いて CI 計算を遂行することにより，断熱ポテンシャル曲線を得ることができる．その例を図 1.3.7 に示す[13]．反転対称がないので，g, u の区別はないことに注意しよう．

前述のように，式 (1.3.104) で表される配置関数は平衡核間距離付近では $1^1\Sigma^+$ 状態の波動関数の主要配置となるが，解離極限では $2^1\Sigma^+$ の主要関数となる．一方，式(1.3.105) は解離極限では $1^1\Sigma^+$ 状態の主要電子配置であるが，核間距離が小さくなると $2^1\Sigma^+$ の主要電子配置となる．すなわちこの 2 つの状態のキャラクターが入れ替わる．しかし断熱ポテンシャル曲線は交差することなく，R に対してエネルギーが最も低い状態を曲線でつなぎ，2 番目の状態も R の関数としてつないでいる．これは，断熱ポテンシャルの非交差則と呼ばれるが，もう少し一般的にいうと，同じスピンと空間の対称性をもつ状態間に適用される規則で（たとえば，いまの場合の $^1\Sigma^+$ 状態間，あるいは $^3\Pi$ 状態間など）すべてを通して，核間距離 R の関数としてエネルギー的に低いものから順に，断熱ポテンシャル曲線が交差しないようにつなぐ．このことは，異なるスピン，空間対称性をもつ状態間には適用されず，異なるスピン，空間対称性をもつ状態では断熱ポテンシャルの交差は起こる．

それでは，分子の運動は，1 つの断熱ポテンシャル曲線上だけにそって運動する（分子の核間距離を変化させる）と考えるのであろうか．1.3.1 項 c にふれたように，非断熱遷移という言葉で説明される遷移現象がみられる．たとえば F^- と Li^+ を衝突させた場合を考えよう．図 1.3.7 を用いると，$2^1\Sigma^+$ 状態の核間距離の大きい方から小さい方へ運動すると考えることができる．$2^1\Sigma^+$ 状態の断熱ポテンシャルが $1^1\Sigma^+$ 状態のポテンシャルに接近する付近で，前述のように電子状態の波動関数は急に変化して，$2^1\Sigma^+$ 状態はイオン対的な電子構造から共有結合的な構造に変わる．一方 $1^1\Sigma^+$ 状態は共有結合的な電子構造からイオン対的な構造へと変化する．このような場合，F^- と Li^+ の衝突によって，
i) $2^1\Sigma^+$ 状態の断熱ポテンシャルに沿って，状態が共有結合の状態に変わるだけでなく，
ii) $1^1\Sigma^+$ 状態へ遷移を起こし，そのままイオン対的な構造を続ける確率もかなりある．
この遷移が，断熱近似に基づく見方とは異なるので，非断熱遷移と呼ばれる．詳しくは専門書で調べることをお勧めする[14]．

1.3.3 小さな多原子分子
a. 小さな多原子分子の回転
この項ならびに次項で，量子力学に基づく多原子分子の回転や振動に対する運動エネ

1.3 分子の構造

表 1.3.2 回転に伴う原子核の速度

回転軸	回転角	$\dfrac{d\xi_i}{dt}$	$\dfrac{d\eta_i}{dt}$	$\dfrac{d\zeta_i}{dt}$
ξ 軸	ϕ	0	$-\zeta_i \dfrac{d\phi}{dt}$	$\eta_i \dfrac{d\phi}{dt}$
η 軸	ψ	$\zeta_i \dfrac{d\psi}{dt}$	0	$-\xi_i \dfrac{d\psi}{dt}$
ζ 軸	φ	$-\eta_i \dfrac{d\varphi}{dt}$	$\xi_i \dfrac{d\varphi}{dt}$	0

ルギー項の導出に関して述べるが,このことに関して詳細に述べた著書を参考文献に紹介した[15].多原子分子の回転や振動に対する運動エネルギー項の具体的な表現は,分子を構成する原子にも依存するし分子の構造にも依存する.また回転と振動の間には結合項も出現するが,ここでは回転と振動も分離した近似の範囲にとどめて述べ,典型的な形の分子についてまとめておく.

まず,空間固定の座標系を (X, Y, Z) としよう.それに対して,分子は並進,回転,振動の運動をする.いま,分子の質量中心を原点とする,座標系を (ξ, η, ζ) として,分子をこの座標系の中で固定して考える.すると,この座標系 (ξ, η, ζ) の (X, Y, Z) に対する並進運動が分子の並進運動を表す.分子の回転は座標系 (ξ, η, ζ) の回転によって表すことができる.

原子核間の距離など相互の位置関係は平衡構造に固定であるという剛体モデルに基づき,さらに,質量中心は原点に静止するものとして,古典力学的な取り扱いから始めることにする.いま,i 番目の原子核の質量を M_i,原子核の位置ベクトルを $\boldsymbol{\rho}_i = (\xi_i, \eta_i, \zeta_i)$ とする.ξ 軸のまわりでの回転角を ϕ,η 軸のまわりの回転角 ψ,ζ 軸のまわりの回転角を φ とする.各軸のまわりの回転に伴う i 番目の原子核の速度 $d\xi_i/dt, d\eta_i/dt$ と $d\zeta_i/dt$ は表 1.3.2 に示すようになる.

以上に基づいて質量中心に関する角運動量を求めると

$$J_\xi = \sum_i M_i \left\{ \eta_i \frac{d\zeta_i}{dt} - \zeta_i \frac{d\eta_i}{dt} \right\}$$
$$= \sum_i M_i (\eta_i^2 + \zeta_i^2) \frac{d\phi}{dt} - \sum_i M_i \xi_i \eta_i \frac{d\psi}{dt} - \sum_i M_i \xi_i \zeta_i \frac{d\varphi}{dt}, \quad (1.3.106)$$

$$J_\eta = \sum_i M_i \left\{ \zeta_i \frac{d\xi_i}{dt} - \xi_i \frac{d\zeta_i}{dt} \right\}$$
$$= -\sum_i M_i \eta_i \xi_i \frac{d\phi}{dt} + \sum_i M_i (\zeta_i^2 + \xi_i^2) \frac{d\psi}{dt} - \sum_i M_i \eta_i \zeta_i \frac{d\varphi}{dt}, \quad (1.3.107)$$

$$J_\zeta = \sum_i M_i \left\{ \xi_i \frac{d\eta_i}{dt} - \eta_i \frac{d\xi_i}{dt} \right\}$$
$$= -\sum_i M_i \zeta_i \xi_i \frac{d\phi}{dt} - \sum_i M_i \zeta_i \eta_i \frac{d\psi}{dt} + \sum_i M_i (\xi_i^2 + \eta_i^2) \frac{d\varphi}{dt}. \quad (1.3.108)$$

以上を書き換えると，

$$\begin{pmatrix} J_\xi \\ J_\eta \\ J_\zeta \end{pmatrix} = \begin{pmatrix} I_{\xi\xi} & I_{\xi\eta} & I_{\xi\zeta} \\ I_{\eta\xi} & I_{\eta\eta} & I_{\eta\zeta} \\ I_{\zeta\xi} & I_{\zeta\eta} & I_{\zeta\zeta} \end{pmatrix} \begin{pmatrix} \dfrac{d\phi}{dt} \\ \dfrac{d\psi}{dt} \\ \dfrac{d\varphi}{dt} \end{pmatrix}, \qquad (1.3.109)$$

となる．ここで，$\rho_\xi = \xi_i, \rho_{\eta_i} = \eta_i, \rho_{\zeta_i} = \zeta_i$ と定義すると

$$I_{\alpha\beta} = \sum_i M_i (\rho_i^2 \delta_{\alpha\beta} - \rho_{\alpha i}\rho_{\beta i}), \; \alpha, \beta = \xi, \eta, \zeta, \qquad (1.3.110)$$

である．ここで，$\rho_i = \xi_i + \eta_i + \zeta_i$ である．$I_{\eta\zeta}, I_{\zeta\xi}$ など非対角項を慣性乗積，$I_{\xi\xi}, I_{\eta\eta}, I_{\zeta\zeta}$ を慣性モーメントと呼ぶ．もし，質量の分布が ξ 軸のまわりに回転対称であるか，η-ζ 面に関して対称であると，$I_{\xi\zeta}, I_{\eta\xi}$ は 0 になり $I_{\xi\xi}$ が 0 でなくなる．同様に η 軸のまわりの質量の分布が回転対称であるか，ζ-ξ 面に関して対称であると，$I_{\eta\eta}$ は 0 でないが $I_{\xi\eta}, I_{\zeta\eta}$ は 0 になる．ζ 軸に関しても質量の分布が回転対称であるか，ξ-η 面に関して対称であると，$I_{\zeta\zeta}$ は 0 でないが $I_{\xi\zeta}, I_{\eta\zeta}$ は 0 になる．

慣性乗積が 0 でないということは角運動量の方向と回転軸の向きが一致していないことを意味するが，ここで考えているように質量中心を通る軸のまわりに回転する場合は，角運動量の方向が回転軸の向きに一致するような軸が少なくとも 3 つ存在し，それらは互いに直交する．これらを慣性主軸という．対称軸があるとそれは慣性主軸の 1 つである．慣性主軸のまわりの慣性モーメントを主慣性モーメントと呼ぶ．この場合，慣性主軸のまわりの回転の向きと角運動量の方向が一致する．

運動エネルギー項のうちの回転運動の部分 $T_{\mathrm{nucl}}^{\mathrm{r}}$ は

$$T_{\mathrm{nucl}}^{\mathrm{r}} = \frac{1}{2} \sum_{\alpha,\beta}^{\xi\eta\zeta} J_\alpha I_{\alpha,\beta}^{-1} J_\beta \qquad (1.3.111)$$

テンソル $\boldsymbol{I}^{-1}$ は対角化できて，そのとき回転軸が (ξ, η, ζ) から $(\tilde{\xi}, \tilde{\eta}, \tilde{\zeta})$ に変換され，$\boldsymbol{I}^{-1}$ の対角項が A, B, C だとすると，

$$T_{\mathrm{nucl}}^{\mathrm{r}} = \frac{1}{2}(J_{\tilde{\xi}} A J_{\tilde{\xi}} + J_{\tilde{\eta}} B J_{\tilde{\eta}} + J_{\tilde{\zeta}} C J_{\tilde{\zeta}}) \qquad (1.3.112)$$

で与えられる．A, B, C のことを回転定数と呼ぶことがある．また，平衡構造に対する回転定数であるという意味で，A_e, B_e, C_e と書くこともある．

回転に関するハミルトニアンは運動エネルギー項からのみ得られる．量子力学のハミルトニアン演算子 $\hat{H}^r$ は，角運動量演算子 $\hat{\boldsymbol{J}}$ を使って

$$\hat{H}^r = \frac{1}{2}(\hat{J}_{\tilde{\xi}} A \hat{J}_{\tilde{\xi}} + \hat{J}_{\tilde{\eta}} B \hat{J}_{\tilde{\eta}} + \hat{J}_{\tilde{\zeta}} C \hat{J}_{\tilde{\zeta}}) \qquad (1.3.113)$$

と表される．テンソル $\boldsymbol{I}$ は平衡構造で決まっていて，一定であるので，

$$\hat{H}^r = \frac{1}{2}(A\hat{J}_{\tilde{\xi}}^2 + B\hat{J}_{\tilde{\eta}}^2 + C\hat{J}_{\tilde{\zeta}}^2) \qquad (1.3.114)$$

と書いてよい．

　回転定数 A, B, C すべてが互いに値が異なる場合，非対称回転子（非対称コマ）と呼ぶ．たとえば水分子（H_2O）は二等辺三角形の平衡構造をもつが，$\bar{\eta}$ 軸として O を通る分子軸に，ζ 軸として分子面内にあって，質量中心を通り，$\bar{\eta}$ 軸に垂直に，ξ 軸として質量中心を通って分子面に垂直にとる．OH 距離を l，∠HOH を 2α に，O の質量を m_2，H の質量を m_1 とすると，

$$A = \frac{1}{(\mu\cos^2\alpha + 2m_1\sin^2\alpha)l^2}, \quad B = \frac{1}{2m_1 l^2 \sin^2\alpha}, \quad C = \frac{1}{\mu l^2 \cos^2\alpha} \qquad (1.3.115)$$

を得る．ここで，$\mu = \dfrac{2m_1 m_2}{2m_1 + m_2}$ である．

　3 個の回転定数のうち，2 個が等しい場合，対称回転子（対称コマ）と呼ぶ．たとえばアンモニア分子（NH_3）は，正三角錐の構造が安定構造で，3 個の水素原子が正三角形の頂点にある．ζ 軸を N を通り，底面の正三角形の中心を通る，分子軸にとり，ξ 軸を質量中心を通り，ζ に垂直に NH 軸の 1 つを通るように，$\bar{\eta}$ 軸を質量中心を通って ζ，ξ に垂直にとる．NH 距離を l，NH 軸と ζ 軸のなす角を α に，N の質量を m_2，H の質量を m_1 とすると，

$$A = \frac{2}{(2\mu\cos^2\alpha + 3m_1\sin^2\alpha)l^2} \quad B = \frac{2}{(2\mu\cos^2\alpha + 3m_1\sin^2\alpha)l^2} \quad C = \frac{1}{3m_1 l^2 \sin^2\alpha}$$
$$(1.3.116)$$

を得る．ここで，$\mu = \dfrac{3m_1 m_2}{3m_1 + m_2}$ である．

　3 個の回転定数のすべてが等しい場合，球状回転子（球状コマ）と呼ぶ．たとえばメタン分子（CH_4）は，炭素を中心とする，正四面体の構造が安定構造で，4 個の水素原子が頂点にある．ξ 軸，$\bar{\eta}$ 軸，ζ 軸を C を通り，互いに垂直にそれぞれ対応する H-H の中点を通るようにとる．CH 距離を l，H の質量を m_1 とすると，

$$A = \frac{3}{8m_1 l^2}, \quad B = \frac{3}{8m_1 l^2}, \quad C = \frac{3}{8m_1 l^2} \qquad (1.3.117)$$

を得る．

　分子の回転状態のエネルギー準位は $\hat{H}^r$ の行列要素を得ることによって求められる．$A \leq B \leq C$ であるようにとって，式（1.3.114）は

$$\hat{H}^r = \frac{1}{4}(A+B)\hat{J}^2 + \frac{1}{2}\left[C - \frac{1}{2}(A+B)\right]\hat{J}_\zeta^2 + \frac{1}{4}(A-B)(\hat{J}_\xi^2 - \hat{J}_\eta^2) \qquad (1.3.118)$$

角運動量 J に属する，ベクトル $|JM\rangle$ と $|JM'\rangle$ 間の $\hat{H}^r$ の行列要素は

$$\langle JM'|\hat{H}^r|JM\rangle = \hbar^2\left[\frac{1}{4}(A+B)J(J+1) + \frac{1}{2}\left\{C - \frac{1}{2}(A+B)\right\}M^2\right]\delta_{M',M}$$
$$+ \frac{\hbar^2}{8}(A-B)[\sqrt{(J-M)(J+M+1)(J-M-1)(J+M+2)}\,\delta_{M',M+2}$$
$$+ \sqrt{(J+M)(J-M+1)(J+M-1)(J-M+2)}\,\delta_{M',M-2}] \qquad (1.3.119)$$

である．この行列要素の対角化によって，回転状態のエネルギー準位，波動関数を得る．

最後に直線状の分子について簡単にふれる．直線分子は分子軸に沿っての慣性モーメントはないので，質量中心を通って分子軸に垂直な2つの互いに垂直な軸に関する慣性モーメントが求まる．しかも2つの慣性モーメントは互いに等しいので，この2つの軸に関する回転定数を B（あるいは B_e）と記す．CO_2 のような ABA 型直線分子の A の質量を m_1, AB の長さを l とすると，

$$B = \frac{1}{2m_1 l^2} \qquad (1.3.120)$$

となる．

b. 小さい多原子分子の振動：直線状 ABA 型三原子分子の微小振動

ここでも詳しく書かれた参考文献を節末にあげた[15, 16]．N 個の原子からなる分子の運動の自由度は $3N$ であるが，並進，回転，振動への自由度の配分をまずまとめておこう．

- 一般の分子では
1) 並進運動の自由度は3．
2) 回転運動の自由度は3．
3) 振動を表す内部自由度は $3N-6$．

たとえば，折れ曲がった ABA 型三原子分子の振動の自由度は3で，偏角振動，対称伸縮，反対称伸縮の振動である．

- 直線状の分子では
1) 並進運動の自由度は3．
2) 回転運動の自由度は2（分子軸に垂直な互いに直交する軸）．
3) 振動を表す内部自由度は $3N-5$．

直線状 ABA 型の三原子分子では振動の自由度は4で，2方向の偏角振動，対称伸縮，反対称伸縮である．ξ, η, ζ 座標系の空間固定の座標に対する並進と回転によって分子の並進と回転を記述したが，分子の振動は ξ, η, ζ 座標系の上で考慮する．微小の振動に対するハミルトニアンをまず古典力学の範囲で導こう．

質量中心の並進でもなく，回転でもない分子振動を表す運動の独立な変数は4個あることになる．ここでは，二原子分子の場合と同様に微小振動を扱うが，まず振動の変数を決めよう．分子は図1.3.8に示すように，ζ 軸上に置いてある．AB 間の平衡核間距離は l であるとする．原子核 B の質量は m_2, 原子核 A の質量は m_1 であるとする．2つの原子核 A は図中左から A_- と A_+ で区別することにする．

まず分子軸方向の変位を考える．図1.3.8の各原子の変位は左から A_-, B, A_+ に対し

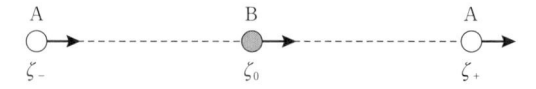

図 1.3.8 直線状三原子分子 ABA の伸縮変位ベクトル

1.3 分子の構造

て $\zeta_-, \zeta_0, \zeta_+$ とする．この変位によっても，質量中心は原点にあるので，

$$m_1(-l+\zeta_-) + m_2\zeta_0 + m_1(l+\zeta_+) = m_1(\zeta_- + \zeta_+) + m_2\zeta_0 = 0 \tag{1.3.121}$$

となる．これによって，伸縮の自由度が2個であることが確保される．2つのAB核間距離の伸びを s_-, s_+ とすると，

$$s_- = \zeta_0 - \zeta_-, \qquad s_+ = \zeta_+ - \zeta_0 \tag{1.3.122}$$

である．

$$Q_s = \frac{s_+ + s_-}{2} = \frac{1}{2}(\zeta_+ - \zeta_-) \tag{1.3.123}$$

$$Q_a = \frac{s_+ - s_-}{2} = \frac{m_2 + 2m_1}{2m_2}(\zeta_+ + \zeta_-) \tag{1.3.124}$$

を定義する．

次に，分子軸に垂直な軸 ξ, η 軸方向の変位であるが，ξ 軸方向と η 軸方向とはまったく同等なので，ここでは ξ 方向だけを考える．各原子の ξ 方向の変位をそれぞれ，ξ_-, ξ_0, ξ_+ とする．質量中心が原点にある条件は

$$m_1(\xi_- + \xi_+) + m_2\xi_0 = 0, \tag{1.3.125}$$

であり，質量中心のまわりの回転が起こらない条件

$$\xi_-(-l) + \xi_+(l) = (\xi_+ - \xi_-)l = 0, \tag{1.3.126}$$

である．これらの条件によって，ξ 軸方向の偏角を表す自由度は1となる．折れ曲がりの変位を d_-^ξ, d_+^ξ とすると，

$$d_-^\xi = \xi_- - \xi_0, \qquad d_+^\xi = \xi_+ - \xi_0 \tag{1.3.127}$$

を得る．$q_\xi = \dfrac{d_+^\xi + d_-^\xi}{2}$ を定義すると，

$$q_\xi = \frac{d_+^\xi + d_-^\xi}{2} = \frac{m_2 + 2m_1}{m_2}\xi_+ = \frac{m_2 + 2m_1}{m_2}\xi_- = -\frac{m_2 + 2m_1}{2m_1}\xi_0 \tag{1.3.128}$$

を得る．同様にして η 方向に対して

$$q_\eta = \frac{d_+^\eta + d_-^\eta}{2} = \frac{m_2 + 2m_1}{m_2}\eta_+ = \frac{m_2 + 2m_1}{m_2}\eta_- = -\frac{m_2 + 2m_1}{2m_1}\eta_0 \tag{1.3.129}$$

を定義する．

伸縮の変位 s_+, s_- に対する力の定数を K，折れ曲がりの変位 $(d_+^\xi + d_-^\xi)$ や $(d_+^\eta + d_-^\eta)$ に対する力の定数を k とする．微小振動に対するポテンシャルエネルギーは，U_0 を平衡構造におけるポテンシャルエネルギーの原点として，平衡構造からの微小なずれに対するポテンシャルエネルギーの展開を2次で止めると，次式のようになる．

$$\begin{aligned}U &= U_0 + \frac{K}{2}(s_+^2 + s_-^2) + \frac{k}{2}\left\{\left(\frac{d_+^\xi + d_-^\xi}{2}\right)^2 + \left(\frac{d_+^\eta + d_-^\eta}{2}\right)^2\right\} \\ &= U_0 + \frac{K}{2}\{(Q_s + Q_a)^2 + (Q_s - Q_a)^2\} + \frac{k}{2}(q_\xi^2 + q_\eta^2) \end{aligned} \tag{1.3.130}$$

運動エネルギー項は以下によって導く．以下で，文字の上にドット（・）をつけた意味は，

その文字で表される量の時間に関する1次微分を意味する．すなわち $\dot{A} = dA/dt$ である．

$$T = \frac{m_1}{2}\{\dot{\xi}_+^2 + \dot{\xi}_-^2\} + \frac{m_2}{2}\dot{\xi}_0^2 + \frac{m_1}{2}\{\dot{\eta}_+^2 + \dot{\eta}_-^2\} + \frac{m_2}{2}\dot{\eta}_0^2 + \frac{m_1}{2}\{\dot{\zeta}_+^2 + \dot{\zeta}_-^2\} + \frac{m_2}{2}\dot{\zeta}_0^2$$

$$= \frac{m_1 m_2}{m_2 + 2m_1}\{\dot{q}_\xi^2 + \dot{q}_\eta^2\} + m_1\dot{Q}_s^2 + \frac{m_1 m_2}{m_2 + 2m_1}\dot{Q}_a^2 \tag{1.3.131}$$

ラグランジアン $L = T - U$ から，一般運動量として

$$P_s = \frac{\partial L}{\partial \dot{Q}_s} = 2m_1\dot{Q}_s, \qquad P_a = \frac{\partial L}{\partial \dot{Q}_a} = \frac{2m_1 m_2}{m_2 + 2m_1}\dot{Q}_a$$

$$p_\xi = \frac{\partial L}{\partial \dot{q}_\xi} = \frac{2m_1 m_2}{m_2 + 2m_1}\dot{q}_\xi, \qquad p_\eta = \frac{\partial L}{\partial \dot{q}_\eta} = \frac{2m_1 m_2}{m_2 + 2m_1}\dot{q}_\eta \tag{1.3.132}$$

を得る．運動方程式は

$$\dot{P}_s = 2m_1\ddot{Q}_s = -2KQ_s \tag{1.3.133}$$

$$\dot{p}_\xi = \frac{2m_1 m_2}{m_2 + 2m_1}\ddot{q}_\xi = -kq_\xi \tag{1.3.134}$$

$$\dot{p}_\eta = \frac{2m_1 m_2}{m_2 + 2m_1}\ddot{q}_\eta = -kq_\eta \tag{1.3.135}$$

$$\dot{P}_a = \frac{2m_1 m_2}{m_2 + 2m_1}\ddot{Q}_a = -2KQ_a \tag{1.3.136}$$

となり，それぞれの変数が分離されて，調和振動子の方程式を得る．

図 1.3.9 には Q_s, q_ξ, q_η, Q_a のふるまいを示した．以下に上の4式を解いて振動のタイプと微小振動の角振動数をまとめる．

1) Q_s 対称伸縮振動： 角振動数は $\omega_s = \sqrt{\dfrac{K}{m_1}}$ \hfill (1.3.137a)

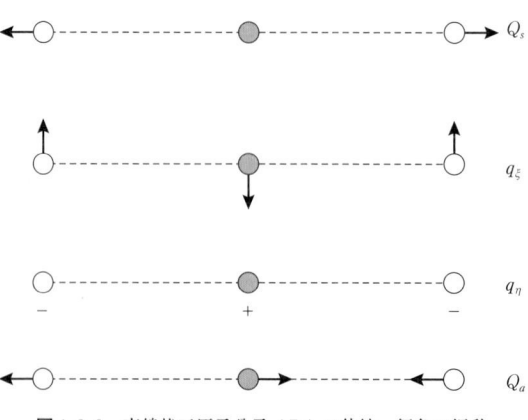

図 1.3.9 直線状三原子分子 ABA の伸縮，偏角の振動

2) q_ξ　対称偏角振動：　　角振動数は $\omega_\xi = \sqrt{\dfrac{(m_2 + 2m_1)k}{2m_1 m_2}}$ 　　　　　(1.3.137b)

3) q_η　対称偏角振動：　　角振動数は $\omega_\eta = \sqrt{\dfrac{(m_2 + 2m_1)k}{2m_1 m_2}}$ 　　　　　(1.3.137c)

4) Q_a　反対称伸縮振動：　　角振動数は $\omega_a = \sqrt{\dfrac{(m_2 + 2m_1)K}{m_1 m_2}}$ 　　　　　(1.3.137d)

となる．ハミルトニアンは

$$H = P_s \dot{Q}_s + p_\xi \dot{q}_\xi + p_\eta \dot{q}_\eta + P_a \dot{Q}_a - L$$

$$= P_s \frac{1}{4m_1} P_s + p_\xi \frac{m_2 + 2m_1}{4m_1 m_2} p_\xi + p_\eta \frac{m_2 + 2m_1}{4m_1 m_2} p_\eta + P_a \frac{m_2 + 2m_1}{4m_1 m_2} P_a$$

$$+ U_0 + K\{Q_s^2 + Q_a^2\} + \frac{k}{2}(q_\xi^2 + q_\eta^2) \tag{1.3.138}$$

量子力学的表現は

$$P_s \to \frac{\hbar}{i}\frac{\partial}{\partial Q_s}, \quad P_a \to \frac{\hbar}{i}\frac{\partial}{\partial Q_a}, \quad p_\xi \to \frac{\hbar}{i}\frac{\partial}{\partial q_\xi}, \quad p_\eta \to \frac{\hbar}{i}\frac{\partial}{\partial q_\eta} \tag{1.3.139}$$

と置き換え，式（1.3.138）に現れる m_1, m_2 は定数であるので，

$$\hat{H} = -\frac{\hbar^2}{4m_1}\frac{\partial^2}{\partial Q_s^2} - \frac{\hbar^2(m_2 + 2m_1)}{4m_1 m_2}\left\{\frac{\partial^2}{\partial Q_a^2} + \frac{\partial^2}{\partial q_\xi^2} + \frac{\partial^2}{\partial q_\eta^2}\right\}$$

$$+ U_0 + K\{Q_s^2 + Q_a^2\} + \frac{k}{2}(q_\xi^2 + q_\eta^2) \tag{1.3.140}$$

となる．

c．直線分子におけるレナー–テラー（Renner–Teller）分裂

　直線分子は直線に沿った分子軸のまわりに回転しても分子の空間上の位置関係はまったく変わらない．すなわちこの操作は対称操作である．分子の対称性に基づく群論に関しては，ここでは取り上げず，群論だけを取り上げた書物のうち入門的なものと本格的なものをそれぞれ1つずつあげておく[17,18]．

　直線分子の分子軸のまわりに φ だけ回転した対称操作を R_φ とする．対称操作によって状態は変化しないのであるから，その波動関数 ψ_n は

$$R_\varphi \psi_n = e^{i\lambda\varphi} \psi_n \tag{1.3.140}$$

と変換する．$\varphi = 2\pi$ となったとき，完全にもとに戻るのであるから $e^{2\pi\lambda i} = 1$ でなければならない．すなわち

$$\lambda = 0, \pm 1, \pm 2, \pm 3, \ldots \tag{1.3.141}$$

となるはずである．この λ の値が二原子分子の項で状態の対称性の分類に用いた，$\Sigma, \Pi, \Delta, \Phi, \ldots$ にそれぞれ対応する．すなわち，Σ に属する状態を除けば，他の状態（$\lambda > 0$）はどれも二重に縮退している．

　直線分子が三原子以上からなると，これら二重に縮退した状態のエネルギーは分子の折れ曲がりに対して分裂する．たとえば，折れ曲がりに対して，平面分子ができたとし

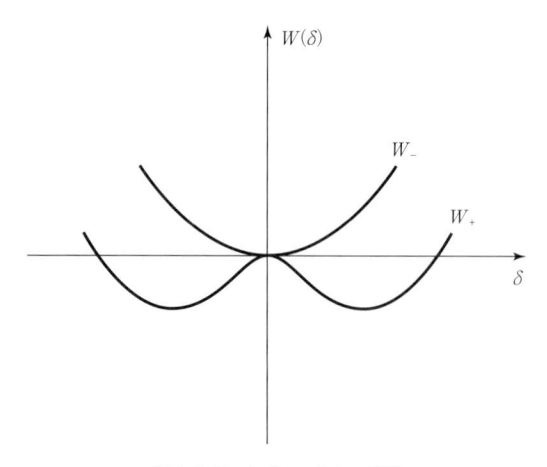

図 1.3.10 レナー-テラー分裂

よう（三原子分子なら必ず平面分子）．そうすると，折れ曲がった分子を含む面が折れ曲がった分子の対称面となる．このとき，直線のときに二重に縮退した状態は，この対称面に対して，波動関数が対称となる状態と，反対称となる状態に分裂する．折れ曲がりに関して，その角度 δ がどちらの向きに折れ曲がるか，いいかえると，δ の符号，（正負の違い）に対して物理的な状態は変わらないので，これら 2 つの状態の折れ曲がり角 δ に対する断熱ポテンシャルを W_+ と W_- とすると，δ の偶関数である．すなわち

$$W_{\pm}(\delta) = W(0) + a_{\pm}\delta^2 + b_{\pm}\delta^4 + \cdots \tag{1.3.142}$$

となる[19, 20]．δ に対するポテンシャル面のふるまいの概略の例を図 1.3.10 に示す．この場合，$\delta=0$，すなわち対称性が高い点はポテンシャル面の極値となっている．

d. ヤーン-テラー（Jahn-Teller）分裂

原子は球対称な環境下にあって，対称操作は回転群をなす．波動関数は角運動量にかかわる方位量子数（L）と磁気量子数（M）で分類され，$L>0$ の状態は $M=-L, -L+1, \ldots, L-1, L$ の状態が $(2L+1)$ 重に縮退すること，また直線分子は軸対称な環境下にあって，対称操作は軸回転群をなし，電子状態は $\lambda>0$ の状態は二重に縮退することをみた．

ここでは球対称や軸対称に比べると，対称性は低い場合を考える．ある対称性をもつ分子に関して，その形を保ったまま動かし，最初の形とまったく重ね合わせることができる操作を対称操作という．たとえば，アンモニア（NH_3）の平衡構造は窒素（N）を頂点とする正三角錐の形で，3 個の水素原子が底面の正三角形の頂点をなす．この構造に関しては 6 個の対称操作があり，それらの対称操作が C_{3v} という点群をなす．他方，メタン（CH_4）は炭素（C）を中心に 4 個の水素が正四面体の頂点をなす．この構造に対しては 24 個の対称操作があって，これらは T_d という点群をなす．ここでは，群論

1.3 分子の構造

にはこれ以上立ち入らない．NH_3 や CH_4 の基底状態では，10 個の電子は閉殻構造をなし，電子状態に縮退はないが，励起状態の中には縮退する状態が現れるし，第一イオン化状態もそうである．

電子状態が縮退している場合，その構造での対称性を低くする分子の変形に対して，縮退したエネルギー準位は分裂して，系は必ず対称性の低い構造の方にエネルギー的に安定化する．ヤーンとテラーの理論[21-23]を簡単にいえば以上のようになる．

分子の変形の大きさを δ で表すと，この場合のエネルギーの分裂は δ の 1 次から始まる．そのことを縮退のある摂動論に基づいてみると，次のようになる．電子的ハミルトニアンを

$$\hat{H}_e(\delta) \simeq \hat{H}_e(0) + \frac{\partial \hat{H}_e}{\partial \delta}\bigg|_{\delta=0}\delta + \cdots \tag{1.3.143}$$

と展開して，$\hat{H}_e(0)$ に関して以下のように，d_α 重に縮退した状態を考える．

$$\hat{H}_e(0)\psi_\mu^\alpha = W^\alpha(0)\psi_\mu^\alpha \quad (\mu=1, 2, ..., d_\alpha) \tag{1.3.144}$$

1 次の摂動論を用いると，行列 V

$$V_{\mu\nu}^\alpha = \left\langle \psi_\mu^\alpha, \frac{\partial \hat{H}_e}{\partial \delta}\bigg|_{\delta=0}\psi_\nu^\alpha \right\rangle \tag{1.3.145}$$

を対角化して

$$\sum_\nu V_{\mu\nu}^\alpha C_{\nu j} = \epsilon_j C_{\mu j} \tag{1.3.146}$$

を得ると，1 次の摂動論による補正エネルギーは $\epsilon_j \delta$ で表され，2 次以上も入れると

$$W_j^\alpha(\delta) = W^\alpha(0) + \epsilon_j \delta + a_j \delta^2 + \cdots \tag{1.3.147}$$

となって，$\delta \to 0$ に漸近するときエネルギーは δ に関して 1 次で縮退点に近づくので，その点は，断熱ポテンシャルの特異点となる．すなわち，接する曲面が接点においてコー

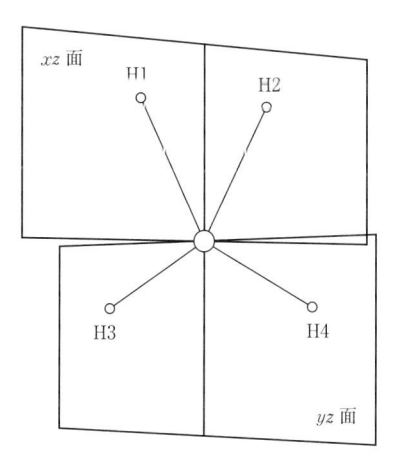

図 1.3.11 CH_4^+ のヤーン-テラー歪み[23]

ン状（conical）の接触となる．このことがレナー–テラー分裂とは本質的に異なる．

さて前述したメタンの第一イオン化状態を考えよう．まずイオン化する前の中性分子の基底状態は正四面体の構造（T_d）をとる．そのとき，10個の電子が占有する MO は以下のようになる．

- C の 1s を主成分とする MO $1a$．
- おもに C の 2s と 4 個の H の 1s からなり，CH 結合に寄与する $2a$．
- C の 2p と 4 個の H の 1s からなる，CH 結合に寄与する 3 個の MO $1t_2$，三重に縮退する．

ここで，a や t_2 は MO が T_d の対称操作に対する変換性を分類する記号で（群論では既約表現），球対称のもとで s, p, ... 軸対称の場合に $\sigma, \pi, ...$ と対応している．全電子状態は大文字で A や T_2 を用いる．

さて，そうすると，基底状態の主要電子配置は，$1a^2 2a^2 1t_2^6$ で ^1A 状態となる．最外殻の $1t_2$ から，1個の電子が取り去られると，主要電子配置は $1a^2 2a^2 1t_2^5$ となって，三重に縮退する $^2T_2$ 状態となる．当然 T_d 構造からひずむ方が安定化する．実際の詳しい計算[24]によると，図 1.3.11 に示すように 1 つの ∠HCH が T_d のときの ∠HCH より小さくなって，その HCH が入る面に直交するもう 1 つの面に入る HCH の ∠HCH が逆に大きくなる構造が最も安定となる．

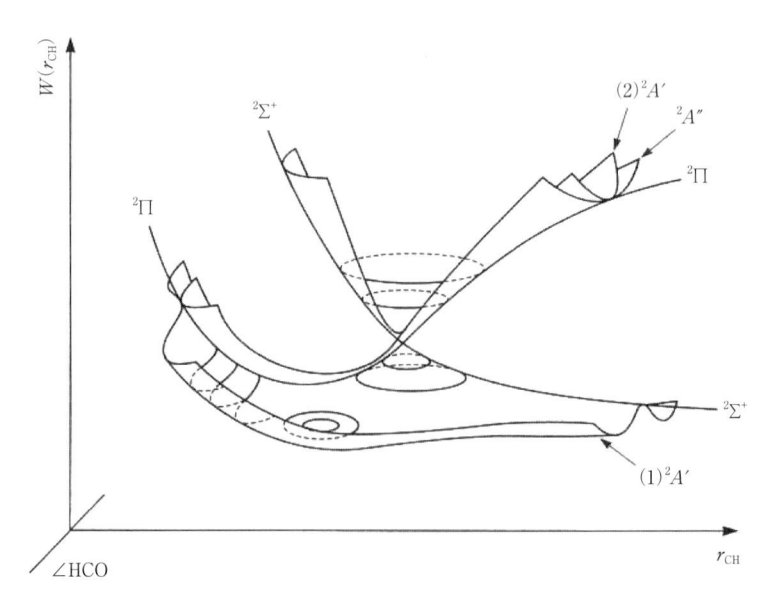

図 1.3.12 HCO 分子の断熱ポテンシャル面の模式図
r_{CO} = 一定．

ヤーン-テラーの理論は分子のもつ対称性のゆえに縮退した状態に対してのみ成立するのではなく，たまたま縮退（偶然縮退）し，その構造からの分子の変形に対して上記のような分裂が生じる場合がある．図 1.3.12 には直線状 HCO 分子の $^2\Sigma$ 状態と $^2\Pi$ 状態が交差してできる偶然縮退によるヤーン-テラー分裂と $^2\Pi$ 状態のレナー-テラー分裂が共存する例を示す[25]．ここでは HCO が折れ曲がりによって平面状になり（このとき，対称操作は何もしない操作と，面による鏡面操作で C_s という点群をなす），直線のとき二重に縮退していた $^2\Pi$ 状態が平面状になって，面に対して対称な $^2A'$ と反対称な $^2A''$ に分裂する（A', A'' は対称操作による変換性を分類する）．さらに，$^2\Sigma$ 状態も折れ曲がって平面状になると面に対して対称な $^2A'$ となり，$^2\Sigma$ 状態と $^2\Pi$ 状態が交差する近傍で $^2\Sigma$ と $^2\Pi$ から派生する $^2A'$ どうしが相互作用してヤーン-テラー分裂が生じるのである．

以上，前節と本節の話題の共通点は複数の断熱ポテンシャル面が接することである．この場合，断熱近似に基づいて原子核の動力学を論じることには無理がある．これらの状態における核の運動状態を記述する際には非断熱結合の考慮が必要になる[14]．そして実際には振動のスペクトルは断熱近似から得るものとはかなり異なったふるまいをする[26]．これらに気がついて研究を進めた研究者の名前を冠してレナー-テラー効果，ヤーン-テラー効果と呼ばれるようになった．

非断熱の効果はもちろん断熱ポテンシャルが接している必要はなく，互いがかなり接近すればするほど，そして相対運動の換算質量が小さいほどその効果は強くなる．

e. 電子構造の理論計算：QCLDB II の活用のすすめ

高速で大規模なコンピュータの発展を受け，分子やクラスターの信頼性の高い理論的計算が盛んに行われ，有用な情報がもたらされている．そして，理論的な方法も新しい展開を見せている．電子構造に関する種々の理論的方法について学びたい読者には，この1節で紹介できるものではないので，文献[1-4]を読まれることをお勧めする．

また，すでにいろいろな分子やクラスターに関するおびただしい数の計算結果が，論文誌上に発表されていて，遷移金属や希土類を含む錯体のみならず，タンパク質やDNA に関連する分子の計算から，生体機能を議論する論文も出るようになっている．いくつかの例示ができるとよかったのだが，スペースがつきてしまった．しかし読者は，ちょっと調べると上記のごとくおびただしい数の理論計算に基づく報告があることに気づくであろう．そしてそれらの結果を利用することもあると考えられる．あえて注意すべきことがあるとすれば，これらの多くの計算が基底関数による展開に基づく理論によっているということである．すなわち完全系による展開を念頭に置いた理論に基づいているが，**コンピュータがどんなに大きくなっても実際に実現しうる関数空間は完全系からみればほんの小さな関数空間にすぎない．どれだけ注意が払われた計算であるかをよく読み込み評価する必要がある．**

Quantum Chemistry Literature Data Base（QCLDB）というデータベースがある．日本の量子化学者が 1970 年代中頃から始めた事業で，いまでは QCLDB II としてオ

ンライン検索ができる．http://qcldb2.ims.ac.jp/ から登録も検索も可能である．このデータベースは量子化学計算の結果に関する論文について，対象となった分子，計算方法，用いた基底関数など近似度を絞って論文を検索し，計算の信頼度の情報を伴って書誌情報を得ることができる．収集者による論文に関するコメントも得ることができる．QCLDBの最初のデータ集の付録に岩田による計算の信頼度に関する解説がある[27]．だいぶ前のものではあるが，基本的な注意事項は含まれているので参考とされるとよいであろう．〔田中　皓〕

文　献

1) A. Szabo and N. S. Ostlund, *Modern Quantum Chemistry : Introduction to Advanced Electronic Structure Theory* (Macmillan Publishing, 1982).
2) 上記の和訳本として
A. ザボ・N. S. オストランド著，大野公男・阪井健男・望月祐志訳，「新しい量子化学」上，下（東京大学出版会，1988）．
3) 藤永　茂：分子軌道法，（岩波書店，1980）．
4) T. Helgaker, P. Jørgensen and J. Olsen, *Molecular Electronic Structure Theory* (John Wiley & Sons, 2002).
5) 田中　皓，「分子物理学」（裳華房，1999）．
6) D. R. Bates, K. Ledsham, A. L. Stewart, *Phil. Trans.* (*GB*), **246** (1953) 215.
7) W. H. Heitler and F. W. London, *Z. Phys.*, **44** (1927) 455.
8) W. Kolos and L. Wolniewicz, *J. Chem. Phys.*, **43** (1965) 2429.
9) L. Wolniewicz and K. Dressler, *J. Chem. Phys.*, **82** (1985) 3292.
10) L. Wolniewicz and K. Dressler, *J. Chem. Phys.*, **88** (1988) 3861.
11) R. S. Mulliken, *Chem. Phys. Letters*, **25** (1974) 305.
12) 田中　皓，「分子の電子状態」，分子科学講座　**5**，（共立出版，1986）pp. 37.
13) L. R. Kahn and P. J. Hay, *J. Chem. Phys.*, **61** (1974) 3530.
14) H. Nakamura, *Nonadiabatic transitions : Concepts, Basic Theories and Applications*, (World Scientific, 2002).
15) 伊藤　敬，「分子科学と量子力学」，分子科学講座　**1**，（共立出版，1966）pp. 187.
16) G. Herzberg, *Molecular Spectra and Molecular Structure*, **II**, Infrared and Raman Spectra of Polyatomic Molecules (D. Van Nostrand Company, 1945).
17) 小野寺嘉孝，「物性物理/物性化学のための群論入門」（裳華房，1996）．
18) M. Hamermesh, *Group Theory and its application to physical problems* (Addison-Wesley publishing, 1962).
19) G. Herzberg, *Molecular Spectra and Molecular Structure*, **III**, Electronic Spectra and Electronic Structure of Polyatomic Molecules (D. Van Nostrand Company, 1967).
20) E. Renner, *Z. Phys.*, **92** (1934) 172.
21) H. A. Jahn and E. Teller, *Proc. Roy. Soc.* (London), **A 161** (1937) 220.
22) H. A. Jahn, *Proc. Roy. Soc.* (London), **A 164** (1938) 117.
23) H. C. Longuet-Higgins, U. Opik, M. H. Price and R. A. Sack, *Proc. Roy. Soc.* (London), **A 244** (1958) 1.
24) K. Takeshita, *J. Chem. Phys.*, **86** (1987) 329.
25) K. Tanaka and E. R. Davidson, *J. Chem. Phys.*, **70** (1979) 2904.
26) K. Tanaka and K. Nobusada, *Chem. Phys. Letters*, **388** (2004) 389.
27) K. Ohno, K. Morokuma, F. Hirota, H. Hosoya, S. Iwata, H. Kashiwagi, K. Nishimoto, S. Obara, Y.

Osamura, K. Tanaka, M. Togasi and S. Yamabe, Physical science data 12 ; *Quantum Chemistry Literature Data Base* ; *bibliography of ab initio calculations for 1978-1980*, Edited by K. Ohno and K. Morokuma (Elsevier Scientific Publishing Company, Amsterdam-Oxford-New York, 1982).

2 光との相互作用

2.1 原子分子の光吸収

　ここでは，原子分子と光の相互作用の概略を述べる．詳細は参考書[1-3]を参照してほしい．

　原子分子の研究を行う上で，光との相互作用はきわめて大きな役割を果たしてきた．原子分子の構造を知るのに分光学は必須である．とくに水素原子のスペクトルの研究は，量子力学が成立する際の重要な要因となった．そして量子力学が成立することによって，原子分子と光の相互作用の研究の基礎が確立されたのである．一方，自然（宇宙）の理解にも原子分子と光の相互作用の研究は大きく貢献している（本書5.2節参照）．そもそも原子構造に由来する線スペクトルを分解して観測し，分光学の先駆けとなったのは，太陽スペクトルにおけるナトリウムのD線の発見であった．ちなみに，初期の天体物理学は分光学と同義語であった．

　光と原子分子の相互作用には，光子が散乱される過程と，光子が生成・消滅する放出・吸収過程がある．散乱過程には，散乱の前後で光子のエネルギーが変わらない弾性散乱（レーリー散乱）とエネルギーが変わる非弾性散乱がある．後者には，分子の振動・回転状態の研究において重要なラマン散乱および，高いエネルギーのX線領域で顕著になるコンプトン散乱がある．また光の放出には，誘導放出と自然放出の2つの過程がある．とくに，誘導放出はレーザー発振の原理と密接に関連している．以下本節では，主として光の放出・吸収過程を扱う．

　光の吸収過程において，原子（または分子）の始状態および終状態が両方とも離散的定常状態になっている場合を光励起過程と呼ぶ．一方，終状態が連続状態である場合には，これを光イオン化（または光電離）と呼ぶ．原子分子の構造を調べる目的で主として光励起過程を研究するのが分光学であるが，分光学の手法や実験技術については2.2節（可視からX線領域まで）および2.3節（マイクロ波，赤外領域）で詳しく述べられる．本節では原子分子による光の放出・吸収過程についての基本的事項および光イオン化とその関連過程について解説する．実験技術については分光学におけるそれと基本的に同じなので，とくに必要のない限り省略する．

2.1.1 原子による光の吸収・放出
a. アインシュタイン係数

同種原子の集団を考え，その2つの準位 a, b に着目する．それぞれのエネルギーを E_a, E_b とし，$E_b > E_a$ とする．ここでは簡単のために，これらの準位には縮退がないとする．縮退がある場合には縮重度を導入する必要があるが，詳細は参考書を見てほしい．またそれぞれの準位にある原子の数を N_a, N_b とする．単位時間にこの集団から放出されるエネルギー $h\nu_{ba} (= E_b - E_a)$ をもつ光子の数は

$$A_{ba} N_b \tag{2.1.1}$$

と書けるであろう．ここで A はこの遷移 $b \to a$ に固有の定数で，アインシュタインの自然放出係数と呼ばれる．

次に，この原子集団に光が当たると，その光（以下，入射光と呼ぶ）の強さに比例して準位 ab 間の遷移が起こる．すなわち，遷移 $a \to b$ による光吸収と，$b \to a$ による光放出である．これらに伴い，吸収あるいは放出される光子の数は，単位時間当たりそれぞれ

$$N_a u(\nu_{ba}) B_{ab} \tag{2.1.2}$$
$$N_b u(\nu_{ba}) B_{ba} \tag{2.1.3}$$

の形に書ける．ここで，$u(\nu)d\nu$ は入射光のうちで振動数が ν と $\nu + d\nu$ の間にあるもののエネルギー密度（単位体積当たり）である．B_{ab} および B_{ba} はそれぞれアインシュタインの吸収係数，誘導放出係数と呼ばれる．いま考えている原子集団が温度 T の容器に入れられて熱平衡にあるとする．するとあるエネルギー準位にある原子の個数はボルツマン分布に従う．また容器内には温度 T で規定される電磁波が満ちている．この電磁波の周波数分布はプランクの法則に従う．電磁波と原子の集団が全体として平衡状態にあるためには，光の吸収と放出（自然放出と誘導放出の和）が等しくなければならない．このことからアインシュタインは次の関係式を導いた．

$$B_{ba} = B_{ab} \tag{2.1.4}$$
$$A_{ba} = (8\pi h \nu_{ba}^3 / c^3) B_{ab} \tag{2.1.5}$$

ここまでは光と原子の相互作用の詳細には立ち入らなかった．次項でその詳細を量子論により調べ，B_{ab}（したがって上式により B_{ba}, A_{ba}）を求めることにする．

b. 吸収断面積，遷移確率

光と原子の相互作用を厳密に扱うには光を光子の集団とみなし量子電磁気学を適用する必要がある．しかしここでは原子は量子論的に扱うが，光は古典的な電磁波と考える「半古典論」を採用する．すなわち電磁波の中に置かれた原子がその影響で状態間の遷移を起こすと考え，その遷移確率を摂動論で求める．量子電磁気学を用いた厳密な取り扱いについては，たとえばシッフの教科書[4]を参照してほしい．

電磁波に伴う電場の強さを

$$\mathbf{E} = \mathbf{F} \sin(\mathbf{k} \cdot \mathbf{r} - \omega t + \delta) \tag{2.1.6}$$

とすると対応するベクトルポテンシャルは

$$\mathbf{A} = -\frac{\mathbf{F}}{2\omega}\{\exp[i(\mathbf{k}\cdot\mathbf{r}-\omega t+\delta)]+c.c.\} \tag{2.1.7}$$

となる．電磁場中の電子の運動エネルギーを古典論で表すと

$$\frac{1}{2m_e}(\mathbf{p}+e\mathbf{A})^2 \tag{2.1.8}$$

となるが，これを量子論に変換して電子と電磁波の相互作用ポテンシャルとして

$$H_I = -\frac{i\hbar e}{m_e}\sum_s \mathbf{A}(r_s)\cdot\nabla_s + \frac{e^2}{2m_e}\sum_s \mathbf{A}^2(r_s) \tag{2.1.9}$$

を得る．ここでは多電子系を考え，s は電子につけた番号である．ただし，以下では簡単のため一電子系を考え，双極子近似のところで一般の場合に戻ることにする．

電磁波の強さがあまり大きくなければ式 (2.1.9) の第2項は無視できる．以下，第1項のみを考える．この相互作用を摂動と考え，通常の摂動論を使う．その結果，遷移 $a\to b$ が起こる確率（単位時間当たり）は[1]，

$$W(a\to b|\omega) = \left(\frac{2\pi}{m_e\omega}\right)^2\frac{e^2}{4\pi\varepsilon_0}U(\omega)|\langle b|e^{ikr}\hat{\varepsilon}\nabla|a\rangle|^2\delta(\omega-\omega_{ba}) \tag{2.1.10}$$

ここで $\hat{\varepsilon}$ は入射光の偏光ベクトルであり，$U(\omega)$ は角周波数で表した入射光のエネルギー密度である．式 (2.1.10) は原子1個当たりの吸収確率であるから式 (2.1.2) の定義と比較して $u(\nu_{ba})B_{ab}$ に等しい．$u(\nu) = 2\pi U(\omega)$ であるから

$$B_{ab} = \frac{1}{2\pi m_e^2\nu_{ba}^2}\frac{e^2}{4\pi\varepsilon_0}|\langle b|e^{ikr}\hat{\varepsilon}\nabla|a\rangle|^2 \tag{2.1.11}$$

c. 双極子近似，選択則

光の波長が原子の大きさに比べて十分長い場合には，式 (2.1.11) の右辺の行列要素の中の指数関数を1とすることができる．すると[2]

$$|\langle b|e^{ikr}\hat{\varepsilon}\nabla|a\rangle|^2 = \left(\frac{m_e}{\hbar}\omega_{ba}\right)^2|\hat{\varepsilon}\langle b|\mathbf{r}|a\rangle|^2 \tag{2.1.12}$$

光の偏光方向に対して原子が特定の向きを向いていないときには向きで平均して

$$|\hat{\varepsilon}\langle b|\mathbf{r}|a\rangle|^2 \to \frac{1}{3}|\langle b|\mathbf{r}|a\rangle|^2 \tag{2.1.13}$$

以下

$$M_{ba}^2 = |\langle b|\mathbf{r}|a\rangle|^2 \tag{2.1.14}$$

で定義される M_{ba} を導入する．多電子系の場合は

$$M_{ba}^2 = \left|\left\langle b\left|\sum_s \mathbf{r}_s\right|a\right\rangle\right|^2 \tag{2.1.14a}$$

とすればよい．以上の扱いは光と原子の相互作用を，空間的に一様な振動電場の下での電気双極子の運動とみなすことにほかならない．したがってこれを双極子近似と呼ぶ．双極子近似を使うとアインシュタイン係数はそれぞれ

$$B_{ba} = B_{ab} = \frac{2\pi}{\hbar^2}\frac{e^2}{4\pi\varepsilon_0}\frac{1}{3}M_{ba}^{\ 2} \qquad (2.1.15)$$

$$A_{ba} = \frac{8\pi}{hc^3}\omega_{ba}^{\ 3}\frac{e^2}{4\pi\varepsilon_0}\frac{1}{3}M_{ba}^{\ 2} \qquad (2.1.16)$$

となる.

式 (2.1.15),(2.1.16) からわかるように,電気双極子の状態 ab 間の行列要素が 0 の場合は係数 A, B が 0 となり光の吸収・放出が起こらない.このような遷移を光学的禁止遷移(あるいは禁制遷移)と呼ぶ.また行列要素が 0 でない遷移は光学的許容遷移と呼ばれる.これらはあくまでも双極子近似の範囲内のことであることに注意する.禁止遷移といっても,遷移がまったく起こらないことを意味するわけではない.指数関数の展開の高次の項を考慮すると遷移が可能になる場合がある.しかしその場合の遷移確率はきわめて小さいのが普通である.

許容遷移であるためには,状態 ab 間にある関係が成り立たなければならない.厳密には両状態の波動関数を調べなくてはならないが,簡単な考察からわかる選択則がいくつか知られている.

(1) 水素原子

水素内にある 1 個の電子の軌道角運動量子数を l とし,遷移の前後でのその変化を Δl とすると許容されるのは

$$\Delta l = \pm 1$$

のみである.

(2) 多電子原子

全電子の軌道角運動量および全スピン角運動量を合成した全角運動量(量子数を J とする)およびその z 成分 (M_J) が保存する.そこで許容遷移は

$$\Delta J = 0, \pm 1 \ (0 \leftrightarrow 0 \text{ は除く})$$
$$\Delta M_J = 0, \pm 1 \ (\Delta J = 0 \text{ は } 0 \leftrightarrow 0 \text{ を除く})$$
$$\text{パリティ} \quad \text{正} \ \leftrightarrow \ \text{負}$$

(3) 軽元素の場合の近似的な選択則

軽い元素ではスピン・軌道相互作用が小さく,全軌道角運動量(量子数 L)や全スピン角運動量 (S) が近似的に保存する.そこで上記に追加して

$$\Delta S = 0$$
$$\Delta L = 0, \pm 1 \ (0 \leftrightarrow 0 \text{ は除く})$$

が近似的に成り立つ.

許容遷移の例をみるために図 2.1.1 にヘリウムのグロトリアン図を示す.グロトリアン図とは,原子のエネルギー準位を基底状態からのエネルギーを縦に目盛って並べたもので,さらに許容遷移を準位間の斜線で示したものである.場合によっては図 2.1.1 のようにその遷移で放出される光の波長を記したものもある.ここでははっきりとは示してないが,1snp 状態はすべてパリティが負,1sns 1snd 状態は正である.したがって,

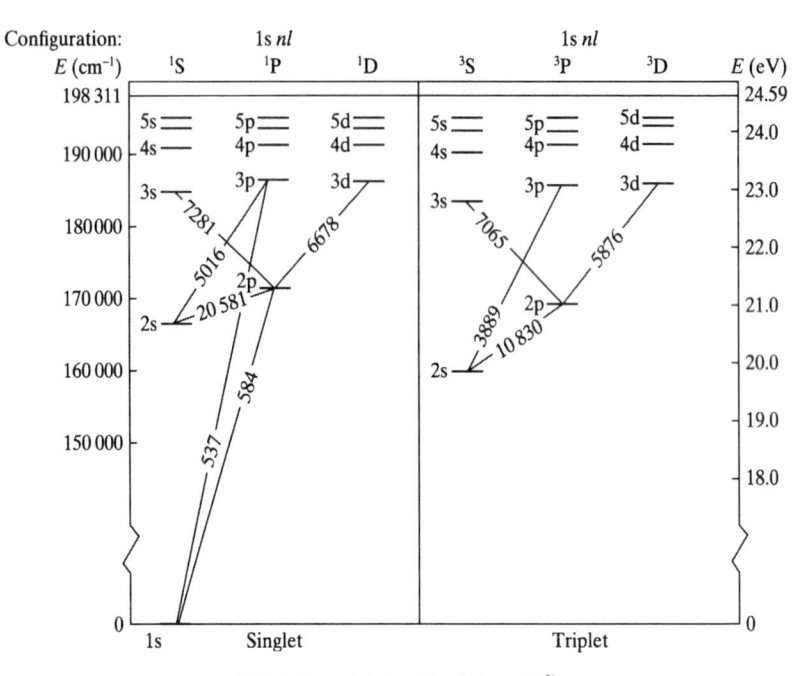

図 2.1.1 ヘリウムのグロトリアン図[5]
許容遷移を示す斜線についている数字はその遷移に伴って吸収・放出される光の波長（オングストローム単位）である.

たとえば 1s2p–1s3p 遷移などは起こらない（$\Delta L = 0$ ではあるが）.

d. スペクトル線の幅と形状

励起過程であれば単一の波長の光が放出・吸収される. しかし実際のスペクトル線は幅のない線ではなく, ある形をもって広がっている. その原因は次のようなものである（詳細は 2.2.4 項, 2.3.1 項 d あるいは参考書[1]を参照のこと）.

(1) 自然（寿命）幅

エネルギー状態が有限の寿命をもつと不確定性関係からそのエネルギーには幅が生じる. その幅の大きさは寿命の逆数に比例する. ある遷移が光学的許容である場合, その自然放出係数を A とすると, その遷移の上準位は A^{-1} の寿命をもつ.

(2) ドップラー幅

気相の原子は熱運動をしている. そのため放出・吸収される光にドップラーシフトが生じる. 原子の運動はランダムなので, スペクトルには幅となって現れる.

(3) 圧力（衝突）幅

気相の原子は, 特別な場合を除けば, つねに周囲の原子分子と相互作用している. そ

の結果,光の放出・吸収過程が乱される.それがスペクトル線に幅となって現れる.この幅は当然気体の密度(圧力)の増加に伴って大きくなる.

2.1.2 光イオン化
a. イオン化断面積

原子に束縛されている電子が外へ飛び出すことがイオン化であり,光電効果の一種である.2.1.1項で扱った光吸収による励起の際に,終状態を電子の連続エネルギー状態とすれば,光イオン化の断面積(確率)を求めることができる.ただ連続状態の波動関数をどのように規定するか(規格化の仕方など)によって断面積の表し方が違ってくることに注意が必要である.周波数 ν の光による原子(基底状態にあるとする)のイオン化の全断面積は,双極子近似を使うと,次のように書ける[1].

$$Q(\nu) = \frac{8\pi^3 \nu}{3c} \frac{e^2}{4\pi\varepsilon_0} \sum_b \sum_{l,m} \left| \left\langle \varepsilon, l, m, b \left| \sum_s r_s \right| 0 \right\rangle \right|^2 \tag{2.1.17}$$

ここでは連続状態を,出てゆく電子(光電子と呼ばれる)のエネルギー(ε)およびそ

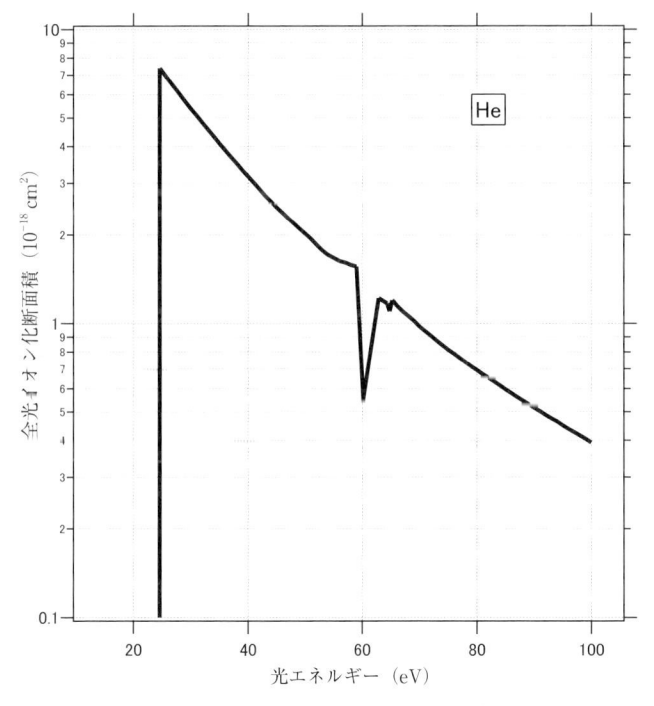

図 2.1.2 ヘリウムの光イオン化断面積
サムソンとストルテの測定値[6]を 100 eV まで図示したもの.ヘリウムのイオン化ポテンシャルは 24.6 eV である.

の軌道角運動量で指定している．また，周波数 ν の吸収で可能なすべてのイオン状態 (b) を考慮している．特定の状態にあるイオンができる断面積を求めるには b を固定する．

イオン化断面積を実験で求めるには生成されたイオンを測定する必要がある．とくにさまざまなイオンが生成されるとき（多重イオン化や分子の解離イオン化）は，特定のイオンのみを検出する工夫が必要である．また，後述するように魔法角（$\theta = 54.74°$）の方向に出てくる電子を集めて 4π 倍すれば式 (2.1.17) が得られる (2.1.2 項 c を参照)．

光吸収スペクトルのイオン化しきい値より上の部分にはイオン化の寄与が含まれている．しかし，吸収断面積とイオン化断面積はその部分でも必ずしも一致しない．とくに分子の場合は，イオン化のしきい値の上でも中性原子分子が生成される解離過程があり，その分だけ両断面積には差がある (2.1.4 項 d を参照)．

最後に光イオン化断面積の1例を図 2.1.2 に示す．これはサムソン (Samson) とストルテ (Stolte)[6] が測定したヘリウムの全イオン化断面積である．じつはこれは吸収測定であるが，この場合にはイオン化しか起こらないことがはっきりしているので，イオン化断面積とみなしてもよい．光のエネルギーが 60 eV 付近にみられる構造は次節で述べる自動イオン化の効果である．

b. 自動イオン化

原子の中の2個の電子が励起軌道に入っている，いわゆる二電子励起状態を考える．これはエネルギーが高く，多くの場合その原子のイオン化のしきい値よりも上にある．すなわち，電子が1個連続エネルギー状態にあるイオン化状態とエネルギー的に縮退している（以後，二電子励起状態は ** をつけて表す）．

$$A^{**} \longleftrightarrow A^+ + e \quad (2.1.18)$$

したがって，A^{**} は不安定であり，有限の寿命で光を出さずに壊れてイオンと自由電子になる．このようなイオン化を自動イオン化と呼ぶ．また光を出して基底状態や一電子励起状態へ落ちる場合もある．A^{**} はいろいろな方法でつくることができるが光吸収もその1つである（もちろん光吸収では選択則を満たすような状態しかつくれないが）．

$$h\nu + A \rightarrow A^{**} \rightarrow A^+ + e \quad (2.1.19)$$

この過程は特別な波長のときにのみ起こるので，光イオン化スペクトルや光吸収スペクトルの中に特異な構造となって現れる．なお，式 (2.1.19) の矢印を逆にした過程は自由電子とイオンの再結合過程の一種で二電子性再結合と呼ばれるものである（本書 3.3 節参照）．

式 (2.1.19) の過程を実験で初めてはっきりと示したのはマッデン (Maddenn) とコドリング (Codling)[7] である．彼らはヘリウムの吸収スペクトルの中に特異な構造をみつけた（図 2.1.3）．これは

$$h\nu + \text{He}(1s^2) \rightarrow \text{He}^{**}(2\,snp, 2\,pns) \rightarrow \text{He}^+ + e \quad (2.1.20)$$

によるものである．その後さまざまな原子（や分子）でこの過程がみつかり，きわめてありふれたものであることがわかった．なお，上記からわかるようにこの実験のために

2.1 原子分子の光吸収

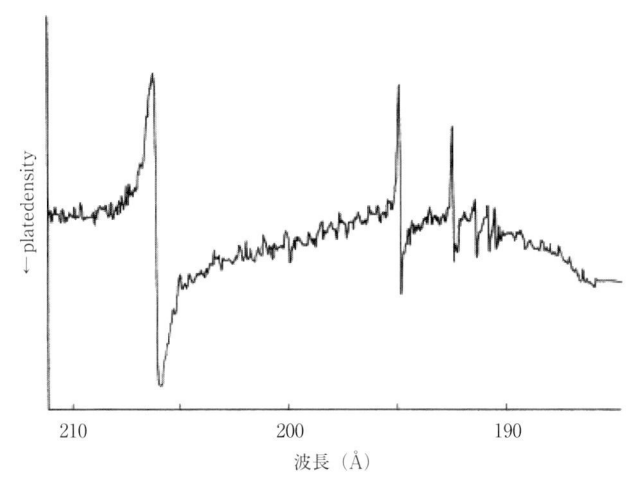

図 2.1.3 ヘリウムの吸収断面積における自動イオン化の効果（マッデンとコドリングの実験[7]より）

は比較的波の短い真空紫外線領域の連続光源が必要で，シンクロトロン放射光源が開発されたことがこの種の研究の発展に大きく寄与している．ちなみに上記の実験は放射光を用いた実験の初めてのものである．

ここで二電子励起による自動イオン化について特徴的なことを2つ記す（この問題については膨大な研究[8]がこれまでになされているので，詳細はそれらを参照してほしい）．

1) 光（光子）は一度に1個の電子としか相互作用しない．したがって素朴に考えると光吸収で2個の電子を同時に励起することはできない．しかし原子内の電子は互いに影響を及ぼしあっており（電子相関という），それを通じて2個（あるいは3個以上）の電子を同時に励起することが可能なのである．なお，ヘリウム内の電子相関については本書1.1節（とくに1.1.2項fおよび1.1.4項b）に解説がある．

2) 図からもわかるように，自動イオン化が起こるとスペクトルに鋭い構造が現れる．この構造は特異な非対称形（幅）をもつ．この幅は二電子励起状態が有限の寿命をもつことに対応している（2.1.1項dを参照）．詳しくいうと，二電子励起状態と連続エネルギー状態とが干渉することでこの形がつくられる．そのことをはじめて示したのはファーノ（Fano）で，このスペクトルの形のことをファーノプロファイル（Fano profile）と呼ぶ．

自動イオン化の起こる原因はその他にいろいろあるが，たとえば

- 多電子励起： 3個以上の電子が励起軌道に入る場合がある．たとえば，リチウムの3個の電子がすべて励起軌道に入り，結果としてK殻が空になった"中空リチウム"を光励起でつくることができる[9]．さらにはKL両殻が空になったリチウムや中空ベリリ

ウムも測定されている．これらには複雑な電子相関効果がはたらいており，崩壊過程も単純な自動イオン化ではなく，2個以上の電子が同時に放出される過程もみられる．
• **内殻電子の励起**： 内殻にある電子を1個外側の軌道に持ち上げるとやはりイオン化のしきい値より高い励起状態ができる．これもある確率で自動イオン化を起こす．物理的機構は多電子励起の場合と同じであるが，内殻励起がかかわる自動イオン化は通常オージェ（Auger）過程と呼び，放出される電子はオージェ電子と呼ばれる．深い内殻が励起される場合は最初に原子が吸収するエネルギーが大きいので，以後さまざまな過程を経て多数の電子が放出され，結果として多価イオンが形成される．このプロセスをオージェカスケード（Auger cascade）と呼ぶ．

c. 光電子分光

光イオン化で放出される光電子はさまざまな方向に放出されるが，その放出角度や運動エネルギーを調べることを光電子分光と称する．光電子分光により原子の構造やイオン化の機構を，他の方法とは違った角度から研究することができる．以下，その一端を紹介するが詳しくは教科書[10]を見てほしい．

光電子のエネルギーをWとすると，その値は

$$W = h\nu - I \tag{2.1.21}$$

となる．ここでIはその電子を放出するのに必要な最低のエネルギーで，いわゆるイオン化エネルギーである．多電子原子であれば複数の束縛電子をもつ．それらの電子は回っている軌道ごとに束縛エネルギーが違い，したがってそれを放出するのに要するイオン化エネルギーも異なる．入射光のエネルギーが十分大きければそれらの電子のいずれをも放出させることができる．$h\nu$を固定して光電子のエネルギーWを横軸にとって電子の数をプロットすると（これを光電子スペクトルという），それぞれの軌道のイオン化エネルギー（束縛エネルギー）のところにピークができる．すなわち，原子内の各軌道のイオン化エネルギーが実験的に求められることになる．実験の精度が上がって，これらのピークの位置や形が詳細にわかると，さまざまな効果が明らかになってきた．それらはとくに分子の場合に興味深いので分子の光イオン化の項で論じることにする．

光電子の角度分布は光イオン化の微分断面積として考えることができる．それは双極子近似を使うと

$$\frac{dQ}{d\Omega} = \frac{Q}{4\pi}(1 + \beta P_2(\cos\theta)) \tag{2.1.22}$$

となる．ここで，Qは光イオン化断面積，P_2はルジャンドル関数，θは光の偏光方向から測った電子の放出角度である．βは非対称パラメータまたはファーノパラメータ（Fano parameter）と呼ばれ，+2から−1の間の値をとることが知られている．βの値は本質的には電子が束縛されていた軌道の性質で決まるが，電子相関の効果が微妙に現れる．また自動イオン化があるとβは大きく変動する．なお，$\theta = 54.74°$とすると$P_2(\cos\theta) = 0$となる．この角度を魔法角と呼び，そこで測定された微分断面積の値は直接全断面

積（実際はその$1/4\pi$の値）を与える．すなわち光電子の角度分布を積分することなく，ただちに光イオン化断面積を決めることができる．

なお，光電子分光法の実験技術は本書3.2節（とくに，3.2.1項c, 3.2.2項c）で述べている電子衝突における電子分光法のそれと基本的に同じなのでそちらを参照してほしい．

2.1.3 振動子強度

原子の2つの状態a, bの間の遷移に関連して振動子強度（光学的振動子強度ということもある）という物理量を導入する．これは次式で定義される．

$$f_{ab} = \frac{2m_e \Delta E(a, b)}{3\hbar^2} M_{ba}^2 \tag{2.1.23}$$

ここで$\Delta E(a, b) = E_b - E_a$．したがって$a \to b$が吸収ならば$f_{ab}$は正の量であるが，放出ならば負である．また原子の向きについて平均してある．なお，f_{ab}は無次元量である．これを使うと双極子近似で求めたアインシュタイン係数は次のようになる．

$$A_{ba} = \frac{2\omega_{ba}^2}{m_e c^3} \frac{e^2}{4\pi\varepsilon_0} |f_{ba}| \tag{2.1.24}$$

$$B_{ab} = \frac{2\pi^2}{m_e h \omega_{ba}} \frac{e^2}{4\pi\varepsilon_0} f_{ab} \tag{2.1.25}$$

以下，基底状態からの光吸収を考える．すなわち式(2.1.23)で$a=0$とする．ここで終状態がエネルギー連続状態になる場合を考え，式(2.1.23)を拡張する．入射光のエネルギーをEとし，単位エネルギー当たりの行列要素として

$$\frac{dM^2}{dE} = \sum_b \sum_{l,m} |\langle \varepsilon, l, m, b | r | 0 \rangle|^2 \tag{2.1.26}$$

を導入する．ここでb, εはエネルギーEを吸収して生成されるすべてのイオン状態および電子を考慮する．次に

$$\frac{df}{dE} = \frac{2m_e}{3\hbar^2} E \frac{dM^2}{dE} \tag{2.1.27}$$

によって連続状態への吸収に関する振動子強度とする．なおこれを使うとイオン化断面積(2.1.17)は次のようになる．

$$Q(\nu) = 4\pi^2 \alpha a_0^2 Ry \frac{df}{dE} \tag{2.1.28}$$

と書ける．ここで$\alpha a_0 Ry$はそれぞれ微細構造定数，ボーア半径，リュードベリ定数である．

振動子強度は，電場中の電子の運動を調和振動子で代表させ，その相互作用の強さは振動子の個数で決まるとした昔のモデルの名残である．振動子強度についてはさまざまな性質が知られている（井口の解説[11]参照）．その1つは

$$\sum_b f_{0b} + \int dE \frac{df}{dE} = N \tag{2.1.29}$$

で，総和則と呼ばれる．ここでNは対象としている原子の中の総電子数である．これ

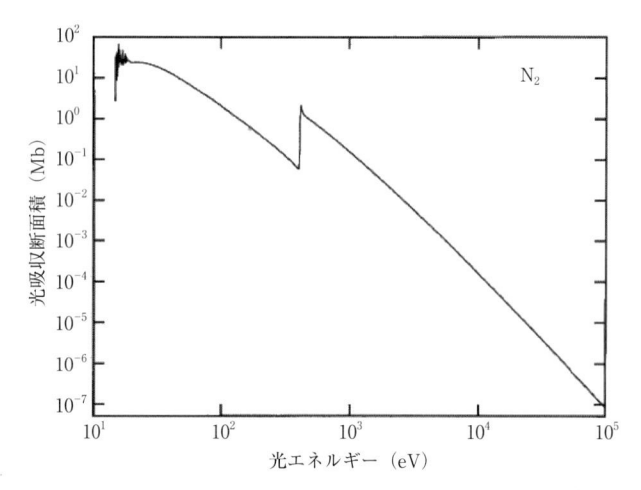

図 2.1.4 窒素分子の光吸収断面積（振動子強度分布に対応）[12]
縦軸の目盛は $Mb = 1 \times 10^{-18} \, cm^2$.

は振動子強度の大きさについて制約を与えるものであり，実験や理論で求められた振動子強度の吟味に役立つ．

坂本ら[12]は32種類の原子・分子について全エネルギーにわたる光吸収断面積（離散的および連続的）を評価しf分布を決めて発表している．一例を図2.1.4に示す．これは後で述べる分子の例であるが，振動構造などは細かすぎて示されていない．また離散的吸収は省略されており，イオン化のしきい値（15.58 eV）から上のみが示されている．なお，詳しい数値が表として与えられており，そこには離散的吸収も含まれている．この図にみられる構造として，イオン化のしきい値周辺には自動イオン化が現れている．また400 eVあたりの不連続は窒素原子のK殻からのイオン化が始まったことを示す，いわゆるK吸収端である．

2.1.4 分子と光の相互作用
a. 原子との違い

分子と光の相互作用は，基本的には原子とのそれと同じである．すなわち，前項までの議論が，式の詳細は別として，そのまま適用できる．分子が原子と異なるのは原子核の運動（振動，回転）を考慮しなくてはならないことである．たとえば，2.1.1項で導入したエネルギー準位 a, b を指定するのに，電子状態のほかにそれに付随する振動・回転状態まで決める必要がある．当然，原子核と電磁場との相互作用も考慮しなくてはならない．しかしこれらのことは式を複雑にするだけで，光との相互作用の仕方を本質的に変えるものではない．

分子固有の現象の1つは，電子状態は変わらず振動・回転状態間の遷移のみが起こる

ことである。そのエネルギー間隔の大きさから，振動状態間の遷移は主として赤外領域，回転遷移はマイクロ波から赤外領域の電磁波によって引き起こされる。これらマイクロ波，赤外領域の分光については 2.3 節で詳しく述べられるので本節では省略する。

もう 1 つの分子固有の現象は分子の解離である。分子は光を吸収することで，その構成成分である原子やより小さな分子に分解する。解離の結果生じる生成物は，単体の原子やラジカルなど反応性に富むものが多く，応用上重要である。

b. 電子状態励起：フランク-コンドン因子

簡単のため二原子分子を考える。多原子分子の場合は，定式化は容易ではないが同じ考え方が適用できる。また双極子近似の範囲内で考える（2.2.4 項 b およびそこにある図 2.2.20 も参照のこと）。

分子の電子状態（α で指定），振動（n）・回転（J, M）状態の間の遷移

$$(\alpha, n, J, M) \to (\alpha', n', J', M')$$

を考える。式（2.1.14）あるいは式（2.1.14a）で導入した行列要素はいま

$$M_{ba}^2 = |\langle \alpha', n', J', M' | \mu | \alpha n J M \rangle|^2 \tag{2.1.30}$$

と書ける。ただし，双極子は原子核の寄与も考慮して

$$\mu = \sum_s e_s r_s \tag{2.1.31}$$

とし，e_s, r_s は分子内の電子および原子核の電荷および位置座標である。行列要素の計算を分子固定の座標系で行うものと分子の回転を扱うものに分ける。後者は分子の回転波動関数を用いて別途計算できるのでそれを分離する。分子固定系での計算の部分は

$$M_{ba}^2 = |\langle \alpha' n' J' | \mu | \alpha n J \rangle|^2$$
$$= |\int \psi(\alpha' n' J' | R)^* M(\alpha' \alpha | R) \psi(\alpha n J | R) dR|^2 \tag{2.1.32}$$

ここで ψ は振動波動関数，R は核間距離である。$M(\alpha' \alpha)$ は電子座標のみの積分

$$M(\alpha' \alpha | R) = \int \phi(\alpha')^* (-e \sum r_s) \phi(\alpha) dr_s \tag{2.1.33}$$

である。ただし ϕ は電子状態の波動関数であり，式（2.1.33）は核間距離ごとに計算する。異なる電子状態の波動関数は互いに直交しているので，式（2.1.33）の中の双極子には原子核の寄与はない。

ここで $M(\alpha' \alpha)$ の R 依存性はゆるやかだと考え，それを平衡核間距離 R_e のまわりで展開し第 1 項のみをとる。すると式（2.1.32）は

$$M_{ba}^2 = |\int \psi(\alpha' n' J' | R)^* M(\alpha' \alpha | R_e) \psi(\alpha n J | R) dR|^2$$
$$= q(\alpha' n' J', \alpha n J) |M(\alpha' \alpha | R_e)|^2 \tag{2.1.34}$$

が得られる。ここで q はフランク-コンドン因子と呼ばれ

$$q(\alpha' n' J', \alpha n J) = |\int \psi(\alpha' n' J' | R)^* \psi(\alpha n J | R) dR|^2 \tag{2.1.35}$$

で与えられる。式（2.1.34）の意味するところはこうである。

異なる電子状態間の遷移を考える際，付随する振動状態についての依存性はフランク-コンドン因子のみで決まる．

分子の吸収スペクトルの例として水分子のそれが2.2節の図2.2.21に示されている．

c. 分子の光イオン化

分子のイオン化は基本的には原子のそれと同じである．もちろん原子核の運動の自由度があるだけ取り扱いはやっかいになる．ここでは分子に特徴的なことをいくつかあげる．

原子の場合に述べたようにイオン化は電子状態の励起の一種であるともみなせる．分子ABの光イオン化

$$h\nu + AB(\alpha, n) \rightarrow AB^+(\alpha', n') + e \qquad (2.1.36)$$

を考える．(α, n) は中性分子の電子状態と振動状態であり，(α', n') はイオンのそれである．いま，回転状態は無視する．この場合もフランク-コンドン近似が成り立ち，生成イオンの振動分布は中性分子とイオンの間のフランク-コンドン因子で決まる．

分子のイオン化のもう1つの特徴はイオン化の際に壊れることがあることである．すなわち，上記のイオン化では同時に

$$h\nu + AB(\alpha, n) \rightarrow A^+ + B + e \qquad (2.1.37)$$

が起こる可能性がある．もちろん壊れるためにはそのためのエネルギーが必要であり，通常式 (2.1.36) よりも短波長側で起こる．また壊れてできたイオン A^+ は大きな運動エネルギーをもっていることが多い．イオン化断面積を実験で求めるときは注意が必要である．なお，いろいろな分子のイオン化・解離・吸収断面積のデータを集めたものがあり，便利である[13]．

d. 分子の自動イオン化，超励起状態

イオン化のしきい値より上のエネルギーをもつ電子的励起状態を超励起状態 (superexcited state) という．原子の場合，超励起状態はほとんど自動イオン化を起こす．しかし分子の場合はかなりの確率でイオン化せずに中性原子分子に解離してしまう．分子の超励起状態は2種類ある．1つは多電子励起状態で原子核のポテンシャルは斥力状態にある．これが励起されると，きわめて急速に解離し，自動イオン化と競争する．すなわち，イオン化のしきい値より上のエネルギーを吸収してもイオンができずに中性の解離生成物ができる．

図2.1.5に例を1つ示す．これはメタンの吸収断面積とイオン化断面積を同時に測定したもので，それらの差をとることで求まる解離断面積も示してある[14]．メタンのイオン化のしきい値は12.5 eVであるが，その上でもかなりの中性解離があることがわかる．わずかであるが20～24 eVにも解離が認められる．これは内側の分子軌道からのイオン化に伴う超励起状態の効果である．

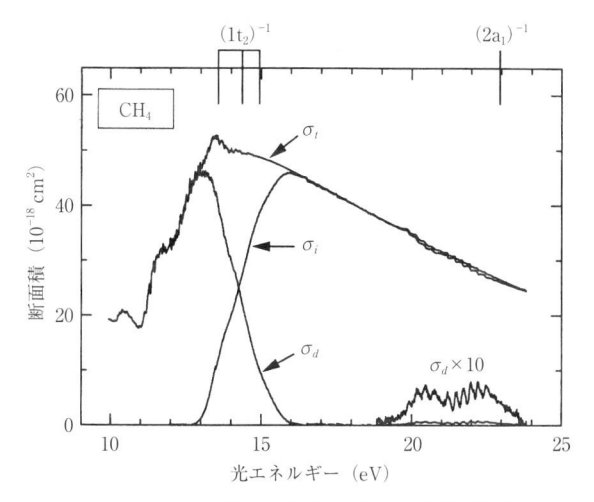

図 2.1.5 メタンの吸収 (σ_t) およびイオン化断面積 (σ_i) 両者の差から求めた解離断面積 (σ_d) も示してある．亀田ら[14] によるシンクロトロン放射光を用いた測定．

もう1つの超励起状態は分子の高い励起状態（リュードベリ状態）に付随する振動励起状態である．電子状態としてはイオン化のしきい値より下にあるが，振動状態が高いので全体としてはイオン化エネルギーより高いエネルギーをもつ．この超励起状態はほとんど自動イオン化する．

物質に対する放射線の作用では分子のイオン化が基本的な役割を演ずる．その際超励起状態の存在は大きな効果をもつと考えられている（5.3節参照）．

e. 分子の光電子分光

分子の光電子分光は基本的には原子のそれ（2.1.2項c）と同じである．ここでは分子の場合の特徴をいくつか述べる．

分子には振動・回転の自由度がある．生成された分子イオンはさまざまな振動・回転準位にありその効果を考慮しなくてはならない（もちろん，イオン化する前の分子も振動・回転状態をもつがそれは固定されていると考える）．通常回転準位を区別するには光電子のエネルギーを高分解能で測る必要があり，ここでは無視することにすると，式 (2.1.21) は

$$W = h\nu - I - E_{\text{vib}}(\text{ion}) \tag{2.1.38}$$

となる．ここで $E_{\text{vib}}(\text{ion})$ は生成された分子イオンのもつ振動エネルギーである．光電子スペクトルのピークはイオンの振動状態分布を反映して細かい構造をもつ．もちろんこの振動分布は標的分子と分子イオンの間のフランク-コンドン因子で決まる．

入射光の波長が短くなると原子核の近くを回っている電子（内殻電子）を放出するこ

とができる．分子の内殻電子は，分子を構成している原子の内殻電子の性質をほぼ保持している．内殻電子に対する分子の光電子スペクトルは原子の場合のそれとほぼ同じ位置にピークをもつことになる．このことは大きな分子や固体の元素分析に応用することができる．高分解能で内殻電子のスペクトルをとると，分子の場合には原子の場合とその位置がわずかに異なっている．これは化学シフトと呼ばれ，化学結合の効果を表す重要な情報となる．

f. 解　　離

分子固有の過程として，光吸収による解離がある．解離によって生成されるものは活性に富むものが多く，応用上重要な過程である．また光化学反応の出発点の1つであり，光化学において基礎的な役割を果たす．

光解離には大きく分けて2つある．直接過程と間接過程である．直接解離過程は，光吸収により斥力型ポテンシャルをもつ電子的励起状態（図2.1.6のC）を励起するか，引力型ポテンシャルをもつ励起状態（B）であってもその解離極限より上の状態を励起することで起こる．この場合には解離はきわめて速やかに起こる．

間接解離過程は，まず引力型ポテンシャルをもつ励起状態（図2.1.7のB）に上がるが，その状態が上記の直接型解離の終状態（たとえば，図2.1.7のD）と交わっていて，ある確率でそちらに移って解離するものである．最初の励起過程（図2.1.7のA→B）は解離極限より下であり，まだ解離が起こる状況ではないのに，最終的には解離してしまうので，この間接過程を前期解離（predissociation）と呼ぶ．この過程の起こる速さは

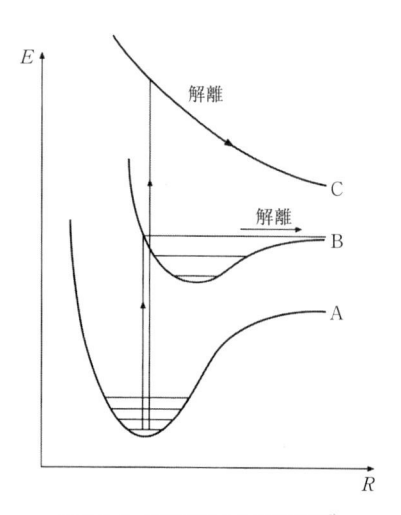

図 2.1.6 光吸収による解離過程[2]

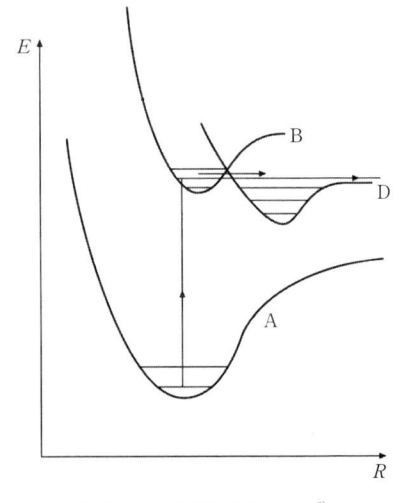

図 2.1.7 前期解離のモデル[2]
本文を参照．

状態間の結合の仕方によってまちまちである．

解離過程を実験的に調べるには解離生成物を同定する必要がある．汎用的な方法は，生成物を電子衝突などでイオン化し質量分析することである．しかしこれでは内部状態はわからない．たとえば，レーザー誘起蛍光法（LIF）など分光学的手段をとる必要がある．　　　　　　　　　　　　　　　　　　　　　　　　　　〔東　善郎〕

文　　献

1) 高柳和夫，「原子分子物理学」（朝倉書店，2000）．
2) B. H. Bransden and C. J. Joachain, *Physics of Atoms and Molecules*, 2nd ed. (Prentice-Hall, 2003).
3) R. D. Cowan, *The Theory of Atomic Structure and Spectra* (University of California Press, 1981).
4) L. I. シッフ著，井上　健訳，「量子力学」下（吉岡書店，1959）．
5) 文献 2), p.448.
6) J. A. R. Samson and W. C. Stolte, *J. Electron Spectrosc. Relat. Phenom.* **123** (2002) 265.
7) R. P. Madden and K. Codling, *Phys. Rev. Lett.* **10** (1963) 516.
8) たとえば，A. R. P. Rau, *Astronomy—Inspired Atomic and Molecular Physics* (Kluwer Academic Publishers, 2002) Chapt. 5.
9) Y. Azuma, S. Hasegawa, F. Koike, G. Kutluk, T. Nagata, E. Shigemasa, A. Yagishita and I. A. Sellin, *Phys. Rev. Lett.* **74** (1995) 3768.
10) 日本化学会編，「電子分光」化学総説 No. 16（学会出版センター，1977），および，V. Schmidt, *Electron Spectrometry of Atoms Using Synchrotron Radiation* (Cambridge University Press, 1997).
11) 井口道生，日本物理学会誌 **22** (1967) 196.
12) N. Sakamoto, H. Tsuchida, T. Kato, S. Kamakura, H. Ogawa, K. Ishii, I. Murakami, D. Kato, H. Sakaue, M. Kato, J. Berkowitz and M. Inokuti, Oscillator Strength Spectra and Related Quantities of 9 Atoms and 23 Molecules Over the Entire Energy Region, NIFS DATA 109 (National Institute for Fusion Science, 2010)．
インターネットを通じて以下のホームページより自由に見ることができる．
http://www.nifs.ac.jp/report/nifsdata.html
13) K. Kameta, N. Kouchi and Y. Hatano, *Cross Sections for Photoabsorption, Photoionization, and Neutral Dissociation of Molecules*, Landolt-Börnstein, vol. I/17, Photon and Electron Interactions with Atoms, Molecules and Ions, subvolume C, Interactions of Photons and Electrons with Molecules, Edited by Y. Itikawa (Springer, 2003) Chap. 4.
14) K. Kameta, N. Kouchi, M. Ukai and Y. Hatano, *J. Electron Spectrosc. Relat. Phenom.* **123** (2002) 225.

2.2　原子分子の分光：序論および可視からX線までの分光

量子力学の発展にとって，光の観測，あるいは光と原子・分子との相互作用の計測は，たいへん重要な位置を占めていた．原子の発光スペクトルの解析において，ボーアは前期量子論を生み出したし，発光体からの輻射を温度と関係づけることから，プランクは，光量子仮説を立てた．現代のわれわれの生活においても，光は種々の側面で深くかかわりあっていて，極微量混入物の定量のために可視光・X線の蛍光の測定を用い，高速通

信では光を情報伝達の媒体として利用している．光と物質との相互作用は，研究上の観点では，おもに2つの立場からとらえられる．i) 光と原子・分子，あるいはその関連物質との相互作用を直接的に追跡し，また相互作用に誘起されて生じる現象を追跡する立場．ii) 光を診断する手段として用い，原子・分子の状態がなんらかの相互作用で変化する様相を調べる立場．

たとえば，原子・分子に光子ビームを入射し，生ずる電子やイオンを測定して，原子・分子の遷移挙動を調べるのは，iの立場であろうし，原子・分子をターゲットとして粒子ビームを衝突させ，生じる生成物からの発光を分光計測するのは，iiの立場であろう．対象物を診断するには，それと光との相互作用についての一応の知見が整っていることが前提であるし，また，その知見も定量性の高いものが必要な場合もある．本来この2つの立場は，互いに補いあうものであり，密接に関連させて研究を推し進めるべきと考えられる．分光した単一波長の光を利用することは，原子・分子の状態を調べることにほかならない．光と原子・分子の相互作用は，双極子型行列要素を用いて通常記述できる．それは，光のかかわる下側のエネルギー状態（多くは基底状態）と上側の状態（励起状態）を表す波動関数を使って導出される．精密に詳細に分光された光子を計測する（あるいは照射し，その効果を測定する）ことは，原子・分子の波動関数を調べあげることである．大部分の場合，光のもっている属性（エネルギー，偏光性など）を完全に決定できるわけではないので，完璧に量子状態を解き明かすことはできない．しかしその属性のより詳細な指定により，より完全な解へと迫ることが研究の推進にとって不可欠であろう．ここでは，おもにiの立場で必要な事柄を記述するが，部分的には，iiの立場にも配慮して説明する．

通常，光という言葉は，可視光（波長380〜800 nm）をさす場合が多いが，光は電磁波の一種であり，マイクロ波（10^6 nmのオーダー）から，X線（0.1 nmのオーダー）まで，みな同類のものであり，単にその振動数（あるいは波長）が異なるだけである．それぞれの専門分野によって，その呼称と波長領域（一光子としてのエネルギー領域）は若干異なっているが，おおむねの区分けを表2.2.1に示す[1]．真空紫外線の短波長側は，極端紫外線と呼ばれることもある．表2.2.1には原子・分子の遷移にかかわる状態の種類も示しておく．

光の波長をλ，振動数をν，プランク定数をh，光の真空中での速度をcとすると，一光子がもつエネルギーは，次式で表される．

$$E = h\nu = hc/\lambda \tag{2.2.1}$$

エネルギーの単位としてeV，波長の単位としてnmを用いると，次の近似式が成り立つ．

$$E \cdot \lambda = 1,240 \tag{2.2.2}$$

分光計測には，大きく分けて3つの要素が不可欠である．1つは光源であり，2番目は分光素子および分光器で，3番目は光を検出する計測器である．これらの要素を考えるにあたって，光と物質（おもに固体）との相互作用の知見を通して，その適正化を図っている．はじめに分光材料として用いられる物質の光学的特性を概観してみる．物質の

表 2.2.1 光(電磁波)の呼称,波長とおおよその区分け

呼称	波長 (nm)	エネルギー (eV)	原子・分子の遷移
赤外線	800〜	〜1.6	振動・回転励起状態
可視光・紫外線	190〜800	1.6〜6.5	電子励起状態
真空紫外線	12〜190	6.5〜100	高励起状態,イオン化,浅い内殻励起状態
軟X線	0.6〜12	100〜2000	内殻イオン化(軽元素K殻)
X線	〜0.6	2000〜	内殻イオン化

光学的性質を考えるにあたって,複素屈折率を以下で表す.

$$\tilde{n} = n - ik \tag{2.2.3}$$

n を屈折率,k を消衰係数と呼ぶ.両者をまとめて光学定数という.λ_0 を真空中での波長とすると,光はこの物質中を,速度 c/n で進行し,単位長さ当たり,$4\pi k/\lambda_0$ で,吸収されて減衰する.軟X線,X線領域では,n が 1 に非常に近いので,

$$n = 1 - \delta \tag{2.2.4}$$

とおくと,原子散乱因子 $f(=f_1+if_2)$ との関係は,次のように表せる[2].

$$\delta = \frac{\rho N_A N}{M} \times \frac{r_e \lambda^2}{2\pi} \sum_j N_j f_{1j}$$

$$k = \frac{\rho N_A N}{M} \times \frac{r_e \lambda^2}{2\pi} \sum_j N_j f_{2j} \tag{2.2.5}$$

ここで,ρ は物質の密度(g cm^{-3}),N_A はアボガドロ定数,N は分子(化合物)内の原子数,M は分子量,r_e は古典電子半径,N_j は j 原子の割合,f_{1j}, f_{2j} は j 原子の原子散乱因子である.

屈折率 n_1 の透明媒質から複素屈折率 $\tilde{n}_2$ の吸収性媒質へ向けて,光が入射するものとする.反射光に対してはスネルの法則により,$\theta_1 = \theta_1'$ が成り立ち(図 2.2.1),透過して屈折する光に対しては,

$$n_1 \sin \theta_1 = \tilde{n}_2 \sin \tilde{\theta}_2 \tag{2.2.6}$$

が成り立つ.媒質中では,$\tilde{n}_2$ は複素数となり,それに対応して屈折角も $\tilde{\theta}_2$ で複素数となる.この境界での振幅反射率 r は,光の電気ベクトルが入射面(入射点での境界面の法線と入射光方向を含む平面,図 2.2.1 の紙面と同じ面)に垂直な s 成分(s 偏光成分,σ 偏光)と平行な p 成分(p 偏光成分,π 偏光)に分けて次のように表せる[2].

$$r_s = \frac{n_1 \cos \theta_1 - \tilde{n}_2 \cos \tilde{\theta}_2}{n_1 \cos \theta_1 + \tilde{n}_2 \cos \tilde{\theta}_2}$$

$$r_p = \frac{\tilde{n}_2 \cos \theta_1 - n_1 \cos \tilde{\theta}_2}{\tilde{n}_2 \cos \theta_1 + n_1 \cos \tilde{\theta}_2} \tag{2.2.7}$$

これらがフレネル反射係数である.実際に計測可能な量,強度反射率 R は,それの複素共役とかけあわせて,$R = r^* r$ である.図 2.2.2 に金の反射率の入射角依存性(法線からの角度)をいくつかの光子エネルギーについて示しておく[2].光子エネルギーが真空紫外線域になると,小さい入射角(直入射)ではほとんど反射されずに媒質中で吸収

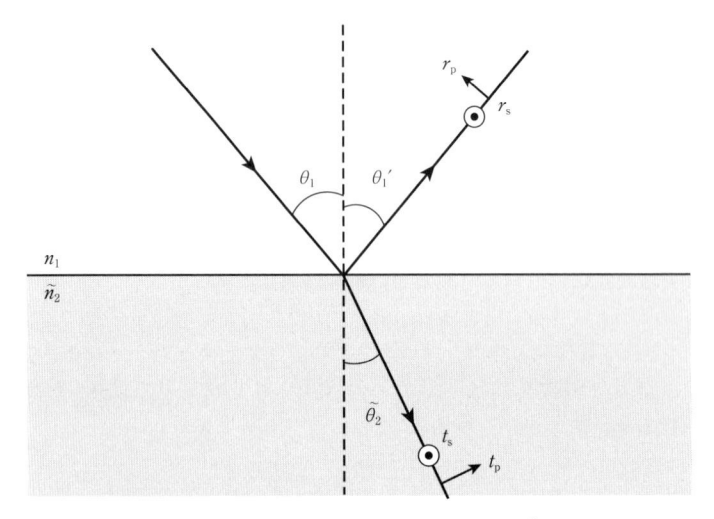

図 2.2.1 媒質の境界平面での反射と屈折（文献[2] p.60）
s 成分は紙面に垂直の電気ベクトルをもち，p 成分は紙面内のベクトル．t は透過，屈折する光線を示す．

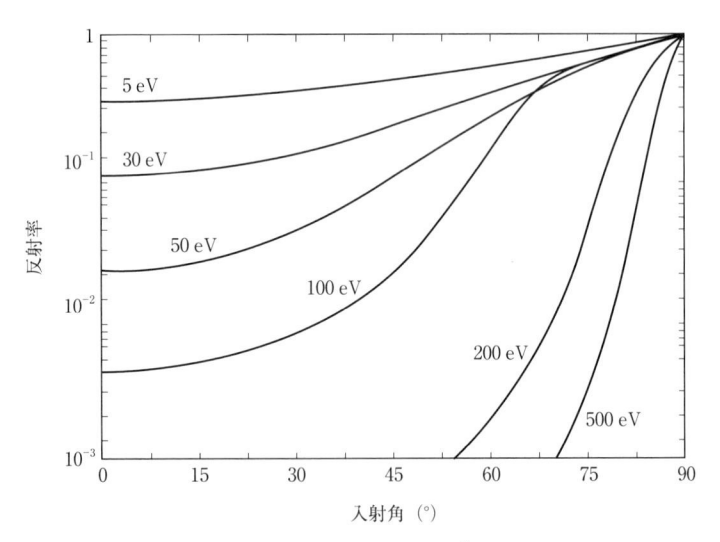

図 2.2.2 金の反射率の入射角依存性（文献[2] p.61 を一部修正）
種々の光子エネルギーに対して s 成分の値が示してある．

されてしまう．90°に近い入射角（斜入射）にしないと，光学素子としては有効に機能しないことがわかる．

光の s 偏光と p 偏光などに対して，光学的応答が異なることを，偏光特性と呼び，ミ

ラーの偏光特性は，r_p/r_s（あるいは R_p/R_s）で表される．真空中から透過性媒質への光の入射に対して，$\tan\theta = n$ のときは，r_p が 0 になり，反射光は s 偏光だけになり，完全な直線偏光となる．この角度をブリュースター角と呼ぶ．吸収性媒質では，r_p が 0 にはならないが，極小値をとり，擬ブリュースター角と呼ばれる．

それぞれのエネルギー領域における物質の光吸収の様相を理解するために，図 2.2.3 (a)，(b) を用いて説明する．(a) は紫外線用の窓材として用いられる材料の透過率を示す[3]．200 nm より短波長では吸収断面積が大きくなり，通常のガラスでは透過せず，特殊ガラスといえる溶融石英，MgF_2，LiF などでないと透過性光学材料としては用いることができない．また，(b) にはより短波長における光吸収係数を示すが，価電子が励起，イオン化する数十 nm 領域は非常に大きな値になっている．それより短波長側では，波長が短くなるにつれて急激に小さくなってゆく．内殻軌道電子の励起，イオン化が生じてくる波長（炭素原子で 4.5 nm 付近）では，吸収係数が一時的に大きくなるが，それより短波長では，再び減少してゆく．この傾向は，どの元素でも同様であり，可視，紫

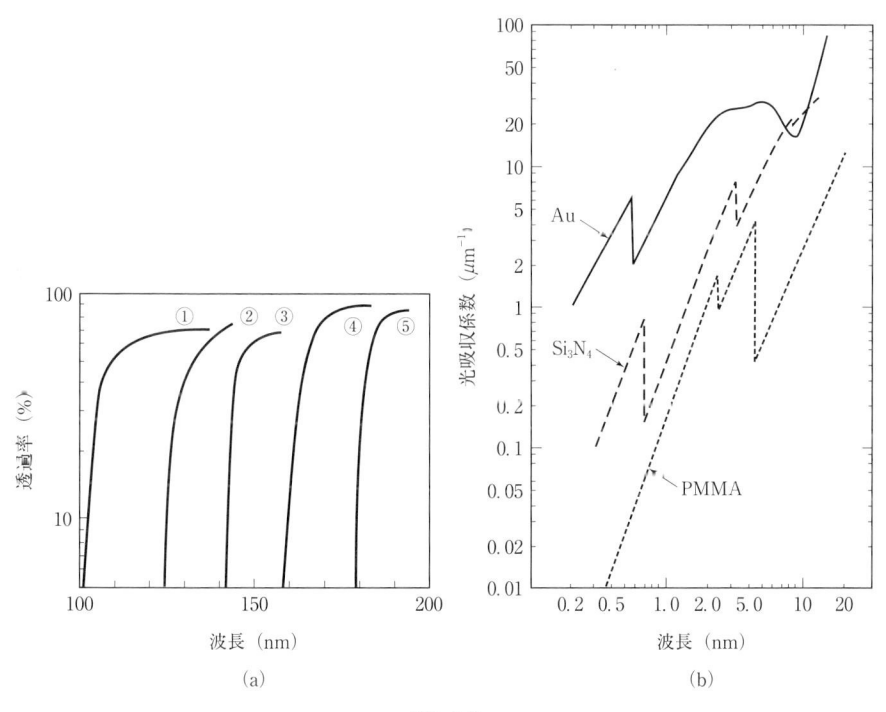

図 2.2.3
(a) ガラス材の紫外線領域での透過率（文献[3] p.13）
① LiF（厚さ 1.2 mm），② CaF_2（1 mm），③ サファイヤ（1 mm），④ 溶融石英（1 mm），⑤ ADP（2.5 mm）．
(b) 金，シリコンナイトライト，PMMA の軟 X 線領域での光吸収係数

外線領域では，透明的であるが，真空紫外，軟X線領域では吸収が強く働き，X線領域で透明的になってゆく．これらのことから，光学素子などの材質や分光方式が，波長領域によって大きく異なってくる．

2.2.1 可視光，紫外線の分光
a. 光　　　源
(1) 実験室光源

従来型の可視光，紫外線の光源は，種々の方式のものがあり，それぞれの目的によって使い分けられている[4]．連続スペクトル光源としては，用いたい波長領域全体にわたって放射強度が一様であることが望ましい．黒体放射光源は，赤外線域では理想的なものといえるが，紫外域では，非常に弱くなってしまう．ハロゲンランプは，850 nm付近で最大の強度になるが，紫外域では，強度が弱い．重水素放電管で，170～400 nmの高い発光強度は，$2s^3\Sigma_g^+$状態から解離型ポテンシャルの$2p^3\Sigma_u^+$状態への遷移によって生じ，168 nmより短波長では，ライマンバンド（$2p^1\Sigma_u^+ \to 1s^1\Sigma_g^+$）の発光があるので，真空紫外線領域まで用いうる．キセノンランプの発光の中心部分は，電子とキセノンイオンの再結合性衝突による過程（フリー-束縛状態間の遷移）によるもので，250～800 nmにおいて，割合平坦なスペクトル分布を示す．線スペクトル光源として，水銀ランプや金属元素封入のランプがある．紫外域で発光する水銀ランプは，光化学反応を誘起する光源として，線スペクトルの他のランプは，可視域において分光器の波長校正や原子吸光分析の光源としての価値が高い．希ガスを封入したパルス性の放電管光源は，励起種の過渡吸収測定やレーザー発振の励起用としても用いられる．

光源の明るさの単位としては，光度（$1 \text{ cd} = 1/683 \text{ W sr}^{-1}$），放射輝度（$\text{cd m}^{-2}$），放射照度（$\text{lx} = \text{W m}^{-2}$）が用いられる[5]．光度は，SI単位系の7つの基本単位のうちの1つであり，定義では，特定の周波数（波長555 nm）の単色光のみで定められているが，標準的な人間の分光視感度効率曲線を考慮して，人間の感じる光の明るさを導出できる．

(2) レーザー

レーザーは非常に優れた光源であり，その特徴は以下のようである[6,7]．i) 光共振器によって増幅させるので，従来型の光源よりも桁外れに強度が高い．ii) 原子などの離散的なエネルギー準位間の遷移を用いるので，発光の線幅が非常に狭い．iii) 単一周波数の高い電界を発生させ，物質にさまざまな非線形現象を起こさせる（非線形分極率が大きくなり，多光子吸収が起こる）．iv) パルス性に優れ，ナノ秒～サブフェムト秒の超短パルス光をつくりだせる．v) 高い指向性がある直線状のビームである．vi) 位相がそろっていて干渉性がよい．

レーザーは物質の特定の状態間の遷移を用いているので，走査可能な波長範囲が狭いことが，唯一の短所といえる．これには，周波数混合などの技術を利用した異なる波長への変換手法がとられており，また人工的な電磁場を用いた自由電子レーザーの開発が進展している（後述）．主要なレーザーの発振波長を表2.2.2に示す．気体レーザーは，

表 2.2.2 可視光，紫外線領域でのおもなレーザー発振波長

種類	発振波長 (nm)	備考
気体レーザー		
He-Ne	632.8 など	cw
Ar イオン	514.5 など	cw, モードロック
He-Cd	325.0, 441.6	cw
XeCl	308.0	パルス
KrF	248.5	パルス
ArF	193.3	パルス
F_2	157.6	パルス
固体レーザー		
Nd：YAG	1064 および第二高調波	cw, パルス
Nd：YLF	1053, 1047 および第二高調波	cw, パルス
Ti：Al2O3	650〜950	cw, パルス, 波長可変
アレキサンドライトレーザー	700〜818	cw, モードロック
半導体レーザー	600〜1600	cw, パルス
液体レーザー		
色素レーザー	350〜900	cw, パルス

可視域より真空紫外域まで発振するが，単一波長（あるいは，複数の波長）での利用に限られる．固体レーザーは，関与する状態がバンド構造をもつために，波長走査を行うことが可能である．Nd：YAG, Nd：YLFは，赤外域の発振であるが，容易に2次高調波を発生させられるので，可視域で有用であり，また他のレーザーの励起源としても用いられる．半導体レーザーは，一種での波長可変範囲は広くはないが，多種類を組み合わせると広範囲をカバーできる．色素レーザーは，色素溶液を外部からのレーザー光で照射することで，色素分子を励起し，その発光によってレーザー作用を起こさせる．それぞれの種類の色素によって，発振波長帯域（およそ100 nm程度）が異なっているので，複数の色素レーザーの組み合わせで，可視域全体をカバーできる．

レーザーによる非線形現象を利用して，別の波長をもつコヒーレント光を発生させることが可能である[6,7]．いくつかの複屈折現象を示す強誘電体結晶では，基本波（入射光）と2倍波（2次高調波）とが，位相をそろえて進行する条件（位相整合条件，屈折率が等しい条件）を満たす場合，位相整合角方向から2倍周波数のレーザーを取り出すことができる．この原理を用いて，4倍波を発生させるような，和周波数混合だけでなく，差周波数混合も可能であり，種々の型の混合により，紫外域でも波長掃引が可能である．

b. 光学素子および分光
(1) 光学素子

可視域，紫外域においては，透明性の光学材料が多くあり，窓材，レンズ，ミラー，フィルターなどを利用できる．薄膜内での干渉効果を利用して特定の波長域の光の透過率を上げる干渉フィルター（半値幅3〜10 nm，透過率75%以上）を用いうる．

直線偏光子としては，ポリビニルアルコールの薄膜や結晶の複屈折効果を利用したプリズムを貼り合わせたものが広い波長範囲で用いられる．円偏光を得たり，円偏光面を回転させたりするために位相板を用いる．複屈折を示す物質にその光軸に傾いた直線偏光を透過させると，光軸方向とそれに垂直な方向との2つの偏光成分に分かれる．その際，一方の光波の位相が他方に比べて遅れて進行する．その位相の遅れをリターデーションという．リターデーションが90°，180°の薄板を1/4波長板，1/2波長板と称し，直線偏光を円偏光に変換させたり，90°方向に回転させることができる．

(2) 分光素子

光の波長を分けて検出する，あるいは選択して取り出すための光学素子を分光素子と呼び，光の屈折を利用したプリズムと回折効果を利用した回折格子がある[8]．また干渉効果を利用した，干渉分光法もある（おもに赤外線領域で用いられる）．

プリズム　プリズムは，屈折率が波長によって変わることを利用して，光の波長を分散させることができる．簡単のために底辺の長さ t，屈折率 n の三角柱プリズムを考えて，光子線を分散させる際，波長 λ と $\lambda+\delta\lambda$ の光がぎりぎり分けられるところを分解能 R と定義すると[8]，

$$R = \frac{\lambda}{\delta\lambda} = t \times \frac{dn}{d\lambda} \tag{2.2.8}$$

屈折率の波長依存性が大きなもの，および底辺の長いものが大きな分解能を与える．

回折格子　回折格子は，1つのマスター格子から複製を製作でき，平面型と凹面（おもに球面）型がある．通常は等間隔直線の溝であるが，近年は収差補正のため不等間隔の溝をもつ回折格子も製作可能になっている．製作方法には，ルーリングエンジンという機械でダイヤモンド刃を用いて溝を削る機械的刻線方式と，レーザー光線を2つに分けて，それを再び感光材料上で重ね合わせて生じた干渉縞を記録するホログラフィック方式がある．

• 平面型回折格子（等間隔溝）：　溝の間隔を d とすると，隣りあう溝からの回折光線が強め合う条件は，これら2つの光線の光路差がちょうど波長の整数倍となるときで，入射角 α と回折角 β と回折光の波長 λ の関係は，

$$d(\sin\alpha + \sin\beta) = m\lambda, \quad m = 0, \pm 1, \pm 2, \ldots \tag{2.2.9}$$

で表される[8]．図2.2.4に示すように α と β は，入射光線および回折光線の回折格子面の法線ONとなす角である[9]．通常 α を正符号にとり，β の符号は法線に対して，α と同じ側にあるときに正に，反対側にあるときは負になる．m をスペクトルの次数といい，$m=0$ を0次光と呼び，ミラーの反射の場合と同じである．式（2.2.9）からわかるように，$m=1$ の場合の波長 λ に対応する α と β に対して，$\lambda/2$（$m=2$ の場合），$\lambda/3$（$m=3$）なども同時に式の解を与えるので，回折格子では高次光の重なりは避けられない．

波長の変化に対する回折光線の発散角を，角分散といい，式（2.2.9）より

$$\frac{\delta\beta}{\delta\lambda} = \frac{m}{d \times \cos\beta} \tag{2.2.10}$$

となり，d が小さく，次数が高いほど分散が大きくなることがわかる．回折角の変化を像面（スリット面）上の位置 l におきかえたときの，$dl/d\lambda$ を線分散といい，線分散の逆数 $d\lambda/dl$ をプレートファクターという（逆線分散ともいう）[9]．回折格子から距離 r' のところで回折光線に直角におかれた像面上でのプレートファクターは，

$$\frac{d\lambda}{dl} = \frac{1}{r'(d\beta/d\lambda)} = \frac{d\cos\beta}{r'm} \tag{2.2.11}$$

となる．回折格子での分解能は，各溝からの多光束干渉に関する考察より，次で表せる[8]．

$$R = \frac{\lambda}{\delta\lambda} = mN \tag{2.2.12}$$

分解能は照射される溝総数 N が多ければ多いほど，また次数が高いほど高くなることがわかる．ただし，この結果は，完全な平行光線が回折格子全面を照射することを仮定しており，実際にはスリット幅やコリメータ鏡に依存することを注意すべきである．

回折光強度は溝の断面形状に大きく影響されるが，今日用いられる回折格子の多くはブレーズド回折格子といわれるもので，θ だけ傾いた鋸歯形状を有している（エシュレット型回折格子，図 2.2.4 参照）[9]．回折格子面の法線を ON とし，角度 NOM がブレーズ角 θ になるとき，鋸歯の傾き角（緩斜面）に等しくなる．与えられた α と β に対して，緩斜面からみて，入射光線が鏡面反射となるように，$\alpha - \theta = \theta - \beta$ とすると回折光強度が最大となる．このとき回折される波長をブレーズ波長 λ_B といい，

$$m\lambda_B = 2d\sin\theta\cos(\alpha - \theta) \tag{2.2.13}$$

となる．このブレーズ効果が有効な波長幅は，ブレーズ波長を次数で割った程度の大きさである．

- **球面回折格子**：　球面回折格子は光の波長を分散させる作用だけでなく，結像作用をももっていて，おもに真空紫外線より短波長で使われる．回折方向と波長の関係は式 (2.2.9) で表される[8,9]．図 2.2.5 に示すように，鉛直方向に溝が刻まれている回折格子に光源 A から光線が入射し，水平焦点 B の方向に回折光が進む場合を考える．焦点は一般に2つあって，水平焦点は，

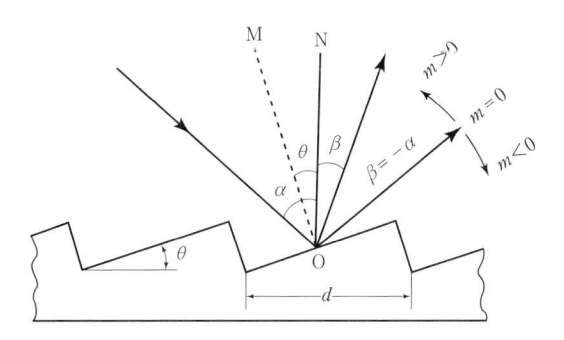

図 2.2.4　エシュレット型回折格子の断面図（文献[9] p.204 を一部修正）
　　　　θ はブレーズ角，d は刻線間隔，ON は格子面の法線．

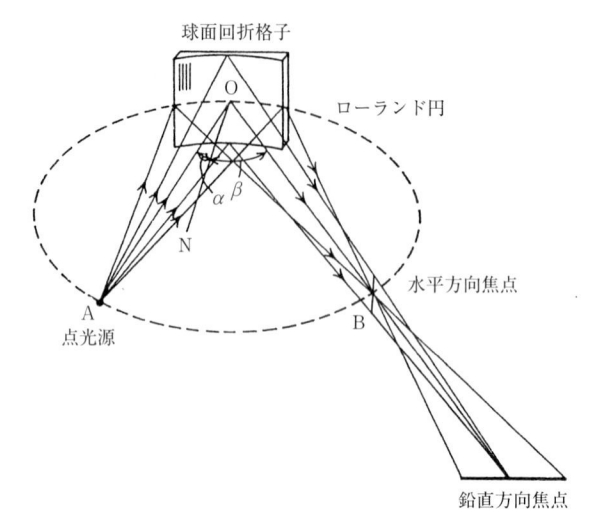

図 2.2.5 球面回折格子のローランド円と焦点（文献[9] p.206）
ON は格子面の法線.

$$\frac{\cos^2\alpha}{r}+\frac{\cos^2\beta}{r'}=\frac{\cos\alpha+\cos\beta}{R} \quad (2.2.14)$$

で与えられる．ここで，O を回折格子面の中心とし，$r=$ OA，$r'=$ OB でであり，回折格子の曲率半径が R である．この式を満たす解の 1 つは，

$$r=R\cos\alpha \quad \text{および} \quad r'=R\cos\beta \quad (2.2.15)$$

で，R を直径とする円（ローランド（Rowland）円と呼ばれる）上に，A 点，B 点が位置することを示している．ローランド円条件の利点は，光源と結像点が同一の円上にあることとともに，非点収差の幅を支配的に決めているコマ収差がなくなるなどの高次の収差が最小になり，細い像が得られることにある．もう一方の焦点は，

$$\frac{1}{r}+\frac{1}{r'}=\frac{\cos\alpha+\cos\beta}{R} \quad (2.2.16)$$

で与えられ，こちらは波長の分散する方向にのびた線となる．式 (2.2.14) と式 (2.2.16) の解は，$\alpha=\beta=0$（直入出射という）の場合を除いて一致しないので，それぞれの焦点では直線状の結像が現れる．これを非点収差という．ローランド円上の非点収差の長さは，

$$L=l\frac{(\cos\alpha+\cos\beta)(1-\cos\alpha\cos\beta)}{\cos\alpha} \quad (2.2.17)$$

で与えられる[9]．ここで l は，スリット上の点光源によって照射される回折格子の溝の長さである．入射光線が直入射近傍の場合には，L はあまり大きくならないが，α と β が 90° に近い斜入射では非常に大きくなってしまう．

球面回折格子では，球面による収差が分解能を低下させ，回折格子の幅が最適の幅

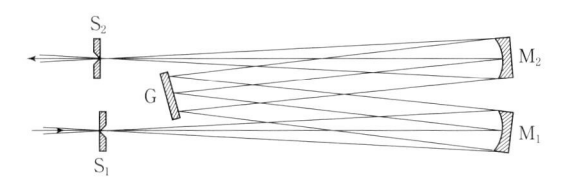

図 2.2.6 ツェルニ-ターナー型分光器の構成（文献[10] p.374）
S はスリット，G は回折格子，M は凹面鏡．

(W_{opt}) より小さいときには，分解能は溝総数に比例するが，それを超えると減少する[1]．ローランド円の条件では，$\lambda = 100$ nm, $d = 1/1200$ mm, $R = 2$ m, $\alpha = 10°$ で，$W_{opt} = 175$ mm である．またスリット幅の分解能への影響を考えてみると，幅が 0.01 mm でも，分解能は，W_{opt} や式 (2.2.11) からの計算値よりはるかに小さくなり，通常はスリット幅で決まってしまう[9]．球面回折格子では，斜入射方式の際に非点収差が大きくなってしまうので，水平方向と垂直方向の曲率半径が異なったトロイダル面をもつ回折格子を用いることも有効である．しかし，曲率の比，R_v/R_h，が非常に小さくなるので，製作上の困難性がたいへん大きい．

(3) 分光器

分光器を考えるに際し，分解能と明るさを両立させることが重要であるが，迷光や高次光の除去も必要である．これらは適切なフィルターを通過させる，用いるミラーの反射角度を変えるなどで除去できることもある．より理想的には，2段に分光器を用いて消去する．種々の方式が考案されているが，以下のような型の分光器が多く用いられる．

リトロー型分光器　可視，紫外域では，透過性材料が使えるので，プリズムを分散素子として用いることができる[10]．リトロー型分光器では，レンズで入射光を平行化してプリズムに入射する．30°プリズムの裏面にメッキして反射鏡としての役割ももたせて，プリズムの回転で波長の走査を行える．プリズム分光器の最大の長所は，堅牢であり，厳しい条件化での測定や酷使にも耐えることである．

ツェルニ-ターナー型分光器　回折格子分光器の一例としてツェルニ-ターナー型分光器の構造を図 2.2.6 に示す[10]．入射スリット S_1 より入射した光線は，凹面鏡 M_1 で反射されて平行光になって平面回折格子 G を照射する．回折光は焦点距離が M_1 と同じである凹面鏡 M_2 で反射され収束されて出口スリット S_2 より出射する．回折格子の回転によって，波長掃引を行える．

c. 検 出 器

可視，紫外域における検出器は，物質の光電効果を利用したものがおもに用いられる．光電効果には，外部に電子を放出する型と内部に励起状態をつくり，それを光電流あるいは光起電力として検出する．しきい値波長より長波長では感度がなく，また短波長側では，吸収係数，感光部厚さ，および窓材の透過特性などに依存している．

(1) 点型計測器

光電子増倍管　光電子増倍管（PMT）の構造を，図2.2.7に示す[11]．(a) はサイドオン型で真空管の側面より光が入射し，(b) はヘッドオン型で頭部より光が入射する．サイドオン型は，反射型の光電面が使用され比較的安価で低印加電圧でも高い増倍率が得られる．ヘッドオン型は，透過性の光電面（光の入射面と反対側に光電子を放出する）をもっていて効率よく光電子を導くことができ，大口径の受光面も可能である．PMTに入射する光が，信号として検出されるためには，i) ガラス窓材を透過し，ii) 光電面内の電子を真空中に放出し（外部光電効果），iii) 光電子を集束させて第一ダイノード電極に衝突させ，それより多数の2次電子を放出させ，次のダイノードで順次電子の増倍作用を生じさせ，iv) 最後に増倍された電子流を信号として陽極（アノード）より，真空系外に出力させる必要がある．

ガラス窓材には，ホウケイ酸ガラスが広く用いられるが，合成石英（短波長限界は160 nm）や MgF_2（115 nm）も使われる．光電子に変換する光電面は，仕事関数が低いアルカリ金属を主成分とする化合物半導体で，250〜700 nm の光に対して高い感度を有するバイアルカリ（Sb-Rb-Cs，Sb-K-Cs など）や 200〜900 nm 程度まで感度をもつマルチアルカリ（Na-K-Sb-Cs）であり，紫外線用に CsTe や真空紫外線用に CsI も用いられる．感度を表す量としては，1光子当たりに発生する光電子数の量子効率 η も用いられるが，入射光量を放射エネルギーで示し，どれほどの光電子電流を生じさせたかで表す分光感度 $S(\lambda)$，（単位は AW^{-1}）も使用される．これらには e を素電荷とすると次の関係がある．

$$S(\lambda) = \frac{\lambda e}{hc} \times \eta(\lambda) \tag{2.2.18}$$

光電面から生じた電子はダイノードに当たって数百万倍程度に増倍されて行くが，その電流増倍率 G は以下の式で表される[11]．

$$G = K \times V^{\alpha \cdot n} \tag{2.2.19}$$

ここで，V は印加電圧，n はダイノード段数，K, α はダイノードの形状，材質などによって決まる定数であり，α は通常 0.7〜0.8 である．増倍率は指数関数的に変化してゆくので，印加電圧の安定性は信号強度の信頼性に大きく影響する．また電圧を調整するこ

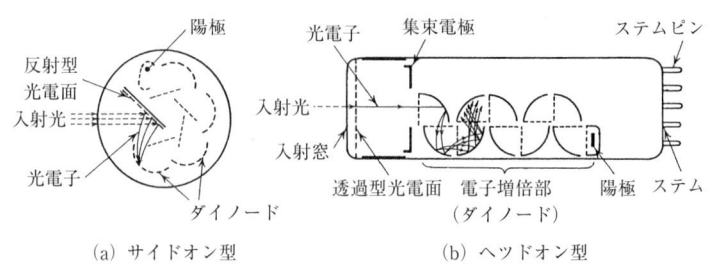

(a) サイドオン型　　(b) ヘッドオン型

図 2.2.7　光電子増倍管（PMT）の構造（文献[11] p.140）

とによって，増倍率を変えられるので，大強度から弱い光量までの広範囲に対応することができる．ダイノードの形状はさまざまなものが考案されているが，サイドオン型の多くは，図 2.2.7 に示されているサーキュラーケージ型であり，時間応答は数 ns である．ヘッドオン型では，図 2.2.7 に示されているボックスグリッド型が一般的であるが，早い時間応答に適合できるラインフォーカス型，メタルチャネル型，マイクロチャネルプレート型なども開発されていて，0.1 ns オーダーの立ち上がり時間を示す．

PMT は完全な暗中でも微小な電流が流れていて，その大きさが検出下限を支配しているので，精密な計測においては冷却して熱電子放出を減少させる必要がある．

極微弱光の検出には，単一光子計数法が用いられる．これは，一光子の入射に対して，アノードでの電子雲は，10^6 倍以上（およそ 0.1 pA 以上）に増倍された数 ns 幅の電荷パルスになっていることを利用する．これを信号読み出し回路において電圧パルスに変換し，信号と雑音とを弁別して，信号数を勘定してゆく．電子増倍過程においては，1 個の電子のダイノードへの衝突に対して，数個の電子の放出があって，その量は離散的なので，アノードで生じてきているパルス波高分布（PHD）はポアソン分布に近い形状になる．図 2.2.8 に PMT 出力の PHD を示す[11]．波高分布は，あるチャネル以上でほぼ対称的なものであるが，低波高側は，暗電流などによって生じるバックグラウンド雑音が支配的になっている．

フォトダイオード　　フォトダイオードは，半導体の pn 接合部に光を照射すると，内部光電効果により電流や電圧を生じる受光素子である[11]．n 型基板にボロンなどを拡散させて p 層を 1 μm 程度形成させて受光面とし，窓材はホウケイ酸ガラスなどが使用されるが，紫外線用には石英も用いられる．n 型半導体表面に金の薄膜を蒸着し pn 接合を形成させて，表面から接合面までを短くしたショットキー型，および pn 接合に逆バイアスを加えて電子雪崩による増倍を生じさせるアバランシェ型などがある．

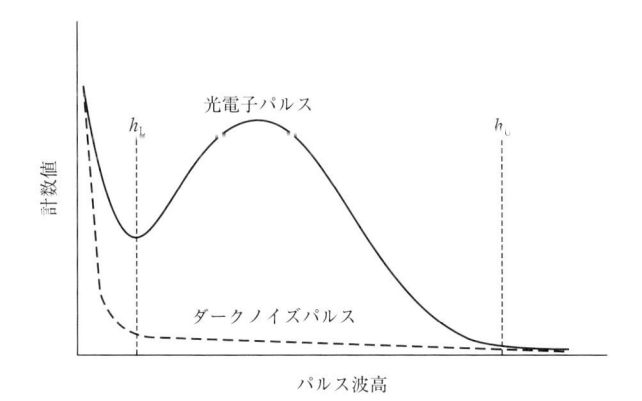

図 2.2.8　光電子増倍管からの出力のパルス波高分布（文献[11] p.162 を一部修正）点線で示している h_L と h_U の間のパルスを信号として用いる．

シリコンのバンドギャップエネルギーは,室温で 1.12 eV なので,正孔を生じさせるのは,約 1100 nm より短波長の光であり,人間の視感度に合わせて受光窓にフィルターを備えたものもある.応答速度は,通常型で $10^{-6} \sim 10^{-7}$ s,アバランシェ型で 10^{-9} s 程度である.フォトダイオードは,小型,軽量で機械的衝撃に強く,外部電圧なしで入射光パワーの数十%を電流に変換でき,出力の直線性がよく長寿命であるという長所をもっている.

(2) イメージセンサー

検出したい光子束がある空間分布をもっている場合に,その分布を1つの検出器で求めることができれば好都合である.そのために固体イメージセンサーがあり,シリコン半導体基板上に多数の受光部,電荷蓄積部,信号読み出し部などを備えている.

フォトダイオードアレイ(photodiode array, PDA) Si 基板に小型の pn 接合を一定間隔(25 μm 程度)で多数(1024 個など)並べたもので,各電極に蓄積された電荷を順次読み出して電圧に変換する.位置分解能は 50 μm が達成されている.

電荷結合素子(charge coupled device, CCD) 2次元的にフォトダイオードを画素として並べたもので各 CCD に蓄積された電荷をクロックパルスで順次読み出して,2次元的情報を得る.一画素の大きさは,10 μm 程度で画素数は 1000 程度が多く,読み出しには数秒を要する.雑音を減少させるために −50℃ に冷却できる型もあり,効率を上げるために電極の照射を避ける背面照射方式もある.

イメージインテンシファイヤー(image intensifier, II) 光電面に結像された入射光イメージは,光電子に変換され,電子レンズで加速されてマイクロチャネルプレート(MCP,後述)に入射する.MCP 内で増倍された電子流が,蛍光面によって再び2次元位置情報をもつ光子束に変換されて記録される.

乾 板 写真乾板はゼラチン中にハロゲン化銀を分散させた感光乳剤をガラス板に一様な厚さに塗布したものであり,混入させる光増感塗料などの種類によって分光特性を調整できる.光の照射によってハロゲン化銀から銀粒子(潜像)が生じ,現像によって $10^6 \sim 10^9$ 倍に潜像を拡大することで,可視化する.通常の空間分解能は 0.02〜0.002 mm 程度である.

d. 絶対光量測定
(1) 光源の放射量

実験室用の光源の校正は[12],国家標準とトレーサブルな2次標準光源(可視光用はタングステンハロゲンランプ,紫外線用は重水素ランプ)との比較測定によって行うことができる.また分光放射照度の校正では,標準拡散板(硫酸バリウムなどを塗布した白色の乱反射板)を照射すること,分光放射輝度では,集光用のミラーを介して分光器入射スリットに結像させることが必要である.

(2) 検出器の絶対効率

可視域,紫外域における絶対光量の計測にはクライオカロリメータ(極低温放射計)

が用いられ[12]，産業技術総合研究所によって決められた値は，国際比較によって，その値が検証されている．2次標準のSiフォトダイオードを用いて，比較測定によって絶対効率（AW^{-1}など）を求めうる．

2.2.2 真空紫外線，軟X線
a. 光源
(1) 放電型光源

水素放電管は，167.5〜500 nmで連続スペクトルの発光，85〜167.5 nmで線スペクトルを与える．希ガスの放電管は60〜225 nmで連続スペクトルを与える．ヘリウムでは，He_2励起状態（$D^1\Sigma_u^+$, $A^1\Sigma_u^+$）から反発型ポテンシャルの基底状態（$X^1\Sigma_g^+$）への遷移が生じている．また電極付近で生じたプラズマからの発光を利用するものとしてライマン管（40〜400 nm），ボダール管（8〜400 nm）があるが，光強度は高くない．輝線光源としては，希ガス共鳴線があり，58.4 nm（He）より，147.0nm（Xe）まで利用できる．

(2) レーザープラズマ光源

真空中に置かれた固体や高密度気体のターゲット上に短パルスレーザーを集光すると，高温，高密度プラズマが生成され，軟X線が発生する[13]．$GW\,cm^{-2}$レベルの照射強度では，数百eV領域の高輝度のパルス性の軟X線光源として用いることができる．パルス中のはじめに到達したレーザーによりプラズマが生成され，後続のレーザーを吸収して加熱される．加熱が進行して電離度の高い多価イオンが多数生成し，多価イオンの電場中で自由電子，束縛電子の遷移が発生して高輝度の真空紫外線，軟X線を発光する．電子の遷移は，フリー-フリー状態間などでたくさん生ずることより，線スペクトルだけでなく，重元素ターゲットでは連続スペクトルが強く現れる．欠点は，ターゲットから飛散する微粒子（デブリ）が光学系に損傷を及ぼすことであるが，今後安定光源としての発展が期待される．

(3) シンクロトロン放射

光速に近い速さをもつ高エネルギーの電子（あるいは陽電子）が磁場中で円運動する際，光を接線方向に放出する[14-19]．この光，シンクロトロン放射（放射光，synchrotron radiation, SR）は，シンクロトロンやストレージリングなどの円形加速器の偏向部から発生するが，赤外線からX線にわたる広い波長範囲で連続スペクトルの指向性のよい高輝度の光子束である．またストレージリングの長い直線部に設置されたアンジュレーターは，より強度の高い準単色光を発生する．放射光のスペクトル分布は，短波長では急に強度が低くなるが，長波長側はゆるやかに減少する．スペクトルの短波長側は，1 GeV程度の電子エネルギーでは数keVのX線まで，数GeVでは100 keV程度の硬X線まで利用できる．

偏向部からの放射光　　偏向部放射光のおもな特色は，i) 広い波長範囲で連続スペクトル，ii) 高い強度，iii) 鉛直方向の発散角が小さい，iv) 発光点が小，v) 軌道面で直線偏光，vi) スペクトル分布，強度が理論的に計算可能，vii) ns以下のパルス光，

viii) 超高真空下での光源なので清浄,などである.

電子が電磁場によって曲げられるとき,速度が高くなければ,発振する電磁波は等方的に放出されるが,速度が光速 c に近づくと,相対論効果によって,放射は前方に集中し,その発散角は $1/\gamma$ 程度になる(ローレンツ因子 $\gamma = E/mc^2$, m は電子の質量,E は電子のエネルギー).このような電子が曲率 R の軌道を周回していると,その際に発せられるスペクトル分布は,臨界角振動数 ω_c で特徴づけられる[14-18].

$$\omega_c = \frac{3\gamma^3 c}{2R} \tag{2.2.20}$$

臨界角振動数に対応する λ_c を Å 単位で,エネルギー E_c を keV 単位で表すと,

$$\lambda_c = \frac{4\pi R}{3\gamma^3} = \frac{5.59\,R}{E^3} \tag{2.2.21}$$

$$E_c = \frac{12.4}{\lambda_c} = \frac{2.22\,E^3}{R} \tag{2.2.22}$$

になる(R の単位は m,E は GeV).放射光強度を光子数で示すと,

$$\frac{d^3 N_p}{dt d\phi d(\delta\omega/\omega)} = 2.457 \times 10^{10} \times E \times G_1\!\left(\frac{\omega}{\omega_c}\right) \quad (\text{単位は photons/s/mA/mrad/0.1\% b.w.}) \tag{2.2.23}$$

となる.ここで関数 G_1 は,

$$G_1\!\left(\frac{\omega}{\omega_c}\right) = \frac{\omega}{\omega_c} \int_{\omega/\omega_c}^{\infty} K_{5/3}(\eta)\,d\eta \tag{2.2.24}$$

であり,$K_{5/3}$ は第 2 種変形ベッセル関数である.なお,式 (2.2.23) の表現での光子数は,単位時間当たり,単位水平方向角度当たり,単位スペクトル幅当たり($\delta\omega/\omega = 0.1\%$)での値であり,光束発散度(angular flux)と呼ばれる.放射光の強度を考える際に以下のような表現も用いられることは注意しておくべきである.brightness(光束密度,単位は photons/s/mrad^2/0.1% b.w./mA)は,鉛直方向に関しても,1 mrad 当たりの量である.brilliance(輝度,単位は photons/s/mrad^2/mm^2/0.1% b.w./mA)は,光源の大きさ 1 mm^2 当たりの値である.図 2.2.9 にいくつかの機関における放射光のスペクトル(光束発散度)を示す[15].これらはそれぞれ臨界エネルギーが,0.43 keV(UVSOR),4.0 keV(Photon Factory),29 keV(SPring-8)であり,そのエネルギー付近で最大の光子強度を与えている.また表 2.2.3 に日本の研究機関の放射光施設の主要なパラメータを示しておく(海外機関のものも若干含める).先進国では複数の放射光施設をもち,中堅国も所有しているので,全世界では 50 を超えている.

放射光は鉛直側に非常に強い指向性をもっているが,その一例を図 2.2.10 に示す[16,17].横軸は,γ と仰角(θ)の積で示してあり,縦軸は相対値である.ここでは電子ビーム自身の発散角,大きさは無視している.軌道に平行な電場成分をもつ光(I_p)は,$\theta = 0$ で最大で,仰角が大きくなるにつれて 0 に近づいてゆく.垂直な成分(I_p)は $\theta = 0$ で強度が 0 であり,ある角度で最大になり,さらに大角度で減少してゆく.パラメータ

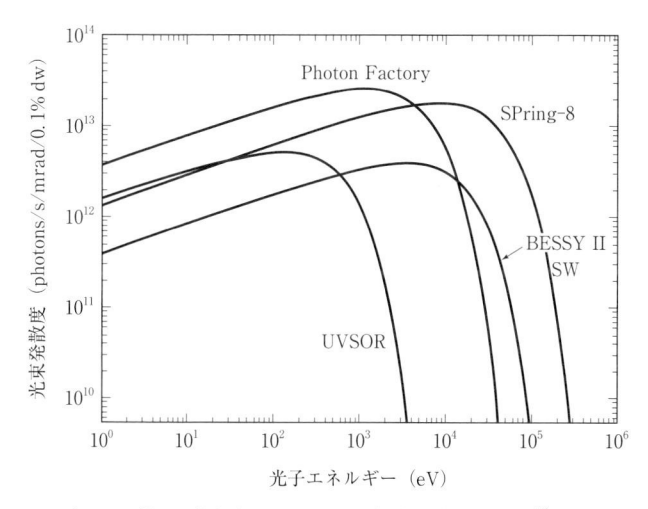

2.2 原子分子の分光：序論および可視から X 線までの分光

図 2.2.9 いくつかの機関の放射光のスペクトル（光束発散度）（文献[15] p.9 を一部修正）SW は超伝導ウィグラーを示す．

表 2.2.3 放射光施設の概要

所在地	光源名	蓄積エネルギー (GeV)	臨界エネルギー (keV)	エミッタンス (nmrad)
つくば	PF	2.5	4.0	36
つくば	PF-AR	6.5	26.4	—
つくば	TERAS	0.8	0.57	500
岡崎	UVSOR	0.75	0.43	27
草津	AURORA	0.58	0.84	—
西播磨	SPring-8	8	29	3.4
東広島	HiSOR	0.7	0.87	400
佐賀	SAGA light source	1.4	1.9	25
バークレイ	ALS	1.9	—	6.3
アルゴンヌ	APS	7	20	2.5
ベルリン	BESSY-II	1.7	2.6	6
グルノーブル	ESRF	6	21	4

ω/ω_c が大きい高エネルギー光子の方が，小さい角度に集中しており，低エネルギーでは広く分布している．

　放射光の発生では，入射器から電子ビームを円弧と直線の組み合わせからなる超高真空のストレージリングに打ち込んで，その中で電子ビームを安定に周回させる．放射光を発して失ったエネルギーは，RF 空洞からの高周波（周波数 f, 100 MHz のオーダー）で補う．電子ビームはリング内を一様に周回するのではなく，バンチ構造を形成して加速され，そのバンチ数は，fL/c（L はリングの周長）である．バンチ間隔は，$1/f$ であるが，1 バンチだけを周回させることも運転可能で，100 ns〜5 μs の繰り返しのパルス

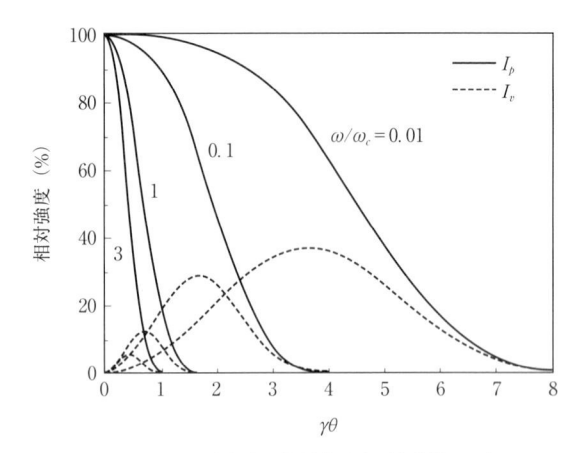

図 2.2.10 鉛直方向の放射光分布（文献[17] p.38）
θ は仰角，$\omega(\omega_c)$ は（臨界）角周波数，γ はローレンツ因子．

光源として利用できる．個々の電子は安定軌道の周囲をゆらぎながら，またエネルギー的にも安定領域の前後でゆらぎながら周回している．電子ビームの位置と方向のゆらぎの大きさの積をエミッタンスと呼び，100 nmrad のオーダー（第二世代リング）から，数 nmrad オーダー（第三世代リング）であり，エネルギー的なゆらぎは，$10^{-3} \sim 10^{-4}$ である．電子ビームの寿命は，10～60 時間の程度であるが，それを決める主要な因子は，残留ガスとのクーロン散乱とバンチ内での電子-電子散乱（トウシェック効果）である．最近では長寿命化を図るだけでなく，減衰分だけを絶えず補って，リング内電子流を一定に保つ運転モード（Top-up 運転）が，実施されている施設もある．

アンジュレーター 偏向部からの放射光よりさらに高輝度な光を得るために，ストレージリングの直線部に周期的に変化する磁石列を配置して，電子ビームを蛇行させ各磁石からの放射光を足し合わせる（挿入光源）[14,17,18]．足し合わせ方がコヒーレントに行われる場合をアンジュレーター，インコヒーレントの場合はウィグラーと呼ばれる．図 2.2.11 に平面アンジュレーターの模型図と発光スペクトルの計算値（ビーム広がりも考慮されている）を示す[18]．電子は交互に上下に反転する磁場の中を図示してあるように蛇行し，軌道が曲がるところで放射光を発する．磁場の強さがあまり大きくなく，蛇行の角度が $1/\gamma$ の程度（後述の $K \leq 1$）では，放射光はコヒーレントに足し合わさる．磁場の周期を λ_u とすると，この場合にも相対論的効果が効いてアンジュレーター放射の波長は，

$$\lambda_n = \frac{\lambda_u(1 + K^2/2 + \gamma^2 \Theta^2)}{2n\gamma^2}, \quad n = 1, 2, 3, \ldots \tag{2.2.25}$$

となる．ここで，Θ は観測角度，$K = eB_0\lambda_u/2\pi mc$ で磁場の周期と振幅（B_0）に依存する量であり，n は発振の次数である．基本波長を変えるには，K を変えればよいが，実

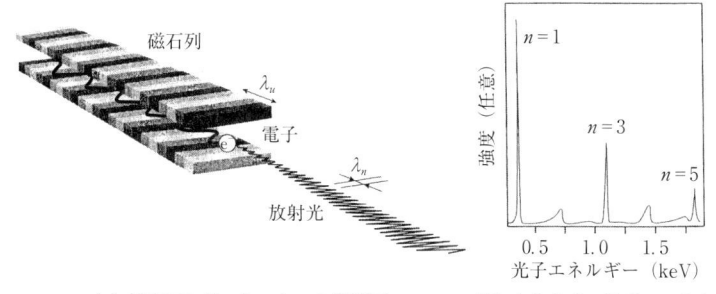

(a) 平面アンジュレーターの模型図　　(b) おおよその発光スペクトル

図 2.2.11 平面アンジュレーター（文献[18] p.42 を一部修正）
λ_n は n 次発振の波長, λ_u は磁石列の周期.

際上は，磁石間隔を変えて，B_0 を変える．電子が完全な平行ビームで $\Theta=0$ 方向での観測だと，隣の磁石列からの発光が逆の位相になって消しあうので，奇数次しか現れない．光のバンド幅は，$\frac{\delta\lambda}{\lambda} \simeq \frac{1}{nN}$（$N$ は周期数）の程度になる．$\Theta=0$ の方向での光束密度は，次の式で表せる．

$$\frac{d^3 Np}{dt d\theta d\psi d\left(\frac{\Delta\omega}{\omega}\right)} = 1.744 \times 10^{11} N^2 E^2 F_n(K)$$

（単位は photons/s/mrad^2/0.1% b.w./mA）

(2.2.26)

$F_n(K)$ はベッセル関数から成り立つ関数で，0〜0.4 の間をゆるやかに変化する量で，K が n に近いところで最大値約 0.4 になる．コヒーレントに重ね合わさるので，光子強度は磁場周期数の 2 乗に比例しており，偏向部からの放射光の 10^2〜10^4 に達する．針状の光子ビームなので，微小領域の実験，および高分解能の実験に適している．基本波とその高調波からなる準単色光で，波長は可変である．ここでは水平偏光の例を説明してきたが，磁石配列の仕方によって，電子ビームに螺旋運動させて，円偏光を発生させることもできる．

自由電子レーザー　　通常のレーザーは，束縛電子の離散的なエネルギー準位間の遷移による誘導放出を利用するが，電子ビームと光との相互作用により誘導放出させることができれば，連続的な波長帯でコヒーレント放射が得られる[14,18,19]．アンジュレーターを通して電子ビームをマイクロバンチ化（電子ビームの粗密層を光の波長程度で形成させること）し，多層膜ミラーなどを用いた光共振器で発光を増幅させることより，レーザー発振させることができる．蓄積リングでの場合には，光クライストロン（optical klystron）という方式が多く用いられ，2 台のアンジュレーターの間に分散用の磁石を配置してバンチング作用を強めて誘導放出を生じさせやすくする[19]．これにより，可視光，紫外線域でレーザーが利用でき，200 nm 以下でも発振が得られるが，より短波

長での発振にはミラー反射率や電子ビーム品質の大幅な向上が必要であり,実現は難しい.

一方,数百 m を超えるような長い直線型電子加速器に長いアンジュレーター(数十 m 以上)を配置して,1 回の電子ビーム通過でレーザーを得る方式もある[14, 18].アンジュレーターの前段部での発光が電子ビームに粗密度変調を誘起し,さらにそれらとアンジュレーター光とを相互作用させて増幅させる (self-amplified spontaneous emission, SASE).光共振器を用いないので,短波長側の限界がなく,数十 nm(数十 eV)の発振が日本,ドイツ,米国で得られている.自然の発光をレーザー増幅させるので,波長幅は狭いが,波長自身は電子ビームの繰り返しごとに多少のゆらぎがあり,強度も変動する.したがって種になるレーザービームを供給することにより,一定の波長での発振を生じさせる試みが進行している.この方式は,X 線領域での自由電子レーザーとして最有望であると認識され,先進各国で精力的に取り組まれている.

(4) その他の光源

X 線管のターゲットを軽金属に交換すると,輝線の軟 X 線光源として用いうる(後述の X 線管を参照).また,レーザーを用いた周波数混合や高次高調波発生などで,真空紫外線から軟 X 線領域でも,目的によってはレーザー光を利用でき,より高性能化する試みが行われている.

b. 光学素子,分光素子

(1) フィルター,ミラー

この波長領域では透過性材料が存在しないので,フィルター,窓材としては薄膜(数百 nm 程度の厚さ)を用いる.分光器からの出射光中の高次光,迷光を除去する際に,ポリイミドや,金属薄膜(In, Sn, Al など)を用いうる.大気圧に耐える窓材としては,104 nm(112 nm)より長波長で $LiF(MgF_2)$ が,面積が小さい窓では,シリコンナイトライト(SiN_4)やベリリウムが利用できる.

高い反射率の物質(Al, Pt など)をガラスなどへ蒸着して反射鏡として用いて,単に集光させるだけでなく,短波長カット用フィルターや偏光素子として利用できる.反射率を低下させる要因として表面の粗さがあり,0.2〜1.5 nm 程度以下にする必要がある.

(2) 多層膜

多層膜は光子がある角度の反射で強めあう周期構造をもつことで,人工的に格子定数を変化できるブラッグ (Bragg) 結晶と考えられる[2].各層は多結晶やアモルファス構造になっており,スパッタリング法で設計どおりのものが製作できるようになっている.設計する際の要点は,屈折率の違いが大きく,消衰係数がともに小さい 2 つの元素を交互に積層させる.使用予定の波長の短波長側に内殻電子の吸収端をもつ元素を選ぶ.よく用いられる例は,12.4 nm(100 eV),より長波長で Mo/Si,4.41 nm(280 eV),より長波長で Cr/C,3.1 nm(400 eV),より長波長で Sc/Cr などがある.

(3) 偏光素子

直入射光学系が利用できる領域の真空紫外線では、金などを蒸着したミラーを偏光素子 (polarizer)、および移相子 (phase retarder) として用いうる。軟 X 線では多層膜 (Sc/C 膜など) が使われる。多くの場合可視域と異なって、完全な偏光状態は得られないので、入射光自身の偏光度を決定しておかねばならない。偏光度の測定では検光子 (analyzer, 偏光子と同様なもの) を用いて偏光測定を行って偏光度を決定する[20]。

(4) 回折格子

真空紫外、軟 X 線域で用いられる反射型回折格子の多くは鋸歯形のブレーズド型であるが、ラミナー型（矩形波型）も近年は用いられる（図 2.2.12）[21]。基板形状は、全光学システムとして反射回数を減らす必要性から結像作用をもつ凹面型が多く用いられ、また溝間隔は等しく刻んだものだけでなく、収差補正するために、結像作用をもたせた不等間隔溝の回折格子も利用される。ラミナー型は溝の深さ h や幅 b を制御することより、溝の上底と下底からの光路差、強度比を変えることができ、偶数次数の回折光を抑制することができ、軟 X 線域でよく使用される。溝の山と谷からの回折光が等しい強度になると回折効率が高くなるので、山による谷へのシャドー効果を考慮して、上底部の長さ b を下底部の長さ $(d-b)$ より短くすることが有効である。

光学系の設計において、幾何光学的に各種光学素子での反射、回折作用をそれぞれの入射光線ごとに追跡してゆき、像面上に到達した光線分布（スポットダイヤグラム）を求めるものをレイトレーシングという[21]。スポットダイヤグラムを用いてそれぞれの光学素子の評価を行い、改良を行って、最適の設計へと進んでいく。計算は複雑になるが、解析的な表現を求める必要がなく正確なスポットダイヤグラムが得られるので、有効な設計法として広く利用されている。

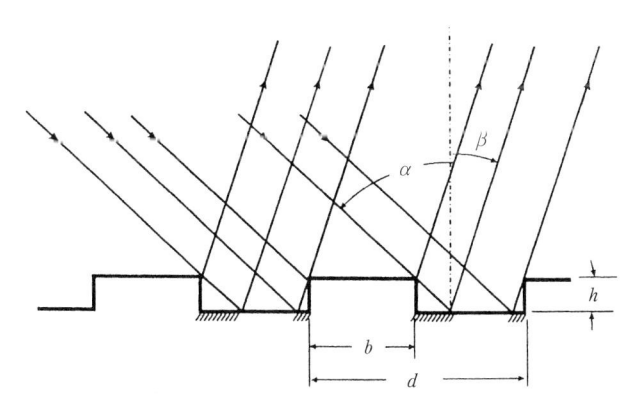

図 2.2.12 ラミナー形回折格子の断面形状とシャドー効果（文献[21] p.119）
d は刻線間隔、b は山部の長さ、h は山部の高さ、ハッティングはシャドーを表す。

c. 回折格子分光器

この波長領域では，物質による吸収率はたいへん大きいので，すべての光学素子を高真空中において動作させ，反射型の光学素子を用いる[9,21]．また30 nm近傍を境に金属表面での直入射方式での反射率が短波長側では極端に小さくなってしまう．そこで入射角が非常に大きい角度（斜入射，光学素子表面にすれすれの角度）で反射（および分散）させなくてはならない．これにより，分光器や光学系は可能な限り反射させる回数を少なくして光量の減少を防ぎつつ，高分解能化，および波長走査の簡便化を達成する工夫が凝らされている．

(1) 球面回折格子利用

イーグル型　結像作用を有している球面回折格子を用いて，入射スリットと出射スリットがローランド円上にあり，$\alpha=\beta=0$ の直入射で使用する．2つのスリットが同じ位置にくるので，ローランド円の面の上下に分離しておく方式がよく使われる（off-plane Eagle 型）．波長掃引は，回折格子を回転させながらスリットに向かって移動させることで行える．これは，直入射方式であるため，非点収差が小さく，両スリットが円上にあるので分解能もよく，10^5 を超える高分解能が達成されている[22]．

瀬谷–波岡型　固定された入射スリットと出射スリットをもち，波長掃引は回折格子の回転のみによる単純な機構をもち，非常に多く使用されている[9,21]．入射光と回折光とのなす角（偏角）が $\alpha-\beta=70°30'$ であり，スリットと回折格子との距離は，$r=r'=R\cos(35°15')=0.8166\,R$ となる．これは回折格子の微小な回転に対して，水平焦点の式（2.2.14）が停留値をもつ条件から求められた（図 2.2.13）．0次光に対してだけ，結像点がローランド円上に存在し，回折光では非点収差も割合大きい．また収束形状は曲がった線になるので，出射スリットをその曲率に合わせたものにすると分解能，光子強度は改善される．また不等間隔溝をもつ収差補正型回折格子を用いることによって改善を図るやり方もある．

ボダール（Vodar）型　斜入射領域での代表的なマウント方式であり，広く利用されてきた[9,21]．入射スリットと出射スリットは波長掃引の際に，つねにローランド円上に位置し，入射角 α は一定に保たれ，回折格子と入射スリット間の距離は一定値（$R\cos\alpha$）の棒に両端を固定されて，出射スリット–回折格子，出射スリット–入射スリットの直線ガイド上を移動し，それに伴って回折角 β が変化する．出射スリットは固定されており，出射光線の方向は一定である．この方式は，分解能が優れているが，入射スリットが移動し，入射方向が変化する．シンクロトロン放射施設では，前段のミラー系に工夫が必要になり，グラスホッパー型が考案された．図 2.2.14 にその原理を示す[23]．入射スリットはコドリング（Codling）スリットと呼ばれるナイフエッジと平面鏡からなり，ここに前置鏡（M_1）によって，シンクロトロン放射を縦方向に集光する．波長掃引は，M_1 が平行に移動し，コドリングスリットは直線上を移動しつつ回転し，回折格子は出射スリット–回折格子の直線上を移動する．回折格子への入射角は一定に保たれ，入射，出射スリット，回折格子はC（あるいはC'）を中心とするローランド

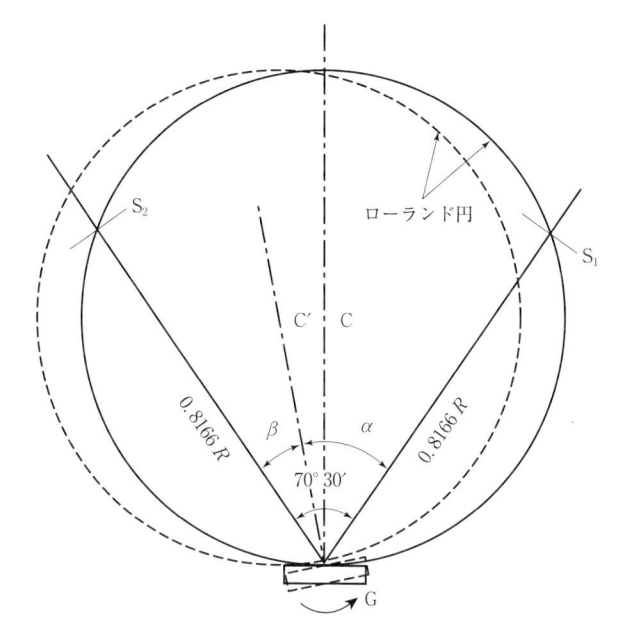

2.2 原子分子の分光：序論および可視からX線までの分光

図 2.2.13 瀬谷-波岡型分光器の原理図（文献[9] p.210）
Gは回折格子，C(C′)はローランド円の中心，S_1, S_2 はスリットを表す．

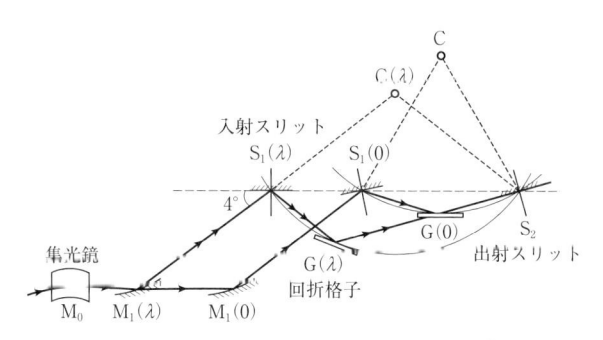

図 2.2.14 グラスホッパー型分光器の原理図（文献[23] p.370）
M_0 は横方向集光鏡，M_1 は縦方向集光鏡，Sはスリット，Gは回折格子，Cはローランド円．(λ) は波長λでの各素子の位置を示す．

円上に位置している．

定偏角型 分散素子への入射角と回折光出射角の和（$=\alpha+\beta$）が一定の分光器を定偏角型と称し，瀬谷-波岡型もこれに属する[9,21]．高分解能を達成しているドラゴン型は，非常に大きな曲率（R：～60 m）の球面回折格子の回転運動のみで波長掃引を実施している．出射スリットは固定されているが，広い波長範囲では，回折格子の回転に伴って

移動させる必要がある．

(2) 平面回折格子利用

SX700 型　　放射光軟 X 線用の分光器として開発されたもので，遠方にある微小な点光源を平面鏡で反射して，擬似平行光として平面回折格子に当て，回折光を楕円鏡で出射スリットに集光させる[9,21]．波長掃引は，回折格子の回転と平面鏡の移動，回転の 3 種の動きを組み合わせて行うが，出射スリットと回折光の虚光源点は，つねに楕円面鏡の焦点に位置するように，3 種の動作を制御する必要がある．

フリッパー型　　波長，入射角によって，金属面の反射率が大きく異なることを利用し，複数の前置鏡を備えることによって，分光器の出射光における迷光，高次光を減少させる[9]．意図した波長に適した前置鏡を真空チェンバー外からの操作で選び出し，その反射光を回折格子に当てて，回折光を凹面の結像鏡で固定している出射スリットに集光する．波長掃引では，前置鏡の移動と回折格子の回転を行う．

モンク-ギリソン（Monk-Gillieson）型　　斜入射用の分光器では，収差が大きくなる欠点を補うため不等間隔溝の回折格子を用いるものが最近の技術発展により増加している[21]．前置の球面鏡で反射された放射光は回折格子を照射し，回折光が固定してある出射スリットから出ていく．波長の掃引は回折格子の回転だけで行うが，不等間隔溝の作用により結像性が生じ，出射光での像の拡大は深刻ではない．このためには，回折格子の質が重要であり，非球面露光を用いたホログラフィック法によって製作する．

d. 検出器

(1) 点型計測器

真空紫外線，軟 X 線領域においては，光電子増倍管（窓なし），チャネルトロン，マイクロチャネルプレート（MCP）などが受光器として用いられる．ここでは MCP について説明する[24]．

導電性ガラスによって電子増倍作用を生じさせるチャネルトロンが荷電粒子の検出に用いられるが，その機能をより高めたものとして，MCP が開発された．これは 2 次元の面で粒子を検出するので，感度の向上だけでなく，空間イメージング素子としての機能を有している．図 2.2.15 に MCP の構造と動作の概要を示す[24]．直径 10 μm 程度，長さ 1mm 程度の細いガラスパイプを多数束ねて薄い板状に仕上げ，1 本 1 本のガラスパイプ（各チャネル）が，独立した電子増倍管として働く．これは荷電粒子に対して高い検出効率を有するだけでなく，真空紫外線から X 線までの広い範囲の光子検出器としても使用できる．チャネルの入口付近に入射した光子（あるいは電子）は抵抗体である内壁から光電子を放出させ，印加されている電場により電子は内壁に衝突して多数の電子を放出させる．これを多数回繰り返して電子は指数関数的に増倍される．1 枚での増倍率は 10^4 のオーダーであり，通常 2 枚程度を直列に結合させて，PMT と同程度の増倍率を得ている．

暗電流は非常に小さく，MCP 1 枚では $0.5\,\mathrm{pA\,cm^{-2}}$ 以下であり，パルス計数方式で

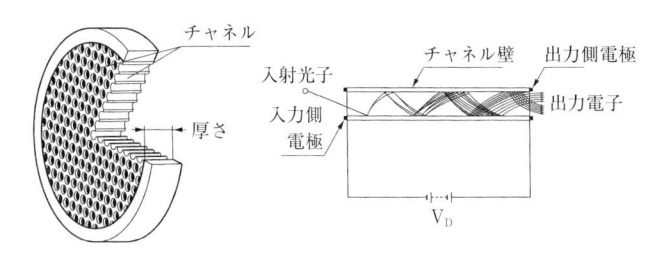

図 2.2.15 マイクロチャネルプレート（MCP）の構造（文献[24] p.89 を一部修正）
左は全体図で，右は1本のチャネルの拡大図．V_D は印加電圧．

は，3 cps cm^{-2} 以下である（cps は1秒当たりのカウント数）．出力の直線性は，直流モードでは，10^{-6}A 程度まで，パルスモードで，10^6 cps 以上まで良好である．また時間応答特性として立ち上がり時間 0.3 ns が得られる．光子線に対する効率は波長に強く依存するが，真空紫外線，軟X線で10%程度，硬X線では1%のオーダーなので，受光面にCsIを蒸着したMCPでは，20%程度まで向上した．

(2) 2次元画像測定

原子，分子と光子線の相互作用によって，荷電粒子や光子が生成し，それらを2次元的な空間分布として調べたい場合も多い．それら生成物はある種の選別器を通して空間的に分散されている場合，あるいは時間的に区分けされている場合がある．それらの粒子類を2次元画像として測定することにより，生成物のエネルギー状態を特定できる．これらの測定には，MCPでの増倍機能を活用しつつ，以下に記す2次元画像法が用いられる．

CCD型は，空間分解能が，50 μm 程度が多く，時間分解能は数秒程度であり，ワイヤー型は，空間分解能が 0.5 mm 程度で時間分解能が 1 ns と優れている．抵抗アノード型は，位置分解能が 50 μm 程度，時間分解能が数 μs 程度であり，ウェッジアンドストリップ型は，空間分解能が 50 μm 程度で，時間分解能が数 μs 程度である．バックギャモン型は，空間分解能が 100 μm 程度，時間分解能が ns 程度のものが得られる．ディレイライン型は，位置分解能が 0.5 mm 程度であるが，時間分解能が約 1 ns であり，1つの衝突現象によって多数生じた生成物をコインシデンス計測したい場合には威力を発揮する．

e. 真空紫外線，軟X線の標準

(1) イオンチェンバー

多段電極型イオンチェンバーを図 2.2.16 に示す[25]．チェンバーは円筒型で，その中心軸を若干はずした位置より光子ビームを導入し，生成したイオンがイオン収集電極（丸棒）で集められる．長さの等しい電極 1, 2 で収集されるイオン電流を i_1, i_2 とすると，光子ビームの絶対強度 I（単位は photons/s）は，以下の式で表せる．

$$I = \frac{i_1^2}{\gamma \cdot e(i_1 - i_2)} \tag{2.2.27}$$

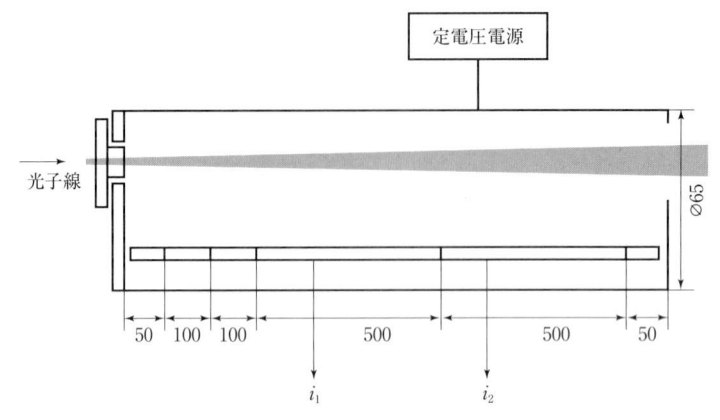

図 2.2.16 多段電極型イオンチェンバー（文献[34]を一部修正）
長さの単位は mm. 外側円筒には，+100 V 程度を印加する．i_1, i_2 はイオン電流．

ここで，e は素電荷，γ は1光子吸収で1希ガス原子が放出する電子数の平均値である．真空紫外域では，$\gamma=1$ であるが，軟X線では，内殻電子のイオン化や直接二重イオン化などが起こるので，光子エネルギーによって γ は5よりも大きくなることがあり，1.3 keV までの γ 値が報告されている．絶対強度の不確かさは，2%程度である[12]．

(2) クライオカロリメータ

光子ビームのエネルギーを薄片素子にすべて吸収させ，その温度上昇よりビームのパワー（W）を求める計測法は，可視光レーザーの絶対強度の評価に用いられたが，真空紫外線，軟X線領域でも確立された[12, 25]．素子およびその周辺部を極低温（He 温度）に保っておけば，背景電磁波による雑音を低減化できるので，μW オーダーの単色軟X線に対しても適用可能である．温度上昇と入射パワーの関係は，環境条件に敏感なので，その校正には細心の注意が払われる．不確かさは 0.2% 程度以下である．

(3) その他の標準検出器

サリチル酸ソーダは紫外線の入射に対して，420 nm 付近に極大をもつ蛍光スペクトルを与え，量子効率は 35〜160 nm でほぼ一定といえるので，光子束の絶対強度を評価できる[1]．酸化アルミニウムの光電管は，量子効率の実験データを利用して，絶対強度を評価できる．ただしこれらは保存条件などで絶対効率が変動することがある．Si フォトダイオードも2次標準検出器として利用できる[12]．

2.2.3 X線の分光
a. 光　　源
(1) X線管

X線管球では，真空管中でフィラメントからの熱電子を高電圧（数十 kV）で金属ターゲットに衝突させてX線を発生させ，ベリリウムなどの窓から取り出す．X線への変

換効率はおおよそ原子番号と加速電圧に比例するので,ターゲットは銅,モリブデン,タングステンなどの融点の高い重金属が用いられ,スペクトルは,各元素に特有の特性X線と制動放射から生じてくる連続X線からなる.またX線管球の利用だけでなく,ターゲット交換を簡便化し,種々のターゲット金属を用いて,広い波長範囲での利用もできる.

(2) ウィグラー

電子蓄積リングの直線部に磁石列(挿入光源)を設置して大きな K パラメータで運転(ウィグラーモード)すると,偏向部からの放射光よりも高エネルギーのX線を発生させることができる[14, 16-18]. K 値が大きいので磁石列での電子ビームの蛇行からの放射光は,干渉性でなく単に加算される強度になる.

b. 光 学 素 子
(1) 集光用素子

X線での屈折を利用した集光は困難であるが,真空中より,表面からの角度 θ_c より小さい角度でX線が入射すると,内部へ侵入することなくすべて反射してくる.これを全反射臨界角といい,以下で与えられる.

$$\sin\theta_c = \sqrt{2\delta} \tag{2.2.28}$$

式(2.2.4)で定義した δ は 10^{-5} 程度以下なので, θ_c は10 mrad 以下になる.全反射条件を満たすような光学配置をとれば,X線でも損失を少なくして集光させることはできる.ただし,表面の粗さによる影響は波長が短いので厳しいものになる.1枚のミラーで縦方向,横方向を一度に結像させることは,トロイダル鏡の利用で原理的に可能だが,ミラー形状の製作の困難性が大きく,斜入射配置による収差の影響も大きい.複数のミラーの組み合わせによって,実現を図ることが多い[13].

カークパトリック-ベーツ(Kirkpatrick-Baez)配置　この方式は,2つの球面鏡(あるいは円筒鏡)を用いて,縦方向と横方向を独立に集光させる.表面には高い反射率を期待できる金,白金などを蒸着しておく.

ウォルター(Wolter)型ミラー　2つのミラーを組み合わせて中心軸からずれた光線が2回反射により補正できるように工夫したミラー系がある.代表的なものがウォルター型ミラーであり,その原理を図2.2.17に示す[13]. F_1 と F_2 を焦点とする回転双曲面と F_1 と F_3 を焦点とする回転楕円面の組み合わせであり, F_1 は両面の焦点である.双曲面の焦点 F_2 からの光線ははじめに双曲面で反射され共有焦点 F_1 を虚物点として楕円面に入射し,もう一方の焦点 F_3 で結像する.0.1 nm より長波長のX線に対して,金の反射では1 nm に迫る空間分解能が期待できる.このミラーは,パイプの内面反射を利用するので,直接の研磨は難しい.多くは金属母材を凸型に加工し,それからパイレックスガラスでレプリカを製作する方法がとられる.

フレネルゾーンプレート　回折作用を利用して結像作用と分光作用をもたせたものにゾーンプレートがある.透明輪帯と不透明輪帯を同心円状に配置したもので小さい像

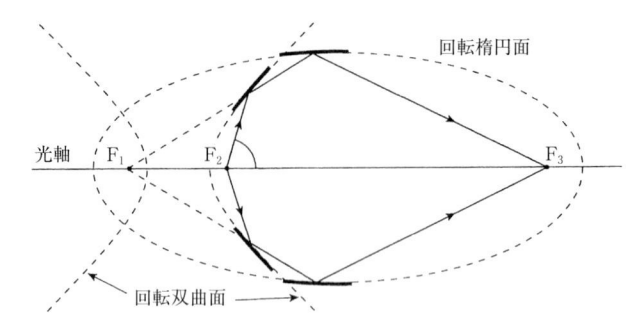

図 2.2.17 ウォルター I 型ミラーによる X 線集光（文献[13] p.169 を一部修正）

を実現できる[13]．空間分解能は，最外周の輪帯幅の 1.22 倍であり，50 nm 程度が達成されている．

その他の集光法　結晶の非対称反射を利用することにより，結晶表面と回折を生じさせる回折面との角度を α とすると，表面に対して $\theta_b - \alpha$ で入射した X 線は，$\theta_b + \alpha$ 方向に回折線が出射していく[18,23]．ある方向からの入射に対して角度幅を縮小し，ビーム幅を拡大することができ，逆の方向より入射させると，ビーム幅を縮小し，角度幅を拡大することができる．またテーパーつきキャピラリーレンズや X 線屈折レンズ（直列に接続した多数の円筒型凹レンズ）で，1 μm 以下の空間分解能が得られている．

(2) 分光結晶

X 線用の分光素子としての結晶は古くから用いられ，次の式で示すように，ブラッグの条件によって特定波長だけが回折光として強めあって結晶格子面から反射される．

$$\lambda = 2d \sin \theta \tag{2.2.29}$$

λ は X 線の波長，d は格子面間隔，θ は入射，反射する面から測った角度（入射面の法線からでないことに注意）である．1 枚の分光用平板結晶に X 線を入射させ，回折される角度の広がりをロッキングカーブと呼び，結晶の完全性の評価として有用である．完全性の高い Si 結晶などでは，ピーク反射率が高く回折角度幅は小さい（1〜10 秒角程度）．パイロリティックグラファイトなどの完全性の低いものをモザイク結晶と呼ぶが，積分反射強度は割合高いので，分解能は低くても高感度が必要な場合に用いられる．

(3) 偏光素子

偏光子（検光子）　完全結晶のブラッグ反射では，π 偏光成分のロッキングカーブは非常に狭い角度になりピーク反射強度も小さくなる．これを利用して，2 枚の結晶の反射面を平行配置からわずかにオフセットにし，複数回反射させると直線偏光を得ることができる．

移相子　完全結晶でブラッグの回折条件の近傍で複屈折が起きることを利用し，X 線領域でも移相子が開発された[18]．入射角の回折条件からのずれ角が数秒程度だと σ 偏光成分と π 成分の位相差は急激に変わるが，10 秒程度ではゆるやかになって位相差 90°

になる．その付近を用いれば，円偏光が透過X線方向で得られる．透過するX線を利用するので，吸収の小さい高純度ダイヤモンドが多く用いられ，6～16 keVで有効に利用されている．

c. 結晶分光器
(1) 実験室での分光器
平板結晶分光器　最も簡単な分光器としては，コリメータ，平板結晶，スリットからなるものであり，$\theta\text{-}2\theta$駆動機構により，分光結晶の回転とその2倍の角度分だけ回転するスリットで波長掃引する．分解能は次の式によって決まる[26]．

$$\frac{\delta\lambda}{\delta\theta} = \lambda \cot\theta \tag{2.2.30}$$

角度を狭くすることが重要であるが，強度の損失との兼ねあいである．

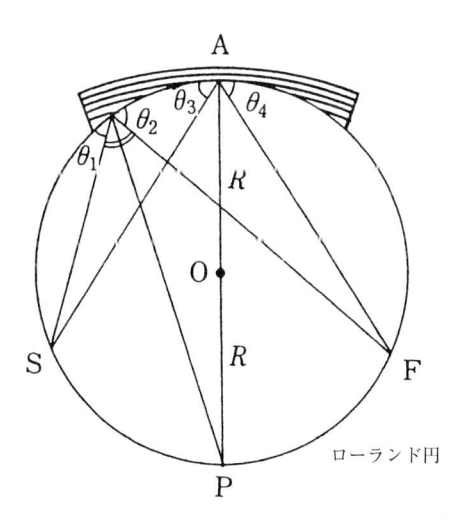

湾曲型結晶分光器　湾曲結晶を利用するとある立体角に発散してくるX線を分光するとともに集光できるので，効率が大幅に向上する．図2.2.18にヨハンソン(Johansson)型方式の原理を示す[26]．ヨハン(Johann)型と呼ばれる方式は結晶を半径$2R$（Rはローランド円の曲率）で曲げたものであるが，ヨハンソン型は，半径$2R$に曲げさらに結晶表面がPA（Aは結晶の中心）の中点Oを中心とした半径Rの円周上に乗るように研磨したものである．ローランド円上の点光源Sから放出したX線（$\lambda = 2d\sin\theta$）は結晶のどこに当たってもブラッグ条件を満足するので，ローランド円上のスリット点Fに到達する．波長を掃引するには，SA直線上を結晶が回転しながら動き，スリットFはOをピボットとする支柱に乗り，かつFA＝SAを満たして面内を動く．

図2.2.18　湾曲結晶を用いた分光器(ヨハンソン型)(文献[26] p.237)
$\theta_1 = \theta_2 = \theta_3 = \theta_4$．

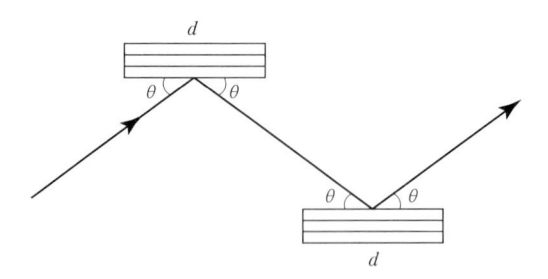

図 2.2.19 （＋，－）型配置の 2 結晶分光器（文献[23] p.368）

(2) 放射光用の分光器

放射光源と接続して結晶分光器を用いる際には，その特性（高い指向性，高い強度など）に合わせた形で分光器およびそれに関連する光学素子が考慮される．一般に放射光を利用する結晶分光器の波長幅は次の式で与えられる[27]．

$$\frac{\Delta\lambda}{\lambda} = \sqrt{w_1^2 + w_D^2} \cdot \cot\theta \qquad (2.2.31)$$

ここで w_1 はスリット幅によって決まる入射 X 線の角度発散，w_D は結晶素子固有の角度広がりでダーウィン（Darwin）幅と呼ばれ，10^{-5} rad 以下である．非常に高い分解能を必要とする場合には，結晶の高次反射を利用することによりさらに数桁小さい角度幅を達成することができる．分光器から出射する単色 X 線の方向と位置が一定なことが必要なので，多くの場合図 2.2.19 に示すような 2 結晶配置（＋，－）の分光器が採用される[23, 27]．シリコンの K 殻吸収端が 1.84 keV で，それより上のエネルギー領域で平坦な強度が得られ完全結晶も得やすいことから，多くの場合シリコン結晶が用いられる．2 つの結晶は同じものを用い，波長掃引は片方（おもに第 2 結晶）の並進運動と両結晶の回転で実現される．分光器においては高次高調波成分が混入することが多く，集光鏡の臨界角の違いを利用して減ずることができる．より有効な方式として 2 つの結晶を互いに数秒程度最適値からずらす（ディチューン）ことにより，高調波成分を数桁程度減少させることができる[27]．

第 3 世代放射光源の発展によって放射光の輝度が高くなったが，そのために光学系に当たるパワーも大きくなり，数 kW/mm^2 の熱負荷も想定された．光学素子も熱膨張係数の小さいもの，熱伝導度の大きなものが冷却効率の点で有利であり，ダイヤモンド結晶は X 線吸収率が小さいというさらなる利点もあって優れている[27]．液体窒素で結晶を冷却する，あるいは巧みな水冷導入路を作製するなどの工夫によって，現在は結晶の熱歪みの問題はほぼ解決されている．

d. 検 出 器

X 線と物質の相互作用を通して，電気量，発光，熱的効果，あるいは化学変化として信号を取り出して検出する[28]．

(1) 気体を用いる検出器

X線による原子，分子の電離作用を利用したものとしては，電離箱，比例計数管，ガイガー-ミューラー（GM）計数管がある[28]．気体中で電離された原子・分子イオンおよび電子は電極間に印加された電場によって電極に収集されて信号電流となる．適度の電圧領域（1気圧で数十 V/mm 程度）で，生成したイオンは電極に集められて信号になり，電離箱として用いうる．収集される電荷量は，X線のエネルギーをW値で割った量に比例する．W値とは，1光子エネルギーを，生成されたイオン・電子対の総数の平均値で割った値であり，原子・分子の第一イオン化エネルギーのおよそ2倍の値である．電離箱では生じたイオン電流をエレクトロメータなどで測り，強度については広い範囲で直線性が成り立つ．

電場が強くなると，加速された電子は気体と電離性衝突を起こして多くの電子・イオンを生じさせ，電子雪崩になって1つのパルス信号として取り出せる．電子雪崩を起こしやすくするために，検出器を円筒型にして中心部に細い電子収集用の電極を設置する．電極付近では，非常に強い電場（10^4 V/mm 程度）になるので，雪崩が生じやすくなり，電子の増倍率としては $10^3 \sim 10^4$ になる．電子付着性分子（メタンなど）を混入させることにより，増倍率は一定になるので，出力パルス波高の平均は入射エネルギーに比例する．エネルギー分解能は15%程度である．さらに強い電場になると，電子雪崩を超えて放電が生じてきて，初期のX線による電離量と無関係な電荷量のパルスになる．電荷増幅率としては 10^6 以上にもなり，放電消滅時間が1 ms 近くかかるので，数百パルス/s 程度しか検出できない．

(2) シンチレーションカウンター

X線のエネルギーを物質の励起に費やし，脱励起によって発する可視光（シンチレーション現象）をPMTで受光して測定する検出器は，シンチレーションカウンターと呼ばれる[28]．X線の検出ではシンチレーターとしては，タリウムを微量含んだ NaI(Tl) が多く用いられるが，次のような特色をもっている．i) シンチレーション効率が高い（13% 程度），ii) 発光量がX線エネルギーに比例する（エネルギー幅は30%程度）．また，より高強度X線用に YAP(Ce)（yttrium aluminum perovskite : $YAlO_3$）をシンチレーターとした検出器も開発され，50 keV X線に対して 5×10^6 cps 程度まで直線性が得られている．

(3) 半導体を用いる検出器

シリコンなどの半導体の pn 接合部の空乏層にX線が入射して電離が生じると電子・正孔（キャリア）が生じて電流が流れ，X線の検出器として用いうる[28]．電子・正孔対を生成するに必要な平均エネルギーは，シリコンで 3.8 eV，ゲルマニウムで 3.0 eV なので，エネルギー選別能も高い．またキャリアの移動度も気体中よりも $10^3 \sim 10^4$ 倍速く，高い計数率の測定も可能である．

フォトダイオード　　窓材はガラスでなく可視光を透過しない薄膜が望ましく，また空乏層の厚さが 10 μm 程度なので，高エネルギーX線は透過してしまうので，検出効

率は高くない．

アバランシェフォトダイオード（APD） 内部増幅作用をもつタイプのSiフォトダイオードで，0.3 ns半値幅のパルスが得られ，10^8 cps程度の高計数率の測定にも利用できる．空乏層は $10\sim200~\mu m$ であり，高エネルギーX線では検出効率が低下する．エネルギー分解能は10％程度である．

SSD フォトダイオードと同じ原理で動作するが，空乏層の厚さを大きくして（数mm程度），検出効率，エネルギー分解能を向上させたものを半導体検出器（solid state detector, SSD）と称する[28]．20 keV以下ではLiドリフト型Si半導体，Si(Li)，を用いうるが，高エネルギーX線の吸収能が小さいので，高純度Ge，HPGe，あるいはLiドリフトGe，Ge(Li)，が多く用いられ，$4\sim40$ keVのX線ではほぼ100％の検出効率である．バンドギャップが小さいので，使用時には液体窒素温度にして暗電流の低減を図っている．エネルギー幅は5.9 keV, X線でHPGeで約140 eV, Si(Li)で約160 eVである．また 4×10^5 cps程度の高計数率まで直線性がある．結晶分光器を用いずにX線波長を分光できることは大きな長所である．エネルギー幅の点では，ジョセフソン接合型超伝導素子を利用して，数十eVを達成した報告もある．

X線用検出器を表2.2.4にまとめておく．検出器としては，エネルギー選別能とともに使用できるX線強度範囲が重要な点である[28]．

(4) 位置敏感型検出器

1次元ガス比例計数管 陽極線近傍で生じる電子雪崩の位置を検出することにより，位置敏感機能をもたせることができる[29]．位置の読み出し法としては，i) ディレイライン法，ii) 立ち上がり時間法，iii) 電荷分割法，iv) 直接読み出し法がある．i～iii) は，10^5 cps程度までの使用が可能で，位置分解能は0.2 mm程度まで達成されている．iv) は，10^7 cps程度の高計数率に対応可能である．さらに縦横に陽極線，陰極線を配置して，2次元化したものも試みられている．

イメージングプレート（IP） IPは，BaFBr:Eu^{2+}のような輝尽性蛍光体の微結晶（～$5~\mu m$）を樹脂上に塗布した蛍光フィルムで，X線エネルギーの吸収によって準安定な着色中心に蓄えられたエネルギーが，後の読み出し用の可視光照射によって青色の発光

表2.2.4 種々のX線検出器の特徴

検出器	計測可能強度 (cps)	エネルギー分解能	有感サイズ (mm^2)	備考
電離箱	$10^5\sim$	なし	$\sim10\times50$	電流計測
比例計数管	$\sim10^4$	$\sim15\%$	$\sim10\times50$	検出効率を変更可能
NaI(Tl)シンチレーションカウンター	$\sim10^5$	$\sim30\%$	$\sim200\phi$	汎用性大
Siフォトダイオード	$10^4\sim$	なし	$\sim10\times10$	電流計測
APD	$\sim10^8$	$\sim10\%$	$\sim5\phi$	高計数率
HPGe	$\sim4\times10^5$	~150 eV	$\sim10\phi$	高エネルギー分解能
Si(Li)	$\sim10^5$	~170 eV	$\sim10\phi$	低エネルギーX線用

(Eu^{2+} の 5d→4f 遷移) となって検出される[29]．この輝尽性発光（PSL）の読み取りには He-Ne レーザーを2次元的に走査し，発光を PMT で検出して，その時系列信号をディジタル化してコンピュータに蓄積する．特色は，X 線検出効率が高く，その直線性は 3.5 桁以上で，不均一性は 1.6% 以下であり，空間分解能は 40 μm 程度である．

CCD，PDA，X 線フィルム　可視光に対してと同様に用いうるが，蛍光体によって可視光に変換後に CCD，PDA（フォトダイオードアレイ）に入射する方式もある．それらの中には，縮小型光ファイバーを用いる型，レンズを用いる型，X 線イメージインテンシファイヤーを用いる型などがあり，もとの光学像の大きさを調節したり，感度を向上させたりできる．

(5) X 線の標準

8 keV 以上の X 線については，フィルターで適度にスペクトル幅を調整された X 線管からのビームで，通気型イオンチェンバーを用いて X 線標準が確立されている[12]．単位は，照射線量（C/kg，空気の単位質量当たりに生成される電荷量），あるいは空気カーマ（Gy＝J/kg，X 線照射により単位質量当たりの空気から生じた荷電粒子の初期運動エネルギーの総和）である[5]．8 keV 以下のエネルギー領域では，光子フルエンス率（単位面積，単位時間当たりの光子数）が適切な物理量と考えられ，イオンチェンバーなどを用いて絶対強度の計測手法の開発が行われている．

2.2.4　光　吸　収
a. 光の吸収とは

孤立している原子・分子の光吸収スペクトルを量子力学の立場から考えてみる．時間 $t=0$ で角周波数 ω の振動電場が印加される場合，摂動ハミルトニアンは，以下で表せる．

$$H'(t) = -\vec{\mu} \cdot \vec{E} \cos \omega t \tag{2.2.32}$$

ここで双極子演算子，電場ベクトルを $\vec{\mu}$, $\vec{E}$ とおいた．時間依存のシュレーディンガー方程式を摂動のない状態の波動関数（ψ）を用いて近似的に解くと，状態 g から f への遷移確率 $P_f(t)$ は次のように書ける[30]．

$$P_f(t) = 2\pi^3 \left(\frac{d_{fg}}{h}\right)^2 \cdot t \cdot \delta(\omega_f - \omega) \tag{2.2.33}$$

ここで h はプランク定数，$d_{fg} = \langle \psi_f | \vec{\mu}\vec{E} | \psi_g \rangle$，$\delta$ はデルタ関数である．単位時間当たりの状態 g から f への遷移確率は，$dP_f(t)/dt$ である．

次に電磁波（光）が体積 V の N 個の原子（あるいは分子）が入った容器を x 方向に進むことを考える．状態 g から f への遷移によって光のエネルギー密度（W）の減少速度は，

$$\frac{dW}{dt} = -\frac{N}{2\pi V} \cdot \sum_f \hbar \omega_f \frac{dP_f}{dt} \tag{2.2.34}$$

となる．さらに電場は z 方向であるとし，$W = \varepsilon_0 E^2 / 2$（$\varepsilon_0$ は真空の誘電率），光の強度 I は cW（c は光速度）であることを考慮すると，

$$\frac{dI}{dx} = -\frac{2\pi^2 N}{V h \varepsilon_0 c} \times \omega \left\{ \sum_f |\langle \psi_f | \mu_z | \psi_g \rangle|^2 \cdot \delta(\omega_f - \omega) \right\} I$$
$$\equiv -\alpha(\omega) \cdot I \tag{2.2.35}$$

となる．式 (2.2.35) を解き，$x=0$ での光強度 I_0 を用いると，光強度は，

$$I = I_0 \exp\{-\alpha(\omega) x\} \tag{2.2.36}$$

と表せる．これはランバート-ベール (Lambert-Beer) の法則である．α を吸収係数と呼ぶが，単位体積当たりの原子数を基準にする場合には光吸収断面積になる．分析化学などの分野では常用対数を用いた吸光係数 (absorption coefficient, ε) を使用することが多い．ここでの α とは，以下の関係になる．

$$\varepsilon = \frac{\alpha V}{N \cdot \ln 10} \tag{2.2.37}$$

対象物質の濃度をどのような単位で表すかによって種々の係数が用いられるが，モル吸光係数（1 l 当たりのモル数）は多く利用される．

b. ボルン-オッペンハイマー近似とフランク-コンドン因子

原子・分子では，原子核の正電荷と電子の負電荷がクーロン相互作用を及ぼしあっているが，すべての粒子を含めた多体系のシュレーディンガー方程式を解くことは不可能である．そこで分子の問題を扱うには，電子に比べてゆっくりとしか運動していない原子核の運動を電子の運動と分離して解を求めていく．すなわち原子核の座標をパラメータとして電子の状態（電子波動関数）を求め，そこで求めた電子状態の中で原子核の運動（振動，回転，並進の波動関数）を求めて，それらの積で分子全体の波動関数とし，同時に電子のエネルギーと振動，回転，並進のエネルギーとの和で全エネルギーとする．具体的な数式上では，電子波動関数について原子核座標での微分は小さいとして無視するのが，ボルン-オッペンハイマー (Born-Oppenheimer) 近似（断熱近似）と呼ばれる．この近似においては，原子核は原子核間のクーロン力と原子核座標をパラメータとした電子状態のエネルギーの和で表される有効ポテンシャルの中で運動することになる．原子核の安定位置 R_0 を基点として，それからの距離の 2 乗で有効ポテンシャル曲線が近似できるとする場合が多い（精密には，モース関数を用いる）．N 個の原子からなる分子は，適当な座標変換によって $3N-6$ 個（直線分子では $3N-5$）の調和振動子で振動状態を記述することがよい近似になっている．また分子の回転運動に関しては，第一近似として平衡核間距離を変えずに 3 方向で回転するとし，そのエネルギー，波動関数を求める（分子の構造については本書 1.3 節参照）．

分子全体の波動関数が電子波動関数と原子間の振動運動の波動関数の積で近似できるとすると，遷移の双極子モーメントは次式になる．

$$M_{mv'gv''} = \iint \Phi_{mv'}(r, Q)^* (\sum_i -er_i) \Phi_{gv''}(r, Q) \, dr \, dQ \tag{2.2.38}$$

ここで Φ の添え字は電子状態，振動状態を示す．r はすべての電子座標，Q は基準振動

座標，r_i は i 番目の電子の座標である．基底電子状態の原子核の平衡位置での電子波動関数を基準にし，級数展開して，その第1項のみを用いると，式 (2.2.38) は以下のように近似できる．

$$|M_{mv'gv''}|^2 = \left|\int \psi_m^0(r, Q_0)^* (\sum_i -er_i)\psi_g^0(r, Q_0)dr\right|^2 \times \left|\int \zeta_{v'}(Q)^* \zeta_{v''}(Q)dQ\right|^2$$
$$= |M_{mg}^0|^2 \times |\langle v'|v''\rangle|^2 \qquad (2.2.39)$$

ここで Q_0 は平衡核間距離，ψ_m^0 で右肩の添え字は Q_0 における電子波動関数を示す．ζ_v は振動波動関数，遷移モーメントは電子部分の双極子モーメントの積分と振動波動関数の重なり積分との積で表される．振動波動関数の重なり積分の2乗を，フランク-コンドン（Franck-Condon）因子という．これで，電子遷移に伴って振動準位が変わっていく現象が表される．

図 2.2.20 に二原子分子のモデルポテンシャル曲線における電子遷移の様相を示す[6]．2つの電子状態のポテンシャル曲線には，振動準位の模型的な波動関数が示してある．下側の電子状態（基底状態）の振動準位 $v''=0$ から上の電子状態（励起状態）の振動準位 $v'=0, 1, 2, 3, 4$ への光吸収で励起が生じたと想定している．フランク-コンドン因子が左側に示してあり，$v'=1$ への遷移が最大の強度になっている．平衡核間距離が近い電子状態間で $v''=0$ 近傍からの遷移ではこの因子は一般に滑らかな変化を示すが，高い振動準位からの遷移では，2つ以上の極大が生じたりすることもある．高い分解能での測定では，振動励起のピークは回転状態間の遷移をも含んでいるので，複数のピーク構

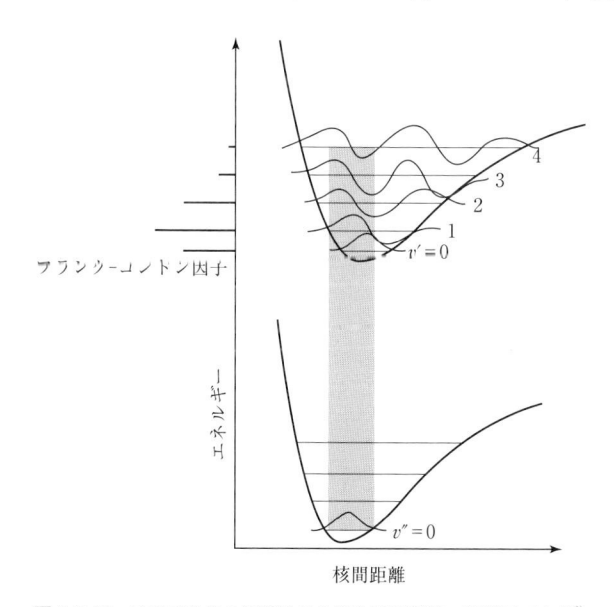

図 2.2.20　二原子分子の振動励起を伴う電子遷移の模型図（文献[6] p.204 を一部修正）

造を示すことになる．

電子状態間の光吸収（あるいは発光）スペクトルの中にしばしば振動状態（および回転状態）の変化が微細構造として現れる．それらを詳細に解析することから，ポテンシャルエネルギー曲線を求めることができる[31]．3人の先駆者にちなんでRKR (Rydberg-Klein-Rees) 法と呼ばれるが，実験的に求めた振動状態のエネルギーと回転定数 (B_v) を用いて，振動準位 v における古典的回帰点（R_{v+} と R_{v-}）が満たす関係式を計算する．多くの v 状態の回帰点が求まればそれだけ得られるポテンシャルの正確さが増すことになる．ただしこれには，振動エネルギーには非調和性の項も考慮する必要がある．また回転運動についても平衡核間距離の変化も考慮した方がよい値が得られる．

c. スペクトルの線幅，歪み

スペクトル線の形状と線幅は，当該の原子・分子がどのような環境に存在するかによって変わってくる．また装置の特性によって歪みを生じる場合もある．

(1) 均一な広がり

個々の原子・分子が振動数 ν 付近において有限の光吸収（あるいは放出）の確率をもっていることから生じてきて，形状はローレンツ型になる[31]．遷移にかかわる粒子数の時間変動は次の式で表される．

$$N(t) = N(t=0) \exp\left(-\frac{t}{\tau}\right) \tag{2.2.40}$$

ここで τ はその寿命である．スペクトルの半値幅（FWHM）は $1/\pi\tau$ になる．これの要因の1つは，その準位の放射寿命であり，価電子状態では通常 10^{-7} s 以下であり，波数の幅では 10^{-5} cm^{-1} 以下である．軽元素の内殻電子は数百 eV の結合エネルギーなので，その励起状態（内殻空孔状態）は波数単位では 10^3 cm^{-1} の程度にも達する寿命幅をもつ．高分解能の測定によって，寿命を評価することができる．また分子内の非輻射遷移に基づくものは，10^{-4} cm^{-1} 程度になることもある．他の要因は系の中の他の粒子との弾性衝突によるものであり，位相がずれることによって生ずる．たとえば，300 K の 1 Pa の H_2 での波数幅はおよそ 2×10^{-7} cm^{-1} である．

(2) 不均一な広がり

原子・分子が並進運動していることでのドップラー効果によって，吸収（発光）での振動数のシフトが生じてくる[31]．z 方向に進行する光でその進行方向に速度成分 v_z をもつ分子は，次の式で表される振動数を吸収できる．

$$\nu = \nu_0\left(1-\frac{v_z}{c}\right) \tag{2.2.41}$$

また光放出では静止している分子と比べて，その速度に応じた分だけシフトした振動数の光を発する．通常，粒子系が温度 T で並進運動していると考えると，v_z と v_z+dv_z の成分を有する粒子数は $-v_z^2/T$ に比例する項で表される指数関数になる．したがってスペクトルの線形はガウス型になり，300 K の H_2 ではおよそ 0.09 cm^{-1} になる．超高分

解能の測定によって，並進エネルギー，運動方向の異方性の評価が可能である．

(3) 装置関数
測定されるスペクトルは通常分光器などによる透過率が重ね合わさったものである．

$$I_{obs}(\nu) = \int_{-\infty}^{\infty} I(\nu')S(\nu-\nu')d\nu' \qquad (2.2.42)$$

ここで $S(\nu)$ は用いている測定系の装置関数である．真のスペクトル，あるいは吸収係数を求めるには，それらを取り除いたものでなければならない．装置関数が ν についてゆるやかに変化するものであれば，別途既知のスペクトルを測定することから，$S(\nu)$ を求めておいて利用することができる．しばしば装置関数は，ガウス型で近似される．

d. 小さい分子の典型的な光吸収スペクトル
(1) 紫外線・真空紫外線領域でのスペクトル

H_2O の価電子励起による光吸収スペクトル（断面積）を図 2.2.21 に示す[32]．H_2O の基底状態の電子配置は，$(1a_1)^2(2a_1)^2(1b_2)^2(3a_1)^2(1b_1)^2$ であり，基準振動モードは，対称伸縮（v_1, 0.454 eV），変角（v_2, 0.198 eV），非対称伸縮（v_3, 0.466 eV）である．測定は放射光を用い，LiF 窓のセルに試料ガスを導入して行い，断面積の絶対値を求めた．

7.5 eV 近傍の広いバンド構造は，$1b_1 \rightarrow 4a_1$（価電子性の最低非占軌道）の電子励起で生じ，そこの状態は水素原子が解離する反発型ポテンシャルを有する．若干の肩がいくつか見えていて v_2 モードの励起と帰属されている．9.6 eV を極大とする第二バンドは，占有軌道 $3a_1$ と $1b_1$ 軌道から，$3sa_1$ のリュードベリ型軌道への励起と帰属され，解離性ポテンシャルへの遷移である．大きな山に乗っている小さいピーク構造は，おもに v_2 モードの励起（$v_2=0\sim14$ 程度）であるが，v_1 モードの励起も若干重なりあっ

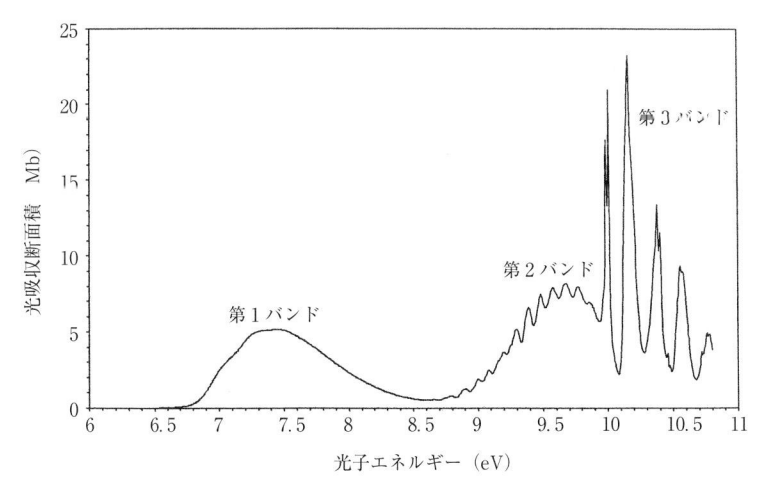

図 2.2.21 H_2O の紫外，真空紫外線領域における光吸収スペクトル[32]

ている.また2つの電子状態が相互作用して,擬直線型分子の励起状態レナー-テラー(Renner-Teller)成分への遷移も混じりあっていると解釈されている.第三バンド(10.0～10.8 eV)は,鋭い対のピーク構造をもっているシリーズから成り立っている.それ

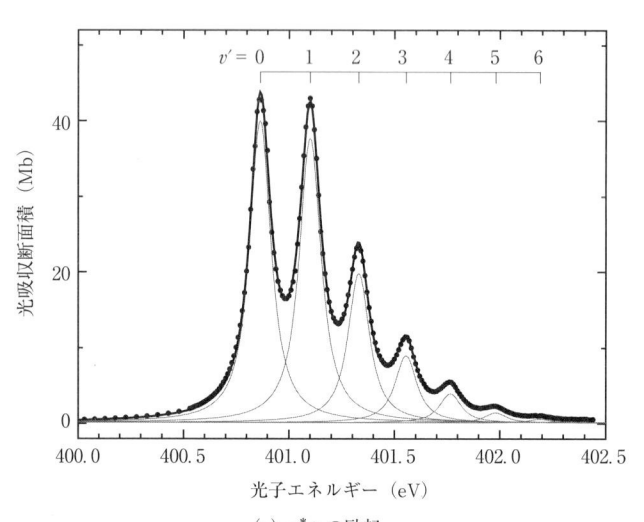

(a) π^*への励起
v'は,内殻励起状態の振動量子数.

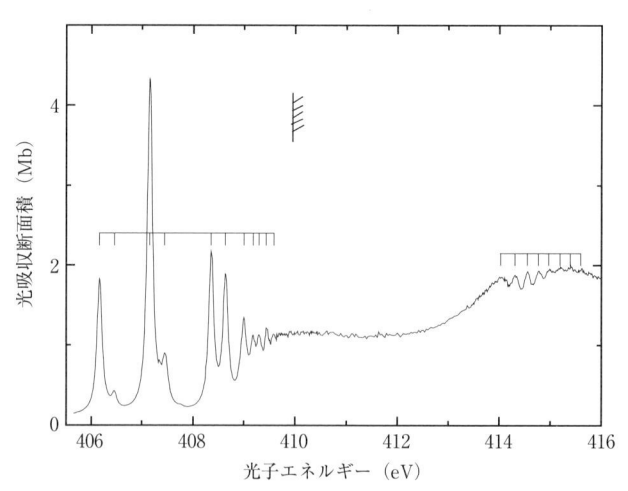

(b) リュードベリ型軌道への励起とイオン化
縦のバーは,スペクトルの構造(励起準位)を表す.ハッチングは,イオン化閾値を示す.

図 2.2.22 N_2の軟X線領域におけるK殻吸収スペクトル[33]

らは，$3a_1 \to 3sa_1$（イオンの励起状態へ収斂する 3s 軌道）と $1b_1 \to 3pa_1$（イオン基底状態へ収斂する 3p 軌道）の $v_2 = 0, 1, 2, 3$ の励起である．それぞれのピーク構造が少し変化しているのは，v_1 モードの励起，および $1b_1 \to 3pb_1$ の励起も混入してくるためである．

(2) 軟 X 線領域での光吸収スペクトル

軽元素の K 殻電子の光吸収スペクトルは軟 X 線領域に現れる．N_2 の光吸収断面積を軟 X 線エネルギー (eV) の関数として図 2.2.22 (a), (b) に示す．この測定では，二重電極型イオンチェンバーが用いられ，縦軸は断面積の絶対値で示されている．401 eV 付近のスペクトル，図 2.2.22 (a) では，1s 電子が反結合性の最低非占軌道（$1\pi_g$ 軌道，しばしば π^* 軌道と呼ばれる）に遷移し，同時に振動モードも励起している様子が示されている．各ピークは $1s^{-1}\pi^*$ 電子状態の $v' = 0, 1, ..., 6$ への励起に対応する．細い線で示した各ピークへのフィッティング曲線は，自然寿命幅 113 meV と装置由来の幅 23 meV とで合成したフォークト (Voigt) 関数を用いて得られた結果である．他の研究グループによるスペクトルからもほぼ同程度の寿命幅が報告されている．N_2 は安定な二原子分子で，光吸収スペクトル（あるいは全イオン収量スペクトル）がこのエネルギー領域での計測装置の性能評価にしばしば使われ，また回折格子分光器のエネルギー軸の校正にも用いられる．

図 2.2.22 (b) には，1s 電子の窒素原子のリュードベリ型軌道への励起，およびイオン状態とそれに重なって現れる二電子励起状態（1s 電子と価電子が励起）のスペクトルが示されている．406.2 eV のピークは，$3s\sigma$ 軌道（$v' = 0$）への励起でとなりに $v' = 1$ への小さい構造がみえ，407.2 eV は $3p\pi$ 軌道（$v' = 0$）への遷移で振動励起の構造を伴っている（$3p\pi$ のピークには，$3p\sigma$ のピークも含まれていると考えられ，幅が少し広くなっている）．408.3 eV 以上で主量子数 4 以上のリュードベリ型軌道への励起とイオン化が生じている．414～416 eV の構造は，$1s^{-1} 1\pi_u^{-1} 1\pi_g^2$ や $1s^{-1} 2\sigma_u^{-1} 1\pi_g^2$ という帰属が提案されている．光吸収断面積の大きさは，価電子領域のものに比べると，数分の 1 の程度と小さくなっている．

数 keV の X 線領域になると寿命幅が数 eV のオーダーになり，分子の振動励起の構造は見えなくなり，各リュードベリ型軌道への遷移も重なりあってしまう．リュードベリ励起と重なったイオン化連続状態への遷移で断面積が大きくなることだけが目立つようになる．

〔鈴木 功〕

文　献

注：ここに挙げた文献は，該当箇所だけでなく，他の箇所も有益な知見を含んでいる．

1) J. A. R. Samson, *Techniques of Vacuum Ultraviolet Spectroscopy* (John Wiley & Sons, 1967) Chapters 1, 2 & 7.
2) 木村洋昭，「物質の構造 II 分光（下）」実験化学講座第 5 版 10 (丸善，2005) 2 章.
3) 宇田川康夫・茅 幸二，「基礎技術光 (I)」新版実験化学講座 4 (丸善，1976) 2 章.
4) 本間 厚ほか，「光源の特徴と使い方」分光測定シリーズ 9 (学会出版センター，1982) 1 章.

5) 海老原寛,「単位・定数小事典」(講談社サイエンティフィク, 2005) 2部.
6) 江幡孝之ほか,「物質の構造 I 分光 (上)」実験化学講座 第5版9 (丸善, 2005) 4章.
7) 清水忠雄,「レーザー測定」実験物理学講座9 (丸善, 1999) 4章.
8) F. G. スミス・J. H. トムソン著, 戸田盛和ほか訳,「光学 (I, II)」マンチェスター物理学シリーズ (共立出版, 1975) 11, 14章.
9) 石黒英治・渡辺 誠,「分光 II」実験化学講座 第4版7 (丸善, 1992) 4章.
10) 小野準一,「分光技術ハンドブック」(朝倉書店, 1990) II編, 3章.
11) 林 達郎,「分光 II」実験化学講座 第4版7 (丸善, 1992) 3章.
12) 産業技術総合研究所計測標準研究部門
http://www.nmij.jp/info/lab/
13) 柳原美廣,「物質の構造 II 分光 (下)」実験化学講座 第5版10 (丸善, 2005) 1, 3章.
14) 田中隆次,「放射光ビームライン光学技術入門」(日本放射光学会, 2009) 2章.
15) 渡辺 誠,「放射光科学入門」(東北大学出版会, 2004) 1章.
16) K-Je Kim, *X-ray Data Booklet* (Center for X-ray Optics & Advanced Light Source, 2001) Section 2.
17) 佐藤 繁,「放射光科学入門」(東北大学出版会, 2004) 2章.
18) 日本分光学会, 田中義人,「X線・放射光の分光」分光測定入門シリーズ7 (講談社, 2009) 3章.
19) 山崎鉄夫,「シンクロトロン放射技術」(工業調査会, 1990) 6章.
20) 小出常晴, 放射光, **4** (1991) 123.
21) 小池雅人・佐野一雄,「物質の構造 II 分光 (下)」実験化学講座 第5版10 (丸善, 2005) 2章.
22) 伊藤健二, 放射光, **3** (1990) 11.
23) 合志陽一,「分光技術ハンドブック」(朝倉書店, 1990) II編, 3章.
24) 渥美卓治,「物質の構造 II 分光 (下)」実験化学講座 第5版10 (丸善, 2005) 2章.
25) 鈴木 功, 斎藤則生, 放射光, **12** (1999) 363.
26) 宇田川康夫,「分光 II」実験化学講座 第4版7 (丸善, 1992) 4章.
27) 河田 洋,「物質の構造 II 分光 (下)」実験化学講座 第5版10 (丸善, 2005) 3章.
28) 野口正安,「放射線応用計測」(日刊工業新聞社, 2004) II編.
29) 雨宮慶幸,「物質の構造 II 分光 (下)」実験化学講座 第5版10 (丸善, 2005) 3章.
30) 斉藤真司,「物質の構造 II 分光 (上)」実験化学講座 第5版9 (丸善, 2005) 5章.
31) 加藤 肇,「反応追跡のための分光測定」日本分光学会測定法シリーズ6 (学会出版センター, 1984) 2章.
32) R. Mota, P. Limao-Vieira *et al.*, *Chem. Phys. Lett.* **416** (2005) 152.
33) M. Kato, I. H. Suzuki, N. Saito *et al.*, *J. Electron Spectrosc. Relat. Phenom.* **160** (2007) 39.
34) N. Saito and I. H. Suzuki, *J. Synch. Rad.* **8** (1998) 869.

2.3 マイクロ波, 赤外分光

2.3.1 マイクロ波, 赤外域のスペクトルの特徴

a. 回転スペクトル

回転スペクトルはマイクロ波から遠赤外領域に現れる. 自由回転している気相の分子を剛体近似で取り扱う.

分子の重心を原点として, 適切な分子内の軸 (a, b, c) をとると, 分子の回転エネルギー E_{rot} は3つの慣性モーメント I_a, I_b, I_c と3つの角速度 $\omega_a, \omega_b, \omega_c$ (単位はラジアン s^{-1}) を用いて次のように書ける.

$$E_{\text{rot}} = \frac{I_a \omega_a^2}{2} + \frac{I_b \omega_b^2}{2} + \frac{I_c \omega_c^2}{2} \tag{2.3.1}$$

$$I_a = \sum_i m_i \cdot r_{ia}^2, \; I_b = \sum_i m_i \cdot r_{ib}^2, \; I_c = \sum_i m_i \cdot r_{ic}^2 \tag{2.3.2}$$

ここで i は分子内のそれぞれの原子を表す添え字で，分子内の全原子についての和をとる．たとえば r_{ia} は a 軸から原子 i までの距離を表す．表記からわかるように慣性モーメントは分子の構造を反映したものであるため，I_a, I_b, I_c がわかると分子の構造に関する情報が得られることになる．

角運動量 J の分子軸方向の成分は $I_a \omega_a$ のように書けるので，回転エネルギーは

$$E_{rot} = \frac{J_a^2}{2I_a} + \frac{J_b^2}{2I_b} + \frac{J_c^2}{2I_c} \tag{2.3.3}$$

となり，全角運動量は

$$J^2 = J_a^2 + J_b^2 + J_c^2 \tag{2.3.4}$$

となる．慣性モーメントの代わりに次のように定義される回転定数を用いた表現を用いることも多い．

$$A = \frac{h}{8\pi^2 I_a}, \; B = \frac{h}{8\pi^2 I_b}, \; C = \frac{h}{8\pi^2 I_c}$$

ただし a, b, c 軸は $A \geq B \geq C$ となるように決める．分子軸を c 軸とした直線分子の場合，$I_a = I_b$ であり，$\mu = \frac{m_1 m_2}{m_1 + m_2}$ で定義される換算質量 μ を用いて

$$E_{rot} = \frac{J_a^2}{2\mu r^2} + \frac{J_b^2}{2\mu r^2} = \frac{J^2}{2\mu r^2} \tag{2.3.5}$$

と表される．なお c 軸は分子軸に一致するので回転運動には寄与しない．このため直線分子の回転の自由度は 2 となる．J^2 を量子化するとその固有値が $\hbar^2 J(J+1)$ で与えられるので

$$E_{\text{rot}} = \frac{\hbar^2}{2\mu r^2} J(J+1) = hBJ(J+1), J = 0, 1, 2, \ldots \tag{2.3.6}$$

となる．J は回転の量子数であり，0, 1, 2, ... の整数値をとる．後で述べる遷移モーメントについての考察から J についての双極子モーメント許容遷移は，上の準位，下の準位それぞれの回転量子数を J', J'' とするとその差である ΔJ を使って，$\Delta J = J' - J'' = 0, \pm 1$ となる．直線分子の吸収の場合は $\Delta J = +1$ が意味をもち，スペクトルは $2hB, 4hB, 6hB, \ldots$ のような周波数に現れる．スペクトルを見た場合には $2hB$ 間隔（周波数の単位で表すと $2B$ 間隔）で現れていることになる．類似分子の結合距離などを参考にして，実験前におおよその予想をすることができる．とくに二原子分子では質量が大きく異なる場合には軽い方の質量をより大きく反映するので，水素が含まれる場合には換算質量は似通った換算質量となる．回転定数も大きくなるため，回転線はテラヘルツ領域に現れる．重い分子の場合は，より低い周波数帯に現れる．

とくに非直線分子の中でも 2 つ以上の回転定数が同じ値をとる例として対称コマ分子

のエネルギーについて説明をつけくわえる（球コマ分子は回転定数がすべて同じとなる特別な例であるが，双極子モーメントが0となり，許容遷移をもたないため，ここでは取り扱わない）．対称コマ分子の場合，$I_b = I_c$ であり

$$E_{\text{rot}} = \frac{J_a^2}{2I_a} + \frac{J_b^2 + J_c^2}{2I_b} = \frac{J_a^2}{2I_a} + \frac{J^2 - J_a^2}{2I_b} = \frac{J^2}{2I_b} + \left(\frac{1}{2I_a} - \frac{1}{2I_b}\right)J_a^2 \tag{2.3.7}$$

となる．J_a の固有値は $K\hbar$ ($K = 0, \pm 1, ..., \pm J$) の値をとるので

$$E_{\text{rot}}/\hbar = BJ(J+1) + (A-B)K^2 \tag{2.3.8}$$

が得られる．エネルギー準位は量子数 J, K によって指定され，K が0でない場合には縮重していることになる．対称コマ分子の双極子モーメントは対称軸方向にのみ存在するので，K についての選択則は $\Delta K = K' - K'' = 0$ (K', K'' はそれぞれ上と下の準位のK)となる．したがって対称コマ分子の回転スペクトル $\Delta J = +1, \Delta K = 0$ は直線分子の場合と同じパターンになる．加えて，後述のJ, Kに依存する遠心力歪み項のためKに由来する構造をもつ．

非直線多原子分子の回転運動の解析には，3つの回転定数 A, B, C が必要であり，その自由度は3となる．表2.3.1に回転定数の関係による分子の分類をあげる．

非対称コマの波動関数は対称コマ型波動関数の線形結合によりつくる．その係数は回転エネルギーを表すハミルトニアンを対角化することにより求める．したがってKはもはやよい量子数ではなくなる．詳細は文献[1]を参照されたい．ほとんどの分子はこの非対称コマ分子である．非対称コマ分子の選択則は $\Delta J = 0, \pm 1, \Delta K = 0, \pm 1$ である．非対称コマ分子の回転スペクトルは分子の非対称性に応じて直線分子や，対称コマ分子とは異なるパターンを示す．すでに述べたような方法を用いて得られる非対称コマのエネルギー固有値から導かれる予測スペクトルが実際のスペクトルの解析に有用である．なお，遷移の種類を ΔJ の変化によって，$\Delta J = -1$ のものをP枝（Pブランチ），$\Delta J = 0$ のものをQ枝（Qブランチ），$\Delta J = 1$ のものをR枝（Rブランチ）と呼ぶ．

純回転遷移では，通常は電子状態も振動状態も変化しないと考えられる．電子状態と振動状態，回転状態を添え字 el, vib, rot と r' で表すと，回転遷移の遷移モーメントは以下の近似式で表される．ただし光は空間固定座標系のz軸方向に直線偏光したとしている．

表2.3.1 慣性モーメントによる分子の分類[1]

	直線分子	球コマ分子	対称コマ分子		非対称コマ分子
			偏長コマ分子 (prolate top)	偏平コマ分子 (oblate top)	
慣性モーメントの関係	$I_a = I_b, I_c = 0$	$I_a = I_b = I_c$	$I_a \neq I_b = I_c$	$I_a = I_b \neq I_c$	$I_a \neq I_b \neq I_c$
例	一酸化炭素 CO, シアン化水素 HCN	メタン CH_4, 六フッ化硫黄 SF_6	塩化メチル CH_3Cl	アンモニア NH_3, ベンゼン C_6H_6	水 H_2O, メタノール CH_3OH

$$\int \psi_{el}\psi_{\mathrm{vib}}\psi_{\mathrm{rot}}'\mu_Z\psi_{el}\psi_{\mathrm{vib}}\psi_{\mathrm{rot}}\,d\tau \approx \sum_{g=a,\,b,\,c}\mu_g(\mathbf{Q}_0)\int\psi_{\mathrm{rot}}'D_{Zg}\psi_{\mathrm{rot}}\,d\tau \tag{2.3.9}$$

$\mu_g(\mathbf{Q})$ は分子の永久双極子モーメントベクトルの分子内座標での成分,D_{Zg} は方向余弦であり,$\mu_g(\mathbf{Q}_0)$ を平衡核配置 $\mathbf{Q}=\mathbf{Q}_0$ のまわりでテーラー展開しその第1項のみ残している.この式から電磁波の吸収で純回転遷移が許容となる条件は分子が永久双極子モーメントを有することである.永久双極子モーメントが0でない遷移を許容遷移といい,0である場合を禁制と呼ぶ.すでに述べた球コマ分子や等核二原子分子などは,禁制となる.さらに詳細なエネルギーレベルや選択則については文献[2]を参照されたい.

これまでは分子の回転を剛体として取り扱ってきたが,回転スペクトル分光法の分解能は高いため,実際のスペクトルの解析においては剛体回転としての取り扱いのみでは実験誤差内でスペクトルを再現できない.非剛体回転の効果を現す遠心力歪み項を入れる必要がある.直線分子の場合は遠心力歪み定数は通常 D で表され,次のような式が使われる.

$$E_{\mathrm{rot}} = hBJ(J+1) - hDJ^2(J+1)^2 \tag{2.3.10}$$

直線分子以外では J だけではなく K にも依存した項が必要となり複雑になる.

これまでは,1つの振動状態にある分子の回転のエネルギーを考えてきた.異なる振動状態にある場合はそれぞれの振動状態の平均的な分子構造に違いがある.したがって異なる振動状態の回転線は異なった周波数に現れ,各振動状態の平均結合距離を反映した回転定数 B_v(振動状態を強調するために添え字をつけて表す)が得られることになる.複数の振動状態の回転定数が得られれば,二原子分子の場合の平衡核間距離を反映した平衡回転定数 B_e が振動スペクトルに類似した次の式から求めることができる.

$$B_v = B_e - \alpha_e\left(v+\frac{1}{2}\right) \tag{2.3.11}$$

ここで α_e は振動による変化分を表す.しかし回転スペクトルから得られる回転定数の数は最大で3であるのに対して,分子が大きくなると,構造パラメータの数が増えることや,異なる振動励起状態のデータが必要となり,平衡状態を求めることは,困難になる.大きな分子の場合には同位体によるポテンシャルの変化が小さいことを利用して,同位体種の測定や一部の分子構造定数を類似分子や量子化学計算の値を用いたりして構造を求めることも行われる.逆に仮定した構造から求められる回転定数の再現性から構造を推定することもある.

電場をかけることによるスペクトルの分裂はシュタルク効果と呼ばれ,分子の双極子モーメント決定の重要な手段である.

b. 振動回転スペクトル
(1) 振動モードの数

マイクロ波領域のスペクトルはおもに回転スペクトルに対応するが,赤外域や可視域では分子の振動準位間の遷移が主役となる.分子にはそれを構成する原子の数と結合の

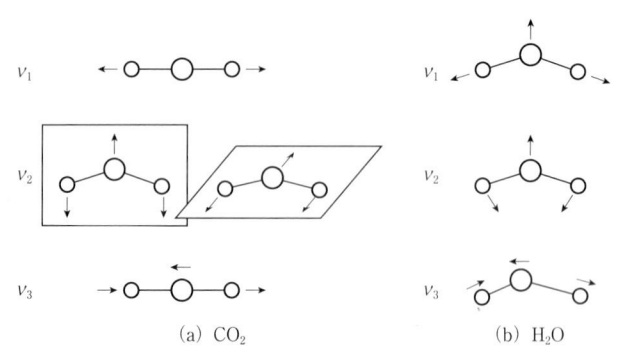

図 2.3.1 CO_2 (a) と H_2O (b) の基準振動モード

仕方によって基本となる振動の仕方がある．これを基準振動モードという．

N 個の原子からなる分子の場合，基準振動モードの数は分子とそれを構成する原子の自由度に着目して次のように計算することができる．まず，1つの原子は3方向の運動の自由度をもっているので N 原子では $3N$ の自由度をもつ．この $3N$ の自由度の数は，見方をかえれば，分子のもつ並進，回転，振動の各自由度の総和と同じとなるはずである．分子の並進の自由度は，分子の重心の運動の自由度で3である．分子の回転の自由度は一般に3方向の回転を考えて3でよいが，特別に直線状の分子では分子軸まわりの回転の自由度を考えずに2とする．残りの自由度がすべて振動の自由度となり，その数が基準振動モードの数となる．すなわち，分子の基準振動モードの数は $3N-6$（非直線分子），または $3N-5$（直線分子）である．

たとえば，二原子分子の基準振動モードは $3\times2-5$ で1つ，CO_2 分子（直線三原子分子）は $3\times3-5$ で4つ，H_2O 分子は $3\times3-6$ で3つ，NH_3 分子は $3\times4-6$ で6つの基準振動モードをもつことがわかる．CO_2 と H_2O の基準振動の様子を図2.3.1に示す．

上記の式で計算した基準振動モードの数は，CO_2 の図の v_2 振動モードのように，振動の仕方が同じで振動エネルギーも同じであるが振動の方向が $\pi/2$ 異なるもの（縮退した振動モード）を区別して勘定していることに注意する必要がある．

基準振動は H_2O の v_1, v_2, v_3 のように名づけられ，一般の振動状態は振動量子数で指定される多くの振動励起状態で構成される．たとえば，v_2 振動モードには一番低い振動エネルギーに対応した振動量子数 $v_2=0$ の状態のほかに $v_2=1, 2, 3, ...$ の振動励起状態がある．また，異なる振動モードの振動が組み合わさった励起状態もある．このような振動状態を表すには，それぞれの振動モードの振動量子数を (v_1, v_2, v_3) のようにならべて書く．たとえば $(1, 0, 1)$ 振動状態は v_1 と v_3 の振動が同時に1つずつ励起された状態である．

(2) 振動・回転遷移

分子のもつ電子エネルギー，振動エネルギー，回転エネルギーは一般に，その大きさ

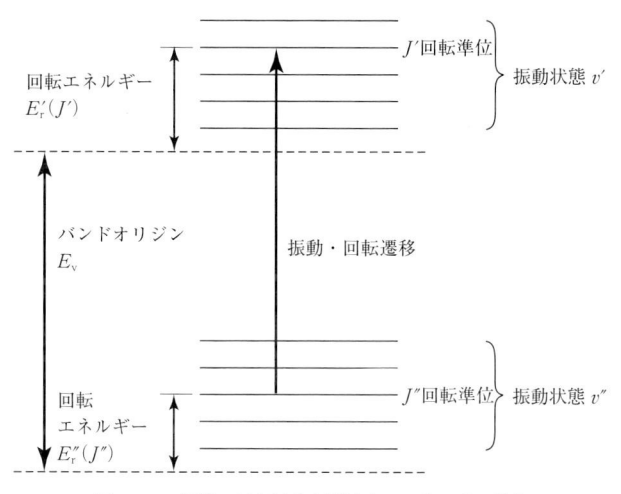

図 2.3.2 振動・回転遷移と関連するエネルギー準位

が電子＞振動＞回転の順であり，1つの電子状態の中にさまざまな振動状態があり，その振動状態の中にたくさんの回転状態がある．赤外域の分光スペクトルはたいてい振動状態が変わる遷移であり，同時に回転状態も変化するので，振動・回転遷移と呼ばれる．振動・回転スペクトルに関連したエネルギー準位を模式的に図 2.3.2 のように表した．

図 2.3.2 では，遷移の下の状態を "で，上の状態を ' つきの記号で表し，また，回転を表す量子数のうち全角運動量を表す J のみを表示している．2.3.1 項 a と同様に $\Delta J = J' - J''$ は選択則により +1, 0, -1 の値をとり，それぞれ R ブランチ，Q ブランチ，P ブランチの遷移と呼ばれる．

振動の上準位の回転エネルギーを $E_r'(J')$，下準位の回転エネルギーを $E_r''(J'')$，上下の振動エネルギーの差を E_v と書くと，振動・回転遷移に対応するエネルギーは $E_v + E_r(J') - E_r(J'')$ となる．この式から，さまざまな回転準位間で P, Q, R ブランチの振動・回転スペクトルを観測すると，E_v だけ下駄をはいた純回転スペクトルのようなものが得られることになる．この一群のスペクトル線の集団をこの振動バンドのスペクトルと呼ぶ．E_v は上下の振動準位の回転エネルギーがともに 0 の状態を仮想的に考えたときの遷移エネルギーであり，振動のバンドオリジンという．回転エネルギーの準位構造は振動状態が変わってもおおまかには似たような構造をもっていることが多いが，それでも回転エネルギーを計算するための定数は，振動状態ごとに異なっているのが普通である．したがって，赤外域から可視域にかけて，特定の振動バンドの振動・回転スペクトルを測定して解析する際には，上下の振動状態それぞれに対する回転エネルギーの定数と振動のバンドオリジンが同時に決定される．

ここで，どのような振動準位の間でスペクトルが得られるかを，最も簡単な二原子分子を例にとって考えてみる．図 2.3.3 は二原子間の距離を横軸にとって，ある電子状態

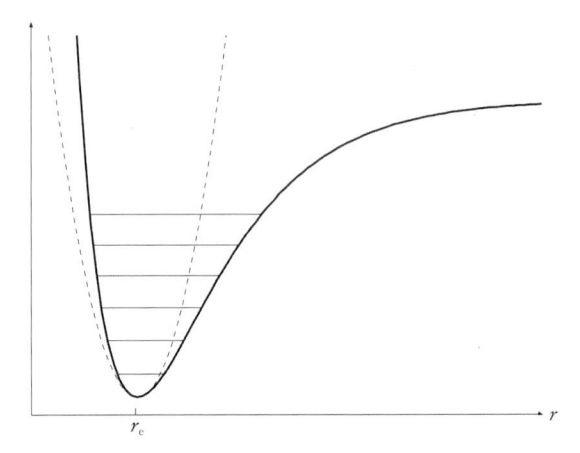

図 2.3.3 二原子分子のポテンシャルと調和振動子

にある分子の電子エネルギーをプロットしたものである．分子はこのポテンシャル曲線のもとで振動運動をすることになる．振動準位を水平な線で表してある．

通常の室温程度の分子のように振動のエネルギーが低い状態では，図の点線のようにポテンシャル曲線は2次曲線（放物線）で近似でき，振動の波動関数は調和振動子の波動関数に近いものと考えてよい．調和振動子の場合，光の吸収放出のもととなる双極子相互作用による遷移は $\Delta v = \pm 1$ の状態でしか許容されない．

しかし，図の曲線のように実際の二原子分子のポテンシャルは厳密な調和振動のポテンシャルではなく，2次より大きな次数の項をもつので，Δv が2以上の振動準位間でもわずかではあるが遷移が起こる．二原子分子の場合のように同じ振動モードで振動量子数が2以上変わる遷移を倍音（オーバートーン）バンドと呼ぶ．また，特定の振動モードについてその最も低い状態から1つ上の状態への遷移（$v = 1 \leftarrow 0$）はその振動の基本バンドと呼ばれる．

三原子以上の原子からなる多原子分子では，振動モードが1つではないので，もっと複雑な振動準位構造になり，たくさんの振動準位間で遷移が起こることになる．複数の種類の振動モードが同時に変わるような遷移は結合音（コンビネーション）バンドと呼ばれる．

多くの分子の振動モードの基本バンドは中赤外域から遠赤外域にあることが多い．一方，近赤外域から可視域にかけて振動・回転スペクトルを調べる場合は，オーバートーンバンドやコンビネーションバンドを観測する場合が多い．

振動・回転遷移の強度は，式（2.3.9）の回転遷移の強度にさらに振動状態の変化による強度を合わせて考慮することにより評価できる．電気双極子モーメントを基準振動の座標で展開すると

$$\mu = \mu_e + \sum_i \frac{\partial \mu}{\partial Q_i} Q_i + \frac{1}{2} \sum_{i,j} \frac{\partial^2 \mu}{\partial Q_i \partial Q_j} Q_i Q_j + \cdots \quad (2.3.12)$$

となる．ここで，μ_e は永久双極子モーメント，Q_i, Q_j は i 番目，j 番目の基準振動の基準座標である．この μ を振動遷移の始状態と終状態の波動関数で挟んだ行列要素が 0 でなければ，双極子遷移による吸収または放出が可能になる．メタン分子の赤外吸収のように，分子の対称性から μ_e が 0 でも，第 2 項以後の項により振動準位間で遷移が可能になる．

c. スペクトル線のさらに細かな構造

マイクロ波分光では高分解能な観測が可能であるため，回転構造よりさらに細かい構造がしばしば観測される．まず代表的な細かな構造として電子スピンによる微細構造分裂，核スピンによる超微細構造分裂の観測，分子の内部回転による分裂，反転による分裂があげられる．後ろの 2 つは大振幅振動と回転の相互作用である．

微細構造は，分子の電子スピンと分子の回転の相互作用である．多くの閉殻分子では観測されないが，不対電子をもつような場合には観測され，とくに含金属分子ではスピン-軌道相互作用が大きく，分裂も大きく観測されることが多い．分子の角運動量を N，電子スピンを S，合成された全角運動量を J とすると，$J = N + S$ であり，J は

$$J = |N-S|, N-S+1, \ldots, N+S$$

までの間の $2S+1$ 個の値をとる．

さらに細かな構造として原子核スピンによる超微細構造がある．原子核によっては 0 でない核スピンをもち，その核スピンが分子内電子による電場と相互作用し，核四重極子相互作用をもたらす．これは核スピンの大きさが 1 以上で，分子内に電荷の偏りがある場合に起きるため，分子が安定分子の場合でも観測される．それに対して電子スピンとの相互作用によって起きるものは不対電子をもつ分子の場合のみ観測が可能である．この場合には核スピンが 1/2 以上の場合に観測され，非常に大きな分裂をもたらす．電子スピンの場合に角運動量と結合し，1 つの核スピンによって回転準位は $2I+1$ 個に分裂する．H_2O のように核スピンをもつ同じ H が 2 つあるような場合には先に核スピン同士の和をとってから（$I_1 + I_2 = I$）分子の角運動量の結合を考えるとよい

これまでは分子の回転は電子状態や振動状態とは独立なものとして取り扱ってきたが，実際には相互作用する．とくに重要な例として内部回転や反転運動との相互作用があるがここでは内部回転との相互作用を例にあげて説明する．ここで内部回転と呼ばれているのはメチル基のような基をもつ分子の場合，このメチル基が分子全体の回転に対して相対的に回転することをさしている．この内部回転は実際には振動運動（ねじれ振動）と等価であり，このような振動モードは非常にエネルギーの小さな運動であるため，分子全体の回転エネルギーと近いので，相互作用が大きくなる．代表的な分子としてメタノールを考えよう．炭素と酸素を結ぶ線を軸として考え，この軸の方向からみて酸素に結合した水素がメチル基の水素と重なる位置にあるよりも，メチル基の 2 つの水素原

子の間にある方がエネルギー的に安定である．メチル基が回転すると，メチル基のHと，OH基のHが重なった位置にはバリヤーが存在することになり，メチル基の構造からこのバリヤーは3回対称となる．このバリヤー以下であればねじれるように動くねじれ振動であり，バリヤーを超えると内部回転と考えるとわかりやすい．3回対称ポテンシャル内でのねじれ振動の線形結合から対称種がAとEの2つの状態がつくられ，対応するスペクトルに分裂する（E対称種は二重縮重している）．さらにこの内部回転の準位はエネルギー的に低く，かなり低温でも振動励起状態への分布が顕著であるため，多数のスペクトル線が観測される．振動励起状態ではA, E対称種への分裂幅も非常に大きくなる．そのため，このような内部回転をもつ分子は周波数軸上のいたるところに回転線が観測され，スペクトルの解析も難しい．メタノールのような分子でさえ，実験室分光で測定したデータの中に帰属のつけられないスペクトル線が多数残っている．

d. スペクトル線の幅

スペクトル線はさまざまな原因によって幅をもつ．ここではマイクロ波から赤外，可視域のスペクトルで重要となる幅について簡単に説明する．分光実験を計画する際には，測定対象のスペクトル線の幅について十分な知識をもっている必要がある．検出したいスペクトル線が1本1本孤立した線として現れるか，近傍の多数の線と重なってしまうか，また，重なっている場合に個々のスペクトル線を分離して調べる必要があるか，によって分光方法を吟味し，選ばなければならない．

(1) 均一幅

分子を光や電波で分光観測する際に，分子と電磁場の相互作用が十分長い時間乱されずに続くものならば，そのスペクトル線はデルタ関数的に鋭いものになるが，実際の分光実験では，分子と電磁場の相互作用はさまざまな原因により有限の時間で乱される．この原因としては，たとえば，気体の分子では分子同士の衝突，分子と試料容器の内壁との衝突，などがある．ここで，分子と電磁場が他からの妨害を受けずに相互作用を続けられる平均的な時間を τ とすると，τ は電磁場が観測している分子の状態の平均的な寿命と考えることができる．一般に，平均的な寿命 τ で分子系とやりとりされる電磁場の時間変化をフーリエ変換して周波数軸で考えると，得られるスペクトル線は $1/(2\pi\tau)$ 程度の大きさの幅をもつことが知られている[3]．この幅は試料中のどの分子にも同じように現れるので均一幅と呼ばれる．スペクトル線の形はローレンツ型と呼ばれる以下のような式で表される．

$$f_L(\nu) = A_L \frac{(\Delta\nu_L)^2}{(\nu-\nu_0)^2 + (\Delta\nu_L)^2},$$

$$\Delta\nu_L = \frac{1}{2\pi\tau} \tag{2.3.13}$$

液体や固体の試料では，気体の場合よりずっと近接する原子や分子が多く，一般に τ は小さく線幅は太いものになる．

τは分子と光の相互作用の平均的な持続時間であるから，上記のように観測対象の状態の寿命に起因することもあるし，電磁波による観測時間の有限性に起因する場合もある．たとえば，太さがDのレーザー光で気体分子を分光する際，分子の平均的な速度をvとすると，光と分子の相互作用は$\tau=D/v$程度の時間しか持続しない．したがって，この場合にはスペクトル線には少なくとも$1/\tau=v/D$程度の幅が生ずる．このような幅はトランジットタイム幅と呼ばれている．光の太さを太くすることによってこの幅は狭くすることができる．

分子同士の衝突が幅のおもな原因の場合，1つの分子が経験する分子衝突の間の平均自由時間がτであり，線の幅が$1/\tau$に比例することから，結局，線幅は試料の圧力に比例することになる．このような幅をとくに圧力幅という．圧力幅を$\Delta\nu$，試料の圧力をpとして$\Delta\nu=\alpha p$と表した場合，比例係数αは圧力幅パラメータと呼ばれる．αの単位としてはたとえばMHz/Paなどが使われる．

ここで，圧力幅の原因である分子間衝突には，分子のエネルギー準位が衝突によって変わってしまうようなものばかりでなく，分子同士が遠距離ですれ違ってエネルギー準位が変わらないような衝突も含まれることに注意が必要である．たとえば衝突相手の分子が永久双極子モーメントをもつと，注目している分子は衝突相手の分子の双極子による電場をすれ違いの間に感ずることになる．分子の波動関数はエネルギーがWの状態では$\exp(iWt/\hbar)$の形の時間に依存する位相項をもつが，準位にシュタルク効果が生ずれば分子同士の衝突時間の間Wは双極子による電場によりシフトするため，衝突後には他の分子と位相のずれた波動関数をもつことになる．波動関数の位相のずれも分子と電磁波の相互作用が受けた妨害の1つであり，線幅の広がりに寄与する．

上記の例から推察できるように，衝突幅の原因となる物理過程は多様であり，衝突幅の大きさは，スペクトル線の遷移に関する2つの準位（始状態・終状態）だけでなく，注目している分子と衝突相手の分子双方がどのようなエネルギー準位構造をもっているかに影響される．したがって，圧力幅パラメータαは，スペクトル線ごとに異なる値をもち，さらに，衝突相手の分子の種類によっても異なるわけで，計算による予測もなかなか難しい．しかし逆に考えれば，圧力幅パラメータを系統的に研究することにより，分子間の相互作用を詳細に調べることができる．

可視域より高周波の領域のスペクトルでは，遷移の上の状態は高いエネルギーをもっているので，準位の自然放出の過程が重要になり，τの要因の1つとして無視できなくなってくる．自然放出の効果で生ずる幅を自然幅と呼ぶ．自然放出の頻度はアインシュタインのA係数で計算され，周波数の3乗に依存するので，自然幅は周波数の3乗に比例して大きくなる．

(2) 不均一幅

均一幅でない幅の成分は不均一幅と呼ばれ，気体試料の分光でその代表的なものとしてドップラー幅がある．図2.3.4のように，気体試料をレーザー光のように1方向に進む光源で分光する場合，気体分子のもつ速度分布と光のドップラー効果によって，速度

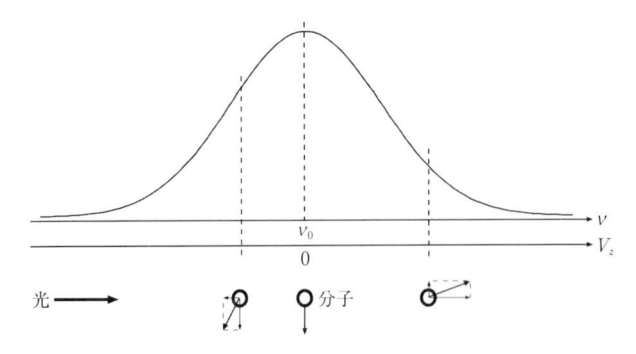

図 2.3.4 分子の速度分布とドップラー幅

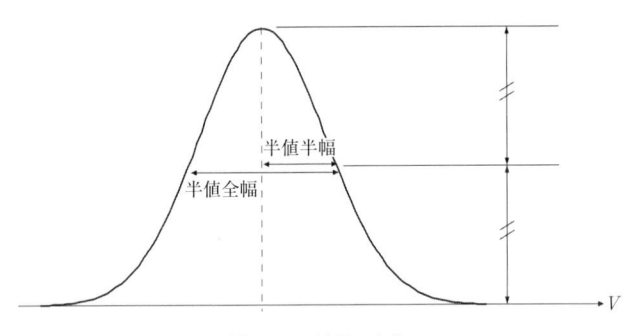

図 2.3.5 線幅の定義

分布の形を反映したスペクトル線の形が得られる．光源の方向に速度成分をもたない運動をしている分子は，本来の共鳴周波数で吸収を起こすが，光源に向かって運動する分子は本来の共鳴周波数より低い周波数の光で共鳴して吸収を起こし，逆に，光源から遠ざかる方向に運動する分子は本来の共鳴周波数より高い周波数の光に共鳴する．ドップラー効果による幅 $\Delta\nu_G$ をもったスペクトル線の形 $f_G(\nu)$ はガウス型の以下のような式になる．

$$f_G(\nu) = A_G \exp\left\{-\left(\frac{\nu-\nu_0}{\Delta\nu_G}\right)^2\right\} \tag{2.3.14}$$

ここで ν_0 はスペクトル線の中心周波数，$\Delta\nu_G = \dfrac{\nu_0}{c}\sqrt{\dfrac{2k_B T}{M}}$ は線幅，A_G は定数，c は光速，k_B はボルツマン定数，T は温度，M は分子の質量である．

式からわかるとおり，ドップラー幅は，スペクトル線の中心周波数，分子の質量，試料の温度だけで決まるので分光実験の際にも正確に計算できる．

(3) 線幅の定義

線幅の大きさを表示する際に用いられる用語を図 2.3.5 に示した．スペクトル線のピークの高さの半分の高さ（half maximum）の位置の幅を半値幅と呼ぶ．また，対称

なスペクトル線の中心周波数から低周波側か高周波側の1方向へ測った幅を半幅（half width），両側を含む幅を全幅（full width）と呼ぶ．これらの幅の定義を略号で示すことも多く，半値の高さの半幅は半値半幅（half width at half maximum）あるいは頭文字で HWHM と記すことがある．同様に半値全幅は FWHM と書かれる．

気体分子のドップラー幅をてっとり早く計算したいときは

$$\Delta \nu (HWHM) = 128.95 \frac{1}{\lambda} \sqrt{\frac{T}{M}} \tag{2.3.15}$$

により MHz 単位で出した半値半幅のドップラー幅が得られる．ただし，ここで λ は光の波長を μm 単位で表した量，T は絶対温度，M は分子量である．

(4) 波長域に特徴的な線幅

マイクロ波から可視域までの代表的な周波数で，自然幅，圧力幅，ドップラー幅を見積もってみるとそれらの概算値は表2.3.2のようになる．圧力幅の計算に用いた圧力は実験室で典型的に使われる圧力の1 Paを想定し，さらに，圧力幅パラメータを簡単のために 0.1 MHz/Pa とした．遷移の双極子モーメントは簡単のために 1 Debye とし，またドップラー幅は分子の平均速度が 300 m/s（たとえば分子量55,温度300 Kの場合）であるとして概算した．表からわかるように，マイクロ波領域では圧力幅，赤外域ではドップラー幅がおもな線幅の要因となることがわかる．また，表にはないが可視の高周波域になると自然幅が無視できなくなってくる．

スペクトル線の形を数学的な関数でフィットする際に，赤外領域ではドップラー幅に対応したガウス型の関数を用いればよい．また，マイクロ波領域（とくに重い分子を低圧で測定する場合）では，おもな線幅の要因である圧力幅に対応してローレンツ型の関数を用いればよい．しかし，遠赤外領域で圧力を高めにした測定では，しばしば圧力幅

表 2.3.2　各波長域での典型的な線幅の大きさ

	マイクロ波	遠赤外	中赤外	近赤外
周波数または波長	30 GHz	3 THz	10 μm	1 μm
自然幅	～0	0.15 Hz	150 Hz	150 kHz
圧力幅	100 kHz	100 kHz	100 kHz	100 kHz
ドップラー幅	30 kHz	3 MHz	30 MHz	300 MHz

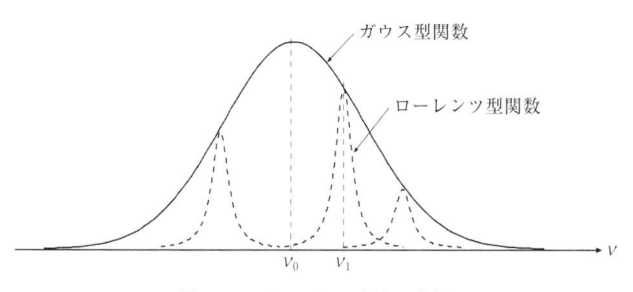

図 2.3.6　ドップラー幅と圧力幅

とドップラー幅が互いに無視できない大きさになり，簡単な関数ではフィットできない．このような場合の線幅の構造を図2.3.6に示す．

個々の分子は試料の圧力幅に対応したローレンツ型のスペクトルをもつが，光源の方向の速度成分が異なる分子について足し合わせるときにドップラー幅に対応したガウス型の関数で重みをつけて足し合わせることになる．中心周波数 v_0，圧力幅 Δv_L，ドップラー幅 Δv_G の場合，スペクトル線の形を表す式 $F(v)$ は次の計算により得られる．

$$F(v) \propto \int_{-\infty}^{\infty} \exp\left\{-\left(\frac{v_1-v_0}{\Delta v_G}\right)^2\right\} \frac{(\Delta v_L)^2}{(v-v_1)^2+(\Delta v_L)^2} dv_1 \tag{2.3.16}$$

このような関数の合成をコンボリューション（畳み込み）という．上式のようなローレンツ型とガウス型の関数のコンボリューションの関数形はフォークト型と呼ばれるが，この積分を計算しても簡単な数式には置き換えられず，数値計算で形を求めなければならない．したがって，遠赤外域のスペクトル線を計算式でフィットする際には計算機プログラムで数値的にコンボリューションを処理する必要がある．

2.3.2 マイクロ波領域，赤外領域の分光方法

スペクトル線を研究する際の基本的な測定量は，スペクトル線の中心周波数，線幅，強度である．ここでは主として中心周波数の測定について，各波長域での分光を概説する．

a. マイクロ波分光

マイクロ波分光法は最も分解能の高い分光法の1つである．この分解能の高さを活かすため，マイクロ波分光法といえば気相の分光をさす．主として第2次世界大戦後にマイクロ波源が利用可能となって発展した．マイクロ波分光法の周波数範囲については厳密な定義はないが，電波法では3THzまでの電磁波をさし，ここでは，おおよそ2GHz〜3THz程度の周波数の分光を考える．マイクロ波分光は波長がcm程度のセンチ波帯で最初に発展したという歴史的な経緯があるが，30GHzより上の周波数帯の分光を波長にちなんでミリ波分光，さらに，300GHzより上の周波数帯での分光をサブミリ波分光と呼ぶこともある．また，最近はテラヘルツ程度の周波数帯の分光をさしてテラヘルツ分光と呼ぶこともある．

(1) 一般手法と技術

分光計としてはシュタルク変調型，光源変調型，フーリエ変換型と呼ばれるものが主である．シュタルク変調型，光源変調型マイクロ波分光計は吸収分光計であり，フーリエ変換型は核磁気共鳴法と同様，マイクロ波を照射後，分子が発する自由誘導減衰（FID）と呼ばれる信号を観測する．それらの分光計の重要な要素である光源，検出器について説明する．

光　源　光源は真空管タイプと固体素子タイプが存在するが，いずれも発振波長の純度のよい安定な光源であることが必要である．真空管タイプとしてはクライストロン，BWO（後進行波管），固体素子としてはガン発振器，YIG発振器，シンセサイザーなど

である．ひとつひとつの光源ではカバーする領域が限られるため，必要に応じて非線形性を利用した周波数逓倍器と組み合わせて使用される．レーザーの差周波などによるマイクロ波の生成の手法は赤外の項を参照されたい．

- 真空管タイプ： マイクロ波源としては最も古くから利用されており，強度も強い．しかしながらクライストロンの場合は高電圧，BWO の場合は高電圧と磁場を必要とすることなどが難点であり，また，周波数決定のためにローカル信号源と混合する高周波ミキサーの供給が難しい場合がある．
- 固体素子タイプ： PC から周波数制御できるシンセサイザーや電圧の変化で周波数を変更できるガン発振器，YIG 発信器など比較的扱いやすいものが多い．しかし強度としては真空管タイプと比較すると小さい．
- 周波数逓倍器： 真空管タイプでも固体素子タイプでも BWO 以外は 100 GHz 程度までしか，発振することができない．したがってより高い周波数を得たい場合には光源に GaAs の非線形性を利用した周波数逓倍器と組み合わせて使用することになる．周波数帯によっては逓倍器を複数用いる必要がある場合がある．当然ながら非線形性を利用するということで逓倍されたマイクロ波の強度は低下する．市販の逓倍器を利用することが最も多いと思われるが，指定した逓倍以外の逓倍波の混入は避けられない（導波管が利用されている分光器では導波管のサイズで決まるカットオフ周波数以下の逓倍波は考慮する必要はない）．通常の検出手法はパワーを検出するものであるので，スペクトルの中に期待していない逓倍周波数の電波による信号が混在しているかもしれないということに注意しなければならない．

検出器 冷却の不要なショットキーバリヤーダイオードを利用する手法と液体ヘリウムで冷却して使用する InSb 素子を利用する手法がある．どちらもマイクロ波の強度を観測するという点では違いはなく，周波数の違いを認識してはいない．

おおむね 40 GHz より上の周波数では InSb 素子の方が感度が高いため，ショットキーバリヤーダイオードより一般的に利用されてきた．しかし，最近，周波数の高い領域でも感度は InSb 素子よりはまだ劣るが，徐々に以前より感度の高いショットキーバリヤーダイオードが利用できるようになってきている．液体ヘリウムによる冷却の手間と費用が不要であり，今後，より普及する可能性がある．

これらのマイクロ波の強度を観測する以外の手法として最近，サンプルのイオン信号の強度の観測による測定もなされた．これについては新しい手法のところで説明する．

(2) フーリエ変換型マイクロ波分光計

1970 年代に開発された手法であり，マイクロ波導入アンテナなどによるが，多くの研究室では 40 GHz 以下の高感度な分光計として使用されている（より高い周波数帯での観測例もある）．最初は導波管を試料セルとした形で開発されたが，その後，超音速ジェット状の試料とマイクロ波共振器を組み合わせた方式で普及している．Q 値の高い共振器によってマイクロ波の強度を高め，さらに超音速ジェットの断熱膨張で試料が冷えて低いエネルギー準位に分子が集中的に分布されることにより信号を非常に強くし

ている.分解能も通常のマイクロ波分光に対してスペクトルの線幅が非常に狭いため数kHz程度となっている.

(3) 新しい方法

これまでの方法に加えて分子から出るマイクロ波を電波望遠鏡と同じように観測するpassiveな分光計,これまでよりも早いスキャンのできる分光計やchirped pulseによるフーリエ変換分光,検出方法にイオン信号を用いる手法などを紹介する.

受動分光計 すでに紹介した分光計はすべてマイクロ波をサンプルに照射してシグナルを得るので,activeな分光法といえる.一方,後のデータの活用でもあげられる電波天文学に使用される電波望遠鏡では宇宙からの電波をそのまま周波数に分解して測定するpassiveな分光を行っている.この手法を実験室の分光計としたものが最近開発された[4].実験ブロック図を図2.3.7に示す.

この受動分光計の第一の利点は比較的広範囲な周波数帯(数百GHz)を,高い周波数分解能(数十kHz～数MHz)を保ちつつ,迅速に測定できることである.第二に通常のマイクロ波分光計では変調やマイクロ波強度をそろえた測定が難しいので,周波数帯ごとの強度は正確ではないが,この手法の場合には,黒体輻射を校正(較正)源とするため,絶対強度に信頼性がおけることである.したがってスペクトル強度を精密に測定することにより実験的に分配関数を求めることができる.

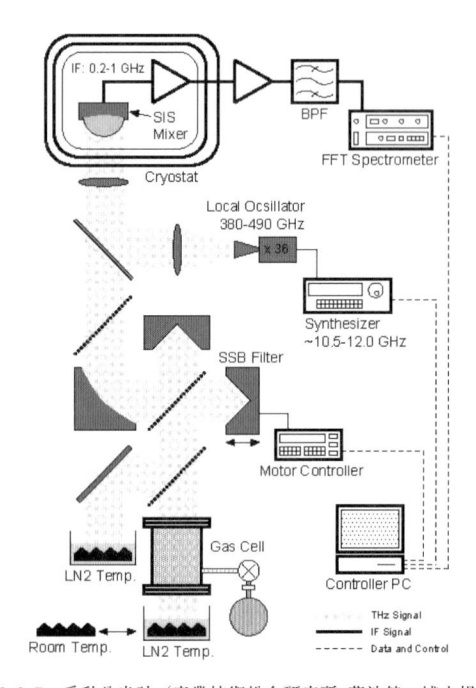

図2.3.7 受動分光計(産業技術総合研究所 菊池健一博士提供)

マイクロ波分光は非常に高分解能であるゆえに測定に時間がかかる．その難点を克服する手法として次の2手法が開発された．

FASSST（fast scan submillimeter spectroscopy technique）[5]　オハイオ大学ではBWOの印可電圧を変化させることで周波数を速く変えることができる特性を活かして高速掃引できる分光器を開発した．通常はBWOにロックをかけるなどして正確な周波数を決めて測定していくが，この手法では，周波数がそのままではわからないので，SO_2などの参照物質を同時測定することによって絶対周波数を決定し，エタロンによって間の周波数を補間して，周波数を決めていく．同じ領域を通常の手法で測定するのと比較するとやや分解能は劣るものの非常に高速なスキャンが可能である．図2.3.8は現在の改良された状態のものである．

チャープパルスによる分光[6,7]　Pateらによってチャープパルス（chirped pulse）とフーリエ変換型マイクロ波分光を組み合わせた分光法が開発された．フーリエ変換型マイクロ波分光計では共振器を用いて感度を上げているが，共振器の共振周波数範囲は非常に狭いので，広帯域を測定しようとする場合には狭い帯域ごとの測定を繰り返す．その際に共振器長を調節するのに時間が律速である．この手法では共振器の利用をやめ，チャープパルスを進行波管で増幅したパルスを用いている．非常に速い速度でサンプリングできるオシロスコープの近年の実用化によって必要とされるFID信号の速い観測が可能となっており，最初の報告論文では11 GHzの帯域を観測している．利点としては広帯域の速い測定，相対強度に対する信頼性がある．最近では逓倍器を利用したミリ波・サブミリ波領域への応用例も報告されている．

イオントラップを用いたマイクロ波分光[8]　H_3^+は星間化学において非常に重要な

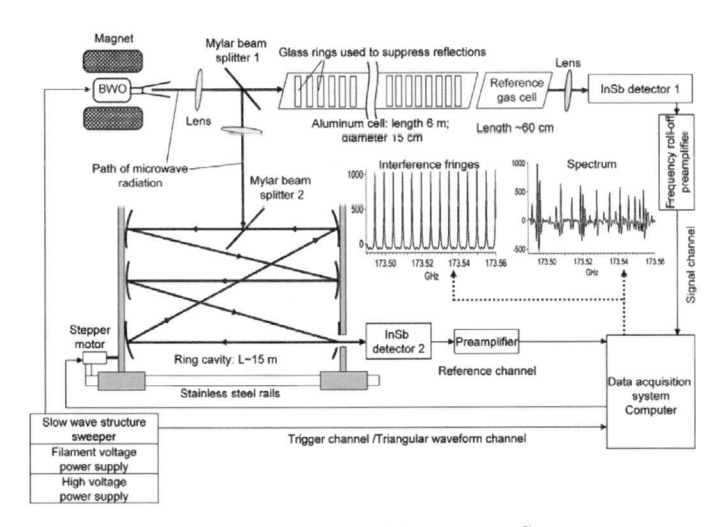

図2.3.8　FASSST分光計のブロック図[5]

正三角形の分子であるが，双極子モーメントをもたないためマイクロ波分光を用いて観測することができない．しかし，一部の水素を重水素で置換した分子は双極子モーメントをもつため，これまでにも観測されてきた．これらの分子は冷たい星間空間において，通常の宇宙存在比よりも重水素同位体種が多くなる重水素濃縮の観点からも非常に興味がもたれてきた．重水素濃縮はたとえば次のようなプロセスによる低温での右辺への平衡移動の結果と考えられる．

$$H_3^+ + HD \rightleftarrows H_2D^+ + H_2 + 232\,K$$

室温においては 232 K のエネルギー利得はあまり気にならないが，非常に冷たい星間空間においては系を右辺へ安定化させることができる．この同位体置換された分子をイオントラップを用いて検出する手法が開発された．H_2D^+ のような分子をイオントラップ中に生成し，それらにテラヘルツ光を照射すると上の逆反応を促進するため，トラップされる分子の数が変化する．この変化をテラヘルツ光の周波数を変化させることによってアクションスペクトルとして測定することができる．どのような反応を利用しているかを注意深く検討しないと，別の分子の周波数と間違う可能性があることに注意が必要である．

b. 赤外分光
(1) 赤外域の区分
赤外域はその名の示すとおり可視域の赤色領域の外側（低周波数側）にある領域であるが，可視域からの近さに応じておおまかに近赤外，中赤外，遠赤外の 3 つの領域に細分される．それぞれの領域のおよその周波数，波長は以下のようになる．

　　　　遠赤外　　　周波数約 500 GHz～10 THz, 波長 30 μm～0.6 mm
　　　　中赤外　　　周波数 10～100 THz, 波長 3～30 μm
　　　　近赤外　　　周波数 100 THz～約 4.3×10^{14} Hz, 波長約 700 nm～3 μm

これらの領域でどのような分子スペクトルが調べられ，どのような知見が得られるかを代表的な例について列挙してみる．

遠赤外
- 軽い分子の回転スペクトル： 質量の軽い少数の原子からなる分子は慣性モーメントが小さいため回転遷移の周波数が高くなる．たとえば HD 分子の最も低い周波数の回転遷移 $J=1\leftarrow0$ でもおよそ 2.1 THz に達する．水分子の回転スペクトルもおもに遠赤外領域に広く分布している．このような軽い少数の原子からなる分子の精密な分光測定は重要である．たとえば，分子のエネルギー構造を計算する理論は現代でもまだまだ改良の余地があり，その改良のためには，理論計算の良し悪しを判定できるようにできるだけ簡単な構造の分子について精密なスペクトルデータを準備しておかなければならない．また，宇宙空間に存在する分子，すなわち星間分子には簡単な構造の分子が多く，そのような分子が宇宙のどの場所にどれくらいの量でどのような状態で存在するかという知見は，宇宙創生以来の物質の変化の過程を探る研究において重要なデータとなる．

電波や赤外の天文観測によって得られるスペクトルを手がかりに星間分子の情報を得るためには，あらかじめ実験室でこれら分子の精密な分光測定がなされている必要がある．

- 周波数の低い振動スペクトル： 一般に振動スペクトルは中赤外から高周波側へかけて現れるが，低い周波数の振動スペクトルで遠赤外の領域に入るものもある．たとえばメチルアルコール分子のメチル基がその軸のまわりに回転しようとして起こる振動，すなわちねじれ振動の周波数は遠赤外の領域にある．

また，タンパク質分子のような大きな生体分子の振動スペクトルも遠赤外域にある．ただし，生体分子のスペクトル線は試料が液体や固体のためスペクトル線が１本ずつ分離せず，多数のスペクトル線の重なった構造として観測される．

- 弱い結合によるクラスター分子の振動スペクトル： 気体のように孤立した分子と液体や固体のような凝縮相の物質との間の橋渡しの状態の物質として，分子クラスターの研究が盛んに行われている．たとえば分子がファンデルワールス力で結合してできたファンデルワールス分子の振動は，主として遠赤外の領域に現れる．このような分子の振動回転スペクトルを精密に調べることによって，分子同士がどのように結合しているかの情報が得られる．

中赤外

- 分子の振動スペクトル： 多くの分子の振動モードの基本バンドは中赤外の領域から近赤外の領域にかけて現れる．振動回転スペクトルを調べることによって，振動遷移のバンドオリジン，振動の始状態と終状態における分子の回転定数が得られる．これらの定数から，振動状態ごとの，各原子間の結合距離，結合角などが得られ，分子構造が詳しく決定できる．ただし，赤外スペクトルは通常，ドップラー幅をもつため，遷移周波数の決定精度はドップラー幅で制限され，得られる回転定数の精度は，マイクロ波領域あるいは遠赤外領域の回転スペクトル測定により得られる回転定数に比べて一般に劣る．赤外域でドップラー幅よりもさらに分解能の高い測定をするためには，あとの項で述べるように，飽和分光法などによる高分解の分光法を採用しなければならない．

近赤外

- 分子の倍音バンドやコンビネーションバンドの振動スペクトル： 振動の倍音バンドやコンビネーションバンドのスペクトルは，振動の高い励起状態を終状態（吸収スペクトルの場合），あるいは始状態（発光スペクトルの場合）としてもつので，スペクトルの解析から高い振動励起状態のエネルギー構造や振動ポテンシャルの形状を知ることができる．

- 原子の電子遷移： アルカリ原子の電子遷移には近赤外域にスペクトルをもつものがある．近年，原子の並進運動をレーザー光により制御する方法が開発され，低温の原子集団をつくりだすことができるようになったが，その際にも近赤外域のスペクトル線が選ばれる例が多い．

赤外域の電磁波の波長はマイクロ波に比べて短く，したがって分光実験に携わる者の感覚としては，遠赤外域の電磁波でも電波としてよりもむしろ光として認識する方が実

情に近い．扱う分光装置に使われる素子についてみると，マイクロ波の領域で使われる素子が導波管や空洞共振器のように電磁波を囲んで操作するような構造のものが多いのに比べ，遠赤外域も含め赤外域では全般に電磁波を可視域と同じように光線として操作する構造のものが多い．

その一方で，赤外域の波長は遠赤外から近赤外まで広範な範囲をカバーしているため，分光装置に用いられる鏡の材質や構造，窓材の種類，検出器の違いなどは3つの赤外域で互いにかなり異なり，一般に3つの領域で共通に使えるような光学素子はあまりない．

(2) 赤外域の分光光源・検出器

以下では主としてレーザーのようなコヒーレントな光源を用いた分光方法について解説する．

光　源　ここで遠赤外や中赤外，近赤外の各領域での分光実験で使われる代表的な光源をあげる．

遠赤外域の光源：

- ジャイロトロン：　電磁管の一種で，電子の加速度運動によって強力な電磁波を発生する．主としてプラズマ診断などの用途へ応用されている．
- マイクロ波光源の高調波：　マイクロ波の発振器についてはすでにマイクロ波分光の章で述べたが，その発振出力を非線形素子のダイオードなどを用いた周波数逓倍器で高調波発生させ，遠赤外の光源とするものである．この場合，逓倍の次数が大きくなるほど得られるパワーは少なくなる．しかし，源発振器の周波数がマイクロ波領域で精度よく計測制御できるので得られる高調波の周波数も高い精度で知ることができる．
- 遠赤外レーザーのマイクロ波サイドバンド：　遠赤外領域で発振するレーザーとしてはメチルアルコールなどを媒質とする気体レーザーがありたくさんの発振線が報告されているがそれらの個々の発振線の周波数は可変でないため，分光測定に必要な周波数が得られないことが多い．そこで個々の発振線（周波数をf_0とする）にマイクロ波源からの周波数可変な電波（周波数をf_{MW}とする）を混合し，周波数$f=f_0 \pm f_{MW}$の光源を作り出す方法が用いられる．たとえば遠赤外のメチルアルコールレーザーの発振線を用いてマイクロ波と混合することにより，周波数可変でμW程度の出力の遠赤外光源をつくることができ，実際に分光を行っている例がある[9,10]．
- 中赤外レーザーの差周波：　中赤外域の高出力な気体レーザー（たとえば炭酸ガスレーザー）の発振線を2本用いて，それらの差周波で遠赤外光を得る方法がある[11]．中赤外域の気体レーザーの発振線は波長が変えられないが，1本のレーザーを周波数が少し変えられるレーザー（たとえば導波路型のレーザー）に変えることで周波数可変にすることができる．また，2本とも波長固定のレーザーにした場合でも，前項と同様にさらにマイクロ波を加えて周波数可変のサイドバンドをつくる方法もある[12]．
- 光伝導アンテナによる光源：　光伝導アンテナ[13]はGaAsなどの半導体上に狭いギャップを隔てて2つの導体パターンを配置したもので，導体間に電圧をかけてギャップの部分に近赤外レーザー光を照射すると光のあたっている間だけ導通が生じて電流が

流れる．近赤外域のレーザーを2本あてれば，それらの差周波を発生させることができ遠赤外域の光源を得ることができる[14]．また1本の短時間レーザーパルスを照射すれば，レーザーパルスの持続時間 τ だけ導体間に電流が流れてパルス状の電磁波が生ずる．この電磁波は $1/\tau$ に応じた帯域のスペクトル分布をもつので，たとえば τ がピコ秒の程度の長さならば，テラヘルツ領域の帯域をもつパルス状の光源となる．後者の光源は時間分解の分光法（time domain spectroscopy, TDS）に利用される．

- 固体中での周波数合成： さまざまな方式が開発されているが，たとえば，近赤外レーザー光と GaP などの半導体結晶に生じたフォノンポーラリトンとによるラマン過程により，7 THz ぐらいまでを 10〜100 mW の出力でカバーする光源が得られている[15]．

中赤外域の光源：

波長 2〜30 μm あたりの中赤外域で一般的なレーザー光源を列挙すると以下のようになる．

- 鉛塩半導体レーザー： $Pb_{1-x}Sn_xTe$ などの鉛塩を用いた半導体レーザーは波長10ミクロン近くの波長可変光源として分光に用いられる．出力はマイクロワット程度で，気体ヘリウム温度で冷却しながら，素子の温度変化で周波数を変える．

- 気体レーザー： 気体レーザーは，鏡で構成したファブリー–ペロ型の共振器中に気体のレーザー媒質を入れて放電で励起するもので，一般に放電管の長さは数 10 cm から数 m に及ぶ．媒質となるガスの振動回転遷移周波数で発振するので発振線の周波数は可変ではない．しかし，周波数の異なる多数の振動回転遷移で発振させることができるので，共振器の一方に回折格子などの分散素子を用いて発振線の周波数を選択する．よく知られた赤外域の気体レーザーとしては，9.6 μm 帯，10.6 μm 帯の CO_2 レーザー，同じく 10 μm 帯の N_2O レーザー，5 μm 帯の CO レーザーなどがある．また可視域で有名なヘリウムネオンレーザーも 3.39 μm に発振があり，周波数計測の用途に重要な役目を果たしている．また，気体レーザーの周波数は発振線の周波数が分子の遷移周波数で決まっているので変えられないが，遷移スペクトルの幅（一般にはドップラー幅で数十 MHz）の程度は可変であり，共振器の長さが変化することにより周波数も変化する．したがって高精度の分光測定では，発振線の中心周波数に周波数をロックする方法がとられる．一方，導波路型 CO_2 レーザーのように媒質ガスの圧力を高くして圧力幅を大きくとり周波数を広く変えられるようにしたレーザーもある．

- 3 μm 帯差周波レーザー： アルゴンイオンレーザーと色素レーザーの差周波を $LiNbO_3$ のような非線形結晶によって生成した 3 μm 帯の光源はこれまでにも分光測定によく用いられてきた[16]．2〜4 μm ぐらいの波長域で使われ，光源の出力は 1 μW ぐらいである．また最近では近赤外域の半導体レーザーの差周波でこの領域の赤外光源がつくられるようになった．

近赤外域の光源：

- チタンサファイアレーザー： Ti^{3+} を含むサファイアをレーザー媒質として，YAG

レーザーなどの光で励起して発振するレーザーである．波長 0.7 μm あたりから 1.1 μm あたりまでの広範な範囲で発振し，光のパワーも 1 W 程度得られる．

• **半導体レーザー**：　半導体素子に電流を流すことで発振する半導体レーザーは 1980 年代に盛んに分光学へ応用されるようになった．半導体レーザーは大別して 2 つの種類がよく用いられてきた．1 つは，ガラスファイバーによる長距離光通信のために開発され，波長 1.3 μm あるいは 1.55 μm 付近で発振する InGaAs 型のレーザーであり，もうひとつはコンパクトディスクなどレーザー光を読み出しや書き込みの手段とする機器のために開発された，波長 780 μm あたりを中心とする AlGaAs 型のレーザーである．もともと，レーザー素子のメーカーは室温において固定の波長で使用することを想定して開発してきたが，分光学者は素子の温度を変化させて波長掃引を実現し，分光測定に応用した．さらに小さなレーザー素子の端面の鏡面をとりさり，レーザー共振器の鏡面と波長選択の役目を兼ねた回折格子を素子の外側に配置して，波長が大きく変えられるレーザーが考え出された．これは外部共振器型半導体レーザーと呼ばれている．この形式のレーザーは，原子のレーザー冷却の分光実験によく用いられている．

検出器　各波長領域で用いられる検出器の代表的なものを列挙すると以下のようなものがある．

遠赤外域：
• 受光体の熱的変化を検知するもの：　ボロメーター，ゴーレイセル
• 半導体型検出器：　GeGa 検出器，InSb 検出器，ホットエレクトロン検出器

赤外域：
• 受光体の熱的変化を検知するもの：　ゴーレイセル
• 半導体型検出器：　CdHgTe 検出器，AuGe 検出器，CuGe 検出器

近赤外域：
• 半導体型検出器：　フォトダイオード，フォトトランジスター

(3) 研究例と応用

通常の気体・液体・固体試料の分光例は枚挙にいとまがないほど多いので，ここでは近年とくに注目されている研究対象の例として以下のものをあげる．

クラスター分子の分光　低温の状態で分子が 2 個，3 個，… と付加したクラスターの分光測定の例を示す[17]．図 2.3.9 は，超音速ノズルから噴出する低温の水分子がつく

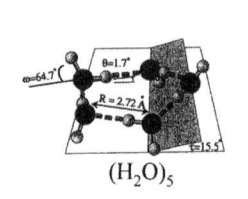

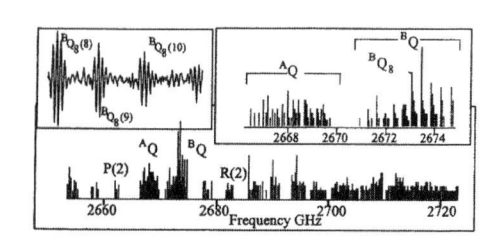

図 2.3.9　水分子クラスターのスペクトルと構造

るクラスターを遠赤外光源で分光した例である.

スペクトルにはクラスター分子の回転線が分離して現れていて，液体や固体のスペクトルよりも孤立の気体分子のスペクトルに近い．スペクトルを解析することにより，クラスター内の個々の分子がどのような配置をとっているかを知ることができる．クラスターの大きさが大きくなるに従い液体や固体の性質がどのように現れてくるかが興味深い研究テーマである．

光源は，遠赤外域の気体レーザー光のマイクロ波サイドバンドを利用するものである．また，分子線の試料を使う実験では，光を検出器で直接検出する方法のほかに，試料の分子を感熱式の検出器であるボロメーターで受けて，分子が吸収した光のエネルギーを検出することもできる．この方法は，微量な光の吸収量を強い光のバックグラウンド強度に邪魔されずに検出できる点が有利である．

生体分子のスペクトル　近年の遠赤外域の分光計の発展は，高分子，とくに生体分子の分光研究の分野で期待がもたれている．図 2.3.10 に遺伝子に関連した生体分子グアニンの遠赤外スペクトルの例を示す[18]．スペクトル線が多数重なったおおまかな構造ではあるが，分子ごとに特徴的なパターンが現れるので，指紋スペクトルと呼ばれて分子の同定などに役立つ．このようなスペクトルをとるには，広い範囲を短時間で掃引できる分光計が適している．たとえば，光源の解説の項でふれた光伝導アンテナによるものも適しているが，図のスペクトルは固体を利用した周波数合成の光源を使って得られたものである．指紋スペクトルの採取は，分子そのものの研究に役立つことはもちろんであるが，対象物に手を加えずに内容を調べる必要のある非破壊検査の場や生物研究の分野では有用な手段である．

(4) サブドップラーレーザー分光法，フーリエ分光法

サブドップラー分光法　気体分子のスペクトルは，分解能の高い分光計を用いても，スペクトル線自体がドップラー幅の線幅をもっているので，ドップラー幅より狭い間隔

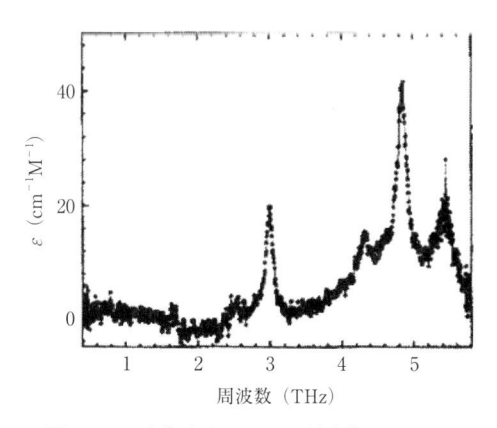

図 2.3.10　生体分子グアニンの遠赤外スペクトル

でとなりあうスペクトル線は分離して測定できない．それでも，分光方法を工夫することにより，このような線を分離して検出することができる．ドップラー幅より狭い周波数の分解能で分光する方法をサブドップラー分光法と呼んでいる．

サブドップラー分光の方法の1つは，前述のクラスターの分光例にあるように，試料を分子線にするものである．分子線の状態にある分子は，分子線の進行方向には大きな速度をもつが，進行方向と直角の方向には小さな速度分布をもつだけである．そこで，分子線と直角の方向に光を入れることで，ドップラー幅を狭くして分解能を高めることができる．

分子線でない通常の状態の試料でサブドップラーの分光を実現したい場合には，飽和分光の手法を用いる．レーザーの光は強度がきわめて高いため，試料の光吸収量は容易に飽和してしまう．これを飽和効果と呼び，この効果を利用した分光方法のバリエーションは多く，ここではいちいち解説できないので文献[19]を参照していただきたい．

飽和分光の一例としてラムディップ分光法がある．図2.3.11のように試料に同じレーザー光を両方向から重ねて導入する．

レーザー光の方向に速度成分をもつ分子は，ドップラー効果によりどちらか一方のレーザー光に共鳴するときにはもう一方のレーザーとは共鳴しない．しかし，レーザー光の方向の速度成分が0（レーザーと垂直の方向には速度成分をもっていてもよい）の分子は，レーザーの周波数が分子の遷移周波数に一致したときには，両方のレーザー光に同時に共鳴することになり，光吸収の飽和効果が強められる．そのため，レーザーの周波数を掃引すると，ドップラー幅をもったスペクトルの中に均一幅の細いくぼみが現れる．このくぼみをラムディップと呼び，このディップの中心がスペクトル線の中心の周波数である．ドップラー幅より狭い間隔でとなりあったスペクトル線も，ラムディップ分光法により分離して検出できる．

フーリエ分光法　赤外域でも他の波長域と同様に，コヒーレントでない（インコヒーレントな）光源と分散素子を用いた分光器を組み合わせた分光測定が長く行われてきた．これについては多くの報告があるので本節では扱わないが，現在でもインコヒーレントな光源を用いる分光法の代表例としてよく使われるので，ここで簡単に赤外フーリエ分

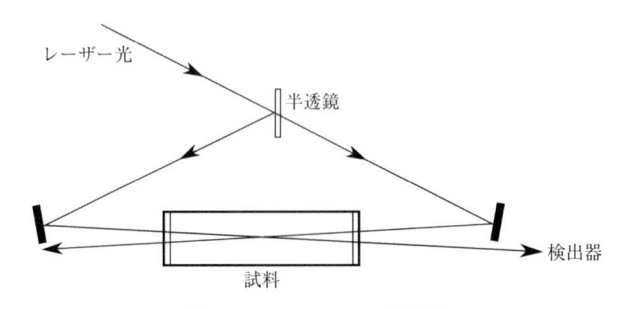

図2.3.11　ラムディップ分光法

2.3 マイクロ波,赤外分光

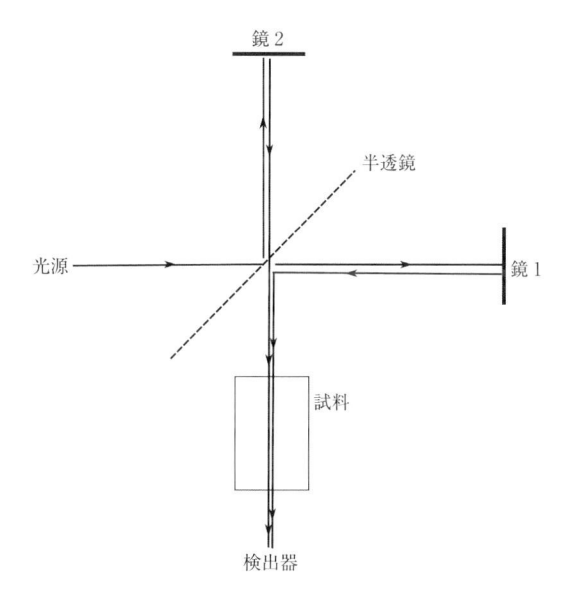

図 2.3.12 フーリエ分光計の基本構成

光器[20]についてふれておく.

図 2.3.12 にフーリエ分光器の原理を示す.光源から出た光はマイケルソン型干渉計と同様の光学系に導かれる.半透鏡を通って 2 手に分かれた光は反射鏡 M1, M2 によって折り返され,再び重ね合わされる.一方の鏡 M1 を動かして,検出器の信号の時間変化を記録すると,光源を出た 2 本の光を時間的にずらして重ねた光強度の時間に関する関数,すなわち,自己相関関数が記録されることになる.これをフーリエ分解すれば,光源のスペクトルが得られる.光路中に試料を置けば,この試料のスペクトルも検出される.光源のスペクトルが白色光源に近い平坦なスペクトルをもてば,試料のスペクトルが容易に識別して得られる.

フーリエ分光計の分解能は光源となる光のコヒーレンス長と可動鏡の可動距離によって決まる.赤外域のフーリエ分光計で最高の分解能のものでは,たとえば可動距離 2 m 程度の分光計の分解能が 60 MHz 程度であり,気体分子のドップラー幅程度である.

2.3.3 マイクロ波,赤外域のデータの活用

マイクロ波分光や赤外分光の結果は種々の観測に利用される.とくに電波天文観測や大気観測の分野で観測のよりどころとなる重要なデータとして用途がある.

大気観測ではたとえば最近の例では宇宙ステーションに上がった超伝導サブミリ波リム放射サウンダ SMILES(**s**uperconducting sub**m**illimeter-wave **l**imb **e**mission **s**ounder)のようにサブミリ波領域のスペクトルの測定を通して,成層圏中の大気微量

成分のモニターに運用された例がある[21]. 主として同位体を含むオゾンとそのオゾンの破壊反応に関与が考えられる含ハロゲン分子などが 600 GHz 帯で観測され, 分子の量の変動とその影響について検討している. 赤外領域の観測ではたとえば, 人工衛星プロジェクトいぶき (GOSAT, greenhouse gases observing satellite) があげられる. フーリエ変換型赤外分光計を搭載して二酸化炭素やメタンなどの観測を通じて地球の気候変動を観測する. これらの大気観測への応用では, これらのガスの成層圏での分量などを知るために重要な圧力幅や圧力シフトなどの情報に加えて, 雲の存在など実際の条件を考慮して正しくガスの量を求める方法（リトリーバルと呼ばれる）も非常に重要である.

一方, 電波天文学では ALMA, Herschel, SOFIA といった新しい望遠鏡が国際プロジェクトのもとで実用化された. ALMA は高度 5000 m のチリの高地に建てられ, Herschel は衛星で SOFIA は航空機に搭載されるものである. これらの稼働により, 従来では得られなかったテラヘルツ帯までの高い周波数帯やこれまでよりもはるかに高い感度での観測が可能となる. それにより, これまで弱くて観測できないと思われていた分子の分光データ測定や, 測定データのない周波数帯での周波数測定を実験室ですすめることが重要となってくる. さらに, これらが十分に活用されるためにはオンラインのデータベースとして即座に周波数検索できることが重要である. そのような観点から, これまでもアメリカやドイツでデータベースがつくられてきた（米国の NIST でもデータベースがつくられているが, 現在のところ更新は休止しているため, ここでは載せない）. 現在利用できるデータベースの URL は以下のとおりである.

- アメリカ　NASA ジェット推進研究所（JPL catalogue）[22]
    http://spec.jpl.nasa.gov/
- ドイツ　ケルン大学（CDMS）[23]
    http://www.astro.uni-koeln.de/cdms

しかしながら, 今後の必要とされるデータの飛躍的な増大には 1 つの機関だけで対応するのが難しく, 内部回転を含む分子のように多量のスペクトルデータをもたらす分子については, 複数のグループの国際的な協力による測定が望まれる. 日本からもマイクロ波分光のデータは多数出されているが, そのほとんどはオンライン検索できない. そのような日本のデータを中心として最近, 下記のように新しく富山大学で Toyama Microwave Atlas（ToyaMA）が開設され, 従来のデータベースを補完するとともに日本のデータを発信するという役割を果たしている.

- 日本　富山大学
    http://www.sci.u-toyama.ac.jp/phys/4ken/atlas/

赤外のデータベースについては HITRAN[24] がよく知られている（URL は http://www.cfa.harvard.edu/hitran/）. 既存のデータを吟味し大気科学的な利用を意識してつくられており, 分子も大気科学的に重要度の高いものが優先されている. 分子の数は 42 と限られているが, 同位体のデータも充実しており, 圧力シフトや圧力幅などの詳

細なデータを含む．データは上記のサイトを通じて，シミュレーションもできるソフトも含めて登録制で配布されている． 〔松島房和・小林かおり〕

文　献

1) H. W. Kroto, *Molecular Rotation Spectra* (John Wiley & Sons, 1975).
2) C. H. Townes and A. L. Schawlow, *Microwave Spectroscopy* (Dover Publications, 1975).
3) W. Heitler, *The Quantum Theory of Radiation* (Oxford University Press, 1954).
4) H. Ozeki, Y. Fujii, K. Kikuchi, S. Tsujimaru and S. Ichizawa, To be submitted.
5) Douglas T. Petkie, Thomas M. Goyette, Ryan P. A. Bettens, S. P. Belov, Sieghard Albert, Paul Helminger and Frank C. De Lucia, *Rev. Sci. Instrum.* **68** (1997) 1675.
6) Gordon G. Brown, Brian C. Dian, Kevin O. Douglass, Scott M. Geyer and Brooks H. Pate, *J. Mol. Spectrosc.* **238** (2006) 200.
7) Gordon G. Brown, Brian C. Dian, Kevin O. Douglass, Scott M. Geyer, Steven T. Shipman and Brooks H. Pate, *Rev. Sci. Instrum.* **79** (2008) 053103.
8) O. Asvany, O. Ricken, H. S. P. Muller, M. C. Wiedner, T. F. Giesen and S. Schlemmer, *Phys. Rev. Lett.* **100** (2008) 233004.
9) D. D. Bicanic, B. F. Zuiberg and A. Dymanus, *Appl. Phys. Lett.* **32** (1978) 367.
10) G. A. Blake, K. B. Laughlin, R. C. Cohen, K. L. Busarow, D. H. Gwo, C. A. Schmuttenmaer, D. W. Steyert and R. J. Saykally, *Rev. Sci. Instrum.* **62** (1991) 1693. ibid **62** (1991) 1701.
11) K. M. Evenson, D. A. Jennings and F. R. Petersen, *Appl. Phys. Lett.* **44** (1984) 576.
12) I. G. Nolt, J. V. Radostitz, G. DiLonardo, K. M. Evenson, D. A. Jennings, K. R. Leopold, M. D. Vanek, L. R. Zink, A. Hinz and K. V. Chance, *J. Mol. Spectrosc.* **125** (1987) 274.
13) テラヘルツテクノロジーフォーラム編，「テラヘルツ技術総覧」(NGT, 2007).
14) S. Matsuura, M. Tani, H. Abe, K. Sakai, H. Ozeki and S. Saito, *J. Mol. Spectrosc.* **187** (1998) 97.
15) T. Tanabe, K. Suto, J. Nishizawa, K. Saito, T. Kimura, *J. Phys. D.* **36** (2003) 953.
16) A. S. Pine, *J. Opt. Soc. Am.* **66** (1976) 97.
17) F. N. Keutsch and R. J. Saykally, *PNAS* **98** (2001) 10533.
18) 須藤　建，「半導体」，西澤潤一編著，「テラヘルツ波の基礎と応用」(工業調査会，2005) 4.1節，pp. 76-104.
19) W. Demtroder, *Laser Spectroscopy* (Springer-Verlag, 2008).
20) 平石次郎編著，「フーリエ変換赤外分光法」(学会出版センター，1985).
21) K. Kikuchi, T. Nishibori, S. Ochiai, H. Ozeki, Y. Irimajiri, Y. Kasai, M. Koike, T. Manabe, K. Mizukoshi, Y. Murayama, T. Nagahama, T. Sano, R. Sato, M. Seta, C. Takahashi, M. Takayanagi, H. Masuko, J. Inatani, M. Suzuki and M. Shiotani, *J. Geophys. Res.* **115** (2010) D23306.
22) H. M. Pickett, R. L. Poynter, E. A. Cohen, M. L. Delitsky, J. C. Pearson and H. S. P. Müller, *J. Quant. Spectrosc. & Rad. Transfer* **60** (1998) 883-890.
23) H. S. P. Müller, F. Schlöder, J. Stutzki and G. Winnewisser, *J. Mol. Struct.* **742** (2005) 215-227.
24) L. S. Rothman, I. E. Gordon, A. Barbe, D. ChrisBenner, P. F. Bernath, M. Birk, V. Boudon, L. R. Brown, A. Campargue, J.-P. Champion, K. Chance, L. H. Coudert, V. Dana, V. M. Devi, S. Fally, J.-M. Flaud, R. R. Gamache, A. Goldman, D. Jacquemart, I. Kleiner, N. Lacome, W. J. Lafferty, J.-Y. Mandin, S. T. Massie, S. N. Mikhailenko, C. E. Miller, N. Moazzen-Ahmadi, O. V. Naumenko, A. V. Nikitin, J. Orphal, V. I. Perevalov, A. Perrin, A. Predoi-Cross, C. P. Rinsland, M. Rotger, M. Šimečková, M. A. H. Smith, K. Sung, S. A. Tashkun, J. Tennyson, R. A. Toth, A. C. Vandaele, and J. VanderAuwera, *Journal of Quantitative Spectroscopy and Radiative Transfer* **110** (2009) 533-572.

2.4 レーザー場中の原子分子

2.4.1 非共鳴多光子過程

レーザー光は優れた空間および時間コヒーレンスをもつため,レンズなどを用いてそのエネルギーを小さな空間に集めることができる.たとえば,波長 800 nm,出力 1 W の連続レーザー光を直径 20 μm のスポットに集光すると,集光点におけるレーザー場強度(エネルギー密度)は $I = 1\,\text{W}/[\pi(10\,\mu\text{m})^2] = 3 \times 10^5\,\text{W/cm}^2$ となる.この場合,単位体積当たり光子数は $4 \times 10^{13}\,\text{cm}^{-3}$ に達し,高い数密度のために複数の光子が関与した"多光子過程"が起こる.多光子過程は,レーザー場との相互作用の大きさが原子分子のイオン化エネルギーに比べて十分小さい場合,摂動論を用いて扱うことができる[1].

a. レーザー場中原子分子の摂動論

レーザー場と相互作用する原子分子の波動関数 $\Psi(t)$ の時間変化はシュレーディンガー方程式

$$i\hbar \frac{\partial}{\partial t}\Psi(t) = [H_A + V(t)]\Psi(t) \tag{2.4.1}$$

によって記述できる.ここで H_A は摂動を受けていない原子のハミルトニアンであり,原子の固有状態 $|i\rangle$,固有エネルギー $\hbar\omega_i$ に対して $H_A|i\rangle = \hbar\omega_i|i\rangle$ を満たす.$V(t)$ はレーザー場と原子の相互作用を表し,時間によって変化するハミルトニアンである.波動関数 $\Psi(t)$ の相互作用表示 $\psi(t) = \exp(iH_A t/\hbar)\Psi(t)$ を用いて式 (2.4.1) を書き直すと[1],

$$i\hbar \frac{\partial}{\partial t}\psi(t) = \hat{V}(t)\psi(t) \tag{2.4.2}$$

と簡単な形に変換できる.ここで,$\hat{V}(t) = \exp(iH_A t/\hbar) V(t) \exp(-iH_A t/\hbar)$ である.式 (2.4.2) の形式的な解は,初期状態を $|i\rangle$ とすると,

$$\psi(t) = |i\rangle - \frac{i}{\hbar}\int_{-\infty}^{t} \hat{V}(t_1)\psi(t_1)\,dt_1 \tag{2.4.3}$$

となる.時刻 t までに初期状態 $|i\rangle$ から系がどのように時間発展するかを記述する時間発展演算子 $U(t)$ を,

$$\psi(t) = U(t)|i\rangle \tag{2.4.4}$$

と定義すれば,式 (2.4.3) からこれが満たす式として

$$U(t) = 1 - \frac{i}{\hbar}\int_{-\infty}^{t} \hat{V}(t_1) U(t_1)\,dt_1 \tag{2.4.5}$$

が得られる.積分の中の $U(t_1)$ に $t = t_1$ とした右辺を代入し,さらに同じ手順を繰り返すことによって次の解が得られる.

$$U(t) = 1 + \sum_{n=1}^{\infty} U^{(n)}(t) \tag{2.4.6}$$

n 次の項は

$$U^{(n)}(t) = \left(-\frac{i}{\hbar}\right)^n \int_{-\infty}^t dt_1 \hat{V}(t_1) \int_{-\infty}^{t_1} dt_2 \hat{V}(t_2) \cdots \int_{-\infty}^{t_{n-1}} dt_n \hat{V}(t_n) \quad (2.4.7)$$

と表され，次数 n は光との相互作用 $\hat{V}$ の回数に対応する．
　古典的なレーザー電場

$$\boldsymbol{E}(t) = E_0 \boldsymbol{\varepsilon} \cos(\omega t) = E_0 \boldsymbol{\varepsilon} \frac{\exp(-i\omega t) + \exp(i\omega t)}{2} \quad (2.4.8)$$

を用いて，状態 $|i\rangle$ から状態 $|f\rangle$ への遷移振幅を，電気双極子相互作用

$$V(t) = \boldsymbol{D} \cdot \boldsymbol{E}(t) = D_\varepsilon E(t) \quad (2.4.9)$$

に基づいて計算する．ここで $\boldsymbol{D}$ は電気双極子モーメント，D_ε はその電場方向 $\boldsymbol{\varepsilon}$ の成分である．

b. 一光子過程

時間発展演算子の第 1 次近似 $U^{(1)}(t)$ を用いると，

$$\begin{aligned}\langle f|U^{(1)}(t)|i\rangle = (-i/\hbar)&\Big[\int_{-\infty}^t dt_1 \exp[-i(\omega_i - \omega_f + \omega)t_1]\frac{E_0}{2}\langle f|D_\varepsilon|i\rangle \\
&+ \int_{-\infty}^t dt_1 \exp[-i(\omega_i - \omega_f - \omega)t_1]\frac{E_0}{2}\langle f|D_\varepsilon|i\rangle\Big]\end{aligned} \quad (2.4.10)$$

が得られ，$t = \infty$ における確率振幅は，

$$\langle f|U^{(1)}(t=\infty)|i\rangle = \left(-\frac{2\pi i}{\hbar}\right)\Big[\delta(\omega_i - \omega_f + \omega)\frac{E_0}{2}\langle f|D_\varepsilon|i\rangle + \delta(\omega_i - \omega_f - \omega)\frac{E_0}{2}\langle f|D_\varepsilon|i\rangle\Big] \quad (2.4.11)$$

となる．これには 2 つの振幅が含まれるが，それぞれ独立な事象であり，エネルギー収支から第 1 項は一光子吸収，第 2 項は一光子放出過程に対応する．

c. 二光子過程

第 2 次近似 $U^{(2)}(t)$ による遷移振幅は，

$$\begin{aligned}\langle f|U^{(2)}(t=\infty)|i\rangle = -2\pi i \left(\frac{1}{\hbar}\right)^2 &\Big\{\delta(\omega_i - \omega_f + 2\omega)\left(\frac{E_0}{2}\right)^2 \langle f|D_\varepsilon G(\omega_i + \omega)D_\varepsilon|i\rangle \\
&+ \delta(\omega_i - \omega_f - 2\omega)\left(\frac{E_0}{2}\right)^2 \langle f|D_\varepsilon G(\omega_i - \omega)D_\varepsilon|i\rangle \\
&+ \delta(\omega_i - \omega_f)\Big[\left(\frac{E_0}{2}\right)^2 \langle f|D_\varepsilon G(\omega_i + \omega)D_\varepsilon|i\rangle + \left(\frac{E_0}{2}\right)^2 \langle f|D_\varepsilon G(\omega_i - \omega)D_\varepsilon|i\rangle\Big]\Big\}\end{aligned} \quad (2.4.12)$$

となる．ここで，

$$G(\omega_i \pm \omega) = \sum_j \frac{|j\rangle\langle j|}{(\omega_i \pm \omega - \omega_j)} \quad (2.4.13)$$

である．式 (2.4.12) の第 1 項，第 2 項はそれぞれ二光子吸収，二光子放出に対応し，

第3項は正味の光子吸収・放出がない過程に対応する．式（2.4.12）の第1項は，二光子吸収による状態 $|i\rangle$ から状態 $|f\rangle$ への遷移振幅に対する最も低次の寄与（図2.4.1(a)）を表し，遷移確率 $P_{i \to f}^{(2)}$ はこの2乗で与えられる．

d. 多光子吸収

一般に，n 光子吸収過程の遷移確率はその最低次において

$$P_{i \to f}^{(n)} = |-2\pi i \left(\frac{1}{\hbar}\right)^n \left(\frac{E_0}{2}\right)^n \delta(\omega_i - \omega_f + n\omega) T_{i \to f}^{(n)}|^2 \tag{2.4.14}$$

$$T_{i \to f}^{(n)} = \langle f | D_e G(\omega_i + (n-1)\omega) D_e G(\omega_i + (n-2)\omega) \cdots D_e G(\omega_i + \omega) D_e | i \rangle \tag{2.4.15}$$

と書ける．単位時間，単位面積当たりの光子数は $F = (\varepsilon_0 c/2\hbar\omega) E_0^2$ であることを用いると，単位時間当たりの遷移確率，すなわち遷移速度（レート）は

$$W_{i \to f}^{(n)} = 2\pi \left(\frac{F\omega}{2\hbar\varepsilon_0 c}\right)^n \delta(\omega_i - \omega_f + n\omega) |T_{i \to f}^{(n)}|^2 \tag{2.4.16}$$

となり，F の n 乗に比例する（レーザー場強度は $I = F\hbar\omega$ であるから，遷移速度は I についても n 乗に比例する）．この比例係数を $\sigma_{i \to f}^{(n)}$ とすると，

$$W_{i \to f}^{(n)} = \sigma_{i \to f}^{(n)} F^n \tag{2.4.17}$$

である．一般化された断面積 $\sigma_{i \to f}^{(n)}$ は，たとえば $n=2$ に対して $cm^2/(s^{-1}cm^{-2}) = cm^4 s$ の次元をもつ．

e. 高次項の寄与

一般に n 光子過程に対してはその最低次数である n 次項だけでなく，$n+2$ 次，$n+4$ 次，$n+6$ 次，…といったより高次の項が寄与する．これは2つの光子が関与する過程

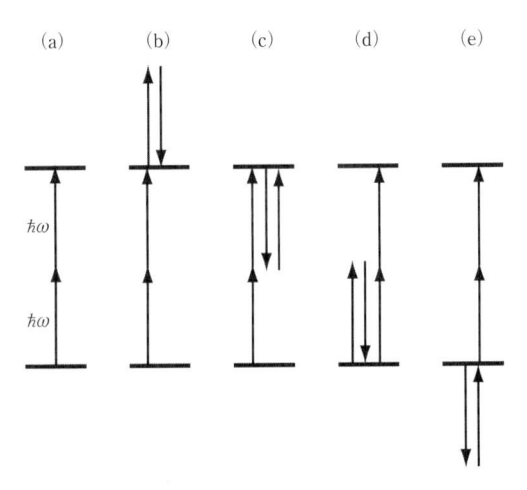

図2.4.1 二光子遷移における2次過程 (a) および4次過程 (b)〜(e)

が，二光子吸収・放出だけでなく正味の光子吸収・放出を伴わない0光子過程を含むこと（2.4.1項 a）から理解できる．たとえば，二光子吸収過程においては4種の4次過程が存在する（図2.4.1 (b-e)）．最低次数であるn次項に対する$n+2$次項の大きさの比r_n^{n+2}は，

$$r_n^{n+2} = \left(\frac{I}{I_{au}}\right)\left(\frac{\hbar\omega_{au}}{2\hbar\omega}\right)^2 \tag{2.4.18}$$

で与えられる[1]．ここで$\hbar\omega_{au}$およびI_{au}は原子単位系における単位エネルギー（$\hbar\omega_{au}$ = 27.2 eV）および単位レーザー場強度（$I_{au} = 3.51 \times 10^{16}$ W/cm^2）である．

2.4.2 強レーザー場過程

レーザー場の強度はパルスレーザーを用いることで飛躍的に増大する．時間幅100 fs，エネルギー1 mJ/pulseのレーザーパルスを2.4.1項と同様に集光した場合，瞬間レーザー場強度は$I = 1$ mJ/100 fs/$[\pi(10\ \mu m)^2] = 3 \times 10^{15}$ W/cm^2 となる．このときの電場振幅は$E_0 = 27.4\sqrt{I\ (W/cm^2)} = 1.6 \times 10^9$ V/cmであり，水素原子1s軌道の電子がイオンコアから感じるクーロン電場の大きさ（5×10^9 V/cm）にほぼ匹敵する．

a. 2準位系

強レーザー場における原子分子の様子は，固有状態を2つだけもつ2準位系（図2.4.2 (a)）について解析的に調べることができる[2]．下準位および上準位の（時間に依存した）固有波動関数$\Psi_a(t)$, $\Psi_b(t)$は，そのエネルギーを$\hbar\omega_a$, $\hbar\omega_b$として，

$$\Psi_a(t) = \exp(-i\omega_a t)|a\rangle, \quad \Psi_b(t) = \exp(-i\omega_b t)|b\rangle \tag{2.4.19}$$

と表される．一般にレーザー場と相互作用した原子の波動関数$\Psi(t)$は系の固有関数で

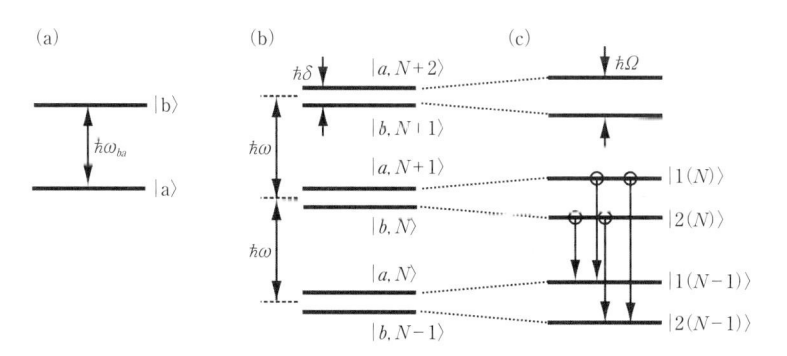

図 2.4.2

(a) 2準位系原子
(b) (a) に対応するドレスト状態のエネルギー準位（$\omega > \omega_{ba}$, $V_{AL} = 0$）
(c) 原子とレーザー場の相互作用 $V_{AL} \neq 0$によるエネルギー準位構造の変化
$|1(N)\rangle$, $|2(N)\rangle$状態から$|1(N-1)\rangle$, $|2(N-1)\rangle$状態への遷移はすべて許容となるため，3重線が発光スペクトルに観測される．

展開することができ，この場合は次のように書ける．
$$\Psi(t) = c_a(t)\Psi_a(t) + c_b(t)\Psi_b(t) \tag{2.4.20}$$
ここで係数 $c_a(t)$, $c_b(t)$ はそれぞれ固有状態 a, b の確率振幅であり，時間とともに変化する．これをシュレーディンガー方程式 (2.4.1) に代入し，規格直交条件 $\langle i|j\rangle = \delta_{ij}$ を用いて整理すると，$\omega_{ba} = \omega_b - \omega_a$ として，
$$i\hbar\frac{dc_a}{dt} = c_b(t)\langle a|V(t)|b\rangle \exp(-i\omega_{ba}t)$$
$$i\hbar\frac{dc_b}{dt} = c_a(t)\langle b|V(t)|a\rangle \exp(i\omega_{ba}t) \tag{2.4.21}$$
を得る．古典レーザー電場 (2.4.8) との電気双極子相互作用 (2.4.9) を考えると
$$\frac{dc_a}{dt} = \frac{i}{2\hbar}D_{ab}c_b\{E_0\exp[i(\omega-\omega_{ba})t] + E_0\exp[-i(\omega+\omega_{ba})t]\}$$
$$\frac{dc_b}{dt} = \frac{i}{2\hbar}D_{ab}c_a\{E_0\exp[i(\omega+\omega_{ba})t] + E_0\exp[-i(\omega-\omega_{ba})t]\} \tag{2.4.22}$$
となる．ここで $D_{ab} = \langle a|D_\varepsilon|b\rangle$, $D_{ba} = \langle b|D_\varepsilon|a\rangle$ は遷移モーメントである．レーザーの周波数が 2 準位のエネルギー差に近い場合 ($\omega - \omega_{ba} \sim 0$)，わずかな時間の変化に対して急速に振動する上式右辺第 2 項と下式右辺第 1 項は平均して 0 とみなすことができる．残りの共鳴項 $E_0\exp[\pm i(\omega-\omega_{ba})t]$ だけを残す近似は，回転波近似 (rotating wave approximation, RWA) と呼ばれる．この近似のもとで微分方程式 (2.4.21) は解析的に解くことができ，たとえば時刻 $t=0$ において原子が下準位 a にある状態を初期状態 ($c_a = 1$, $c_b = 0$) とした場合，
$$c_a(t) = \exp[i(\omega-\omega_{ba})t/2]\left\{\cos\frac{\Omega t}{2} - i\frac{(\omega-\omega_{ba})}{\Omega}\sin\frac{\Omega t}{2}\right\}$$
$$c_b(t) = i\frac{\Omega_0}{\Omega}\exp[-i(\omega-\omega_{ba})t/2]\sin\frac{\Omega t}{2} \tag{2.4.23}$$
が得られる．ここで $|\Omega_0|$ はラビ (Rabi) 周波数
$$|\Omega_0| = \frac{|D_{ab}|E_0}{\hbar} \tag{2.4.24}$$
であり，Ω は共鳴からのレーザー周波数のずれ $\delta = \omega - \omega_{ab}$ を用いて，
$$\Omega = \sqrt{\delta^2 + |\Omega_0|^2} \tag{2.4.25}$$
と表される．式 (2.4.23) から，時刻 t に原子を上準位 b に見出す確率 $P_b(t)$ は，
$$P_b(t) = |c_b(t)|^2 = \left(\frac{\Omega_0}{\Omega}\right)^2\sin^2\frac{\Omega t}{2} \tag{2.4.26}$$
となり，上準位における存在確率は，レーザー場との相互作用によって図 2.4.3 に示すように振動し，原子が周期的にレーザー場とのエネルギーのやりとりをすることがわかる．この振動の周期は $T = 2\pi/\Omega$ で与えられ，その振幅は $\Omega = \Omega_0$，すなわち $\delta = 0$ のとき最大となる．摂動論による式 (2.4.11) からは共鳴条件 ($\delta = 0$) における上準位の存在確率として，

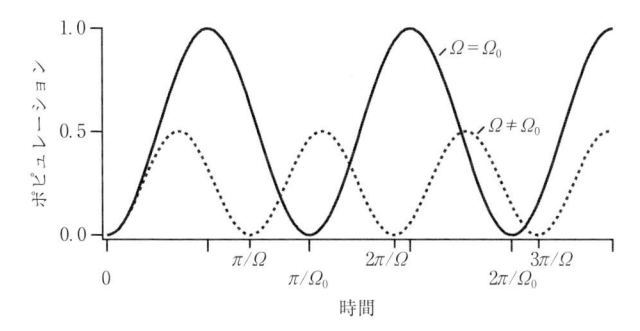

図 2.4.3 2準位系における上準位ポピュレーションの時間変化(式 (2.4.26)).実線および破線はそれぞれ $\Omega=\Omega_0$, $\Omega=\sqrt{2}\Omega_0$ の場合. Ω_0 はラビ周波数(式 (2.4.24)).

$$P_b(t) = \frac{\Omega_0^2}{4}t^2 \tag{2.4.27}$$

が得られるが,これは式 (2.4.26) を $\Omega(=\Omega_0)$ で展開したときの最低次項に一致する.ラビ周波数は,レーザー場の強度 I,遷移モーメント D_{ab} を用いて

$$\Omega_0(\mathrm{cm}^{-1}) = 1.17 \times 10^{-3} D_{ab}(\mathrm{a.u.})\sqrt{I(\mathrm{W/cm^2})} \tag{2.4.28}$$

と書ける.

b. ドレスト状態アプローチ[3]

レーザー場において系の波動関数は周波数 Ω で変調を受ける.このときのエネルギー準位構造を議論するために,レーザー場を取り入れたハミルトニアン,

$$H = H_A + H_L + V_{AL} \tag{2.4.29}$$

を考える.ここで V_{AL} はレーザー場と原子の相互作用を表す.レーザー場を定常単一モード量子場として扱うと,レーザー場のハミルトニアンは,a^+, a をそれぞれ光子の生成・消滅演算子,ω をレーザー周波数として

$$H_L = \hbar\omega(a^+a + 1/2) \tag{2.4.30}$$

と書ける.相互作用がない場合 $(V_{AL}=0)$,ハミルトニアン $H_A + H_L$ の固有関数は原子状態 i と光子数 N を用いて $|i\rangle|N\rangle = |i, N\rangle$ と表すことができ,その固有値は

$$\langle i, N | H_A + H_L | i, N \rangle = \hbar(\omega_i + N\omega) \tag{2.4.31}$$

である.レーザー場をあらわに取り入れたこの状態は「原子が光の衣をまとった状態」,すなわちドレスト (dressed) 状態と呼ばれる.固有状態 a, b からなる2準位系を考えると,2つのドレスト状態 $|a, N+1\rangle$ と $|b, N\rangle$ は近共鳴条件下 $\delta = \omega - \omega_{ab} \sim 0$ で近接したエネルギーをもつ(図 2.4.2 (b)).

電気双極子近似における相互作用ハミルトニアン $V_{AL} = -\boldsymbol{D}\cdot\boldsymbol{E}$ は,演算子 a^+, a を用いてレーザー電場 $\boldsymbol{E}$ が

$$\boldsymbol{E} = \sqrt{\frac{\hbar\omega}{2\varepsilon_0 V}}\boldsymbol{\varepsilon}(a^+ + a) \tag{2.4.32}$$

と書けることを用いると,
$$V_{AL} = g(|b\rangle\langle a| + |a\rangle\langle b|)(a^+ + a) \tag{2.4.33}$$
となる. ここで,
$$g = \sqrt{\frac{\hbar\omega}{2\varepsilon_0 V}}\, \boldsymbol{D}_{ab} \tag{2.4.34}$$
であり, ε_0 は真空の誘電率, V はレーザー場の境界条件を定める立方体の体積である. これから $|a, N+1\rangle$ と $|b, N\rangle$ 状態間の相互作用の大きさは,
$$v_N = \langle b, N | V_{AL} | a, N+1 \rangle = g\sqrt{N+1} \tag{2.4.35}$$
となる. いま考えているレーザー場の平均光子数 $\langle N \rangle$ は 1 より十分大きいので, 上式は
$$v_N = g\sqrt{\langle N \rangle} \tag{2.4.36}$$
と近似できる. コヒーレント状態におけるレーザー電場の期待値は
$$\langle \boldsymbol{E} \rangle = 2\sqrt{\frac{\hbar\omega}{2\varepsilon_0 V}}\sqrt{\langle N \rangle}\cos\omega t = E_0 \cos\omega t \tag{2.4.37}$$
であることを用いると,
$$v_N = \frac{D_{ab}E_0}{2} = \frac{\hbar\Omega_0}{2} \tag{2.4.38}$$
となる. 式 (2.4.31) と式 (2.4.35) を用いて, ハミルトニアンを行列式の形で書くと,

$$H = \begin{pmatrix} \ddots & 0 & 0 & \hbar\Omega_0/2 & 0 & 0 & \iddots \\ 0 & \hbar[\omega_a + (N+1)\omega] & \hbar\Omega_0/2 & 0 & 0 & 0 & 0 \\ 0 & \hbar\Omega_0/2 & \hbar[\omega_b + N\omega] & 0 & 0 & \hbar\Omega_0/2 & 0 \\ \hbar\Omega_0/2 & 0 & 0 & \hbar[\omega_a + N\omega] & \hbar\Omega_0/2 & 0 & 0 \\ 0 & 0 & 0 & \hbar\Omega_0/2 & \hbar[\omega_b + (N-1)\omega] & 0 & 0 \\ 0 & 0 & \hbar\Omega_0/2 & 0 & 0 & \hbar[\omega_a + (N-1)\omega] & \hbar\Omega_0/2 \\ \iddots & 0 & 0 & 0 & 0 & \hbar\Omega_0/2 & \ddots \end{pmatrix}$$
$$\tag{2.4.39}$$

となり, たとえば状態 $|b, N\rangle$ は次の状態と相互作用をもつ.
$$\cdots \leftrightarrow |b, N+2\rangle \leftrightarrow |a, N+1\rangle \leftrightarrow |b, N\rangle \leftrightarrow |a, N-1\rangle \leftrightarrow |b, N-2\rangle \leftrightarrow \cdots \tag{2.4.40}$$
近共鳴条件下では, このうち $|a, N+1\rangle$ が $|b, N\rangle$ と近いエネルギーをもつので, この 2 準位間の相互作用を考慮すればよい. これは上で述べた回転波近似を用いることに相当する. この場合固有状態 $|1(N)\rangle$ と $|2(N)\rangle$ は 2×2 行列の対角化によって得られる.
$$|1(N)\rangle = \sin\theta |a, N+1\rangle + \cos\theta |b, N\rangle$$
$$|2(N)\rangle = \cos\theta |a, N+1\rangle - \sin\theta |b, N\rangle$$
$$\tan 2\theta = -\Omega_0/\delta \tag{2.4.41}$$
固有状態間のエネルギー差は式 (2.4.25) を用いて $\hbar\Omega$ で与えられ, 系のエネルギー準位がシフトする (図 2.4.2(c)). 一般に, 原子とレーザー場との相互作用によるエネルギー準位の変化は AC シュタルクシフトと呼ばれる.

近共鳴条件下で測定された Na 原子 $3^2P_{3/2}$-$3^2S_{1/2}$ 遷移の高分解能発光スペクトルには，レーザー場強度が大きくなるにつれて周波数 $\omega, \omega+\Omega, \omega-\Omega$ をもつ3本のピーク（Mollow の三重線）が観測される[3]．これは相互作用が無視できるとき（$V_{AL} \sim 0$），発光遷移が $|a, N\rangle$ と $|b, N\rangle$ 状態間だけで許容であるのに対し，$V_{AL} \neq 0$ ではこれらの状態の混合によって，$|1(N)\rangle, |2(N)\rangle$ 状態と $|1(N-1)\rangle, |2(N-1)\rangle$ 状態間の遷移がすべて許容になるためと理解できる（図 2.4.2 (c)）．式（2.4.41）からわかるように状態の混ざり方はレーザー場の強度だけでなく共鳴からのずれにも依存する．

ドレスト状態は定常レーザー場において定義されるが，パルス波形の時間変化がレーザー周波数に比べて十分ゆるやかなパルスレーザーにも適用することができる．この取り扱いは固有状態およびそのエネルギーの変化を直感的に理解することができるため，レーザー場における原子や分子の取り扱いにしばしば用いられる．

c. 多準位系：共鳴多光子イオン化

多光子吸収過程は原子準位との共鳴によって，その確率がきわめて大きくなる．こうした共鳴多光子過程のうちイオン化を伴うものは共鳴促進多光子イオン化（resonance enhanced multi-photon ionization, REMPI）と呼ばれ，分光計測において重要な過程の1つである．準位数が3以上である多準位系については，共鳴に関与する準位をあらわに扱い，ハミルトニアンの行列要素にその他の非共鳴準位からの寄与を取り入れた実効ハミルトニアンを用いた手法が有用である[1]．

基底状態 $|a\rangle$ から2光子吸収で励起状態 $|b\rangle$ に共鳴し，そこから一光子吸収でイオン化状態 $|k\rangle$ への遷移が起きる場合を考えると，ハミルトニアンは

$$H = \begin{pmatrix} \hbar\omega_a + \Delta_a & V_{ab}^{(2)} & V_{ak}^{(3)} \\ V_{ba}^{(2)} & \hbar\omega_b - 2\hbar\omega + \Delta_b & \hbar\Omega_0 \\ V_{ka}^{(3)} & \hbar\Omega_0 & \hbar\omega_k - 3\hbar\omega \end{pmatrix} \quad (2.4.42)$$

と書ける．ここで $\hbar\Omega_0 = V_{kb}^{(1)} = D_{bk}E_0$ である．二光子および三光子遷移振幅 $V_{ab}^{(2)}, V_{ak}^{(3)}$，非共鳴準位との相互作用による AC シュタルクシフト $\Delta_i (i=a, b)$ は摂動論（2.4.1 項を参照）を用いて評価すると，

$$V_{ab}^{(2)} = (E_0/2)^2 \langle a | D_\varepsilon G'(\omega_a + \omega) D_\varepsilon | b \rangle$$
$$V_{ak}^{(3)} = (E_0/2)^3 \langle a | D_\varepsilon G'(\omega_a + \omega) D_\varepsilon G'(\omega_a + 2\omega) D_\varepsilon | k \rangle$$
$$\Delta_i = V_{ii}^{(2)} = (E_0/2)^2 \langle i | D_\varepsilon G'(\omega_i + \omega) D_\varepsilon | i \rangle + (E_0/2)^2 \langle i | D_\varepsilon G'(\omega_i - \omega) D_\varepsilon | i \rangle \quad (2.4.43)$$

となる．ただし G' のプライムは式（2.4.13）の和において，あらわに考えた共鳴準位を除くことを意味する．一般に共鳴多光子イオン化の速度は共鳴準位の存在とレーザー場における準位エネルギーのシフトのため，摂動論に基づく式 $W_{i \to f}^{(k)} \propto I^k$ とは異なるふるまいを示す[4]．

AC シュタルクシフトによる共鳴は遷移強度の増大を伴うため，強レーザー場におけるイオン化において重要な過程である．レーザーパルス幅が十分短い場合（$\leq 100\,\text{fs}$），共鳴の効果は光電子のスペクトルにも現れる（図 2.4.4 (a)）．これは主としてイオン

化限界近くの高リュードベリ状態がエネルギーシフトを受け，多光子共鳴することに由来する（図 2.4.4 (b)）．リュードベリ状態のエネルギーシフトは，レーザー場における自由電子のサイクル平均運動エネルギー，すなわち動重力（ponderomotive）ポテンシャル U_p

$$U_\mathrm{p} = \frac{e^2 E_0^2}{4 m_e \omega^2} \tag{2.4.44}$$

で近似することができる．ここで m_e は電子の質量である．これはレーザー場の強度 I，波長 λ を用いて

$$U_\mathrm{p}(\mathrm{eV}) = 9.34 \times 10^{-14} I(\mathrm{W/cm^2})(\lambda(\mu\mathrm{m}))^2 \tag{2.4.45}$$

と書ける．これからわかるようにエネルギーシフトは強度に比例し，波長が長い場合により顕著になる．レーザーパルス内でのレーザー強度変化に伴って異なるリュードベリ状態が共鳴するため，光電子スペクトルには一般に複数の共鳴構造が観測される．また，光電子スペクトルには光子エネルギーごとに繰り返し構造がみられることがある（図 2.4.4 (a)）．これは光子の過剰吸収による越閾イオン化（above threshold ionization,

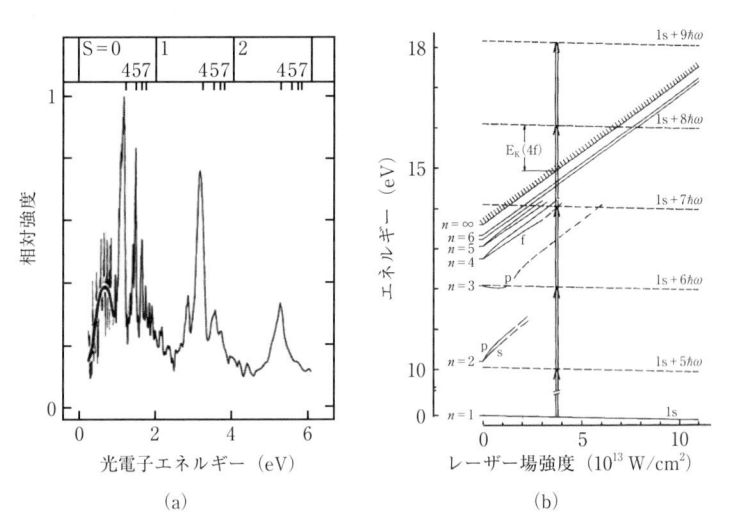

(a)

(b)

図 2.4.4
(a) 強レーザー場（608 nm，~10^{14} W/cm^2，~0.4 ps）における水素原子の光電子スペクトル[19]
AC シュタルクシフトしたリュードベリ状態（$n=4$〜7）への共鳴による微細構造と越閾イオン化（ATI）による光子エネルギー間隔（2.0 eV）ごとの繰り返し構造（余剰光子数 S）がみられる．
(b) 水素原子における AC シュタルクシフトの概念図[20]
レーザー強度の増加に伴って，基底状態と 7 光子共鳴する準位が高いリュードベリ状態（$n=7$）から低い状態（$n=4$）に変化することがわかる．イオン化ポテンシャルは動重力ポテンシャル（式（2.4.44））によってシフトするため，共鳴準位の違いが光電子スペクトルに反映される．

ATI）を反映したものである．

d. トンネルイオン化

クーロン電場と外部電場によるポテンシャル障壁を電子が透過することによって起こるイオン化（図2.4.5 (b)）はトンネルイオン化と呼ばれる．レーザー場が強くなると，ポテンシャル障壁の高さが電子の束縛エネルギーより小さくなり，電子が直接障壁を超える障壁抑制イオン化（barrier suppression ionization, BSI）が起こる（図2.4.5 (c)）．

トンネルイオン化と多光子イオン化はケルディッシュ（Keldysh）パラメータ

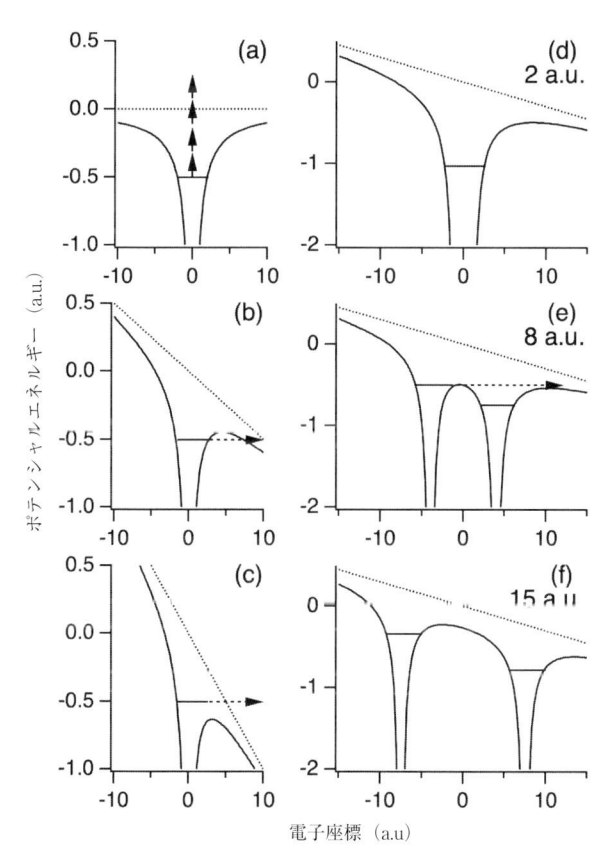

図2.4.5 強レーザー場における原子および分子のイオン化過程
レーザー強度による水素原子のイオン化過程の変化：(a) 多光子イオン化，(b) トンネルイオン化（瞬間電場強度 $E=0.03$ a.u.），(c) 障壁抑制イオン化（$E=0.05$ a.u.）．
核間距離 R に対する水素分子のトンネルイオン化過程（$E=0.03$ a.u.）の変化：(d) $R=2$ a.u., (e) $R=8$ a.u., (f) $R=15$ a.u.

$$\gamma = \left(\frac{I_\mathrm{p}}{2U_\mathrm{p}}\right)^{1/2} \tag{2.4.46}$$

を用いて大別できる．ここで I_p は原子のイオン化ポテンシャルである．トンネルイオン化は $\gamma\ll 1$，多光子イオン化は $\gamma\gg 1$ に対応する．

(1) ADK 理論

Ammosov，Delone，Krainov（ADK）ら[5] はトンネル過程を半古典的に扱い，原子の初期状態を実効主量子数 n^*，軌道角運動量 l，磁気量子数 m を用いて取り入れたモデルを導いた．この ADK 理論によるイオン化速度は，原子単位系を用いて，

$$W_\mathrm{ADK} = C_{n^*l}^2 f(l,m) I_\mathrm{p} \left[\frac{3E_0}{\pi(2I_\mathrm{p})^{3/2}}\right]^{1/2} \left[\frac{2}{E_0}(2I_\mathrm{p})^{3/2}\right]^{2n^*-|m|-1} \exp\left[-\frac{2}{3E_0}(2I_\mathrm{p})^{3/2}\right] \tag{2.4.47}$$

と表される[6]．ここでトンネル過程は各時刻における電場強度に対して決まる準静的ポテンシャル障壁を用いて計算し，$[3E_0/\pi(2I_\mathrm{p})^{3/2}]^{1/2}$ はレーザー1周期分の平均によって現れた項である．原子構造は2つの因子

$$C_{n^*l} = \left(\frac{2e}{n^*}\right)^{n^*} \frac{1}{(2\pi n^*)^{1/2}} \tag{2.4.48}$$

$$f(l,m) = \frac{(2l+1)(l+|m|)!}{2^{|m|}(|m|)!(l-|m|)!} \tag{2.4.49}$$

に反映される（ただし e は自然対数）．ここで用いられた近似は，$n^*\gg 1$，$E_0\ll 1$，$\omega\ll I_\mathrm{p}$ のときによい近似となる．ADK 理論によるこの表式は原子構造の違いを取り入れた計算が簡単に行えるためによく用いられる．式 (2.4.47) からわかるように，イオン化速度は，電場強度 E の逆数に対して指数関数的に減少する．このため電子放出は1周期のうち電場強度が最大の時刻で最も起こりやすい．

(2) KFR 理論

Keldysh は原子の束縛初期状態からレーザー場における自由電子状態（Volkov 状態）への遷移を摂動論を用いて扱い，$\gamma\ll 1$ についてイオン化速度の計算を行った．これに対して，$\gamma\gg 1$ の場合も取り扱えるようにしたのが Keldysh-Faisal-Reiss(KFR) 理論である．水素様原子の波動関数を初期状態としたイオン化速度は，

$$W_\mathrm{KFR} = 32\omega n_\mathrm{b}^{5/2} \sum_{n=N_0}^{\infty} \frac{(n-n_\mathrm{osc}-n_\mathrm{b})^{1/2}}{(n-n_\mathrm{osc})^2} \int_0^1 J_n^2\left(n_\mathrm{f}, -\frac{1}{2}n_\mathrm{osc}\right) d\mu \tag{2.4.50}$$

と書ける[6]．ただし，$n_\mathrm{osc}=U_\mathrm{p}/\hbar\omega$，$n_\mathrm{b}=I_\mathrm{p}/\hbar\omega$，$n_\mathrm{f}=[8n_\mathrm{osc}(n-n_\mathrm{osc}-n_\mathrm{b})]^{1/2}\mu$，$\mu=\cos\theta$ であり，J_n は一般化ベッセル関数，N_0 は $n_\mathrm{osc}+n_\mathrm{b}$ より大きい最も小さい整数，θ はレーザー偏光方向と放出電子の運動方向のなす角である．Volkov 状態はレーザー場中の自由電子を表すため，この表式は負イオンから電子脱離過程などレーザー場に比べてクーロン場が無視できる場合によい近似となる．クーロン相互作用を KFR 理論に取り入れたアプローチもいくつか提案されている[7]．

e. 電子再衝突

強レーザー場において原子から放出された電子はレーザー場と相互作用をしながら運動する．直線偏光したレーザー場を考え，イオンコアからのクーロン力を無視すると，時刻 $t=t_i$ に初期運動量 $\boldsymbol{p}=0$ で放出された電子がレーザーパルス終了後（$t=\infty$）にもつ運動量は，古典論を用いて，

$$\boldsymbol{p}(t=\infty) = -e\int_{t_i}^{\infty} \boldsymbol{E}(t)\,dt = e\boldsymbol{A}(t_i) \tag{2.4.51}$$

と書ける．ただし $\boldsymbol{A}(t)$ は時刻 t におけるベクトルポテンシャルであり，$\boldsymbol{E}(t)=-\partial \boldsymbol{A}(t)/\partial t$ を満たす．これからイオンコアとの再衝突がない場合，$t=\infty$ における光電子の運動エネルギーの最大値は

$$E_{\text{kin}} = \frac{e^2 A_0^2}{2m_{\text{e}}} = 2U_{\text{p}} \tag{2.4.52}$$

となる．ここで A_0 はベクトルポテンシャルの振幅である．

レーザー場において原子から放出された電子は，レーザー電場方向の反転によってイオンコアに衝突することがある．この電子再衝突が起こるための条件は，再衝突時刻を $t=t_c$ とすると

$$\int_{t_i}^{t_c} \boldsymbol{A}(t)\,dt = \boldsymbol{A}(t_i)(t_c-t_i) \tag{2.4.53}$$

と表される．このときの電子運動エネルギーは再衝突時間 $\tau=\omega(t_c-t_i)$ の関数として図 2.4.6 のように変化し，最大で $E_{\text{kin}} \sim 3.2\,U_{\text{p}}$ となる．また図から明らかなように $E_{\text{kin}} < 3.2\,U_{\text{p}}$ のエネルギーに対しては衝突過程に2つ以上の軌道が関与する．このうちおもな寄与となる最初の2つの軌道（$\tau<6$）は，それぞれ短軌道（short trajectory）および長軌道（long trajectory）と呼ばれる．再衝突過程はレーザー偏光状態に対して敏感であり，楕円偏光したレーザーを用いた場合，再衝突確率が大きく減少する[8]．

電子とイオンコアとの再衝突過程は大きく分けて，I) 弾性散乱，II) 非弾性散乱，III) 再結合過程に分類される．弾性散乱した電子はレーザー場との相互作用によって

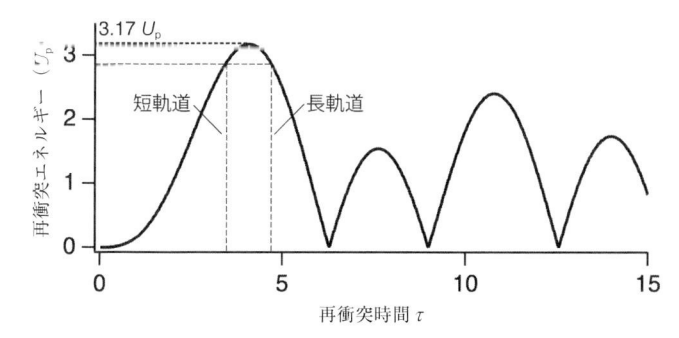

図 2.4.6 レーザー場における再衝突電子の運動エネルギーの再衝突時間 $\tau=\omega(t_c-t_i)$ に対する依存性

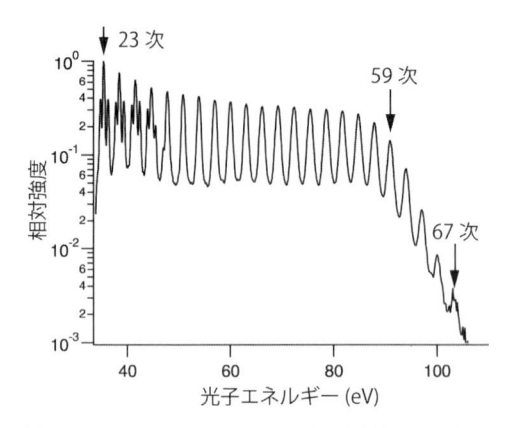

図 2.4.7 チタンサファイアレーザー（波長 800 nm）の高次高調波のスペクトル

媒質は Ne ガス．第 23 次から第 59 次までの強度がほぼ一定の「台地」様領域と，そこからの急峻なカットオフが観測されている．第 23 次から第 29 次高調波スペクトルの両側に見えるピークは分光器回折格子による 2 次回折光．

加速される．とくに後方散乱された電子に対してその運動エネルギーは最大（$E_{kin}\sim 10\,U_p$）となり[9] 光電子スペクトルには $E_{kin}\sim 10\,U_p$ における急激な信号強度の減少（カットオフ）が観測される．

非弾性散乱では電子再衝突によってイオンコアの電子励起やイオン化が起こる．このうちイオン化は 2 つの電子が同時に放出される"非段階的"2 重イオン化過程に対応する．これは，一価イオン状態を経由した"段階的"な 2 重イオン化過程と競合し，比較的低いレーザー場強度において後者より大きな寄与を示す[8]．

再結合過程において再衝突エネルギーは光として放出され，レーザーパルス幅が長い（≧10 fs）場合，系の反転対称性を反映してレーザー周波数の奇数次高調波となって観測される（図 2.4.7）．高調波の光子エネルギーの最大値は $I_p+3.2\,U_p$ で与えられ，高調波スペクトルにはこのエネルギーで明瞭なカットオフがみられる．その低エネルギー側には強度が次数によってほとんど変化しない"台地（plateau）"様の領域が観測され，次数のべき乗となる摂動論からの予想（式 (2.4.17)）とは大きく異なる．レーザー高次高調波は，深紫外から軟 X 線領域の超短パルス光源として重要であるとともに，その広い周波数帯域を利用したアト秒（10^{-18}s）領域の光パルス発生に用いられる[10]．

2.4.3 強レーザー場分子過程
a. 分子配列
レーザー場と分子の相互作用を利用することによって，空間における分子の向きを制

御できる.非共鳴レーザー場における直線分子の回転運動についてのハミルトニアンは B を回転定数,J を角運動量演算子,θ を分子軸とレーザー偏光方向のなす角として,

$$H = BJ^2 + V_\mu(\theta) + V_\alpha(\theta) \tag{2.4.54}$$

と書ける[11].ここで,

$$V_\mu(\theta) = -\mu E(t)\cos\theta \tag{2.4.55}$$

$$V_\alpha(\theta) = -\frac{1}{2}E(t)^2(\alpha_\parallel \cos^2\theta + \alpha_\perp \sin^2\theta) \tag{2.4.56}$$

で,μ は分子の永久電気双極子,$\alpha_\parallel$, $\alpha_\perp$ はそれぞれ長軸および短軸方向の分極率である.レーザーパルス幅が光学周期 $2\pi/\omega$ に比べて十分長い場合は,時間平均によって式(2.4.54)の永久双極子相互作用 $V_\mu(\theta)$ は無視できる.直線分子では通常 $\alpha_\parallel > \alpha_\perp$ であり,このため $V_\alpha(\theta)$ は分子軸がレーザー偏光方向に対して平行の場合に極小,垂直の場合に極大となる周期ポテンシャルを与える.レーザーパルス強度の時間変化が十分ゆるやかで,自由回転状態からこの周期ポテンシャルに閉じ込められた振り子(pendular)状態への遷移が断熱的に起こる場合,レーザー偏光方向に対する分子軸方向の配列(alignment)が誘起される.配列の程度を表す指標として $\cos^2\theta$ の分布平均 $\langle\cos^2\theta\rangle$ が用いられ,自由回転の場合 $\langle\cos^2\theta\rangle = 1/3$,分子軸が完全にレーザー偏光方向に配列した場合 $\langle\cos^2\theta\rangle = 1$ となる.回転温度 T_{rot} のアンサンブルについて平均した分子配列パラメータ $\langle\!\langle\cos^2\theta\rangle\!\rangle$ の変化の様子を図 2.4.8 に示す.分子の配列度はレーザー場強度の増加および回転温度 T_{rot} の低下によって増大する.このため実験は超音速ジェットなどを用いた低温度条件下($T_{\text{rot}} < 10\,\text{K}$)で行われる[12].振り子状態への変化はナノ秒程度の長いレーザーパルスを用いて断熱的に誘起するため,パルス終了後はもとの自由回転状態に戻る.

フェムト秒からピコ秒程度の超短パルスを用いれば,回転波束の生成によってトラン

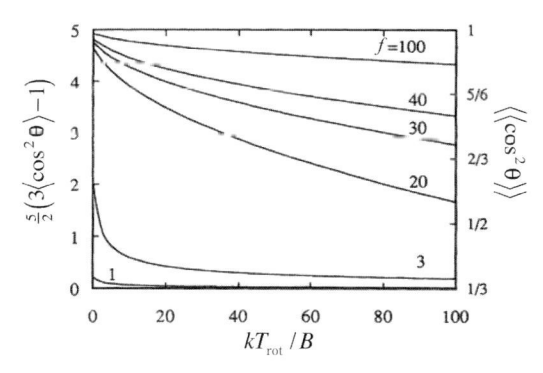

図 2.4.8 分子配列パラメータ $\langle\!\langle\cos^2\theta\rangle\!\rangle$ の縮約回転温度 kT_{rot}/B に対する依存性[11]
$f = [(\alpha_\parallel - \alpha_\perp)E^2/(4B)]^{1/2}$ は分子形状の非等方性($\alpha_\parallel - \alpha_\perp$),レーザー場電場強度 E,回転定数 B で決まるパラメータ.

ジェントな分子配列を起こすことができる[13]．これは短時間で大きく変化する分極相互作用 $V_\alpha(\theta)$ によって非断熱的に複数の回転状態が励起され，そのコヒーレントな重ね合わせが起こるためである．この非断熱分子配列は，レーザーパルス終了後に高い配列状態が周期的に実現できるため，レーザー場の影響がない条件下で配列した分子を利用した実験に用いられる．

b. 核運動ダイナミクス

強レーザー場中においては，分子内の電子がレーザー場から強い擾乱を受けることによって核間ポテンシャルが変化する．核間ポテンシャルの変化の様子は，2.4.2項bで述べたドレスト状態を用いて理解することができる．H_2^+分子において束縛型と反発型ポテンシャルをもつ2つの電子状態 $|1s\sigma_g\rangle$, $|2p\sigma_u\rangle$ に N 光子が結合したドレスト状態のポテンシャルを図2.4.9(b)に示す．分子とレーザー場の相互作用はドレスト状態間の相互作用として扱われる．その結果，有限のレーザー強度において $|1s\sigma_g, N\rangle$, $|2p\sigma_u, N-1\rangle$ 状態は断熱的に交差し新たなポテンシャルが生成する．この反発交差の大きさは $\hbar\Omega_0$ で与えられ，たとえば遷移モーメント $D_{ab} = 1$ a.u. に対してレーザー場強度 1×10^{12} W/cm^2 のとき，分子振動のエネルギー（~ 1000 cm^{-1}）とほぼ同じ大きさになる．式 (2.4.24) からわかるようにレーザー場強度が大きくなるとポテンシャル反発交差の増大に伴ってポテンシャル障壁が低くなるため，原子間の結合が弱くなる．強レーザー場における H_2^+ から生成した H^+ の運動エネルギースペクトルに見出される3つのピークのうち（図2.4.9），最も低エネルギー側のピークはこの結合軟化（bond softening）による．レー

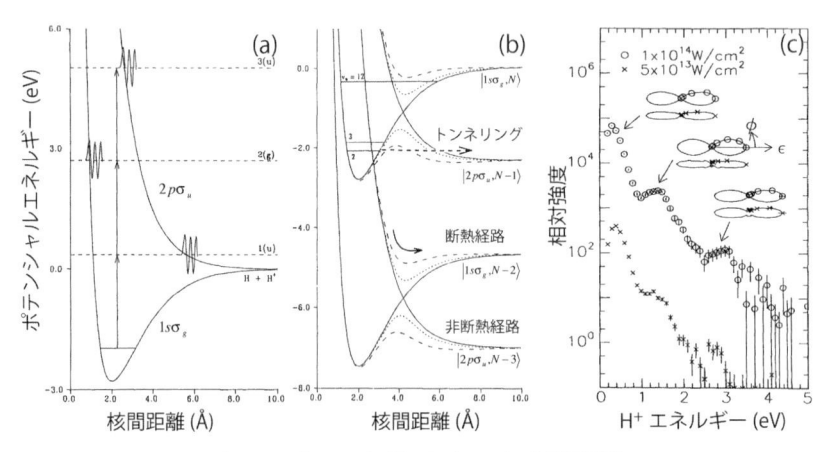

図2.4.9 強レーザー場における H_2^+ の解離過程[15]
(a) H_2^+ $1s\sigma_g$ 状態および $2p\sigma_u$ 状態のポテンシャル曲線．
(b) 波長532 nm レーザー場におけるドレスト状態表示．点線および破線はそれぞれレーザー場強度 0.5×10^{14} W/cm^2, 1.0×10^{14} W/cm^2 における断熱ポテンシャル．
(c) 強レーザー場における解離生成 H^+ の運動エネルギー分布．

ザー場強度が十分大きい場合にはより高次の過程も重要な解離経路となる[14, 15]．図2.4.9 (c)において1.5 eVおよび3.0 eVに観測されたピークは $|1s\sigma_g, N\rangle$ 状態と $|2p\sigma_u, N-3\rangle$ 状態の交差から，$|1s\sigma_g, N-2\rangle$ 状態と $|2p\sigma_u, N-3\rangle$ 状態の交差をそれぞれ断熱的および非断熱的に経由して，解離に至る経路に対応している．このように核間ポテンシャルはレーザーパルス内における瞬間強度に応じて変形するため，レーザー波形の最適化によって分子過程を制御することができる．

c. 多重イオン化，クーロン爆発

一般に 10^{15} W/cm^2 を超える強いレーザー場においては，分子から複数の電子が放出される．その結果生成した多価分子イオンは原子間のクーロン反発によるきわめて高速な解離，すなわち"クーロン爆発"を起こす．レーザーのパルス幅が核運動の時間スケールよりも長い場合，多価分子イオンから生成したフラグメントイオンの運動エネルギーの総和は，純粋なクーロンポテンシャルによる予想に比べて小さい．これは実際の核間ポテンシャルがクーロンポテンシャルとは異なることに加えて，核間距離が大きい伸張した分子構造でイオン化が促進されることに由来する[16, 17]．核間距離が平衡核間距離程度の場合（$R \sim R_e$，図2.4.5(d)），イオン化過程は原子と同様とみなすことができるのに対し，大きな核間距離では（図2.4.5(e)），中央のポテンシャル障壁が高くなり電子がそれぞれのポテンシャル井戸に局在化される．このとき，左側の井戸における電子エネルギーは右側のポテンシャル障壁よりも高いため，電子が幅の狭い中央のポテンシャル障壁を超えることによって，同じレーザー場強度でもイオン化が起こりやすくなる．さらに核間距離が大きくなると，イオン化過程は再び原子様となるためイオン化が抑制される（図2.4.5(f)）．この結果，ある核間距離の近傍でイオン化が起こりやすくなる．実際のレーザー場は交番電場であり，断熱過程ではつねに低いポテンシャル側に電子が存在する．このためイオン化速度の増大が起こるためには，非断熱遷移によって高エネルギー側の井戸に電子が存在する必要がある[18]．

〔菱川明栄〕

文　献

1) F. H. M. Faisal, *Theory of Multiphoton Processes*（Plenum Press, New York, London, 1986）.
2) 霜田光一者，「レーザー物理入門」（岩波書店，1983）．
3) C. Cohen-Tannoudji, J. Dupont-Roc and G. Grynberg, *Atom-Photon Interactions: Basic Processes and Applications*（Wiley, New York, 1998）．
4) J. Morellec, D. Normand and G. Petite, *Phys. Rev.* **A 14**（1976）300.
5) M. V. Ammosov, N. B. Delone and V. P. Krainov, *Sov. Phys. JETP* **64**（1986）1191.
6) A. Becker, L. Plaja, P. Moreno, M. Nurhuda and F. H. M. Faisal, *Phys. Rev.* **A 64**（2001）023408.
7) S. Augst, D. D. Meyerhoter, D. Strickland and S. L. Chin, *J. Opt. Soc. Am.* **B8**（1991）858.
8) B. Sheehy and L. F. DiMauro, *Annu. Rev. Phys. Chem.* **47**（1996）463.
9) G. G. Paulus, W. Becker and H. Walther, *Phys. Rev.* **A 52**（1995）4043.
10) P. Agostini and L. F. DiMauro, *Rep. Prog. Phys.* **67**（2004）813.
11) B. Friedrich and D. Herschbach, *Phys. Rev. Lett.* **74**（1995）4623.

12) H. Sakai, C. P. Safvan, J. J. Larsen, K. M. Hilligsøe, K. Hald and H. Stapelfeldt, *J. Chem. Phys.* **110** (1999) 10235.
13) F. Rosca-Pruna and M. J. J. Vrakking, *Phys. Rev. Lett.* **87** (2001) 153902.
14) P. H. Bucksbaum, A. Zavriyev, H. G. Muller and D. W. Schumacher, *Phys. Rev. Lett.* **64** (1990) 1883.
15) A. Giusti-Suzor, F. H. Mies, L. F. DiMauro, E. Charron and B. Yang, *J. Phys.* **B 28** (1995) 309.
16) J. H. Posthumus, *Rep. Prog. Phys.* **67** (2004) 623.
17) T. Seideman, M. Y. Ivanov and P. B. Corkum, *Phys. Rev. Lett.* **75** (1995) 2819.
18) I. Kawata, H. Kono and Y. Fujimura, *J. Chem. Phys.* **110** (1999) 11152.
19) H. Rottke, B. Wolff, M. Brickwedde, D. Feldmann and K. H. Welge, *Phys. Rev. Lett.* **64** (1990) 404.
20) D. Feldmann, H. Rottke, K. H. Welge and B. Wolff-Rottke, in *Super-intense Laser-atom Physics*, Edited by P. Piraux, A. L'Huiller and K. Razazewski (Plenum, New York, 1993) pp. 129.

3 衝突過程

3.1 衝突過程に関係する物理量

3.1.1 原子衝突断面積

2個の粒子A, B(電子,原子,分子など)の衝突を考える.いま,標的粒子Bは空間に止まっているとする(両方の粒子が動いている場合については3.1.3項参照).衝突してくる粒子(以下,入射粒子という)Aはビーム状をなし,そのフラックスをj,入射方向をzとする.衝突が起こった後,単位時間に,散乱角(θ,ϕ)方向の微小立体角$d\Omega$内に出てくる粒子Aの数を

$$J(\theta,\phi)d\Omega \quad (d\Omega=\sin\theta d\theta d\phi)$$

とする.Jはjに比例する.その比例係数をqとするとqは角度に依存する.すなわち

$$q(\theta,\phi)=\frac{J(\theta,\phi)}{j} \quad (3.1.1)$$

と書けるが,これを衝突の際の微分断面積という.散乱角で積分した

$$Q=\int q(\theta,\phi)d\Omega \quad (3.1.2)$$

を衝突断面積(あるいは,衝突の際の積分断面積)という.この場合,衝突頻度(単位時間当たりの衝突回数)は

$$\nu_{\text{col}}=\int J(\theta,\phi)d\Omega=jQ \quad (3.1.3)$$

で与えられる.入射ビームの速度が一様(vとする)で数密度がnのときは$j=nv$となるので,衝突頻度は

$$\nu_{\text{col}}=nvQ \quad (3.1.4)$$

となる.

これまでは粒子Bが止まっていて粒子Aのビームが入射してくると考えたが,反対に粒子Aが止まっていてBが衝突してくるとしてもまったく同じである.すなわち,数密度nの気体中(ただし,静止している)を1個の粒子が速度vで通り抜けるときも衝突頻度は式(3.1.4)で与えられる.このとき粒子Bが単位距離進む間に衝突する

回数は

$$\xi = \frac{1}{v} v_{\text{col}} = nQ \tag{3.1.5}$$

で与えられる．すなわち平均自由行程は

$$\lambda_{\text{mfp}} = \frac{1}{\xi} = \frac{1}{nQ} \tag{3.1.6}$$

となる．さらに，入射粒子が速度分布（F とする）をもつ群をなしている場合（ただし密度 N），単位時間，単位体積中で起こる衝突の数は

$$R = Nn \int v Q(v) F(\boldsymbol{v}) d\boldsymbol{v} \tag{3.1.7}$$

で与えられる（式 (3.1.4) の拡張）．これを

$$R = kNn \tag{3.1.8}$$

と書くと比例係数 k は，

$$k = \int v Q(v) F(\boldsymbol{v}) d\boldsymbol{v} \tag{3.1.9}$$

で与えられるが，これを反応速度定数（あるいは，反応速度係数）という．

3.1.2 量子論による扱い

原子や分子を扱うには量子力学が必要である．ここでは，量子論を用いて衝突断面積を表すとどうなるかを示す．

粒子 A と B の衝突を定常状態で考える．すなわち，粒子 B が止まっているところへ A が絶えず流れてきて衝突が定常的に起こっているとする．A + B 全体の波動関数を考え，その境界条件を次のようにとる．ただし座標の原点は B の位置にあるとする．

$$\Psi \xrightarrow{r \to \infty} e^{i\boldsymbol{k}\cdot\boldsymbol{r}} + f_k(\theta, \phi) \frac{e^{ikr}}{r} \tag{3.1.10}$$

ここで右辺第 1 項は入射粒子（平面波）を，第 2 項は外へ広がってゆく波を表す．$\boldsymbol{k}$ は入射粒子の波数ベクトルであり，その運動量を表す．f は散乱振幅と呼ばれ，波動方程式を解くと決まる量である．

微分断面積の定義 (3.1.1) を使うには粒子のフラックスが必要となる．量子論におけるフラックスは

$$\boldsymbol{j} = \frac{\hbar}{2\mu i} (\Phi^* \nabla \Phi - \Phi \nabla \Phi^*) \tag{3.1.11}$$

で与えられる．ここで μ は入射粒子の質量である．まず式 (3.1.10) の右辺第 1 項を式 (3.1.11) に代入すると入射フラックスが次のように得られる．

$$j = \frac{\hbar k}{\mu} \tag{3.1.12}$$

同様にして式 (3.1.10) の右辺第 2 項を用いると外へ出ていく粒子のフラックス J_r が求まる．ただしここでは $r \to \infty$ で考える．式 (3.1.1) に現れる J は立体角当たりの量な

ので
$$J = J_r \times r^2 = \frac{\hbar k}{\mu} |f_k|^2 \tag{3.1.13}$$
となる．したがって微分断面積式（3.1.1）は
$$q(\theta, \phi) = \frac{J}{j} = |f_k|^2 \tag{3.1.14}$$
で与えられる．すなわち波動方程式を解いてその解の漸近形から散乱振幅を求めると，式（3.1.14）からただちに微分断面積が求まる．

ここまでは弾性散乱を考えてきた．非弾性散乱の場合は衝突前後のエネルギーが違うことを考慮して式（3.1.10）右辺第 1, 2 項の波数をそれぞれ k, k' とすると，対応する微分断面積は
$$q(\theta, \phi) = \frac{k'}{k} |f_{k \to k'}|^2 \tag{3.1.14}'$$
となる．

3.1.3 二体衝突と相対運動

3.1.1 項で断面積を定義するにあたって，衝突の際の標的は空間に固定されているとした．しかし実際に起こる衝突過程では 2 個の粒子が両方とも動いているのが普通である．そこで以下，動いている 2 個の粒子の衝突を考えよう．それらの粒子の質量を m_1, m_2, 速度を $\bm{v}_1, \bm{v}_2$ とする．ここで重心系の速度
$$\bm{g}_i = \bm{v}_i - \bm{G} \quad i = 1, 2 \tag{3.1.15}$$
を導入する．$\bm{G}$ は重心の速度である：
$$\bm{G} = \frac{m_1}{M} \bm{v}_1 + \frac{m_2}{M} \bm{v}_2 \tag{3.1.16}$$
ただし $M = m_1 + m_2$．ここで相対速度 $\bm{v} = \bm{v}_1 - \bm{v}_2$ を使うと
$$\bm{v}_1 = \frac{m_2}{M} \bm{v} + \bm{G}$$
$$\bm{v}_2 = -\frac{m_1}{M} \bm{v} + \bm{G} \tag{3.1.17}$$
となる．すなわち，2 粒子の運動（$\bm{v}_1, \bm{v}_2$）はそれらの相対運動（$\bm{v}$）と重心の運動（$\bm{G}$）の重ね合わせで表せる．

全系の運動エネルギーは，式（3.1.17）の関係を用いると
$$E = E_{\mathrm{CM}} + E_{\mathrm{G}} \tag{3.1.18}$$
と表せることがわかる．ここで右辺第 1 項は重心系での粒子の全エネルギーであり，第 2 項は重心の運動エネルギーである．とくに前者は
$$E_{\mathrm{CM}} = \frac{1}{2} m_1 \bm{g}_1^2 + \frac{1}{2} m_2 \bm{g}_2^2 = \frac{1}{2} \mu \bm{v}^2 \tag{3.1.19}$$
と書ける．ここで

$$\mu = \frac{m_1 m_2}{M} \tag{3.1.20}$$

は換算質量と呼ばれる量である．質量 μ の粒子が速度 v で動いているときのエネルギーを相対運動エネルギー（E_{rel}）とすると，式（3.1.19）から

$$E_{\text{CM}} = E_{\text{rel}} \tag{3.1.21}$$

となり，式（3.1.18）から

$$E = E_{\text{rel}} + E_{\text{G}} \tag{3.1.22}$$

となる．なお，衝突に際して変化しうるのは E_{rel} のみである（E_{G} は不変）．

このことから推測されるように，任意の（動いている）2個の粒子の衝突を扱う際は質量 μ をもつ仮想的な1個の粒子の運動を解き，必要ならそれに重心運動を加えればよい．実際2個の粒子の運動方程式は，古典論でも量子論でも相対運動の式と重心の運動の式に分けることができ，前者のみを解けばよいことが示せる．3.1.1, 3.1.2項で扱った断面積は相対運動に関するものとすればそのままでよい．ただしそこに現れる質量はすべて衝突する2個の粒子の換算質量とし，エネルギーは相対運動のエネルギーとみなす．なお具体的には，i）電子と原子分子の衝突の場合．換算質量 μ はほぼ電子の質量 m_e に等しい．すなわち，ほとんどの場合，標的は止まっているとして考えればよい．ii）原子分子（あるいはイオン）同士の衝突．理論的に考える際には重心を止めた系（重心系）で相対運動のみを考えればよい．しかし，実験結果の解釈には実験条件に応じて2粒子の運動をあらわに考慮した系（実験室系）でもものごとを考える必要がある．たとえば，標的粒子2が最初止まっていてそこに粒子1がぶつかってくる場合を考えよう．実験室系での全運動エネルギー（E）および重心系での相対運動のエネルギー（E_{rel}）の初期値はそれぞれ $E = \frac{1}{2} m_1 v_1^2$，$E_{\text{rel}} = \frac{1}{2} \mu v_1^2$ である．断面積をエネルギーの関数として表す場合，理論の論文では E_{rel} を，実験の論文では E（しばしば単に"衝突エネルギー"と呼ばれる）を使うことが多いので注意を要する．

3.1.4　中心力ポテンシャルによる散乱

量子論による断面積の計算の例として，中心力ポテンシャル $V(r)$ による粒子（質量を μ，エネルギーを E とする）の散乱をとりあげる．これは原子衝突の最も簡単な例題である．

粒子の従う運動方程式は

$$\left[-\frac{\hbar^2}{2\mu} \nabla^2 + V(r) \right] \Psi = E \Psi \tag{3.1.23}$$

対称性を考慮して波動関数を次のように展開する（P はルジャンドル関数）

$$\Psi = \frac{1}{r} \sum_l u_l(r) P_l(\cos \theta) \tag{3.1.24}$$

ここで l は入射粒子の角運動量に対応する．動径関数 u は

$$\left[\frac{d^2}{dr^2}-\frac{l(l+1)}{r^2}-\frac{2\mu}{\hbar^2}\{V-E\}\right]u_l=0 \tag{3.1.25}$$

に従う．この式の解は次のような漸近形をもつ．

$$u_l \xrightarrow{r\to\infty} A_l \sin\left(kr-\frac{l}{2}\pi+\eta_l\right) \tag{3.1.26}$$

ここで η_l は位相のずれと呼ばれ，実際には式 (3.1.25) を解いて求められる．式 (3.1.26) を (3.1.24) に代入して得られる漸近形が断面積の定義に表れる式 (3.1.10) に等しいためには

$$f=\frac{1}{k}\sum_l (2l+1)e^{i\eta_l}(\sin\eta_l)P_l(\cos\theta) \tag{3.1.27}$$

が成り立つ必要がある（詳しくは文献[1] または文献[3] を参照）．これから断面積が次のように求まる：

$$q(\theta)=\frac{1}{4k^2}\left|\sum_l (2l+1)(e^{2i\eta_l}-1)P_l(\cos\theta)\right|^2 \tag{3.1.28}$$

$$Q=\frac{4\pi}{k^2}\sum_l (2l+1)(\sin\eta_l)^2 \tag{3.1.29}$$

なお，式 (3.1.24) は部分波展開と呼ばれる． 〔市川行和〕

文　　献

注）原子衝突一般については，以下の文献が参考になる．
1) 高柳和夫，「電子・原子・分子の衝突」（培風館，1996）．
2) 金子洋三郎，「原子衝突入門」（培風館，1999）．
3) 高柳和夫，「原子衝突」（朝倉書店，2007）．

3.2　電子と原子分子の衝突

3.2.1　はじめに

　微視的世界における量子力学に基づく孤立系の原子・分子レベルでの理論的取り扱いが第1章で詳しく述べられてきた．しかし，それらの美しい数学的記述も，それが実証されてはじめて自然科学といえる．すなわち，それらを実証するためには観察や実験という科学的方法が必要である．とくに，原子・分子系のような少数多体問題を理論的に扱うためには限界もある．本書では，原子・分子にかかわる基本的粒子である電子，光子，イオンのふるまいを束縛状態と連続状態に大別して原子・分子のもつ多様性を統一的に実験理論両面から探索することに重点がおかれている．また，基礎・応用科学を問わず広く技術の中で求められている量子力学的解釈・発想の手段として，原子・分子科学が不可欠であるとの観点からも書かれている．

さて，本節で扱う電子は内部構造をもたない点状粒子と考えられている．負の電荷 1.6×10^{-19} C をもち，質量は陽子のおよそ 1/1836 で 0.9×10^{-30} kg，半整数スピン（±1/2）のフェルミ粒子の一種類で，バリオン数 0 で宇宙を構成する素粒子のレプトンに属する．標準模型では第一世代の電荷レプトンとして分類されている．その寿命は $\tau_e > 5 \times 10^{21}$ 年できわめて安定である．原子は不安定なものも含め現在 118 まで知られている．原子は原子核の周りに周期律表の原子番号に相当する数の電子が運動している．原子核は電子数と等しい正の電荷をもつ陽子と電気的に中性の中性子（その個数は原子番号より多いときも少ないときもある）と，それらを結合する中間子でできている．一方，分子は有限の数の原子の結合で形成されている．宇宙創成のシナリオでは，ビッグバン後，数分でヘリウム原子核が生成され，宇宙の晴れ上がりとともに 50 万年ごろに水素原子が，そして，10 億年ごろ水素分子が出現したと書かれている．宇宙は膨張とともに冷え，約 150 億年後の現在，地球上には原子と多様性に富む分子が多数存在している．分子の数は定かではないが，自然界にもともと存在していたもの，自然界から精製されたもの，さらに人工的に合成されたもの等々，数えきれないほどである．

自然界に存在する分子にかかわる創生機構についての研究の興味も尽きることがない．一方，人類は近代科学の時代に入り人工的に多くの分子を合成してきている．それらの生成原因が原子や分子の価電子の局在化に起因することについては，量子力学の束縛状態の問題として第 1 章で理論的な観点から詳しく述べられている．電子は物質界ではつねに影の主役としてふるまい，物質の本質を決定しているといっても過言ではない．本節では，それらの原子や分子の量子状態を探索する方法の 1 つとしての電子と原子・分子の衝突現象について実験と理論の両面から概説することにする．

a. 電子と原子分子の衝突の様式

これから述べる電子と原子・分子の衝突機構では入射電子と標的原子・分子との相互作用は素性のよくわかっているクーロン力である．原子・分子の構造そのものもそれを構成する粒子間のクーロン力で扱えた．孤立原子では原子核の周りを電子が運動する一中心問題と考えてよい．しかし，分子では構成原子による多中心性が問題を複雑化する．すなわち，分子では原子核による内部運動や解離の自由度を考慮する必要がある．それらのエネルギー状態を原子のグロトリアン図と分子のポテンシャル曲線でその概略を図 3.2.1 (He) および図 3.2.2 (O_2) に示す．なお，本節の議論では標的粒子をあえて原子と分子の 2 つの項目に分けないで，必要に応じて原子また分子を選びながら議論を進めることにする．

一般に，原子や分子の内部状態を観察するためには外から摂動を作用させてそれらの応答を探索する必要がある．すでに光による探索は第 2 章で述べられている．そこでは，一般的に摂動論が適用でき，ボーズ粒子である光子が従わねばならぬ必然，すなわち，"光学的許容遷移" という強い制約が選択則として課されている．そのために，特定の状態を選択的に観測できる利点がある．一方，本節で扱う内部構造のない点状粒子の電子を

3.2 電子と原子分子の衝突   181

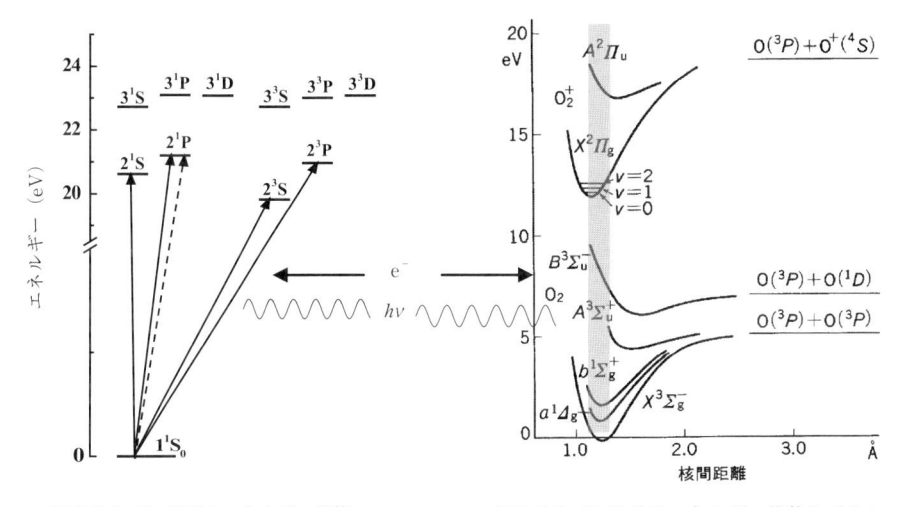

図 3.2.1 He 原子のエネルギー状態

図 3.2.2 O_2 分子のエネルギー状態とポテンシャル曲線

　入射粒子として用いる実験手法には，内部構造をもつ他の荷電粒子（たとえば 3.8 節のイオン衝突などを参照）に比べると光子と同じように衝突機構を単純化できる長所がある．また，入射電子のエネルギーが高くなると，標的原子・分子との相互作用を瞬時の作用と考え摂動論を用いて光の相互作用と類似の扱いも可能である．

　しかし，フェルミ粒子である電子による衝突過程には光励起では起こらない励起状態が観測できる．たとえば，パウリの原理に起因する三重項遷移が起こる．入射電子が標的原子・分子に接近して標的の電子雲に入り込み標的内電子との区別がつかなくなり，電子同士の交換の可能性が起こるのである．また，衝突エネルギーが低くなると標的粒子との相互作用領域での入射電子の滞在時間が長くなり，短寿命の間ではあるが複合粒子（負イオン）を形成することもある．いわゆる共鳴状態の発現である．とくに，標的粒子が分子の場合，原子核の振動・回転運動との相互作用も重要になってくる．その他，入射電子と標的原子・分子のイオン化により放出された 2 次電子との電子相関効果の直接的な観察も可能となる．このように電子と原子・分子の衝突機構では，光では不可能な"光学的禁制遷移"を含め，じつに多様な衝突励起ダイナミクスの探索が期待できる．

　電子衝突過程は，3.1.2 項で定義されたように標的原子・分子の内部エネルギーが保たれるか否かによって弾性衝突と非弾性衝突に大別できる．非弾性衝突過程には回転励起（$\sim 10^{-4}$），振動励起（$\sim 10^{-2}$），電子状態励起（~ 10），電離（> 10），解離（> 10），付着（< 10）が含まれる（括弧内の数値は励起に要するエネルギーのおよその値を eV 単位で示した）．厳密にいえば，弾性衝突においても，電子が $\Delta E/E \sim m/M$（電子と原子・分子の質量比）程度のエネルギーを失う．この効果は気体の中の電子の拡散を考えるときに無視できないが，一回衝突に際しては，一般に弾性衝突では入射電子の速さはほと

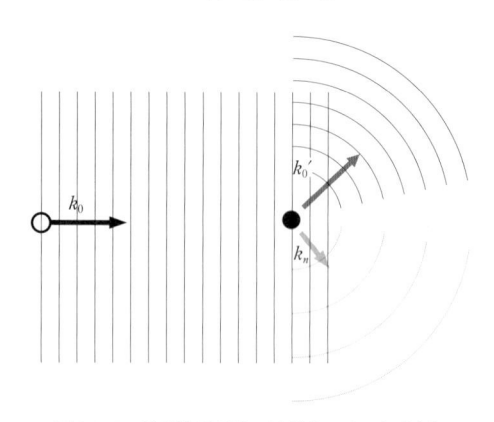

図 3.2.3 電子散乱現象の波動像による概念図

んど変わらないとし運動方向のみ変化すると考えてよい．
　それぞれの衝突励起過程がどのような確率で起こるかを定量的に表す物理量についても 3.1.1 項ですでに説明されている．それらは模式的に次のような描像で表現できる．ミクロな世界では物質の二重性が現れ電子も電子波としてもふるまう．その関係はよく知られたド・ブロイの式，$\lambda = \sqrt{150/V}$ Å で与えられる．たとえば，150 V に加速された電子の波長は 1 Å に相当する．これは原子や分子の空間的広がりに対応し，入射電子波はほどよく標的と相互作用して散乱される．実験ではこの散乱波を無限遠（標的の広がりに比べて）で観測して得られる情報から目には見えない原子・分子の状態の探索を行うのである．式 (3.1.10) で記述した衝突機構は図 3.2.3 に示すような波の散乱様式で表現できる．これは古典的な波の散乱および伝播におけるホイヘンスの原理に相当する．ここで，波の進む方向を表す波数ベクトル（$|k| = 2\pi/\lambda$）を，入射波 k_0，弾性散乱して方向だけが変わる散乱波 k_0'，非弾性衝突の後に新しく生まれる散乱波 k_n（波面の間隔が違うことに注意，$\lambda_n > \lambda_0$）とする．
　シュレーディンガー方程式に基づくこれら散乱状態の波動関数の理論的扱いについては，3.2.3 項で量子力学の連続状態の固有値問題として概略する．ただし，以下に述べる実験結果を説明するための手助けとなる必要最小限にとどめる．電子衝突一般については，やや古いが文献[1]が参考になる．

b. 衝突断面積セットの代表例

　Ar と H_2O を例として衝突エネルギー 0.1〜1000 eV の領域での原子・分子の代表的な電子衝突断面積が図 3.2.4(a), (b) に示されている．
　Ar については，全断面積（tot）は高エネルギー部分をゼッカら[2a]と低エネルギー部分をバックマンら[2b]，運動量移行断面積（mom）は電気学会版電子衝突断面積推奨データセット[2c]，電離断面積（ion）はラップとゴールデン[2d]，電子状態励起断面積（exc）

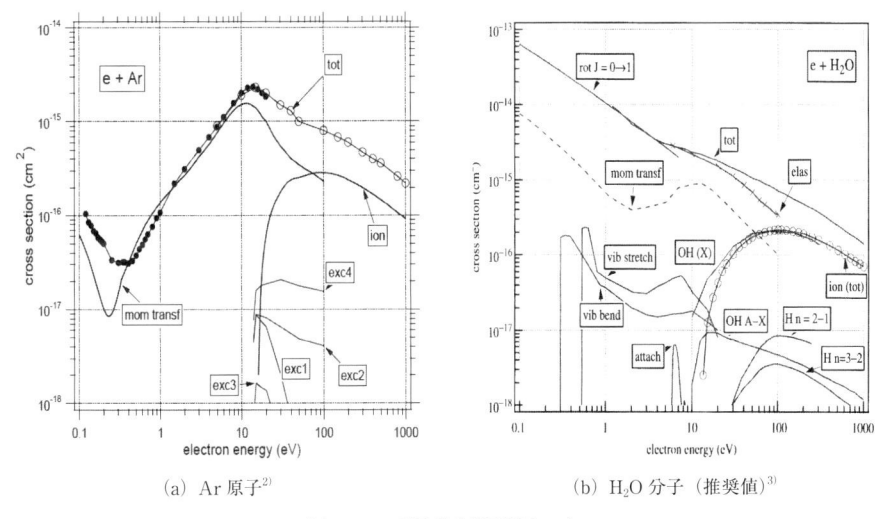

(a) Ar 原子[2]　　　(b) H_2O 分子（推奨値）[3]

図 3.2.4 電子衝突断面積セット

は下から4つの励起状態のみをカクーら[2e]による実験値から，それぞれとった衝突断面積セットが示してある．

H_2O では，全断面積，運動量移行断面積，電子状態励起，電離のほかに弾性衝突（elas: q_0）と分子特有の非弾性衝突過程の回転励起（rot: q_r）と振動励起（vib: q_v）の積分断面積がそれぞれ示されている[3]．弾性衝突はすべての衝突エネルギーで起こる．励起断面積はそれぞれのしきい値で急激に立ち上がり衝突過程に応じて衝突エネルギー依存性に特徴あるパターンを示すことがわかる．Ar で衝突エネルギー 0.2〜0.4 eV 近傍に極小値が現れている．これは後述するようにラムザウアー-タウンゼント効果と呼ばれる現象である．そして，〜10 eV のイオン化近傍には幅の広い極大値が見える．H_2O では，解離（OH, H_n : q_d）や，電子付着（attach : q_a）が起こる．共鳴による電子捕獲で H_2O^{-*} 負イオン（$^2B_1, {}^2A_1, {}^2B_2$）が生成され，解離性電子付着過程を介して H^-，O^-，OH^- へ崩壊していく．H_2O の回転励起の断面積は低エネルギー衝突できわめて大きくなる．これは水分子のもつ大きな電気双極子のためで，(3.2.2 項 e) で述べる．対応する光吸収断面積も大きい．日ごろ使っているマイクロ波加熱の物理的原理がここにある．図 3.2.4 に見るように分子では原子に比べると断面積の種類が多くなり複雑になる．それは分子では原子核の運動の自由度が含まれるからである．実際には，このような励起過程は無数にあり，ここに掲げた断面積はこれまで測定されたものの中でデータ評価がされた信頼性の高いものだけに限られている．広い衝突エネルギー領域で各種断面積の大きさを比較すると，電子と原子・分子衝突における相互作用は衝突エネルギー 100 eV 以下で支配的であることがわかる．

c. 電子分光による衝突断面積の測定

原子・分子の内部状態を探索する方法の1つとして，原子・分子に電子，光，イオン，励起原子などをあてて発生する電子の運動エネルギー分布，運動量分布，さらにそれらの角度分布などを測定するものがある．これらの分光法を総称して電子分光法という．たとえば一定のエネルギーの電子を標的の原子・分子に衝突させて，非弾性衝突により散乱された電子のエネルギーを測定する電子エネルギー損失分光法，光の照射による光電子分光法，X線照射による ESCA（Electron Spectroscopy for Chemical Analysis），励起原子を衝突させるペニングイオン化電子分光法などがある．これら電子分光法では電子のエネルギー分散を利用したエネルギー分析器（アナライザー）を使って電子の運動エネルギーを測定する．アナライザーのエネルギー分解能は分離しようとする励起過程のエネルギー間隔より狭いことが必要である．当然，励起のための入射電子のエネルギー分解能もよくなくてはならない．そのためのエネルギー選別器（単色器，モノクロメーター）も必要になる．これは前章で述べられた光学的分光器の回折格子やプリズムの役目をするものである．エネルギー分散系には電場型（分散型と電場阻止型がある），磁場型，電場と磁場の組み合わせ型，電子飛行時間型があり，それぞれ実験目的に応じて使用されている．電子源には伝統的な熱電子放出，光電子放出，冷陰極フィールドエミッションなどが使われる．

また，標的原子・分子の内部状態が基底状態のみではなく励起状態にある場合の実験では標的の生成にいろいろな工夫を要する．その他，電子には物理量として重要なスピンの自由度もありスピン偏極電子を使った実験も可能である．3.2.2項の研究例の中で，使用される電子分光系については順次紹介していくこととしここでは名称だけにとどめる（図3.2.5）．

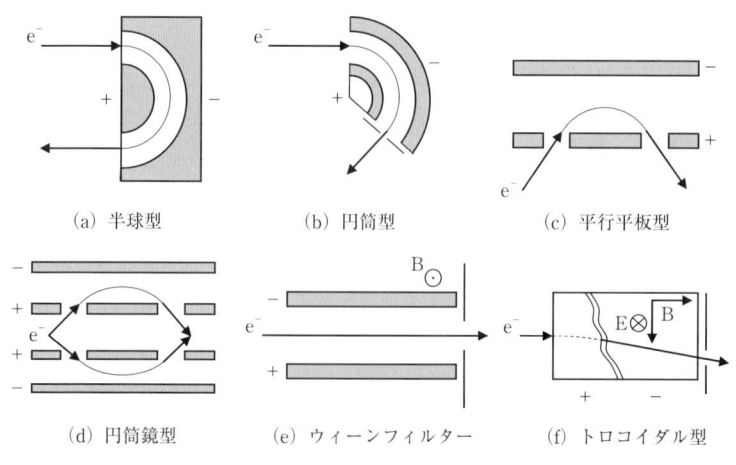

(a) 半球型　　(b) 円筒型　　(c) 平行平板型

(d) 円筒鏡型　　(e) ウィーンフィルター　　(f) トロコイダル型

図3.2.5　各種電子分光装置の原理図

d. 電子衝撃による発光過程の測定

電子分法と相補的な実験として電子衝撃による原子・分子の発光過程の測定[4]も重要である．光吸収・励起とは異なり，電子衝撃では光学的許容遷移と光学的禁制遷移の両方の励起ができる特徴がある．それらの励起状態にある標的原子・分子は光学的許容遷移過程を通して光を放出して低いエネルギー状態に緩和する．電子衝突で分子が基底状態 (S_0) から光学許容遷移 (A_1, 選択則を満たして) で最低励起一重項状態 (S_1) へ励起したとする．後続過程としては図 3.2.6 に示すように，i) S_1 状態内のより低い振動状態に脱励起する振動緩和 V_R, ii) S_0 状態へ発光で戻る蛍光 F, iii) 無輻射で緩和する内部変換 I_c, iv) 同様に無輻射で項間交差を通して三重項状態に遷移する過程：I_s, その他，v) 励起エネルギー移動と電子移動 E_{ex}, E_e などが考えられる．より高い励起一重項状態 (S_2) へ励起した場合も S_1 状態と同様に順次下位の状態に緩和する．電子衝撃では光学的禁制遷移 (スピン禁制 A') で直接最低励起三重項状態 (T_1) へ励起が起こせる．あるいは S_1 状態からの項間交差 (I_s) を通しての励起も考えられる．一重項状態の場合と同じように振動緩和 V_r, 項間交差 I_c, F の代わりにリン光 P でそれぞれ緩和する．一般に三重項励起状態は寿命が長いため，三重項間の遷移 (T_1-T_2) の起こる可能性がある．これらの後続過程は分子の種類に大きく依存する．これらの複雑な過程が分子の発光過程から探索できる．

発光過程を測定するにはそれぞれの励起緩和過程に対して，マイクロ波 (回転励起)，赤外 (振動励起)，可視・真空紫外 (外殻電子励起)，軟X線 (内殻電子励起) 光学的分光系を用意する必要がある．

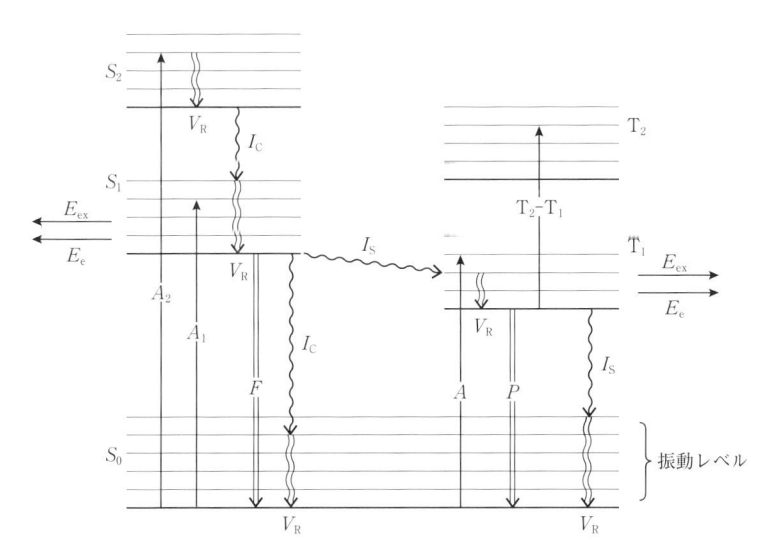

図 3.2.6 分子の励起・緩和過程の概念図：ジャブロンスキーダイアグラム (文献[5] p.135)

電子衝撃で原子・分子から放出される光を観測することで求まる断面積は"発光断面積（emission cross section）"と呼ばれる．いまその光が状態間の遷移 $n \to m$ で放出されるとする．当該発光断面積は，状態 n の励起断面積と密接に関係するがまったく同じものではない．検出される光の中には，n よりも上の状態に励起された後，上記のさまざまな緩和過程を経て n に落ちてきて光を出すものもあるからである．このような効果（一般にカスケード過程と呼ばれる）についての補正を行ってはじめて発光断面積と励起断面積を比べることができる．

e. 電子衝突研究の背景と意義

これまで述べられてきたように，原子・分子物理学の研究は相互作用が既知のため実験と理論との非常に精密な比較を可能とする"精密科学"の場を提供する特徴がある．そのため，精密実験や高信頼度の実験が求められ，高度の新しい実験装置，技術の開発，そしてそれらの組み合わせによる複合計測が数多く生み出されてきている．同時に，量子力学の少数多体系衝突現象の理論的解明も基礎科学できわめて重要である．これらの分野は"原子・分子過程科学"という名称で呼ばれる場合もある．そして，放電科学・宇宙科学・天体物理・化学反応・気体レーザー研究・プラズマ核融合・表面科学・分析科学・環境科学・放射線科学・半導体超微細加工プラズマ技術などきわめて広範な研究分野の欠くことのできない基礎のみならず，とくに，ナノ領域での原子・分子制御で不可欠な実験・計測技術であることにも深くかかわっていることに注意していただきたい．歴史的にいえば，以下に述べるように前世紀の初頭，原子・分子の新しい実験事実が引き金となって量子力学の理論的構築が始まったわけである．そして，その後の科学技術の変遷の中でつねに原子・分子科学への回帰があり現在に至っている．

3.2.2 電子衝突研究といろいろな電子分光法

本項では，電子衝突実験研究の代表的な例をあげながらその電子分光手法もあわせて紹介することにする．電子衝突における原子・分子との相互作用では光学的禁制遷移のような選択則の制約がなくなる．そのため光励起では見えない多様な励起状態の観測が可能となる．電子衝突研究のこの特性についてはこれまで繰り返し強調してきた．その他，電子の衝突エネルギーは印加電圧を変えることで自由に制御でき，光励起に比べるとはるかに実験的に有利である．

a. 電子衝突実験のあけぼの

電子と気体分子の衝突実験の歴史は古く量子力学の確立以前に行われていた．初めての試みは1903年にレナード[6]によって実行され，1912年のフランクとヘルツの水銀原子と電子の衝突実験[7]では，気体状の水銀を満たしたセル内に電子ビームを透過させ水銀原子との非弾性衝突でエネルギー損失した電子（水銀原子内電子が励起されることで入射電子はエネルギーを失う）を阻止電場法でエネルギー分析して透過電子強度に不連

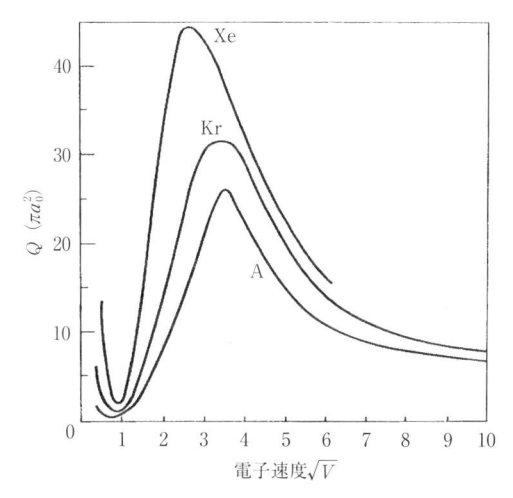

図 3.2.7 電子衝突による希ガス原子の全衝突断面積測定値（文献[11] p.25）

続スペクトルを観測した．このことは水銀内電子のエネルギー状態が不連続であることを示しており，原子の中の電子の定常状態の存在が検証された．その後，1921年に原子・分子に関するより定量的な全断面積の絶対測定[8]がラムザウアーによって行われた（全断面積の定義は3.2.2項bに示す）．散乱平面鉛直方向に磁場を印加し，スリットで円軌道に拘束された電子軌道上に気体原子・分子を充填した衝突室を設け，原子・分子との散乱による電子の透過減衰強度を測定した．100年もの長きにわたり生き残っている価値ある全断面積のデータである（図3.2.7）．測定法は3.2.2項bで述べるが，ラムザウアー-タウンゼント効果として知られる極小値が観測されている．これは中心力ポテンシャルによる散乱の式（3.1.29）で説明できる．問題の極小が観測される低エネルギー衝突では部分波のうち $l=0$ の s 波が支配的である．いま s 波の位相のずれが $n\pi$ に等しいと式（3.1.29）から断面積は0になる．相互作用はあるのだが，この場合はあたかも衝突しないかのようにすり抜けてしまう．これは電子が波としてふるまうためで，この実験結果は量子論によってはじめて正しく説明された．このように量子力学の創成期では原子分子物理学が最先端の学問でありその中で電子衝突実験が果たした役割は大きい．

　1950年代後半から，同様の磁場を使った方法を改良した測定やその他の電子分光法に磁場を使う測定手法がいろいろ開発され以下に述べるトロコイダル分光法も一例で広く共鳴現象の研究に使われてきた．一方，磁場を使わない静電型電子分光法がクラークら[9]により導入され電子のエネルギー損失分光法が本格的に開発され，この分野の実験研究が飛躍的に発展していくことになる．また，コンピュータの発展とともに理論的な取り扱いも急速に進展した．以下，電子衝突研究の進展[10,11]と現状にもふれながらこ

の分野の概観をしてみることにする．

b. 透過減衰法とスウォーム法

3.1 節で定義された電子衝突現象にかかわる物理量，弾性散乱やすべての励起過程を含む積分断面積の合計は電子衝突断面積の上限を与えることになる．それを全断面積と呼ぶ．

$$Q(E_0) = q_0 + \sum_n q_{\mathrm{on}}^r + \sum_n q_{\mathrm{on}}^v + \sum_n q_{\mathrm{on}}^e + \sum_n q_{\mathrm{on}}^i + \sum_n q_{\mathrm{on}}^a \tag{3.2.1}$$

図 3.2.4(a), (b) の "tot" に対応する．ここでは，全断面積を直接高精度で測定する方法を紹介しよう．ただし，この方法では各励起過程の内訳が分離できない．

図 3.2.8(a) のように，強度 I_0 の電子が，数密度 n の標的粒子で満たされた長さ L のセルを通過するとき，その透過強度は $I = I_0 e^{-nQL}$ で表せる．I と I_0 を測定し，n と L を知れば，全断面積 Q が求まる．光吸収測定のランバート-ベール（Lambert-Beer）の方法としても知られている．このとき，電子が標的粒子と一回衝突が保証されていなければならない．そのためにセル内のガス圧を変化させながら透過強度の線形性を確認することが求められる．バラトロンによるガス圧の絶対測定から数密度 n が求まる．また，セルの電子ビームの入口と出口のアパチャーからのガスの漏れ出しによるセルの実効長（L）の変化やアパチャーの有限半径に起因する前方散乱の紛れ込みの見積もりも実験精度に影響を与える．極性分子の場合は前方散乱の効果がデータの精度に大きな影響を与える．とくに，衝突エネルギーが低くなると電子ビームの指向性の制御が難しくなるため磁場を電子ビームに平行に印加することがある．その場合磁場に絡まり螺旋運動する電子の影響を見積もる必要がある．磁場を使わない場合は磁気シールドによる地球磁場の遮蔽が必要になる．電子分光系に使用する非磁性でパッチ電圧の安定な金属材料の吟味ももちろん重要になる．一見単純な実験に見えるがこれまでのデータにはま

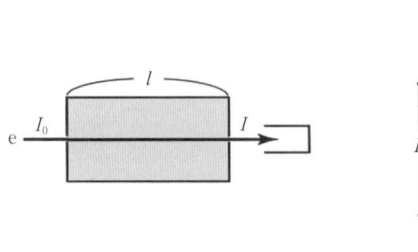

(a) 透過減衰型電子衝突全断面積測定実験の原理図

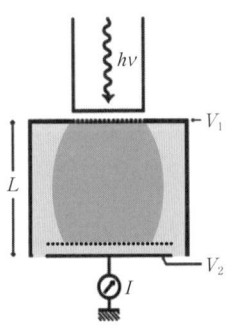

(b) スウォーム実験の概念図

図 3.2.8 透過減衰法とスウォーム法

だ食い違いが散見する.

一方,標的粒子気体中で電子源より放出された電子が図3.2.8(b)に示すように縦軸方向に印加された電界のもとで,標的粒子と多数回衝突を繰り返しながら運動すると,電子は広い範囲のエネルギー分布をもった電子の群れ(スウォーム)となる.このスウォームの電子の統計的なふるまいを調べ,ドリフト速度,拡散係数などの輸送係数,また励起,電離,電子付着などの速度係数といった巨視的測定量(スウォームパラメータ)を求める[12].それらは電界強度と気体密度との比の関数で表せる.スウォームパラメータは電子の速度分布関数で決まる.分布関数は,衝突断面積が与えられれば,ボルツマン方程式を解いて求められる.実際は測定されたスウォームパラメータを与えるように衝突断面積を調節する.一般に,気体中の電子の輸送係数を支配しているのは

$$q_0^M(E_0) = \int_0^{2\pi}\int_0^{\pi} \sigma_0(E_0, \theta, \varphi)(1-\cos\theta)\sin\theta d\theta d\varphi \qquad (3.2.2)$$

で定義される運動量移行断面積である.ただしσ_0は弾性散乱微分断面積である.したがってスウォーム法は運動量移行断面積を実験的に求めるのに古くから用いられてきた.図3.2.4(a)に示したものもそのようにして求めたものである.

c. 電子エネルギー損失分光法

全断面積の定義(3.2.1)で示した各励起ごとの内訳を測定するためには衝突励起過程ごとの励起エネルギーを損失した電子の検出が必要になる.すなわち,衝突後の散乱電子のエネルギー分析が必要になる.また,各励起過程ごとにエネルギー分離するために,入射電子のエネルギーを単色化せねばならない.

ここで,図3.2.9に概略図を示す180°半球型静電場分散型分析器を用いた電子エネルギー損失分光法を例に電子分光の原理を少していねいに説明する.標的粒子ビームに,

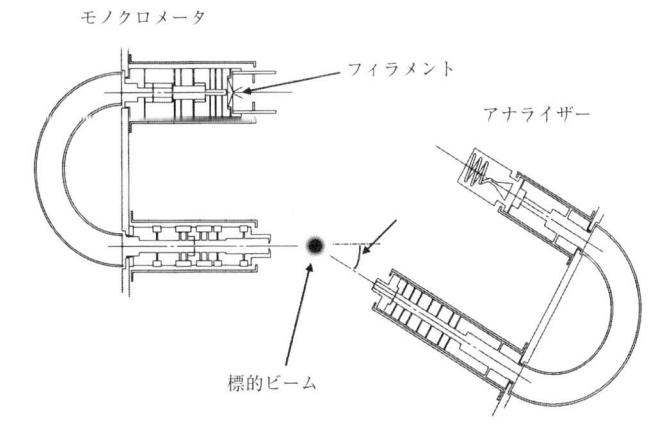

図3.2.9 180°半球型静電電子分光計による微分断面積測定

既知のエネルギー（E_0）の強度 $I(E_0)$ の電子ビームを直角に衝突させる．衝突後散乱した電子の強度 $I(E_0-\Delta E, \theta)$ を散乱電子のエネルギーごとに散乱角度（θ）の関数として測定する．装置は，入射電子のエネルギーを選別して単色化するエネルギー選別器（モノクロメーター），標的原子・分子ビーム，そして散乱電子のエネルギーを分析するエネルギー分析器（アナライザー）の3つに大別できる．電子の発生源には熱放出電子がよく使われる．その電子のエネルギー分解能は 0.3～0.5 eV ほどである．エネルギー分析された電子は，多くの場合，電子増倍管を用いてパルス計測される．その他の電子源を使った電子分光法については後の節で説明する．

(1) エネルギー分散系（モノクロメータとアナライザー）

エネルギー選別器および分析器はおおざっぱに次のように説明できる．あるエネルギー E_0 (eV) をもった電子が，分析器の入射スリット（ω）上に垂直に進入し，電位差のある内球（半径 r_a）と外球（半径 r_b）がつくる空間内の平均半径 $r=(r_a+r_b)/2$ 上に沿って運動して出口スリット（ω）から出射（半球型では180°，円筒型では127°でそれぞれ収束条件を満たす）する場合を考える．電子に電場（ε）が及ぼす力と求心力がつりあう必要がある（$e\varepsilon=2E_0/r$）．逆にいえば，半球間の電位差を適当に選ぶことで，いろいろなエネルギーをもった電子を選別，分析できることを意味している（エネルギー分散）．これが電子分光の原理である．この技術は，電子以外の光やイオンで照射して，放出する電子の運動エネルギーを電子分光する場合にも使われている．エネルギー選別器の形状にはこのほか円筒型，平板型のものがそれぞれの目的に応じて使われる．電子ビームの角度分散も含めると半球型が理想的である．

装置のエネルギー分解能は $\Delta E \approx \omega E_s/2r$ で与えられる．ここで，E_s は半球内の電子のエネルギーを示す．電子ビーム強度とエネルギー分解能との間には相反関係がある．そのために実験可能な電子ビーム強度（～nA）を保障するためには，分解能（～10 meV）を犠牲にする必要がある．標的の数密度が～$N_0=10^{23}$（アボガドロ数）の固体の場合（～meV 以下：フェルミオロジーの研究[13]での分解能）とは実験条件が違うことに注意してもらいたい．すなわち，ガス原子・分子を標的とする実験では電子との多重散乱が起こらない条件下で測定を行わねばならない．そのため，標的の数密度は固体に比べて5桁以上少ない．すなわち，分解能については固体実験との比較は直接できない．また，光学的分光法に比べると分解能が低い難点はある．

(2) 標的ビーム生成系

図 3.2.9 に示すようにビーム交差（クロスビーム）法ではノズルから生成される原子・分子ビームを電子ビームと直角に交差させて衝突実験を行う．回転励起を凍結させたり，クラスター標的の生成ではビームを冷却するために超音速ビームを使えばよい．逆に，ノズルを直接加熱したり，レーザーや電子ビームを標的原子・分子に交差させることで励起原子・分子標的の生成も可能である．その他，ガスセルを標的に用いることもある．標的ガス圧力の測定や散乱強度の点でビーム交差法より利点はあるが電子ビームと標的ガスビームのつくる散乱体積の散乱角度依存性の補正が微分断面積（DCS）測定で問題

になる．

(3) 分光系の動作法

電子分光系の動作法には大きく分けて，i) 入射電子の衝突エネルギー（E_0）を固定して散乱電子のエネルギー損失（ΔE）を変化させるエネルギー損失モード（たとえば，図 3.2.10，3.2.13 参照），ii) 特定の励起でエネルギー損失した電子のみをアナライザーで検出しながら，衝突エネルギーを変化させる励起関数モード（たとえば図 3.2.18，3.2.19），iii) 原子・分子の励起後，散乱された電子がもつ残余エネルギー（$E_r = E_0 - \Delta E$）を一定に保ちながら，入射電子の衝突エネルギーと散乱電子の損失エネルギーを同時に変化させる残余エネルギー一定モード（図 3.2.15）の 3 つがよく使われる．電子の検出にはチャネルトロンや位置敏感検出器が使われる．後者をアナライザー出口において，非弾性散乱でエネルギー分散した電子を 2 次元で捕集することで，検出時間の短縮を図る方法も使われている．

(4) 設計上の注意点あれこれ[4]

最後に，電子分光系ではエネルギーの異なる電子ビームに対する透過率ができるだけ一定であることが望ましい．そのために電子レンズ系の電圧制御（プログラマブル電源）にはとくに工夫が必要になる．最近は，電場・磁場内での荷電粒子の軌道計算が簡単にできるソフト（Charged Particle Optics（CPO）：http://www.electronoptics.com/）も市販されている．なお，上で述べた半球型静電分光系の分解能は半球内の電位に依存する．測定中の分解能をつねに一定に保つには衝突でエネルギーを損した分だけのエネルギーを散乱電子に付加（ΔE）し E_s に戻して半球内へ電子を入射させればよい．最近，真空紫外～軟 X 線領域の光電子分光系では半球の平均半径が 200 mm のものが市

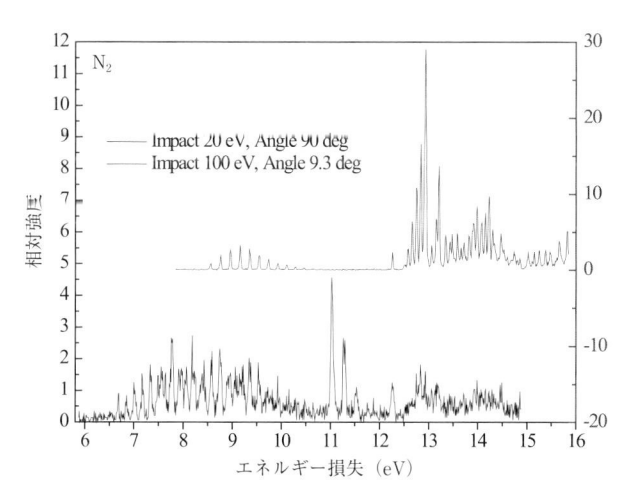

図 3.2.10 電子と窒素分子衝突における光学的許容遷移と光学的禁制遷移の比較

販（Scientia：http://www.vgscienta.jp/index.htm）されており，上で述べたように，固体標的では〜1 meV 以下の分解能が達成されている．ガス標的の場合は，原子・分子の熱運動によるドップラー幅が高分解能実験では問題になる．その他，排気系，標的原子・分子による分光系への被毒性，残留磁場や外部電場の遮蔽など，細心の注意が必要となる．

(5) 光学的禁制遷移の観測例

最後に，窒素分子のエネルギー損失スペクトルの一例を図 3.2.10 に示す．入射エネルギー 20 eV と 100 eV でそれぞれ散乱角 90° と 9.3° で比較した．高い衝突エネルギーの前方散乱（$E_0 = 100$ eV, $\theta = 9.3°$）と低い衝突エネルギーの後方散乱（$E_0 = 20$ eV, $\theta = 90°$）を比較してみると電子衝突では「見える世界がまったく違う」．前者では光学的許容遷移が主として起きている．その意味で，後者では「光では見えない世界が見える」．

d. 弾性散乱微分断面積と全散乱角測定

全断面積セット（図 3.2.4(a), (b)）が示すように，弾性散乱は，すべての衝突エネルギー領域で起こりその他の励起過程に比べるとその断面積が一般的に大きい．その弾性散乱の微分断面積（DCS）の一例を図 3.2.11(a), (b) に示した．DCS を求めるには入射電子のエネルギーを固定して，アナライザーで弾性散乱電子のみをエネルギー選別してその強度の散乱角依存性（θ）を測定する．絶対値は He の既知の DCS に規格化することで求める．Xe の場合は電子との相互作用を中心力ポテンシャルで表現でき角運動量も保存する．そのため 3.1.4 項で述べた部分波近似でおおまかな散乱の描写ができ

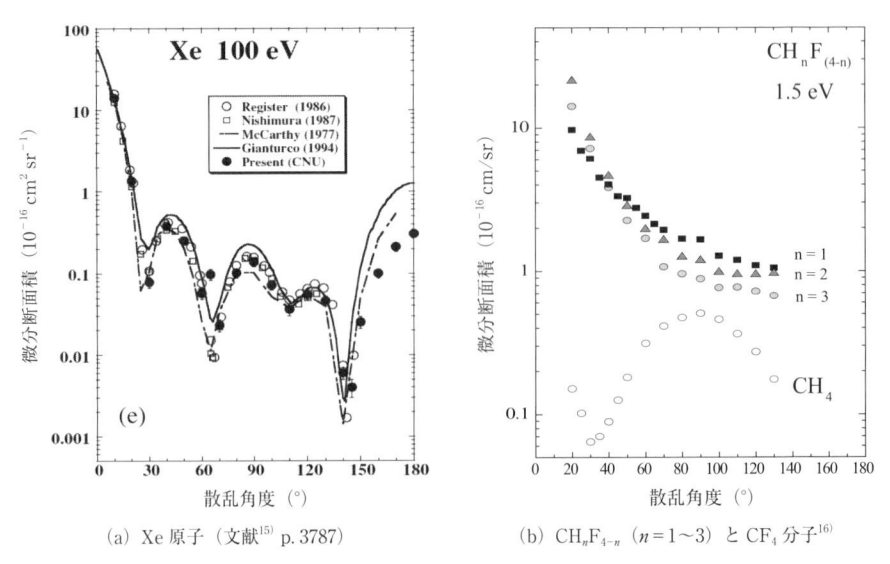

(a) Xe 原子（文献[15] p.3787）　　(b) CH_nF_{4-n} ($n = 1 \sim 3$) と CF_4 分子[16]

図 3.2.11 電子の弾性散乱微分断面積

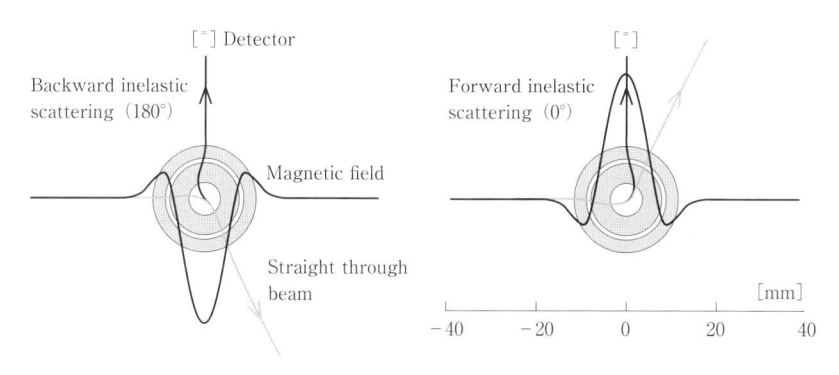

図 3.2.12 散乱領域に局所的磁場を導入することによる全散乱角微分断面積の実験方法（文献[17] p.L47）

る．DCSにみられる極大・極小を示す特徴的なうねりは式（3.1.28）に含まれる部分波についての重ねあわせで決まる．先に述べたラムザウアー-タウンゼント効果の場合とは異なり，$E_0 = 100\,\mathrm{eV}$の散乱では多くの部分波の寄与を考慮する必要がある．

じつは，図3.2.11(a)に示すように全散乱角度（0°〜180°）にわたるDCS測定も可能になっている．図3.2.12にあるように，散乱領域に局所的に磁場を持ち込むことで散乱電子の軌道を制御し，これまで装置の幾何学的条件（図3.2.9からわかるようにアナライザーがモノクロメーターと散乱角の大きいところでは接触する）から測定できなかった後方散乱電子を計測できるようになってきた．この磁場は衝突領域の狭い空間でのみ作用するようにして外部には漏れないように設計されている．電子の軌道をあらかじめ計算して実験条件を決めねばならない．図3.2.11(a)はそのような実験の結果である．従来は図3.2.11(b)のように130°程度がDCSの測定限界であったため積分断面積を決めるためには測定できない180°までDCSを外挿する必要があった．しかし，図3.2.12の手法で測定すれば積分断面積が精度よく求まる．また，電子が原子・分子標的電子雲の奥深く侵入する後方散乱の物理的情報も得られるから，理論の検証にも役立つ．しかし，前方散乱についてはまだ問題が残っている．すなわち，親ビームの角度分散により散乱電子との区別がつかない．

次に，分子の場合は標的が多中心であるために原子のように単純には説明できない．詳しい議論には多中心性を考慮した精密な理論計算との比較が必要となる．それら計算手法は，コンピュータの発達とともに，いろいろ工夫されている（3.2.3項）．しかし，近似の正当性の評価のためには精度の高い定量実験データが必要である．

図3.2.11(b)にCH_nF_{4-n}（$n=1,2,3$）の低エネルギー（$E_0 = 1.5\,\mathrm{eV}$）電子散乱の例を示した．CH_4の基底状態はT_d対称性に属し，高い対称性を示す典型的なC-H共有結合分子のプロトタイプである．部分波近似を当てはめてみると，そのDCSには散乱角$\theta = 90°$で極大値をもつd波（$\ell = 2$）の影響が強く反映していることがわかる．次に，このCH_4の水素原子Hをフッ素原子Fに置換したCH_3F, CH_2F_2, CHF_3の結果を比較す

る．これらは C_{3v} 対称性に属し，置換により分子内電子と原子核とでつくる電荷分布に偏りが生じ歪む．その結果，電気的二重極 μ （永久電気双極子モーメント）が生じて入射電子は遠方で，$-(\mu e/r^2)P_1(\cos\chi)$，に比例するポテンシャル V を感ずる（静電相互作用は分子のまわりにルジャンドル関数を用いて展開できる）．ここで χ は分子軸と電子の方向とのなす角である．このような遠距離力があると，弱い力が非常に遠くまで及び，多くの電子はほんのわずか曲げられる．すなわち小角散乱が支配的になる．図 3.2.11(b) の CH_4 以外の断面積はそのような事情を反映している．また，双極子をもたない分子でも電気的四重極 Q によるポテンシャル $(V)\propto -(Qe/r^3)P_2(\cos\chi)$ が生じる．さらに，入射電子の作用で標的内電子は分極し電気双極子モーメントが誘起され入射電子との間に分極力によるポテンシャル $(V)\propto -\alpha e^2/r^4$（$\alpha$ は分極率）が生じる．電子と分子の衝突では，このような長距離相互作用のあるのが特徴で，その効果はとくに断面積の散乱角依存性に現れる．すなわち，DCS の測定は衝突機構の詳細を知るのに不可欠の情報を与える．

e. 回転励起断面積

電子は軽いので 0.03 eV の低エネルギーの場合でも 10^7 cm/sec ときわめて速い．そのため分子の周囲を通過する時間は分子の回転・振動運動の周期より短い．電子が分子に近づくとかなり遠方でも上で述べたような，永久双極子モーメントや四重極によるポテンシャル V を感じる．これら V は分子軸と電子の入射方向のなす角（χ）によって変わるので電子が通るとき分子に力を及ぼし回転励起を起こす．実際には，分子の回転定数 B（$\Delta E_r = BJ(J+1)$）からわかるように回転励起に必要なエネルギー（N_2 では $B=0.25$ meV）は，H_2（$B=7.4$ meV）を除けば，小さいため現在のエネルギー分解能（10～30 meV）の装置では回転励起の分離は困難である．そこで，分子標的の場合に実験で求めた弾性散乱断面積（たとえば図 3.2.11(b)）には回転励起の効果が含まれている．このことは理論結果と比較する際に注意しなければいけない．なお理論の助けを借りて，弾性散乱断面積の実験値から回転励起断面積を抽出することが行われ，いくつかの分子で成功している[18]．ただし，図 3.2.4(b) の H_2O の回転励起断面積は理論計算の結果である[3]．今後，たとえば 3.2.2 項 n で紹介するような光電子を用いた電子源が使えるようになれば，水素分子以外の比較的軽い分子の回転励起の分離が可能になるかもしれない．

f. 振動励起断面積

分子のエネルギー状態は，原子核をとりまく電子の運動に加えて，原子核の運動に起因するものがある．それらには，上述の回転運動のほかに振動運動がある．分子の電荷分布の歪みを示す μ や Q，その他，分極率 α などの分子定数はすべて分子内核間距離の関数であるが，平衡核間距離で極値をとるわけではない．外から電子が近づくとエネルギーが低くなる方向に核間距離が変わろうとする．すると復元力を受けて元に戻ろ

とし，結果として分子振動が起こる．振動運動のエネルギーは $E_v = \hbar\omega(v+1/2)$ となり，ω は分子振動の角振動数，$v = 0, 1, 2, 3, \ldots$ は振動量子数を表す．$v \to v' = v+1$ の励起が最も起こりやすい．図 3.2.4(b) には伸縮 (stretch) と変角 (bend) 運動に分離して基準振動ごとの振動励起断面積が載せられている．それらはしきい値近傍で鋭く，立ち上がり ~8 eV 近傍で極大値を示す．また，図 3.2.19 の例は基底状態 ($X^1\Sigma_g^+$) にある N_2 が振動の基底状態 ($v=0$) から第一励起状態 ($v=1$) に遷移する場合の微分断面積を $\theta = 90°$ で電子の衝突エネルギー E_0 を変えながら測ったものである．DCS には特徴的なエネルギー依存性が観測されている．ある特定のエネルギーで DCS が大きく変化しているが，これは共鳴現象と呼ばれ，3.2.2 項 i で詳しく述べる．

ある種の分子（赤外活性な分子という）の振動励起は赤外線の吸収によっても起こすことができる．このような分子では電子衝突による振動励起の断面積が赤外吸収の強度に比例することが近似的に示されている[19]．すなわち，ここでも光吸収と電子衝突が密接に関連している．

g. 電子状態の励起

入射電子エネルギー (E_0) を一定に保ち，散乱電子のエネルギー損失 (ΔE) を掃引する例として図 3.2.13 にヘリウム原子 He のエネルギー損失スペクトルを示す．電子の入射エネルギーが 30 eV と 100 eV，散乱角度が 20° と 5° の測定例が比較されている．

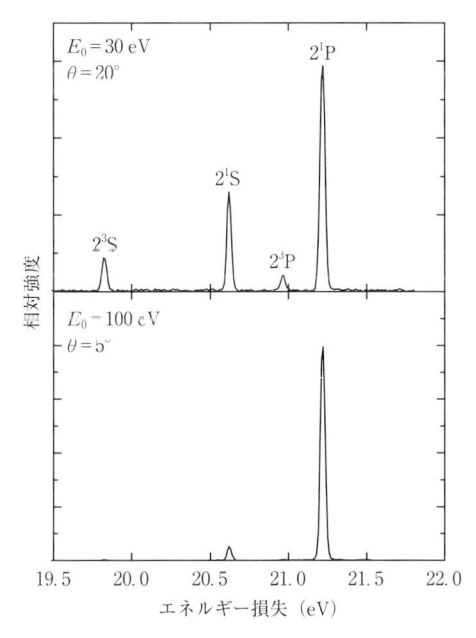

図 3.2.13 ヘリウム原子により散乱された電子のエネルギー損失スペクトルの比較

それらは，主量子数 $n=2$ のエネルギー損失領域のスペクトルで，前者の4本のスペクトルは $2^3S, 2^1S, 2^3P, 2^1P$ の，後者の2本は 2^1S と 2^1P の電子励起状態に対応する．図3.2.1に示したヘリウム原子のグロトリアン図に対応する．図の中の点線の矢印は光学的許容遷移（$\Delta l = \pm 1$）を示し電気双極子遷移として許されている，すなわち光を吸収・放出できることを示している．この選択則に従えば，基底状態 1^1S からは 2^1P のみの遷移が許されるだけである．その他は光学的禁制遷移に対応する．明らかに，図3.2.13の測定結果は電子衝突による励起機構が光の場合と異なることを示している．

一般的にいえば，フェルミ粒子とボーズ粒子との違いと，クーロン力と電気双極子による相互作用の違いにその原因がある．2^3S や 2^3P は三重項状態であり2つの電子のスピンが同じ方向を向いている．この状態への遷移は，ヘリウム原子内の電子と入射電子の入れ替わり（交換）によってのみ可能で光では決して励起できない（スピン禁制遷移）．また，2^1S への遷移は電子では電気四重極子により励起できるが光での励起は起こりがたい（対称禁制遷移）．これらの禁制状態は，寿命が長く準安定状態と呼ばれ，放射線物理，放電現象で重要な役割を果たしている．たとえば，He-Ne レーザーの発振では放電管の中の He-Ne 混合気体でヘリウム原子が電子と衝突して He がまず励起される．励起状態のうちエネルギー状態 2^1S と 2^3S は準安定状態のため，ある寿命の間生き残り，その間に Ne と衝突する．その結果，そのエネルギーが Ne に移り Ne の $3S_2$ と $2S_2$ 準位が励起される．これらの準位の寿命も長いため励起状態の Ne の数が多くなる．これらを上準位として $2P_4$ などの下準位に誘導放出で 632.8 nm や 1.152 μm など数本の線が発振する．

低エネルギー電子は高エネルギー電子に比べて標的粒子との相互作用領域に滞在する時間が長く強い相互作用によってさまざまな励起過程が起こる．そのために，低エネルギー電子衝突では禁制遷移がきわめて有効に起こる．とくに，標的に近づく必要のある電子交換効果は低エネルギーで起こりやすい．図3.2.14にそれぞれの状態（$2^3S, 2^1S, 2^3P, 2^1P$）の励起断面積の角度依存性を示す[20]．このように，電子ビームを使った DCS 測定実験では各励起過程に関する衝突エネルギー依存性だけでなく角分布を含む豊富な物理情報が得られる特徴がある．実線は 3.2.3 項 f(1) で述べる CCC 法による理論計算値である．

次に，O_2 の高分解能電子エネルギー損失スペクトルの例を見てみよう（図3.2.15）．分子の電子状態が光を吸収して遷移する際，遷移はすばやく起こるので分子内の原子核はその位置をほとんど変えないとされている．基底状態からの遷移の場合には，核は平衡核間距離の付近にとどまる．これをフランク-コンドンの原理といい，図3.2.2ではハッチをほどこした領域（フランク-コンドン領域）内で遷移が起こる．電子衝突の場合もこの原理が基本的には成り立ち，フランク-コンドン領域内での遷移に対応するエネルギー損失が観測される．その一例が図3.2.15である．

これは，散乱角度 90° で散乱電子エネルギー（$E_r = 2.0$ eV）がつねに一定になるように，すなわち入射電子のエネルギー（E_0）と散乱電子のエネルギー損失量（ΔE）を掃

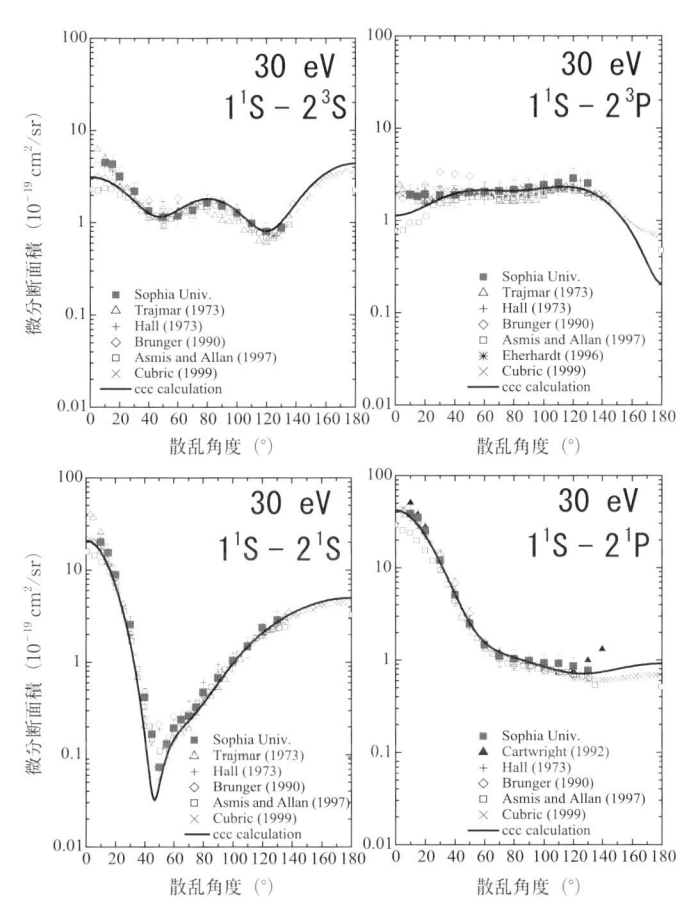

図 3.2.14 電子衝撃によるヘリウム原子の基底状態（1S）から 2^3S, 2^1S, 2^3P, 2^1P 状態への微分断面積（文献[20] p.145202-8）

引する（$E_0 - \Delta E = E_r = 2.0$ eV），残余エネルギー一定モードで測定されたものである．図 3.2.2 のポテンシャル曲線と対比しながらみていく．エネルギー損失量（ΔE）が 0 のところに最も強いピーク（$X^3\Sigma_g^-$）が弾性散乱スペクトルとして現れている．引き続き，非弾性衝突のスペクトルとして基底状態（$X^3\Sigma_g^-$）の振動準位，光学的禁制遷移 $a^1\Delta_g$ および $b^1\Sigma_g^+$ とそれらに付随する振動準位，そして光学的許容準位 $B^3\Sigma_u^-$ が 7～10 eV での山としてみられる．くし型の振動構造を伴う電子励起状態は，それらのポテンシャル曲線に極小値が存在する束縛状態に対応する．それに対して構造をもたない広いバンド構造は，極小値をもたない非束縛状態や束縛状態でも平衡位置からかなり大きくはずれたところへの励起を示す．基底状態のフランク-コンドン領域（図 3.2.2 中の網掛け部分）でこのように反発状態になっていると分子は解離過程（$O_2^*(^3\Sigma_u^-) \to O(^3P) + O(^1D)$）へ

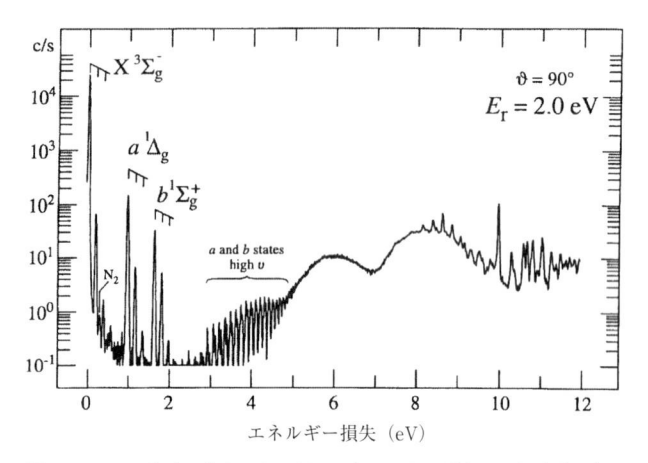

図 3.2.15 O_2 分子の残余エネルギー一定モードで測定された電子エネルギー損失スペクトル（文献[21] p.4331）

進み，活性酸素原子が生成される．

h. 高エネルギー電子衝突と擬似光吸収測定の関係

電子が標的から離れたところを通ると，相互作用が弱く，高速の場合あまり軌道が曲げられない，すなわち前方散乱となる．さらに，電子が高速の場合，電子と標的粒子との相互作用はパルス的になる．その際，パルスの電場のフーリエ成分に相当する振動分布をもつ連続光が標的粒子に作用すると考えてよい．そのため，光学的許容遷移の励起が支配的になる．このような場合は一般に摂動論（ボルン近似）が適用できる．3.2.3

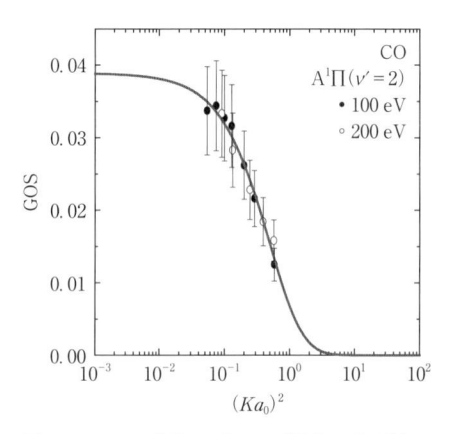

図 3.2.16 CO 分子の $X^1\Sigma_u \to A^1\Pi_u(v=2)$ 励起の一般化振動子強度[22]

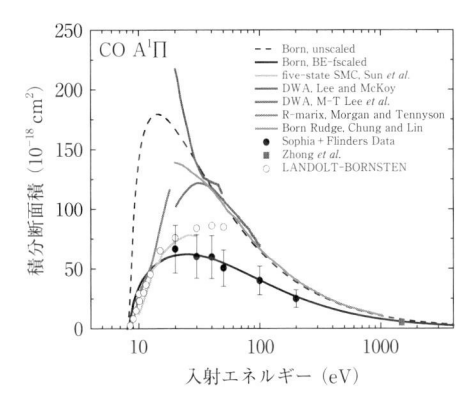

図3.2.17 CO分子の$A^1\Pi_u$状態への電子衝突励起積分断面積とBEfスケーリング則よる理論値との比較

項cおよび3.2.3項dの散乱理論で述べられているように，E_0からE_α準位への遷移確率が一般化振動子強度$F^{GOS}_{0\alpha}$で表せ，その強度は散乱電子の運動量移行（$|K|=|K_0-K_\alpha|$）が0の極限で光学的振動子強度$f^{OOS}_{0\alpha}$に等しくなることがわかっている．このことは，高エネルギー電子衝突実験の前方散乱微分断面積測定データを使ってGOSの$|K|$依存性を求めることで，光学的許容遷移確率に対応する光吸収断面積が得られることを示唆している．すなわち，電子衝突測定で光吸収測定と実験的に等価な実験が可能である．実例を図3.2.16に示す．

この一般化振動子強度を使って光学的許容遷移の電子衝突の積分断面積を広い衝突エネルギー範囲にわたって理論的に予測できるスケーリング則が提案されている（3.2.3項e参照）．CO分子の場合についてその結果を図3.2.17に示す．きわめて正確に実験結果を再現している．

i. 断面積の電子衝突エネルギー依存性と共鳴現象の探索

共鳴現象は物理学のいろいろな分野で起こる．たとえば，受信器の同調回路は特定の周波数の電波と共鳴する作用をもっている．量子力学的粒子の衝突では，一般的に，共鳴は「エネルギーの総和が複合粒子（光子との衝突では励起状態）のエネルギー準位と一致するところで断面積に極大が現れたり複合粒子が生成されたりする現象」と定義されている．この場合のエネルギー準位を共鳴準位，入射粒子のエネルギーを共鳴エネルギーと呼ぶ．本節では，後者の複合粒子，すなわち準安定負イオン状態生成について説明する．

図3.2.18，図3.2.19で示す2つの例は電子衝突で原子・分子に発現する典型的な共鳴現象である．ある特定の励起過程の衝突エネルギー依存性の測定方法，すなわち励起関数モードを使った代表的な実験結果について考える．測定では励起準位に相当するエ

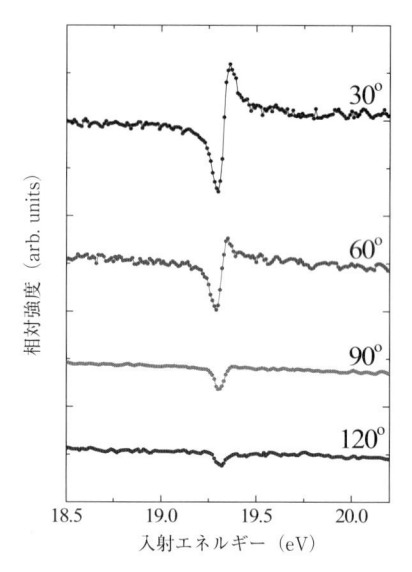

図 3.2.18 電子とヘリウム原子の衝突に現れる
複合粒子状態（フェシュバッハ共鳴）

ネルギー損失した散乱電子（ΔE）のみエネルギー分析器を通過できるようにして，入射電子のエネルギー（E_0）を掃引する．ここではヘリウム原子の弾性散乱（$\Delta E = 0$）のDCS励起関数とN_2の振動励起（$\Delta E = 0.29$ eV；$v = 0 \rightarrow 1$）関数の場合を考える．図3.2.18に見えるようにヘリウム原子の弾性散乱DCSに入射エネルギー19.36 eV近傍に鋭い構造が観測される．これは次のように説明される．ヘリウム原子の2^3S励起状態（19.8 eV）には空いた軌道（開殻）が存在する．その励起エネルギーよりわずかにエネルギーが足りない（～0.5 eV）電子が外から入射すると標的内電子は励起されそうになる（しかし，孤立系の2^3S状態には届かない）．その際，エネルギーを失った入射電子はフラフラになりその励起されそうになった原子に一時的に捕獲され$He^* 1s2s^2$準安定状態を生成する．すなわち，ちょうど正しいエネルギーと角運動量などの量子数をもっていると，その空いた準安定軌道に入り，一時的に1つ電子が余計に入った複合状態，すなわち負イオン状態が形成される．別な言い方で表現すると，共鳴が起こる．その寿命は～10^{-12}秒程度である．このように標的粒子内電子の励起にかかわる共鳴を殻芯部励起共鳴，またその研究者の名をとってフェシュバッハ共鳴と呼ぶ．その共鳴状態を経由してきた電子と直接弾性散乱された電子が互いに干渉することで図3.2.18のスペクトルの非対称性は記述できファーノ効果として知られている（3.2.3項gを参照）．

図3.2.19にN_2の基底状態の振動励起関数を示した．振動励起微分断面積は，1～4 eV領域にくし型，～11 eVには2本の鋭い，そして7～9 eVと15～30 eVに幅広い構造が共鳴的に現れている．

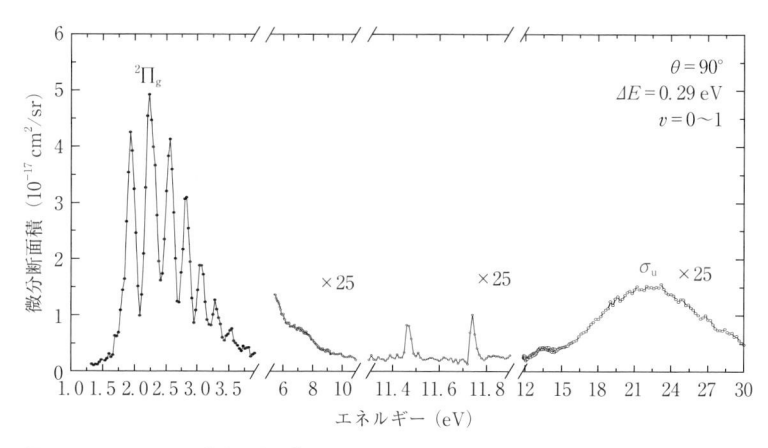

図 3.2.19 N_2 分子の基底状態 $X^1\Sigma_g$ の電子衝突振動励起（$v=0\to 1$）微分断面積に現れる形状共鳴とフェシュバッハ共鳴

共鳴現象にはフェシュバッハ共鳴以外に形状共鳴がある．入射電子のもつ角運動量による遠心力（斥力）のポテンシャルと，クーロン力による引力ポテンシャルのつくる有効ポテンシャルの中に準安定状態が形成される．そこに電子が一時的に捕獲されて複合状態である負イオンを形成する．その寿命は，有効ポテンシャルの厚み，準位の深さに依存する．このようにポテンシャルの形状のみに依存する共鳴を形状共鳴と呼ぶ（3.2.3項 g を参照）．共鳴の寿命が一般に $10^{-15}\sim 10^{-12}$ 秒で分子振動の周期と近いため，分子の振動と効率的にエネルギーがやりとりされることがこれまで多くの研究で調べられてきた．N_2 の 2.4 eV 近傍のくし型の構造（$^2\Pi_g$）はこれに相当しその生成機構は次のように説明される．電子を捕獲することで歪められた N_2^- の電子雲で，2 つの原子核は引き離されるが，ある程度のびるとバネの復元力が働き逆に戻される．N_2^- が壊れるまでにこの核の運動の波束が 1 回行き来できる定常波が形成される（ブーメランモデル）[23]．その節の位置は入射エネルギーとともにずれる．そのために，この定常波と衝突後の N_2 の振動波動関数との重なり積分がエネルギーとともに急激に変化する．それが断面積のくし型構造の原因であり，その構造は共鳴状態（N_2^-）の振動構造を反映したものではない．一方，ここでは示さないが，O_2 分子の 0.8 eV 近傍に現れる同じようなくし型構造は O_2^- の振動準位が反映したものである．生成された O_2^- 負イオンの寿命は長く，崩壊過程の確率は O_2^- の振動状態の波動関数と O_2 の基底状態の振動状態の波動関数の重なり積分の大きさに比例し，断面積にくし型構造が現れる．

図 3.2.19 の 11 eV 付近にある鋭い共鳴構造は，フェシュバッハ共鳴で説明できる．N_2 の最も外側の電子を，最低のリュードベリ軌道（$3s\sigma_g$）よりわずかに低い状態へ励起する．その分のエネルギーを失った電子が同じ $3s\sigma_g$ に落ち込み，二電子励起状態 $N_2^-(3s\sigma_g^2)$ をつくる．これは比較的寿命が長いため鋭い構造として現れる．

j. 電離と電子相関の測定

電子衝撃により標的粒子の束縛電子が1個（以上）連続状態に励起されて放出（2次電子放出）され，標的粒子がイオン化される衝突過程を電離という．電離過程には，標的粒子の束縛電子軌道（外殻，内殻）やそれらの複数軌道から直接連続状態へ励起される直接電離（外殻電離，内殻電離，多電子電離），中間状態を経由して間接的に電離する自動電離などがある（本項(3)参照）．その他，分子では解離性電離（$XY + e \rightarrow X^+ + Y + 2e$）も重要になる（一例を図 3.2.22 に示す）．この過程は励起電子状態の形状（束縛・反発型），それらのポテンシャルの交差，電子状態に付随する回転・振動状態が関与するきわめて複雑な電離過程となる．また，励起状態を経由する電離過程（累積電離）も実際のプラズマ，放射線過程では無視できない．

とくに，放射線科学の素過程では電離過程が最も重要である．ちなみに，1 MeV の陽子が生体に入射すると，$\sim 4 \times 10^4$ 個の 2 次電子が生成される．そのために電子衝撃で生成された全イオンを捕集する方法で測定される全電離断面積の研究は古くから行われてきた．そのデータは他の励起素過程に比べると豊富である．また，電離過程における放出 2 次電子のエネルギー分布には特徴があることもよく知られている．すなわち図 3.2.20 にあるように，放出される電子の大部分は 30 eV 以下で 100 eV を超えるものはわずかである．また，そのエネルギー分布は入射荷電粒子（電子やイオン）の衝突エネ

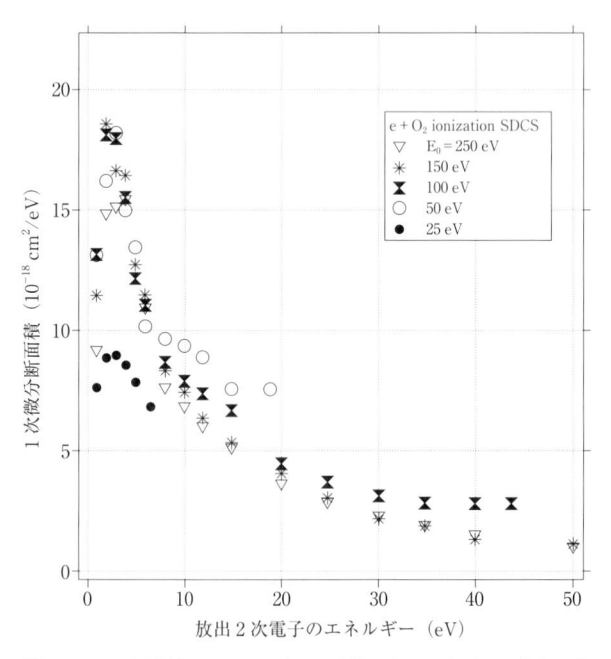

図 3.2.20 電子衝撃による O_2 分子の電離の際の 2 次電子の放出エネルギー分布と衝突エネルギー依存性[24]

ルギーに大きくは依存しない．このような理由で，低エネルギー電子の衝突過程が，放射線効果の理解にきわめて重要になる．

(1) 全電離断面積と BEB スケーリング

ここでは電離断面積のスケーリング則を紹介する（詳しくは 3.2.3 項 e を参照）．電離過程において基本的なモット理論（自由電子-電子散乱）とボルン近似（双極子相互作用）を組み合わせた BED (binary-encounter-dipole) モデルと BEB (binary-encounter-Bethe) モデルが原子・分子の電離断面積のスケーリング則として使えることがわかってきた．従来のモデルでは，近接衝突と遠隔衝突，また直接散乱と交換散乱による干渉の効果をうまく組み込むことに失敗してきた．しかしこのモデルでは古典的二体衝突断面積とボルン近似の電離断面積の漸近形を組み合わせてそれらの効果を取り込むことに成功している．フィッティングパラメータを含まず，標的内の電子の束縛エネルギーおよび平均運動エネルギー，振動子強度分布などの標的原子・分子固有の定数のみで電離断面積が表される．現在では，多くの原子・分子に適用され，実験値と非常によい一致を示すことが報告されている．一例として CF_4 を図 3.2.21 に示す．実験の難しい原子・分子，とくにラジカルなどの電離断面積の予測にも使われている．なお，CF_4 の解離イオン化の部分断面積[3] の例を図 3.2.22 に示す．

(2) 2 次電子放出と電離ダイナミクス

電離では衝突後の散乱電子と放出2次電子の2個（以上）の電子が標的イオンの場の中を運動する三体問題となる．電離過程の詳細な情報を知るためには，生成された正イオンの状態（電荷数など），あるいは放出電子の状態（エネルギー，放出角など）を測

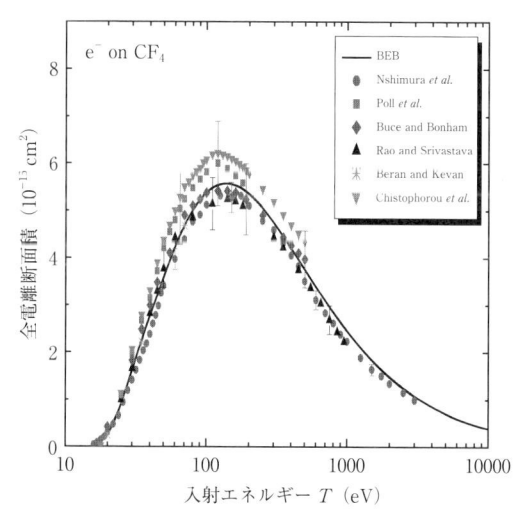

図 3.2.21 CF_4 の電子衝突全電離断面積実験結果と BEB スケーリング則による理論値の比較[25]

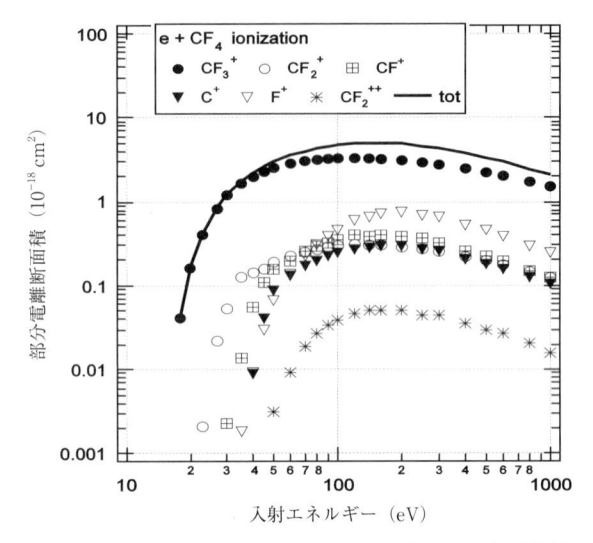

図 3.2.22　CF_4 分子の電子衝突電離部分断面積セットの推奨値(文献[3] p.94)

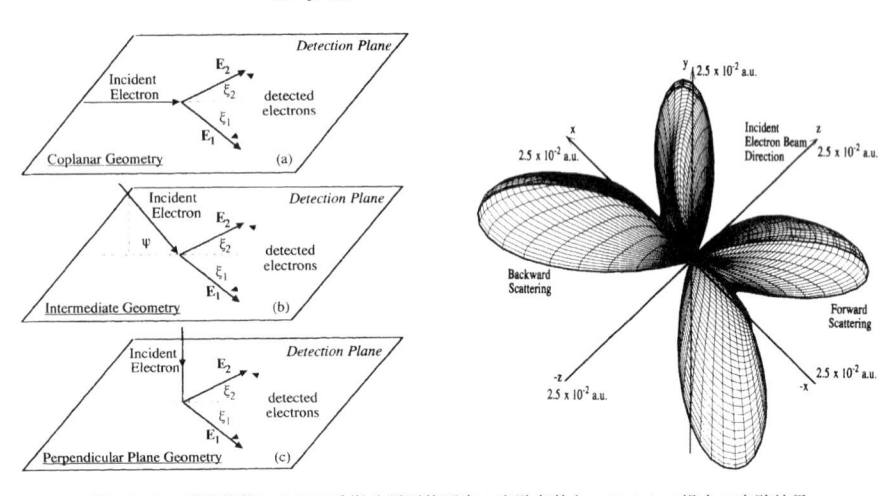

図 3.2.23　電子衝撃による三重微分断面積測定の実験条件とヘリウムの場合の実験結果
（文献[26] p.2912/2913）

定しなければならない．その上，これらを組み合わせた同時計測を行うことではじめて電離過程の詳細なダイナミクスの知見が得られる．ここでは，直接電離の一般的な例として三重微分断面積測定についてのみふれることにする．図 3.2.23 に，電子-原子衝突電離過程の機構を示した．散乱平面内（$\varphi=0$）だけでなく φ 依存性を含めて三重微分断面積を測定するための実験条件が示されている．入射電子を生成する電子銃，散乱電

子と2次電子を同時計測する2組の電子分光器が必要となる．衝突後の散乱電子 e_1（エネルギー E_1, 方向 θ_1）と，放出電子 e_2（エネルギー E_2, 方向 θ_2, φ）とを同時計測すれば，チャネルを特定した電離の機構が完全に規定できる．実験結果には，よく知られているように，電子-電子相互作用により運動量移行方向に現れるピーク（binary peak）と，電子-イオン相互作用によりこの運動量移行と逆方向（後方）に現れるピーク（recoil peak）が観測される．詳しくは文献[26]を参照されたい．

(3) 二電子励起状態と自動電離

原子・分子の電子励起状態として，光学的許容励起状態，光学的禁制励起状態，そして準安定励起状態に大別して議論を進めてきた．しかし，低い励起状態，リュードベリ状態，二電子励起状態，自動電離状態，内殻励起状態などの別の分類もよく使われる．そのうちの二電子励起状態と自動電離状態の関係を調べてみることにしよう．この現象は一部を3.2.2項iのフェシュバッハ共鳴ですでにふれている．二電子励起状態とは同時に2個の電子が励起された状態をいう．一般に，そのような二電子励起状態（束縛状態）にある原子・分子の系全体のエネルギーは一電子の電離状態（連続状態）しきい値よりも高く，連続状態中に離散的に存在している（図3.2.36参照）．その結果，有限な寿命で二電子励起状態は光や電子を放出して崩壊する（自動電離）．この過程はヘリウムの200Å近傍の光吸収で共鳴構造としてはじめて観測された．図3.2.24に示すように，電子衝突実験でも同様な共鳴特有の構造が電離しきい値の上に認められた．これは，二

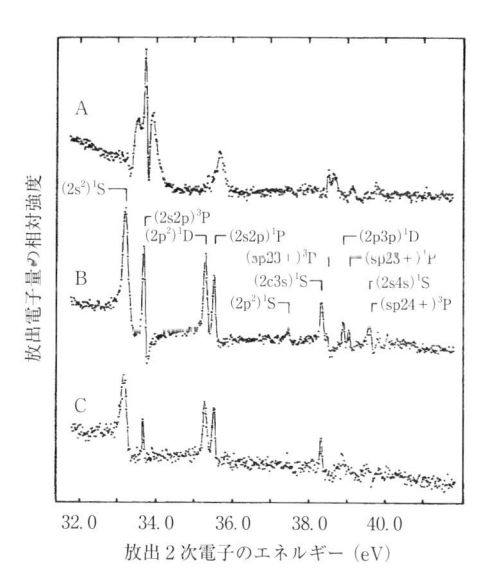

図3.2.24 ヘリウムの二電子励起状態の自動電離にみられる PCI 効果（文献[27] p.1872）
入射電子のエネルギーは，A, B, C の順で大きくなる．

電子励起状態に対応する不連続状態と一電子励起連続状態の間の配置間相互作用で説明される（3.2.3項g(2)参照）．

二電子励起状態にあるヘリウム原子中の2電子は電子相関のために集団的なふるまいをしていると考えてよい．電子があたかも直線三原子分子（e-H^{++}-e）の配置になったり，折れ曲がったり（e＼H^{++}／e），回転したりしている描像（分子模型）で表現できる[28]．詳しくは1.1.4項bに述べられている．

(4) しきい電子分光と電子相関

ここでは，自動電離のしきい値近傍および電離のしきい値近傍での入射電子と放出電子の間の電子相関を概観する（詳しくは文献[50] 5.5節参照）．上で述べたHeの二電子励起状態を生成するとき，入射電子の衝突エネルギーを低くしていくとする．すると励起後の散乱電子のもつ残余エネルギーは当然低くなりHe$^+$イオンの場での滞在時間が増してくる．このことはイオンの場を遮へいする効果として働く．一方，放出二次電子はイオン場が遮へいされたことにより感じる引力が小さくなる．すなわち，放出二次電子の運動エネルギーがその分大きくなる．図3.2.24に示すように，自動電離過程にみられる共鳴構造のシフトとしてこの効果が観測されている．この現象はPCI（post collision interaction，衝突後相互作用）効果，またはその発見者にちなみリード（Read）効果と呼ばれ，電子相関の現れる典型的な効果の1つである．同様な効果はオージェ効果，光電離過程にも観測される．

次に，電離のしきい値近傍での散乱電子（e_1）と放出電子（e_2）の電子相関を紹介する．入射電子の衝突エネルギーを電離しきい値近傍まで下げていく．するとイオンの場にあるフラフラの2つの電子，すなわち電離でエネルギーを失った入射電子と放出電子は不安定な状態にある．どちらか一方の電子がイオンの場から逃げ出すと，取り残された電子がイオン場を遮へいする．そうすると逃げ出した電子はイオンからの引力が弱まりますます加速される．取り残された電子がイオン場に最終的には束縛されると電離は起こらない．しかし，不安定な状態のまま，いいかえると電子相関しながら2つの電子がイオンの場から十分離れて完全に自由になる場合もある．その確率（電離断面積）は，電子相関のない場合に比べて小さくなる．電離しきい値近傍におけるこれら2つの電子のふるまいは，ワーニエ則[29]として知られており，古典論でも量子論[30]でも議論されてきた電離にかかわる基本問題である．現在では実験による検証[31]および詳しい理論計算[32]がある．

k. 電子付着過程

解離性電子付着過程の機構[33]について簡単に説明する．低エネルギー電子が分子に衝突する際，電子が一時的に分子のポテンシャルに共鳴的に捕獲されることについては3.2.2項iですでに述べた．共鳴の機構には形状共鳴と核芯部励起（フェシュバッハ）共鳴の2種類があった．これらの共鳴状態は基本的には親分子の電子状態の対称性で理解でき，とくに低いエネルギー領域に観測されるものは親分子のLUMOの電子状態を

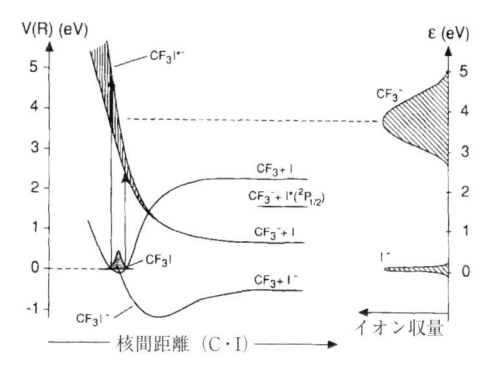

図3.2.25 解離性電子付着過程の生成様式

反映することが多くの例でわかっている．この準安定状態，すなわち共鳴状態は，ある寿命の後に崩壊する．図 3.2.25 に CF_3I 分子からの負イオン生成の例を示した．この過程は解離性電子付着（dissociaive electron attachment, DEA）

$$CF_3I + e \rightarrow CF_3I^{*-} \rightarrow CF_3^- + I$$

である．フランク-コンドン領域にある準安定（負イオン）状態のポテンシャル曲線が反発型（解離型）になっている．この負イオン状態が基底状態へ脱励起する速さより解離が早く起これば解離性電子付着が完了する．

この電子付着過程が DNA 塩基分子に共鳴的に発現し，ある特定の分子結合の切断に寄与している例を示す．DNA の塩基（窒素性塩基）は窒素を含む部分で対になっている（A は T と，G は C と水素結合している．これを塩基対合という）．ここで A はアデニン，T はチミン，G はグアニン，C はシトシンである．それぞれの DNA 塩基に 30 eV 以下の電子を照射すると，DEA を介してじつに多様な負イオンが生成されることが観測されている．たとえば，気相チミンからは DEA を介して，

$$e^- + T \rightarrow [T]^{*-} \rightarrow \begin{cases} OCN^- + \{C_4H_5NO + H\} \\ CN^- + \{C_4H_5NO + O + H\} \\ \quad + \{C_4H_4NO_2 + H + H\} \\ OCNH^- + C_4H_5NO \\ OCNH_2^- + C_4H_4NO \\ O^- + C_5H_6N_2O \\ H^- + C_5H_5N_2O_2 \\ CH_2^- + \{C_4H_3N_2O_2 + H\} \end{cases}$$

のプロセスで解離することが確認されている（文献[34] p.1311）．DNA 塩基を含む生体分子への放射線照射では，1 次効果の電離過程で生成される 2 次電子による 2 次効果の 1 つとして解離性電子付着過程の寄与が考えられている．実験方法は加熱炉より直接真

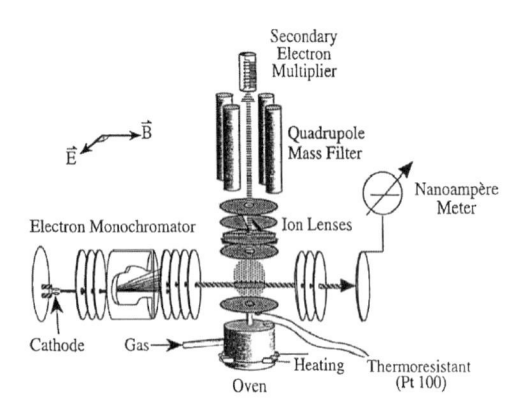

図 3.2.26 昇華性試料加熱炉を備えたトロコイダルモノクロメータ（文献[35] p.10165-2）

空中で DNA を気化（昇華）させトロコイダルモノクロメータでエネルギーを単色化した電子ビームを交差させ，生成する負イオンを質量分析器で計測する（図 3.2.26）．熱電子源は電子選別器とイオンレンズ軸上にはない．磁場と電場を印加することで衝突エネルギーを選別する．

電子付着過程にはそのほか放射電子付着（radiative electron attachment, $X+e \rightarrow X^- + h\nu$）があり，原子標的では重要である．この場合，電子衝突で外殻電子に再配置が起こり，そこに電子が捕獲され負イオンが形成され，その負イオンが光を放出して安定化する．

l. 中性解離過程

図 3.2.2 の二原子分子のポテンシャル曲線からわかるように電子状態には束縛状態（ポテンシャル曲線に極小値をもつ）と反発状態の 2 つがある．一般に前者では束縛状態に振動構造があり N_2 のエネルギー損失スペクトル（図 3.2.10）上にみられるくし型構造に対応する．一方，反発状態への励起の場合は極小値がないため原子核間に復元力が働かず 2 つの原子に解離する．その結果幅広いエネルギー損失スペクトル構造をとる．生成される解離種は内部エネルギーをもちいわゆる活性種として化学反応性に富んでいるものが多い．従来は中性解離の実験は解離種からの発光過程の計測[36]によるものが多かった．発光しないものはレーザー誘起蛍光法，また多重反射レーザー吸収法など光学的分光法が使われてきた．しかし，レーザーを用いる分光法では発振波長領域に制限があり測定範囲が限られているのが現状である．

ここでは，出現電圧質量分析法を使った実験例[37]を紹介する．電子衝突で CH_4 から生成される CH_3 の計測を考える．CH_4 と CH_3 のイオン化ポテンシャル（I_p）はそれぞれ，12.6 eV，9.8 eV である．検出は 2 回の電子衝突で行う．

1 回目の電子衝突で生成された CH_3 を，オリフィスで仕切られ差動排気された 2 回目

3.2 電子と原子分子の衝突

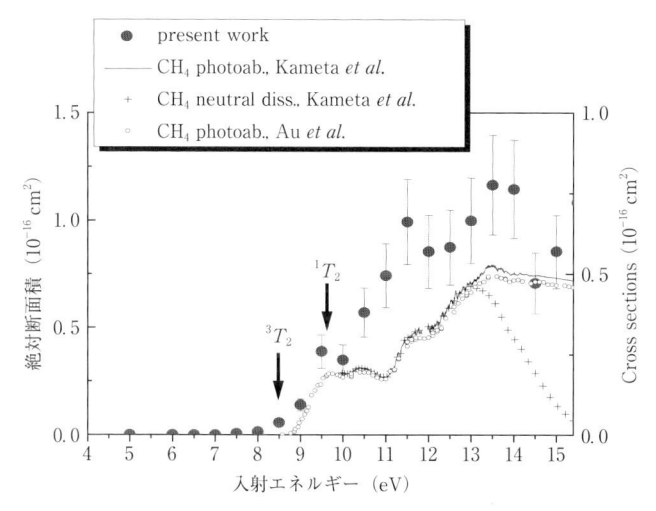

図 3.2.27 電子衝撃による CH_4 分子からの非発光性中性解離：CH_3 生成断面積

の電子衝突領域へ導く．その際，親分子 CH_4 も同時に流れ込むが，2 回目の入射エネルギーを CH_4 の I_p より低く設定すれば，CH_3 のみがイオン化されて質量分析計で計測できるはずである．しかし，流れ込む親分子 CH_4 が 2 回目衝突に使われる電子銃の熱フィラメントやそれらを取り囲む金属の壁などで熱分解され CH_3^+ ができて雑音やバックグラウンドを形成する．そのために，1 回目の電子銃の電子ビームを ON, OFF することでそれら雑音を取り除く．このようにして得られた CH_4 分子から生成される CH_3 ラジカルの中性解離断面積の結果を図 3.2.27 に示し光励起の場合も比較してみた．電子衝突では光励起しきい値より低いエネルギーで解離が始まっていること，また電子衝突の方が光励起より解離の確率が大きいことがわかる．

m. 励起状態にある標的原子分子と電子の衝突

電子と原子・分子の衝突に関する実験的研究は，これまで主として基底状態にある原子・分子を標的としてきた．これは励起状態にある原子・分子に興味がないからではなく，ひとえに励起状態にある原子・分子を標的とする実験が困難だからである．しかしこれまでになされた実験の例をみると，標的が励起状態にあると断面積が極端に大きくなったり，新たな衝突機構が生じて物理的に興味ある結果になったりしている[38]．後述するように，現実の系では励起状態にある原子・分子の存在は決して少なくはない．すなわち，応用面からも励起状態にある原子・分子と電子の衝突の研究は求められている．本項ではそのような研究の例を2つ紹介する．

(1) レーザー冷却でトラップされた励起ヘリウム原子からの電子散乱

ヘリウム原子 He の励起状態 2^3S（励起エネルギー 19.820 eV）は，入射電子とヘ

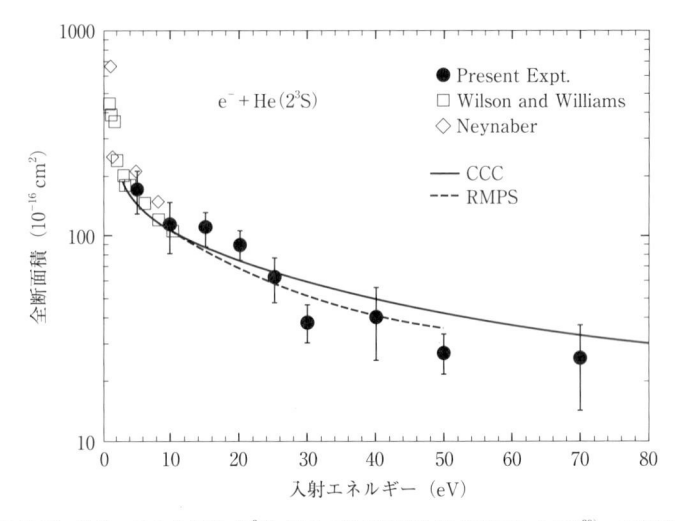

図 3.2.28 励起ヘリウム原子（2^3S）原子の電子衝突全断面積測定（文献[39] p. 173201-3）

リウム原子内電子との電子交換で励起されることは 3.2.2 項 g で説明した．そしてその寿命が $\sim 4.2 \times 10^3$ s ときわめて長いことにもふれた．この励起原子を標的とした電子衝突実験はこれまでいくつか行われてきている．ここではレーザー冷却を使ったトラップ法で，密度 $10^9 \sim 10^{10}$ atoms/cc，寿命 ~ 1 s，ビームサイズ $\sim 4 \sim 8$ mm（from IR fluorescence），温度 $> 250 \sim 1000$ mK，真空の背圧 1×10^{-8}（He）$+ 5 \times 10^{-10}$（その他の残留ガス）の標的条件で生成された 2^3SHe* に衝突エネルギー $5 \sim 70$ eV の電子を照射して全断面積を測定した例を示す（図 3.2.28）．従来の放電を使った手法に比べ $10^4 \sim 10^5$ 倍の標的密度の生成に成功し，広い衝突エネルギー領域の全断面積が決められている．基底状態の He(1S) の断面積と比較すると 10 eV で He(2^3S) の断面積は約 20 倍大きく，衝突エネルギーの低下に伴い He(1S) が 0.1 eV までほぼ一定なのに対して急激に上昇する．最近の精密な CCC 法や，R 行列法の計算結果ときわめてよい一致を示している（理論については 3.2.3 項 f を参照）．

(2) 加熱分子からの電子散乱

特殊な環境を除けば，分子が基底状態にあることはまれで，現実の世界の分子はなんらかの振動・回転励起状態にあるのが自然である．しかしながら電子衝突実験では，加熱標的分子を使った研究の重要性が古くから認識されながらほとんど実行されてこなかった．有限温度の気体中では，分子は熱運動をしている．その結果絶えず（分子同士の）衝突が起こりある一定の割合で振動励起が起こっている．すなわち気体中の分子の振動状態は熱平衡で決まるある分布をもっている．たとえば，最も基本的な直線三原子分子の 1 つである CO_2 では，室温では全体の 5％ が振動励起（折れ曲がり振動）されているのに対し，1500 K ではなんと全体の 56％ が振動励起され，それにより誘起される双

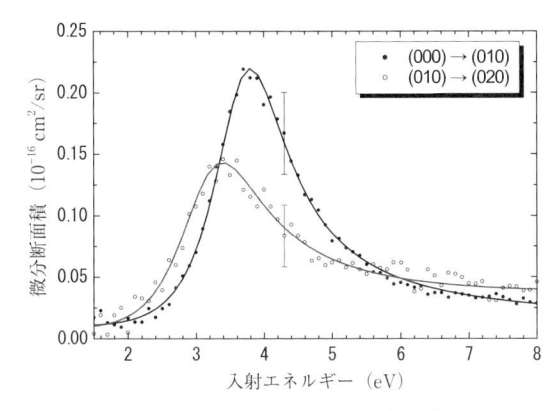

図 3.2.29 熱励起 CO_2 分子の電子衝突振動励起と形状共鳴（$^2\Pi_u$）[40]

極子モーメントのつくる長距離ポテンシャルが散乱断面積に大きな効果として現れることが期待される．たとえば，励起分子に対する電子衝突断面積が大きくなることや，励起することによる対称性の破れ（レナー-テラー効果）に起因する共鳴状態の特異性の発現が期待できる．一例として，CO_2 の $^2\Pi_u$ 形状共鳴（3.4 eV）への温度効果を図 3.2.29 に示す．振動状態はボルツマン分布に従うとして，始状態ごとの断面積を求めた．振動励起および脱励起の共鳴エネルギーに温度効果によるシフトがみられる．

このことは，温度で分子の核間距離を制御することにより形状共鳴エネルギーの制御が可能であることを示している．実験手法には，CO_2 分子ビーム・生成ノズルを電子衝撃や抵抗加熱（シース線ヒーター）で加熱することで熱励起 CO_2 分子を生成し，ビーム交差法による高分解能電子分光法が使われた．

また，Brunger らは C_2F_4 分子を熱分解（パイロリシス）することで得られる CF_2 ラジカルを標的とした電子衝突実験[41] を試み，これまで理論でしか予測できなかった断面積の検証を行った．詳細については参考文献に譲る．

n. 放射光・レーザー光電子源と超低エネルギー電子衝突実験

衝突エネルギー領域，数 meV から数 100 meV の超低エネルギーの電子衝突実験[42] が可能になってきている．たとえば，10 meV の電子では，そのド・ブロイ波が 122 Å にもなり，それは原子・分子のサイズと比較するときわめて長いことがわかる．このような超低エネルギー電子と原子・分子の衝突ダイナミクスは量子効果が支配的になることが予測される．また，温度に換算すると 115 K に相当する．このことから，"cold collisions（冷たい衝突）"という言葉が最近使われるようになってきている．

(1) 放射光による光電子源と電子散乱

熱フィラメントの代わりに放射光による光電子を電子源とした"超"低エネルギー電子による全断面積および微分散乱断面積（DCS）の測定が行われるようになってき

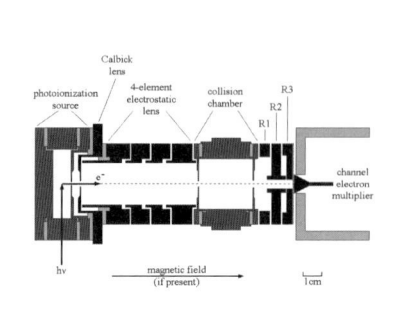

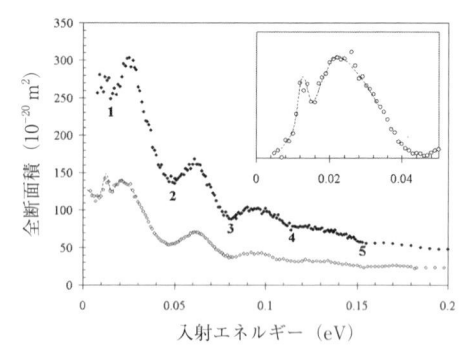

(a) Ar 光電子を用いた測定装置
　　（文献[43] p.292）

(b) CS_2 分子の電子衝突全断面積
　　（文献[44] p.093201-1）

図3.2.30 放射光による電子衝突全断面積の測定

いる．単色化した放射光（ASTRID（Univ. of Aarhus, Denmark），また現在わが国の KEK で進行中）で Ar のイオン化しきい値のすぐ上にある共鳴状態を励起し，自動電離して放出（光イオン化）されてくる光電子を用いる．

図3.2.30(a) に示すように，衝突実験装置はきわめて単純である．矩形の単色（10 μm 以下）放射光を Ar のガスセルに入射する．4極のズーム電子レンズで光電子の入射エネルギーを制御して試料ガスセルに導く．衝突後の透過電子ビーム強度は通常のチャネルトロンで検出される．KEK では染み出し電場を使ってより効率的に光電子を捕集することに成功している．

測定された CS_2 の全断面積（図3.2.30(b)）をみると低エネルギー側に大きな構造が観測されていることがわかる．図中の構造2,3の位置は CS_2 の振動励起エネルギーに対応している．また，振動励起閾値以下に出現する構造1は，電子付着 CS_2^- に関係している．CS_2 の LUMO が π_u であるから，選択則から入射電子の p 波が電子付着に寄与する．しかし，このような低エネルギーでは，p 波がつくる遠心力で分子に近づけないために相互作用はきわめて小さくなる．しかし，分子が 10° 変角変形すると LUMO の π_u 軌道が A_1, B_1 対称に分裂（レナー–テラー効果）して a_1 軌道になる．その結果，斥力をもたない s 波成分が分子に近づけ共鳴的に電子付着できる．

(2) レーザー誘起イオン化法および光電子と電子付着

次にレーザー誘起イオン化を利用する方法[45]を紹介する．DC 放電中の Ar と電子の衝突で生成された準安定励起状態（$^3P_2$）Ar^* を標的分子で満たされた衝突室に導く．次に，1段目のシングルモード色素レーザーで Ar^* を（$^3P_2 \to {}^3D_3$）へポンピングする．選択則により $^3D_3$ 状態はもとの $^3P_2$ へのみ崩壊が可能である．すなわち，遷移がこの2準位を往復するため，$^3D_3$ 状態が一種の擬似安定状態となる．そこに，2段目のチューナブルレーザーを照射してイオン化する．エネルギー領域が 0～230 meV で電子ビーム強度が 10^{-12} A 程度の光電子が得られる．衝突室がガスセルの場合，分解能は 50～150 μeV

3.2 電子と原子分子の衝突　　213

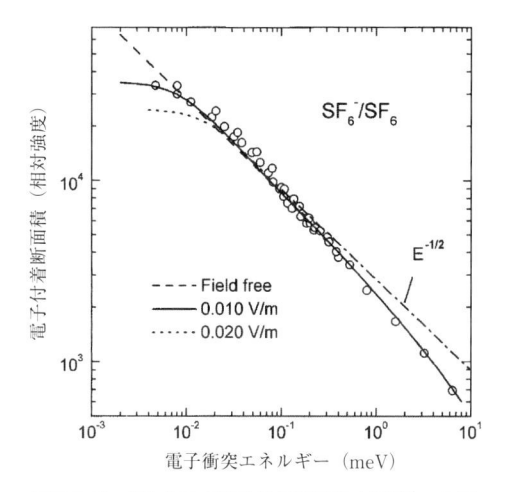

図3.2.31 SF$_6$分子の電子付着断面積（文献[45] p.780）

程度と見積もられている.

この超低エネルギー電子とSF$_6$の衝突で生成されたSF$_6^-$電子付着断面積の測定結果が図3.2.31に示されている．これまで一回衝突条件下ではきわめて困難であった衝突エネルギー領域の実験が可能になってきている．対数で示した横軸の入射エネルギーの単位（meV）に注意してもらいたい．

低エネルギーでの電子付着断面積の大きさは分極率 α に依存して $\sigma_e(\varepsilon)=4\pi(\alpha/\varepsilon)^{1/2}$ となることが古くから知られている[46]．また，$\varepsilon\to 0$ の極限で，そのふるまいが $\sigma_e(\varepsilon)\propto\varepsilon^{l-1/2}$ となることが示されている[45]．ここで，l は入射電子の角運動量の量子数である．図3.2.31に示すように，SF$_6$では超低エネルギー領域での電子付着断面積が衝突エネルギーとともに $\sigma_e(\varepsilon)\propto\varepsilon^{-1/2}$ 減少していることからs波（$l=0$）の電子付着が支配的であることが明らかである．なおここでは立ち入らないが，高リュードベリ原子を用いて入射エネルギー～4 μeV 程度まで電子付着断面積を測定した例がある[47]．

o. スピン偏極電子

スピン偏極電子を使った実験[48]は数多くこれまで行われてきた．その中で電離にかかわる基本的な実験を1つ紹介する．偏極した標的にスピン偏極した電子を衝突させたとき，電離断面積に電子のスピンの向きがどのように作用するか考えてみよう．スピン偏極電子源は化合物半導体GaAsからの光電子が標準として使われる．CsO層で処理したGaAs単結晶表面に円偏光（右巻き，左巻き）した半導体レーザー光を照射してΓ点から伝導帯へ励起する．表面の負親和力で励起電子は真空へ光電子として放出される．選択則からその電子のスピンは50%偏極していることが理論的には期待できる．しかし，表面の諸条件で実際の偏極度はそれを下回る．また，結晶構造に応力ひずみを作用

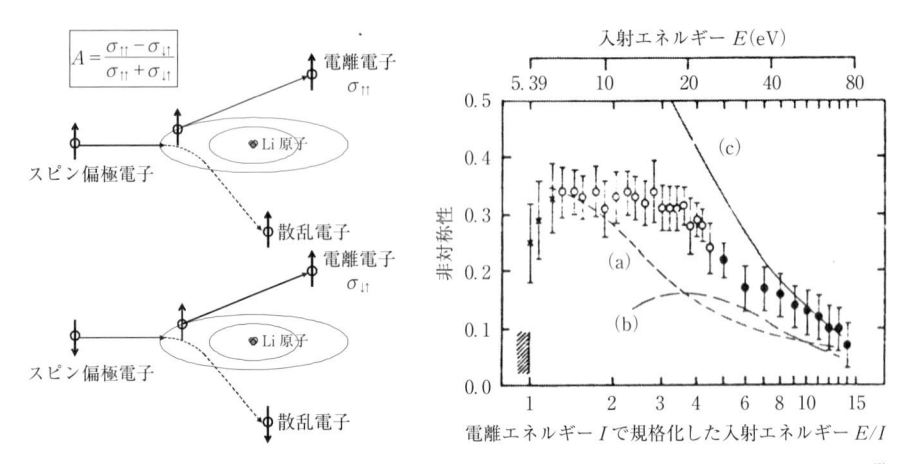

図 3.2.32 スピン偏極電子衝撃による偏極リチウム原子 Li の電離断面積の非対称性の測定（文献[49] p.4385）

させて GaAs の Γ 点の縮退を解くと偏極度の改善が得られる．六極電場を通して偏極した Li（↑）に平行（↑），反平行（↓）のスピン偏極電子を照射して電離断面積 $\sigma_{\uparrow\uparrow}$ と $\sigma_{\uparrow\downarrow}$ の非対称性を測定[49]する．反平行のスピン偏極電子は照射する円偏光をポッケルセルで逆転すればよい．実験結果から低エネルギー衝突で電離の非対称性が強く現れることがわかる（図 3.2.32）．

3.2.3 電子衝突に関する理論の簡単な紹介

これまで述べてきた電子衝突研究のいくつかの代表例に関連する理論的背景について簡単に述べる．第1章で紹介されているように，原子・分子構造（束縛状態）の非経験的な計算手法は 1980 年代以降急速に整備されてきた．たとえば，分子では最小限の入力データ（構成原子の電子状態，幾何学的配置など）で，基底状態，励起状態がパソコンレベルで計算できる簡単なソフト（たとえば，ガウシアン）からより高度なグリーン関数法などが開発されている．一方，電子と原子・分子の衝突理論にも新しい展開がみられる．ここでは，散乱の理論的概念を把握するために最小限必要になる基礎知識を述べる．新しい計算手法につては専門書に譲ることにする．なお原子衝突理論一般については教科書[50]を参照してほしい．

式を簡単にするために，以下では主として原子標的について述べる．分子標的でも基本は変わらないが，原子核の運動の自由度があるので取り扱いははるかに複雑になる．

a. 中心力ポテンシャルによる散乱とその拡張

原子と電子の衝突を理論的に扱う最も簡単なモデルは，相互作用として球対称ポテンシャル $V(r)$ を考え，それによる散乱を解くものである．これについてはすでに 3.1 節

で説明されている．すなわち部分波展開が使えて，散乱振幅は

$$f(\theta) = \frac{1}{2ik}\sum_{l=0}^{\infty}(2l+1)(e^{i2\delta_l}-1)P_l(\cos\theta)$$

$$= \frac{1}{2ik}\sum_{l=0}^{\infty}(2l+1)(S_l-1)P_l(\cos\theta) \quad (3.2.3)$$

と表せる．ここで，δ_l は位相のずれであり，$S_l = e^{i2\delta_l}$ とした（S 行列）．

ここまでは弾性衝突のみが起こるとしているが，非弾性衝突の効果を V により入射波の吸収が起こるとして近似的に考慮することができる．（すなわち，V が実関数でなく虚数部分（$\mathrm{Im}V>0$）をもつとする．）その際，放出球面波の強度は入射球面波の強度に比べ吸収された分だけ少なくなり $|S_l(k)|<1$ となる．あるいは

$$S_l(k) = \eta_l(k)e^{2i\delta_l(k)}, \quad \eta_l(k), \; \delta_l(k) \text{ はともに } k \text{ の実関数}, \; \eta_l \geq 0 \quad (3.2.4)$$

と書くと，吸収のないときは $\eta_l(k)=1$，吸収のあるときは $\eta_l(k)<1$ になる．

なお，重い原子の中心力ポテンシャルによる散乱を考えるときはスピン・軌道相互作用（$-1/r(\partial V/\partial r)\vec{l}\cdot\vec{s}$）が無視できなくなる．それは，核電荷による強い引力のためにポテンシャルの勾配が急になるためである．そのためにはディラック方程式の $E>0$ に対応する 2 成分系，すなわちスピン成分を含む形式で散乱振幅を書きなおす必要がある．

$$f(\theta, \phi) = \frac{1}{2ik}\sum_{l=0}^{\infty}[(l+1)(e^{2i\delta_l}-1) + l(e^{2i\delta_{-l-1}}-1)]P_l(\cos\theta)$$

$$g(\theta, \phi) = \frac{1}{2ik}\sum_{l=0}^{\infty}(-e^{2i\delta_l} + e^{2i\delta_{-l-1}})P_l^1(\cos\theta)e^{i\phi} \quad (3.2.5)$$

これを使うと，散乱の微分断面積およびスピン偏極度は

$$\frac{d\sigma}{d\Omega} = |f(\theta,\phi)|^2 + |g(\theta,\phi)|^2 \quad (3.2.6)$$

$$P(\theta) = \frac{2Re(g^*f)}{|f(\theta,\phi)|^2 + |g(\theta,\phi)|^2} \quad (3.2.7)$$

となる．

ところで，入射電子のエネルギーがきわめて低いときは $l=0$ 以外の部分波は遠心力の効果で相互作用領域には近づきがたい．そこで，s 波のみが散乱に寄与すると運動方程式は

$$-\frac{d^2u}{dr^2} + \frac{2m}{\hbar^2}V(r)u = k^2u \quad (3.2.8)$$

これを解くと s 波の位相 δ は

$$k\cot\delta = -\frac{1}{a} + \frac{1}{2}r_0k^2 \quad (3.2.9)$$

と書けることがわかる．これを有効距離の公式という．ここで a および r_0 は定数で，それぞれ散乱長および有効距離と呼ばれる．$k\to 0$ の極限では断面積 $4\pi a^2$ が得られる．この公式は超低エネルギー電子と原子・分子との衝突で実験値との比較にしばしば用いられる．

b. 散乱の一般論

次に，基底状態 0 から励起状態 n への励起（$0 \to n$）（弾性散乱 $n=0$ を含む）についての一般論に簡単にふれる．電子数 Z の原子と電子の衝突を考える．原子の電子系の波動関数は解けているとする．すなわち，$\varphi_n(r_i)$ を標的原子内電子の波動関数として，原子のハミルトニアン H_0 に対して，

$$H_0 \varphi_n = E_n \varphi_n \tag{3.2.10}$$

ただし，

$$\int \varphi_n{}^*(r_1, r_2, r_3, ..., r_z) \varphi_m(r_1, r_2, r_3, ..., r_z) dr_1 \cdots dr_z = \delta_{nm} \tag{3.2.11}$$

を満足している．また，入射電子と原子の全系のシュレーディンガー方程式は次のように書ける（以下，電子の質量を m とする）．

$$\left(-\frac{\hbar^2}{2m} \Delta + H_0 + V \right) \Psi = E \Psi \tag{3.2.12}$$

$$V(r_1, r_2, ..., r_z ; r) = -\frac{eZe}{r} + \sum_{i=1}^{z} \frac{e \cdot e}{|r - r_i|} \tag{3.2.13}$$

ただし，原子核の位置を原点として入射電子の座標を r，原子内電子の座標を r_i とする．全系の波動関数を原子系の電子の波動関数で展開する．すなわち，

$$\Psi(r_i ; r) = \sum_n^N \varphi_n(r_1, r_2, ..., r_z) F_n(r) \tag{3.2.14}$$

（ここでは入射電子と原子内電子との交換は無視する．実際は，交換を考慮することは重要であり，さまざまな手法が提案されている．）右辺の和は，正しくはあらゆる電子状態についてとる必要がある（$N = \infty$）．これを式 (3.2.12) に代入し，式 (3.2.10)，(3.2.11) を使えば，$F_n(r)$ についての連立方程式

$$(\nabla^2 + k_n^2) F_n(r) = \sum_{m=0}^{N} U_{nm} F_m(r), \qquad n = 0 - N \tag{3.2.15}$$

が得られる．ただし，

$$k_n^2 = \frac{2m}{\hbar^2}(E - E_n)$$

$$U_{nm} = (2m/\hbar^2) \int \cdots \iint \varphi_n{}^*(r_1, r_2, r_3, ..., r_z) V(r_1, ..., r_z ; r) \varphi_m(r_1, r_2, r_3, ..., r_z) dr_1 \cdots dr_z \tag{3.2.16}$$

である．この方程式を近似的に解く手法は多数提案されておりそのいくつかは後の節で紹介される．

ところで式 (3.2.15) を形式的に解き，その漸近形から散乱振幅を

$$f_n(\theta, \phi) = -\frac{2m}{4\pi\hbar^2} \iint e^{-ik_n \cdot r'} \varphi_n(r_i)^* V(r_i ; r') \Psi(r_i ; r') dr_i dr' \tag{3.2.17}$$

のように表すことができる．ここで右辺の Ψ に適当な関数を代入すると近似的な散乱振幅が得られる．その意味でこの式は重要な役割を果たす．

c. ボルン近似

電子・原子間の相互作用が小さいと考えられる場合には摂動論（ボルン近似）が使える．まず散乱電子の波動関数は相互作用のない場合の解である平面波としてそれを式（3.2.17）の右辺に代入する．すると励起 $0 \to n$ に対応する散乱振幅

$$f_{0n}^B(\theta, \phi) = -\frac{2m}{4\pi\hbar^2} \iint e^{i(\vec{k}_0-\vec{k}_n)\cdot\vec{r}'} \varphi_n(r_i)^* V(r_i; r') \varphi_0(r_i) \, dr_i \, dr' \tag{3.2.18}$$

が得られる．相互作用の具体的な形（3.2.13）を右辺に代入すると

$$f_{0n}^B(\theta, \phi) = -\frac{2me^2}{\hbar^2 K^2} \int \cdots \int \varphi_n^* \sum_{i=1}^{z} e^{i\vec{K}\cdot\vec{r}_i} \varphi_0 \, dr_1 \cdots dr_z \tag{3.2.19}$$

となる．ただし，

$$\vec{K} = \vec{k}_0 - \vec{k}_n, \quad K^2 = k_0^2 + k_n^2 - 2k_0 k_n \cos\theta$$

である．結局，ボルン近似による励起微分断面積は

$$\sigma_{0n}^B = \frac{k_n}{k_0} |f_{0n}^B(\theta, \phi)|^2 = 4\left(\frac{me^2}{\hbar^2}\right)^2 \frac{k_n}{k_0} \frac{1}{K^4} |\varepsilon_{0n}(\vec{K})|^2 \tag{3.2.20}$$

ここで，

$$\varepsilon_{0n}(\vec{K}) = \int \cdots \int \varphi_n^* \sum_{i=1}^{z} e^{i\vec{K}\cdot\vec{r}_i} \varphi_0 \, d\vec{r}_1 \cdots d\vec{r}_z \tag{3.2.21}$$

を形状因子（厳密には，非弾性衝突に関する形状因子）と呼び，標的の始状態と終状態が球対称であれば K（ベクトル $\vec{K}$ の大きさ）だけの関数となる．標的が分子の場合では分子の向きで平均するとやはり K だけの関数となる．

ボルン近似によると，断面積は標的原子分子の性質（具体的には形状因子）のみによって決まり，散乱問題をまったく解く必要がない．入射電子の速度が速くなると相互作用は小さくなるので，高エネルギー電子の衝突ではボルン近似が使える．また遠くを通る衝突ではやはり相互作用が小さいので，長距離力が支配的な場合にもボルン近似がよく成り立つ．

d. 一般化振動子強度（GOS）と光学的振動子強度（OOS）[51]

いま形状因子（3.2.21）を用いて一般化振動子強度（generalized oscillator strength, GOS）を次のように定義する．

$$F_{0n}^{\text{GOS}}(K) = \frac{2mE_n}{\hbar^2} \frac{\langle |\varepsilon_{0n}(K)|^2 \rangle}{K^2} = \frac{E_n}{R} \frac{\langle |\varepsilon_{0n}(K)|^2 \rangle}{(Ka_0)^2} \tag{3.2.22}$$

ここで，R はリュードベリ定数，a_0 はボーア半径である．また $\langle \ \rangle$ は標的の向きで平均したものを表す．この GOS には，i) $K \to 0$ の極限で光学的振動子強度（OOS）f_{0n}^{OOS} と一致する．すなわち $\lim_{K \to 0} F_{0n}^{\text{GOS}}(K) = f_{0n}^{\text{OOS}}$，ii) 総和則の成立 $\sum_n F_{0n}^{\text{GOS}}(K) = Z$（原子内の電子の総数 Z），iii) ボルン近似が成り立つ場合，励起断面積は GOS によって一意的に決まる，という3つの重要な性質がある．K（衝突に際して標的に与える運動量に相当する）が0に近い場合は前方散乱に対応し，遠くを通る衝突に相当する．すなわち，電

子は標的から遠く離れたところを瞬時に通りすぎるため，標的はパルス電場を感じ光の電場と類似の作用を受けると考えてよい．上記の性質 i はこのことの反映である．

さて，式（3.2.20）を使うと，GOSと微分断面積の間には次のような関係がある．

$$F_{0n}^{\mathrm{GOS}}(K, T) = \frac{1}{4a_0^2}\left(1 - \frac{E_n}{T}\right)^{-1/2} \frac{E_n}{R}(Ka_0)^2 \sigma_{0n}^B(\theta) \quad (3.2.23)$$

ここで，電子の入射エネルギーを $T=(\hbar k_0)^2/2m$ とする．また，

$$(Ka_0)^2 = (k_0 a_0)^2 + (k_n a_0)^2 - 2a_0^2 k_0 k_n \cos\theta = 2\frac{T}{R}\left[1 - \frac{E_n}{2T} - \cos\theta \sqrt{1 - \frac{E_n}{T}}\right] \quad (3.2.24)$$

の関係に注意する．いま，式（3.2.23）の右辺にボルン近似による断面積の代わりに実験で求めた断面積を代入して，"みかけの"GOS をつくる．

$$F_{0n}^{\mathrm{app}}(K, T) = \frac{1}{4a_0^2}\left(1 - \frac{E_n}{T}\right)^{-1/2} \frac{E_n}{R}(Ka_0)^2 \sigma_{0n}(\theta) \quad (3.2.25)$$

すると，上記の性質 i と同様な関係式

$$\lim_{K \to 0} F_{0n}^{\mathrm{app}}(K) = f_{0n}^{\mathrm{OOS}} \quad (3.2.26)$$

が成り立つことが知られている．このことから電子衝突の実験で得られた"みかけの"GOS を $K \to 0$ に外挿することで光学的振動子強度を求めることができる．また逆に光学的振動子強度が既知であれば，それを使って電子衝突断面積のテストをすることができる．

ここで述べたことは励起のみでなく電離についても成り立つ．すなわち電離過程についても同様の性質をもつ一般化振動子強度を定義できる．

e. スケーリング則による電離および光学的許容励起断面積の導出

衝突断面積を高い精度で求めることは，実験的にも理論的にも容易なことではない．通常それが可能になるのは一部の限られた原子・分子について，しかも限られた衝突エネルギーの場合である．一方，応用上必要とされる断面積は，さまざまな原子・分子標的について広いエネルギーにわたる．そこで，ある程度精度は犠牲にしても，そのような広汎な要求にこたえられる手法が必要とされる．本項ではそのような試みを2つ紹介する．

(1) 電離断面積スケーリング則[52]

電子衝突による原子の電離は，古典的に考えると，入射電子が原子内電子と衝突してそれをたたき出すことに相当する．2電子間の衝突はラザフォード散乱の公式で記述できるが，電子が入れ替わることも考慮に入れるといわゆるモットの公式

$$\frac{d\sigma(W, T)}{dW} = \frac{d\sigma}{dE} = \frac{4\pi a_0^2 R^2}{T}\left[\frac{1}{W^2} - \frac{1}{W(T-W)} + \frac{1}{(T-W)^2}\right] \quad (3.2.27)$$

が成り立つ．ここで入射電子のエネルギーを T，2次（放出）電子のエネルギーを W，1次（散乱）電子のエネルギーを $T-W$ とする．実際の原子内電子は束縛されており，また運動エネルギー分布をもっている．そのことを考慮して式（3.2.27）から電離断面

積をつくることができ，それは二体衝突（binary encounter, BE）モデルと呼ばれている．式（3.2.27）からわかるように，入射エネルギーの高いところでは T^{-1} の漸近形をもち，量子論的な結果 $T^{-1} \ln T$ とは異なる．そこでキム（Y.K. Kim）らは量子論的漸近形をもつように BE モデルを修正し，BED（binary encounter dipole）モデルを作成した．そのモデルを用いるには，標的原子の物理量として，束縛エネルギー（B）や束縛電子の平均運動エネルギー（U）のほかに，電離に対する光学的振動子強度が必要である．しかし光学的振動子強度を求めるのは必ずしも容易ではない．そこでいくつかの具体的な原子の例から導かれたある近似形を採用する．そうやって得られた電離断面積が

$$\sigma_{\text{BEB}} = \frac{S}{t+u+1}\left[\frac{Q \ln t}{2}\left(1-\frac{1}{t^2}\right) + (2-Q)\left(1-\frac{1}{t}-\frac{\ln t}{t+1}\right)\right] \quad (3.2.28)$$

である．これは BEB（binary encounter Bethe）モデルと呼ばれる．ここで $t = T/B$，$u = U/B$，$S = 4\pi a_0^2 N (R/B)^2$，N は電離に関与する束縛電子の数である．Q はボルン近似で求めた電離断面積から得られる量であるが，不明の場合にはしばしば $Q = 1$ とされる．この BEB モデルが優れている点は，しきい値近傍の断面積のふるまいを適切に再現できる低エネルギー領域の扱いが取り込まれているとともに，量子論的に正しい漸近形が保障されていることである．これまでにさまざまな原子・分子に応用されているが，一般に実験値との一致は良好である（一例を図 3.2.21 に示す）．

(2) 光学的許容遷移断面積のスケーリング[53]

電子衝突による原子の励起のうち，光学的許容遷移に対応する励起の断面積を考える．このような励起は，一般的に衝突エネルギーの広い範囲にわたって比較的大きな断面積をもつので，応用上重要である．光学的許容遷移については，衝突エネルギーの高いところでボルン近似がよく成り立つことが知られている．そこでボルン近似の結果を低エネルギーのところで修正する．その際上記の電離断面積の場合を参考にする．すなわち

$$\sigma_{\text{BE}} = \frac{T}{T+B+E}\sigma_{\text{PWB}} \quad (3.2.29)$$

ここで E は問題とする励起に必要なエネルギーである．（平面波）ボルン近似（plane wave Born）の励起断面積 σ_{PWB} は計算あるいは実験で求める．ところで衝突エネルギーの高いところでは，光学的許容遷移の断面積は光学的振動子強度に比例することが知られている（ベーテの漸近形）．そのことを考慮して

$$\sigma_{\text{BE}f} = \frac{f_{\text{mc}}}{f_{\text{sc}}}\sigma_{\text{BE}} = \frac{T}{T+B+E}\frac{f_{\text{mc}}}{f_{\text{sc}}}\sigma_{\text{PWB}} \quad (3.2.30)$$

を使うことが最終的に提案された（binary encounter f-scaling）．ここで，f_{sc} は σ_{PWB} の計算に使われた光学的振動子強度，f_{mc} は精度の高い波動関数を使って求められたそれである．断面積に実験値を使うときは f_{sc} として電子衝突実験から導かれた光学的振動子強度を代入する．応用例については 3.2.2 項 h（とくに図 3.2.17）に示した．

f. 精度の高い計算手法

一般論のところで導出した連立微分方程式（3.2.15）を解くさまざまな方法が提案されている．ここではそのいくつかを簡単に紹介する．

(1) 緊密結合法と CCC 法

考えている励起過程に密接に関係していると思われるいくつかの電子状態のみを展開（3.2.14）に含める．すると式（3.2.15）は有限次元の連立方程式となり，計算機を用いて解くことができる．和に含める状態の数 N を増やしていくと原理的に正しい答えに収束する．しかし，実際にはその収束の程度は望ましいものではないことが多い．そこで，展開に使う関数として，標的原子の束縛状態波動関数ではなく，適当に選んだ直交関数系を用いることで収束を早める手法が提案されている．これは"収束する緊密結合法（convergent close-coupling, CCC）"と呼ばれており，水素やヘリウム標的で威力を発揮している．

(2) ゆがみ波法

緊密結合法で最も簡単なのは，問題としている励起過程の始状態と終状態のみを残す2状態緊密結合法である．そこでさらにその2状態間の相互作用が小さいとして摂動論を使う．すなわち，始状態（終状態）の波動関数はそれぞれの状態にある標的原子のつくるポテンシャルで決まり，それらの間の遷移を摂動論で求める．ボルン近似が平面波の間の遷移であったのに対応して，標的があることで歪んだ波の間の遷移を考えるのがこの手法である．

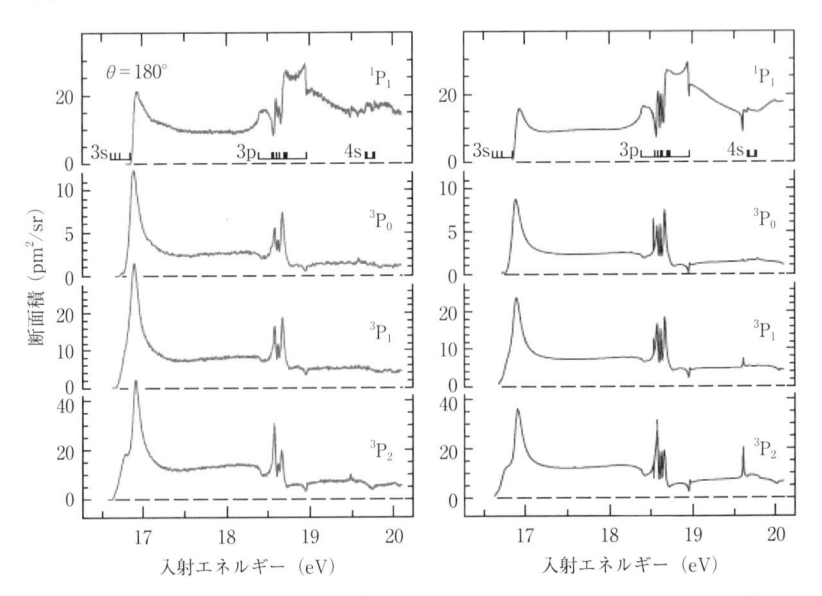

図 3.2.33　ネオン原子の $^1P_1$, $^3P_0$, $^3P_1$, $^3P_2$ 各電子励起断面積の実験値（左）と R 行列法による理論（右）計算との比較（文献[54] p.044009-6）

(3) R 行列法

式（3.2.14）の展開を使うということは，入射電子と原子内電子とを意識的に区別していることになる．入射電子が標的より離れて通るときはこれでも問題ないが，近くにきて原子の電子雲の中に入ってしまうと，この描像は正しくない．もちろん $N=\infty$ とすれば原理的に正しい解が得られるが，現実にはそのような計算は不可能である．そこで標的の周囲に境界（半径 a）を設け，その内側と外側で異なる扱いをする．内側では，電子の数が1個増えた原子（イオン）の束縛状態を通常の定常状態の方法で解く．一方，外側では入射電子を別扱いしてかまわないので，前記の緊密結合法で解く．両者の解を境界上でスムースにつながるようにすると散乱振幅が求まる．この方法は入射電子が標的の近くに長く滞在するとき（低エネルギー衝突や共鳴現象が起こるとき）精度の高い答えを与える．結果の一例を図 3.2.33 に示す．

(4) 変分法

一般に微分方程式を直接解かずに，その解を与える変分原理をみつけて変分計算によって答えを求めることが可能な場合がある．散乱問題においてもシュレーディンガー方程式（3.2.12）の解が満足する変分原理がいくつか知られており，それらを使って断面積を計算することが可能である．この方法によれば，微分方程式を解くことなく，代数計算のみで（近似的な）答えを得ることができるので，複雑な系（たとえば大きな分子）を扱うのに適している．

g. 共鳴散乱のモデル

断面積のエネルギー依存性にはしばしば大きな変動が現れることがある．それらの多くは，入射電子が標的に一時的に捕獲されて起こる"共鳴現象"に起因する．その物理的理解は詳しい理論計算をしてみないとわからない．また標的原子・分子の特性に敏感で一般論は困難である．ここでは簡単なモデルを使って断面積に現れる構造の原因の一部を説明することを試みる．

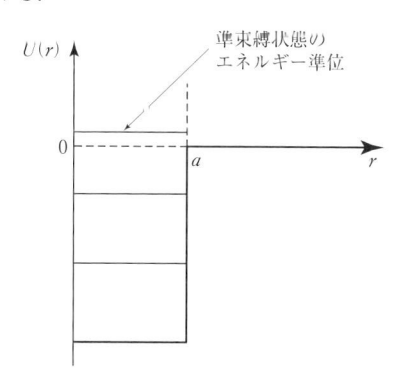

図 3.2.34　1次元井戸型ポテンシャルによる散乱モデル

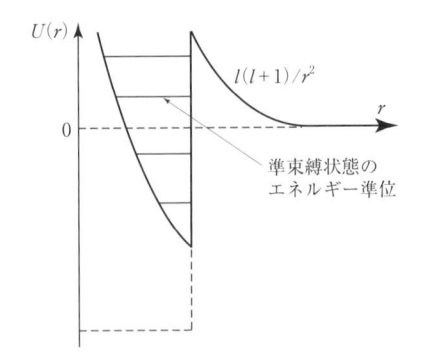

図 3.2.35　1次元井戸型ポテンシャルと遠心力
　　　　　　による斥力ポテンシャルのつくる
　　　　　　有効ポテンシャル散乱モデル

(1) 井戸型ポテンシャルと形状共鳴

図 3.2.34 のような井戸型ポテンシャルによる散乱をモデルとして共鳴現象が発現する機構を調べる.

入射粒子がある特定のエネルギーをもつとき，ポテンシャルの近くに比較的長時間滞在することがある．粒子は正のエネルギーをもつのでやがては遠ざかってしまい真の束縛状態にはならないが，このような状態を"準束縛状態"と呼ぶ．ここで s 波による散乱について準束縛状態の様子を調べてみよう．s 波以外の部分波については，遠心力があるので有効ポテンシャルは図 3.2.35 のようになる．準束縛状態の存在がより明瞭になるが解析的な議論は複雑になる．なお，以下の議論は主として文献[55]第 3 章に基づく（ただし，記号は一部変えてある）．詳細は同文献を参照してほしい．

井戸の中で s 波の従う運動方程式は

$$\left[\frac{d^2}{dr^2} + (k^2 + U_0)\right]u(r) = 0 \tag{3.2.31}$$

この式の解は

$$u(r) = A \sin \kappa r \tag{3.2.32}$$

と書ける．ただし井戸の深さを V_0 として $U_0 = (2m/\hbar^2)V_0$ であり

$$\kappa = \sqrt{k^2 + U_0} \tag{3.2.33}$$

一方，井戸の外では外向きの球面波であるから

$$w(r) = B \exp(ikr) \tag{3.2.34}$$

境界 $r = a$ で u と w が滑らかにつながらなければならないという条件から

$$F(ka) = a\sqrt{k^2 + U_0}\cot\{a\sqrt{k^2 + U_0}\} \tag{3.2.35}$$

として

$$F(ka) = ika \tag{3.2.36}$$

の関係を満たさねばならない．これはエネルギー固有値方程式であるが，k^2 が井戸の深さ

U_0 よりも十分小さいとしてこの式を解く．第0近似として，右辺を0としたときの式

$$F(k_s a) = 0 \tag{3.2.37}$$

から，固有値 $k = k_s$ を求める．対応するエネルギーを $E_s = \hbar^2 k_s^2/2m$ とし，さらに F をエネルギーの関数として $E = E_s$ のまわりで展開する．

$$F(ka) = F(E_s) + \left(\frac{dF}{dE_k}\right)(E_k - E_s) + \cdots \tag{3.2.38}$$

すると

$$F(ka) \approx \left(\frac{dF}{dE_k}\right)_s (E_k - E_s) = ika \tag{3.2.39}$$

から，式（3.2.38）の解は

$$E_k = E_s - \frac{i}{2}\Gamma_s \tag{3.2.40}$$

である．ただし，$\Gamma_s = -2ka\Big/\left(\dfrac{dF}{dE_k}\right)$（後でわかるが共鳴の幅に対応）である．一方

$$F(ka) = -\frac{2ka}{\Gamma_s}(E_k - E_s) \tag{3.2.41}$$

となる．これを井戸型ポテンシャルによる散乱の場合に s 波の位相のずれを決める式

$$\exp(2i\delta_0) = \exp(-2ika)\frac{F(ka) + ika}{F(ka) - ika} \tag{3.2.42}$$

に代入すると，次の関係が得られる．

$$\tan(\delta_0 + ka) = \frac{\Gamma_s}{2(E_s - E_k)} \tag{3.2.43}$$

入射電子のエネルギー E_k が準束縛状態のエネルギー E_s に一致したとき

$$\delta_0 + ka = \frac{\pi}{2} \tag{3.2.44}$$

これは共鳴条件に対応する．また，全断面積は

$$q_0 = \frac{4\pi}{k^2}\left|\frac{\Gamma_s/2}{(E_k - E_s) + i\Gamma_s/2} + \exp(ika) \cdot \sin ka\right|^2 \tag{3.2.45}$$

となる．この第1項を共鳴公式，またはブライト-ウィグナー（Breit-Wigner）の一準位公式と呼ぶ．第2項は直接散乱の断面積を与える．$E_k = E_s$ の近くでは第1項の寄与が大きく，断面積は鋭いピークをもつ．Γ_s はそのピークの幅を表す．この共鳴はポテンシャルの形だけで決まることから一般に形状共鳴と呼ばれている．

(2) 配置間相互作用とフェシュバッハ共鳴[11]

次に，原子・分子に現れる鋭いスペクトル構造として発現する共鳴について説明する．この共鳴は標的原子・分子内電子の励起を伴うことで形状共鳴とは異なる．ここでは，摂動論に基づく連続状態と離散状態の間の配置間相互作用の理論を紹介する．図3.2.18, 3.2.24のヘリウム原子の弾性散乱および自動電離過程に典型的な例がある．

ヘリウム原子の弾性散乱の場合で考えよう．まず，入射電子がヘリウム原子の基底状

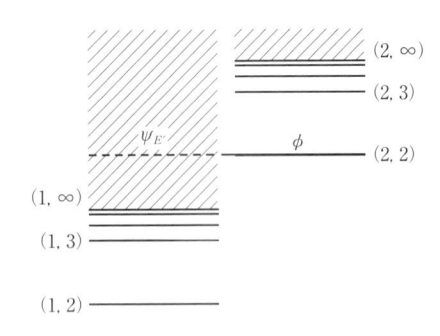

図 3.2.36 ヘリウム原子の一電子励起状態と二電子励起状態の関係

態の電子を1つ励起して，自分自身はエネルギーを失い一時的にヘリウム原子の同じ励起状態に捕獲され，複合粒子 (He$^-$)** 負イオンを生成すると考える．そして，ある寿命の後に1つの電子は基底状態にもどり，その放出エネルギーをもう一方の電子が受け取ってこれも外へ出てゆく．結果として，弾性散乱が起こったことと同じになる．この短寿命負イオン状態は二電子励起された準安定束縛状態である．そのエネルギーは一電子励起連続状態と重なっている．簡単な概略図（図3.2.36）にそのことを示した．すなわち全系のハミルトニアンを H として

$$H\psi = E\psi \tag{3.2.46}$$

$$\psi(E) = a(E)\varphi + \int b_E(E')\varphi_E dE' \tag{3.2.47}$$

となっている．それぞれの波動関数は

$$\langle \varphi | H | \varphi \rangle = E_\varphi \tag{3.2.48}$$

$$\langle \varphi_{E''} | H | \varphi_{E'} \rangle = E'\delta(E'' - E') \tag{3.2.49}$$

を満たす．式 (3.2.46) の左から $\varphi_{E'}$ と φ とをそれぞれかけたものをつくり整理すると

$$b_{E'}(E) = \left\{ \frac{1}{E - E'} + Z(E)\delta(E - E') \right\} V_{E'} a \tag{3.2.50}$$

が得られる．ここで

$$Z(E) = \frac{E - E_\varphi - F(E)}{|V_E|^2}, \quad F(E) = P \int \frac{|V_{E'}|^2}{E - E'} dE' \tag{3.2.51}$$

ただし，$\langle \varphi_{E'} | H | \varphi \rangle = V_{E'}$，$P$ は積分の主部をとることを意味する．

連続状態 $\varphi_{E'}$ が漸近形 $\sin\{k(E')r + \delta\}$ をもつとすると

$$\int b_E \varphi_E dE' \propto \sin\{k(E)r + \delta + \varDelta\} \qquad (3.2.52)$$

$$\varDelta = -\arctan\{\pi/Z(E)\} \qquad (3.2.53)$$

が得られる．これは，連続状態 φ_E が離散状態 φ との相互作用によって，すなわち二電子励起状態を経由したことで，$\varDelta$ だけの位相シフトを受けたことを示す．その分母の関数 $Z(E)$ は $E = E_\varphi + F$ のところで 0 になる．そこでは位相差が急激に π 程度変わることを意味し，$E_\varphi + F$ が共鳴エネルギー準位であることを示す．なお，全断面積は次の形に表せる．

$$\sigma = \frac{4\pi}{k^2}\sin^2(\delta+\varDelta) = \frac{4\pi}{k^2}\sin^2\delta\frac{(q+\varepsilon)^2}{1+\varepsilon^2} \qquad (3.2.54)$$

ただし，

$$q = -\cot\delta, \quad \varepsilon = [E - E_\varphi - F(E)]\Big/\frac{1}{2}\varGamma, \quad \varGamma = 2\pi V_E^2 \qquad (3.2.55)$$

とする．

3.2.4　電子衝突断面積データベース

　原子・分子科学の基礎科学としての重要性をいくつかの例で紹介した．冒頭でも述べたように，この分野が長い量子力学に基づく自然観の中でつねに回帰してきたもう 1 つの理由に科学技術の他の分野からの原子・分子衝突素過程データのニーズがあげられる．原子・分子レベルでの把握に基づく "量子論的科学技術" の地歩の確立が強く求められている．データベースは，i）データの提供者と，ii）データのユーザを橋渡しする，iii）データの収集・評価・発信が三位一体化してはじめてその機能が果たせる．データ構築は地味な作業ではあるがよいデータはラムザウアー―タウンゼントのデータのように 100 年の長きにわたり生きのび役に立つのである．最近の原子・分子衝突過程データに関するさらに詳しいことは文献[3.56]を参考にしていただきたい．

3.2.5　おわりに

　本節で扱った代表的な電子衝突現象のほんの一部の例だけをみてもじつに多様性のある基礎科学を含んだ研究分野であることがわかる．電子は物質の性質を支配する影の主役である．その原子・分子レベルでの少数多体系の電子相関の探索は意義深い．21 世紀という言葉にも慣れ，科学技術はますます総合化へ向けて加速していくであろう．最近，"原子論的ものづくり"，"原子・分子のナノ力学" といった言葉をよく耳にする．原子・分子が "科学技術の共通言語" と認識されていることの現れであろう．進化しつづける IC 技術にも，従来からの Si 基板の微細加工化への方向性（～10 nm），すなわち "top-down" 的技術に限界が見えてきた．すでに技術の潮流は個々の原子・分子の機能性の制御に基づく "bottom-up" 的技術へ大きく舵は切られている．　〔**田中　大**〕

文　　献

1) E. W. McDaniel, *Atomic Collisions: Electron and Photon Projectiles* (Wiley, 1989).
2) a) A. Zecca, G. P. Karwasz and R. S. Bursa, *La Rivista del Nuovo Cimento* vol. **19**, No. 3 (1996).
   b) S. J. Buckman and B. Lohmann, *J. Phys. B: At. Mol. Opt. Phys.* **19** (1986) 2547.
   c) 核融合科学研究所原子分子データベース所収.
   d) D. Rapp and P. Englander-Golden, *J. Chem. Phys.* **43** (1965) 1464.
   e) M.A. Khakoo, P. Vandeventer, J. G. Childers, I. Kanik, C. J. Fontes, K. Bartschat, V. Zeman, D. H. Madison, S. Saxena, R. Srivastava and A. D. Stauffer, *J. Phys. B: At. Mol. Opt. Phys.* **37** (2004) 247.
3) Y. Itikawa, *Molecular Processes in Plasmas*, (Springer, 2007) p. 173.
4) A. R. Filippelli, Chun C. Lin, L. W. Anderson and J. W. McConkey, *Adv. At. Mol. Opt. Phys.* **33** (1994) 1.
5) 垣谷俊昭,「光・物質・生命と反応（上）」(丸善, 1998) pp. 134-135.
6) P. Lenard, *Ann. d. Phys.* **12** (1903) 714.
7) J. Franck and G. Hertz, *Verh. d. D. Phys. Ges.* **16** (1914) 457.
8) C. Ramsauer, *Ann. d. Phys.* **64** (1921) 513, **66** (1921) 546.
9) E. M. Clarke, *Can. J. Phys.* **32** (1954) 764.
10) J. W. McConkey, *Phtonic, Electronic, and Atomic Collisins*, Procc. of the XXIV International Conference, Edited by P. D. Fainstein, M. A. P. Lima, J. E. Miragia, E. C. Motenegro and R. D. Rivarola (World Scientific Publishing, 2006) p. 3.
11) H. S. W. Massey, E. H. S. Burhop and H. B. Gilbody, *Electronnic and Ionic Impact Phenomena* vol. **I, II** (Oxford at the Clarendon Press, 1969).
12) R. W. Crompton, *Adv. At. Mol. Opt. Phys.* **33** (1994) 79.
13) 津田俊輔・横谷尚睦・木須孝幸・辛　埴, 日本物理学会誌 **57** (2002) 258.
14) J. H. Moore, C. C. Davis, M. A. Coplan, *Building Scientific Apparatus-A Practical Guide to Design and Construction* (Addison-Wesley Publishing Co. Advanced Book Program/World Science Division, 1983) p. 287.
15) H. Cho, R. P. McEachran, S. J. Buckman, D. M. Filipovic, V. Pejcev, B. P. Marinkovic, H. Tanaka, A. D. Stauffer and E. C. Jung, *J. Phys. B: At. Mol. Opt. Phys.* **39** (2006) 3781.
16) H. Tanaka, T. Masai, M. Kimura, T. Nishimura and Y. Itikawa, *Phys. Rev. A* **56** (1997) R3338.
17) D. Cubric, D. J. D. Mercer, J. M. Channing, G. C. King and F. H. Read, *J. Phys. B : At. Mol. Opt. Phys.* **37** (2004) L45.
18) I. Shimamura, *Physics of Atoms and Molecules*, Edited by I. Shimamura and K. Ta-kayanagi, (Plenum Press, 1984) p. 89.
19) Y. Itikawa, *J. Phys. B: At. Mol. Opt. Phys.* **37** (2004) R1.
20) M. Hoshino, H. Kato, H. Tanaka, I. Bray, D. V. Fursa, S. J. Buckman, O. Ingolfsson and M. J. Brunger, *J. Phys. B: At. Mol. Opt. Phys.* **42** (2009) 145202.
21) M. Allan, *J. Phys. B: At. Mol. Opt. Phys.* **28** (1995) 4329.
22) H. Kato, H. Kawahara, M. Hoshino, H. Tanaka, M. J. Brunger and Y. -K Kim, *J. Chem. Phys.* **126** (2007) 064307.
23) A. Herzenberg, *Physics of Atoms and Molecules*, Edited by I. Shimamura and K. Takayanagi, (Plenum Press, 1984) p. 191.
24) T. W. Shyn and W. E. Sharp, *Phys. Rev. A* **43** (1991) 2300.
25) Y. -K. Kim, http：//physics.nist.gov/PhysRefData/Ionization/intro.html.
26) A. J. Murray and F. H. Read, *Phys. Rev. Lett.* **69** (1992) 2912.
27) P. J. Hicks and J. Comer, *J. Phys. B : At. Mol. Phys.* **8** (1975) 1866.
28) 渡辺信一・松澤道生, 日本物理学会誌 **44** (1989) 500.

29) G. H. Wannier, *Phys. Rev.* **90**(1953) 817.
30) U. Fano and A. R. O. Rau, *Atomic Collisions and Spectra* (Academic Press, 1986) p. 301.
31) S. Cvejanovic and F. H. Read, *J. Phys. B: At. Mol. Phys.* **7**(1974) 1841.
32) A. R. P. Rau, *Phys. Rev. A* **4**(1971) 207；R. Peterkop, *J. Phys. B：At. Mol. Phys.* **4**(1971) 513, *J. Phys. B：At. Mol. Phys.* **16**(1983) L587.
33) 田中 大・星野正光・C. Makochekanwa, 放射線化学 **81**(2006) 40.
34) M. A. Huels, I. Hahndorf, E. Illenberger and L. Sanche, *J. Chem. Phys.* **108**(1998) 1309.
35) S. Gohlke, A. Rosa, E. Illenberger, F. Bruening, M. A. Huels, *J. Chem. Phys.* **116**(2002) 10164.
36) T. Goto, *Adv. At. Mol. Opt. Phys.* **44**(2001) 99.
37) C. Makochekanwa, K. Oguri, R. Suzuki, T. Ishihara, M. Hoshino, M. Kimura and H. Tanaka, *Phys. Rev. A* **74**(2006) 042704.
38) L. G. Christophorou and J. K. Olthoff, *Adv. At. Mol. Opt. Phys.* **44**(2001) 155.
39) L. J. Uhlmann, R. G. Dall, A. G. Truscott, M. D. Hoogerland, K. G. H. Baldwin and S. J. Buckman, *Phys. Rev. Lett.* **94**(2005) 173201.
40) H. Kato, H. Kawahara, M. Hoshino, H. Tanaka, L. Campbell and M. J. Brunger, *Chem. Phys. Lett.* **465**(2008) 31.
41) T. M. Maddern, L. R. Hargreaves, J. R. Francis-Staite, M. J. Brunger, S. J. Buckman, C. Winstead and V. McKoy, *Phys. Rev. Lett.* **100**(2008) 063202.
42) 北島昌史・田中 大, 日本物理学会誌 **64**(2009) 742.
43) D. Field, S. L. Lunt and J. P. Ziesel *Acc. Chem. Res.* **34**(2001) 291.
44) N. C. Jones, D. Field, J. P. Ziesel and T. A. Field, *Phys. Rev. Lett.* **89**(2002) 093201.
45) A. Schramm, J. M. Weber, J. Kreil, D. Klar, M. -W. Ruf and H. Hotop, *Phys. Rev. Lett.* **81**(1998) 778.
46) S. Barsotti, M. -W. Ruf and H. Hotop, *Phys. Rev. Lett.* **89**(2002) 083201.
47) F. B. Dunning, *J. Phys. B：At. Mol. Opt. Phys.* **28**(1995) 1645.
48) J. Kessler, *Polarized Electrons* (Springer-Verlag, 1976).
49) G. Baum, E. Kisker, W. Raith, W. Schroeder, U. Sillmen and D. Zenses, *J. Phys. B：At. Mol. Phys.* **14**(1981) 4377.
50) 高柳和夫,「原子衝突」(朝倉書店, 2007).
51) M. Inokuti, *Rev. Mod. Phys.* **43**(1971) 297.
52) Y. -K. Kim and M. E. Rudd, *Phys. Rev A* **50**(1994) 3954.
Y. -K. Kim, W. Hwang, N. M. Weinberger, M. A. Ali and M. E. Rudd, *J. Chem. Phys.* **106**(1997) 1026.
53) Y. -K. Kim, *Phys. Rev. A* **64**(2001) 032713.
Y. -K. Kim, *J. Chem. Phys.* **126**(2007) 064305.
54) M. Allan, K. Franz, H. Hotop, O. Zatsarinny and K. Bartschat, *J. Phys. B：At. Mol. Opt. Phys.* **42**(2009) 044009.
55) 砂川重信,「散乱の量子論」(岩波書店, 1977) 第9章.
56) Y Itikawa (Ed.) *Photon and Electron Interactions with Atoms, Molecules and Ions*, Landolt-Börnstein, vol. **I/17**. Subvolume C. (Springer, 2003).

3.3 電子と原子イオンの衝突

3.3.1 はじめに

この節では電子と原子の正イオンとの衝突を扱う．ここで正イオンとは中性原子から電子を剥ぎ取ったものをいう．イオンには，原子に電子を付着させてできる負イオンも

ある.なんらかの方法で,電子を剥ぎ取るのに必要なエネルギーを加えることができれば,正イオンは容易につくれる.一方,負イオンをつくるには一般に特別な工夫がいる.原子によって安定な負イオンは存在しないこともある.負イオンは個性が強く一般的な議論が困難である.したがって,ここでは正イオンのみを対象とする.

電子・イオン衝突が,3.2節で述べた電子と中性原子の衝突と違うところは,イオンの電荷と入射電子の間に働く引力のクーロン相互作用が支配的となることである.その結果,標的イオンが一時的に電子を捕獲することで起こる"共鳴現象"が顕著になる.標的がイオンの場合に起こる素過程は,中性原子の場合と基本的には変わらない.すなわち,弾性散乱およびイオンの励起・電離である.また,電子がイオンに捕獲される"再結合"過程が重要である(これは中性原子の場合の"電子付着"に対応する).イオン標的の場合は,これらすべての過程で共鳴現象が顕著に現れる.

電子・イオン衝突の大きな特徴は実験が容易でないことである.衝突の標的となるイオンの密度をある程度以上上げることはできないので,中性原子標的の場合と同じ方法をそのまま使うことはできない.そのため次項に述べるようなさまざまな工夫がなされてきた.また,共鳴がある場合には,そのエネルギー幅が小さい(すなわち,寿命が長い)のが普通で,共鳴ごとに区別して測るのはほとんど不可能である.

一方,理論的手法は中性原子の場合と同じであり,イオンだからといって難しいことはない.そこで,とくに実験が困難な励起過程については理論計算が発達し系統的な研究が数多く行われている.

電子・イオン衝突はプラズマ(とくに高温のプラズマ)中で起こる衝突過程のうちで最も重要なものである.実験室プラズマの診断や天体プラズマから放射される電磁波(とくに,紫外線やX線)の解析には電子・イオン衝突の知識が不可欠である.たとえば,主として天体への応用を目的としているが,関連する基礎データの現状をカルマン(Kallman)とパルメリ(Palmeri)[1]が解説している.イオンに関連する衝突断面積のデータベースをつくる試みも各所で行われており,わが国では核融合科学研究所のデータベース[2]が有用である.また,以下に述べる各衝突過程の文献検索,いくつかのデータベース,計算コードなどが利用できるIAEA (International Atomic Energy Agency)の原子分子データサイト[3]も有用である.

ここではまず電子とイオンの衝突実験法の概要を述べ,次に励起過程,弾性散乱,電離過程,再結合過程の順で述べる.

3.3.2 電子・イオン衝突実験法の概要

電子とイオンの衝突における断面積の実験的な手法の概略を以下に述べる.より詳しくは,ミュラー(Müller)の実験的な立場からの報告[4]が参考になる.

a. 電子-イオンビーム衝突実験法

イオン種やイオンの価数を選別したイオンビームと電子ビームを互いに衝突させ,そ

の結果生成されたイオンを検出し反応の断面積を導出する．実験は電子ビームとイオンビームの交わる角度により3種類に分類される．ビームが90°で交わる場合を交差ビーム法，0°から180°までの場合を斜交ビーム法，0°の場合を合流ビーム法と呼ぶ．ある程度大きな断面積をもつ励起や電離過程の場合には交差ビーム法が使われ，断面積がきわめて小さく相対エネルギーが小さい場合やエネルギー分解能が必要な場合には電子とイオンを同じ方向に走らせて衝突時間を稼ぐ合流ビーム法が使われている．この合流ビーム法は励起過程や二電子性再結合過程の断面積測定に適用されている．

電離断面積は，衝突後生成されたイオンを電場または磁場により衝突領域から引き離しどれぐらいの確率で目的の価数のイオンが生じたかを調べることにより求められる．

励起過程については，衝突によりつくられる励起状態から脱励起する際に放射される光の強度を測定し断面積を求める．この場合，終状態よりも高い励起状態から終状態へ落ちてきて測定の光の強度を増やすことになるカスケードの効果が含まれているので注意を要する．また，散乱電子のエネルギースペクトルを観測する電子分光法による測定もあるが，これについては3.2節に解説している．

b. イオントラップによる実験法

電磁場を使ってイオンを閉じ込める装置（イオントラップ）を使う実験方法があるが，あまり使われていない．実際に使われるのは電子ビームイオントラップ（electron beam ion trap, EBIT）である．大電流の電子ビームでイオンをつくり，できたイオンは電子ビームの中に閉じ込められる．この閉じ込めた領域から放射されるスペクトルを解析することにより励起，電離，再結合などの断面積を求めることができる．この方法は重元素の多価イオンを生成できるので，これらのイオンを標的とする電子衝突実験に適している．実験の詳細は文献[5]に述べられている．

c. イオン蓄積リング（クーラーリング）を用いる実験

原子核実験用に開発されたイオン蓄積リング（磁石を周状に並べその磁場でイオンを周回させて貯めておく装置）には，イオンの速度をそろえるために電子ビームと合流させる部分がある（この部分を電子冷却という）．この部分を使って合流型の電子・イオン衝突実験ができる．イオンがリングを1回まわるごとに普通の単一ビーム実験を一度行ったことに相当する情報が得られるので，イオンビームを多数回周回させることによって断面積のきわめて小さな衝突過程の測定ができる．また，合流法であるから相対エネルギーがきわめて小さいエネルギーの衝突にも適している．さらに，衝突によりイオンの価数が変化する過程では，価数の変化したイオンは磁場により周回軌道から外れるので観測が容易である．そのため再結合過程の実験が近年多くなされてきている．

3.3.3 励起過程
a. 基礎理論

原子核電荷 Z と束縛電子を N 個をもつイオン X^{q+} ($q=Z-N$) が，電子衝突により状態 i から状態 j へ励起する過程（ただし，弾性散乱 $j=i$ を含む）を考える．

$$e^- + X_i^{q+} \rightarrow X_j^{q+} + e^- \tag{3.3.1}$$

ここでは，非相対論的扱いをすることにする．全系の電子数は $(N+1)$ 個であるので，全系のハミルトニアンは

$$H^{N+1} = \sum_{n=1}^{N+1} \left(-\frac{1}{2}\nabla_n^2 - \frac{Z}{r_n} \right) + \sum_{n>m=1}^{N+1} \frac{1}{r_{nm}} \tag{3.3.2}$$

である．この式では原子単位を用いているが，これ以降もとくに述べない限り原子単位を用いる．ここで，$r_{nm} = |\boldsymbol{r}_n - \boldsymbol{r}_m|$，$r_n = |\boldsymbol{r}_n|$ であり，$\boldsymbol{r}_n$ と $\boldsymbol{r}_m$ は，座標の原点（原子核）から n 番目と m 番目の電子の位置ベクトルである．シュレーディンガー方程式は次の式で表される．

$$H^{N+1}\Psi = E\Psi \tag{3.3.3}$$

ここで，E は全系のエネルギーである．標的イオンの波動関数 Φ_i とその対応するエネルギー E_i^N は，次の方程式によって決める．

$$\langle \Phi_i | H^N | \Phi_j \rangle = E_i^N \delta_{ij} \tag{3.3.4}$$

ここで，H^N は式 (3.3.2) で N 個の電子の場合のハミルトニアンである．

いま，波数 k_i の入射電子がイオンに衝突し，角度 (θ, ϕ) 方向に散乱（波数 k_j）されるとすると，上記の励起過程 (3.3.1) に対応する式 (3.3.3) の解は，散乱電子が原点から遠方にある場合，散乱電子の散乱振幅 $f_{ji}(\theta, \phi)$ を含む形で表される．標的がイオンの場合，散乱振幅は，$f_{ji}(\theta, \phi) = f_{ji}^c(\theta) + f_{ji}^s(\theta, \phi)$ によって表される．ここで $f_{ii}^c(\theta)$ は $-(Z-N)/r$ のポテンシャルによるクーロン散乱振幅で弾性散乱の場合のみに現れる．一方，$f_{ji}^s(\theta, \phi)$ は標的イオン内電子と散乱電子との相互作用による短距離散乱振幅である．これらの散乱振幅から断面積を求めることができる．じつは，$f_{ii}^c(\theta)$ は Z，N，k_i，θ を用いて簡単な式で表すことができるので，$f_{ji}^s(\theta, \phi)$ を求めることが理論計算のおもな目的となる．

この散乱振幅を求めるために，部分波法を用いて全波動関数を次のように展開する．

$$\Psi_j^\Gamma(\boldsymbol{X}_{N+1}) = \mathcal{A}\sum_i^n \overline{\Phi}_i^\Gamma(\boldsymbol{X}_N; \hat{\boldsymbol{r}}_{N+1}\sigma_{N+1}) \frac{F_{ij}^\Gamma(r_{N+1})}{r_{N+1}} + \sum_i^m \chi_i^\Gamma(\boldsymbol{X}_{N+1}) d_{ij}^\Gamma \tag{3.3.5}$$

ここで，$\boldsymbol{X}_N \equiv \boldsymbol{x}_1, ..., \boldsymbol{x}_N$ であり，$\boldsymbol{x}_i$ は i 番目の電子の空間とスピンを表す座標である．Γ は全系の軌道角運動量 L（その z 成分を M_L）とスピン軌道角運動量 $S(M_S)$ およびパリティ π をまとめて $\Gamma \equiv LM_LSM_S\pi$ として表している．$\overline{\Phi}_i^\Gamma$ は散乱波のスピン関数と角度部分を標的の波動関数 Φ_i に含めて表した関数である．第1項ではこの関数と散乱電子の動径関数 F_{ij}^Γ の積で表されており，$\mathcal{A}$ はパウリの排他原理による反対称化のための演算子である．第2項は $(N+1)$ 電子系の束縛状態の関数で，電子相関を考慮し，また全波動関数の完全性を保証するための項である．この式の関数 F_{ij}^Γ が求めたいもので

ある.このために式 (3.3.5) をシュレーディンガー方程式 (3.3.3) に代入し整理すると F_{ij}^Γ についての連立微積分方程式が導出される.この微積分方程式を境界条件にしたがって解き,その漸近形より励起確率の情報である遷移行列(T 行列)の要素(T_{ji}^Γ)が得られる(文献[6]の 3.2 節を参照).実際には式 (3.3.5) の右辺の和を有限にとって各状態間の結合を含めて計算するので,この方法を緊密結合法と呼んでいる.

この計算を (L, S, π) の組について行い,得られた T 行列要素を L, S, π および入射(散乱)波の軌道角運動量 $l_i(l_j)$ について集めて,目的の散乱振幅 $f_{ji}^s(\theta, \phi)$ を得ることができる.この振幅にクーロン散乱振幅 $f_{ii}^c(\theta)$ を含めた散乱振幅 $f_{ji}(\theta, \phi)$ の具体的な表現は,文献[7]に与えられている.

こうして得られた散乱振幅 $f_{ji}(\theta, \phi)$ を用いて,微分断面積は次の式で求められる.

$$\frac{d\sigma}{d\Omega}(i \to j | \theta, \phi) = \frac{k_j}{2k_i g_i} \sum \{|f_{ii}^c|^2 + |f_{ji}^s|^2 + 2\mathrm{Re}(f_{ii}^{c*} f_{ji}^s)\} \quad (3.3.6)$$

ここで,右辺の 3 つの項は,それぞれクーロン項,短距離項,干渉項を表す.g_i は初期状態の統計的重みである.右辺の和は終状態のすべての角運動量の z 成分の和をとり,初期状態のすべての角運動量の z 成分の平均をとる際の和を示す.断面積 $\sigma(i \to j)$ は微分断面積を角度で積分することでも得られるが,$|T_{ji}^\Gamma|^2$ を L, S, π, l_i, l_j について和をとることにより求めることができる.角運動量が大きくなるにつれて T_{ji}^Γ の絶対値は減少するので,その和が収束するまで T 行列を求めればよい.

断面積について次のような無次元量の衝突強度(collision strength)

$$\Omega(i \to j) = g_i k_i^2 \sigma(i \to j) \quad (3.3.7)$$

Ω を用いると,励起速度定数を求めるのに便利である.衝突強度については $\Omega(i \to j) = \Omega(j \to i)$ の関係が成り立ち,一般的に入射エネルギーの増加に対して,光学的許容遷移では増加し,スピンの変化を伴う禁止遷移では減少し,スピンが変化しない禁止遷移では増減のない傾向がある.いずれの遷移でも衝突強度は,入射エネルギーがしきい値において有限の値をとる.中性原子の場合にしきい値で 0 の値をとることとは大きな違いである.

b. 微積分方程式の解法

(1) R 行列法

上に述べた微積分方程式を解いて散乱振幅を近似的に求める方法はいくつかあるが,ここでは R 行列法[8](R-matrix method)の概要を以下に述べる.この方法は入射電子のエネルギーが低い場合にこれまで多くの励起過程に適用されている.

R 行列法はイオンの原子核を原点に置き,電子とイオンの衝突過程を 2 つの空間領域に分け,それぞれ別の方法で計算する方法である.散乱電子が原点から半径 a の球内($r \leq a$)にあるときは,散乱電子と標的イオンの束縛電子とをまったく区別せず,あたかも $(N+1)$ 個の電子をもつイオンが存在するかのごとく扱う.ここでは電子交換および電子間の相互作用が起こるものとする.球の外側($r > a$)では,標的イオン内電子

の軌道関数の振幅が小さく散乱電子と標的イオン内電子との電子交換が起こらない領域とする．標的イオンの半径よりも球の半径aを大きくとっておけば，断面積の結果はaのとり方に影響しない．

まず，内側（$r \leq a$）での全波動関数を次のように表す．

$$\Psi_k^\Gamma(X_{N+1}) = \mathcal{A} \sum_{ij} c_{ijk}^\Gamma \bar{\Phi}_i^\Gamma(X_N; \hat{r}_{N+1}\sigma_{N+1}) \frac{u_{ij}(r_{N+1})}{r_{N+1}} + \sum_i \chi_i^\Gamma(X_{N+1}) d_{ik}^\Gamma \qquad (3.3.8)$$

この関数は先に述べた式（3.3.5）と同じような展開である．ただし，ここでは$u_{ij}(r)$は散乱電子の連続状態を表す基底関数[8]で，jについて和をとることにより散乱電子の動径部分に対応する関数を表す．展開係数のc_{ijk}^Γとd_{ik}^Γは（$N+1$）個の電子系のハミルトニアンを対角化することにより決定される．

半径aでの散乱関数$F_{ij}^\Gamma(r)$は次のように表される．

$$F_{ij}^\Gamma(a) = \sum_m R_{im}^\Gamma(E) \left(a \frac{dF_{mj}^\Gamma}{dr} - b F_{mj}^\Gamma \right)_{r=a} \qquad (3.3.9)$$

ここで，bは任意定数で，R_{im}^ΓはR行列の要素である．このR行列を求めることが内部領域での目的である．具体的には次式で与えられる．

$$R_{ij}^\Gamma(E) = \frac{1}{2a} \sum_k \frac{w_{ik}^\Gamma(a) w_{jk}^\Gamma(a)}{E_k^\Gamma - E} \qquad (3.3.10)$$

$$w_{ik}^\Gamma(a) = \sum_j u_{ij}(a) c_{ijk}^\Gamma \qquad (3.3.11)$$

ここで，E_k^Γは係数c_{ijk}^Γとd_{ik}^Γを決定する際の（$N+1$）個の電子系エネルギーであり，Eは全系のエネルギーである．

外部領域（$r>a$）では，3.3.3項aで述べた緊密結合法を用いるが，式（3.3.5）の第2項を省略し，電子交換を無視することができるので計算は簡単になる．$r=a$での境界条件（3.3.9）を課して連立微分方程式を解くことによりT行列を求めることができる．

上に述べたR行列法の特徴を述べる．i）基本的には先に述べた連立微積分方程式を解く緊密結合法である．ii）緊密結合法では入射電子のエネルギーごとに連立微積分方程式を解いて断面積を求めるが，R行列法では内部領域で一度式（3.3.9）のR行列を決めておけば，あとは入射エネルギーごとに外部領域で簡単な連立微分方程式を解けばよい．一般に共鳴効果をみるには，衝突エネルギーを細かく変えて計算する必要がある．そのような場合にR行列法は有力である．

全波動関数の展開式（3.3.8）に含める標的イオンの束縛状態をむやみに多くすることはできない．そこで人工的な状態関数（擬状態と呼ばれる）をつくって高い励起状態（離散的なもののみでなく連続状態も）をそれで代表させ計算されることがある．これによりある程度高い衝突エネルギーでも精度のよい結果を出すことができる．また，場合によってはこの方法で励起のみでなく電離の断面積も求めることができる．

R行列法の計算コードは，ベリングトン（Berrington）ら[8]により公表されているので誰でも利用できる．ただし，利用に当たっては，標的の波動関数の決定や計算できるエネルギー範囲に制限などがあるので多少の経験が必要である．R行列法についての最

近のレビューは文献[9]にある.

(2) ひずみ波法

入射電子のエネルギーが高いエネルギー領域では, R 行列法での計算は困難で信頼度を失うので, もう少し簡便な手法として摂動論を使ったひずみ波法が用いられている.

全波動関数を式 (3.3.5) の第1項のように標的イオンの状態で展開する際, 始状態と終状態のみを含め, さらに第2項を無視する. これから導出される2状態連立微積分方程式において, この2状態を結びつける相互作用は小さいとして摂動論を使う. このことで始状態の散乱波動関数と終状態のそれとが別々に求まる. それらは始(終)状態にあるイオンのつくる場によって歪められた波 (ひずみ波と呼ばれる) を表す. 求めた散乱関数を使って通常の摂動論により T 行列を求めることができる. 実際には形式はそのままで, ひずみ波をつくる方法を工夫することで近似を改善する試みがさまざまに行われている. ひずみ波法のレビューとして文献[10]が参考になる.

(3) その他の方法

クーロン-ボルン近似法 ひずみ波法よりさらに簡便な方法として, 入射および散乱の波に, 長距離に及ぶクーロン力によるポテンシャルのゆがみのみを採り入れたクーロン-ボルン (Coulomb-Born) 近似法がある. これは中性原子の散乱の場合のボルン近似法で平面波を用いるのに対してクーロン波を使う方法である. この詳細を述べたものとして文献[11]をあげる.

ひずみ波法およびクーロン-ボルン近似法は, イオン価 ($q = Z - N$) が増えるにつれて, また, 入射・散乱波の軌道角運動量が大きくなるにつれて精度のよい結果を与える. 入射エネルギーがしきい値の10倍程度以上の高いエネルギーの断面積の計算には有効な方法である. しかしながら, 共鳴が重要な場合やチャネル間の結合が強い場合の低エネルギーではよい値は得られない.

収束する緊密結合法 全系の波動関数を標的イオンの状態で展開する代わりに, ある種の直交関数系を用いて展開し収束を早める方法がブレイ (Bray) によって提出され, 各種の原子またはイオンの励起および電離の断面積が求められている. この方法は収束する緊密結合法 (convergent close-coupling method, CCC法) と呼ばれている. 詳しくは文献[12]に述べられている.

c. 相対論的効果

標的イオンの原子核電荷が大きくなるにつれて2つの相対論的な効果が顕著になってくる. i) 電子を多数剥ぎ取られたイオン (多価イオン) では, 一番外側の電子でも核の近くを回る. したがって相対論効果が大きい (すなわち LS 結合が破綻する). この効果のため, 非相対論では光学的禁制状態だったものに配置間混合で許容状態が混ざってくる. その結果エネルギーの高いところでの断面積の様子が変わる. 一方, 相対論効果により共鳴の位置が変わり, しきい値近傍の断面積の値が微妙に変化する. ii) イオンの核電荷が大きくなると, 入射・散乱電子についても相対論効果が無視できない.

相対論を採り入れた方法には，非相対論のハミルトニアンに質量補正項，ダーウィン項，スピン-軌道項の相対論的補正を加えたブライト-パウリ-ハミルトニアンを用いた R 行列法がある．これはブライト-パウリ R 行列法[8] (Breit-Pauli R-matrix method, BPRM) と呼ばれている．さらには，ディラック方程式に基づいたディラック R 行列法[13] (Dirac atomic R-matrix code, DARC) がある．また，ひずみ波法ではディラックの相対論を用いた近似法[14] (flexible atomic code, FAC) も発表されている．

d. 理論と実験の比較

実験と理論の結果の比較の例を，Si^{2+} の励起過程 $3s^2\ ^1S \rightarrow 3s3p\ ^1P^o$ について図 3.3.1 に示す．実験は 2 つの手法でなされている．1 つは電子分光法で 10 eV から 11.7 eV のエネルギーについて，もう 1 つは $3s3p\ ^1P^o \rightarrow 3s^2\ ^1S$ の放射を測定する発光実験である．後者の観測は 10 eV から 21 eV のエネルギー範囲でなされている．また，理論的な計算（R 行列法）の結果が図に示されている．この計算では先に述べた全波動関数の展開の式 (3.3.8) の第 1 項の展開に標的の波動関数として 28 個を用いている．具体的には，内殻 ($1s^2 2s^2 2p^6$) は励起には関与しないと考え，外殻電子の軌道関数として，3s, 4s, $5\bar{s}$, 3p, 4p, 3d, $4\bar{d}$, $4\bar{f}$ から構成される状態を考慮している．ここで $n\bar{l}$ は人工的な擬軌道を表す．この計算では 23 個の物理的状態と 5 個の擬状態とを用いている．半径が 16.4 a.u. の球の境界で R 行列を求めている．

断面積の計算結果をみると，無数の鋭いピークがある．これは入射電子が一時的にイオンに捕獲されて起こる共鳴効果である．励起状態にある Si^{2+} に電子が 1 個つかまると

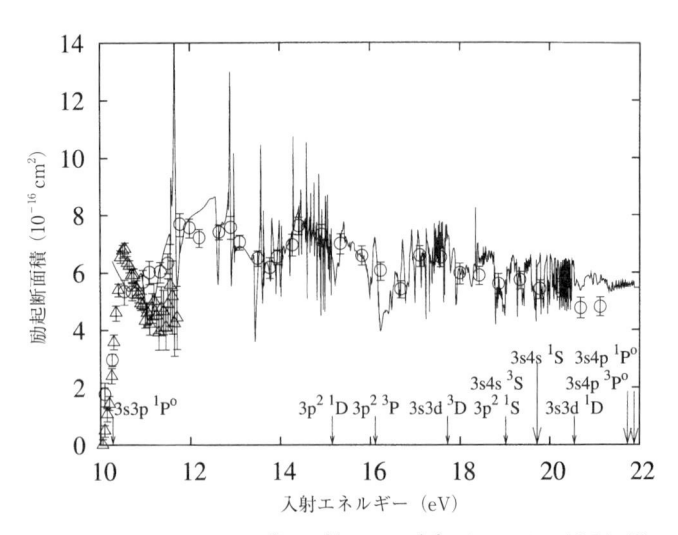

図 3.3.1 電子衝突による Si^{2+} の $3s^2\ ^1S \rightarrow 3s3p\ ^1P^o$ 遷移における励起断面積　△は電子分光実験[15]，○は発光実験[16]，実線は R 行列法[17]．

3.3 電子と原子イオンの衝突   235

Si$^+$の励起状態（共鳴状態と呼ばれる）が生成される．これは不安定で，やがて電子を放出してもとのSi^{2+}に戻る．その際，Si^{2+}の励起状態（ここでは3s3p ^{1}P$^\text{o}$）ができることがある．すなわち励起3s^2 ^{1}S→3s3p ^{1}P$^\text{o}$が起こったことになる．図中のピークはそのような共鳴状態を経由した励起の断面積を表している．共鳴状態も不安定ではあるが束縛状態であり離散的である．通常はSi^{2+}の励起状態（図中で矢印で示してある）のすぐ下に無数に存在する．なお，実験結果は細かいところを除くと理論と一致している．

3.3.4 弾性散乱

弾性散乱の理論的な微分断面積は式（3.3.6）を使って求めることになる．標的がイオンの場合は，中性原子の場合と違って遠方までクーロン相互作用が働き，このため弾性散乱の場合，ラザフォード散乱（$f_{ii}^c(\theta)$のみを考慮）の断面積がおもなものとなる．前方散乱では，クーロン散乱振幅$f_{ii}^c(\theta)$の分母に$\sin^2\theta/2$があることにより，$\theta=0$で無限大となり断面積は発散する．近距離では中性原子の場合と同じように散乱電子と標的イオン内の電子雲との相互作用があり，これから生ずる短距離散乱振幅は重要である．微分断面積はこのクーロン散乱振幅と短距離散乱振幅の兼ね合いで違いがでてくる．

これまでの実験や理論的計算より次のようなことが確かめられている．一般に前方散乱ではラザフォード散乱が主で，散乱角度が大きくなるとクーロンの相互作用は小さくなり短距離の相互作用が目立ってくる．イオンの価数が大きいほどクーロンの相互作用が支配する領域が大きい．言い換えれば，1価のイオンでは前方散乱でも短距離の相互作用が無視できない．

弾性散乱の実験は，今日までビーム交差法により，限られたイオン（Na$^+$，Ar^{n+}（$n=1$, 2, 7, 8），Cu^{5+}，Xe^{n+}（$n=3\sim8$），Ba^{2+}，Cs$^+$など）について観測されている．

理論的研究は，これまでおもに励起状態の存在を無視したポテンシャル散乱による方法と基底および励起状態間の兼ね合いを考慮したR行列法により研究されている．まず，前者について述べる．ポテンシャル散乱では静電，交換，分極のポテンシャルが考えられ，このポテンシャルを用いて散乱の各部分波の位相を求め断面積を決定する．たとえば，マンソン（Manson）[18]が使った半経験的なヘルマン-スキルマン（Herman-Skilman）ポテンシャルと呼ばれる次の型のものがよく用いられている．

$$V(r)=-\frac{Z}{r}+\frac{1}{r}\int_0^r \alpha(t)dt+\int_r^\infty \frac{\alpha(t)}{t}dt-3\left(\frac{3}{8\pi}\rho(r)\right)^{1/3} \quad (3.3.12)$$

ここで，$\rho(r)=\alpha(r)/4\pi r^2$は，イオンの球面平均化した全電荷密度である．最後の項は電子交換効果を表す近似的な局所ポテンシャルである．この式では分極効果を無視している．中性原子の場合分極は重要であるが，イオンの場合分極の効果は1価のイオンの場合でも小さいことがわかっている．このポテンシャル散乱法により得られた微分断面積は，Na$^+$，Ar$^+$，Cs$^+$などの実験の角度依存性やその大きさと一致していることが報告されている．このほか，相対論の効果を考慮したポテンシャルを用いた研究もなされている．

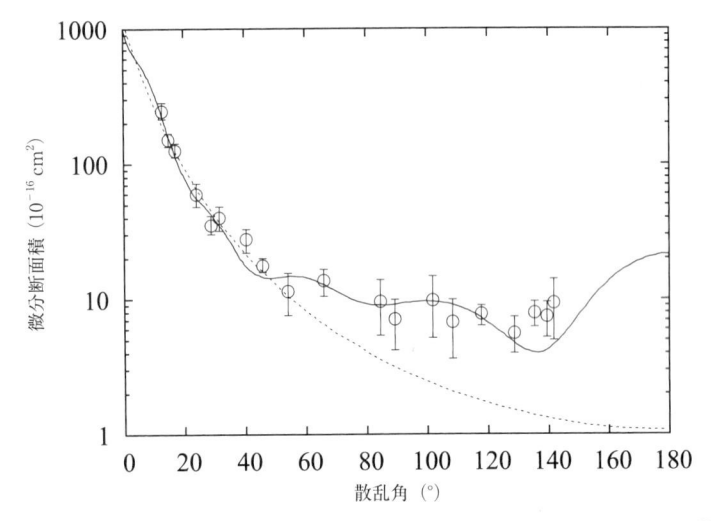

図 3.3.2 電子衝突による Xe^{6+} の弾性散乱の微分断面積（衝突エネルギー 20.69 eV）[19] ○は実験（交差ビーム法），実線は理論（相対論を考慮したポテンシャル散乱法），破線はラザフォード散乱断面積．

弾性散乱過程を励起過程の一部として，先に述べた R 行列法により断面積を計算することもなされている．結果はポテンシャル散乱の計算結果とほとんど変わらないことが報告されている．

図 3.3.2 に電子衝突による Xe^{6+} の微分面積を示す．この場合の衝突エネルギーは 20.69 eV である．実験では交差ビーム法が用いられ，理論では相対論を考慮したポテンシャル散乱法が用いられている．図よりこのイオンについては前方から 60°までは，ラザフォード散乱（図中の破線）が支配的で，これより大きな角度になるにつれて散乱電子と標的イオンの束縛電子との相互作用が顕著になっていることがわかる．実験と理論とは全体的に一致している．

3.3.5 電離過程

原子核電荷 Z と束縛電子数 N 個をもつ初期状態 i のイオン X_i^{q+} ($q=Z-N$) が，電子衝突によって束縛されている電子を 1 個放出して終状態 j のイオン $X_j^{(q+1)+}$ となる過程を考える．これまでの研究で，次のような電離過程が実験および理論で確認されている．

I) 直接電離（direct ionization, DI）
$$e^- + X_i^{q+} \to X_j^{(q+1)+} + e^- + e^- \tag{3.3.13}$$

II) 励起に伴う自動電離（excitation autoionization, EA）
$$e^- + X_i^{q+} \to [X_d^{q+}]^{**} + e^- \to X_j^{(q+1)+} + e^- + e^- \tag{3.3.14}$$

III) 共鳴励起に伴う二重自動電離（resonant-excitation double autoionization,

REDA）
$$e^- + X_i^{q+} \to [X_d^{(q-1)+}]^{**} \to [X_k^{q+}]^{**} + e^- \to X_j^{(q+1)+} + e^- + e^- \quad (3.3.15)$$

IV）共鳴励起に伴う自動二重電離（resonant-excitation auto-double-ionization, READI）
$$e^- + X_i^{q+} \to [X_d^{(q-1)+}]^{**} \to X_j^{(q+1)+} + e^- + e^- \quad (3.3.16)$$

上記のI以外は総称して間接電離過程と呼ぶ．IIは主として内殻状態が励起され自動電離して電子を1個放出する過程である．IIIとIVは一種の共鳴過程で，電子が一時的にイオンに捕獲されることで起きる．その共鳴状態のエネルギーが高い場合には2つの電離過程を経る二重自動電離（REDA）となり，低い場合には同時に2個の電子を放出する自動二重電離（READI）となる．

直接電離過程　先の3.3.3項で述べた励起過程では入射電子と散乱電子が連続状態であったが，電離の場合はさらに放出された電子が連続状態である．理論計算の上ではこのことを念頭において，励起過程と同じように定式化できる．しかし，まともに解くことは困難である．そこで摂動論を使うと散乱振幅は次のように表される．

$$f(\boldsymbol{k}_e, \boldsymbol{k}_j; \boldsymbol{k}_i) = -(2\pi)^{-5/2} e^{i\Delta} \int \Phi_i^*(\boldsymbol{X}_N) \left[\int \phi_i^*(\boldsymbol{x}_{N+1}|\boldsymbol{k}_i) \left| \sum_{s=1}^{N} \frac{1}{r_{sN+1}} \right| \right.$$
$$\left. \times \phi_j(\boldsymbol{x}_{N+1}|\boldsymbol{k}_j) d\boldsymbol{x}_{N+1} \right] \Phi_j(\boldsymbol{X}_N|\boldsymbol{k}_e) d\boldsymbol{x}_1 \cdots d\boldsymbol{x}_N \quad (3.3.17)$$

ここで，入射（散乱）電子の波数ベクトルを $\boldsymbol{k}_i (\boldsymbol{k}_j)$，放出電子の波数ベクトルを $\boldsymbol{k}_e$ と表している．$\Delta(\boldsymbol{k}_e, \boldsymbol{k}_j)$ は位相因子であり，Φ_i は N 個の束縛電子をもつイオンの初期状態の波動関数，Φ_j は $(N-1)$ 個の束縛電子と1個の放出電子からなる終状態の波動関数である．また，$\phi_s(\boldsymbol{x}|\boldsymbol{k}_s)$，$(s-i, j)$ は入射および散乱電子の波動関数である．この散乱振幅を正確に計算するには連続状態の波動関数をどのように表すかがわかっていないので，これを近似するほかない．

簡便な方法としてひずみ波法がヤンガー（Younger）[20]により提案された．これは入射および散乱波を標的のつくる静電ポテンシャルによるひずみ波で近似し，終状態の Φ_j の中の放出電子の波動関数を電離後のイオンのつくる静電ポテンシャルによるひずみ波で近似する方法である．このひずみ波法により求めた電離断面積は，実験との一致は必ずしもよい期待はできないが，1980年以降によく用いられてきた．

一方，実験は，間接電離過程による細かい構造を除いては，比較的容易にできるので，大量のデータが発表されている．そのデータは日本では核融合科学研究所のデータベース[2]や米国のCFADC（The Controlled Fusion Atomic Data Center）におけるデータベース[21]で参照できる．

断面積のエネルギー依存性は，間接電離過程による細かい構造を除くと比較的簡単な解析関数で表せることが古くからわかっている．そこで，実験結果をパラメータを含む解析的な関数でフィットして断面積の推奨値をつくることが行われている．このフィッティングは直接電離断面積と励起に伴う自動電離断面積についてそれぞれの式が提出さ

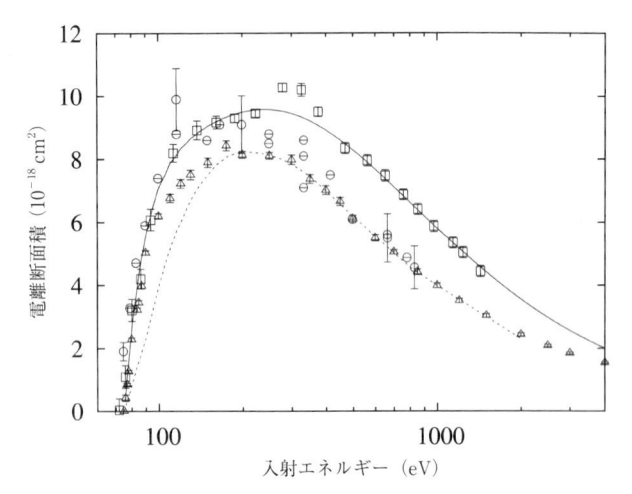

図 3.3.3 電子衝突による Ar^{4+} の電離断面積
△は実験A[23],○は実験B,□は実験C,破線は理論[24]（ひずみ波法），実線はフィッティング[22].

れている．最近のものとしては文献[22]があげられる．

図 3.3.3 に $Ar^{4+}(2p^63s^23p^2)$ の電離断面積[22]を示す．これは直接電離が支配的な例である．実験は3つのグループでなされ，フィッティングは実験Cの結果にフィットしたものである[22]．上に述べたひずみ波法による結果（破線）は高いエネルギー領域で実験Aと一致しているが，低いエネルギーでは小さい結果である．

間接電離過程　これまでの研究から，間接電離過程による断面積は，直接電離過程の断面積に比べてイオンによっては何倍もの大きさをもつ場合があることがわかっている．このため，速度定数を求める際にはこの間接電離過程は重要である．直接電離に加えて間接電離過程のEAやREDAが，それぞれが独立に起こると考えると，全体の電離断面積はそれぞれの和をとって次のように表すことができる．

$$\sigma^{tot}(i \to j) = \sigma^{DI}(i \to j) + \sum_d \sigma^{EA}(i \to d) B^a(d \to j) + \sum_k \sigma^{REDA}(i \to k) B^{da}(k \to j) \quad (3.3.18)$$

ここで，σ^{DI} は直接電離断面積，σ^{EA} は励起自動電離断面積，σ^{REDA} は共鳴励起二重自動電離断面積であり，$B^a(d \to j)$ および $B^{da}(k \to j)$ は終状態が生成される際の一電子および二電子自動電離の分岐比である．通常，σ^{DI} は上に述べた電離過程のひずみ波法により，σ^{EA} は励起過程のひずみ波法により断面積を求め，σ^{REDA} は個別つりあいの原理により自動電離定数から求められる．また，READIが起こるとすると上記に加えることになる．

図 3.3.4 に電子衝突によるナトリウム様イオン Fe^{15+}（基底状態：$2p^63s\ ^2S$）の電離断面積の実験結果[25]と理論結果の比較を示す．実験はイオン蓄積リングを用いた分解能の高い結果（黒丸）[25]である．また，交差ビーム法の結果を白丸で示している．図 3.3.4 (a) には電離しきい値の 489 eV（$2p^6\ ^1S$）から内殻励起状態の $2p^53s^2\ ^2P^o$（710 eV）ま

3.3 電子と原子イオンの衝突

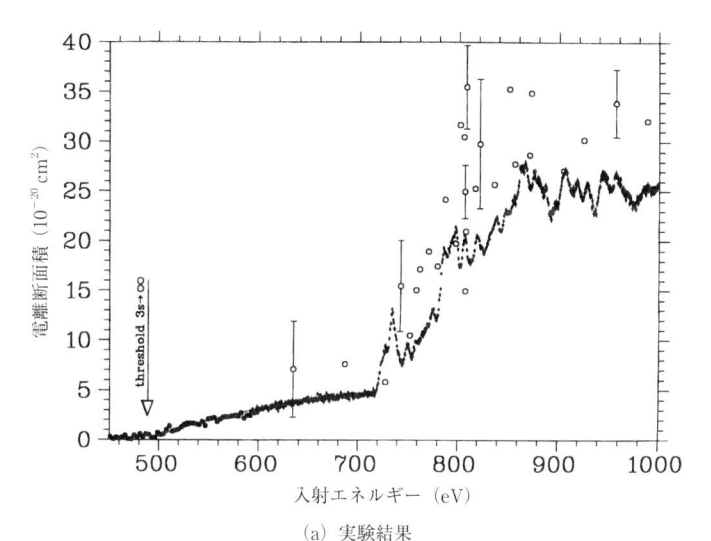

(a) 実験結果
●は実験[25]（イオン蓄積リング法），○は実験（交差ビーム法）．

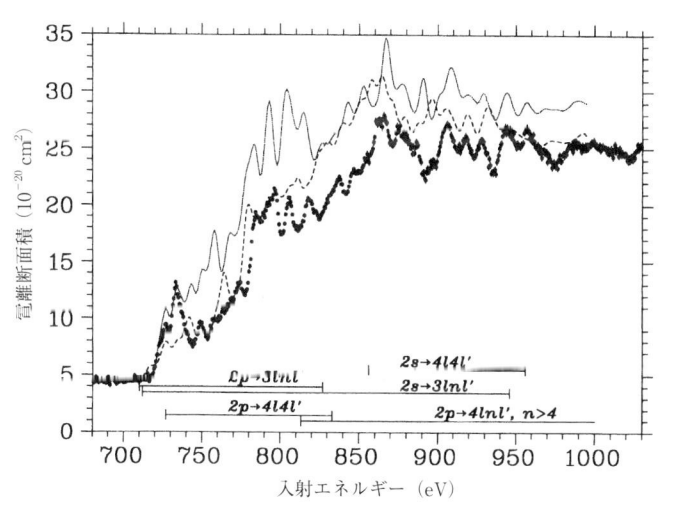

(b) 実験と理論結果
●は実験[25]（イオン蓄積リング法），点線は理論（ブライト-パウリひずみ波法），破線は理論（ディラック-フォックひずみ波法）．

図 3.3.4 電子衝突による Fe^{15+} の電離断面積[25]

でゆるやかに増加する実験の電離断面積が示されている．710 eV より高いエネルギーで断面積は急激に大きくなっている．前者は直接電離のみからの断面積であり，後者はそれに加えて 2s や 2p の内殻励起による EA による寄与で大きくなっている．また，710 eV より高いエネルギー領域で共鳴構造がみられるが，これは電子捕獲による REDA によるものである．この領域では間接電離過程の EA と REDA の寄与により直接電離断面積のみの断面積に比べて 5 倍程度大きいことがわかる．図 3.3.4(b) には実験と理論結果を示している．理論では 2 つのグループが異なった手法の相対論的ひずみ波法で直接電離に EA と REDA を採り入れ計算している．実験と理論結果の詳細は異なるものの，理論は全体的に実験を再現しているといえる．

以上は摂動論による電離断面積の計算方法を述べたが，近年，R 行列法において擬状態および高励起状態を全波動関数の展開に導入することによって直接および間接電離断面積が求められている．この R 行列法による計算では，当初 Li^+ の READI の実験結果を再現するために試みられ，全波動関数の展開に，物理的励起状態（1snl），擬状態（1s$\bar{nl}$），二電子励起状態（2lnl，内殻励起状態）を含め，電離エネルギーより高い連続状態にある励起状態への断面積の和をとることによって電離断面積を求めた．その結果，実験で得られた $2s^22p\ ^2P^o$ や $2s2p^2\ ^2D$ の共鳴が再現され，READI が起こることが理論的に示された[26,27]．この方法は，O^{3+} の電離過程にも適用され，EA，REDA，READI 過程の実験結果をみごとに再現した．

最後に，アルゴンの各電離度について統一した電離実験の結果（Ar^{n+}，$n=4\sim11$）の文献[23] および 2007 年までの水素様イオンから銅様イオン（電子数が 29 個）の電離断面積について，実験結果と電離速度定数を報告した文献[28]を示す．

3.3.6 再結合過程

電子とイオンの衝突では，イオンが入射電子を捕獲し，電磁波を放出し再結合する場合がある．この結合過程には 2 つの過程（放射再結合，二電子性再結合）がある．具体的な例として，標的がリチウム様イオンの Cu^{26+} の例を示す．

$$e^- + Cu^{26+}(1s^22s) \to Cu^{25+}(1s^22snl) + h\nu \tag{3.3.19}$$

$$e^- + Cu^{26+}(1s^22s) \to [Cu^{25+}(1s^22pnl)]^{**} \to Cu^{25+}(1s^22snl) + h\nu \tag{3.3.20}$$

ここで，$h\nu$ は放出光を表す．1 つ目の過程（3.3.19）は通常の光放射で放射再結合（radiative recombination, RR）である．2 つ目の過程（3.3.20）は，入射電子のエネルギーが特定の値をもつとき，入射電子が捕獲され $1s^22pnl$ の中間共鳴状態（カギ括弧で表示）となり，その後共鳴状態は光を放射して安定な状態 $1s^22snl$ となる過程である．この過程では標的のイオン（$1s^22s$）の束縛電子の少なくとも 1 つ（この場合 2s）が軌道を変え，また入射電子が束縛電子となる共鳴状態をつくることから，二電子性再結合（dielectronic recombination, DR）と呼ばれる．

両者は "入射電子がイオンに束縛される" ことにより余るエネルギーを電磁波として放出する点で本質的に同じものである．後者は途中で共鳴状態（二重励起状態）を経由

するところが違う．終状態が同じである場合，この2つの過程は互いに干渉する．しかし，通常その干渉の効果は小さく，それぞれの過程は独立したものとして扱ってよいとされている．どちらが支配的になるかは，イオンの種類や入射電子のエネルギー（プラズマの場合は温度）に依存する．2つの過程はともに光電離の逆過程であるといえる．

プラズマの電子密度が高くなると，ここで述べた二体衝突でなく，電子2個とイオンの衝突で起こる三体再結合が重要になる．これは電子衝突による直接電離式 (3.3.13) の逆過程である．その速度定数は定量的にあまりよくわかっていない（文献[29]の7.2.1項参照）．また，実験室プラズマでは容器の壁や電極で再結合を起こすことが無視できない．

a. 放射再結合

放射再結合は光電離過程と等価であることから，光電離断面積がわかっていれば個別つりあいの原理を用いて，前者の断面積を求めることができる．ただし，高い励起状態からの光電離断面積も必要である．バドネル (Badnell)[30] は，ひずみ波法で光電離断面積を求め，個別つりあいの原理によって放射再結合断面積を求めている．この断面積とマクスウェルの速度分布を用いて速度定数を計算し，その結果を4個のパラメータを含む簡単な式で表した．彼は束縛電子が0から11個までのイオン ($Z=1\sim54$) についてそれらのパラメータの値を報告している．

b. 二電子性再結合

標的イオン X_i^{q+} の初期状態 i からイオン $[X_d^{(q-1)+}]$ の中間共鳴状態 d を経由し，光を放出する二電子性再結合の断面積 σ_i^d は，重心系のエネルギー E の関数として次のように表される[31,32]．

$$\sigma_i^d(E) = \hat{\sigma}_i^d L_d(E) \tag{3.3.21}$$

ここで $L_d(E)$ はローレンツ線形関数である．$\hat{\sigma}_i^d$ は二電子性再結合積分断面積であり次の式で表せる．

$$\hat{\sigma}_i^d = \frac{(2\pi a_0 I_H)^2}{E_c} \frac{g_d}{2g_i} \frac{\tau_0 \sum_j A_r(d \to j) \sum_l A_a(d \to i, E_c l)}{\sum_h A_r(d \to h) + \sum_{m,l} A_a(d \to m, E_c l)} \tag{3.3.22}$$

ここで，E_c は共鳴のエネルギー，I_H は水素原子の電離エネルギー，$g_i(g_d)$ は状態 $i(d)$ のイオンの統計的重み，a_0 と τ_0 は長さと時間の原子単位である．$A_r(d \to j)$ は中間共鳴状態 d から光を放出して状態 j へ遷移する際の放射定数であり，$A_a(d \to i, E_c l)$ は中間共鳴状態 d から自動電離して状態 i のイオン（放出された電子はエネルギー E_c，軌道角運動量 l をもつ）へと変わる自動電離定数である．分母は中間共鳴状態 d の全崩壊定数で，状態 d から光放射および自動電離が起こりうるすべての状態への和をとる．二電子性再結合の全断面積は，式 (3.3.21) について中間共鳴状態のすべての和をとることで求められる．

二電子性再結合の実験は，3.3.2項 c で述べたイオン蓄積リングでの合流ビーム実

験が主流である．電子ビームとイオンビームとを合流させ，電子を捕獲したイオンを衝突の直線領域の終点にある磁石で主イオンビームから分け，検出器で検出しその数を測定する．これと電子ビームの密度やその他の物理量から再結合速度定数（$\alpha = \langle \sigma v \rangle$）が求まる．理論の立場からすると，実験と比較する再結合速度定数を求めるには，再結合断面積に加えて電子の速度分布が必要である．それは衝突の条件に依存し，i) 合流ビーム実験における二電子性再結合速度定数（merged-beam recombination rate coefficient, MBRRC）と ii) プラズマ中の二電子性再結合速度定数（plasma recombination rate coefficient, PRRC）に区別できる．

MBRRC 　前者（i）では，電子の運動はビーム方向とそれに垂直な方向とで異なり，ビーム方向にきわめて偏っている．このことから合流ビーム法の実験結果と理論を比較するには，ビームの合流方向に平行な速度成分と電子温度成分，垂直な速度成分と電子温度成分を考慮した速度分布と式（3.3.22）の二電子性再結合断面積を用いて速度定数を求める必要がある．そこで，初期状態 i から中間共鳴状態 d を経由する二電子性再結合速度定数を次のように表す[31]．

$$\alpha_i^d(v_0) = \hat{\sigma}_i^d v_d G(v_0, v_d, k_B T_{e\parallel}, k_B T_{e\perp}) \tag{3.3.23}$$

ここで，v_0 は電子とイオンの進行方向の速度の差（デチューニング速度）であり，その対応するエネルギーを E_0 とする．v_d は中間共鳴状態のエネルギー E_d に対応する速度である．k_B はボルツマン定数，$T_{e\parallel}$（$T_{e\perp}$）は合流方向と平行（垂直）の電子温度である．G はこれらの物理量を用いた解析的な関数である．$E_0 > k_B T_{e\perp}$ の場合，E_0 は電子とイオンの重心系のエネルギーとなり，エネルギー平均した断面積は $\langle \sigma \rangle = \langle \sigma v \rangle / v_0$ で与えられる．

PRRC 　後者（ii）のプラズマ中での二電子性再結合速度定数 PRRC は，プラズマ中の電子は等方的に運動しているので，マクスウェルの速度分布と再結合断面積 $\hat{\sigma}_i^d$ を用いて次の式で求めることができる[32]．

$$\alpha_i(T_e) = \left(\frac{4\pi a_0^2 I_H}{k_B T_e}\right)^{3/2} \frac{1}{(2\pi a_0 I_H)^2 \tau_0} \sum_d E_c \hat{\sigma}_i^d \exp\left(\frac{-E_c}{k_B T_e}\right) \tag{3.3.24}$$

合流ビーム法の実験結果よりこの速度定数 PRRC を求めるには，上記の断面積 $\langle \sigma \rangle$ とマクスウェルの速度分布より速度定数を見積もることができる．

上に述べた二電子性再結合の断面積やプラズマ中の速度定数の理論的な計算については，バドネルら[33]が計算コードを公開している．

c. 理論と実験結果の例

二電子性再結合の速度定数 MBRRC の 1 つの例として，Cu^{26+}（リチウム様イオン）の実験[31]と理論の比較を図 3.3.5 に示す．この過程は式（3.3.20）の過程そのものである．実験はイオン蓄積リングでの合流ビーム実験であり，図 3.3.5 の上図に MBRRC と重心系のエネルギーの関係を示している．理論計算では，終状態としては $1s^2 2snl$ 状態以外をも考慮し，バドネルら[34]が開発した計算コード（AUTOSTRUCTURE）を用

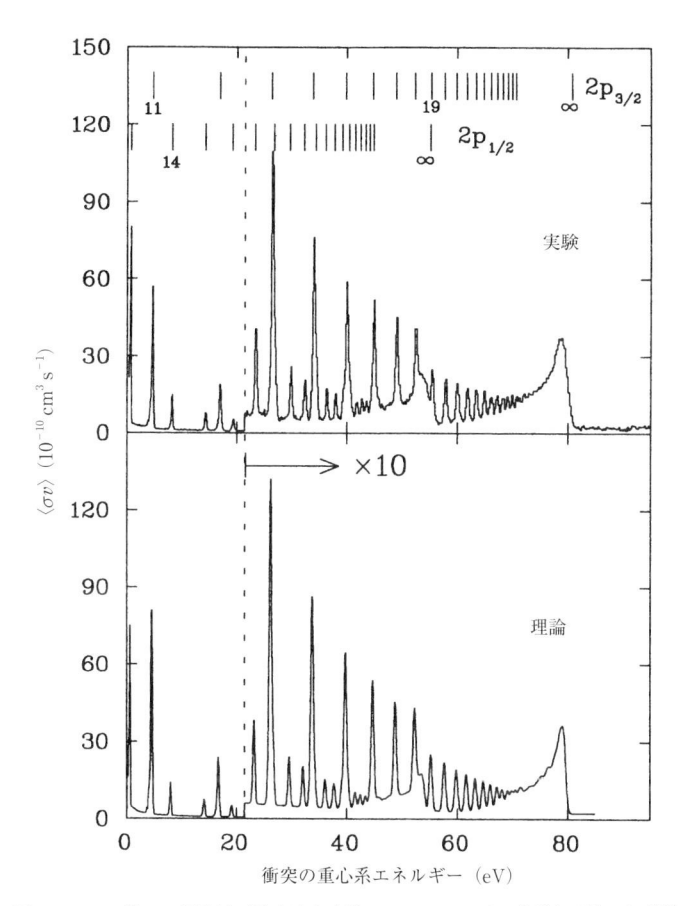

3.3 電子と原子イオンの衝突　　243

図 3.3.5 Cu^{26+} の二電子性再結合速度定数 MBRRC における実験と理論の比較[31]
上図はイオン蓄積リング実験（合流ビーム法）．下図は理論．

いて速度定数を求めている（図 3.3.5 の下図）．式（3.3.23）のところで述べたパラメータは $k_B T_{e\parallel} = 0 \times 10^{-1}$ eV および $k_B T_{e\perp} = 0.1$ eV が用いられている．

図には多くのピークが現れているが，これらは 2 種類の中間共鳴状態の $1s^2 2p_{1/2} nl$ $(n \geq 13)$ と $1s^2 2p_{3/2} nl$ $(n \geq 11)$ が互いに入り混じっている．これらのエネルギー位置を図の上部に縦線で示している．n が 30 まで観測されている．共鳴がないところのバックグラウンドは，放射再結合によるものである．実験と理論は全エネルギー領域でよく一致している．

図 3.3.6 に，Fe^{9+}（17 電子：$2p^6 3s^2 3p^5$）の二電子性再結合について，実験と理論の PRRC を示している．太い実線[35]は，合流ビーム実験の再結合速度定数より求めた断面積とマクスウェルの速度分布則を用いて求めた PRRC である．縦の線は実験誤差を示し

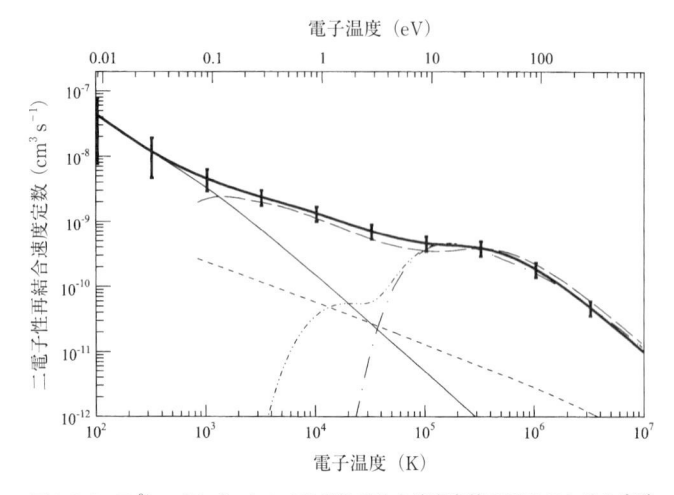

図 3.3.6 Fe^{9+} のプラズマ中の二電子性再結合速度定数 PRRC における実験と理論の比較

太い実線は合流ビーム実験[35]，長い破線は理論[36]，細い実線は理論（0.1 eV 以下の低エネルギー領域からの寄与），1 点破線は簡単な理論，2 点破線は簡単理論の改良，短い破線は放射再結合．

ている．長い破線は式（3.3.24）に多くのリュードベリ系列を採り入れた理論結果[36]である．1 点破線および 2 点破線はともに簡単な理論的な結果である．短い破線は放射再結合によるものである．細い実線は 0.1 eV 以下の低エネルギーでの二電子性再結合が PRRC へどの程度寄与しているかを示すデータである．この寄与は低い温度領域で大きいものであることがわかる．長い破線の最新の理論的な結果は全体的に実験と一致している．

最後に，二電子性再結合は電場の存在により大きな影響を受け，それが大きくなるにつれて再結合の速度定数 MBRRC が大きくなり，また磁場の影響もあるという報告[37]があることを述べておく．

〔中﨑　忍〕

文　献

1) T. R. Kallman and P. Palmeri, *Rev. Mod. Phys.* **79**(2007) 79.
2) http://dbshino.nifs.ac.jp/.
3) http://www-amdis.iaea.org/.
4) A. Müller, *Adv. At. Mol. Opt. Phys.* **55**(2008) 293.
5) 中村信行・清水　宏・大谷俊介, *J. Mass Spectrom. Soc. Jpn.* **49**(2001) 229.
6) 高柳和夫,「原子衝突」（朝倉書店，2007）.
7) S. A. Salvini, *Comput. Phys. Commun.* **27**(1982) 25.
8) K. A. Berrington, W. B. Eissner and P. H. Norrington, *Comput. Phys. Commun.* **92**(1995) 290.
9) P. G. Burke, C. J. Noble and V. M. Burke, *Adv. At. Mol. Opt. Phys.* **54**(2007) 237.
10) Y. Itikawa, *Phys. Reports* **143**(1986) 69.

11) A. Burgess, D. G. Hummer and J. A. Tully, *Phil. Trans. Roy. Soc. A* **266**(1970) 225.
12) I. Bray, *Adv. At. Mol. Opt. Phys.* **35**(1995) 209.
13) P. H. Norrington and I. P. Grant, *J. Phys. B* **20**(1987) 4869.
14) M. F. Gu, *Astrophys. J.* **582**(2003) 1241.
15) B. Wallbank, N. Djurić, O. Woitke, S. Zhou, G. H. Dunn, A. C. H. Smith and M. E. Bannister, *Phys. Rev. A* **56**(1997) 3714.
16) D. B. Reisenfeld, L. D. Gardner, P. H. Janzen, D. W. Savin and J. L. Kohl, *Phys. Rev. A* **60**(1999) 1153.
17) T. Kai, R. Srivastava and S. Nakazaki, *J. Phys. B* **37**(2004) 2045.
18) S. T. Manson, *Phys. Rev.* **182**(1969) 97.
19) C. Bélenger, P. Defrance, R. Friedlein, C. Guet, D. Jalabert, M. Maurel, C. Ristori, J. C. Rocco and B. A. Huber, *J. Phys. B* **29**(1996) 4443.
20) S. M. Younger, *Phys. Rev. A* **22**(1980) 111.
21) http://www-cfadc.phy.ornl.gov/xbeam/cross_sections.html.
22) M. Mattioli, G. Mazzitelli, M. Finkenthal, P. Mazzotta, K. B. Fournier, J. Kaastra and M. E. Puiatti, *J. Phys. B* **40**(2007) 3569.
23) H. Zhang, S. Cherkani-Hassani, C. Bélenger, M. Duponchelle, M. Khouilid, E. M. Oualim and P. Defrance, *J. Phys. B* **35**(2002) 3829.
24) S. M. Younger, *Atomic Data for Fusion Oak Ridge National Laboratory* **7**(1981) 190.
25) J. Linkemann, A. Müller, J. Kenntner, D. Habs, D. Schwalm, A. Wolf, N. R. Badnell and M. S. Pindzola, *Phys. Rev. Lett.* **74**(1995) 4173.
26) K. Berrington and S. Nakazaki, *J. Phys. B* **31**(1998) 313.
27) H. Teng, *J. Phys. B* **33**(2000) L227.
28) K. P. Dere, *Astron. and Astrophys.* **466**(2007) 771.
29) Y. Itikawa, *Molecular Processes in Plasmas* (Springer, 2007).
30) N. R. Badnell, *Astrophys. J. Suppl. Ser.* **167**(2006) 334.
31) G. Kilgus, D. Habs, D. Schwalm, A. Wolf, N. R. Badnell and A. Müller, *Phys. Rev. A* **46**(1992) 5730.
32) N. R. Badnell, *J. Phys. B* **39**(2006) 4825.
33) N. R. Badnell, M. G. O'Mullane, H. P. Summers, Z. Altun, M. A. Bautista, J. Colgan, T. W. Gorczyca, D. M. Mitnik, M. S. Pindzola and O. Zatsarinny, *Astron. and Astrophys.* **406**(2003) 1151.
34) N. R. Badnell, *J. Phys. B* **19**(1986) 3827.
35) M. Lestinsky, N. R. Badnell, D. Bernhardt, M. Grieser, J. Hoffmann, D. Lukić, A. Müller, D. A. Orlov, R. Repnow, D. W. Savin, E. W. Schmidt, M. Schnell, S. Schippers, A. Wolf and D. Yu, *Astrophys. J.* **698**(2009) 648.
36) N. R. Badnell, *Astrophys. J.* **651**(2006) L73.
37) T. Bartsch, S. Schippers, A. Müller, C. Brandau, G. Gwinner, A. A. Saghiri, M. Beutelspacher, M. Grieser, D. Schwalm, A. Wolf, H. Danared and G. H. Dunn, *Phys. Rev. Lett.* **82**(1999) 3779.

3.4 電子と分子イオンの衝突

　この節では数十電子ボルト以下の低エネルギーでの，分子イオンと電子の衝突を問題とする．中性分子では存在できない分子種も，H_3^+，HeH^+，He_2^+のように，分子イオンでなら宇宙に大量に存在するものもある．しかし地球上で分子イオンを集めて測定することは容易ではなかったため，中性分子とくらべ電子散乱や分光学的な研究は少ない．イ

オン分子の研究の多くは，一価の正イオンの比較的小さな分子について行われてきた．まずは，二原子分子の一価正イオン分子を念頭に置き紹介する．

3.4.1 電子と分子イオンの衝突：概要
a. 過　　程
電子状態が基底状態にある分子イオン AB^+ が電子と衝突したとき，以下の過程が考えられる．ただし，v, N はそれぞれ振動，回転量子数を，*は電子励起を表す．

$AB^+(v, N) + e \longrightarrow AB^+(v', N') + e$　　振動回転遷移（$v' \neq v, N' \neq N$）

　　　　　　　　　　　　　　　　　弾性散乱（$v' = v, N' = N$）

　　　　　　$\longrightarrow A + B^*$　　　　解離性再結合

　　　　　　$\longrightarrow A^+ + B^* + e$　　解離性励起

　　　　　　$\longrightarrow AB^{+*} + e$　　　（非解離性）電子励起

　　　　　　$\longrightarrow A^+ + B^-$　　　　イオン対生成

　　　　　　$\longrightarrow A^+ + B^+ + 2e$　　解離性電離

　　　　　　$\longrightarrow AB + h\nu$　　　　輻射再結合

理論的には上記諸過程は，1つの多チャネル衝突問題であり，個々の過程を独立に扱うことはできない．競合により，遅い反応である輻射再結合は速い反応である解離性再結合により抑制される．解離性再結合は原子イオンによる再結合にはない，分子特有な機構として重視されている．

振動回転遷移は振動回転状態分布を左右し，他の過程に初期振動回転状態依存性を通して影響を与える．振動回転脱励起過程を，入射電子がエネルギーを得るという意味で，super elastic collision ということがある．

b. 低エネルギー極限
分子イオンと電子の衝突過程では，漸近的クーロン場がもたらす，以下の特徴がある．
(1) 無限個存在するリュードベリ状態が関与する．
(2) 発熱過程および弾性散乱では，衝突エネルギーが0に近づくと断面積が無限大になる．

(1) 中性分子と電子の衝突複合体は負イオンであるから，状態の数は0か有限個であるが，イオンと電子の衝突複合体には常に無限個の状態が存在する．(2) クーロン場により引き込まれた電子は加速され，衝突エネルギー ϵ が小さいと，相互作用の強度が ϵ にほとんど依存しなくなる．その結果，遷移確率 P は ϵ にほとんど依存しなくなり一定値となる．反応断面積 σ は，電子とイオン分子の換算質量を m，有理化プランク定数を $\hbar$ とすると，

$$\sigma = \frac{\pi \hbar^2}{2m\epsilon} P \qquad (3.4.1)$$

なので[1]，$\epsilon \to 0$ のとき $1/\epsilon$ で発散する．中性分子では，特別な理由（縮退，強い電気双

極子モーメント）がない限り，発散は起きない．

エネルギー依存性を $1/\epsilon$ とすると，反応速度定数 k（3.1節参照）は，温度 T の熱分布（ボルツマン分布）の場合，$T \to 0$ で $k \propto T^{-0.5}$ である．一方，ビーム蓄積リングなどの実験では，一定の衝突速度 v のもと，単位時間当たりの生成事象をカウントする．カウント数を電子と分子イオンの数密度で規格化した量 Y は，$Y = v\sigma$ であり，yield または速度係数（rate coefficient）と呼ばれる．$\epsilon \to 0$ で $Y \propto \epsilon^{-0.5}$ である．実際の Y の測定では，有限のエネルギー分解能のため $\epsilon \to 0$ で発散することはないが，測定値は分解能次第となる[2]．共鳴により反応が起きる場合では，エネルギー依存性は離散的な共鳴準位の分布に大きく左右される（図3.4.2参照）．

3.4.2 解離性再結合

低エネルギー電子と分子イオンの衝突過程の研究は解離性再結合を中心に進んだ．2006年における状況と文献は，フロレスク（Florescu）とミッチェル（Mitchell）による総説[3]にある．

a. 応　　用

解離性再結合の応用として，1950年代に始まる，宇宙における再結合，化学進化の問題や放射線化学での励起原子の生成の問題がある[4,5]．2000年代では，核融合炉での周辺プラズマにおける分子活性再結合[6]と質量分析における電子捕獲解離が加わっている．

b. 実　　験

実験的研究は，ビーム実験（二体衝突実験）とスウォーム実験に大別される．ビーム実験は1990年代を境に，イオン蓄積リングが登場し大きく変化した．1990年代以前の実験的研究は，ミッチェルによる総説[7]があり，二原子分子イオンを中心に幅広い分子種について解離性再結合の断面積ないしは速度定数がまとめられている．

c. イオン蓄積リング

1990年代，シンクロトロンをイオン蓄積リング（ion storage ring）として用いた分子イオン電子衝突実験が，4カ所の施設で独立に始まった．イオンを高エネルギー（数十MeV程度）で周回させ，電子線を合流させ衝突実験を行う．高ルミノシティ（luminosity，イオンビーム強度と電子線強度の積）であり，電子冷却によるイオンビーム冷却技術により，高エネルギー分解能（約1 meV）で高感度な測定ができる．解離生成物の速度分布もCCD検出器で2次元像をとることにより測定でき，解離原子の電子励起状態を特定することも可能である．冷却技術により，解離性再結合の振動状態を特定した断面積の直接測定が可能になり，2000年代では回転状態も特定できる段階にある（図3.4.2参照）．蓄積リングに光を導入する実験は，すでに行われており，さま

ざまな利用法がある．光を用い，望む振動回転状態を選択的につくりだし，解離性再結合を調べる研究はすでに始まっている[8]．状態選別断面積が測定できる時代となった．

1990年代のビーム実験についてはラッション（Larsson）による総説があり[9]，蓄積リングに関する参考文献はその総説を見られたい．1990年代以前，解離性再結合は起き難いとされてきた，HeH$^+$や H$_3^+$の断面積が H$_2^+$ なみに大きなことも蓄積リングの実験で確実となり，それまでの機構の解釈に修正が必要となった．

d. 静電型イオン蓄積リング

2000年代になると静電場でイオン分子を周回軌道に閉じ込めるイオン蓄積リングが建設され，2010年現在3機稼働している．重い分子イオンは蓄積できない磁場型と比べ，静電型は質量の制限がない．タンパク質やDNAなど，生体分子の多価の正負イオンと，電子との衝突実験も行われている[10,11]．2010年現在，静電型はエネルギー分解能が磁場型と比べ悪いが，2Kまで全体を冷却する静電型リング CSR（Heidelberg）も建設段階にあり[12]，高分解能，高状態選択性をもった測定が期待されている．二重のリングをもち，正負のイオンの衝突実験のできるリング DESIREE（Stockholm）も2011年稼働予定である．

e. 理論研究

理論研究の歴史は1950年，ベイツ（Bates）による解離性再結合に電子的な共鳴状態が重要であるとの指摘に始まる[4]．その後1970年代，バーズレイ（Bardsley）によって，フェシュバッハ共鳴解離の定式化と，間接過程の導入がなされた．1980年代になると，ジースティ（Giusti，現在の姓はワイナール）は間接過程に量子欠損理論を応用し無限にあるリュードベリ状態を取り込むことに成功した[13]．1990年代前半の理論の状況は，ベイツによる総説にみることができる[14]．

1990年代後半，電子共鳴状態がない系である HeH$^+$ の解離性再結合が，解離状態を含む量子欠損理論により計算され，共鳴状態による解離と同程度の断面積になることが示された[15-17]．2000年代には，共鳴状態のない三原子分子 H$_3^+$ が，ヤーン-テラー効果で大きな解離性再結合断面積をもつことが示された[18,19]．

f. 電子状態の理論

理論研究にとって，原子核の位置を固定した電子状態ないしは電子散乱の計算は重要である．中性分子の高い励起状態は，基底状態よりは分子イオンと電子の散乱状態に似ている．連続状態に埋もれた高い励起状態は散乱状態そのものである．分子イオンによる電子散乱を計算するために，種々の変分法や，R行列法が開発された．これらは中性分子による電子散乱と共通するので，3.2節を参照のこと．H$_2^+$+e の計算は多いが，信頼性の高いものとして，complex scaling[20]，R行列法[21,22]がある．一般の分子では，汎用のR行列法のプログラム，UK molecular R-matrix codes[23]が利用でき，HeH$^+$[24]

などの計算例がある．束縛状態の計算では，H_2の主量子数3以下の励起状態について，高精度の計算がある[25]．H_2^+は厳密な数値解が与えられている[26]．

イオン化ポテンシャルより高い励起状態は，射影演算子を用いたフェシュバッハの共鳴理論[27]に準拠した計算が有効である．H_2については，二重電離状態に至るまで計算されている[28-30]．

3.4.3 解離性再結合の機構
a. 共鳴状態による解離

共鳴散乱で一時的に生じる束縛状態を共鳴状態と呼ぶことにする．共鳴状態のエネルギーを$E+i\Gamma$とすると，実部は共鳴の起きる衝突エネルギーとほぼ等しく，共鳴散乱の影響はEを中心にエネルギー幅Γの領域に局在している．ただし，虚部Γは共鳴状態の寿命$\hbar/\Gamma$を表す．イオン分子と入射電子のつくる共鳴状態が，分子の解離で安定化すれば解離性再結合となる．

入射電子が分子イオンの電子を励起し，自らはエネルギーを失い分子イオンと結合し，共鳴状態を形成する．フェシュバッハ共鳴と呼ばれる電子の共鳴散乱の機構である[27]．電子励起を伴う共鳴状態は，イオン化した状態に埋もれた励起状態という意味で，超励起状態と呼ばれる[5]．また，入射電子だけが励起状態にあり分子イオンの電子は基底状態にある一電子励起状態に対して，二電子励起状態と呼ぶこともある（電子の共鳴散乱については，3.2.3項gを参照のこと）．

b. 定式化と局所崩壊モデル

原子核を固定した電子の波動関数と原子核の波動関数の直積で，全系（分子イオン＋入射電子）の状態を展開することを断熱基底展開と呼ぶ．バーズレイは断熱基底展開をフェシュバッハの共鳴理論[27]に使い，解離性再結合を定式化した[31]．共鳴状態の形成は電子配置の異なる状態間の相互作用，配置間相互作用で起きる．その強度を衝突エネルギーをϵ，原子核の相対位置をRとして，$V_\epsilon(R)$と表す．原子核の相対運動波動関数を$F(R)$とすると，$F(R)$の満たす微積分方程式は$R'\neq R$の$F(R')$を含む非局所性をもつことになる[31]．この方程式を数値的に解き，$F(R)$の外向き波成分から解離性再結合の断面積を求めることができる[32]．

機構を明らかにするために，$V_\epsilon(R)$のϵ依存性を無視すると，$F(R)$の満たす方程式は，核の位置Rについて局所的な複素ポテンシャル$E_d(R)+i\Gamma(R)$をもつシュレーディンガー方程式になる[31]．古典力学で解釈すれば，共鳴状態を形成した分子は解離ポテンシャル$E_d(R)$上を，寿命$\hbar/\Gamma(R)$で崩壊（再イオン化）しながら解離することになる．

図3.4.1にイオン分子と共鳴状態のポテンシャルエネルギー曲線の概念図を示す．振動回転状態v, Nにあるイオン分子に衝突エネルギーϵの入射電子が衝突し，共鳴状態に乗り移り，再イオン化しながら解離する．解離が進み，イオン分子のポテンシャル曲線と$E_d(R)$が交差するRを超えれば，再イオン化は起こらなくなり，解離性再結合は

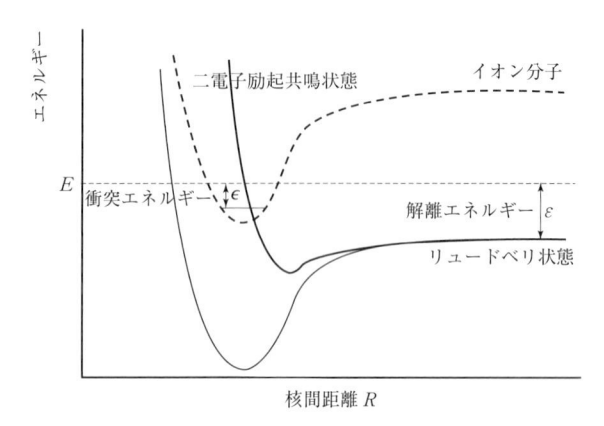

図 3.4.1 ポテンシャルエネルギー曲線の概念図

完成する．

　共鳴状態への電子捕獲が解離性再結合を引き起こすと考えれば，H_2^+ の解離性再結合断面積を説明することができる[31-34]．この考えに従えば，解離性再結合が起きるためにはエネルギー的に許される領域に解離性の共鳴状態が必要である．いいかえれば，イオン分子のポテンシャル曲線と共鳴状態の解離性ポテンシャル曲線の交差が全電子エネルギー E 以下に存在しなくてはならない．CH^+ の星間雲での存在量に関係して，解離性再結合断面積の大きさが問題となったが，このとき争点になったのはポテンシャル交差の有無であった[35-37]．

c. 間接過程

　入射電子が解離性の二電子励起状態に捕捉され，そのまま解離する機構を直接過程と呼ぶのに対して，間接過程とは，入射電子が標的分子イオンの振動回転状態を励起し，入射電子はエネルギーを失いリュードベリ状態に捕捉され，最終的には二電子励起状態に移り解離する機構をいう[38]．入射電子の衝突エネルギーが振動回転運動という原子核の相対運動に移るわけであるから，非断熱相互作用が間接過程のおもな相互作用と考えられる．リュードベリ状態を含む非断熱遷移で問題となるのは，i) リュードベリ状態が無限個あること，ii) 非断熱性が摂動で扱えないほど強いことである．この2つの問題点を解決するのが量子欠損理論（qunantum defect theory, QDT）である．QDTについてはシートン（Seaton）の解説[39]，および本書 1.1.4 項を参照．多チャンネルの場合，QDT に multichannel をつけて，MQDT と呼ばれる．

d. 分子の MQDT

　分子の量子欠損理論では，内部領域の基底関数として原子核を固定した電子状態（断熱電子状態）を用い，外部領域では分子イオンと励起電子の波動関数直積（緊密結合の

方法の展開基底)を用い表す[40].内部領域では励起電子は加速され速いと考えるからである.両領域間の変換は,フレーム変換と呼ばれる.フレーム変換により,振動回転運動による電子遷移,すなわち非断熱遷移を効果的に取り込むことができる[40,41].

二電子励起状態を通しての解離と MQDT を結びつけるために,最初に配置間相互作用 $V_e(R)$ による散乱問題を解き,その解の波動関数を MQDT の内部領域の基底として用いる方法が開発され[13],"two-step" 法と呼ばれる.two-step 法は H_2^+[42],CH^+[37],O_2^+[43] など,多くの分子イオンの解離性再結合に適用され,実験との比較,解析がなされている.

two-step 法の精密化として,配置間相互作用による散乱問題の解法が 1 次摂動論から,高次項の導入,そして厳密数値解法[34]へと進んだ.高次項を評価するためには,

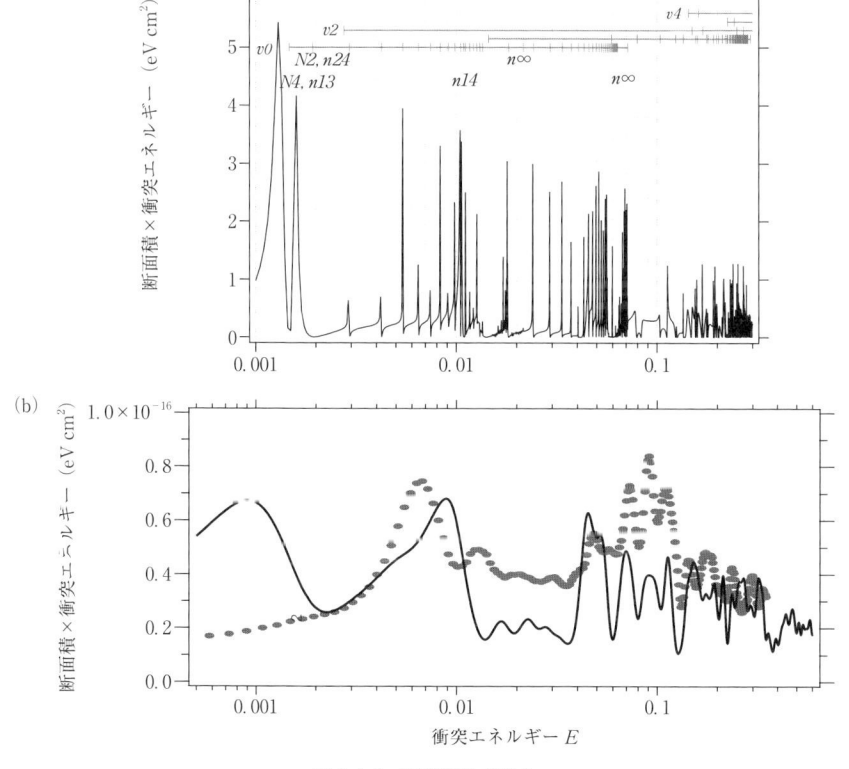

図 3.4.2 H_2^+ 解離性再結合
(a) 初期振動回転状態が基底状態の計算値および共鳴構造の帰属:電子が捕獲されるリュードベリ状態の v(振動状態),N(回転状態),n(主量子数)を上部横線上に示す.
(b) 実験との比較:●はパラ水素の実験[45],実線は (a) をエネルギー分解能 2.5 meV でなました値.

配置間相互作用 $V_\epsilon(R)$ の ϵ 依存性を明らかにする必要がある．つまり off-the-energy-shell からの寄与の評価であり，解離ポテンシャルの非局所性の解明である．

MQDT では，当初振動運動だけ扱ったが，回転運動も含めるようになった[44]．1 eV 以下の低エネルギーでの解離性再結合は，回転励起による電子捕獲により引き起こされる[33,34]．図 3.4.2 に H_2^+ の解離性再結合断面積を示す．衝突エネルギー 0 での発散を避けるため，図は断面積に衝突エネルギーをかけた値が示してある．図 3.4.2(a) をみると，回転励起により主量子数 n のリュードベリ状態に捕獲される過程を通して解離性再結合が起きていることがわかる．図 3.4.2(b) にイオン蓄積リングの実験[45]との比較を示す．対数目盛りではなくリニアスケールで絶対値を議論できる水準に達している．

e. ポテンシャル交差のない場合

HeH^+ など，イオンと共鳴状態のポテンシャル交差がない場合，間接過程のリュードベリ状態が直接解離すると考えればよい．理論的には MQDT の中に，振動状態のほかに，エネルギーを近似的に離散化して状態規格化した解離状態を入れればよい．ただし，断面積を定義するためにチャンネルの境界条件に従い状態を正しく規格化する[17]．同じ物理描像であるが，ジーゲルト擬状態の考えを取り入れた方法は，自動的に境界条件が満たされ有効である[46]．HeH^+ では，ポテンシャル交差がある場合と同じくらい大きな断面積をもつ．その理由は，分子イオンのフランク-コンドン領域で，量子欠損が核間距離に応じて大きく変化することがあげられる．断熱ポテンシャルの相関図を追うと，併合原子極限と分離原子極限で主量子数が 1 ずれるからである．これにより，非断熱遷移が強く起きる[17]．

さらに，入射電子の部分波の混合が，フランク-コンドン領域で強く起きることも，断面積の大きな理由の 1 つである．この効果は約 3 倍程度に増強する効果がある．LiF^+ では，部分波の混合で約 10 倍増強されるとの報告がある[47]．ポテンシャル交差がわずかにある CH^+ では，部分波の混合の効果はほとんどみられない[37]．

H_3^+ もポテンシャル交差のない系である．非断熱相互作用として，ヤーン-テラー効果を記述するハミルトニアンを用い，解離状態を超球座標で計算した研究がなされ，イオン蓄積リングの実験とよい一致を得ている[18,19,48]．この場合もポテンシャル交差がある場合と同程度の断面積である．

f. 1 eV を超える領域と解離性励起

1 eV 以上の衝突エネルギーでは，電子励起を伴う種々の過程が重要になる．励起状態として，電子励起したイオン分子（イオンコア）をもつ複数のリュードベリ系列が関与する．その結果，H_2^+ や HeH^+ では，衝突エネルギーが 10 eV 付近に解離性再結合断面積のピークが観測される[33,49]．このエネルギー領域では解離性励起も解離性再結合と同程度，あるいはそれ以上の断面積をもつ．理論的には，イオンコアの励起したリュードベリ状態と離散化した解離状態の直積を MQDT の基底に加えることで計算すること

ができる．HD$^+$の計算では，イオン分子の第二励起状態の影響が出ない11 eV以下では，実験との一致もよい[50]．解離生成水素原子の電子状態分布は，衝突エネルギーが上がるに従い変化する[50]．これは水素プラズマを解析する上で重要な情報である．エネルギー的に水素原子の$n=4$と$n=5$の間にイオン対生成（H$^+$ + H$^-$）のチャンネルがあり，$n \leq 4$の状態はイオン対生成と競合する．逆過程のイオン対の相互中性化の問題とからみ研究が進んでいる[51]．

3.4.4　生体分子イオンとの衝突

タンパク質やDNAのような，大きな分子の水溶液を真空中に吹き出すと，自然に正負の多価イオンとなる（electrosplay ionization）．一価正イオンのタンパク質分子と電子との衝突による，中性解離生成物が静電型蓄積リングで測定された[10]．1 eV以下の速度係数は二原子分子ほど大きくなく，6 eVあたりに大きな速度係数をもつ．ペプチド結合の$\pi \to \pi^*$遷移と考えられる．DNA多価負イオンと電子衝突の実験では，中性解離過程のしきいエネルギーが存在し，その値がイオンの価数が1増えるごとに，ほぼ10 eVずつ上昇するという規則性がみつかった[11]．顕著な2例の紹介にとどめるが，真空中での大型分子イオンと電子衝突の問題は，今後急速に知識の拡大が見込まれる．

〔髙木秀一〕

文　　献

1) R. G. Newton, *Scattering Theory of Waves and Particles*, 1st ed. (McGrow-Hill, 1966), section 16.3.4, 16.4.1.
2) H. Takagi, *J. Phys. Conference series* **4** (2005) 155.
3) A. I. Florescu-Mitchell and J. B. A. Mitchell, *Phys. Rep.* **430** (2006) 277.
4) D. R. Bates, *Phys. Rev.* **77** (1950) 718.
5) R. L. Platzman, *Rad. Res.* **17** (1962) 419.
6) A. Y. Pigarov, *Phys. Scr.* **T96** (2002) 16.
7) J. B. A. Mitchell, *Phys. Rep.* **186** (1990) 215.
8) N. de Ruette, X. Gillon, B. Fabre and X. Urbain, In *abstract of papers* (Int. Conf. Pho. Elect. At. Coll., 2007) Mo149.
9) M. Larsson, *Annu. Rev. Phys. Chem.* **48** (1997) 151.
10) T. Tanabe et al., *Phys. Rev. Lett.* **90** (2003) 193201.
11) T. Tanabe et al., *Phys. Rev. Lett.* **93** (2004) 043201.
12) A. Wolf et al., *Hyperfine Interact* **172** (2006) 111.
13) A. Giusti, *J. Phys. B* **12** (1980) 3867.
14) D. R. Bates, *Adv. Atom. Mol. Opt. Phys.* **34** (1994) 427.
15) T. Tanabe et al., *J. Phys. B* **31** (1998) L297.
16) T. Tanabe et al., *J. Phys. B* **32** (1999) 5221(E).
17) H. Takagi, *Phys. Rev. A* **70** (2004) 022709.
18) V. Kokoouline and C. H. Greene, *Phys. Rev. A* **68** (2003) 012703.
19) V. Kokoouline and C. H. Greene, *Phys. Rev. A* **72** (2005) 022712.
20) S. Yabushita and C. W. McCurdy, *J. Chem. Phys.* **83** (1985) 3547.
21) J. Tennyson, *At. Data Nucl. Data Tables* **64** (1996) 253.

22) I. Shimamura, C. J. Noble and P. G. Burke, *Phys. Rev. A* **41**(1990) 3545.
23) J. Tennyson, *Phys. Rep.*, **491**(2010) 29.
24) B. K. Surpal, J. Tennyson and L. A. Morgan, *J. Phys. B* **27**(1994) 5943.
25) L. Wolniewicz and K. Dressler, *J. Chem. Phys.* **82**(1985) 3292. references therein.
26) D. R. Bates, K. Ledsham and A. L. Stewart, *Phil. Trans. Roy. Soc.* **246**(1953) 215.
27) H. Feshbach, *Ann. Phys.* (N. Y.) **5**(1958) 357.
28) S. L. Guberman, *J. Chem. Phys.* **78**(1983) 1404.
29) I. Sanchez and F. Martin, *J. Chem. Phys.* **106**(1997) 7720.
30) I. Sánchez and F. Martin, *J. Chem. Phys.* **110**(1999) 6702.
31) J. N. Bardsley, *J. Phys. B* **1**(1968) 349.
32) A. Giusti-Suzor, J. N. Bardsley and C. Derkits, *Phys. Rev. A* **28**(1983) 682.
33) T. Tanabe, *et al.*, *Phys. Rev. Lett.* **75**(1995) 1066.
34) H. Takagi, S. Hara and H. Sato, *Phys. Rev. A* **79**(2009) 012715.
35) J. N. Bardsley and B. R. Junker, *Astrophys. J.* **183**(1973) L135.
36) A. Giusti-Suzor and H. Lefebvre-Brion, *Astrophys. J.* **214**(1977) L101.
37) H. Takagi, N. Kosugi and M. Le Dourneuf, *J. Phys. B* **24**(1991) 711.
38) J. N. Bardsley, *J. Phys. B* **1**(1968) 365.
39) M. J. Seaton, *Rep. Prog. Phys.* **46**(1983) 167.
40) Ch. Jungen and O. Atabek, *J. Chem. Phys.* **66**(1977) 5584.
41) U. Fano, *Phys. Rev.* **124**(1970) 1866.
42) K. Nakashima, H. Takagi and H. Nakamura, *J. Chem. Phys.* **86**(1987) 726.
43) S. L. Guberman and A. Giusti-Suzor, *J. Chem. Phys.* **95**(1991) 2602.
44) H. Takagi, *J. Phys. B* **26**(1993) 4815.
45) V. Zhaunerchyk *et al.*, *Phys. Rev. Lett.* **99**(2007) 013201.
46) D. J. Haxton and C. H. Greene, *Phys. Rev. A* **79**(2009) 022701.
47) R. Čurik and C. H. Greene, *Phys. Rev. A* **72**(2005) 022712.
48) S. F. Santos, V. Kokoouline and C. H. Greene, *J. Chem. Phys.* **127**(2007) 124309.
49) T. Tanabe *et al.*, *Phys. Rev. Lett.* **70**(1993) 422.
50) H. Takagi, *Phys. Scr.* **T96**(2002) 52.
51) M. Stenrup, Å. Larson and N. Elander, *Phys. Rev. A* **79**(2009) 012713.

3.5 陽電子と原子分子の衝突

3.5.1 はじめに

すべての素粒子には反粒子が存在する．最初に存在が予言された反粒子は陽電子で，1930年のことである[1]．1932年にはAnderson[2]が，霧箱を使って宇宙線を観測する際，陽電子が存在することを発見した．その後陽電子は，放射性同位元素のβ崩壊や高エネルギー光子の対生成によっても生成されることがわかってきた．

陽電子-原子・分子衝突の実験は1940年代の終わり頃から始まっている．1949年にShearerとDeutsch[3]は，気体中における陽電子の消滅率を測定した．1950年代後半からは低速陽電子ビームの開発が始まり，1972年には陽電子-原子・分子衝突の実験に用いられるようになった[4]．最近は低速陽電子ビーム生成技術の発展や陽電子トラップ技術の開発によって，新たな展開が行われている．

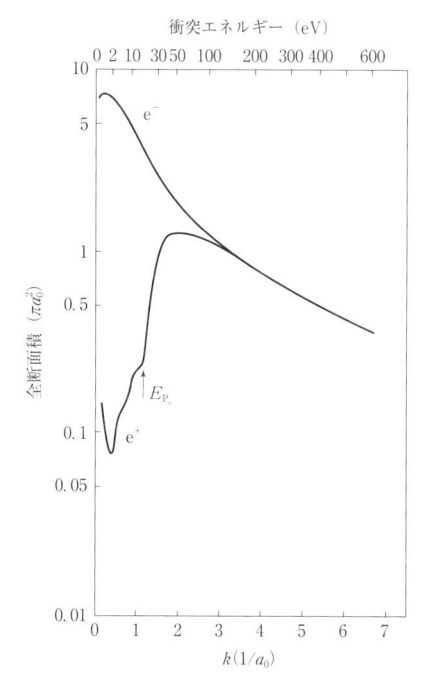

図 3.5.1 電子–He 散乱の全断面積と陽電子–He 散乱の全断面積の比較[5]
E_{P_s} はポジトロニウム生成閾値である．

陽電子は電子と似て非なる性質を有している．電子が原子や分子と衝突した場合は，核との相互作用と電子雲の偏極の効果はともに引力として働く．これに対して陽電子が衝突する場合には，前者は斥力，後者は引力となって部分的に打ち消しあい，この結果，衝突断面積は電子散乱の場合よりも小さくなる．この違いは，とくに低エネルギー領域において顕著である．また，陽電子散乱では原子・分子中の電子との対消滅やポジトロニウム形成のように，電子散乱では存在しないプロセスが起こることがある．一方で，電子散乱では電子交換によって電子のスピン状態の変化が顕著に観測されることがあるが，陽電子散乱では，とくに He などの軽い原子ではこのようなことは起こらない．図3.5.1 に，電子–He 散乱と陽電子–He 散乱の全断面積を示す．

ここでは，実際に陽電子と原子・分子衝突の実験を行うにはどうしたらよいか，またどのような結果が得られているかについて解説する．なお，本節の内容をさらに詳しくした英文の解説[5,6] が出版されている．必要に応じて参照することをお勧めする．

3.5.2　陽　電　子[7]

陽電子の静止質量は電子の静止質量に等しく，電荷は正で電子の電荷の絶対値に等し

い．スピンは1/2である．

陽電子は電子と衝突すると対消滅することがある．対消滅すれば電子と陽電子の質量に相当するエネルギー $2m_e c^2$ が γ 線などとなって放出される．ただし，m_e は電子の静止質量，c は真空中の光速度である．

陽電子と電子のスピンが一重項をなす状態からの消滅と三重項をなす状態からの消滅では，前者の消滅率の方がはるかに大きい．この場合，荷電共役変換における荷電共役パリティの保存により，2本の γ 線が放出されることになる（二光子消滅）．この2本の γ 線のエネルギーは，両者ともおよそ511 keVである（対消滅する電子と陽電子の合成運動量を反映して，数keV程度の広がりをもつ）．

消滅断面積は，電子と陽電子の相対速度 v が c よりもはるかに小さいとする近似では

$$\sigma_{2\gamma} = \frac{4\pi r_e^2 c}{v} \tag{3.5.1}$$

となる．ここで r_e は古典電子半径，すなわち，素電荷を e，真空の誘電率を ε_0 とすれば

$$r_e = \frac{e^2}{4\pi\varepsilon_0 m_e c^2} = 2.818 \times 10^{-15} \text{ m} \tag{3.3.2}$$

である．陽電子位置での電子数密度を n_e とすれば，二光子消滅率 $\lambda_{2\gamma}$ は

$$\lambda_{2\gamma} = \frac{1}{4}\sigma_{2\gamma} n_e v = \pi r_e^2 c n_e \tag{3.5.3}$$

となり v には依存しない．$\sigma_{2\gamma}$ の前に1/4があるのは，陽電子のまわりの電子のうち，スピンが陽電子と一重項状態をなす確率が1/4だからである．電子と陽電子のスピンが三重項状態をなしている場合にはおもに三光子消滅が起こる．三光子消滅率 $\lambda_{3\gamma}$ は $\lambda_{2\gamma}$ のおよそ1/370である．このためほとんどの陽電子が二光子消滅すると思ってよい．さらに，スピン一重項状態からは四光子消滅が，三重項状態からは五光子消滅も起こるが，その確率は低く通常は無視できる[8]．

対消滅する電子と陽電子のほかに運動量を持ち去るものがあれば，一光子消滅や γ 線が放出されない対消滅も起こる．これらの現象は陽電子が内殻電子と対消滅する場合に観測されているが，その確率は二光子消滅の確率と比べてきわめて低い[9]．

$\sigma_{2\gamma}$ の値は，後に述べる陽電子の散乱断面積に比べてはるかに小さい．このため，物質中での陽電子の寿命は意外に長く，その結果，対消滅の前に陽電子はさまざまな現象を引き起こすことになる．

3.5.3 陽電子の束縛状態

陽電子は電子と束縛してポジトロニウムを形成することがある．さらにもう1つの電子と束縛してポジトロニウム負イオンを形成したり，2個のポジトロニウムからポジトロニウム分子が形成されることもあると考えられている[10]．陽電子やポジトロニウムが原子や分子と束縛することも知られている[11-13]．

a. ポジトロニウム

ポジトロニウム（略してPsと書くこともある）は電子と陽電子の水素原子様束縛状態である．水素原子様とはいっても，重心は電子と陽電子位置の中間点にあり電荷の中心と一致する点で，水素原子とは異なる．波動関数の軌道部分は，重心運動と相対運動に分離して，水素原子と同様に取り扱うことができる．束縛エネルギーは水素原子の場合の半分で，6.80 eVである．水素原子と同様に，基底状態のほかに励起状態も存在する．

ポジトロニウムを構成する電子と陽電子のスピンが一重項状態のポジトロニウムをパラポジトロニウム，三重項状態のポジトロニウムをオルソポジトロニウムと呼ぶ．真空中ではパラポジトロニウムは125 psの寿命で二光子に自己消滅し，オルソポジトロニウムは142 nsの寿命で三光子に自己消滅する．

陽電子を気体に入射すると，ポジトロニウムが形成されることがある．また，低速陽電子を固体に入射すると，表面からポジトロニウムが放出されることもある．さらに，一部の絶縁体では，バルク中でもポジトロニウムが形成される．ただし金属中では形成されない．通常の条件では，パラポジトロニウムとオルソポジトロニウムが生成される割合は1:3である．

ポジトロニウムが気体分子と衝突すると，ポジトロニウム中の陽電子が気体分子中の電子と対消滅して，自己消滅の寿命よりも短い寿命で消滅することがある．これをピックオフ消滅と呼ぶ．この現象は，オルソポジトロニウムでとくに顕著である．

また，酸素分子のように不対電子をもつ分子と衝突すると，オルソポジトロニウム中の電子のスピンが入れ替わってパラポジトロニウムとなり，短い寿命で自己消滅することがある．これをオルソ–パラ変換反応と呼ぶ．さらに，ポジトロニウムがCl_2など化学的活性度の高い分子と衝突すれば

$$Ps + Cl_2 \rightarrow PsCl + Cl$$

のように，ポジトロニウムが原子・分子と束縛状態を形成することもある．この反応が起これば オルソポジトロニウムの寿命が短くなるため，化学クエンチングと呼ばれる[14]．

次に，陽電子-原子・分子散乱における，陽電子のエネルギーとポジトロニウムの生成の関係について考えてみよう．陽電子のエネルギーをE_{e^+}，気体分子のイオン化エネルギーをE_I，励起エネルギーをE_{ex}，ポジトロニウムの束縛エネルギーをE_Bとすれば，$E_{e^+} > E_I$のときには原子・分子のイオン化や励起が起こる．ポジトロニウム生成も起こるが，生成されたポジトロニウムはE_Bよりも大きなエネルギーをもっているため，気体分子の数密度が高ければ，他の原子や分子と衝突して電子と陽電子に分かれる．$E_I > E_{e^+} > E_{ex}$のときは，気体分子の励起とポジトロニウム生成が競合する．$E_{ex} > E_{e^+} > E_I - E_B$のときは，ポジトロニウム生成反応が優先的に起こる．この領域をオーレギャップ（Ore gap）と呼ぶ．$E_I - E_B$はポジトロニウム生成の閾値である．$E_{e^+} < E_I - E_B$のときはもはやポジトロニウム生成も励起も起こらない．

気体分子の密度が十分高く陽電子が気体中にとどまり，しかも最初のエネルギーがE_I

よりも十分大きければ、入射された陽電子は気体分子との衝突によりエネルギーを失い、熱エネルギーから E_{I} までの領域のいずれかのエネルギーに到達するはずである。この領域で陽電子はほぼ一様に分布するはずで、そのためポジトロニウムの生成確率 P は

$$\frac{E_{\mathrm{ex}}-(E_{\mathrm{I}}-E_{\mathrm{B}})}{E_{\mathrm{I}}}<P<\frac{E_{\mathrm{B}}}{E_{\mathrm{I}}} \tag{3.5.4}$$

となることが期待される.

b. ポジトロニウム負イオン, ポジトロニウム分子, PsH

ポジトロニウムにさらにもうひとつの電子が束縛して、ポジトロニウム負イオンが形成されることがある[10]。電子のポジトロニウムへの束縛エネルギーは 0.33 eV, 寿命は 479 ps である。低速陽電子を炭素薄膜に入射すれば 0.03% 程度がポジトロニウム負イオンとなって下流側に放出される[15]。最近,アルカリ金属を蒸着したタングステン表面に低速陽電子を入射すれば,1% 以上の効率で表面でポジトロニウム負イオンが生成され放出されることが報告された[16]。これにレーザー光を照射して電子を脱離させる実験も行われている[17]。

2 個のポジトロニウムが束縛したポジトロニウム分子も存在すると考えられている。ポジトロニウム分子生成実験[18,19]については 3.5.7 項 d で述べる。

さらに,ポジトロニウムが水素原子と束縛して PsH を生成することもある。ポジトロニウムの水素原子への束縛エネルギーは 1.06 eV である。PsH 生成実験[20]については 3.5.6 項 h で述べる.

3.5.4 陽電子の生成

実験に用いる陽電子を得る方法には、β^+ 崩壊を用いる方法と高エネルギー γ 線の対生成を用いる方法がある[21]。

(1) β^+ 崩壊を用いる方法

β^+ 崩壊が起こると、原子核の質量数は保存されるが原子番号は 1 だけ小さくなり、陽電子とニュートリノが放出される。陽電子の研究では、ほとんどの場合、^{22}Na の β^+ 崩壊から放出された陽電子が用いられる。^{22}Na は半減期が 2.6 年と比較的長く使いやすい。^{22}Na が崩壊すると、90% は β^+ 崩壊して陽電子を放出し、残りの 10% では電子捕獲が起こる。崩壊の結果、そのほとんどが ^{22}Ne の励起状態となり、1.27 MeV の γ 線を放出して ^{22}Ne の基底状態に遷移する。^{22}Ne の励起状態の寿命は物質中における陽電子の寿命よりもはるかに短いので、この γ 線を検出すれば陽電子の放出時刻を知ることができ、以下に述べる陽電子寿命測定のスタート信号として用いることができる.

β^+ 崩壊によって放出される陽電子のエネルギーは、核種に固有の分布をしており、0 から最大エネルギー(^{22}Na では 546 keV)までの連続分布となる。β^+ 崩壊によって放出される陽電子は、パリティ非保存のためにスピンが進行方向に偏極しているという特徴がある.

線源の放射能強度の単位には Bq（ベクレル）が用いられる．1 Bq は線源内で1秒間に崩壊する原子が1個であることを意味する．以前は Ci（キュリー）という単位が用いられた．1 Ci = 3.7 × 10^{10} Bq である．

^{22}Na 線源は市販されており，カプセルに封入された密封線源と液体状の非密封線源がある．いずれも日本アイソトープ協会から購入することができる．これらの線源を使う場合，線源強度が高ければ，放射線管理区域が必要である．

密封線源は厚さ 5 μm のチタン窓のついた金属カプセルに ^{22}Na の化合物が納められたもので，窓から陽電子が放出される．現在，南アフリカの iThemba 研究所で製造されたもの[22]が，世界中で用いられている．強度を高くすることができ（～1 GBq），低速陽電子ビームの生成に用いられる．

非密封線源は ^{22}NaCl 水溶液で，陽電子寿命測定に用いられることが多い．薄膜に滴下し，もう1枚の膜で覆って接着したものをつくっておけば便利である．薄膜としては，厚さ 7.5 μm のカプトン膜がしばしば用いられる．丈夫で陽電子透過率が高く，しかも寿命スペクトルが 380 ps 程度の1成分のみからなることが知られており，データ解析に都合がよい．

(2) 高エネルギー γ 線の対生成を用いる方法

電子を線形加速器で加速して Ta などの重金属ターゲットに入射し，同じターゲット中で制動放射と対生成を起こして陽電子を得る．この手法で得られる陽電子は，i) β^+ 崩壊によって得られる陽電子と比べて数が多い，ii) パルスビームが得られる，iii) スピンが偏極していないという特徴がある．現在わが国では，産業技術総合研究所[23]や高エネルギー加速器研究機構[24]で利用可能である．

3.5.5 陽電子寿命測定

陽電子-原子・分子衝突の研究では，陽電子寿命測定と，低速陽電子ビームを利用して断面積を求める方法とが用いられる．最近では，陽電子トラップ技術を用いた研究も行われている．以下に順を追って解説する．はじめに，陽電子寿命測定について述べる．

a. 陽電子寿命スペクトル

気体中における陽電子の消滅について考えよう．気体分子の数密度が n で1個の気体分子中に Z 個の電子があれば，電子の平均の数密度は

$$n_e = nZ \tag{3.5.5}$$

となり，陽電子の二光子消滅率は

$$\lambda_{2\gamma} = \pi r_e^2 c n Z \tag{3.5.6}$$

となる．実際には陽電子は原子・分子中の電子の分布に影響を与えるし，さらに陽電子が内殻電子と消滅する確率は外殻の電子と消滅する場合よりも小さいため，この関係は成り立たない．そこで，陽電子の二光子消滅に寄与する1分子当たりの電子の有効数 Z_{eff} を定義する．

$$\lambda_{2\gamma} = \pi r_e^2 c n Z_{\text{eff}} \tag{3.5.7}$$

が成り立ち，Z_{eff} は気体分子の分極の効果や陽電子の消滅しやすさを含むパラメータであると考える．消滅の断面積は

$$\sigma_{2\gamma} = \frac{\pi r_e^2 c Z_{\text{eff}}}{v} \tag{3.5.8}$$

となる．

気体中で陽電子が一定の消滅率 λ で消滅すると仮定すれば，陽電子が気体に入射してから時間 t 経過した後の存在確率は指数関数 $e^{-\lambda t}$ に比例する．実際には，長時間測定を行い多数の陽電子のイベントを足し合わせてスペクトルとして観測する．このスペクトルは陽電子寿命スペクトルと呼ばれる．その結果に

$$N(t) = N(0) e^{-\lambda t} \tag{3.5.9}$$

をフィッティングすれば λ を求めることができ，Z_{eff} が得られる．気体中における陽電子の平均寿命（単に寿命と呼ばれる）は消滅率の逆数に等しい．

実際には，陽電子の寿命スペクトルは必ずしも式（3.5.9）のような単純な指数関数ではなく，陽電子の速度の変化によって特殊な構造が現れる．

b. 陽電子寿命測定装置

ガスセル内に ^{22}Na 線源を置き，セルの外にシンチレータをとりつけた光電子増倍管を2本置く．シンチレータには，減衰時間の短い BaF_2 やプラスチックシンチレータなどを用いる．シンチレータ-光電子増倍管の一方では，線源から陽電子が放出されたときにほぼ同時に放出される 1.27 MeV の γ 線を検出し，もう1本で陽電子の消滅 γ 線を検出して得られる信号を検出する．両者の時間差を TAC（time-to-amplitude converter）で波高値に変換し，それを MCA（multichannel analyzer）で積算すれば，陽電子寿命スペクトルが得られる．時間分解能は通常，200 ps 程度である．最近，デジタルオシロスコープにスタートとストップの両方の信号を取り込んでコンピュータで処理を行い，陽電子寿命スペクトルを得る方法が開発された[25]．この方法では，118 ps という時間分解能が実現されている．

線源強度は通常は 100 kBq 程度にするが，測定する対象によって最適化が必要である．強すぎると，別の陽電子からの γ 線をスタート信号，ストップ信号として処理する確率が大きくなってバックグラウンドが高くなり，とくに長寿命ポジトロニウム成分が分離しにくくなってしまう．弱すぎると，長い測定時間が必要となる．

c. データの例

陽電子の寿命測定は，通常，高い圧力（数気圧程度）中で行われる．図 3.5.2 に，9.64 amagat（1 amagat は 0℃，1 気圧の標準状態における数密度）のキセノン Xe 中で得られた陽電子寿命スペクトルを示す[26]．130 ch 付近にみられる鋭いピーク，肩の部分，それに 380 ch 付近から右側にゆっくりと下がっていく成分がみられる．130 ch 付近の

3.5 陽電子と原子分子の衝突

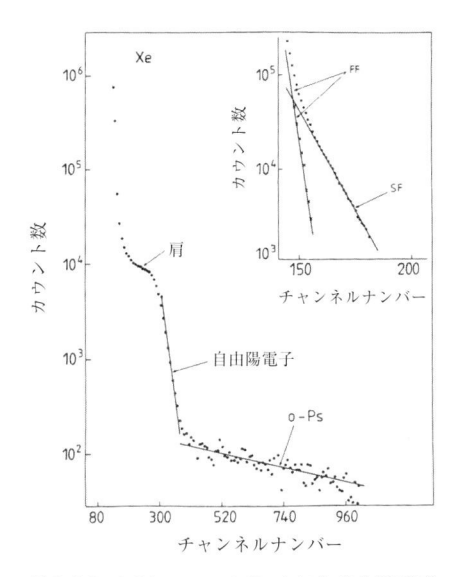

図 3.5.2 9.64 amagat の Xe 中における陽電子寿命スペクトル[26]
横軸は時間を表し，1 チャンネルは 0.109 ns に相当する．

ピークは陽電子が線源内部で電子と対消滅したことによる成分，および陽電子が原子・分子と衝突して生成されたパラポジトロニウムが自己消滅したことによる成分を表す．肩の部分は，陽電子がポジトロニウム生成閾値以下のエネルギーとなり，それが Xe 原子と衝突しながらエネルギーを失いキセノン中の電子と対消滅することによる成分である．肩の幅は，陽電子が熱エネルギー程度までエネルギーを失っていく時間に相当する．380 ch 以降の部分は，生成されたオルソポジトロニウムが消滅する成分を示している．この成分から見積もられるポジトロニウム生成率は 3% である．

すでに述べたように，ポジトロニウムの生成率は式 (3.5.4) から見積もることが可能で，それによればキセノンでは 26% から 56% となり，図 3.5.2 から求められる生成率よりもかなり大きい．この不一致については長年議論が行われていたが，最近になって，ポジトロニウムがキセノン原子と L-S 相互作用（スピン-軌道相互作用）することによってオルソからパラへ変換するためであることがわかってきた[27]．

キセノン以外にも種々の気体中における陽電子寿命測定が行われ，肩の幅と Z_{eff} の値が得られている．肩の部分は希ガスと N_2 では観測されるが，陽電子の熱化が早すぎるため観測されない気体も多い．Z_{eff} の値は，希ガスや H_2，D_2，N_2，O_2，NO，CO，CO_2 では原子番号と同程度になる．それに対して炭化水素や NO_2，NH_3 では Z よりもかなり大きな値となっている．この現象については，陽電子トラップ技術を用いて系統的な測定やエネルギー分解寿命測定が行われ，詳しい情報が得られている．3.5.7 項で解説

する．

3.5.6 陽電子散乱実験
a. 陽電子散乱実験の概要
電子の場合と同様に陽電子をビームにしてガスセルに入射し散乱断面積を測定する実験が，1970年頃から行われている．ただし，電子散乱実験と比べると，陽電子ビーム強度がきわめて弱く（放射性同位元素を線源に用いた場合は，電流値にしてたかだか 10^{-13} A 程度），精確な測定が難しい．

b. 低速陽電子ビームの生成
線源から放出される陽電子は0から数百 keV に及ぶ広いエネルギー広がりをもっている．これを単色化してビームにする技術が確立している．

線源から放出された陽電子を金属に入射すると，熱化して金属中を熱的に動き回り，一部は入射面に戻ってくる．金属が薄膜の場合は，入射面と反対側の面まで到達する．陽電子仕事関数が負の場合は，表面に到達した陽電子は，表面から仕事関数の絶対値分以下のエネルギー（～数 eV）をもって飛び出す．これを必要なエネルギーまで加速すれば，ビームとして利用することが可能である．陽電子を減速するために用いるものを減速材（moderator）と呼ぶ．減速材として通常用いられるのはタングステンである．この場合，陽電子の仕事関数は負で再放出エネルギーは最大3 eV 程度であり，エネルギー分布は熱エネルギー程度の広がりをもつピークと低いエネルギー側に尾を引くような広がった成分からなる[21]．購入したばかりのタングステンは，内部に陽電子を捕獲してしまう格子欠陥を含んでいるため，使用する前に真空中で数十秒間2000℃で焼鈍を行う．

線源から放出される陽電子数に対する再放出低速陽電子数の割合を減速材の効率と呼ぶ．薄膜状のタングステンを透過型減速材として用いれば，2000℃程度で焼鈍した後の効率は，単結晶では 5.9×10^{-4}，多結晶では 2.6×10^{-4} である[28]．さらに効率を向上させるためには，表面積を大きくすればよい．タングステンメッシュは体積の割に表面積が大きく，しかも取り扱いが容易である．とくに，電解研磨によって線径を10 μm 程度まで細くすることによって，8×10^{-4} 程度の効率が得られている[29]．焼鈍後は大気にふれても減速材としての性能が落ちることはほとんどないため，低速陽電子ビームとは別の真空装置で焼鈍することが可能である．しかも，時間が経っても特性が大きく変化せず，何年もの間使いつづけることができる．

タングステン以外に，ネオンなどの希ガス固体も減速材として利用できることが知られている[30]．実際には，線源を冷却してNeガスを付着させて膜状に形成する．希ガス固体の陽電子仕事関数は正であり，陽電子放出過程は金属表面の場合とは異なる．希ガス固体中でエネルギーを失った陽電子は，ポジトロニウム生成閾値以下のエネルギーではエネルギー損失過程がなくなり陽電子の減速は遅くなる．この結果，希ガス固体薄膜

を透過した陽電子は完全に熱化しないまま再放出することになる．膜厚を調整すれば，このような陽電子の割合を増やすことができ，その結果，タングステンよりも高い効率をもつ減速材として使用することが可能となる．効率は 1% 近い値であり，タングステンよりも 1 桁大きい．ただし，線源を冷却する必要があるため装置が複雑になる．さらに時間とともに効率が低下するため，数日に 1 回，線源の温度を上げて希ガス固体を蒸発させ，新たな膜を形成する必要がある．

減速された低速陽電子は，磁場，または電場を使ってガスセルまで輸送される．ビーム軸に沿って磁場をかければ低速陽電子は磁力線に巻きついて進む．電場を使う場合は，静電レンズを組み合わせてビームが広がらないようにしながら輸送する．いずれの場合も，途中にエネルギー分析器（$E \times B$ フィルタなど）を挿入したりビーム軌道を曲げたりすることによって，減速材からエネルギーを失わずに飛び出してきた高速の陽電子から分離する必要がある．陽電子の飛行時間測定を用いて，高エネルギーの陽電子成分を取り除くこともできる[31]．

近年，陽電子ビーム生成の技術が発展し，陽電子を静電的に輸送すると同時に輝度増大を行ったり[32-34]，トラップに溜め込んだりする技術が開発され，新たな展開が行われようとしている．後者については，3.5.7 項で述べる．

c. 陽電子の検出

陽電子を検出するためには，チャンネルトロンやマイクロチャンネルプレート（略して MCP）を用いる．

飛行時間測定を行う場合には，線源とモデレータの間に薄いプラスチックシンチレータを挿入し，陽電子が透過したときのシンチレータの発光を光電子増倍管でパルス信号にして，スタート信号に用いる．ガスセルを透過した陽電子は，チャンネルトロンで検出する．これら 2 つの信号の時間差を電圧に変換してマルチチャンネルアナライザで飛行時間スペクトルをとる．このとき，モデレータへの入射時刻とチャンネルトロンへの到着時刻の時間差を異なる 2 個の陽電子で計測してしまい，スペクトルのバックグラウンドが高くなるという問題が起こる．バックグラウンドを下げるためには，線源の強度を下げる必要がある．実際に用いられている陽電子線源の強度は 3.7 MBq 以下である．

d. 全断面積の測定

陽電子散乱の全断面積は，電子-原子分子散乱で起こる現象，すなわち，弾性散乱，ポジトロニウム生成，励起，イオン化，電子陽電子対消滅などの断面積の和である．ただし，陽電子のエネルギーによって，観測される現象が異なる．たとえば弾性散乱はすべてのエネルギー領域で起こるが，ポジトロニウム生成や励起，イオン化は，それぞれの現象に固有の閾値を超えなければ起こらない．

図 3.5.1 に示したように，陽電子-He 散乱では 2 eV 付近にラムザウアー-タウンゼント効果による極小値がみられる．電子散乱の場合はヘリウムではラムザウアー極小値は

観測されない．全断面積は陽電子のエネルギーとともに，ポジトロニウム生成の閾値である 17.8 eV から急に上昇を始める（ヘリウムの第一イオン化エネルギーは 24.6 eV で，ポジトロニウムの束縛エネルギー 6.8 eV を差し引くと 17.8 eV となる）．アルゴンでは明確なラムザウアー極小値は観測されない．ヘリウムの場合と同様に，全断面積はポジトロニウム生成閾値（9.0 eV）から急激に増大する．

これ以外の多数の原子分子についても，全断面積の測定が行われている．

e. ポジトロニウム生成

陽電子ビームをガスセルに入射したとき，ポジトロニウムが生成されれば透過陽電子数は減少する．もちろん陽電子が気体分子中の電子と対消滅しても透過陽電子数は減少するが，その確率は小さい．したがって，陽電子数の減少から，ポジトロニウム生成断面積を決定することができる．

また，ポジトロニウムが生成されれば，そのうちの 3/4 はオルソポジトロニウムで三光子に自己消滅する．したがって，消滅 γ 線を検出することによってポジトロニウム生成断面積を決定することも可能である．さらにポジトロニウムが生成すれば同時にイオンが生成される．このイオンを検出してもポジトロニウム生成断面積の決定は可能である[35]．

ポジトロニウム生成の微分断面積の測定も行われている[36, 37]．

f. 励　　起

陽電子ビームがガスセルを透過した後のエネルギーを飛行時間法で測定すれば，陽電子散乱による原子分子の励起を調べることができる．図 3.5.3 は，ヘリウム，ネオン，アルゴンをターゲットとした場合の陽電子エネルギー損失スペクトルである[38]．測定のエネルギー分解能と統計精度が十分でないためややわかりにくいが，ヘリウムの非弾性断面積では三重項状態への励起の閾値付近には明瞭なピークはみられない．電子散乱の場合には電子交換によって起こる三重項状態への励起が，陽電子散乱では起こらないという予測どおりの結果が得られている．

g. イオン化

陽電子散乱で生成されたイオンを直接検出すれば，イオン化断面積が得られる[39, 40]．

内殻電子の束縛エネルギーよりも高いエネルギーをもつ陽電子が原子と衝突すれば，電子や光子の場合と同様に，内殻がイオン化されてオージェ電子や特性 X 線が放出される．ただし陽電子は正の電荷をもつため内殻に近づく確率が低く，とくに閾値付近では内殻イオン化の断面積が電子入射の場合と比較して低くなる[41]．

h. PsH 生成

陽電子やポジトロニウムが原子分子あるいは他の粒子と束縛状態を形成することは理

3.5 陽電子と原子分子の衝突

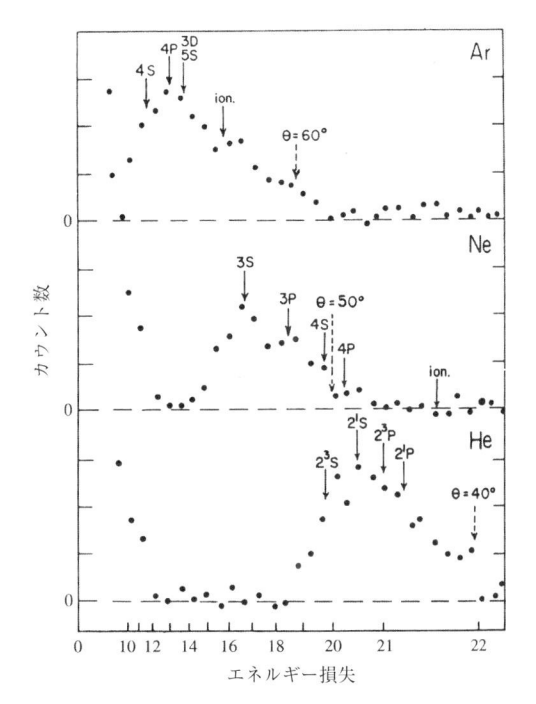

図 3.5.3 陽電子ビームがヘリウム，ネオン，アルゴンのガスセルを透過した後のエネルギー損失スペクトル[38]
矢印は，励起の閾値を表す．

論的には予測されているが，実験はほとんど行われていない．わずかに，ポジトロニウムが水素原子と結合した PsH が観測されているのみである．

1992 年，Schrader ら[20] は，低速陽電子ビームをメタンガスに入射し CH_3^+ 生成断面積を求めた．CH_3^+ が検出される反応は

$$e^+ + CH_4 \rightarrow CH_3^+ + PsH$$
$$e^+ + CH_4 \rightarrow CH_3^+ + H + Ps$$

のいずれかだが，後者が起こる閾値は 7.55 eV であり，図 3.5.4 からわかるように，それより低いエネルギーに断面積の山がみられる．これは PsH が生成されたことを示している．この変化の様子から，ポジトロニウムの水素原子への束縛エネルギーは (1.1 ±0.2) eV と見積もられている．

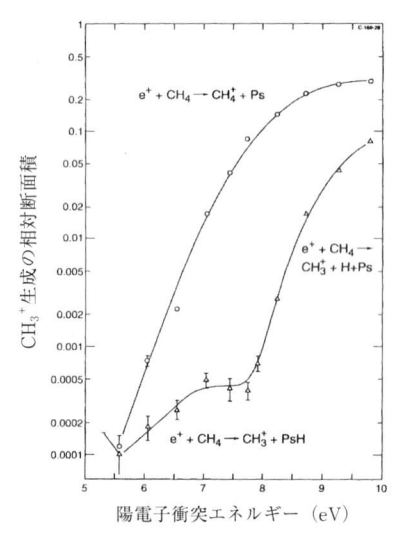

図 3.5.4 陽電子–CH_4 散乱における CH_3^+ 生成断面積[20]

3.5.7 陽電子トラップを用いた原子分子との衝突実験

近年,陽電子を蓄積して原子・分子衝突に用いる実験が行われるようになった[6,42].

a. 陽電子溜め込み装置

磁場と静電的なポテンシャル井戸からなるトラップに低速陽電子を単に入射するだけでは蓄積を行うことはできない.陽電子のエネルギーを失う機構が必要だからである.そこで,トラップ内部に低圧の気体を満たしておき,陽電子と気体分子の非弾性衝突を利用して陽電子のエネルギーを下げて蓄積を行う.気体分子として最適なものは N_2 である.実際には図 3.5.5 のように,窒素の圧力が階段状に減るような機構をつくり,窒素圧力の最も小さな部分に陽電子を蓄積する.現在得られている蓄積数の最大値は 3×10^8 個で,およそ 60 s の寿命をもつ.蓄積された陽電子のエネルギー広がりとして,18 meV が実現されている.

b. Z_{eff} 測定

陽電子を蓄積してエネルギーを熱エネルギー程度まで下げた後,低圧の気体中に輸送し,陽電子の対消滅によって発生した γ 線を NaI シンチレーション検出器で検出する.単位時間当たりの γ 線の検出数がゆっくり減っていく様子から陽電子の消滅率を測定し,Z_{eff} を求める.陽電子のエネルギーが低くポジトロニウム生成が起こらない条件の下での測定であるため,データ解析においてはポジトロニウムの寄与をまったく考慮せ

ずに Z_{eff} に関する情報を得ることが可能である.

得られた Z_{eff} を電子数 Z で除した値は,ほとんどの場合1よりも大きくなる[43]. とくに,アルカンの場合,炭素原子10個程度までの増加が顕著である. その一方,Fを含む炭化水素では,Z_{eff}/Z は比較的小さい.

この現象をより詳しく調べるために,Z_{eff} のエネルギー依存性も測定されている[44, 45]. トラップした陽電子をパルス状にして加速し,ガスセルに輸送して消滅 γ 線を検出するというものであり,25 meV のエネルギー分解能を実現している.

この測定で得られたデータの例を,図3.5.6に示す. 特定のエネルギーにおいて共鳴的なピークが現れている. これらのピークは,陽電子が分子に束縛されると同時に分子の振動を励起していることを表している(振動フェシュバッハ共鳴). ピークのエネ

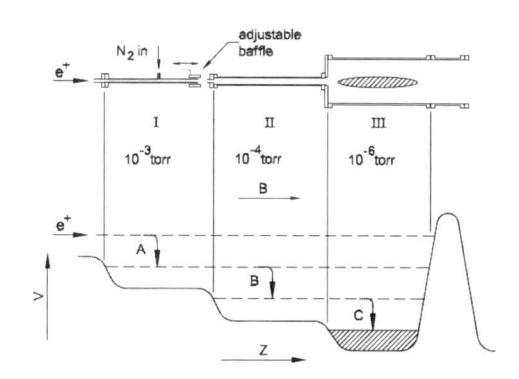

図 3.5.5 陽電子溜め込み装置の概念図[6]

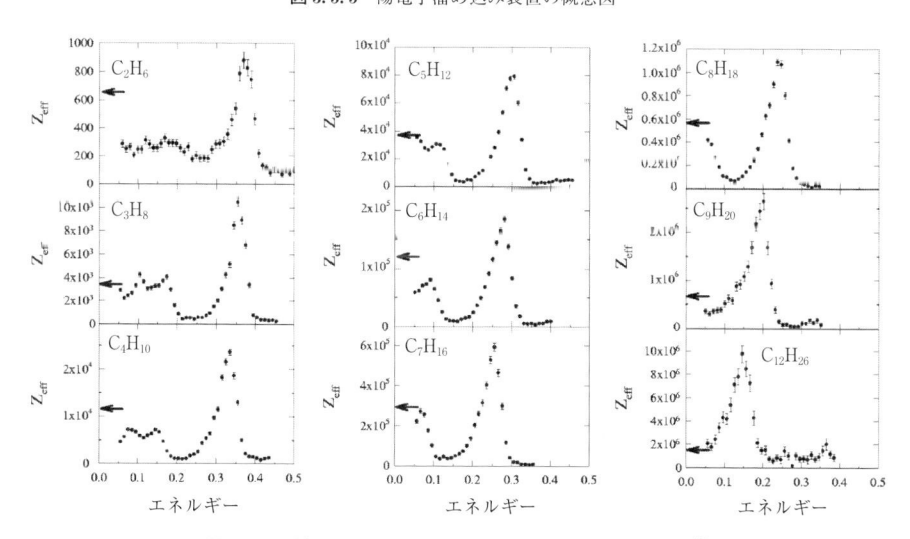

図 3.5.6 種々のアルカンにおける Z_{eff} のエネルギー依存性[45]

ギーと赤外吸収スペクトルとのずれから，陽電子の分子への束縛エネルギーが得られている[46]．

c. 断面積測定

蓄積して冷却した陽電子を0.1T程度の比較的強い磁場中でガスセルに入射し，透過してきた陽電子のエネルギーをリターディング法でエネルギー分析すれば，全断面積や非弾性散乱の断面積，弾性散乱の微分断面積，ポジトロニウム生成断面積，イオン化断面積などが得られる[6,47]．

d. 反水素生成，ポジトロニウム-ポジトロニウム相互作用の研究，ポジトロニウム分子の生成

従来の陽電子の研究では，陽電子は同時にたかだか1個しか存在しない条件のもとで実験が行われていた．陽電子トラップの技術は，同時に多数の陽電子が存在する条件の下での新しい実験を可能にする．その1つが反水素生成である．高密度状態の反陽子プラズマと陽電子プラズマを合体させることによって，反水素生成が現実のものとなっている[48,49]．

蓄積した陽電子を一度に多孔質ターゲットに入射すると，1個の空隙中に同時に2個以上のポジトロニウムが生成され，ポジトロニウム分子が生成されると考えられている[50]．ポジトロニウムのボーズ-アインシュタイン凝縮を観測することも検討されている[51,52]．

〔長嶋泰之〕

文　献

1) P. A. M. Dirac, *Proc. Roy. Soc. Lond. A* **126**(1930) 360.
2) C. D. Anderson, *Phys. Rev.* **43** (1933) 491.
3) *Phys. Rev.* **76**(1949) 451 ("Minutes of the Semi-Centennial Meeting at Cambridge, June 16-18, 1949" の462ページに J. W. Shearer と M. Deutsch による記述 (H13) がある).
4) K. F. Canter, P. G. Coleman, T. C. Griffith and G. R. Heyland, *J. Phys. B: At. Mol. Phys.* **5**(1972) L 167.
5) M. Charlton and J. W. Humberston, *Positron Physics* (Cambridge, 2001).
6) C. M. Surko, G. F. Gribakin and S. J. Buckman, *J. Phys. B: At. Mol. Opt. Phys.* **38**(2005) R57.
7) 兵頭俊夫, 「陽電子計測の科学」(日本アイソトープ協会, 1993) p. 7.
8) T. Matsumoto, M. Chiba, R. Hamatsu, T. Hirose, J. Yang and J. Yu, *Phys. Rev. A* **54**(1996) 1947; *Phys. Rev. A* **56**(1997) 1060.
9) S. Shimizu, T. Mukoyama and Y. Nakayama, *Phys. Rev.* **173**(1968) 405.
10) J. A. Wheeler, *Ann. New Yrok Acad. Sci.* **48**(1946) 219.
11) J. Mitroy, M. W. Bromley and G. G. Ryzhikh, *J. Phys. B: At. Mol. Opt. Phys.* **35**(2002) R81.
12) D. M. Scrader and J. Moxom, *New Directions in Antimatter Chemistry and Physics*, Edited by C. M. Surko and F. A. Gianturco (Kluwer Academic, 2001) p. 263.
13) M. Tachikawa, I. Shimamura, R. J. Buenker and M. Kimura, *New Directions in Antimatter Chemistry and Physics*, Edited by C. M. Surko and F. A. Gianturco (Kluwer Academic, 2001) p. 437.

14) S. J. Tao, *Phys. Rev. Lett.* **14**(1965) 935.
15) A. P. Mills Jr., *Phys. Rev. Lett.* **46**(1981) 717.
16) Y. Nagashima, T. Hakodate, A. Miyamoto and K. Michishio, *New J. Phys.* **10**(2008) 123029.
17) K. Michishio et al., *Phys. Rev. Lett.* **106**(2011) 153401.
18) D. B. Cassidy and A. P. Mills Jr., *Nature* **449**(2007) 195.
19) D. B. Cassidy and A. P. Mills, Jr., *Phys. Rev. Lett.* **100**(2008) 013401.
20) D. M. Schrader, F. M. Jacobsen, N. Frandsen and U. Mikkelsen, *Phys. Rev. Lett.* **69**(1992) 57.
21) P. G. Schultz and K. G. Lynn, *Rev. Mod. Phys.* **60**(1988) 701.
22) http://positron.physik.uni-halle.de/.
23) http://unit.aist.go.jp/riif/adcg/.
24) T. Hyodo et al., *J. Phys.: Conf. Ser.* **262**(2011) 012026.
25) H. Saito, Y. Nagashima, T. Kurihara and T. Hyodo, *Nucl. Instr. and Meth. in Phys. Res. A* **487** (2002) 612.
26) G. L. Wright, M. Charlton, T. C. Griffith and G. R. Heyland, *J. Phys. B: At. Mol. Phys.* **18**(1985) 4327.
27) H. Saito and T. Hyodo, *Phys. Rev. Lett.* **97**(2006) 253402.
28) E. Gramsch, J. Throwe and K. G. Lynn, *Appl. Phys. Lett.* **51**(1987) 1862.
29) F. Saito, Y. Nagashima, L. Wei, Y. Itoh, A. Goto and T. Hyodo, *Appl. Surf. Sci.* **194** (2002) 13.
30) A. P. Mills, Jr. and E. M. Gullikson, *Appl. Phys. Lett.* **49**(1986) 1121.
31) M. Kimura, O. Sueoka, C. Makochekanwa, H. Kawate and M. Kawada, *J. Chem. Phys.* **115**(2001) 7442.
32) G. P. Karwasz, D. Pliszka, A. Zecca and R. S. Brusa, *Nucl. Instr. and Meth. in Phys. Res. B* **240** (2005) 666.
33) K. F. Canter, *Positron Studies of Solids, Surfaces, and Atoms*, Edited by A. P. Mills Jr., W. S. Crane and K. F. Canter (World Scientific, 1986) p. 102.
34) K. Nagumo, Y. Nitta, M. Hoshino, H. Tanaka and Y. Nagashima, *J. Phys. Soc. Jpn.* **80**(2011) 064301;098001.
35) N. Overton, R. J. Mills and P. G. Coleman, *J. Phys. B: At. Mol. Opt. Phys.* **26**(1993) 3951.
36) G. Laricchia, M. Charlton, S. A. Davies, C. D. Beling and T. C. Griffith, *J. Phys. B: At. Mol. Phys.* **20**(1987) L99.
37) T. Falke, W. Raith, M. Weber and U. Wesskamp, *J. Phys. B: At. Mol. Opt. Phys.* **28**(1995) L505.
38) P. G. Coleman, J. T. Hutton, D. R. Cook and C. A. Chandler, *Can. J. Phys.* **60**(1982) 584.
39) J. Moxom, P. Ashley and G. Laricchia, *Can. J. Phys.* **74**(1996) 367.
40) G. Laricchia, S. Armitage, Á. Kövér and D. J. Murtagh, *Advances in Atomic, Molecular, and Optical Physics* **56** Edited by E. Arimondo, P. R. Berman and C. C. Lin (Academic Press, 2008) p. 1.
41) Y. Nagashima, F. Saito, Y. Itoh, A. Goto and T. Hyodo, *Phys. Rev. Lett.* **92**(2004) 223201.
42) C. M. Surko, M. Leventhal, W. S. Crane, A. Passner, F. Wysocki, T. J. Murphy, J. Strachan and W. L. Rowan, *Rev. Sci. Instrum.* **57**(1986) 1862.
43) K. Iwata, R. G. Greaves, T. J. Murphy, M. D. Tinkle and C. M. Surko, *Phys. Rev. A* **51**(1995) 473.
44) S. J. Gilbert, L. D. Barnes, J. P. Sullivan and C. M. Surko, *Phys. Rev. Lett.* **88**(2002) 043201.
45) L. D. Barnes, S. J. Gilbert and C. M. Surko, *Phys. Rev. A* **67**(2003) 032706.
46) J. R. Danielson, J. J. Gosselin and C. M. Surko, *Phys. Rev. Lett.* **104**(2010) 233201.
47) C. Makochekanwa et al., *New J. Phys.* **11**(2009) 103036.
48) M. Amoretti et al., *Nature* **419**(2002) 456.
49) Y. Enomoto et al., *Phys. Rev. Lett.* **105**(2010) 243401.
50) D. B. Cassidy and A. P. Mills Jr., *Nature* **449**(2007) 195.
51) P. M. Platzman and A. P. Mills Jr., *Phys. Rev. B* **49**(1994) 454.
52) D. B. Cassidy, V. E. Meligne and A. P. Mills Jr., *Phys. Rev. Lett.* **104**(2010) 173401.

3.6 中性原子分子間衝突[1-6]

3.6.1 分子間力

2つの中性原子が互いに近づいたとき，原子間には電気力が働くようになる．その遠距離で働く分子間力は引力であり，さらに2つの原子が近づくと斥力が働く．ここでは2つの原子のうちの少なくとも1つは閉殻の電子構造をもつ系について考えるものとする．遠距離で働く力はファンデルワールス力として知られている．2つの原子が互いに近づいたとき，ある時刻には原子中の電子がある方向に若干偏りを生ずる．この電荷の偏りは他方の原子に作用して弱く分極させる．そのため，電気双極子と誘導双極子との間の電気力により原子は互いに引き合う．原子間距離を R としたとき，この力の位置（ポテンシャル）エネルギーは，$R \to \infty$ のときを基準点として，$V(R) \propto R^{-6}$ で与えられる．このような分極はつねに生ずるが，その力の向きは各時刻で異なる．この時間に依存する力を電子の運動について時間平均をとったときも弱い引力が残る．一方，原子間距離が小さくなり各原子をとりまく電子雲の重なりが大きくなるとき斥力が働く．この斥力は，電子が狭い空間に閉じ込められたことにより生ずる電子エネルギーの増加により生ずる．その斥力ポテンシャルを $V(R) \propto R^{-n}$ とすると，分子間力のポテンシャルエネルギーは

$$V(R) = \frac{6\varepsilon}{n-6}\left[\left(\frac{R_\mathrm{m}}{R}\right)^n - \frac{n}{6}\left(\frac{R_\mathrm{m}}{R}\right)^6\right] \tag{3.6.1}$$

と表され，レナード-ジョーンズ $(n, 6)$ 型ポテンシャルと呼ばれる（以下ではLJ$(n, 6)$ ポテンシャルと略す）．図3.6.1に示すように，距離 R_m でポテンシャルは最小値 $V(R_\mathrm{m}) = -\varepsilon$ をとる．なお，分子間力 F とポテンシャル V との間には $F = -dV/dR$ の関係がある．斥力ポテンシャルのべき指数として $n = 8 \sim 12$ がしばしば用いられるが，必ずしも物理

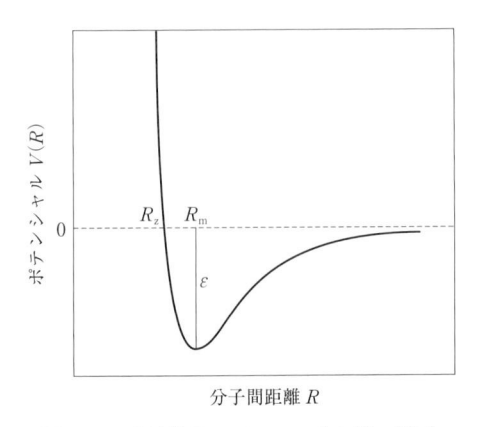

図3.6.1 分子間ポテンシャルエネルギー $V(R)$

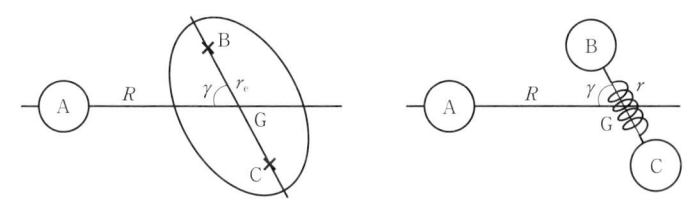

(a) 分子の回転遷移が起こるとき　(b) 分子の回転・振動遷移が起こるとき

図 3.6.2　原子 A と分子 BC の衝突配置

的根拠はない．後で議論するように，斥力ポテンシャルはむしろ指数関数的である．また，引力項として，電気双極子-電気四重極子間ポテンシャル $V(R) \propto R^{-8}$, 電気四重極子-電気四重極子間あるいは電気双極子-電気八重極子間ポテンシャル $V(R) \propto R^{-10}$ などの寄与もある．

次に，図 3.6.2(a) に示すように，原子 (A) と二原子分子 (BC) よりなる系のポテンシャルについて述べる．ここで，R は原子 A と分子 BC の重心 G との間の距離，r_e は分子 BC の平衡原子間距離（式 (3.6.1) での R_m と同じ），γ は分子の配向角である．分子が等核2原子分子 (H_2, N_2 など) とすると，原子-分子系のポテンシャルは分子の配向角 γ に依存し，

$$V(R, \gamma) = V_0(R) + V_2(R)P_2(\cos\gamma) + V_4(R)P_4(\cos\gamma) + \cdots \quad (3.6.2)$$

で与えられる．ここで，右辺の第1項 $V_0(R)$ は球対称ポテンシャル，第2項と第3項が異方性ポテンシャルであり，$P_2(\cos\gamma)$, $P_4(\cos\gamma)$ はルジャンドル多項式である．分子が異核二原子分子の場合には $P_1(\cos\gamma)$, $P_3(\cos\gamma)$ も加わる．なお，ルジャンドル多項式 $P_0(\cos\gamma) = 1$, $P_1(\cos\gamma) = \cos\gamma$, $P_2(\cos\gamma) = (3\cos^2\gamma - 1)/2$ である．この配向に依存するポテンシャルは分子衝突での分子の回転遷移の議論に用いられる．分子の振動遷移を議論する際には，図 3.6.2(b) に示すように，分子内での核間距離 r に依存するポテンシャル $V(R, r, \gamma)$ が必要となる．また，分子 (AB) と分子 (CD) 間のポテンシャルでは，それぞれの分子の配向 γ_{AB}, γ_{CD} に加えて，分子の重心間を結ぶ軸（ベクトル $\boldsymbol{R}$）の周りの方位角の差 $\Delta\phi = \phi_{AB} - \phi_{CD}$ にも依存する．

表 3.6.1 に基底状態のポテンシャルパラメータ ε, R_m の例を示す．分子を含む系については，分子配向 γ について平均化したポテンシャル $V_0(R)$ のパラメータである．表のように，閉殻の電子構造の原子分子を含む系では，距離 R_m は 3～5 Å と比較的大きな値となっており，ポテンシャル井戸の深さ ε は系に依存し $\varepsilon = 1$～50 meV の小さな値である．また表には，参考のため，化学結合をしている H_2, N_2 分子についてもパラメータを示した．これらの系では，ε は eV 単位と大きな値であり，R_m も 1 Å 程度と小さな距離となっている．なお，安定な分子の平衡核間距離近傍でのポテンシャルは分光学的解析で正確に求められているが，その際用いられるのは次の関数（モースポテンシャル）である．

表 3.6.1　基底状態の分子間ポテンシャル例

系	ε (meV)	R_m (Å)	文献
He-He	0.926	2.98	7)
Ar-Ar	12.3	3.76	8)
Xe-Xe	24.2	4.36	9)
He-Xe	2.66	4.00	10)
H-Xe	7.08	3.82	11)
K-Xe	16.4	4.46	12)
K-Hg	52.4	4.91	13)
Ne-N_2	4.79	3.72	14)
Ar-CH_4	14.7	3.85	15)
H-H	4.75×10^3	0.741	16)
N-N	9.91×10^3	1.098	16)

$$V(R) = \varepsilon(e^{-2\beta(R-R_\mathrm{m})} - 2e^{-\beta(R-R_\mathrm{m})}) \qquad (3.6.3)$$

　原子分子衝突実験で得られる微分散乱断面積,積分散乱断面積からポテンシャルが決定されるが,その方法として,i) 断面積から直接ポテンシャルを求めるインバージョン (inversion) 法[17],ii) ポテンシャル関数を仮定して断面積を計算し,測定データにフィットさせることによりポテンシャルを決定する方法がある.i)の方法は,全散乱角(0～π)についてのデータがそろっている微分散乱実験データからポテンシャルを求める際に使用される.一般にはii)の方法がとられるが,これまでに示した簡単な関数ですべての分子間距離でのポテンシャルを与えることはできない.実際に用いられるポテンシャル関数にはさまざまなものがあるが,その1つの例は,①大きい距離 $R>R_1$ では引力ポテンシャル $V(R) = -C_6/R^6 - C_8/R^8 - C_{10}/R^{10}$,②小さい距離 $R<R_2$ では斥力ポテンシャル $V(R) = D\exp(-\gamma R)$,③距離 R_m 近傍 $R_2<R<R_1$ では式 (3.6.3) のモースポテンシャルを用いるものである.

3.6.2　散乱理論
a. 古典論

　ここでは,質量が m_A, m_B の2つの粒子 A と B が互いに近づき衝突するものとする.2体衝突のとき,その重心は等速運動をするので,重心からみた2体の相対運動を議論する(重心座標系).そのとき,2つの粒子の換算質量を $\mu = m_\mathrm{A}m_\mathrm{B}/(m_\mathrm{A}+m_\mathrm{B})$ とし,BからみたAの位置ベクトルを $\boldsymbol{R}$,相対速度ベクトルを $\boldsymbol{v}$ とする.粒子同士に働く力のポテンシャルエネルギーを $V(R)$ とすると,重心系での力学的全エネルギーは,

$$E = \frac{1}{2}\mu v^2 + V(R) \qquad (3.6.4)$$

で与えられ,角運動量ベクトル $\boldsymbol{L} = \boldsymbol{R} \times \mu\boldsymbol{v}$ とともに一定に保たれる.図3.6.3に散乱軌道の例を示す.速度 $\boldsymbol{v}$ はいつも角運動量ベクトル $\boldsymbol{L}$ に垂直で,相対運動の軌道は1つの平面内にある.ここでは,換算質量 μ をもつ粒子の位置を極座標 (R, ϕ) で表している.

3.6 中性原子分子間衝突

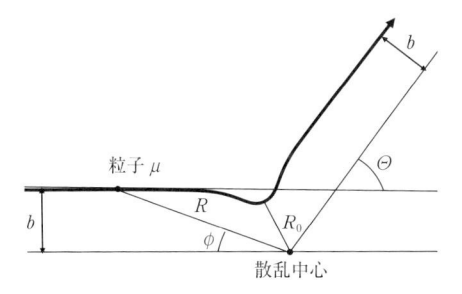

図 3.6.3 粒子（換算質量 μ）の散乱軌道

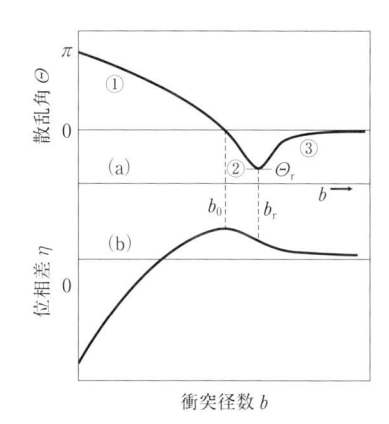

図 3.6.4 (a) 偏向関数 $\Theta(b)$ および
(b) 散乱波の位相差 $\eta(b)$
Θ_r はレインボー散乱角．

図 3.6.3 で b は衝突径数である．衝突前の相対速度を v_0 とすると，角運動量の大きさは $L = \mu b v_0$ （一定）である．衝突後の散乱角 Θ は，衝突径数 b と衝突エネルギー E の関数となり

$$\Theta(b, E) = \pi - 2b \int_{R_0}^{\infty} \frac{dR}{R^2 \sqrt{1 - \frac{b^2}{R^2} - \frac{V(R)}{E}}} \tag{3.6.5}$$

で与えられる．ここで，R_0 は衝突の際の最近接距離で，$1 - b^2/R_0^2 - V(R_0)/E = 0$ を満足する最大距離である．エネルギー E のとき，式 (3.6.5) を解いて Θ を b の関数として求めたものが偏向関数 $\Theta(b)$ であり，図 3.6.4(a) に一例を示す．微分散乱断面積 $\sigma(\Theta)$ は

$$\sigma(\Theta) = \left| \frac{b \, db}{\sin \Theta \, d\Theta} \right| \tag{3.6.6}$$

で与えられ，積分散乱断面積は

$$Q = 2\pi \int_0^\pi \sigma(\Theta) \sin \Theta \, d\Theta \tag{3.6.7}$$

で与えられる．

今後の議論のため，ポテンシャルが $V(R) = C/R^s$ (s>1) で与えられるとき，小角（$\Theta \ll 1$）散乱について具体的に示すと，

$$\Theta = \sqrt{\pi} \frac{\Gamma\left(\frac{s+1}{2}\right)}{\Gamma\left(\frac{s}{2}\right)} \frac{C}{Eb^s} \tag{3.6.8}$$

となる．小角散乱では $b \approx R_0$ であるから，$E\Theta \propto V(R_0)$ の関係にあることがわかる．この散乱角 Θ と最近接距離でのポテンシャル $V(R_0)$ との間の関係は，ポテンシャルが指数関数の場合についても成立する．式 (3.6.6)，(3.6.8) から，小角散乱での微分断面積は $\sigma(\Theta) \propto \Theta^{-2(1+1/s)}$ となる．このように，古典論での微分断面積は $\Theta \to 0$ で $\sigma(\Theta) \to \infty$ となり，積分散乱断面積 $Q \to \infty$ となる．これは，$\Theta \sim 0$ では古典論が適用できないことによるものであり，次に述べる量子論的取り扱いによれば $\sigma(\Theta=0)$ は有限値をとり，積分散乱断面積 Q も有限値となる．

図 3.6.4(a) の偏向関数において，$\Theta(b)$ が極小値 Θ_r をとるとき，勾配 $d\Theta/db = 0$ となり微分散乱断面積 $\sigma(\Theta) = \infty$ となる．この現象は光学的虹と同じ現象であり，レインボー（虹）散乱と呼ばれる．ポテンシャルが LJ(n, m) 型関数で与えられるときのレインボー散乱角 Θ_r は近似的に求められており[6,18]，$n=12$, $m=6$ のとき $\Theta_r \sim -2\varepsilon/E$ である．このように，虹散乱角 Θ_r は衝突エネルギー E に反比例する．また，微分断面積の定義式 (3.6.6) から $\Theta=0, \pi$ のときやはり $\sigma(\Theta) = \infty$ となるが，光学的にみられるグローリ現象と同じであり，グローリ散乱と呼ばれる．

ここまで散乱の古典論的取り扱いを述べたが，衝突エネルギーが低く（熱エネルギー領域）波動的性質が強い場合，あるいは高い衝突エネルギーでも断面積に干渉効果による振動構造が観測されるような場合には粒子の波動性を考慮した量子論的取り扱いが必要である．

b. 半古典論

入射波の波数 k のとき，散乱角 Θ での量子論的微分散乱断面積 $\sigma(\Theta)$ は，散乱波の振幅 $f(\Theta)$ を用いて，

$$\sigma(\Theta) = |f(\Theta)|^2, \quad f(\Theta) = \frac{1}{2ik} \sum_l (2l+1)(e^{2i\eta_l} - 1) P_l(\cos \Theta) \tag{3.6.9}$$

で与えられる．ここで，波数 $k = (2\mu E)^{1/2}/\hbar$（$\hbar$ はプランク定数 h を 2π で割った量）であり，l は角運動量量子数，η_l は散乱波の位相のずれ（位相差），$P_l(\cos \Theta)$ はルジャンドル多項式である．散乱角の正負は衝突実験では測定できないので，以後の議論では Θ は絶対値である．式 (3.6.7)，(3.6.9) から，積分散乱断面積は

3.6 中性原子分子間衝突

$$Q = \frac{4\pi}{k^2} \sum_0^\infty (2l+1) \sin^2 \eta_l \tag{3.6.10}$$

となる．重粒子（原子・分子）衝突においては粒子の換算質量 μ が大きいため波数 k が大きく，l が大きな値までとりうるので，この式 (3.6.9), (3.6.10) をそのまま用いるのは得策ではない．重粒子衝突において量子論的効果を取り込むには，半古典論的な取り扱いが必要である．

半古典法において，位相差 η は

$$\eta(b) = k\left[\left(\frac{\pi}{2}b - R_0\right) + \int_{R_0}^\infty \left(\sqrt{1 - \frac{b^2}{R^2} - \frac{V(R)}{E}} - 1\right)dR\right] \tag{3.6.11}$$

で求められる[1]．ここでの衝突径数 b は，角運動量子数 l との間に $b = (l+1/2)/k$ の関係がある．ポテンシャル $V<0$ のとき $\eta>0$，$V>0$ のとき $\eta<0$ となる（文献[3] の図 4.2 参照）．現実のポテンシャル（図 3.6.1 参照）では，図 3.6.4(b) に示すように衝突径数 b の大きい領域で $\eta>0$，b の小さな領域では $\eta<0$ となる．式 (3.6.9) の和を衝突径数 b についての積分に置き換えたとき，被積分関数は b とともに激しく振動する．その積分が有限値をとるのは停留位相の条件がほぼ成立するときであり，散乱波の位相差 η と散乱角 Θ との間に次の関係がある[1]．

$$\left|\frac{d\eta}{db}\right| = \frac{k\Theta}{2} \tag{3.6.12}$$

微分散乱断面積 $\sigma(\Theta)$ は，図 3.6.4(a) の偏向関数で衝突径数 b の異なる 3 つの領域 ① $b_1 < b_0$ $(d\eta/db = \eta' > 0, \eta'' < 0)$，② $b_0 < b_2 < b_r$ $(\eta' < 0, \eta'' < 0)$，③ $b_r < b_3$ $(\eta' < 0, \eta'' > 0)$ に分けて散乱波の振幅 $f(\Theta)$ を求めることにより，

$$\sigma(\Theta) = |f(k, \Theta)|^2 = \left|\sum_n \sqrt{(\sigma(\Theta))_{\text{cl}}}_n e^{i\gamma_n}\right|^2,$$
$$\gamma_n = 2\eta_n - kb_n\Theta\frac{\eta'}{|\eta'|} - \left(2 - \frac{\eta'}{|\eta'|} - \frac{\eta''}{|\eta''|}\right)\frac{\pi}{4} \tag{3.6.13}$$

で与えられる[6]．ここで，$\sigma(\Theta)_{\text{cl}}$ は式 (3.6.6) で与えられる古典論的微分断面積，$\sum$ は 3 つの領域についての和（$n = 1, 2, 3$）である．ただし，上で述べたレインボー散乱，グローリ散乱については後に述べる取り扱いが必要である．

ポテンシャルが $V(R) = C/R^s$ で与えられるとすると，散乱波の位相差 η が近似的に求まるので，式 (3.6.10) の和を積分にして，積分散乱断面積は

$$Q = \frac{\pi^2}{\sin\left(\frac{\pi}{s-1}\right)\Gamma\left(\frac{2}{s-1}\right)} \left[\frac{\pi^{1/2}\Gamma\left(\frac{s-1}{2}\right)}{\Gamma\left(\frac{s}{2}\right)}\right]^{2/(s-1)} \left(\frac{c}{\hbar v_0}\right)^{2/(s-1)} \tag{3.6.14}$$

で近似的（1.5% 以下の誤差）に与えられる[1,6]．断面積 Q を用いて，$\Theta = 0$ での微分散乱断面積は $\sigma(0) = (kQ/4\pi)^2$ で与えられる．なお，上述の古典論が有効な散乱角は，半径 a の標的による散乱を考えたとき，$\Theta > \pi/ka$ である．

c. 実験室系から重心系への変換

衝突実験の角度およびエネルギー分解能を向上させるため，速度のそろった2つの原子分子ビームを交差させる方法がとられる．微分散乱実験の測定結果を議論するため，実験室座標系でのデータは重心座標系に変換する必要がある．ここでは図3.6.5に示すニュートンダイアグラムを用いて変換法を簡単に述べる[19]．図のように，粒子1, 2の衝突前の実験室系の速度ベクトル v_1, v_2（質量 m_1, m_2）を含む面内に，速度 v_1' で散乱された粒子1について考える．v_0 は相対速度，v_g は重心速度である．u_1 は粒子1の重心系での衝突前の速度（$u_1 = m_2 v_0 / (m_1 + m_2)$），$u_1'$ は衝突後の速度である．α は2つのビームの交差角（通常は $\alpha = 90°$），β は速度 v_1 と v_g の間の角度である．θ, Θ はそれぞれ実験室系および重心系での散乱角である．相対速度 v_0 の大きさは，図の幾何学的条件より

$$v_0 = (v_1^2 + v_2^2 - 2v_1 v_2 \cos \alpha)^{1/2} \tag{3.6.15}$$

で与えられる．また，図の角度 β, δ, 重心速度 v_g は，式（3.6.15）と同様に，三角形の余弦定理から求まる．この式からわかるように，2つのビームの交差角 α を小さくすれば相対速度 v_0 が小さく，α を大きくすれば v_0 は大きくなる．

散乱後の粒子1の速度 v_1' は

$$\begin{aligned} v_1' &= 2v_g \cos(\beta - \theta) \pm \sqrt{v_g^2 \cos^2(\beta - \theta) - v_g^2 + u_1'^2}, \\ u_1' &= u_1 \left(1 - \frac{\Delta E}{E}\right)^{1/2} \end{aligned} \tag{3.6.16}$$

で与えられる．ここで，E は重心系での衝突エネルギー，ΔE は系の内部エネルギー変化である．このように，衝突後の速度 v_1' を測定すれば系のエネルギー変化 ΔE がわかることになる．実験室系の散乱角 θ と重心系の散乱角 Θ との間の関係は

$$\Theta = \cos^{-1}\left[\frac{u_1^2 + u_1'^2 - v_1^2 - v_1'^2 + 2v_1 v_1' \cos \theta}{2 u_1 u_1'}\right] \tag{3.6.17}$$

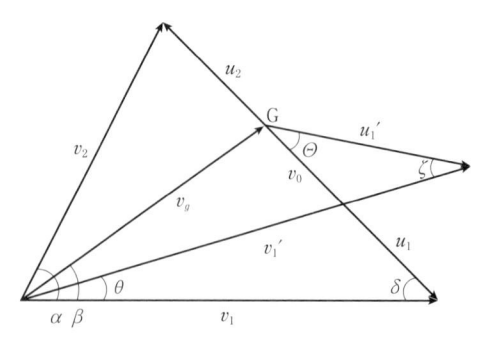

図3.6.5 交差ビーム実験のニュートンダイアグラム
v_1, v_2 は衝突前の粒子1, 2の実験室系速度，v_1' は衝突後の粒子1の実験室系速度，v_0 は相対速度，v_g は重心速度，u_1, u_2 は衝突前の粒子1, 2の重心系速度，u_1' は衝突後の粒子1の重心系速度，θ は実験室系散乱角，Θ は重心系散乱角．

で与えられる．また，実験室系の微分断面積 $\sigma(\theta)$ と重心系の微分散乱断面積 $\sigma(\Theta)$ の間には $\sigma(\theta)d\omega = \sigma(\Theta)d\Omega$ の関係があり（$d\omega$, $d\Omega$ はそれぞれ実験室系，重心系での立体角），実験室系から重心系への微分断面積変換のためのヤコビアン J は

$$J = \frac{d\omega}{d\Omega} = \left(\frac{u_1'}{v_1'}\right)^2 |\cos\zeta|, \qquad \cos\zeta = \frac{v_1'^2 + u_1'^2 - v_g^2}{2v_1' u_1'} \qquad (3.6.18)$$

で与えられる．なお，ここでの変換式は一般式であり，標的の速度が無視できる場合（文献[3]の5.3節参照）はここでの取り扱いの特殊ケースである．

3.6.3　衝突実験装置
a. 中性原子分子ビーム
(1) 熱エネルギー・ビーム

熱エネルギー領域の原子ビームとして，高圧ガスを小さな径のノズルから真空中に断熱膨張させて速度のそろった超音速ビームを生成する．超音速ヘリウムビームについては，直径 15 μm のノズルから 110 気圧のヘリウムガスを断熱膨張させることにより，速度幅 $\Delta v/v \sim 0.7\%$（マッハ数 $M \sim 250$）のビームが得られている[20]．しかし原子番号が大きい希ガス原子ビームの場合，原子間の結合エネルギーが大きく（表3.6.1に示すアルゴンで $\varepsilon \sim 12$ meV），断熱膨張の際に原子が複数個結合したクラスターが生じるためノズル内の圧力があまり上げられず，ビームの速度幅はあまり小さくならない．ヘリウム原子以外の希ガス原子ビームの速度幅はビーム原子および装置条件に依存するが，最適条件でもネオンビームで $\Delta v/v \sim 4\%$，アルゴンで $\Delta v/v \sim 5\%$，クリプトンで $\Delta v/v \sim 7\%$，キセノンで $\Delta v/v \sim 9\%$ 程度である．さらに速度のそろったビームが必要な場合，高速回転する歯車を用いたフィゾー（Fizeau）型速度選別器[21]で速度をそろえる方法がとられる．この速度選別器で得られる最小の速度幅は $\Delta v/v \sim 1\%$ である．ノズル室内の気体が温度 T_0 で熱平衡にある場合，超音速の単原子ビームの平均的速度は $v \approx (5kT_0/m)^{1/2}$ で与えられる（k はボルツマン定数，m は原子の質量）．

超音速分子ビームは並進速度 v がそろうと同時に回転温度 T_r も低くなる．たとえば，$T_0 = 300$ K の高圧 N_2 ガスを真空中に断熱膨張させたとき，最適条件で速度幅 $\Delta v/v = 5\%$，分子の回転温度 $T_r \sim 10$ K のビームが得られている．二原子分子の速度は，ビームの回転温度 T_r による誤差（1～4%）を無視すれば，$v \sim (7kT_0/m)^{1/2}$ である．このように超音速分子ビームの回転温度 T_r が低いことを利用して，状態選択した回転遷移過程の研究がなされている．

(2) 高速ビーム

高速の中性原子ビーム作成には，ビームエネルギー領域が異なる以下の3つの方法がある．i) 高圧の軽い原子・分子（He または H_2）に重い原子・分子を少量（1～2%）混ぜ，真空中に断熱膨張させるシードビーム（seeded beam）法である．軽原子・分子の速度にほぼ等しい，速度のそろった重原子・分子ビームが得られる．この方法で得られるビームエネルギーは $E_{lab} < 10$ eV である[22]．なお，重い粒子の混合比率を変えれば，速度は

ある程度可変である．ii) 金属表面を加速イオンで衝撃し，スパッタリングで高速の金属原子ビームを作成する．この方法でエネルギー $E_{lab}=0.2$〜45 eV の K 原子ビームが得られている[21]．ただし，ビームは速度幅の広い分布をもっており，速度選別が必要である．フィゾー型速度選別器で選別可能な最高速度は v〜$15,000$ m/s である．iii) エネルギー $E_{lab}>10$ eV の中性原子ビームの場合には，イオン A^+ を同一原子 A の気体中を通過させ，電荷移行反応 $\underline{A^+}+A\to\underline{A}+A^+$ （下線は高速粒子）により高速の中性原子ビームを得る[23]．この場合，イオン A^+ の速度と生成原子 A の速度は同じである．

b. 積分散乱断面積の測定装置

積分散乱断面積の測定は，主ビームが標的気体中を通過する際のビーム強度の減衰から求められる．標的気体の数密度を n，気体の存在する領域の長さを L，標的領域に入射する主ビームの強度を I_0 とすると，標的気体中を通過して減衰したビーム強度 I は，

$$I=I_0\exp(-nLQ) \qquad (3.6.19)$$

で与えられる．ここで，Q が式（3.6.7）で定義された積分散乱断面積である．ただし，装置は有限の角度分解能を有するため，実験で得られる断面積は最小散乱角 θ_0 から π の角度範囲について積分された量である．熱エネルギー領域での衝突の場合，小角散乱領域（$\theta=0$〜θ_0）からの寄与は補正として見積もられる．一方，高エネルギー衝突では小角散乱の微分断面積が大きいため，補正量として小角散乱の寄与を見積もることはできず，測定された積分断面積は最小角 θ_0 に依存する値となっている．

図 3.6.6 は，積分散乱断面積にみられるグローリ散乱効果を観測するために用いられた装置の概略図である．図の左に主ビーム用の超音速ビーム源 (primary source)，中

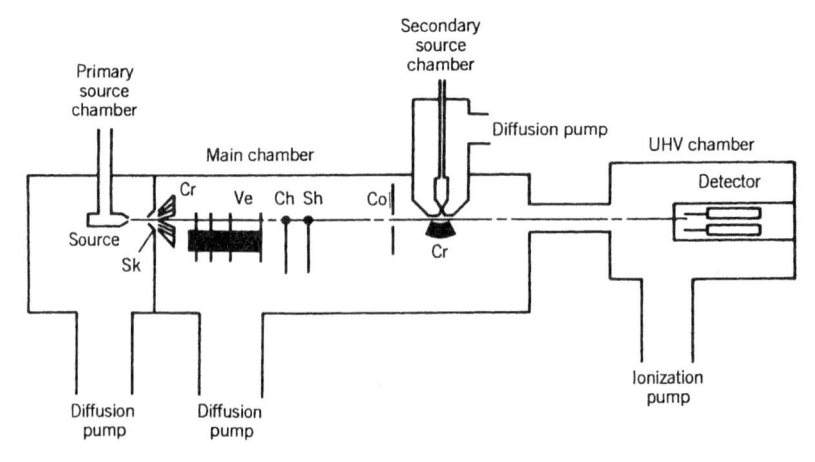

図 3.6.6 積分散乱断面積測定用の交差ビーム実験装置の例[24]
Sk はスキマー，Cr はクライオポンプ，Ve は速度選別器，Ch はチョッパー，Sh はシャッター，Co はコリメータ．

央には液体窒素温度まで冷却可能な超音速の2次ビーム源（secondary source）が配置されている．また，右の超高真空チェンバー（UHV chamber）内の検出器（detector）では，電子衝撃でビーム粒子をイオン化し，四重極型質量分析装置で質量選択して，2次電子増倍管でイオンシグナルを検出する．ここでの主ビーム源は，温度110～1200 Kの範囲で可変であり，さらに高速を実現するためシードビーム法も採用している．測定に用いた主ビームの速度は $v=800\sim3700$ m/s である．主ビーム用の速度選別器の分解能は3.6%であり，標的ビームの速度幅は $\Delta v/v=20\sim30\%$ である．

c. 微分散乱断面積の測定装置

図3.6.7は，交差ビーム型微分散乱実験装置（平面図）の一例を示す．この装置は熱エネルギー粒子の衝突における弾性散乱，非弾性散乱（分子の回転遷移）の研究に用いられている．この装置において，1次ビーム源のノズル室は90～400 K，2次ビーム源のノズル室は300～1000 Kの範囲で可変である．ビーム源からメインチェンバーに入射した2つの粒子ビームは90°で交差する．中性散乱粒子は電子衝撃によりイオン化し質量分析して検出される．チョッパー ⓒ は飛行時間分析のためにビームをパルス化するためのものである．

衝突により散乱角 θ（実験室系）に散乱された粒子の強度（粒子数/s）は，

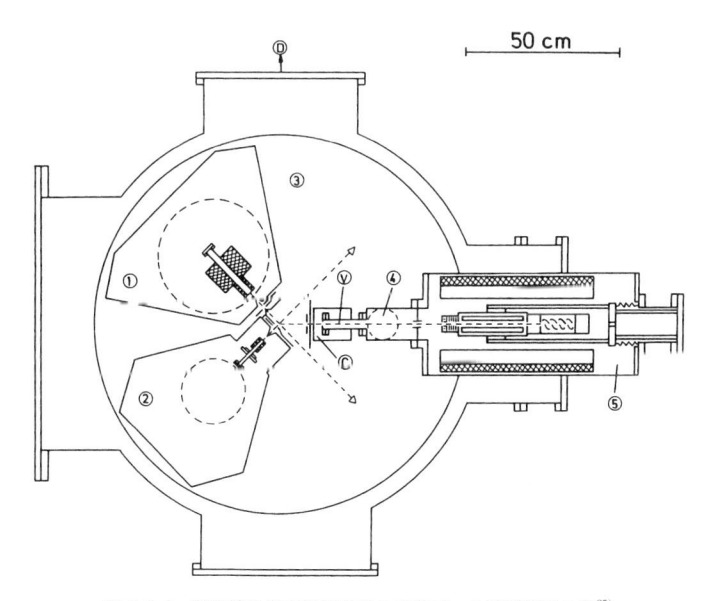

図3.6.7 微分散乱断面積測定用の交差ビーム実験装置の例[25]
①1次ビーム源，②2次ビーム源，③メインチェンバー，④超高真空検出部のバッファチェンバー，⑤散乱粒子検出器，ⓓメインチェンバー排気用の拡散ポンプ，ⓒ飛行時間分析用チョッパー，ⓥ検出部入口の超高真空バルブ．

$$dN(\theta)/dt = n_1 n_2 v_0 \sigma(\theta) \Delta V d\omega \qquad (3.6.20)$$

で与えられる．ここで，n_1, n_2 は 1 次，2 次ビームの粒子数密度，v_0 は式（3.6.15）の相対速度，ΔV は衝突領域の体積，$d\omega$ は検出器の立体角であり，$\sigma(\theta)$ が微分散乱断面積である．

d. 飛行時間分析

原子分子衝突により散乱した中性粒子ビームの速度は，飛行時間分析法で分析される．荷電粒子の速度・エネルギー分析には静電型あるいは磁場型分析器が一般に用いられるが，飛行時間分析法が用いられる場合もある．飛行時間分析法は，粒子が一定距離 L_f を飛行する時間 t_f を測定し，$v = L_f/t_f$ により粒子の速度を求めるものである．

熱エネルギー粒子の場合，細いスリット（幅 1 mm 程度）の刻まれた高速回転（〜20,000 rpm）する円盤で粒子ビームを短い時間幅（〜10 μs）にパルス化する方法が一般的に用いられる．この方法ではビーム強度は連続ビームの 1% 程度に低下する．このビーム強度を改善するため，図 3.6.7 の実験装置では透過率 50% の擬似ランダムチョッパー[26] が用いられている．散乱粒子の飛行時間分析に用いられる飛行距離は $L_f = 0.5$〜1.5 m 程度である．

電荷交換反応により高速中性粒子を作成する場合には，飛行時間法での速度分析のため，電荷交換反応前のイオン A^+ を高周波電場で偏向することによりパルス化している[23]．ビームパルスの時間幅はビーム粒子の質量，エネルギーに依存するが $\Delta t = 10$〜200 ns である．また，高速粒子の飛行時間分析装置では $L_f = 0.5$〜4 m である．

3.6.4 弾性散乱
a. 微分散乱断面積
(1) レインボー散乱

先に示した図 3.6.4 の偏向関数 $\Theta(b)$ が極小値をとるレインボー（虹）散乱角 Θ_r（衝突径数 b_r）近傍での偏向関数は

$$\Theta = \Theta_r + a(b-b_r)^2, \quad a = \frac{1}{2}\left[\frac{d^2\Theta}{db^2}\right]_{\Theta=\Theta_r} \qquad (3.6.21)$$

と近似できる．式（3.6.13）において $n=2,3$ の領域の散乱波 $f_2(\Theta)$, $f_3(\Theta)$ の間の干渉効果を考慮に入れると，半古典論での微分断面積は

$$\sigma(\Theta) = \frac{2\pi b_r a^{2/3}}{k^{7/3}\sin\Theta}\mathrm{Ai}^2(x), \quad x = \left(\frac{a}{k^2}\right)^{-1/3}(\Theta - \Theta_r) \qquad (3.6.22)$$

となる．$\mathrm{Ai}(x)$ はエアリー（Airy）関数であり，$x = -1.02$ のとき最大値（主虹），$x \sim -5$ で第 2 の最大値（第 1 過剰虹）をとる．さらに x が小さくなると第 2，第 3，…の過剰虹が現れることになる．これらのピーク間隔は $\Delta\Theta = 2\pi/k(b_3 - b_2)$ で与えられる．このように，主虹ピークは古典的虹散乱角 Θ_r よりも少し小さな散乱角 $\Theta_m = \Theta_r - 1.02(a/k^2)^{1/3}$ に現れる．

次に式 (3.6.13) の $n=2, 3$ に加えて $n=1$ の散乱波 $f_1(\Theta)$ も考慮すると微分断面積は

$$\sigma(\Theta) = |f_1(\Theta) + f_2(\Theta) + f_3(\Theta)|^2 \quad (3.6.23)$$

で与えられる．図 3.6.4 の b_2, b_3 での散乱波は負の散乱角であり，b_1 での散乱波は正の散乱角である．これらの散乱波が同じ方向に散乱されるためには，b_1 は $-b_1$ の衝突径数である必要がある（文献[4]の図2.7参照）．このとき，式 (3.6.22) で与えられる振動構造に加えて小さい周期 $\Delta\Theta = 2\pi/k(b_r+b_1)$ の振動構造が観測されることになる．

図 3.6.8 は熱エネルギー Ar-Kr 衝突（$E=64.9\,\mathrm{meV}$）での微分散乱断面積の測定結果（重心系）である．図 3.6.8(a) で，$\Theta\sim 20°$ にみられるピークが主虹ピーク，$\Theta\sim 8°$ のピークが第 1 過剰虹ピークである．図 3.6.8(b) は，過剰虹ピーク付近の微分断面積を大きい角度分解能（$\Delta\Theta=1.3°$）で測定した結果を示す．ここでの縦軸は，振動構造を鮮明にするため，因子 $\Theta\sin\Theta$ をかけた量となっている．この拡大図では小さな周期の構造が認められる．図の矢印は，インバージョン法で決定したポテンシャルを用いて，微分断面積を計算したときの振動構造のピーク位置を示しており，実験データにみられる構造位置とよく一致している．このように，インバージョン法で決定したポテンシャルは精度が高いことがわかる．

表 3.6.1 に示したように，アルカリ原子（M）と水銀原子（Hg）との間のポテンシャル井戸の深さ ε は希ガス原子系よりも大きく，虹散乱角が大きくなり，多くの過剰虹の観測が可能である．このため，Cs-Hg 衝突では 13 の過剰虹まで観測されている[13]．また，M-Hg 系では過剰虹ピークに加えて，小さい周期の振動構造も明瞭に観測されている．これらの実験で用いられた 2 つのビームも超音速ビームであり，主 M 原子ビームは高分解能速度選別器（$\Delta v/v \sim 1.3\%$）で速度がそろえられ，2 次 Hg ビームも速度幅 $\Delta v/v \sim 10\%$ である．

希ガス原子（Rg）の衝突系において，ヘリウム原子を含む系（He-Rg）および Ne-Ne，Ne-Ar 系については，ポテンシャル井戸の深さ ε が小さいため，はっきりとした虹散乱ピークは観測されず，回折効果による振動構造が観測されている．このような微分散乱断面積は斥力ポテンシャルの立ち上がり部分に強く依存したものとなっている．

高速の原子ビームを用いた場合，虹散乱角 Θ_r が衝突エネルギー E とともに小さくなるため，散乱に寄与するのは斥力のみとなり，微分散乱断面積には振動構造はみられない．

(2) 同種粒子の散乱（対称性効果）

図 3.6.9 は，衝突する 2 つの原子が同じ Ne-Ne 系における微分散乱断面積の測定結果（$E=16.9\,\mathrm{meV}$）を示す．ここでは実験室系での測定データが示されており，重心系の散乱角 Θ と実験室散乱角 θ の間には $\Theta=2\theta$ の関係がある．ネオン原子には同位体が存在するが，主たる原子は ^{20}Ne である．この ^{20}Ne 原子は電子スピン S，核スピン I をもたない（$S=0$, $I=0$）ボーズ粒子である．同種粒子の衝突では散乱角 Θ と $\pi-\Theta$ の粒子が区別できず，また，ボーズ粒子の衝突では散乱波の波動関数が対称関数である

(a) 微分散乱断面積

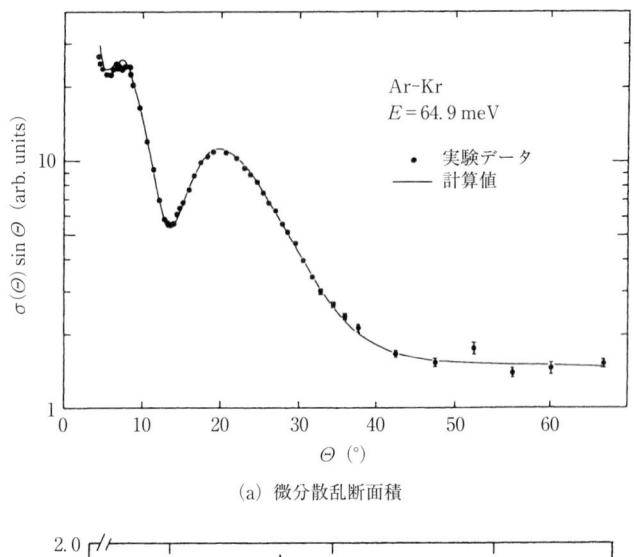

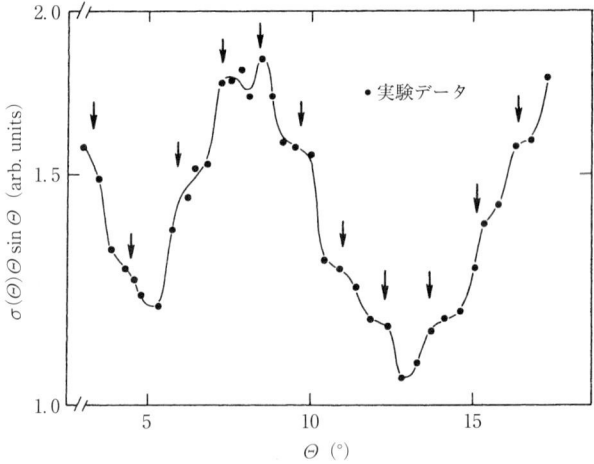

(b) 高分解能測定データ

実線は実験データをつないだもの．矢印は，実験的ポテンシャルを用いて計算した断面積にみられる振動構造のピーク位置．

図 3.6.8 Ar-Kr 衝突における重心系での微分散乱断面積の測定結果[27]

ことから，観測される微分散乱断面積は

$$\sigma(\Theta) = |f(\Theta) + f(\pi - \Theta)|^2,$$

$$f(\Theta) + f(\pi - \Theta) = \frac{1}{ik}\sum_{l=\text{even}}(2l+1)(e^{2i\eta_l} - 1)P_l(\cos\Theta) \quad (3.6.24)$$

で与えられる[1]．ここでの $\sum$ は，偶数の量子数 l についての和である．図において，θ

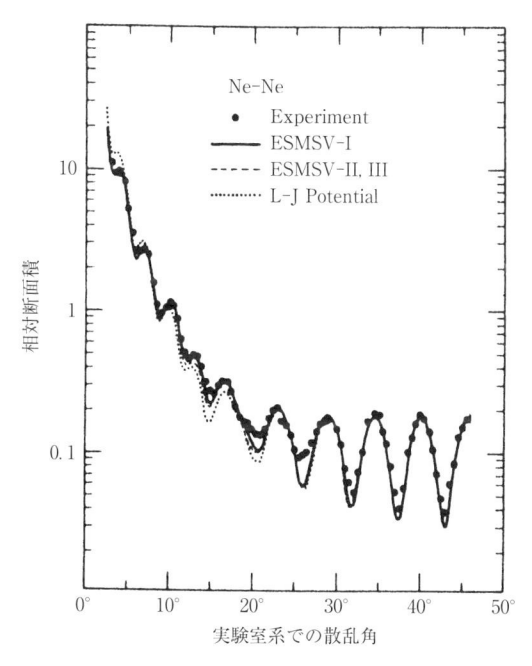

図 3.6.9 Ne-Ne 衝突における実験室系の微分散乱断面積[28]
黒丸は実験データ．実線，破線，点線は計算値．

>20°にみられる振動構造が同種粒子の干渉効果によるものである．散乱角 Θ, $\pi-\Theta$ に対応する衝突径数をそれぞれ b_F, b_B とすると，振動の周期は $\Delta\Theta = 2\pi/k(b_F+b_B)$ で与えられる．なお，$\theta<20°$でみられる振動構造は，おもに回折効果によるものである．また，He-He 衝突系について，微分散乱断面積の角度依存性，および積分散乱断面積の相対速度依存性において同種粒子の干渉効果による振動構造が観測されている[7]．

b. 積分散乱断面積
(1) グローリ散乱

図 3.6.4(a) の偏向関数 $\Theta(b)$ において，衝突径数が $b=b_0$ および $b\to\infty$ では散乱角 $\Theta=0$ であり，この2つの異なる衝突径数の散乱波は干渉する．一方，図 3.6.4(b) の位相差 $\eta(b)$ において，η と Θ の間には式 (3.6.12) の関係があり，衝突径数 b_0 で位相差は最大値 η_m をとる．その最大位相差 η_m は，衝突エネルギーが小さくなると大きくなる．この干渉効果のため，積分散乱断面積 Q の相対速度 v_0 依存性を測定したとき，η_m の値により断面積 Q が式(3.6.14)で与えられる値よりも大きくなったり，小さくなったりする．この干渉効果による衝突断面積の変化は，

$$\Delta Q = 4\pi b_0 \left[\frac{2\pi}{-k(d\Theta/db)_{b=b_0}}\right]^{1/2} \sin\left(2\eta_m - \frac{3\pi}{4}\right) \qquad (3.6.25)$$

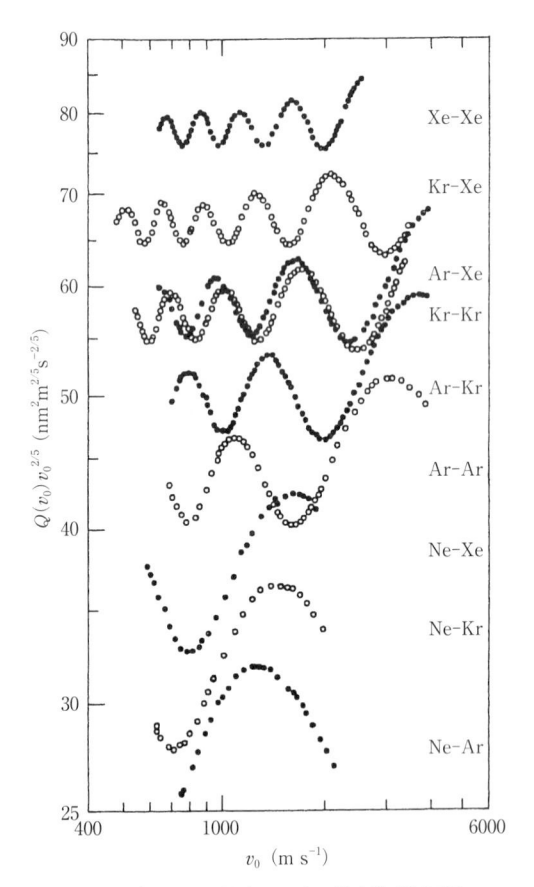

図 3.6.10 希ガス原子衝突における積分散乱断面積 Q の相対速度 v_0 依存性[29]
縦軸は断面積 Q に因子 $v_0^{2/5}$ をかけたもの.

で与えられる.したがって,正弦関数の位相を $\Gamma = 2N\pi - 3\pi/2$ とすると,ΔQ は,$N = 1, 2, 3, \ldots$ のとき最大値,$N = 1.5, 2.5, 3.5$ のとき最小値をとる.散乱に寄与するのは引力ポテンシャル $V(R) = -C/R^6$ とすると,積分散乱断面積は,式 (3.6.14) から $Q \propto v_0^{-2/5}$ で与えられる.そこで,積分断面積の測定結果に因子 $v_0^{2/5}$ をかけるとグローリ散乱での干渉効果が鮮明になる.

図 3.6.10 は,上で紹介した装置(図 3.6.6)を用いて測定された,希ガス原子衝突系での積分散乱断面積の相対速度依存性を示す.図のように規則的な振動構造が認められる.Ne-Ar 系の断面積にみられる最大値は $N = 1$ に対応し,Ar-Kr 系での最大値は右から $N = 1, 2$ である.一方,Kr-Xe でみられる最大値は右から $N = 2, 3, 4, 5, 6$ であり,$N = 1$ の最大値は観測されていない.$\eta_\mathrm{m} \propto \varepsilon R_\mathrm{m}$ であり,ポテンシャル関数を仮定して,

3.6 中性原子分子間衝突

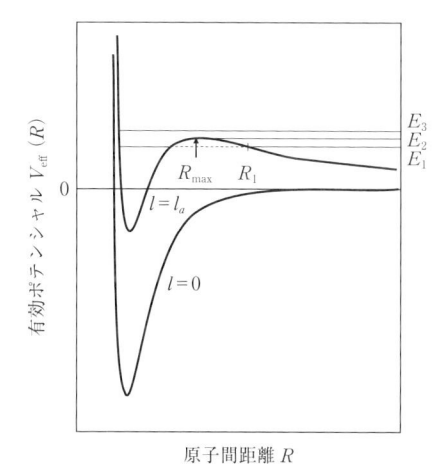

図 3.6.11 有効ポテンシャル $V_{\text{eff}}(R)$

積分断面積の計算値を実験値に一致させることによりポテンシャルパラメータ ε, R_{m} が得られている.

(2) オービティング共鳴散乱

2つの粒子が距離 R まで近づいたとき，粒子の運動エネルギー $K(R)$ は

$$K(R) = E - V(R)_{\text{eff}}, \quad V(R)_{\text{eff}} = V(R) + \frac{\hbar^2 l(l+1)}{2\mu R^2} \tag{3.6.26}$$

で与えられる．ここで，E は衝突エネルギー，$V(R)_{\text{eff}}$ は有効ポテンシャル，l は角運動量量子数である．$V(R)_{\text{eff}}$ の右辺の第 2 項 $\hbar^2 l(l+1)/2\mu R^2$ は遠心力ポテンシャルである．量子数 l が有限の値 l_{a} をとるとき，図 3.6.11 に示すように有効ポテンシャルは遠心力障壁をもつ．図の右に示す 3 つの細い水平線はエネルギー E_1, E_2, E_3 で衝突することを示す．このとき，粒子の動径方向の速度は

$$v_{\text{r}} = \left[\left(\frac{2E}{\mu}\right)\left(1 - \frac{b^2}{R^2} - \frac{V(R)}{E}\right)\right]^{\frac{1}{2}} \tag{3.6.27}$$

で与えられる．ここでは衝突径数 $b = [l(l+1)]^{1/2}/k$ である．古典的描像ではエネルギー E_1 のとき，粒子は E_1 の水平線に沿って近づき，この水平線と有効ポテンシャル障壁の交点（最近接距離 R_1）で動径速度 $v_{\text{r}} = 0$ （$K(R) = 0$）となり，折り返して遠ざかる．エネルギー E_2 のとき，E_2 は距離 R_{max} での遠心力障壁の高さとちょうど一致しており，粒子が $R = R_{\text{max}}$ まで近づくと $v_{\text{r}} = 0$ となり，粒子は距離 R_{max} で角運動量 l_{a} の回転運動をする（オービティング）．次に，エネルギー E_3 のとき，粒子は遠心力障壁を通過し，近距離での斥力ポテンシャル障壁まで近づき，折り返し遠ざかる．次に量子論的描像では，ポテンシャル障壁高さよりわずかに小さいエネルギー E_1 のとき，粒子はトンネル効果により，遠心力障壁を通り抜け（破線）ポテンシャル井戸の領域に達する．そのポ

テンシャル井戸の内部にエネルギー E_1 の振動レベルがあると，その内部での粒子の存在確率が著しく大きくなり（共鳴効果），過渡的分子として有限時間の回転運動を行うため，積分散乱断面積が大きくなる．これがオービティング共鳴散乱と呼ばれる現象である．

極低エネルギー水素原子 H-希ガス原子 Rg 衝突での積分散乱断面積 Q の相対速度 v_0 依存性がトエニス（Toennies）グループによって測定され，オービティング共鳴のピークが観測されている[11]（H-Kr 衝突系についての計算例が文献[3]の図 6.9 に示されている）．この実験で観測された共鳴ピークは，角運動量子数 $l=4～7$ の散乱波によるものである．この実験では，相対速度を小さくするため 2 つのビームの交差角（図 3.6.5 参照）を小さな角度 $\alpha=46°$ にしてある．この実験での衝突エネルギーは $E=0.4～30$ meV（$v_0=280～2500$ m/s）であるが，この最小エネルギー $E=0.4$ meV は温度 $T～5$ K に対応する．このようなオービティング共鳴は，これまで質量の小さい粒子（H，He 原子および H_2 分子）を含む衝突系で観測されている．

(3) 高エネルギー衝突

上の 2 つの測定例よりも速度が大きくなると散乱に寄与するのは斥力のみであり，積分散乱断面積 Q の速度（エネルギー E_{lab}）依存性には構造はみられない．斥力ポテンシャルとして $V(R)=B\exp(-\alpha R)$ を仮定すると，式 (3.6.8) と同様に小角散乱の偏向関数が得られる．最小散乱角 $\theta_0(\ll 1)$ の装置で測定された積分散乱断面積は，散乱角 θ_0 での衝突径数を $b(\theta_0)$ とすると，$Q(\theta_0)=\pi b^2(\theta_0)$ で与えられるので，断面積 Q と衝突エネルギー E_{lab} の関係が求まる．この Q と E_{lab} の関係式を用いて実験データからポテンシャルが求められる．希ガス原子 Rg 間衝突についてはアムダー（Amdur）グループによって，Rg と同様に閉殻の電子構造をもつアルカリイオン M^+ と Rg との衝突については井上グループによって実験的研究がなされ斥力ポテンシャルが決定された[30]．これらの実験では衝突エネルギーは $E_{lab}=200～4000$ eV，$\theta_0=5～10$ mrad であり，実験で求められたポテンシャルは $V(R)=0.3～10$ eV の領域である．

斥力ポテンシャルは量子化学的手法，統計論的手法により理論的に求めることもできる．しかし，系の電子数が多くなると量子化学的手法で精度よく計算することは現在でも容易ではない．一方，統計論的手法では，斥力ポテンシャルをよい精度で容易に計算することができる．これらの実験的，理論的に求められたポテンシャルの系依存性は比較的単純であり（文献[2]の図 2.4 参照），相互作用する個々の粒子の電子密度 ρ の空間的重なりを考慮した経験的モデル

$$V(R)=C_{ij}\int \rho_i\rho_j d\boldsymbol{r} \tag{3.6.28}$$

でよく再現することができる（C_{ij} は比例係数）[31]．

3.6.5 回転・振動遷移

分子の回転遷移に必要な最低エネルギーは，典型的な二原子分子で $\Delta E=0.5～$

50 meV[16] 程度であり，熱エネルギー衝突で遷移が起こる．一方，振動遷移の最低励起エネルギーは $\Delta E = 0.2 \sim 0.5$ eV[16] であり，衝突エネルギー領域 $E > 1$ eV で振動遷移が起こる．しかもこの場合には回転遷移も同時に起こることになる．

a. 回 転 遷 移

異核二原子分子の場合には回転量子数 $j=0 \to 1$, $j=0 \to 2$, $j=1 \to 2$ などの遷移がすべて可能で特別の制限はない．しかし，等核二原子分子については，回転状態の波動関数を含めた全波動関数についてのパウリの原理により，回転量子数が偶数 ($j=0, 2, 4, ...$) をとる分子と奇数 ($j=1, 3, 5, ...$) をとる分子の2種類があり，これらはオルソ (ortho) 分子，パラ (para) 分子に分類される（文献[5]の8.3節参照）．典型的二原子分子について，オルソとパラに分類するための構成原子の核スピン I（整数はボーズ粒子，半整数はフェルミ粒子），最低エネルギーレベル j_1 から励起状態 j_2 への励起エネルギー ΔE_r を表3.6.2にまとめて示す．ただし，表の ΔE_r は，振動レベル $v=0$ として，非調和振動子補正，遠心力補正を加えた値である．

(1) 状態分離した回転遷移微分断面積

速度がよくそろい，低い回転温度の超音速分子ビームを交差させ，衝突後の散乱粒子の速度 v_1' を分析し（式 (3.6.16) 参照），回転遷移状態を分離した微分断面積が測定される．

He-N$_2$ 衝突 図3.6.12(a) は，液体窒素で冷却した超音速 He ビーム（$T_0 = 88$ K, $\Delta v/v = 0.7\%$）と室温の超音速 N$_2$ ビーム（$T_0 = 300$ K, $\Delta v/v = 5\%$）を角度 $\alpha = 90°$ で交差させた飛行時間分析実験の概略を示す．ここでの N$_2$ ビームの回転温度は $T_r \sim 10$ K であり，回転レベル分布 $f(j)$ は $f(j=0) = 52\%$, $f(1) = 33\%$, $f(2) = 15\%$ である．チョッパー (chopper) でパルス化された He ビームの時間幅 $\Delta t \sim 7$ μs, 2つのビームの交差点から電子衝撃型の中性粒子検出器 (detector) までの飛行距離 $L_f = 165$ mm である．図3.6.12(b) は，エネルギー $E = 27.3$ meV での He-N$_2$ 衝突において，散乱されたヘリウム原

表3.6.2 分子回転の最低励起エネルギー

分子	核スピン I	遷移 ($j_1 \to j_2$)	ΔE_r (meV)[b]
p-^{1}H$_2$	1/2, 1/2	$0 \to 2$	43.9
o-^{1}H$_2$		$1 \to 3$	72.7
^{1}H^{2}D	1/2, 1	$0 \to 1$	11.1
o-^{2}D$_2$	1, 1	$0 \to 2$	22.2
p-^{2}D$_2$		$1 \to 3$	36.9
o-^{14}N$_2$	1, 1	$0 \to 2$	1.48
p-^{14}N$_2$		$1 \to 3$	2.47
^{16}O$_2$	0, 0	$1 \to 3$	1.78
^{12}C^{16}O	0, 0	$0 \to 1$	0.48

p はパラ，o はオルソを表す．

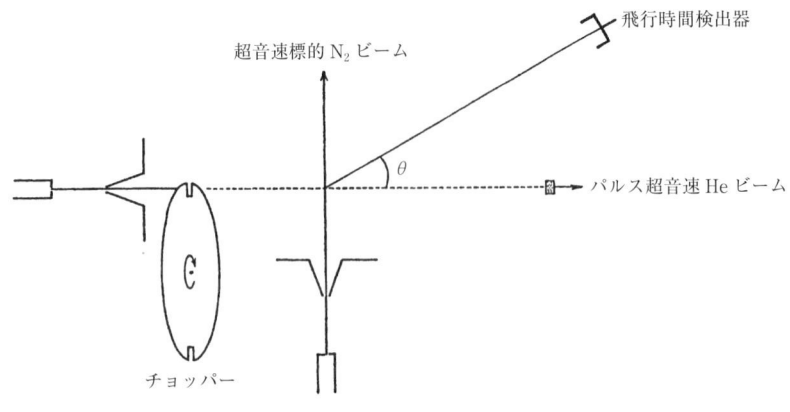

(a) 飛行時間分析の概略

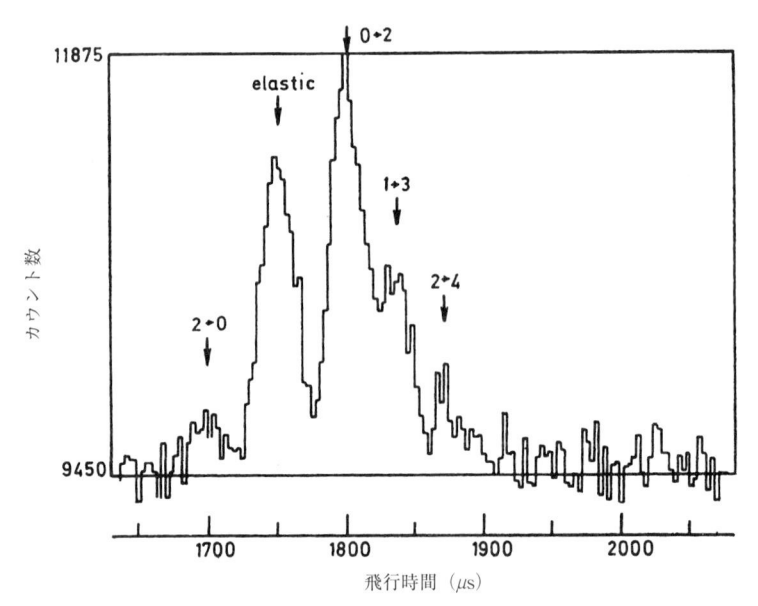

(b) He-N_2 衝突における飛行時間スペクトル
重心系エネルギー $E=27.3$ meV，実験室系散乱角 $\theta=20°$．

図 3.6.12 熱エネルギー分子衝突実験における飛行時間分析の概略および飛行時間スペクトルの測定例[32]

子の飛行時間スペクトルの測定例（散乱角 $\theta=20°$）を示す．この実験でのエネルギー分解能は $\Delta E \sim 0.8$ meV である．図のように，弾性衝突ピーク（$\Delta j=0$）とオルソ N_2 の遷移（$j=0 \to 2$）ピークがよく分離している．さらにパラ N_2 の遷移（$j=1 \to 3$）もほぼ

3.6 中性原子分子間衝突

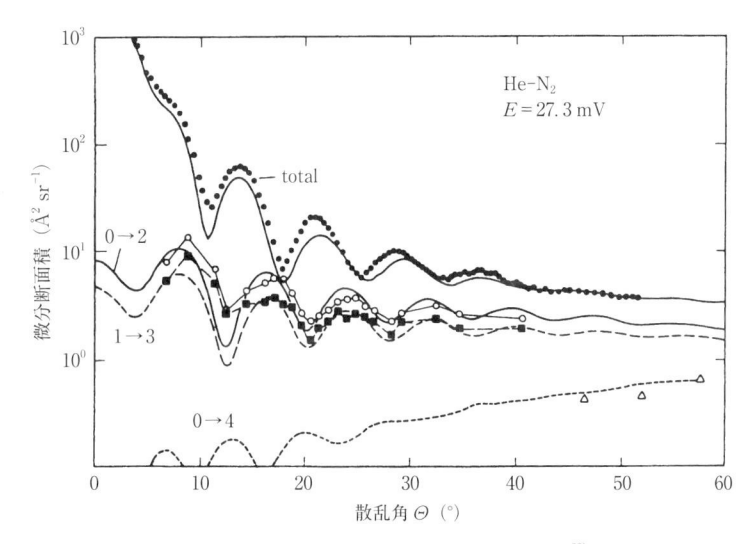

図 3.6.13 He-N_2 衝突における微分散乱断面積[33]
●, ○, ■, △は実験値. 実線, 破線, 点線は計算値. ●は全微分断面積 (total). ○, △はそれぞれオルソ N_2 の回転遷移微分断面積 σ_{02} および σ_{04}. ■はパラ N_2 の回転遷移微分断面積 σ_{13}.

分離して観測されている. また, $j=2\to4$, $j=2\to0$ の遷移シグナルもわずかに観測されている. これらの各ピークの面積 S_i を求めることにより, それぞれの遷移確率 $P_i = S_i/\sum S_i$ が求まる.

図 3.6.13 は, $E=27.3$ meV での He-N_2 衝突における, 重心系に変換された全微分散乱断面積 (total), 回転遷移 $j=0\to2$, $j=1\to3$, および $j=0\to4$ の微分断面積 σ_{02}, σ_{13}, σ_{04} を示す. なお, 全微分散乱断面積はすべての微分断面積の和を意味する. 実験データの各白丸 ($j=0\to2$) は実線でつながれており, 各黒四角 ($j=1\to3$) は破線でつながれている. その他の実線, 破線, 点線は, 実験結果に最もよく一致するポテンシャルを用いて緊密結合 (close coupling) 法で計算された理論値である. 分子配向に依存するポテンシャル関数は式 (3.6.2) の項 $V_0\sim V_4$ が用いられている. 図のように全微分断面積, および $\Delta j=2$ の回転遷移の微分断面積に振動構造がみられる. ここには示されていないが, 弾性散乱断面積 σ_0 はほぼ全断面積 σ_{total} と同様な角度依存性を示し, 弾性散乱断面積 σ_0 と励起断面積 (σ_{02}, σ_{13}) では振動が逆位相となっている. これらの断面積にみられる特徴は, 次のようにフラウンホーファー回折で説明されている[33]. なお, $\Theta\sim$8°で全微分断面積にみられる構造は虹散乱によるものであり, $\Theta>8°$ での散乱はおもに斥力ポテンシャルによるものである.

瞬間近似 (sudden approximation) を用いて, 半径 R_a の円盤あるいは球により回折された散乱波から見積もられた弾性散乱の微分断面積は

$$\sigma_0 = (kR_a^2)^2 \frac{2}{\pi x^3} \cos^2\left(x + \frac{\pi}{4}\right) \quad (3.6.29)$$

で与えられる．ここで，R_a は球対称ポテンシャル $V_0(R) = 0$ となる距離 R_z（図3.6.1参照）に対応する（He-N_2 系では $R_a = 3.4$ Å）．また，$x = kR_a\Theta$（k は波数）であり，回折による振動周期は $\Delta\Theta = \pi/kR_a$ である．この回折振動周期は，原子衝突での弾性散乱微分断面積にみられる振動にも当てはまる．一方，$\Delta j = 2$ のときの励起断面積（σ_{02}，σ_{13}）は

$$\sigma(\Delta j = 2) = (kR_a^2)^2 \delta^2 \frac{2}{2\pi^2 x} \sin^2\left(x + \frac{\pi}{4}\right) \quad (3.6.30)$$

で与えられている．ここで，δ はポテンシャルの異方性を与えるパラメータである．このように，式（3.6.29）と式（3.6.30）での振動の位相は，実験結果と同じく，逆位相となっていることがわかる．実験データの解析から，異方性パラメータ δ は，分子配向 $\gamma = 0°$，$90°$ でポテンシャル $V(R, \gamma) = 0$ となる距離 R_1，R_2 の差 $\delta = R_1 - R_2$ に対応することが示されている．

また，He-O_2 衝突（$E = 26.8$ meV）での弾性散乱の微分断面積 σ（$j = 1 \to 1$），励起微分断面積 σ（$j = 1 \to 3$）においても同様な回折振動が観測されており，そのデータ解析から球対称ポテンシャル $V_0(R)$，異方性ポテンシャル $V_2(R) \sim V_8(R)$ が見積もられている．

HD-Ne 衝突 水素分子を含む衝突系 HD-Ne（$E = 31.5$ meV）については，HD が異核二原子分子であり，回転遷移 $j = 0 \to 1$ が観測されている[25]．測定された微分断面積 σ（$j = 0 \to 0$），σ（$j = 0 \to 1$）にはきわめて明瞭な回折振動がみられる．H_2-Ne 系のポテンシャルは近似的に $V(R, \gamma) = V_0(R) + V_2(R)P_2(\cos\gamma)$ で与えられる．HD の重心が核間距離の中心から D 原子側に約 0.128 Å ずれていることを考慮して，HD-Ne 系のポテンシャル $U(R', \gamma') = U_0(R') + U_1(R')P_1(\cos\gamma') + U_2(R')P_2(\cos\gamma') + U_3(R')P_3(\cos\gamma')$ を次の関係

$$U_n(R') = \left(n + \frac{1}{2}\right)\int_{-1}^{1} P_n(\cos\gamma')[V_0(R) + V_2(R)P_2(\cos\gamma)]d(\cos\gamma') \quad (3.6.31)$$

から見積もり（$n = 0 \sim 3$），データ解析がなされている．その解析の結果，微分断面積 σ（$j = 0 \to 0$），$\sigma(j = 0 \to 1)$ に最も寄与するのは項 U_0 と U_1 のポテンシャルであることが示されている．また，H_2，D_2 分子の回転遷移に関して，D_2-Ne，Ne-H_2 系で衝突実験（$E \sim 85$ meV）がなされており，表3.6.2 に示すすべての遷移シグナル（$j = 0 \to 2$，$1 \to 3$）が観測されている[34]．なお，これらの実験は，パラ水素とオルソ水素が混合している気体を極低温（$T \sim 20$ K）に冷却したケイ酸ニッケル触媒で基底状態へ転換（o-$H_2 \to$ p-H_2，p-$D_2 \to$ o-D_2）させて実施されている．

He-CO 衝突 CO 分子について，He-CO 系での衝突実験（$E = 27.3$ meV）がなされているが，回転遷移エネルギーが小さいので弾性散乱 $j = 0 \to 0$，回転励起 $j = 0 \to 1$ に加えて，$1 \to 2$，$j = 0 \to 2$，$1 \to 3$，$0 \to 3$ の散乱シグナルも観測されている．しかし，各

3.6 中性原子分子間衝突　　*291*

励起状態の間のエネルギー差が小さいためこれらの各励起シグナルは十分に分離されていない.

(2) 回転レインボー散乱

上に示した図 3.6.13 の微分散乱断面積にみられたように，散乱角が大きくなると高い回転レベルへの遷移確率が大きくなる．しかも，衝突エネルギーが大きくなるとさらに多くの高い回転レベルへの遷移が起こるため，散乱粒子の飛行時間スペクトルでは個々の遷移シグナルを分離して観測することができなくなる．

K-N_2, K-CO 衝突　　図 3.6.14 は衝突エネルギー $E=1.24\,\mathrm{eV}$ での K-N_2, K-CO 衝

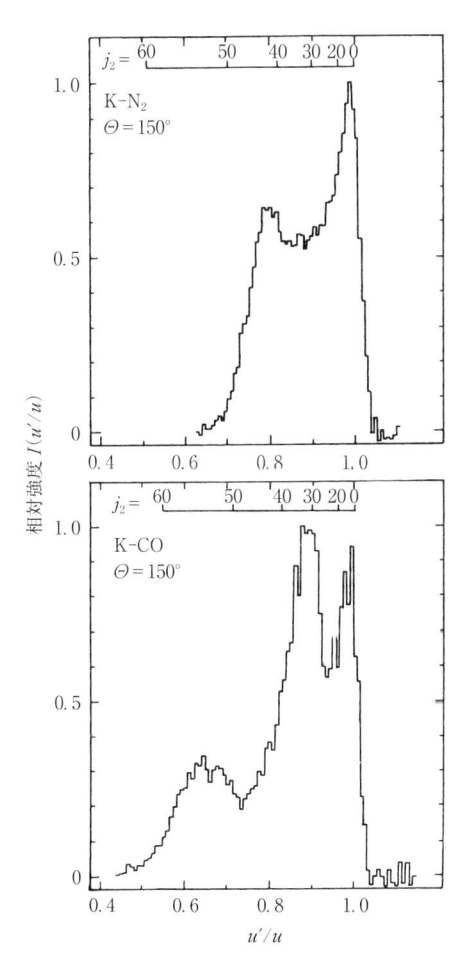

図 3.6.14　K-N_2, K-CO 衝突における重心系のエネルギー
　　　　　　移行スペクトル ($E=1.24\,\mathrm{eV}$, $\Theta=150°$)[35]
　　　　　横軸は $u'/u = (1-\Delta E/E)^{1/2}$.

突において，散乱角 $\Theta=150°$ に散乱された K 原子の速度分布を示したスペクトルである．主 K ビームはシード法で生成された高速ビーム（$v=1860\sim3740$ m/s），標的 N_2 および CO ビームも超音速ビーム（回転温度 $T_r\sim33$ K，平均的 $j_1\sim2.5$）である．K-N_2 衝突のスペクトルでは 2 つのピーク，K-CO 衝突では 3 つのピークがみられる．横軸は重心系での衝突後と衝突前の速度の比 $u'/u=(1-\Delta E/E)^{1/2}$ を示しており（式 (3.6.16) 参照），$u'/u=1$ が弾性散乱の位置であり，$u'/u<1$ は運動エネルギーの一部が分子の内部エネルギーに移行（回転遷移）したことを示している．そのため，このスペクトルはエネルギー移行（損失）スペクトルと呼ばれる．それぞれの図の上には衝突後の回転量子数 j_2 が示されている．$u'/u=1$ 近傍にみられるピークは弾性散乱に近いシグナル，K-N_2 のスペクトルにおいて $u'/u\sim0.8$ のピークは $j_2\sim43$，K-CO での $u'/u\sim0.9$，0.65 にみられる 2 つのピークは $j_2\sim32$，55 である．このように，N_2，CO 分子は高い回転準位に大きい確率で遷移していることがわかる．この現象は以下に述べるように，弾性散乱でのレインボー散乱との類似から回転レインボー（虹）と呼ばれる．

弾性散乱の場合に用いた半古典法に近い IOS（infinite order sudden）近似[36]によれば，原子と分子との間のポテンシャルが分子の配向に依存するため，散乱波の位相差は衝突径数 $b(\sim l/k)$ と分子配向 γ に依存し $\eta(b,\gamma)$ となる．この近似では $|\partial\eta(b,\gamma)/\partial b|=k\Theta/2$，$|\partial\eta(b,\gamma)/\partial\gamma|=J/2$ の関係がある．ここで，Θ は散乱角，J は衝突後の回転量子数で $J(\gamma)$ は励起関数である．図 3.6.2(a) のように回転楕円体（長半径 M，短半径 N）で与えられる等核二原子分子に原子が衝突する場合には，励起関数 $J(\gamma)$ は近似的に $J(\gamma,\Theta)\sim2k(M-N)|\sin 2\gamma|\sin(\Theta/2)$ で与えられる．図 3.6.15 は K-N_2 衝突系について，散乱波の位相差 $\eta(\gamma)$ および励起関数 $J(\gamma)$ を $\gamma=0\sim180°$ について定性的に示す．ここ

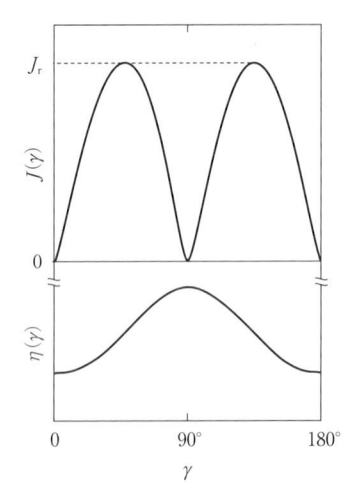

図 3.6.15 K-N_2 衝突における励起関数 $J(\gamma)$ と散乱波の位相差 $\eta(\gamma)$

では斥力が支配的な散乱であるから位相差 $\eta<0$ である．この場合の関数 $J(\gamma)$ は $90°$ の両側で対称であるから，$\gamma=0〜90°$ について考えると，散乱角 Θ での回転遷移の古典的微分断面積 $\sigma(j_1=0\to j_2;\Theta)$ は，近似的に

$$\sigma(j_1=0\to j_2,\Theta)=\frac{2b}{\sin\Theta}\left(\sin\gamma_1\left|\frac{\partial\Theta}{\partial b}\frac{\partial J}{\partial\gamma_1}\right|^{-1}+\sin\gamma_2\left|\frac{\partial\Theta}{\partial b}\frac{\partial J}{\partial\gamma_2}\right|^{-1}\right) \quad (3.6.32)$$

で与えられる．ここで，右辺の和は，図 3.6.15 にみられるように 1 つの J に対して 2 つの配向 γ ($<90°$) があることによる．この式で J が最大値 J_r のとき，勾配 $\partial J/\partial\gamma=0$ であるから遷移断面積 $\sigma\to\infty$ となる．最大値 J_r 近傍で励起関数 J を $J(\Theta,\gamma)=J_r-a(\gamma-\gamma_r)^2$ と近似し，半古典的な取り扱いをすると，式 (3.6.32) は弾性散乱に対する式 (3.6.22) と同様にエアリー関数 $\mathrm{Ai}(x)$ で与えられ，$J=J_r-1.02a^{1/3}$ に回転遷移のピークが観測されることになる．この回転遷移にみられる現象は，弾性散乱でのレインボー散乱と物理的に同じ現象であり，回転レインボーと呼ばれる．このように，等核二原子分子 N_2 の回転遷移では 1 つの回転レインボーピークが観測される．

一方，K-CO 衝突における異核二原子分子 CO の回転遷移では，励起関数 $J(\gamma)$ は $\gamma=90°$ の両側で非対称となる．図 3.6.2(a) において A を K 原子，B を C 原子，C を O 原子に対応させると，K 原子が C 原子側で衝突するときの回転虹ピークの回転量子数 $J_r(\gamma\sim45°)$ が O 原子側で衝突するときの $J_r(\gamma\sim135°)$ よりも大きい．このため，K-CO 衝突では回転虹ピークが 2 つ観測される．

He-Na$_2$ 衝突　He-Na$_2$ 衝突 ($E=175\,\mathrm{meV}$) において，レーザー誘起蛍光法により，衝突後の Na$_2$ 分子の回転状態を分光学的に分離した微分散乱断面積 $\sigma(j_1\to j_2,\Theta)$ の散乱角依存性が測定されている ($\Delta j=j_2-j_1=2\sim8$)．その微分断面積の角度分布には，弾性レインボー散乱と同様に，散乱波の干渉による振動構造が観測されている．

Xe-CO$_2$ 衝突　質量の大きな Xe 原子と CO$_2$ 分子の衝突 ($E=0.2\sim1.6\,\mathrm{eV}$) において，散乱角 $\Theta=40°\sim180°$ でのエネルギー移行スペクトルが測定されている[22]．その結果によると，散乱角 $90°$ 付近までは分子の回転遷移のエネルギー ΔE_r が散乱角度とともに増加しスペクトルがブロードになる．これは上に示した K-N$_2$，K-CO 衝突でみられたスペクトルと同じ角度依存性である．しかし，さらに散乱角度が大きくなるとともに遷移エネルギー ΔE_r は逆に減少し，おもな散乱シグナルが弾性散乱位置 ($\Delta E_r\sim0$) 付近に集まるようになる．この Xe-CO$_2$ 衝突でみられた現象は次のように理解されている．衝突で大きな回転レベルに CO$_2$ 分子が遷移すると，並進の運動エネルギーが小さくなり衝突時間が長くなる．そのため，衝突の間にもう 1 回衝突が起こり，回転遷移エネルギーが並進エネルギーに戻り，最終的に分子の回転遷移エネルギー ΔE_r は小さくなる(多重衝突効果)．

b. 回転・振動励起

典型的な分子の場合，衝突エネルギー $E>1\,\mathrm{eV}$ で振動遷移が起こる．しかし，分子の回転・振動遷移に着目して行われた中性原子分子衝突の報告例は少ない．回転・振動

遷移の研究はむしろイオンビームを用いた研究が多くなされている.

K-N_2, K-O_2 衝突 上述のようにエネルギー $E<1.24$ eV での K 原子と N_2 分子の衝突において, N_2 分子の高い回転エネルギー準位への遷移が観測されたが, さらにエネルギーを $E=1.73$ eV まで高めた微分散乱実験が報告されている[37]. 散乱角 $\Theta=140°$ において衝突エネルギーを $E=0.5$ eV から増加させてゆくと, $E>1.35$ eV において, 上に示した回転遷移に加えて, 振動準位 $v_1=0$ から $v_2=4$ への選択的遷移 ($\Delta E_v=1.13$ eV) が観測されている. このような選択的遷移が起こる経路として, K+N_2 ($v_1=0$)→K^+ + N_2^-→K+N_2($v_2=4$)-1.13 eV で与えられるイオン対 (K^++N_2^-) の中間状態が関与していると考えられている.

また, K-O_2 衝突 ($E_{lab}=27.7 \sim 96.8$ eV, $\theta=1 \sim 3°$) において, エネルギー移行スペクトルが測定されている[38]. $E_{lab}=96.8$ eV, 小角散乱 (換算角 $\tau=E_{lab}\theta<174$ eV deg) のスペクトルには, 弾性散乱ピークとエネルギー移行 $\Delta E=1.4$ eV のピークがみられる. この $\Delta E=1.4$ eV のシグナルは, 上の K-N_2 衝突と同様に, K+O_2→K^++O_2^-→K+O_2 -1.4 eV のように, 中間体としてイオン対 K^++O_2^- が生成され, そのクーロン引力ポテンシャルで散乱されたとき, ポテンシャル曲線の乗り移りの際に O_2 分子の振動遷移の起こることが古典軌道計算で示されている. イオン対生成の機構については後で述べるが, 実際, 低エネルギー K-O_2 衝突 ($E=0.75 \sim 30$ eV) において, イオン対生成 (K^++O_2^- -3.9 eV) が観測されている.

SF_6-Ar 衝突 高速の SF_6 シードビームと超音速 Ar ビームとの衝突 ($E=0.73$, 1.05 eV) における回転・振動遷移過程について, 散乱角 $\Theta=20° \sim 180°$ で実験的, 理論的研究がなされている[39]. この SF_6-Ar 衝突で観測されたエネルギー移行スペクトルにはとくに目立った構造はみられない. それらの実験的スペクトルから各散乱角での平均的エネルギー移行値 (回転・振動遷移エネルギー) $\Gamma=\langle \Delta E_{rv} \rangle/E$ が見積もられている. その結果によれば, 散乱角とともに Γ 値は増加し, 散乱角 $\Theta \sim 140°$ で最大値 $\Gamma_{max}=0.3$ ~ 0.4 をとり, $\Theta=180°$ で $\Gamma \sim 0.3$ となっている. この衝突系についての理論計算では $\Theta<130°$ では回転遷移エネルギー $\langle \Delta E_r \rangle$ と振動遷移エネルギー $\langle \Delta E_v \rangle$ (おもに振動モード v_6) は同程度であるが, $\Theta>130°$ ではエネルギー移行はおもに振動遷移によるという結果となっている.

イオン衝突 希ガス原子と同じ電子構造のアルカリイオン (Li^+, Na^+) と超音速 N_2, CO 分子ビームの衝突について, 広いエネルギー範囲 ($E=4 \sim 190$ eV) で微分散乱実験がなされている[40]. これらの衝突実験で観測されたエネルギー移行スペクトルには, 図 3.6.14 の K-N_2, K-CO 衝突でみられたスペクトルとほぼ同じ構造 (N_2 分子では 2 つのピーク, CO 分子では 3 つのピーク) がみられる. このことは, このように大きな衝突エネルギーにおいても回転遷移は振動遷移と同様に重要なエネルギー移行過程であることがわかる. 古典軌道計算により得られた遷移エネルギー ΔE を回転遷移 ΔE_r と振動遷移 ΔE_v に分けて評価した結果によると, 回転遷移は, 図 3.6.15 に示した剛体回転子の場合と同様に, 分子配向 $\gamma=45°$, $135°$ 付近でおもに遷移が起こっており, 振動遷

移は配向 $\gamma = 0°$, $90°$, $180°$ でおもな遷移が起こっている．このような回転・振動遷移のメカニズムを理解するための新たなモデルも提案されている[41]．また，Li^+-N_2，Li^+-CO 衝突では $E>90$ eV で分子配向に依存した電子遷移が観測されているが，分子衝突での回転・振動遷移に関する知見をもとに電子遷移のメカニズムが解明されている[42]．

質量が最も小さい H^+ イオンと分子との衝突（$E\sim 10$ eV）においては，回転遷移によるエネルギー移行が小さいため，二原子分子 H_2，N_2，CO，O_2 の振動レベル $v=1\sim 4$ への遷移が分離して観測されている．また，三原子分子 CO_2, N_2O ではすべての振動モード（$v_1\sim v_3$）への遷移が観測されるが，v_3 モードへの遷移がとくに顕著である．さらに，多原子分子の CF_4, SF_6 では赤外活性の振動モード（v_3, v_4）への選択的遷移が観測されている．

3.6.6 電子状態励起・イオン化
a. 電子励起確率
電子状態間の遷移は，衝突系に強く依存するが，電子励起エネルギーは $\Delta E_e = 1\sim 20$ eV[43] でありおもに衝突エネルギー $E>10$ eV の領域で観測される．電子遷移には動径結合と回転結合による遷移がある（文献[1] の p.141 参照）．前者は対称性が同じ電子状態間の遷移（$\Sigma\to\Sigma$, $\Pi\to\Pi$ など）であり，後者は異なる対称性の電子状態間の遷移（$\Sigma\to\Pi$, $\Pi\to\Delta$ など）である．低エネルギー衝突での電子励起は一般に動径結合により起こるが，回転結合が重要な場合もある．

(1) 動径結合遷移
同じ対称性をもつ2つの電子状態のポテンシャル曲線が接近したとき，それらは互いに反発し交わることはない（ポテンシャル曲線の非交差則）．図 3.6.16 は2つのポテンシャル V_1, V_2（断熱ポテンシャル）が距離 R_c において擬似交差（pseudocrossing）している様子（ポテンシャル間隔 $2V_{12}$）を示す．動径結合による電子励起は，このよう

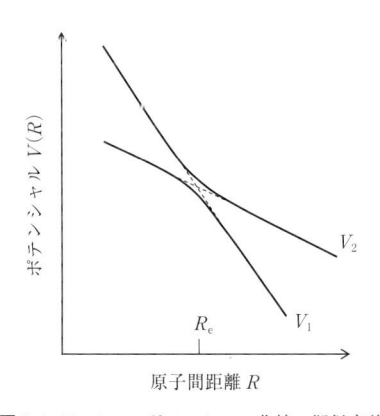

図 3.6.16 2つのポテンシャル曲線の擬似交差

にポテンシャル曲線が接近したごく狭い範囲の粒子間距離で起こるので，擬似交差位置R_cで遷移が起こるとして取り扱うことができる．衝突での最近接距離R_0がR_cよりも小さくなるとき，交差位置で粒子がV_1からV_2に遷移する確率pは，ランダウ-ツェナー（Landau-Zener）の近似式

$$p = \exp\left(-\frac{2\pi V_{12}^2}{\hbar v_r \Delta F}\right), \quad \Delta F = \left|\frac{d[V_1(R) - V_2(R)]}{dR}\right|_{R=R_c} \quad (3.6.33)$$

で与えられる．ここで，V_{12}は$R=R_c$での2つのポテンシャル間の相互作用エネルギー，v_rは動径方向の速度（式(3.6.27)参照），ΔFは2つのポテンシャル曲線の勾配の差である．この式は最近接距離R_0がR_cに近い粒子間距離では誤差が大きく，より正確な遷移確率が朱-中村理論によって与えられている[44]．また，$R_0 > R_c$での遷移確率も朱・中村によって与えられている．

$R_0 < R_c$のとき，ポテンシャル曲線V_1に沿って粒子が互いに近づき，R_cでポテンシャル間の乗り移りを経て，電子励起ポテンシャルV_2に沿って粒子が互いに離れる経路は2つある．この両者ともに励起確率は$P_{1,2} = p(1-p)$である（弾性散乱についても同様に2つの経路がある）．経路1，2に沿った散乱波の間の干渉を考慮すると，電子励起の微分断面積は

$$\sigma(\Theta)_{ex} = P_1 \sigma_1(\Theta) + P_2 \sigma_2(\Theta) + 2[P_1 P_2 \sigma_1(\Theta) \sigma_2(\Theta)]^{1/2} \cos(\gamma_1 - \gamma_2 + \delta_{12}) \quad (3.6.34)$$

で与えられる．ここでの計算に用いるポテンシャルは図3.6.16の破線（透熱ポテンシャル）のようにとる．σ_1，σ_2は古典的微分散乱断面積，位相のγ_1，γ_2は式(3.6.13)で与えられる．また，δ_{12}はポテンシャル間の乗り移りがあるときの位相のずれで電子励起の経路については$\delta_{12} = \pi/2$（弾性散乱の場合$\delta_{12} = -\pi/2$）である．後で述べるイオン対生成の例（図3.6.18参照）のようにポテンシャル井戸の領域が経路に含まれる場合には，弾性散乱でみたと同じように領域を分けて取り扱う必要がある．このように，電子遷移の微分断面積にも弾性散乱と同様に振動構造がみられる．また，異なるエネルギーで測定した小角散乱の励起微分断面積$\sigma(\Theta)_{ex}$を，横軸$\tau = E\Theta = E_{lab}\theta$（換算座標）で，プロットすると立ち上がりはほぼ同じ換算角となる．これは式(3.6.8)で述べたように，$E\Theta = E_{lab}\theta \propto V(R_0)$であることによる．

(2) 回転結合遷移

回転結合による電子励起は比較的広い粒子間距離で遷移が起こるため動径結合のように取り扱うことができず，微分方程式を解かねばならない[45]．相互作用する2つのポテンシャルがある距離R_c'で交差（$V_2 - V_1 = 0$），あるいは差ポテンシャル$\Delta V = V_2 - V_1$が極小値をとるような場合，励起確率Pには動径結合と同様な振動構造がみられる．しかし，2つのポテンシャルが距離とともに徐々に接近して遷移が起こるような場合には振動構造はない．また，回転結合では遷移確率が分子軸の回転角速度$\omega = d\phi/dt$（ϕは図3.6.3参照）に依存しているので，後方散乱では励起確率が小さくなるという点は動径結合での遷移と様子が大きく異なる．

b. 原子・分子衝突

衝突実験は，電子励起の積分散乱断面積，微分散乱断面積の測定に大別される．前者には，衝突励起した原子・分子からの発光，放出2次電子，2次イオンを分析する方法などがある．後者には，散乱された原子・分子，2次イオンのエネルギーを分析し二重微分散乱断面積を測定する方法などがある．また，励起原子からの発光（2次電子）と散乱粒子の同時計測により微分断面積を測定する方法もある．ここでは，典型的衝突系での電子励起・イオン化について述べる．

He-He 衝突 閉殻の電子構造をもつ粒子系として，ここでは He-He 衝突について述べる．この系の衝突ではエネルギー $E>100$ eV で電子励起が観測されている．飛行時間法で測定したエネルギー損失スペクトルには一電子励起と二電子励起が同時に観測されるが，それぞれの励起過程で励起エネルギーが最も低いシグナルは

(a) $\mathrm{He}+\mathrm{He}\to\mathrm{He}+\mathrm{He}(1s2p\ ^1P) - 21.2$ eV

(b) $\mathrm{He}+\mathrm{He}\to\mathrm{He}(1s2s\ ^3S)+\mathrm{He}(1s2s\ ^3S) - 39.6$ eV   (3.6.35)

である[46]．一電子励起の場合，最低のエネルギー準位にある電子配置 $\mathrm{He}(1s2s\ ^3S, ^1S)$ への励起シグナルは観測されないが，これは以下の理由による．ヘリウム原子の基底状態はパラ $\mathrm{He}(1s^2\ ^1S)$ であり，オルソ $\mathrm{He}(1s2s\ ^3S)$ への遷移はない．また，He-He 系での基底分子状態は $^1\Sigma_g^+$ であり，$\mathrm{He}+\mathrm{He}(1s2s\ ^1S)$ での分子状態は $^1\Sigma_u^+$, $^1\Sigma_g^+$ である．この電子励起状態 $^1\Sigma_u^+$ は基底状態と対称性が異なるため2つのポテンシャル間の相互作用がなく（$V_{12}=0$）遷移が起こらない．一方の電子励起状態 $^1\Sigma_g^+$ のポテンシャルは高いエネルギーに昇位するポテンシャルで基底状態のポテンシャルとの擬似交差はない．したがって，観測される励起シグナルは $\mathrm{He}(1s2p\ ^1P)$ への励起で，分子状態は $^1\Pi$ であるから回転結合による遷移である．一方，2つの原子が同時に ^3S 状態に遷移する場合にはこれらの制限がなく遷移が観測される．図 3.6.17 はこの He-He 系でのポテンシャルの概略を示す．黒丸，白丸は回転結合，動径結合により遷移が起こることを示す（この系での回転結合による一電子遷移は2つのポテンシャルが距離とともに近づき電子遷移が起こるが，ここでは便宜上ポテンシャルが交差した図としてある）．反応（a）が起こる粒子間距離は $R_c\sim0.5$ Å，$V(R)\sim30$ eV である．なお，エネルギー損失スペクトルには反応（a），（b）よりも大きな励起エネルギーのシグナルも観測されている．

He-He 衝突により生成された He^+ イオンのエネルギー損失スペクトルも測定されている．そのイオンスペクトルでも一電子励起と二電子励起によるシグナルが同時に観測されているが，それぞれの励起過程で最も小さいエネルギー損失を示すシグナルの励起エネルギーは $\Delta E\sim25$ eV, 40 eV である．これらのシグナルに対応する反応式は

(c) $\mathrm{He}+\mathrm{He}\to\mathrm{He}(1s)^++\mathrm{He}(1s^2)+e^- - 24.6$ eV

(d) $\mathrm{He}+\mathrm{He}\to\mathrm{He}(1s2s\ ^3S)+\mathrm{He}(1s2s\ ^3S) - 39.6$ eV

$\to\mathrm{He}(1s)^++\mathrm{He}(1s^2)+e^-$ （準分子イオン化）   (3.6.36)

で与えられる．反応（c）は He 原子の直接イオン化である．一方，反応（d）は一種のペニングイオン化で，二電子励起状態のポテンシャル曲線が図 3.6.17 に示すようにイ

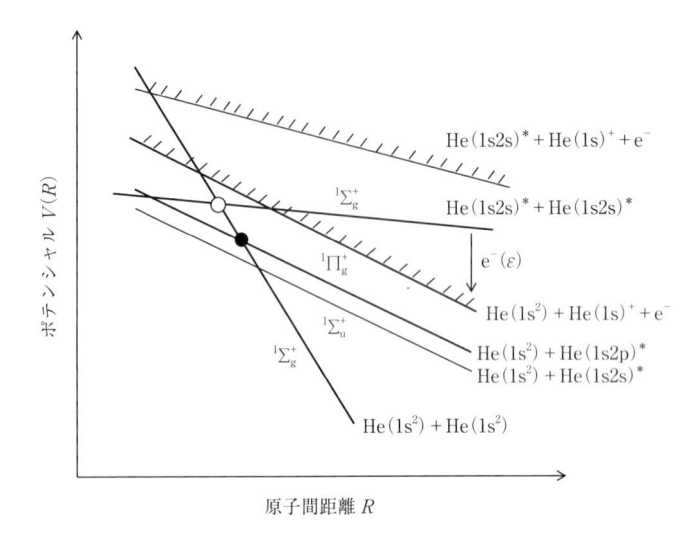

図 3.6.17 He-He 衝突系におけるモデルポテンシャル

オン化状態の中に埋もれており,図 3.6.17 に矢印で示すように,連続状態と不連続状態の相互作用により準分子状態でイオン化(準分子イオン化)が起こることによる.

このように対称な衝突系(He-He, Ne-Ne, ...)では個々の原子の二電子励起(He($2s^2$), Ne($2p^43s^2$)など)は観測されていない.しかし,非対称な Rg 衝突系(He-Ar, He-Kr など)およびアルカリイオン M^+ と Rg 衝突系(Li^+-He, Na^+-Ne など)[47]においては原子の二電子励起が観測されている.これらの電子遷移は経験的な電子昇位モデル,および上で紹介した電子雲の重なりを考慮したポテンシャルモデルで理解できる.

また,分子を含む系の He-H_2,He-N_2 衝突($E\sim1$ keV)においても分子の一電子励起と二電子励起,ヘリウム原子と分子の同時励起がエネルギー損失スペクトル上で観測されている.

K-Hg 衝突　低エネルギー K-Hg 衝突で観測される電子励起は

$$K(4s) + Hg \rightarrow K(4p) + Hg - 1.61 \text{ eV} \tag{3.6.37}$$

であり[48],他の励起シグナルは極微弱である.この衝突系について,エネルギー $E=$ 30~170 eV において 3 つの異なる手法を用いた微分散乱実験が行われている.第 1 は,飛行時間法による弾性散乱断面積 σ_0,励起断面積 σ_{4p} の測定である.これらの微分断面積 σ_0 と σ_{4p} には逆位相の振動構造がみられる.これらのデータ解析により,電子遷移の起こる粒子間距離 $R_c=2.64$ Å,ポテンシャル $V(R_c)=3.5$ eV が得られている.第 2 は,$E=83.7$ eV,167 eV において,励起原子からの発光と散乱粒子の同時計測により,電子状態 $K(4^2P_{3/2})$ と $K(4^2P_{1/2})$ を分離した励起断面積 $\sigma_{3/2}$,$\sigma_{1/2}$ の測定である.さらに第 3 の実験では,$E=167$ eV において,偏光分析した $K(4^2P_{3/2})$ からの発光と散乱粒子との同時計測により,$\sigma_{3/2}$ の断面積を $\sigma_{3/2}(|m_j|=3/2)$,$\sigma_{3/2}(|m_j|=1/2)$ に分離してい

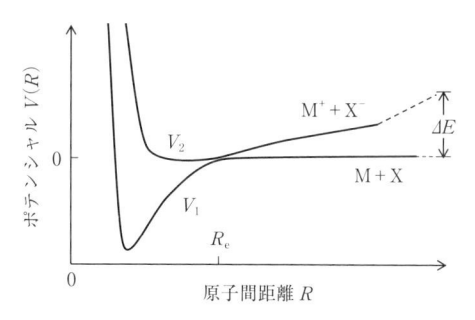

図 3.6.18 アルカリ原子 M-ハロゲン原子 X 系の断熱ポテンシャル

イオン対生成　最後に典型的なイオン対生成過程について述べる．よく知られているように，NaCl はイオン結合（$Na^+ - Cl^-$）で安定な分子を形成している．図 3.6.18 はアルカリ原子 M とハロゲン原子 X 系での断熱ポテンシャルの概略図である．ポテンシャル V_1 と V_2 は同じ対称性 $^1\Sigma^+$ をもち，距離 R_c で擬似交差している．2 つの原子 M と X が熱エネルギー程度の低エネルギーでポテンシャル V_1 に沿って近づいたとき，擬似交差位置を V_1 に沿って進み，強いクーロン引力を受けながら最近接距離まで近づく．さらに，V_1 に沿って折り返し，擬似交差位置を再び V_1 に沿ってそのまま素通りして，無限遠まで遠ざかるのでイオン対生成は起こらない．しかし，2 つの粒子が大きなエネルギー（$E>10$ eV）で近づいたときには，擬似交差位置でポテンシャル V_1 から V_2 に乗り移るようになり，V_2 に沿って無限遠に離れる（イオン対生成）確率が出てくる．

熱分解で生成されたヨウ素原子 I ビームを高速のナトリウム原子ビームと交差させ，次の反応

$$Na + I \rightarrow Na^+ + I^- - 2.08 \text{ eV} \tag{3.6.38}$$

で生成された Na^+ イオンの微分散乱断面積 σ_{ion} の測定（$E=13 \sim 85$ eV）が行われている[49]．上でポテンシャル交差による電子遷移について述べたが，この場合にも V_2 に沿って遠ざかりイオン対が生成される経路は 2 つある．クーロンポテンシャルによる V_1 の井戸の深さは $\varepsilon = 3.0$ eV[16] であり，経路 $V_1 \rightarrow V_1 \rightarrow \underline{V_1} \rightarrow \underline{V_2}$（下線は折り返し後）を進んだ粒子はクーロン引力で散乱されるが，そのときのレインボー散乱角は $\tau_r = (E\Theta)_r \sim 240$ eV deg である．一方，経路 $V_1 \rightarrow V_2 \rightarrow \underline{V_2} \rightarrow \underline{V_2}$ を進んだ粒子はおもに斥力で散乱される．このため，イオン対生成の微分断面積 σ_{ion} の測定結果は，$\tau < 240$ eV deg において，弾性散乱断面積と同様に干渉効果による振動構造を示している（文献[4] の p. 347 参照）．

〔北　重公〕

文 献

1) 高柳和夫,「電子・原子・分子の衝突（改訂版）」(培風館, 1996).
2) R. D. レヴィン, R. B. バーンステイン著, 井上鋒朋訳,「分子衝突と化学反応」(学会出版センター, 1976).
3) 金子洋三郎,「化学のための原子衝突入門」(培風館, 1999).
4) 高柳和夫,「原子衝突」(朝倉書店, 2007).
5) 高柳和夫,「原子分子物理学」(朝倉書店, 2000).
6) H. Pauly and J. P. Toennies, *Adv. Atom. Mol. Phys.* **1**(1965) pp. 195-344.
7) R. Feltgen, H. Kirst, K. A. Köhler, and H. Pauly, *J. Chem. Phys.* **76**(1982) 2360.
8) R. A. Aziz, *J. Chem. Phys.* **99**(1993) 4518.
9) J. A. Barker, R. O. Watts, J. K. Lee, T. P. Schafer and Y. T. Lee, *J. Chem. Phys.* **61**(1974) 3081.
10) L. J. Danielson and M. Keil, *J. Chem. Phys.* **88**(1988) 851.
11) J. P. Toennies, W. Welz and G. Wolf, *J. Chem. Phys.* **71**(1979) 614.
12) D. Beck and H. J. Loesch, *Z. Physik* **195**(1966) 444.
13) U. Buck, M. Kick and H. Pauly, *J. Chem. Phys.* **56**(1972) 3391.
14) L. Beneventi, P. Casavecchia, F. Vecchiocattivi, G. G. Volpi, D. Lemoine and M. H. Alexander, *J. Chem. Phys.* **89**(1988) 3505.
15) U. Buck, J. Schleusener, D. J. Malik and D. Secrest, *J. Chem. Phys.* **74**(1981) 1707.
16) K. P. Huber and G. Herzberg, *Molecular Spectra and Molecular Structure IV. Constants of Diatomic Molecules* (Van Nostrand Reinhold, 1979).
17) U. Buck, *Rev. Mod. Phys.* **46**(1974) 369.
18) 蟻川達男・望月孝晏・岩田義一, 質量分析 **20**(1972) 167.
19) F. A. Morse and R. B. Bernstein, *J. Chem. Phys.* **37**(1962) 2019 ; R. K. B. Helbing, *J. Chem. Phys.* **48**(1968) 472.
20) G. Brusdeylins, H. -D. Meyer, J. P. Toennies and K. Winkelmann, *In Rarefied Gas Dynamics*, Edited by J. L. Potter (American Institute of Aeronautics and Astronautics, 1977) vol. 51, p. 1047.
21) J. Politier, P. K. Rol, J. Los and P. G. Ikelaar, *Rev. Sci. Instrum.* **39**(1968) 1147.
22) U. Buck, D. Otten, R. Schinke and D. Poppe, *J. Chem. Phys.* **82**(1985) 202.
23) S. Kita, H. Hübner, W. Kracht and R. Düren, *Rev. Sci. Instrum.* **52**(1981) 684.
24) C. A. Linse, J. J. van den Biesen, E. H. van Veen, C. J. N. van den Meijdenberg and J. J. M. Beenakker, *Physica* **99A**(1979) 145.
25) U. Buck, F. Huisken, J. Schleusener and J. Schäfer, *J. Chem. Phys.* **72**(1980) 1512.
26) C. V. Nowikow and R. Grice, *J. Phys. E : Sci. Instrum.* **12**(1979) 515.
27) U. Buck, F. Huisken, H. Pauly and J. Schleusener, *J. Chem. Phys.* **68**(1978) 3334.
28) J. M. Farrar, Y. T. Lee, V. V. Goldman and M. L. Klein, *Chem. Phys. Lett.* **19**(1973) 359.
29) J. J. H. van den Biesen, R. M. Hermans and C. J. N. van den Meijdenberg, *Physica* **115A**(1982) 396.
30) J. E. Jordan and I. Amdur, *J. Chem. Phys.* **46**(1967) 165 ; H. Inouye, K. Noda and S. Kita, *J. Chem. Phys.* **71**(1979) 2135.
31) S. Kita, S. Gotoh, T. Hasegawa and N. Shimakura, *J. Chem. Phys.* **109**(1998) 9713.
32) M. Faubel, K. H. Kohl and J. P. Toennies, *Faraday Discuss. Chem. Soc.* **73**(1982) 205.
33) M. Faubel, *J. Chem. Phys.* **81**(1984) 5559.
34) M. Faubel, F. A. Gianturco, F. Ragnetti, L. Y. Rusin, F. Sondermann, U. Tappe and J. P. Toennies, *J. Chem. Phys.* **101**(1994) 8800.
35) W. Schepper, U. Ross and D. Beck, *Z. Physik A* **290**(1979) 131.
36) H. J. Korsch and R. Schinke, *J. Chem. Phys.* **73**(1980) 1222 ; **75**(1981) 3850.
37) U. Ross, W. Schepper and D. Beck, *Chem. Phys.* **61**(1981) 95.

38) A. W. Kleyn, E. A. Gislason and J. Los, *Chem. Phys.* **52**(1980) 81.
39) J. Eccles, G. Pfeffer, E. Piper, G. Ringer and J. P. Toennies, *Chem. Phys.* **89**(1984) 1.
40) U. Gierz, J. P. Toennies and M. Wilde, *Chem. Phys. Lett.* **110**(1984) 115 ; M. Nakamura, S. Kita and T. Hasegawa, *J. Phys. Soc. Jpn.* **56**(1987) 3161.
41) A. Ichimura and M. Nakamura, *Phys. Rev. A* **69**(2004) 022716.
42) S. Kita, H. Tanuma, I. Kusunoki, Y. Sato and N. Shimakura, *Phys. Rev. A* **42**(1990) 367 ; M. Yamada, S. Kita and N. Shimakura, *Chem. Phys. Lett.* **343**(2001) 649.
43) C. E. Moore, *Atomic Energy Levels* (National Bureau of Standards 467, 1949).
44) C. Zhu and H. Nakamura, *J. Chem. Phys.* **101**(1994) 10630 ; **102**(1995) 7448.
45) A. Russek, *Phys. Rev. A* **4**(1971) 1918.
46) J. C. Brenot, D. Dhuicq, J. P. Gauyacq, J. Pommier, V. Sidis, M. Barat and E. Pollack, *Phys. Rev. A* **11**(1975) 1245 ; G. Gerber and A. Niehaus, *J. Phys. B : Atom. Molec. Phys.* **9**(1976) 123.
47) S. Kita, H. Tanuma and M. Izawa, *J. Phys. B: At. Mol. Phys.* **20**(1987) 3089.
48) R. Düren, H. Hübner, S. Kita and U. Krause, *J. Chem. Phys.* **85**(1986) 2751.
49) G. A. L. Delvigne and J. Los, *Physica* **67**(1973) 166.

3.7 化 学 反 応

3.7.1 はじめに：化学反応をとらえる観点

地球上のすべての物質は，たかだか100あまりの原子からできており，その組み合わせで無限ともいえる物質をつくりだしている．この物質創製の過程は，化学反応によるので，化学反応はすべての物質の源であるといえる．したがって，化学反応は多様であり，反応が起こる環境も，気相から溶液や固体表面などの凝縮相まで幅広い．また，化学反応は素反応と複合反応に分類される．素反応は実際の衝突過程を反映しているのに対して，連鎖反応に代表される複合反応は，素反応の組み合わせである．どのような素反応の組み合わせで，物質の創製・消滅に至る過程が起こるかを理解することは，化学反応速度論と呼ばれる分野を形成している．それに対して，個々の素反応を物理化学的な対象としてとらえ，原子・分子の運動として理解する立場は，化学反応動力学と呼ばれる．ここでは後者の立場から化学反応を"原子あるいは分子の結合組み替えを伴う衝突過程"ととらえ，その過程を原子・分子レベルの運動を支配している法則によって説明する．化学反応動力学を含む化学反応の教科書は，英語で書かれたものとそれらを日本語に訳したものが主流であったが[1]，近年，日本語で書かれた優れた教科書が出版されている[2,3]．より詳しく化学反応について理解したい読者にはそれらを読むことを勧めたい．

3.7.2 化学反応速度定数と反応断面積

化学では，化学反応の速さ・効率を表す量として化学反応速度定数 k を用いることが一般的である．原子・分子レベルの物理量としては反応確率・反応断面積と直接結びつく量である．簡単にその関係を明らかにしよう．

次の式で表される二分子反応を考える．

$$A + BC \rightarrow AB + C \tag{3.7.1}$$

この化学反応の速度は，"反応物（AまたはBC）の減少"あるいは"生成物（ABまたはC）の増加"を時間の関数として測定して決められる．反応速度 r は，一般に反応物の濃度のべき乗に比例し，その比例定数 k を反応速度定数と呼ぶ．素反応では，べきは反応分子数を反映するので，反応（3.7.1）については次のようになる．

$$r = k[A][BC] \tag{3.7.2}$$

一方，反応断面積（積分反応断面積）は，その中に入った場合は必ず反応が起こりその外では反応しない領域の面積と定義できる．反応（3.7.1）の速度は，反応断面積（σ_R），相対速度（v），A，BCの密度 n_A, n_{BC} を用いて，次の式のように表される．

$$r = \sigma_R v n_A n_{BC} \tag{3.7.3}$$

n_A と n_{BC} は式（3.7.2）では [A] と [BC] に対応するので，反応速度定数と反応断面積は $k = \sigma_R v$ という関係にある．

　反応断面積は反応分子の衝突エネルギー，回転・振動エネルギーの関数である．衝突エネルギー E_T の関数として反応断面積 $\sigma_R(E_T)$ が与えられると，ある温度 T におけるエネルギー分布関数 $g(E_T)dE_T$ を用いて，温度 T における反応速度定数 $k(T)$ は以下のように表すことができる．

$$k(T) = \int_0^\infty \left(\frac{2E_T}{\mu}\right)^{1/2} \sigma_R(E_T) g(E_T) dE_T \tag{3.7.4}$$

衝突過程と結びつく反応を理解するためには，反応断面積が不可欠であるが，速度定数に変換するためには，少なくとも衝突エネルギーの関数として反応断面積を知ることが必要である．

3.7.3　化学反応の理論的取り扱い

　化学反応の理論的な取り扱いについて，ここでは概略を述べるにとどめるので，詳しくは文献を参照してほしい[3,4,5]．

a. 反応系のシュレーディンガー方程式

　反応系を記述するハミルトニアンは，次のように表すことができる．ここで，原子核と電子の座標をそれぞれ Q, q で代表し，$\hat{T}_{nu}(Q)$, $\hat{H}_{el}(q;Q)$ は核の運動エネルギー，電子状態のハミルトニアンである．

$$\hat{H}_{mol}(Q, q) = \hat{T}_{nu}(Q) + \hat{H}_{el}(q;Q) \tag{3.7.5}$$

電子と核の質量は大きく異なるので，ボルン-オッペンハイマー近似を使うことができ，その結果，反応系のシュレーディンガー方程式は次の2つの方程式に分離することができる．

$$\hat{H}_{el}(q;Q) \Phi_k^{el}(q;Q) = E_k(Q) \Phi_k^{el}(q;Q) \tag{3.7.6}$$

$$(\hat{T}_{nu}(Q) + E_m(Q)) \Psi_m^{nu}(Q) = E \Psi_m^{nu}(Q) \tag{3.7.7}$$

式（3.7.6）は核の配置をパラメータとして含む電子状態の方程式で，式（3.7.7）は式

(3.7.6) の解として得られたポテンシャルエネルギー面上の核の運動方程式である.

b. 化学反応のポテンシャルエネルギー面

化学反応のポテンシャルエネルギー面を求めるためには，前節の方程式 (3.7.6) をさまざまな核の座標 Q において解く必要がある．このような電子状態を求める非常に高い精度の方法が利用できる．それでも，電子の多い反応系や反応に関与する原子数が多くなると，すべての原子配置で正確な値を求めることは難しい．化学反応にとって重要な原子配置（遷移状態や中間体）を，精度は低いが早く収束する計算で定め，精度を上げて正確な値を求めることが多い．化学反応の動力学を求めるためには，それ以外の核配置における $E_m(Q)$ が必要なので，解析的な関数でスプラインして全配置のポテンシャルエネルギー面が求められる．また，量子化学計算が難しい場合，LEPS（ロンドン-アイリング-ポラニー-佐藤）法などの経験的方法によって得られたポテンシャルエネルギー曲面も使われる[6]．

c. 反応動力学

化学反応を理論的に取り扱う難しさの1つは，その座標系にある．通常の散乱過程を記述するために用いられるヤコビ座標は，化学反応では入口と出口で異なる．質量でスケールしたヤコビ座標を用いて両者を統一して扱う．また，これを変換した超球座標も，反応系と生成系を統一して記述できるので，化学反応を取り扱う場合に有効な座標系である[3,4]．なお，超球座標については，1.1.2項に説明がある．

ポテンシャルエネルギー曲面から反応のダイナミクスを求めるためには方程式 (3.7.7) を解く必要がある．波動関数 $\Psi_m^{nu}(Q)$ が得られれば，反応始状態から終状態までのすべての情報をもっている．超球座標を用いて，原子-分子の三原子系で緊密結合法などによる取り扱いが行われている[3]．しかし，系の自由度が増えると急激に計算時間を必要とするようになるために，四原子以上の系では難しい．

方程式 (3.7.7) を解く代わりに，次の時間に依存したシュレーディンガー方程式を解く方法が広く行われている．

$$i\hbar \frac{\partial}{\partial t} \Psi^{nu}(t) = \hat{H}_{nu} \Psi^{nu}(t) \tag{3.7.8}$$

初期条件 $\Psi^{nu}(0)$ に時間発展演算子を作用させて $\Psi^{nu}(t) = \exp\left(-\frac{i}{\hbar}\hat{H}_{nu}t\right)\Psi^{nu}(0)$ を求める．時間に依存した波動関数は，ガウス型などの波束として表されるため，時間依存波束伝播法と呼ばれる[4,5]．

核の質量は大きいので，古典力学で取り扱うこともできる．反応のポテンシャルエネルギー曲面上の質点の運動は次のハミルトン方程式を解くことによって求めることができる．

$$H(p, q) = T(q, p) + V(q)$$

$$\dot{p}_i = -\left(\frac{\partial H}{\partial q_i}\right), \quad \dot{q}_i = \left(\frac{\partial H}{\partial p_i}\right) \tag{3.7.9}$$

ここで,$H(p, q)$,$T(q, p)$,$V(q)$ はそれぞれ古典的ハミルトニアン,運動エネルギー,ポテンシャルエネルギーである.微分方程式を解く際,振動の位相,回転角などの初期条件はランダムサンプリングを行う.方程式を解くと時間の関数として位相空間上の点の運動が得られる.これを結んだものが古典軌道である.古典軌道が生成物領域へ到達していれば反応確率は1で,そうではない場合は反応確率は0となる.統計的に意味のある量の古典軌道についてその結果を判別し,平均値として反応確率が得られる.

このような動力学計算によって,反応確率 $P(ij, v, b, \phi|lm, w, \Omega)$ が得られる.相対速度 v,衝突係数 b(量子力学ではそれに相当する角運動量),衝突の方位角 ϕ の条件における化学反応 $A(i)+BC(j) \to AB(l)+C(m)$ の起こる確率である.i, j, l, m は反応物および生成物の内部状態を表し,生成物は立体角 Ω に速度 w で放出される.この反応確率を b,ϕ について積分したものが微分反応断面積 $\dfrac{d^2\sigma_R}{dwd\Omega}$ である.

$$\frac{d^2\sigma_R}{dwd\Omega} = \int_0^{2\pi}\int_0^{\infty} P(ij, v, b, \phi|lm, w, \Omega)bdbd\phi \tag{3.7.10}$$

微分反応断面積を立体角と生成物の相対速度について積分すると積分反応断面積 σ_R が得られる.

$$\sigma_R(ij, v|lm) = \int_0^{\infty}\int_0^{4\pi} \left(\frac{d^2\sigma_R}{dwd\Omega}\right)dwd\Omega \tag{3.7.11}$$

d. 遷移状態理論

はじめに述べたように,化学においては反応速度定数 k,とくにある温度における速度定数 $k(T)$ を知ることが重要である.ポテンシャルエネルギー曲面が計算されているような比較的原子数の少ない系では,古典軌道計算によって反応確率を求め,反応断面積から反応速度定数を求めることができる.しかし,多くの化学反応ではこの方法は現実的ではない.この場合,反応速度定数 $k(T)$ を反応系と遷移状態における化学種の分子定数を用いて計算することができる遷移状態理論が有効である.

遷移状態理論は以下のような仮定をもとにしている.
ⅰ)反応系と遷移状態は温度 T における熱平衡状態にある.
ⅱ)遷移状態を通過した反応系は元に戻ることはない.
ⅲ)反応座標とそれと直交する座標に対する運動は分離することができる.

これらの仮定から,反応速度定数は次のように表される.

$$k(T) = \frac{k_B T}{h}\frac{Q^{\ddagger}}{Q_R}\exp\left(-\frac{E_0}{k_B T}\right) \tag{3.7.12}$$

この式で,k_B,h,$Q^{\ddagger}$,Q_R,E_0 はボルツマン定数,プランク定数,遷移状態の分配関数,反応系の分配関数,反応のしきいエネルギーである.

遷移状態の分配関数を求めるためには,遷移状態の構造や結合の強さを知る必要があ

る．ポテンシャルエネルギー面が障壁をもつ場合，遷移状態はその障壁の頂上におかれることが多いが，(ii) の仮定を破るもの（再交差）があるため，式 (3.7.12) で与えられる速度定数は上限値と考えられる．また，遷移状態の位置を最も状態密度の低くなるところにおいて再交差の効果を減らす，変分型遷移状態理論など，多くの改良が行われている．一方，量子力学的な効果は取り入れられていないため，トンネル効果などの補正はとくに低温では重要である．

遷移状態理論は，既知もしくは簡単な仮定で評価可能な分子定数から速度定数を求めることができるという点で非常に有効であるが，反応の動力学は直接含まれていない．むしろ，遷移状態理論で実際の速度定数を再現できないときに，その原因として反応のダイナミクスが類推される．

3.7.4 ポテンシャルエネルギー曲面の形状と反応のダイナミクス

反応のダイナミクスを反映した反応確率 $P(ij, v, b, \phi | lm, w, \Omega)$ と，ポテンシャルエネルギー曲面の形状がどのように関連しているかを，ポテンシャルエネルギー曲面を使って説明しよう．素反応 (3.7.1) に対応するポテンシャルエネルギー曲面を図 3.7.1 に示す．A-B-C という三原子系では，重心系の内部自由度は3個あるので，自由度すべての関数としてエネルギーを3次元で示すことはできない．この図では AB，BC 間の距離 r_{A-B}, r_{B-C} を変数として表し，結合 AB と BC の角度は固定してある．

A + BC 反応は右側の谷から始まる．反応物が近づくにつれてエネルギーが高くなる．これは，破線に沿って谷を上ることに対応する．古い結合 BC の解離と新しい結合 AB の生成は協奏的に進む．結合 BC と AB が組み変わるのは図中で * をつけた領域で，反応の遷移状態（TS）と呼ばれる．反応座標（図中破線で示してある）に沿って見た場合，最もエネルギーが高い地点で，遷移状態を通過した後，反応系は左側の生成物の谷へ下っ

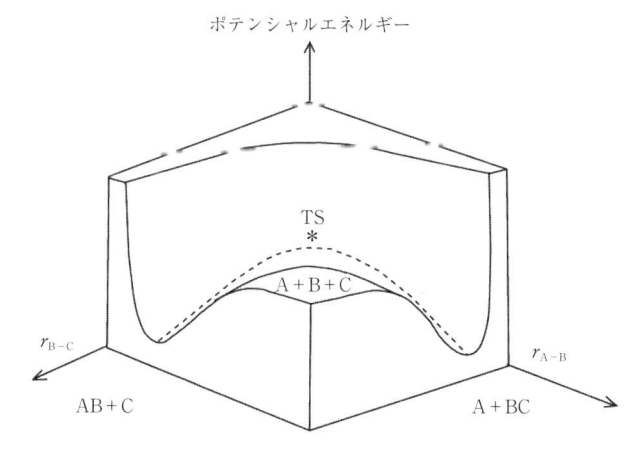

図 3.7.1 ポテンシャルエネルギー曲面の模式図

ていく．

a. エネルギー障壁をもつポテンシャルエネルギー曲面

化学反応は，このようなポテンシャルエネルギー曲面上の質点の運動と考えられる．古典的な軌道を用いて，反応に必要なエネルギーと反応によって放出されるエネルギーの関連について考えてみる．図3.7.1のようなエネルギー障壁をもつポテンシャル面を進む反応は，障壁を超えるエネルギーを反応座標に沿った運動エネルギーとしてもたなくてはならない．反応座標は，遷移状態付近で A-BC の相対運動から AB-C の相対運動へ変化するので，遷移状態が反応の入口側にあるか，出口側にあるかで必要なエネルギーの自由度は異なる．2種類のポテンシャルエネルギー曲面（等高線図）について，図3.7.2に反応の軌道を示した．

図3.7.2(a) は，遷移状態（TS）が反応物 A+BC 側にある，つまり入口に障壁のある曲面で早期障壁（early barrier）曲面と呼ばれる．反応座標は r_{A-B} に沿った運動に近いので，A-BC の並進運動エネルギーが障壁を超えるのに有効である（図中の破線）．一方，図3.7.2(b) で示した曲面は，出口側に障壁のある後期障壁（late barrier）曲面で，反応座標は r_{B-C} に沿った運動なので，BC の振動エネルギーが有効である．また，障壁を超えた後で反応系は余分なエネルギーを放出するが，その放出するエネルギー自由度にも，ポテンシャルエネルギー面による特異性が表れる．図中に示した軌道からわかるように，早期障壁曲面では生成物の振動エネルギーとして，後期障壁曲面では並進運動エネルギーとして放出される．

このようにポテンシャルエネルギー曲面の形状とエネルギー（反応を進める上で有効なエネルギーと反応後放出されるエネルギー）は密接に関係している．この関係から，反応生成物のエネルギーがどの自由度に放出されるかを観測して，遷移状態の構造を類

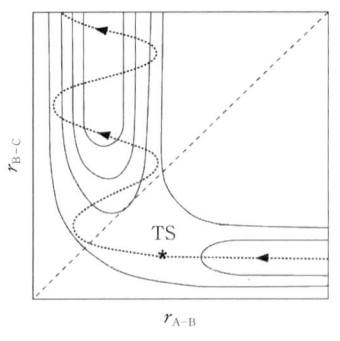

(a) 早期障壁をもつポテンシャルエネルギー面

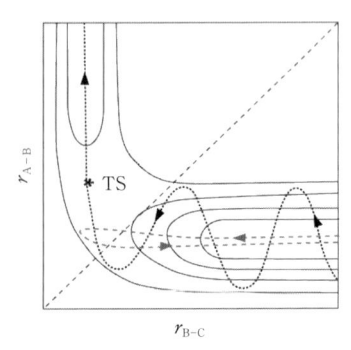

(b) 後期障壁をもつポテンシャルエネルギー面

図 3.7.2 2種類のポテンシャルエネルギー曲面と反応の軌道の例
(b) では，並進エネルギーは反応を進める上で効果がない．

推することができる．逆に，遷移状態の構造から，反応を進める上で有効なエネルギー自由度や，反応後のエネルギー放出の様子を類推することも可能である．

b. 長い寿命をもつ中間体を経る反応：統計的エネルギー分配

反応のポテンシャルエネルギー曲面には，安定な中間体に対応するポテンシャルの極小（井戸と呼ばれる）をもつものもある．反応の軌道がポテンシャル井戸に落ち込むと，寿命をもつ中間体を生成する．系のエネルギーは反応物・生成物に至るだけ十分に高いので，やがて系は反応物か生成物へ解離する．中間体の寿命が十分に長いと，系のエネルギーはすべての自由度にランダムに配分され，中間体が解離した生成物の内部状態分布は統計的になると期待される．統計分布は，生成物の量子状態の数で評価することができ，たとえば三原子系で生成する分子の振動回転状態 (v, J) は，次の式で与えられる分布をもつと考えられる．

$$P(v, J) = (2J+1)(E_{av} - E_v - E_J)^{1/2} \tag{3.7.13}$$

ここで，E_{av}, E_v, E_J はそれぞれ反応で放出されるエネルギー，生成物の振動エネルギー，回転エネルギーである．

電子励起したチタン原子の反応（$Ti^*(a^5F_J) + O_2$）は電子励起した酸化チタン（$TiO^*(A)$ と $TiO^*(B)$）を生成する．実験で決定された $TiO^*(A, B)$ の振動状態分布を図 3.7.3 に示す．$TiO^*(B)$ の振動状態は式 (3.7.13) によって予測されるものとよく一致しているが，$TiO^*(A)$ の振動状態分布は $v = 4$ 近くにピークをもっている．これらの結果から，$TiO^*(A)$ は直接酸素引き抜き機構で生成し，$TiO^*(B)$ は深いポテンシャル井戸をもつポテンシャルエネルギー面を経て生成すると結論される[7]．

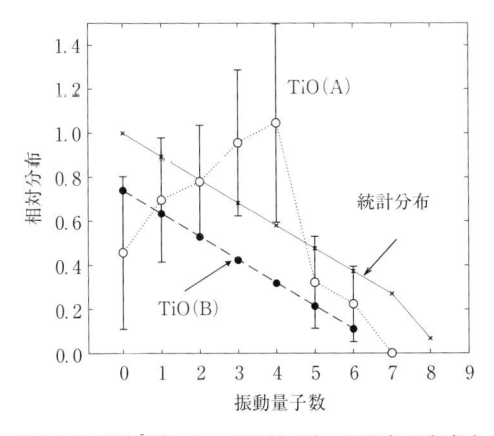

図 3.7.3 $Ti(a^5F_J) + O_2 \rightarrow TiO(A, B) + O$ 反応で生成する $TiO(A)$ および $TiO(B)$ の振動状態分布

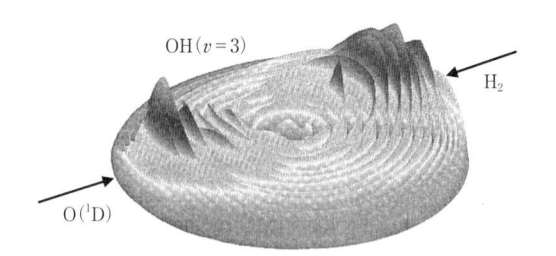

図 3.7.4 $O(^1D) + H_2 \rightarrow OH(v=3) + H$ 反応で生成する H 原子の速度・角度分布[8]

c. 生成物の角度・速度分布を観測する：交差分子線実験

ポテンシャルエネルギー面の特性は，反応の後に生成物が放出される方向（角度 Ω に関する分布）にも敏感に反映する．エネルギー障壁のある反応では，中間体を生成しないかその寿命が非常に短いので，生成物の角度分布には異方性が現れる．一方，寿命の長い中間体を経る反応では，中間体として何回か回転した後に反応分子が入射した方向の記憶はなくなり，どの方向にも等しい確率で放出されることが期待され，角度分布は等方的になる．

このような生成物の速度・角度分布（微分断面積，$d^2\sigma_R/dwd\Omega$）を観測するためには，交差分子線法という実験方法が必要である．基本的には，弾性・非弾性散乱を観測する交差分子線法と同じものであるが，反応生成物を観測する必要があるので，検出器には化学種を区別する機能が必要である．広く用いられているのは，電子衝撃あるいはレーザー多光子イオン化法で生成物をイオン化し，質量分析計によって観測するものである．後者では，生成物の内部状態を選別した微分断面積を測定することができる．

準安定励起状態にある酸素（$O(^1D)$）と水素 H_2 の衝突で，$OH+H$ が生成する反応の速度・角度分布を図 3.7.4 に示す．この反応のポテンシャルエネルギー曲面上には，水 H_2O に対応するポテンシャルの井戸があり，中間体の寿命は長いと期待される．この図は $OH(v=3)$ を生成する反応経路に対応する重心系の速度・角度分布である．多くのリングは OH の回転状態に対応する．この分布には，$O(^1D)$ の入射方向に対して前方と後方にピークがみられ，寿命の長い中間体を経て反応が進むことを示している．しかし，前方のピークは後方のものより高く，長寿命の中間体を経ない，水素原子引き抜き反応も同時に起こっていることを示唆している．

3.7.5 具体的な反応の例：$F + H_2 \rightarrow HF + H$

これまで非常に詳しく研究が進められている $F+H_2 \rightarrow HF+H$ 反応について，簡単に歴史を振り返って反応動力学の到達点をみてみよう．

この反応は系の電子数も少ないので，その時代で最も精度の高い第 1 原理計算によるポテンシャルエネルギー面が提案されていた．それによると，典型的な前期障壁曲面で，

3.7 化学反応

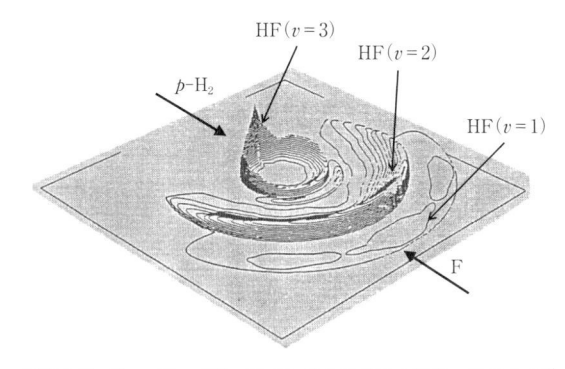

図 3.7.5 F+p-H$_2$→HF+H で生成する HF の速度・角度分布[14]

遷移状態は H-H-F という直線構造をもっているとされていた．赤外線化学発光の観測から，生成物 HF の振動は励起するが回転エネルギーはあまり励起しないことが明らかになっており，反応入口側に直線型の遷移状態をもつというポテンシャルエネルギー面と辻褄が合っていた[9]．

この反応について，詳細な速度・角度分布の測定が 1985 年にニューマーク（Neumark）らによって行われ，非常に興味深い結果が報告された[10]．図 3.7.5 にその結果を示す．異なる振動状態にある HF は速度が異なり，重心を中心とした異なる半径をもつ同心円上に現れる．直線型の遷移状態から期待されるように，生成物 HF は F の入射方向に対して後方にピークをもっている（HF(v=1, 2)）．興味深いのは，HF(v=3) に対応する分布には，後方ではなく前方に鋭いピークがみられることである．これは，HF(v=3) を生成する経路には反応の途中に共鳴状態が存在し，遷移状態の寿命がわずかに長くなっているためであると解釈された．

ニューマークらはその後，陰イオン光脱離電子分光法によってこの反応の遷移状態を直接観測することを試みた．F+H$_2$ 反応の遷移状態は，エネルギー障壁の頂上付近なので，反応物か生成物へすぐに解離してしまうが，電子数の 1 個多い陰イオン FH$_2^-$ にすると安定に存在する．FH$_2^-$ は F+H$_2$ 反応の遷移状態とほぼ同じ構造ももっているので，FH$_2^-$ の光脱離電子スペクトルは，中性ポテンシャル面への垂直遷移によって生じる遷移状態［H$_2$F］$^\#$ の振動構造を与えると期待された．1993 年に光電子脱離スペクトルが観測され，その時点での最良のポテンシャルエネルギー面を用いて計算したスペクトルと比較が行われた[11]．しかし，どのポテンシャルエネルギー面によるスペクトルも観測されたものを再現しなかった．この不一致は理論研究者を刺激し，より正しいポテンシャルエネルギー面を求める努力が行われた．1996 年になってニューマークらのスペクトルを非常によく再現するポテンシャルエネルギー面が報告された[12]．そのポテンシャル面では，それまで考えられていたように遷移状態が H-H-F という直線構造ではなく，HHF 角度が 119° と曲がっていることが明らかになった．

実験でも2000年に新しい進展がみられた．劉（Liu）らはF＋HD反応の積分断面積を衝突エネルギーの関数として測定したところ，D＋HFを生成する経路にピークが現れることを見出した[13]．このピークは，反応のしきいエネルギーより低いエネルギーにみられ，低い反応障壁をトンネル効果によって通過しているものと考えられた．彼らが理論計算の助けを借りて結果を解析したところ，このエネルギーで反応系は確かに長い寿命をもつ共鳴状態を生成していることが明らかになった．彼らの実験結果は，新しいポテンシャルエネルギー面上の動力学計算でよく再現し，ポテンシャル面の正しさが確認された．その後，実験・理論計算ともにさらに精度が上がり，2006年の楊（Yang）らの報告では，生成物の角度分布について，実験と理論計算の結果はほとんど完璧な一致を示し，また共鳴状態についてもその実体が詳しく明らかになっている[14]．

3.7.6 おわりに

始めに述べたように，化学反応は多様であり，その一部がやっと原子分子物理学の対象になりはじめたにすぎない．多原子系や凝縮系の反応については，ほとんど手がつけられていない．その基本的な部分は，ここで紹介したような気相の三原子系の反応にあることは間違いないが，自由度が多くなり溶媒や固体表面など媒体が関与することによって，質的にも新しい問題が出てくることも期待される．実験や理論手法の発展を基礎にして，今後の展開が期待される分野である．　　　　　　　　　　　〔本間健二〕

文　献

1) J. I. Steinfeld, J. S. Francisco and W. L. Hase, *Chemical kinetics and dynamics*（Prentice Hall, 1989）［佐藤　伸訳,「化学動力学」（東京化学同人, 1995）］; Paul L. Houston, *Chemical Kinetics and Reaction Dynamics*（Dover Publications, 2001）; M. Brouard, *Reaction Dynamics*, Oxford Chemistry Primers 61（Oxford University Press, 1998）; Raphael D. Levine, *Molecular Reaction Dynamics*（Cambridge University Press, 2005）．
2) 土屋荘次,「はじめての化学反応論」（岩波書店, 2003）．
3) 中村宏樹, 朝倉化学大系「化学反応動力学」（朝倉書店, 2004）．
4) J. Z. H. Zhang, *Theory and Application of Quantum Molecular Dynamics*（World Scientific, 1999）．
5) N. E. Henriksen and F. Y. Hansen, *Theories of Molecular Reaction Dynamics*（Oxford University Press, 2008）．
6) LEPS（London-Eyring-Polanyi-Sato）法については，文献[2,5]などを参照．
7) R. Yamashiro, Y. Matsumoto and K. Honma, *J. Chem. Phys.* **131**（2009）054311.
8) X. Liu, J. J. Lin, S. Harich, G. C. Schatz and X. Yang, *Science* **289**（2000）1536.
9) 1985年までのおもに理論的な研究については, H. F. Schaefer III, *J. Phys. Chem.* **89**（1985）5336.
10) D. M. Neumark, A. M. Wodtke, G. N. Robinson, C. C. Hayden and Y. T. Lee, *J. Chem. Phys.* **82**（1985）3045.
11) S. E. Bradforth, D. W. Arnold, D. M. Neumark and D. E. Manolopoulos, *J. Chem. Phys.* **99**（1993）6345.
12) K. Stark and H.-J. Werner, *J. Chem. Phys.* **104**（1996）6515.
13) R. T. Skodje, D. Skouteris, D. E. Manolopoulos, S.-H. Lee, F. Dong and K. Liu, *J. Chem. Phys.*

112 (2000) 4536.
14) M. Qiu, Z. Ren, L. Che, D. Dai, S. A. Harich, X. Wang, X. Yang, C. Xu, D. Xie, M. Gustafsson, R. T. Skodje, Z. Sun and D. H. Zhang, *Science* **311** (2006) 1440.

3.8 イオンと原子・分子・イオンの衝突

電子構造をもち内部自由度のある粒子（原子・分子・イオン）とイオンとの衝突は，入射粒子が電荷をもつ点では 3.2〜3.4 節で扱った電子衝突と共通している．しかし，入射粒子のイオンの質量は電子の質量に比べてはるかに大きく，かつ，イオンには電子構造があるので，イオン衝突における衝突過程は電子衝突に比べてはるかに多種多様である．このためイオン衝突における衝突現象の観測や理論的取り扱いに万能な手法は存在せず，それぞれの衝突過程の特性や観測目的に応じて有効な手法を選択して対応していかねばならない．とくに衝突エネルギーにおいて，衝突速度（粒子間の相対速度）が遅い低エネルギー衝突と，衝突速度が速い高エネルギー衝突とでは有効な理論的扱いや近似法に，また，実験手法においても大きな違いがある．本節では，まず，イオン衝突における衝突現象を理解するに必要な粒子間の二体衝突における基礎的な力学的関係をとりまとめておく．

3.8.1 二体衝突における力学的関係
a. 実験室系と重心系

質量 m_1 の粒子 1 が速度 v_1 で無限遠方より衝突径数（impact parameter）b で静止している（速度 $v_2=0$）質量 m_2 の粒子 2 に接近して相互作用を及ぼしあった後に，粒子 1 と粒子 2 が質量を変えずにそれぞれ v'_1, v'_2 の速度で θ_1, θ_2 方向に離散する散乱を考える．

衝突の接近時と離散時ともに粒子間距離 R を関数とする球対称の相互作用ポテンシャル $V(R)$ が作用し，無限遠方で $V(\infty)=0$ とする．粒子間の相互作用力が斥力と引力の場合における二体衝突の散乱軌道を，静止座標系で表示する実験室系（laboratory systems），重心を原点に固定した座標系で表示する重心系（center-of-mass systems），および，標的を原点に固定した座標系で相対運動を描く3つの方法で表示すると図 3.8.1 のようになる．通常，実験装置の設計や製作にはもっぱら実験室系が使用され，データ解析や理論的扱いには相対運動あるいは重心系で表示した方が都合のよいことが多い．

二体衝突における重要な力学的関係は，粒子の運動は重心の運動と重心のまわりの相対運動に分割でき，外力が作用しない限り衝突前後で重心の運動は不変で系全体の総エネルギーおよび全角運動量が保存することである．衝突前後の系の運動エネルギー T, T' は重心の並進（等速直線）運動のエネルギーと相対運動のエネルギーの和に等しく，衝突前後で相互作用ポテンシャルや内部エネルギーが変化すれば相対運動のエネルギーが相補的に変化する．T, T' と重心の速度 v_G は次式で与えられる．

斥力の場合　　　　　　引力の場合

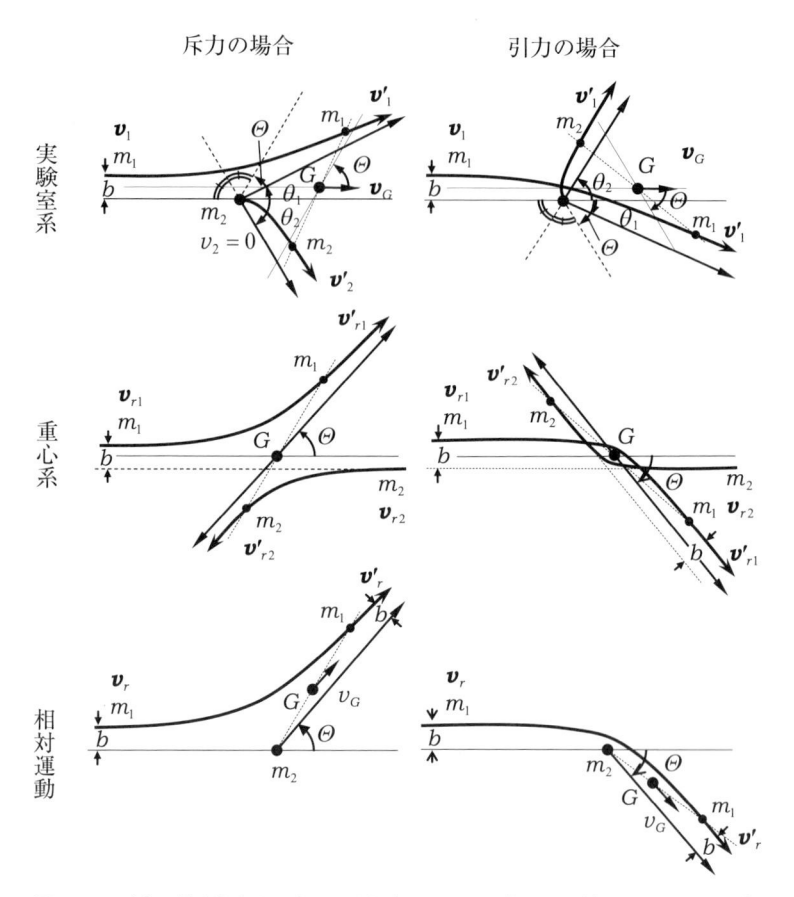

実験室系

重心系

相対運動

図 3.8.1 斥力が働く場合と引力が働く場合における二体衝突の散乱軌道の実験室系，重心系，相対運動表示

$$T = \frac{1}{2} m_1 v_1^2 + \frac{1}{2} m_2 v_2^2 = \frac{1}{2}(m_1 + m_2) v_G^2 + \frac{1}{2} \mu v_r^2 \tag{3.8.1}$$

$$T' = \frac{1}{2} m_1 v_1'^2 + \frac{1}{2} m_2 v_2'^2 = \frac{1}{2}(m_1 + m_2) v_G^2 + \frac{1}{2} \mu v_r'^2 \tag{3.8.2}$$

$$v_G = \frac{m_1 v_1 + m_2 v_2}{m_1 + m_2} = \frac{m_1 v_1' + m_2 v_2'}{m_1 + m_2} \tag{3.8.3}$$

ここで，$\mu = m_1 m_2 /(m_1 + m_2)$ は換算質量，$v_r = v_1 - v_2$ は衝突前の相対運動の速度ベクトル，$v_r' = v_1' - v_2'$ は衝突後の相対運動の速度ベクトルである．衝突により粒子の内部状態が変化するような場合，その内部エネルギーの変化量 $\Delta E (\equiv E_{内} - E_{内}')$ は衝突前後の相対運動のエネルギー差に等しい．

$$\Delta E = \frac{1}{2}\mu v_r'^2 - \frac{1}{2}\mu v_r^2 \tag{3.8.4}$$

b. 弾性衝突と非弾性衝突

イオン衝突では，入射粒子のイオンも標的の原子分子のいずれも電子構造をもっているので，両粒子とも衝突によって内部状態が変化することがある．外力が作用しない限り重心の運動は不変なので，エネルギー保存則より衝突粒子の内部エネルギー変化は相対運動のエネルギーに変化をもたらす．二体衝突において，相対運動のエネルギーが変化しない衝突（$\Delta E = 0$）を弾性衝突（elastic collision）と呼び，相対運動のエネルギーが変化する衝突（$\Delta E \neq 0$）を非弾性衝突（inelastic collision）という．衝突前後の粒子それぞれの内部状態を直接観測することは難しいが，内部エネルギー変化に伴う相対運動のエネルギー変化量を測定できれば間接的に内部エネルギーの変化量 ΔE を推定できる．非弾性衝突において衝突前後で衝突粒子の内部エネルギーが増大して相対運動のエネルギーが減じる（$\Delta E < 0$）を吸熱反応と呼び，逆に内部エネルギーが減じて相対運動のエネルギーが増大する衝突過程（$\Delta E > 0$）を発熱反応と呼ぶ．非弾性衝突において衝突粒子の内部状態変化に変換可能なエネルギー量は，エネルギー保存則より入射粒子の衝突エネルギーの全量ではなく相対運動のエネルギーを上限とする制約がある．電子衝突では電子の質量が標的の原子分子の質量に比べて無視できるほど小さいので，電子衝突における非弾性衝突では電子の入射エネルギーのほぼ全量を標的粒子の内部状態変化に費やせる．このことはイオン衝突の場合と大きく異なる．

c. ニュートンダイヤグラム

電子衝突では衝突系の重心の位置は標的の位置に近接しているので衝突現象を実験室系で扱っても重心系で扱っても大差ない．しかし，イオン衝突では入射粒子と標的の質量比によって重心の位置が変わり散乱の様子が異なるので，実験室系と重心系の相互関係をしっかり理解して使い分けねばならない．衝突実験の装置の設計や実験結果の解析において，実験室系における速度や散乱角などの衝突パラメータと重心系における衝突パラメータ間の相互変換が必要となる場合が多々ある．このようなとき，二体衝突における衝突前後の散乱結果を表示した"ニュートンダイヤグラム"を活用すると，実験室系と重心系における速度や散乱角の対応関係を簡便に知ることができる．

質量 m_1 の粒子1が静止した質量 m_2 の粒子2に衝突する二体衝突で，$m_1 > m_2$ と $m_1 < m_2$ の関係におけるニュートンダイヤグラムの例を図3.8.2に示す．衝突前の相対速度のベクトル v_r を $m_1 : m_2$ の質量比で内分する点を重心Gとし，重心系では衝突後の二粒子は重心Gより散乱角 Θ の方向にそれぞれ $v_{r1}' = (\mu/m_1)v_r'$ と $v_{r2}' = -(\mu/m_2)v_r'$ の速度で反跳する．同図では衝突前後で粒子間の相対速度が変化しない弾性衝突（$v_r = v_r'$）を実線で示し，点線は相対速度が変化する非弾性衝突（$v_r \neq v_r'$）を示す．図中のA点は衝突前に静止していた粒子2の初期位置に対応し，ベクトル $\overrightarrow{AG}$ は重心の速度ベクトル v_G

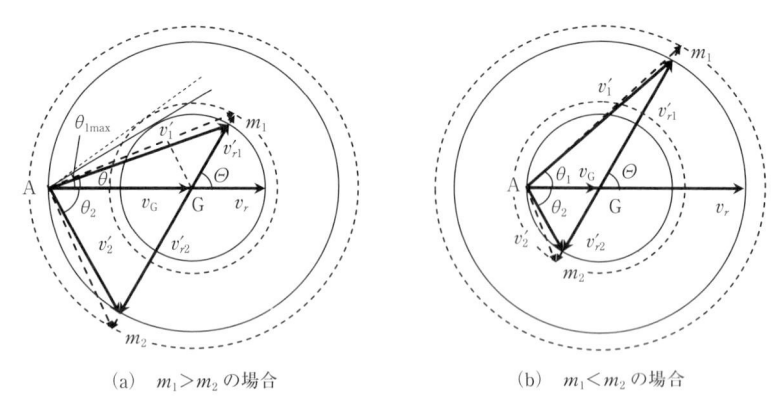

図 3.8.2 弾性衝突（実線）と非弾性衝突（点線）に対するニュートンダイヤグラム表示例

である．実験室系の散乱粒子の速度ベクトルは重心の速度と重心系の速度とのベクトル合成 ($v_1' = v_G + v_{r1}'$, $v_2' = v_G + v_{r2}'$) で与えられ，角 θ_1, θ_2 は実験室系における粒子それぞれの散乱角である．衝突が弾性・非弾性にかかわらず $m_1 > m_2$ の衝突系では $|v_{r1}| < |v_G|$ の関係にあれば粒子1は前方にのみに散乱し，その散乱角には粒子の質量比で決まる最大値 $\theta_{1max} > \theta_1$ の上限がある．

$$\sin\theta_{1max} = \frac{v_{r1}'}{v_G} = \frac{m_2}{m_1} \tag{3.8.5}$$

実験室系と重心系における速度や散乱角などの衝突パラメータの相互関係は三角形の余弦則および式 (3.8.4) により定まる．実験室系における衝突後の散乱粒子の速度 v_1', v_2' や散乱角 θ_1, θ_2 は，重心系の速度 v_G や散乱角 Θ あるいは衝突エネルギー E に対する相対運動のエネルギー変化量 ΔE を用いて表すと次の関係にある．

$$v_1' = (v_{r1}'^2 + v_G^2 + 2v_{r1}' v_G \cos\Theta)^{1/2} = v_G \left\{ \left(\frac{m_2}{m_1}\right)^2 \left(1 + \frac{\Delta E}{E}\right) + 1 + 2\frac{m_2}{m_1}\sqrt{1 + \frac{\Delta E}{E}}\cos\Theta \right\}^{1/2}$$

$$\tan\theta_1 = \frac{\sin\Theta}{\frac{v_G}{v_{r1}'} + \cos\Theta} = \frac{\sin\Theta}{\frac{m_1}{m_2}\sqrt{\frac{E}{E + \Delta E}} + \cos\Theta} \tag{3.8.6}$$

$$v_2' = (v_{r2}'^2 + v_G^2 - 2v_{r2}' v_G \cos\Theta)^{1/2} = v_G\left\{\left(1 + \frac{\Delta E}{E}\right) + 1 - 2\sqrt{1 + \frac{\Delta E}{E}}\cos\Theta\right\}^{1/2}$$

$$\tan\theta_2 = \frac{\sin\Theta}{\frac{v_G}{v_{r2}'} - \cos\Theta} = \frac{\sin\Theta}{\sqrt{\frac{E}{E + \Delta E}} - \cos\Theta} \tag{3.8.7}$$

ここで，E は重心系の衝突エネルギーで ΔE は系の内部エネルギー変化である．弾性衝突 ($\Delta E = 0$) では粒子2に対する式 (3.8.7) は次の簡単な関係になることは図 3.8.2 の図形からもただちに読み取れる．

$$v'_2 = 2v_G \sin\frac{\Theta}{2}, \quad \theta_2 = \frac{1}{2}(\pi - \Theta) \tag{3.8.8}$$

3.8.2 ポテンシャル散乱と散乱断面積

イオンの原子・分子との衝突は中性粒子同士の衝突と同じ重粒子衝突に分類され，質量が軽く内部構造をもたない電子のイオン・原子・分子との衝突とは区別される．入射粒子のド・ブロイ (de Broglie) 波長が相互作用領域の大きさに比べて短い重粒子衝突は古典的な粒子像が成り立ちやすい．とりわけイオン衝突では，クーロン力や分極力などの比較的遠距離力ポテンシャルに支配されるので古典論的に扱うことが多い．分子イオンや分子標的の衝突では，通常粒子間の相互作用ポテンシャルは衝突軸に対する分子の向き（配向）に依存し球対称ではない．ここでは散乱の様相の記述が容易な球対称な相互作用ポテンシャル $V(R)$ を想定した散乱における特徴を以下にとりまとめておく．

a. 中心力場の二体衝突における偏向関数と微分散乱断面積

質量が m_1 と m_2 の粒子1と粒子2の二体衝突では，図3.8.1に示すように，相互作用力が引力と斥力とでは散乱の様相が一変する．簡単化のため，相互作用ポテンシャル $V(R)$ は粒子間距離 R の球対称関数で無限遠方では作用せず $V(\infty)=0$ とする．衝突粒子の内部状態の変化のない弾性衝突では，次の力学的全エネルギー E と角運動量 $\boldsymbol{L}$ が保存する．

$$E = \frac{1}{2}\mu v_r^2 + V(R), \quad \boldsymbol{L} = \boldsymbol{R} \times \mu \boldsymbol{v}_r \tag{3.8.9}$$

粒子2を座標系の原点に固定した極座標で表示すると次の関係になる．

$$E = \frac{1}{2}\mu\left\{\left(\frac{dR}{dt}\right)^2 + R^2\left(\frac{d\Phi}{dt}\right)^2\right\} + V(R) = \frac{1}{2}\mu v_0^2 \tag{3.8.10}$$

$$L = \mu R^2 \frac{d\Phi}{dt} = b\mu v_0 \tag{3.8.11}$$

ここで，b は衝突径数（impact parameter），v_0 は無限遠方から入射する粒子1の初期速度である．式 (3.8.10) と式 (3.8.11) の関係から $d\Phi/dt$ を消去すると，重心系のエネルギーは

$$E = \frac{1}{2}\mu\left(\frac{dR}{dt}\right)^2 + \frac{L^2}{2\mu R^2} + V(R) \tag{3.8.12}$$

となり，右辺第2項の遠心力のポテンシャルは $(b/R)^2 E$ と変形できる．第2項と第3項の和は有効ポテンシャル（effective potential）と呼ばれる．

$$V_{\text{eff}}(R) = \frac{L^2}{2\mu R^2} + V(R) = \frac{b^2}{R^2}E + V(R) \tag{3.8.13}$$

式 (3.8.11) と (3.8.12) の関係から求まる $d\Phi$ を積分すると b と E を変数とする散乱

角 Θ が得られる.

$$\Theta(b, E) = \pi - 2\int_{R_0}^{\infty} \frac{b}{\sqrt{1 - \frac{b^2}{R^2} - \frac{V(R)}{E}}} \frac{dR}{R^2} \tag{3.8.14}$$

この $\Theta(b, E)$ は偏向関数 (deflection function) と呼ばれ, 積分領域の下限の R_0 は $V_{\mathrm{eff}}(R_0)$ $= E$ の条件から求まる衝突粒子間の最近接距離である. 衝突エネルギー E が一定の条件下で衝突径数 b と散乱角 Θ の関数関係が与えられれば, 衝突径数と散乱角間の $d\sigma_C = 2\pi b db = q_C(\Theta) d\Omega$, $d\Omega = 2\pi \sin\Theta d\Theta$ の関係から微分散乱断面積 $q_C(\Theta)$ が求まる.

$$q_C(\Theta) \equiv \frac{d\sigma_C}{d\Omega} = \frac{b}{\sin\Theta} \left|\frac{db}{d\Theta}\right| \tag{3.8.15}$$

極座標表示における粒子の散乱の方向を, 重心系で Θ, Φ, 実験室系で θ, φ, 微小立体角を重心系で $d\Omega$, 実験室系で $d\omega$ と表すと, 重心系の微分断面積 q_C と実験室系の微分断面積 q_L との間には $q_C(\Theta, \Phi) d\Omega = q_L(\theta, \varphi) d\omega$ の関係が成立する. 実験室系と重心系の微分断面積間の相互変換はそう簡単ではないが, 重心系と実験室系での散乱角 Θ, θ 間の式 (3.8.6), (3.8.7) の関係を活用すると次の関係式により重心系と実験室系の散乱断面積の相互変換が行える[1]).

$$q_L(\theta) = q_C(\Theta) \cdot \frac{\sin\Theta}{\sin\theta} \cdot \frac{d\Theta}{d\theta} \tag{3.8.16}$$

b. 分子間ポテンシャルと散乱軌道

二体衝突の散乱問題は中心力場における散乱問題に帰着し, 粒子の散乱の様子は衝突粒子間に作用する分子間力による相互作用すなわち分子間ポテンシャルにより決まる. 電荷をもたない中性粒子同士の衝突では, レナード-ジョーンズ型ポテンシャルやモース型ポテンシャルなどの近距離の分子間ポテンシャルで近似されることが多い. イオン衝突では, 入射イオンの電荷によるクーロン場で標的の中性原子・分子が分極して粒子間には引力である分極力が働く. イオン衝突で重要な役割を演ずるクーロン力や分極力は中性粒子同士の衝突における分子間力に比べればはるかに遠方で作用する. このためイオン衝突では比較的衝突径数 b が大きい散乱が重要となることが多く, 小角散乱の衝突過程でも非弾性過程や組み換え過程も起こりうる. これはイオン衝突の大きな特徴といえる. 図 3.8.3 に遠方で引力が作用し近接領域で強い斥力が働く典型的な球対称分子間ポテンシャル $V(R)$ による弾性散乱における衝突径数 b, 散乱軌道, 偏向関数 $\Theta(b, E)$, 微分断面積 $q(\Theta)$ 間の相互関係を示す. 図中の (c) 偏向関数には式 (3.8.14) を用いて求まる散乱角 Θ と衝突径数 b の関係を示す. 衝突径数 b が 0, 1, 2 における散乱軌道の散乱角は大きく変化し, b が 3 の散乱軌道は b が ∞ までの遠方での散乱とともに $\Theta \approx 0$ 方向の微分断面積を急増させている (グローリ散乱 (glory scattering)). 衝突径数の b が 4 の散乱軌道は散乱角が極大となる Θ_r 方向に b の 4 の近傍ほか 2 と 3 の中間の複数の衝突径数の散乱が $\Theta = \Theta_r$ と同一方向の微分断面積を共鳴的に急増させる (レ

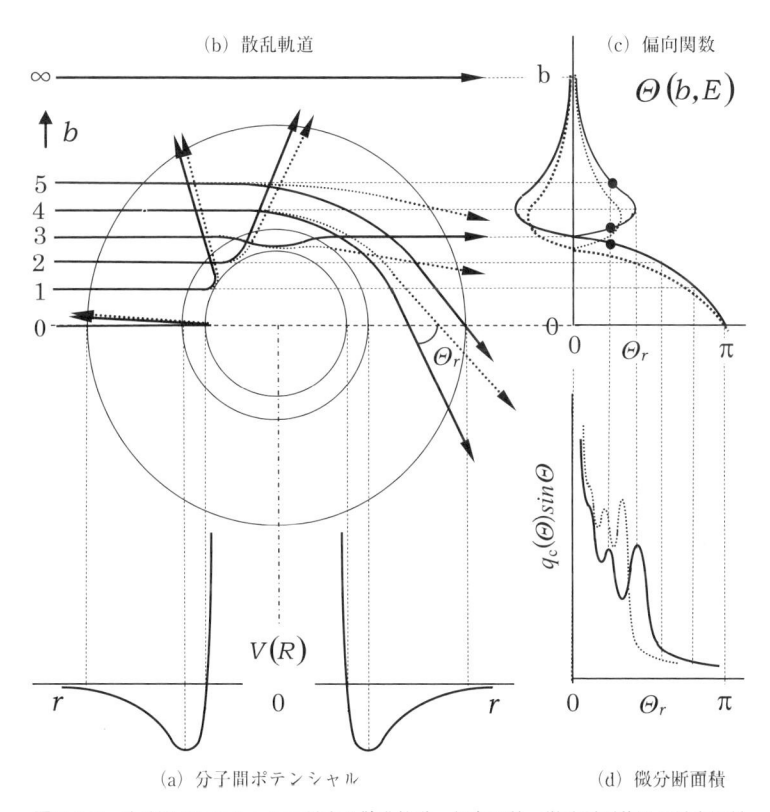

3.8 イオンと原子・分子・イオンの衝突　　317

図 3.8.3 分子間ポテンシャルに対する散乱軌道・偏向関数・微分断面積間の対応関係　実線で示した散乱軌道・偏向関数・微分断面積は衝突エネルギーが増大すると点線に移行する．

インボー散乱（rainbow scattering））．一般に衝突エネルギーが高くなると，図中点線で示したように散乱は前方に集中してくる．また，散乱角が $\Theta < \Theta_r$ の領域では異なる3つの経路が同一方向に散乱すると，それらの散乱波の位相干渉効果で弾性衝突の微分断面積や積分面積に振動構造が現れる．これらの散乱の振動現象は中性粒子衝突の分子線実験で多く観測されているが，イオン衝突においても同様な現象が観測される（後述，3.8.5項 c 参照）．

c. $V(R) = C/R^s$ 相互作用における小角度散乱

二体衝突における相互作用ポテンシャルが衝突エネルギーに比べて十分小さい $V(R) \ll E$ の条件下で比較的遠方での相互作用による散乱は小角散乱となることが予想される．式（3.8.14）の偏向関数 $\Theta(b, E)$ に相互作用ポテンシャルに $V(R) = C/R^s$ を代入して積分を進めると，散乱角 $\Theta(b, E)$ は次のように近似される[3]．

$$\Theta(b, E) \approx \frac{C}{Eb} \quad (s=1) \tag{3.8.17}$$

$$\Theta(b, E) \approx \sqrt{\pi}\, \frac{\Gamma\!\left(\dfrac{s+1}{2}\right)}{\Gamma\!\left(\dfrac{s}{2}\right)} \cdot \frac{C}{Eb^s} \quad (s>1) \tag{3.8.18}$$

衝突径数と散乱角間の $b \propto (E\Theta)^{-1/s}$ の関係から $bdb = q_C(\Theta)\sin\Theta d\Theta \propto E^{-2/s}\Theta^{-2/s-1}d\Theta$ となるので,重心系における微分断面積は衝突エネルギーおよび散乱角と次の関係にあることになる.

$$q_C(E, \Theta) \propto E^{-2/s}\Theta^{-2(1+1/s)} \tag{3.8.19}$$

d. 分極力によるオービティングとランジュバンの断面積

　イオン衝突では接近するイオンの電荷によるクーロン場で標的原子・分子は分極し,その誘起双極子と電荷の間に引力(分極力)が働く.その分極力によるポテンシャルは R^{-4} に比例してその支配が遠距離に及ぶイオン衝突において最も重要な相互作用である.

$$V(R) = -\frac{\alpha q^2}{2R^4} \tag{3.8.20}$$

ただし α は原子分子の分極率で q はイオンの電荷数である.この相互作用ポテンシャルの大きな特徴は有効ポテンシャル $V_{\text{eff}}(R)$ が極大をもつ(図3.8.4),つまり R 方向の接近に対して遠心力ポテンシャル障壁が生じることである.イオンがエネルギー E 一定で標的に接近する際,イオン入射の衝突径数が $b=0$ の衝突では遠心力によるポテ

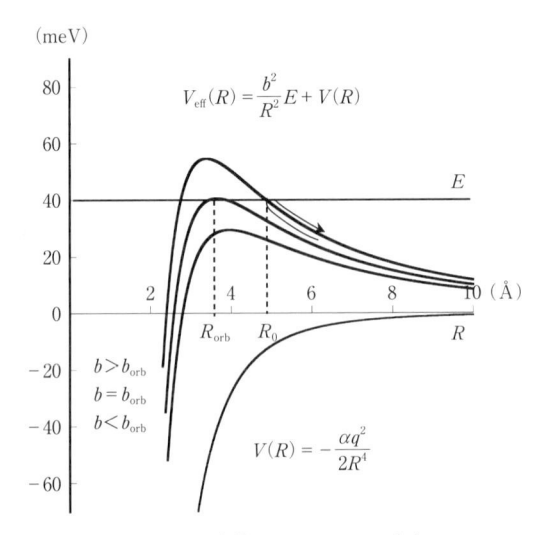

図 3.8.4　有効ポテンシャル $V_{\text{eff}}(R)$

ンシャル障壁は生じないが，イオン入射の衝突径数 b が大きくなるとポテンシャル障壁は高くなりその極大位置は遠方より近接位置に移動する．ポテンシャル障壁の高さがちょうど入射イオンの初期エネルギー E 値に等しくなる，つまり $\partial V_{\text{eff}}/\partial R = 0$ と $V_{\text{eff}} = E$ の条件から極大位置 R_{orb} とそのときの衝突径数 b_{orb} との関係が求まる．

$$b_{\text{orb}} = \sqrt{2} R_{\text{orb}} = \left(\frac{2\alpha q^2}{E}\right)^{1/4} \tag{3.8.21}$$

図 3.8.5 に相互作用ポテンシャルによる散乱軌道と衝突径数の関係を示す．実際の相互作用ポテンシャルの内側には強い斥力ポテンシャル（斥力芯）が存在する．図 3.8.5 に示した R_c は想定される内側の斥力芯の半径である．エネルギー E 一定で $b > b_{\text{orb}}$ の衝突径数のイオン入射は入射エネルギー E より高いポテンシャル障壁を形成する．衝突径数が $b > b_{\text{orb}}$ のイオン入射では，図 3.8.4 において衝突粒子は $b > b_{\text{orb}}$ に対する有効ポテンシャル曲線に沿って接近し，曲線の頂上に至る前に E のレベルに達し，その位置 $R_0(V_{\text{eff}}(R_0) = E$ となる最近接距離) で反転して再びポテンシャル曲線に沿って戻り散乱する．その散乱軌道は図 3.8.5 の衝突径数が $b > b_{\text{orb}}$ に対する軌道である．衝突径数 $b = b_{\text{orb}}$ のイオン入射では，図 3.8.4 に示した有効ポテンシャルが極大となる位置 r_{orb} でちょうどイオンの入射エネルギー E に等しいので，入射イオンの動径方向の運動はポテンシャル障壁の頂上に停留して図 3.8.5 に示すようにイオンの散乱軌道は半径 R_{orb} の円周上を周回しつづける．これをオービティングといい，このときの衝突径数 b_{orb} を臨界衝突径数（critical impact parameter），円軌道の半径 R_{orb} を臨界半径（critical radius）またはオービティング半径（orbiting radius）という．衝突径数が $b < b_{\text{orb}}$ となる領域では，有効ポテンシャルの極大値が入射イオンのエネルギー E より小さいので，入射したイオンは螺旋軌道を描いて散乱中心に向かう．衝突径数が $b \leq b_{\text{orb}}$ 領域の弾性散乱では，螺旋軌道を描いて散乱中心に向かうイオンは内側の斥力ポテンシャルで反射されて再び外向きの螺旋軌道を描き離散するであろうが，その散乱方向は不定の等方的と考えてよい．そのオービティング軌道をとる散乱断面積は

$$\sigma_L = \pi b_{\text{orb}}^2 = \pi q \sqrt{\frac{2\alpha}{E}} \tag{3.8.22}$$

で与えられ，最初に導いたした人の名前をとってランジュバン（Langevin）の断面積と呼ばれている．オービティング軌道の半径は衝突エネルギー E の減少とともに大き

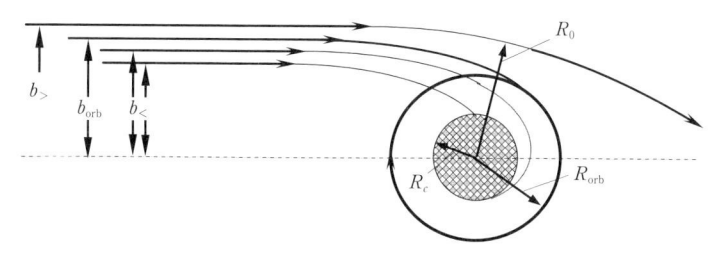

図 3.8.5 臨界衝突径数 b_{orb} とオービティング散乱軌道

くなり，ランジュバンの断面積は $E^{-1/2}$ に比例，すなわち衝突速度に反比例して増大する．ちなみに，$q=1$ の1価イオンが重心系で 1000 eV のエネルギーで分極率が $\alpha=1$ Å^3 の標的に衝突するときのオービティング軌道半径は $R_{\text{orb}} = 0.29$ Å と見積もれ非常に小さいが，30 meV の熱領域の低エネルギー衝突になると $R_{\text{orb}} = 3.9$ Å にまで増大する．もし，オービティング軌道半径 R_{orb} が衝突粒子間の反応領域より大きくなると，衝突係数が $b < b_{\text{orb}}$ の入射イオンの衝突軌道は散乱中心に向かい必ず反応領域に到達できる．その反応断面積は反応確率 P とランジュバンの断面積の積で表されるので，

$$\sigma = P\sigma_L \tag{3.8.23}$$

ランジュバンの断面積は反応断面積の上限値（$P=1$ に対する値）を与える．

衝突粒子が近接領域で原子の組み換えを起こすイオン分子反応は多くの場合熱エネルギー領域で観測される．熱エネルギー領域の低エネルギー衝突でオービティング軌道半径 R_{orb} が反応領域 R_x より大きい（$R_{\text{orb}} > R_x$）と，その反応断面積は速度に反比例し反応断面積と速度の積で定義される反応速度定数 k は衝突速度や温度にはよらない定数となる．

$$k \equiv \langle \sigma v \rangle = P \langle \sigma_L v \rangle \tag{3.8.24}$$

反応速度定数 k が一定の反応過程も衝突エネルギーが増大すると，オービティング軌道半径 R_{orb} が縮小して反応領域（半径 R_x）がオービティング軌道の外側に出てしまう（$R_x > R_{\text{orb}}$）と，反応速度定数 k はもはや一定ではなく衝突速度や温度に依存するようになる．このときの衝突径数 b を $V_{\text{eff}}(R_x) = E$ の関係にある R_x で示すと，その反応断面積は次のように表示される．

$$\sigma = P\pi b^2 = P\pi R_x^2 \left(1 + \frac{\alpha q^2}{2R_x^4 E}\right) = P\pi R_x^2 \left(1 + \frac{R_{\text{orb}}^4}{R_x^4}\right) \tag{3.8.25}$$

反応領域とオービティング軌道の位置関係で反応断面積のエネルギー依存が劇的に変化することが期待される．この反応断面積の衝突エネルギー依存が $E^{-1/2}$ に移行する現象が最初に観測された衝突系は，1価イオンの対称共鳴電荷移行反応ではなく Kr^{2+} と Xe^{2+} の2価イオンの対称共鳴電荷移行の反応断面積測定[4]においてであった（第3.8.5項 b(3)参照）．

さて，有効ポテンシャルが極大をとりその極大値が入射エネルギー E に等しいと入射粒子は標的粒子のまわりを無限に旋回し，その極大値が入射エネルギー E より低いと螺旋軌道で散乱中心に向かうというのがオービティング散乱の古典的な説明である．量子論では角運動量 L は量子化されて $L^2 = l(l+1)$ となるので，式（3.8.13）の有効ポテンシャルは

$$V_{\text{eff}}(R) = \frac{L^2}{2\mu R^2} + V(R) = \frac{l(l+1)}{2\mu R^2} E + V(R) \tag{3.8.26}$$

となる．ここで μ は換算質量である．入射粒子が標的の近傍にある時間だけ滞在することは量子論的な共鳴に相当する．実際の相互作用ポテンシャルには長距離力ポテンシャルの内側に強い斥力のコアポテンシャル（斥力芯）があるので，有効ポテンシャルの障

3.8 イオンと原子・分子・イオンの衝突

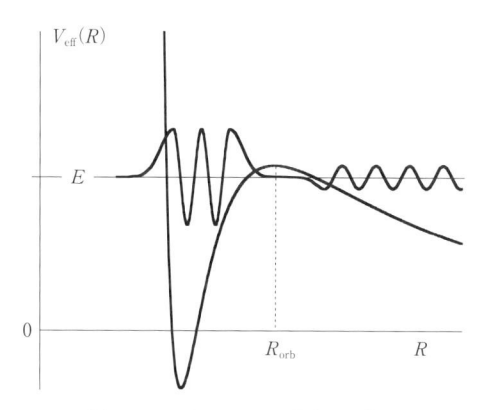

図 3.8.6 ポテンシャル共鳴の概念図

壁の内側に適当な幅と深さがあればポテンシャル井戸内に量子力学的な束縛状態の存在が許される．入射粒子を波動と考え，入射波がポテンシャルで散乱される様子を図 3.8.6 に示す．入射波のエネルギーがこの束縛状態のエネルギーに等しければ，波はトンネル効果で障壁の内部に入り込み，そこで共鳴的に振幅が増大する．軌道角運動量 l で決まる障壁の高さと幅が有限なので，ある時間滞在した後に再びトンネル効果で障壁外に出ていく．これはいわゆるポテンシャル共鳴で，形状共鳴あるいはオービティング共鳴と呼ばれている．このオービティング共鳴現象を予見する理論計算は幾多もあるが，実験的にオービティング共鳴を観測した事例はトエニス（Toennies）らによる中性分子線を用いた弾性散乱断面積測定実験[5]においてだけで，イオン衝突ではまだオービティング共鳴の観測事例はない．

3.8.3 実験手法の概要
a. イオン衝突実験の概略

イオン衝突に関与する反応は，イオンを電場や磁場で制御できるので中性分子同士の反応に比べて質量分析法により反応種の分析や検出がはるかに容易である．イオン衝突における衝突エネルギーは電場によるイオンビームの減加速で容易に制御できるが，イオンビームを減速するとイオン同士のクーロン斥力でビームが発散してしまうので，通常のビーム実験では 10 eV 程度がビームエネルギーの下限である．このため 10 eV 程度以下の低エネルギー領域におけるイオン衝突実験には独特の工夫ある手法が用いられる．ここでは，イオンビームの選別や反応生成物の検出に不可欠のイオンの質量分析法と低エネルギーイオン衝突実験の手法について概説する．

b. イオンの質量分析法と二段加速飛行時間分析における空間収束条件

イオン衝突現象の観測には質量分析の技術は不可欠である．イオンの質量分析の方法

には電場や磁場を利用して特定の質量電荷比 m/q のイオンのみを選別して計測するものと，ある質量範囲のイオンを選別せずすべてを同時に取り込んで計測するものがある．前者の代表例には磁場偏向分析や四重極電場分析がありいずれも高い質量分解能が得られるが，1つの質量を選別して計測するので同一衝突事象からの複数のイオンを同時計測するには不向きである．入射イオンを磁場で偏向してイオンの m/q を選別する磁場偏向分析では，イオンが高エネルギーあるいは高質量になると強磁場を必要として分析装置が巨大化する難点がある．四重極電場分析器（俗称 Q マス）では高周波電圧に直流電圧を重畳させた振動電場で入射イオンに動径方向の運動を付加しその振り分け特性により特定の m/q イオンだけを通過させるので別名マスフィルターとも呼ばれる．この四重極電場分析器はイオンの検出効率（透過効率）には質量依存があるのでイオンの絶対量測定には不向きだが，入射イオンのエネルギーがそろっている必要がなく装置が比較的小型で高い質量分解能が得られるのでイオン衝突実験において生成イオン観測によく利用されている．

一方，後者の代表的な手法には飛行時間分析法（a time-of-flight spectroscopy, TOF）がある．飛行時間質量分析器では飛行する粒子を一度にすべてを検出器に取り込んで検出器に到達するまでの飛行時間の計測によりイオンの m/q を分析する．飛行時間分析法は単に質量分析だけでなくイオン衝突において競合する反応過程や複合する生成物の識別分離した同時計測実験や2次元位置検出器による位置情報との組み合わせでイオン衝突における散乱現象の可視的観測などいろいろな形で活用されている．

飛行時間質量分析装置の構造は比較的簡単であるが，高い質量分解能を得るには空間的な広がりによる飛行時間差を解消させる工夫が必要である．飛行時間分析による質量分解能向上のために，これまでいろいろな試みがなされてきた．ウィリー-マクラーレン（Wiley-McLaren）[6] による二段加速の提案は簡単な構造の線形飛行時間質量分析器の質量分解能を数百程度に向上できる．また，マミリン（Mamyrin）ら[7] が提案したリフレクトロンでは数千程度の高い質量分解能を実現させている．飛行時間計測におけるイオンの出発点の空間分布を飛行時間中に縮小させて検出器に同時に到着させるという空間収束の手法が二段加速型線形質量分析器およびリフレクトロンにおける質量分解能向上の共通原理である．リフレクトロンに比べて構造が単純な二段加速型線形飛行時間質量分析を例にウィリーら提案の空間収束条件を以下に紹介する．

図 3.8.7 は二段加速型線形飛行時間分析の概念を示す．C_0 と C_1 の電極間の均一電場内の s の位置で生成されたイオンは $C_0 C_1$ 間の電界 $V_s/2s_0$ と $C_1 C_2$ 間の電界 V_d/d で加速後，電場のない距離 D の区間を自由飛行して検出器で検出される．初期エネルギー K_{ini} をもつ m/q のイオンが生成されてから検出器に到達するまでの飛行時間 T は次式で表される．

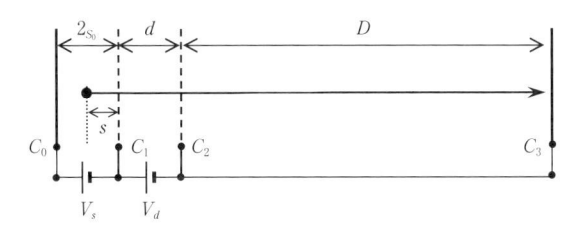

3.8 イオンと原子・分子・イオンの衝突

図3.8.7 二段加速型飛行時間質量分析器の概念図

$$T = \sqrt{\frac{m}{2}} \times \left\{ \begin{array}{l} \dfrac{2(2s_0)}{qV_s}\left(\sqrt{K_{\mathrm{ini}} + \dfrac{s}{2s_0}qV_s} \pm \sqrt{K_{\mathrm{ini}}}\right) \\ + \dfrac{2d}{qV_d}\left(\sqrt{K_{\mathrm{ini}} + \dfrac{s}{2s_0}qV_s + qV_d} - \sqrt{K_{\mathrm{ini}} + \dfrac{s}{2s_0}qV_s}\right) \\ + \dfrac{D}{\sqrt{K_{\mathrm{ini}} + \dfrac{s}{2s_0}qV_s + qV_d}} \end{array} \right\} \quad (3.8.27)$$

位置 s_0 近傍から出発したイオンの飛行時間の広がりを最小にするには，飛行時間の s に関する1次収束と2次収束の偏微分がともに0になる条件を求めればよい．

$$\left.\frac{\partial T}{\partial s}\right|_{s=s_0} = 0, \quad \left.\frac{\partial^2 T}{\partial s^2}\right|_{s=s_0} = 0 \quad (3.8.28)$$

現実的に上式の1次と2次の2つの収束条件を同時に満たすには制約が厳しいので，ウィリーらはイオンの初期エネルギー $K_{\mathrm{ini}} = 0$ における1次収束条件のみによる次の空間収束条件式を提案した．

$$D = 2s_0 k^{3/2} + 2dk^{1/2}/(k^{1/2} + 1) \quad (3.8.29)$$

ここで k は設定電位により定まる $k = (V_s + 2V_d)/V_s$ である．二段加速型線形飛行時間質量分析器の設計において，イオンは第一加速部の中央で生成し二段加速後に式 (3.8.29) により k 値に基づき自由飛行領域 D を設ければ質量分解能の向上が図れることになる．

c. 低エネルギーイオン衝突の実験手法

低エネルギーイオン衝突実験にはビーム減速法に代わり特徴あるいろいろな手法が使われる．ここでは代表的な手法の概略とその特徴を紹介する．

(1) ビーム合流法[8]

イオンを減速するにはイオンの空間電荷の斥力による減速下限があるが，2本のビームを合流させて相対速度を減じるビーム合流法では空間電荷の影響を受けずに重心系の衝突エネルギーを原理的には0近くまで減速できる．実際には両ビームのエネルギー分布が重心系における衝突エネルギーの下限を決める．合流させる中性ビームには，通常正イオンの対称共鳴電荷移行反応あるいは負イオンのレーザー照射による電子脱離を利用した中性化ビームが利用される．両ビームはそれぞれ固有の密度分布をもっているの

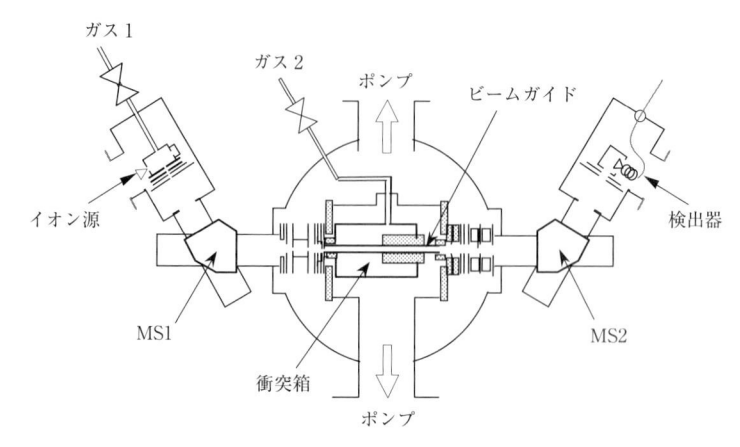

図3.8.8 ビームガイドを装着したタンデム質量分析装置[10]

で反応確率や反応断面積を測定するには両ビームの重なり状況を表すビーム形状因子

$$F_{xy}(z) = \frac{\iint i(x,y,z)dxdy \iint j(x,y,z)dxdy}{\iint i(x,y,z)j(x,y,z)dxdy} \tag{3.8.30}$$

が必要となる．これを実験的に求めるのは容易でないことがこの方法の難点である．ここで，z がビーム軸方向の位置座標で $i(x,y,z)$ と $j(x,y,z)$ は両ビームの密度分布である．

(2) ビームガイド法[9,10]

　円周上に $2N(N\geq 2)$ 本の電極を等間隔に配置した構造のビームガイドは，隣接する電極に180°位相が異なる高周波電圧を交互に印加して z 軸の周りに誘起した振動場が z 軸に沿って入射したイオンの発散を防ぎイオンを損失なく出口に搬送できる．イオンの運動が追従できないほど電場の振動が早いとビームガイド内の動径方向には $r^{2(N-1)}$ に比例する有効ポテンシャルが形成されて r 方向の運動を閉じ込めるが z 軸方向には電界はない．円筒座標の z 軸を中心とするビームガイドと類似構造の四重極質量分析器では高周波電場に直流電場を重畳させて特定のイオンのみを通過させているが，重畳した直流電場をなくすと質量選別機能がなくなりすべてのイオンを通過させるビームガイドと同じ特性になる．図3.8.8に示す装置例[10]ではタンデム質量分析計の中央の衝突箱に $N=4$ のオクタポールビームガイドを衝突箱出口を貫通して装着し，入射イオンおよび衝突箱内で生成されたイオンの軸方向の速度成分をもつすべてのイオンを効率よく後段の質量分析計に導いている．この装置により $E_{cm}=0.1\sim 2000$ eV 領域における後述の電荷移行反応やイオン分子反応などの反応断面積測定が行われている．なお，構造が簡単で作動操作も容易なビームガイドは，出入り口に静電的なポテンシャル障壁を設けると1次元イオントラップとして，軸方向に電場勾配がないので飛行時間分析器の透過効率のよい飛行管として，また，低真空から高真空への差動排気用隔壁管として，いろいろな

イオン衝突実験に使用できるたいへん重宝な実験技術であるといえる.

(3) イオン移動管法[11]

比較的高い圧力（10～100 Pa）の気体中の一様電場下におけるイオンは拡散しながら電場方向に沿って移動していく．気体にはイオンと反応性のない緩衝気体を用いてイオンの輸送現象を調べる装置でイオン移動管（ion drift tube）と呼ばれている．平均自由行程が十分短いので移動するイオンの運動は熱化され，移動速度 v_d のイオンの平均の運動エネルギーはワーニエ則[12]により与えられる．

$$\langle \varepsilon_A \rangle = \frac{1}{2} m_A v_d^2 + \frac{1}{2} m_g v_d^2 + \frac{3}{2} k_B T_g \tag{3.8.31}$$

ここで，m_A, m_g はイオンと緩衝気体の各質量で，k_B はボルツマン定数で T_g は緩衝気体の温度である．緩衝気体にヘリウムガスを用い微量の反応気体を添加してイオンの反応気体分子との非弾性衝突過程による反応生成イオンを計測するのがこの実験手法である．添加した反応気体分子とイオンの重心系における平均運動エネルギーは

$$\langle \varepsilon_{CM} \rangle = \frac{1}{2} \frac{m_A + m_g}{m_A + m_B} m_B v_g^2 + \frac{3}{2} k_B T_g \tag{3.8.32}$$

で与えられる．ここで，m_B は反応気体分子の質量である．イオンの移動速度は電場勾配に比例するので衝突エネルギーの制御は容易である．電場と圧力の制御により $\langle \varepsilon_{CM} \rangle$ は緩衝気体の温度から数 eV まで容易に可変できる．イオン移動管を直接液体ヘリウムで冷却[13]して極低温領域に至る低エネルギーイオン衝突実験も実現している．しかし，このイオン移動管法には，どんなイオンにも反応しない緩衝気体が存在しないので測定可能な衝突系には制限があるというのが弱点である．イオン移動管法については詳細な解説[11]があるので参考にされたい．

(4) イオントラップ法

イオンを空間に閉じ込めるトラップには，対向する回転双極面状の電極に高周波電圧をかけて高周波電場で電極間にイオンを閉じ込めるポールトラップ（Paul trap）と高周波電圧の代わりに直流電圧と磁場をかけてイオンを閉じ込めるペニングトラップ（Penning trap）がある．このほかに，前述のビームガイドの出入り口に静電ポテンシャル障壁を設けるとイオンを軸上にトラップする1次元トラップとして使用できる．イオンは外部からレーザー照射でトラップ内で生成するかまたはパルス技術を使ってイオンを外部からトラップ内に導入する．トラップ内に閉じ込められたイオンは残留ガスとの衝突がなければ失われることはないので長時間滞在できる．トラップされたイオンにレーザーを照射していわゆるレーザー冷却により1K以下の極低温状態にも冷却できる．トラップ内に導入された反応ガスとの衝突による生成物はパルス的に外部に取り出すかあるいは高周波共鳴吸収や光照射での吸収や誘起蛍光などを観測する．反ヘルムホルツコイルで形成した四重極磁場の，カスプ磁場軸上下2方向と水平4方向の計6方向からレーザーを照射する磁気光学トラップ（magnetic-optical trap, MOT）の実験装置は，イオンのみならず原子も冷却してトラップできる．このような技術を使ってドップ

ラーシフトのない超精密分光やいろいろな量子現象の観測もなされている．

(5) 流動残光法

流動残光法（flowing afterglow）とは，ヘリウムなどの反応性の低い搬送気体の流れをつくり，流れの上手より選別したイオンを注入するかあるいは上流部で生成されたイオンを流れに乗せて流し，下手途中より反応ガスを注入して下流端において観測されるイオン種の変化から反応定数を求める方法である．この方法の特長は，衝突は熱平衡状態の気体中で起こるので衝突エネルギーは気体温度の 300 K あるいは 39 meV である．この衝突エネルギーは流動管の加熱や冷却による温度変化で変わる．実際の実験事例をみると，流動管内のヘリウムの圧力は 50 Pa 前後で流速は約 100 m/s である．

3.8.4 理論手法の要約

中性粒子やイオンが原子・分子に衝突する重粒子衝突に対する理論的取り扱いは，質量が軽く内部自由度のない電子を入射粒子とする電子衝突の理論的取扱いとは区別される．重粒子衝突の中性粒子衝突とイオン衝突には類似の理論的手法が適用されるが，イオン衝突では作用が遠方に及ぶクーロン力や分極力が働くので比較的衝突径数の大きな散乱，すなわち小角散乱で種々の非弾性過程が起こる．衝突が遠距離力で支配されているという特徴はイオン衝突の理論的扱いを容易にする側面がある．イオン衝突を対象とする理論的扱いの詳細については文献[3]などの参考書にゆずり，ここではまず，古典論・半古典論・量子論の理論大別とその特徴を要約し，その後にイオン衝突でよく利用される二三の理論的手法を紹介する．

a. 理論の大別とその特徴
(1) 古典論

物質波のド・ブロイ（de Broglie）波長が長いほど波動性が顕著になり，逆に物質波の波長が短くなると波動性が減じて粒子性が強くなり古典力学がよく成り立つようになる．ド・ブロイ波長が長いと古典的な粒子像を想定した古典論はもはや通用せず量子論的扱いが必要になる．ド・ブロイ波長は $\lambda = h/mv$ の関係にあるので，速度 v が速いほど，質量 m が大きいほどド・ブロイ波長 λ は短くなる．よって，中・高エネルギーの重粒子衝突は電子衝突に比べてはるかに古典的な扱いで衝突過程の記述が可能になることが期待できる．古典論が成立するためには，入射粒子のド・ブロイ波長が相互作用領域の大きさに比べて十分短く，かつ，相対運動のエネルギーや運動量の変化が十分小さいことが必要である．古典論では種々の干渉効果など波動的現象は扱えないが衝突軌道の計算が容易であるという大きな利点がある．また，古典論ではすべての物理量が連続的であるので，離散的な量子状態との対応づけや特定状態間の遷移を扱うのは得意でない．

(2) 半古典論

衝突粒子間の相対運動を古典的に扱い，内部状態の遷移などを量子論的に扱う手法を半古典論という．とくに軌道を直線とする衝突径数法は広く使用されている代表的な半

古典論的手法の1つである．量子力学的に扱った散乱を古典力学の結果に対応させる橋渡し的役目をもつ WKB（Wentzel, Kramers, Brillouin）近似は半古典論的手法の例である．また，古典論で求めた軌道をもとに対応原理を使って S 行列を計算し，その S 行列から量子論の手法でさまざまな物理量を求め古典論では扱えなかった干渉効果やトンネル効果などを扱う古典的 S 行列理論法も半古典論の手法である．半古典論は古典論との対応づけなどで物理的理解を比較的容易にできる長所があり，量子論による結果の解釈や古典論で表現できない現象の記述に活用されている．

(3) 量子論

一般に重粒子衝突では古典的な粒子描像が成り立ちやすいが量子力学的な効果が重要になる過程も多々あり，そのような場合には量子力学的手法を用いる量子論的扱いが必要となる．主として次のような場合（散乱現象），i) 相互作用領域の大きさが相対運動のド・ブロイ波より小さい場合，とくにトンネル効果などが関与する場合，ii) 異なる角運動量（衝突径数）の散乱波同士の位相干渉効果（微分断面積におけるレインボー散乱効果），iii) 小角散乱における散乱波同士の位相干渉効果（全衝突断面積が振動するグローリ散乱効果），iv) 非断熱遷移のある場合などである．

b. 衝突径数法

重粒子衝突では相対運動を記述する波動関数の波長は電子の運動に対する波長よりずっと短い．100 eV のエネルギーをもつ電子のド・ブロイ波長は 1.2×10^{-10} m であるが，1 eV のエネルギーの陽子のド・ブロイ波長は 2.8×10^{-10} m である．陽子よりもっと重いイオンの衝突ではもっと低エネルギーでもド・ブロイ波長は標的粒子のサイズよりずっと短い．したがって，数 eV 以上のイオン衝突では電子衝突におけるほど波動性は現れず古典力学がよい近似で成り立つ．相対運動は古典的に扱い粒子の内部状態の記述を量子力学的に扱う手法は半古典論の常套手法である．入射粒子の質量が電子よりはるかに大きい重粒子衝突では，正面衝突やそれに近い近距離衝突あるいはごく低エネルギーでの衝突を除けば，粒子の軌道はそれほど大きくは曲がらない．よって，イオン衝突では多くの場合相対運動は等速直進運動とみなす近似が用いられる．

$$\boldsymbol{R} = \boldsymbol{b} + \boldsymbol{v}\cdot t \tag{3.8.33}$$

ここで，$\boldsymbol{R}$ は粒子間距離，$\boldsymbol{v}$ は衝突の相対速度，t は時間，$\boldsymbol{b}$ は $\boldsymbol{v}$ に垂直で大きさ b の衝突径数である．いろいろな b 値に対して1回の衝突当たりの反応が起こる確率が $P(b, v)$ であると，その過程の反応断面積は次式で与えられる．

$$\sigma = 2\pi\int_0^\infty P(b, v)\, b\, db \tag{3.8.34}$$

この方法は衝突径数法（impact parameter method）と呼ばれる．反応確率 $P(b, v)$ を求めるには時間を含む波動方程式を解かねばならない．

$$\left\{-\frac{1}{2}\nabla_A^2 + V_A(\boldsymbol{r}_A) + V_B(\boldsymbol{r}_B)\right\}\Psi(R, t) = i\frac{\partial}{\partial t}\Psi(R, t) \tag{3.8.35}$$

ここでは，t は時間，R は核間距離で，ハミルトニアンの第1項は着目している電子の運動エネルギー，第2項の $V_A(\boldsymbol{r}_A)$ は核Aからみた電子のポテンシャル，第3項の核Bからみた電子のポテンシャル $V_B(\boldsymbol{r}_B)$ は $\boldsymbol{r}_B = \boldsymbol{r}_A - \boldsymbol{R}$ であるので R の関数でもあり時間の関数でもある．ただし，重心の等速直進運動は省略され原子単位（$e = m_e = \hbar = 1$）で表示されている．この波動方程式を解くにあたり原子軌道の波動関数を用いる原子基底と分子軌道の波動関数を用いて準分子扱いとする分子基底の2通りの方法がある．衝突エネルギーが高くなり衝突の間に電子が準分子軌道を1周できなくなると分子基底の扱いにおける近似が悪くなるので，高エネルギー衝突では原子基底の方が有利で，低エネルギー衝突では分子基底の扱いの方が原子基底の扱いに比べて近似がよい．

(1) 原子基底

ポテンシャル $V_A(\boldsymbol{r}_A)$ に束縛される電子の原子基底の定常状態の固有関数 $\varphi_n(\boldsymbol{r}_A)$ は

$$\left\{ -\frac{1}{2} \nabla_A^2 + V_A(\boldsymbol{r}_A) \right\} \varphi_n(\boldsymbol{r}_A) = E_n \varphi_n(\boldsymbol{r}_A) \tag{3.8.36}$$

の波動方程式を満たす．この原子基底の固有関数 φ_n は時間には依存しない．E_n は原子の定常状態 n のエネルギー固有値である．原子基底の扱いでは，衝突系の内部状態の変化を記述する波動方程式 (3.8.35) を解くのに固有関数 φ_n を基底関数として展開させた次の形の時間に依存する波動関数を採用する．

$$\Psi(\boldsymbol{r}_A, t) = \sum_n c_n(t) \varphi_n(\boldsymbol{r}_A) \cdot \exp(-iE_n t) \tag{3.8.37}$$

原子軌道関数 φ_n を1次結合した波動関数 (3.8.37) を波動方程式 (3.8.35) に代入すると，係数 $c_n(t)$ の満たすべき条件が求まる．採用した原子軌道関数 φ_n は互いに直交規格化されていることを仮定して整理すると，次の連立微分方程式が得られる．

$$i\frac{dc_m}{dt} = \sum_n c_n(t) H_{mn}(R(t)) \cdot \exp[-i(E_n - E_m)t] \tag{3.8.38}$$

$$H_{mn}(R(t)) = \int \varphi_m^*(\boldsymbol{r}_A) V_B(\boldsymbol{r}_A, R(t)) \varphi_n(\boldsymbol{r}_A) d\boldsymbol{r}_A \tag{3.8.39}$$

連立微分方程式 (3.8.38) を $t = -\infty$ で $c_m(t) \to \delta_{m0}$ の初期条件で解くと1次摂動の議論に基づき1次結合の係数が定まる．

$$c_m^{(1)}(t) = -i \int_{-\infty}^{t} H_{m0}(R(t)) \cdot \exp[-i(E_0 - E_m)t] \tag{3.8.40}$$

始状態から終状態への遷移（$0 \to f$）に対して $t = +\infty$ での $c_f^{(1)}(+\infty)$ を用いると，1回の衝突当たりの遷移確率は $P(0 \to f) = |c_f^{(1)}(+\infty)|^2$ となり，$0 \to f$ への状態遷移の反応断面積 $\sigma_{0 \to f}$ は

$$\sigma_{0 \to f} = 2\pi \int |c_f^{(1)}(+\infty)|^2 b \, db \tag{3.8.41}$$

で与えられる．

(2) 分子基底

一方，分子基底では，基底関数に分子軌道すなわち2原子の全電子ハミルトニアン

H_{el} の固有関数 ϕ_n を選ぶ.

$$H_{el}\phi_n = \varepsilon_n(R(t))\phi_n \tag{3.8.42}$$

エネルギー固有値 $\varepsilon_n(R(t))$ は分子の電子状態の固有エネルギーで時間 t とともに変わる核間距離 R の関数で,分子軌道関数 ϕ_n も時間 t の関数である.原子基底(3.8.37)に対応して分子基底の衝突系の内部状態を示す時間依存の波動関数には次の関数を採用する.

$$\Psi(R,t) = \sum_n c_n(t)\phi_n(R(t)) \cdot \exp\left(-i\int_{-\infty}^{t} \varepsilon_n(R(t))dt\right) \tag{3.8.43}$$

時間依存の波動関数(3.8.43)を波動方程式(3.8.35)に代入し,分子軌道関数 ϕ_n が互いに直交規格化され方程式(3.8.42)を満たすことを仮定して整理すると係数 $c_n(t)$ に関する次の連立微分方程式が得られる.

$$\frac{dc_m}{dt} = -\sum_n c_n \left\langle \phi_m \left| \frac{\partial}{\partial t} \right| \phi_n \right\rangle \cdot \exp\left(-i\int_{-\infty}^{t}(\varepsilon_n - \varepsilon_m)dt\right) \tag{3.8.44}$$

始状態の分子軌道関数を ϕ_0 とするとき,係数 $c_m(-\infty) = \delta_{m0}$ を初期条件として連立微分方程式(3.8.44)を解いて終状態に対する係数 $c_f(+\infty)$ を得れば $0 \to f$ への状態遷移の断面積 $\sigma_{0 \to f}$ が求まる.

分子基底における遷移は連立微分方程式(3.8.44)中の相互作用演算子 $\partial/\partial t$ によって起こり,$\partial/\partial t$ は核間距離 R の変化と分子軸の回転 θ を通して作用するので,作用項は

$$\left\langle \phi_m \left| \frac{\partial}{\partial t} \right| \phi_m \right\rangle = \frac{\partial R}{\partial t}\left\langle \phi_m \left| \frac{\partial}{\partial R} \right| \phi_m \right\rangle + \frac{\partial \theta}{\partial t}\left\langle \phi_m \left| \frac{\partial}{\partial \theta} \right| \phi_m \right\rangle$$

$$= v_R \left\langle \phi_m \left| \frac{\partial}{\partial R} \right| \phi_m \right\rangle + \frac{v_\infty b}{R^2}\left\langle \phi_m | iL_y | \phi_m \right\rangle \tag{3.8.45}$$

と書ける.ここで,v_R は衝突速度の動径成分,v_∞ は $R = \infty$ のときの初期速度,b は衝突径数,iL_y は電子の角運動量の衝突面に垂直な成分である.式(3.8.45)の第1項は動径結合(radial coupling)といい核間距離 R に対してポテンシャル曲線の擬交差点やエネルギー準位が近接した特定領域に局在した遷移に作用し,第2項は回転結合(rotational coupling)といいポテンシャル曲線の擬交差点などで局在することはなく高速衝突で R の小さい近接領域の遷移で作用が大きくなる特徴がある.

c. マッセイの判別条件

イオン衝突において,衝突速度 v が電子の軌道速度 v_m より遅い低速衝突($v < v_m$)では衝突系を準分子扱いするのが有効で分子基底の扱いの近似がよい.衝突速度 v が電子の軌道速度 v_m より速くなると衝突時間内に電子が準分子軌道を1周できなくなり分子基底の扱いは近似が悪くなる.一般に $v > v_m$ の高速衝突では原子基底の扱いの方が近似がよい.相互作用領域が比較的遠方のイオン衝撃における非弾性衝突(distant collision, glancing collision)では $v < v_m$ の低速衝突でも原子基底の扱いが有効な場合が

ある．相互作用の領域の大きさを a とすると衝突時間は $\tau = a/v$ となる．式 (3.8.41) で与えられた原子基底における反応断面積は式 (3.8.40) の $c_m^{(1)}(t)$ 値による．式 (3.8.40) 右辺の積分中の $\exp(-i(E_0 - E_m)t)$ は時間とともに振動する関数で，その角振動数は $\omega_{m0} \equiv (E_0 - E_m)/\hbar$ である．もしその振動周期が非常に速いと衝突時間 τ 中の式 (3.8.40) の積分値は打ち消しあって非常に小さくなる．このことから $\omega_{m0}\tau \gg 1$ における遷移確率はきわめて小さいと予想される．すなわち，

$$\frac{E_0 - E_m}{v} \cdot a \gg 1 \tag{3.8.46}$$

の関係にあるとき $P(0 \to m) \ll 1$ である．この関係は，マッセイ（Massey）の判別条件（adiabatic criterion）と呼ばれる．一方，速度 v が大きくなると衝突時間が短くなるので遷移確率は小さくなる．入射速度 v が次の条件を満たす速度領域で遷移確率が最大となることが期待される．

$$\frac{E_0 - E_m}{\hbar v} \cdot a \approx 1 \tag{3.8.47}$$

d. 電子走行因子

電荷移行過程で衝突速度 v が電子の軌道速度 v_m に比べて速い $(v > v_m)$ 高速衝突では，標的から入射イオンに乗り移るには電子の運動量が変化するか，たまたま v と同一方向の速度成分をもつ電子に限られるので，準分子のモデルは成り立たなくなる．電子移行前後の電子軌道の運動量分布の重なり状況が遷移確率に大きく寄与するので，電子移行前後の電子軌道が系の重心に対して走る効果を取り入れるため波動関数に乗ずる因子を導入する必要がある．たとえば，原子基底の展開における基底波動関数 (3.8.37) に原子核 A あるいは B が走っている効果を導入するには，基底波動関数 $\varphi_n(\boldsymbol{r})$ の代わりに原子 A, B の重心に対して原子核 A, B それぞれが $\pm \boldsymbol{v}/2$ 方向に走っていることを示すため次の置き換えを行う．

$$\varphi_n(\boldsymbol{r}) \to \varphi_n(\boldsymbol{r}_{A,B}) \cdot \exp\left(\pm i\frac{\boldsymbol{v} \cdot \boldsymbol{r}}{2} + i\frac{v^2}{8}t\right) \tag{3.8.48}$$

この付加因子を電子走行因子（electron translation factor, ETF）という．衝突速度 v が小さいとこの因子は 1 に近づくので低速衝突では無視できるが，相対速度 v が大きくなるに従い電子移行前後の電子軌道の運動量分布の重なりが急速に悪くなり，この因子を導入して計算される反応断面積は準分子領域を超えて ETF 領域に入ると衝突速度の増大に伴い急速に減少する．実際に，広い衝突エネルギー領域にわたる最も簡単な H^+ +H 衝突系における対称共鳴電荷移行反応と電子脱離過程の反応断面積の集積実験データ[14] を示した図 3.8.10 をみるとわかるように，電荷移行の反応断面積は衝突速度 v が標的原子内の移行する電子の軌道速度 v_m（水素の 1s 電子の場合 $v_m = 2.2 \times 10^8$ cm s^{-1} $\Rightarrow$ 25 keV）を超えると急速に減少してしまい，電子を電子軌道に捕獲する必要のない電子脱離過程の反応断面積が電荷移行反応に入れ替わりゆるやかな極大を示している．

ちなみに，$v \gg v_m$ の高速領域での電荷移行反応断面積の強い速度依存は，摂動法による近似計算によると，1次摂動で $\sigma \propto v^{-12}$，2次摂動で $\sigma \propto v^{-11}$ となることが予測されている[15]．

e. ポテンシャル曲線交差における状態間遷移（ランダウ-ツェナーの公式）

衝突系の分子基底の扱いにおいて，核間距離を関数とした二状態のポテンシャル曲線があるとき，両状態の対称性が異ればポテンシャル曲線は交差できるが，対称性が同じ場合は交差点で二状態の縮退が解けてポテンシャル曲線は交差回避（avoided crossing）をする（図3.8.9）．核間距離 R_x で交差をする実線で示したポテンシャル曲線 U_1, U_2 は透熱ポテンシャルといい，交差回避をした点線のポテンシャル曲線 $\varepsilon_1(R)$, $\varepsilon_2(R)$ は断熱ポテンシャルという．断熱ポテンシャル $\varepsilon_1(R)$, $\varepsilon_2(R)$ の二状態間の遷移は接近点 R_x 近傍で起こり，その遷移確率を求めることが早くから行われてきた．1932年にランダウ（Landau）[16] とツェナー（Zener）[17] が別々の方法で次の遷移確率を導いた．

$$p = \exp\left(-\frac{2\pi \mathrm{H}_{12}(R_x)^2}{v_{R_x}|F_1 - F_2|}\right) \tag{3.8.49}$$

ここで，v_{R_x} は $R = R_x$ における動径方向の速度，$\mathrm{H}_{12}(R_x)$ は透熱ポテンシャル曲線 U_1, U_2 の交点 R_x における交差回避した断熱ポテンシャル曲線間の半分，つまり $\mathrm{H}_{12} = |\varepsilon_1(R_x) - \varepsilon_2(R_x)|/2$ であり，F_1, F_2 は透熱ポテンシャル曲線 U_1, U_2 の交差点 R_x における透熱ポテンシャル曲線の傾きである．式（3.8.49）の遷移確率は F_1, F_2 が同符号の傾きでなけ

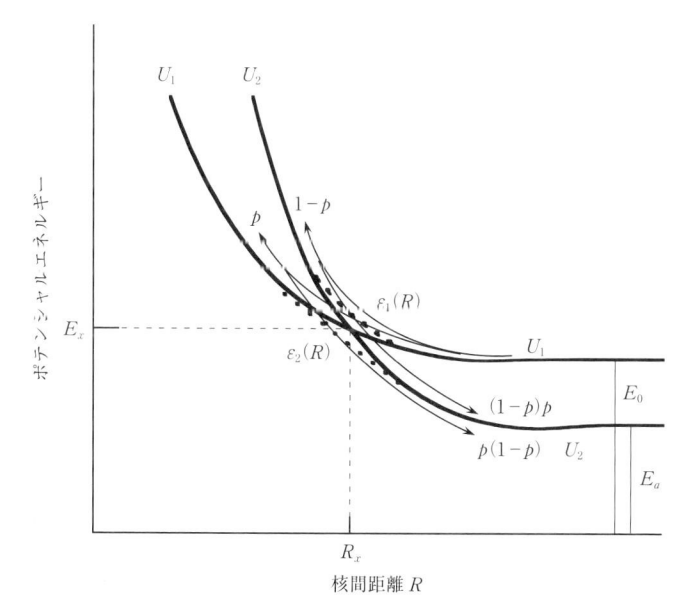

図3.8.9 ポテンシャル曲線の交差と遷移確率

ればならないという制約があるが，ランダウ-ツェナーの公式として広く活用されてきた．近年，朱・中村がポテンシャル交差による状態遷移についてより精度の高い取り扱い，および，式 (3.8.49) に対してより正確な遷移確率を報告[18]している．

十分なエネルギーでポテンシャル曲線の交差点 R_x まで接近できる衝突では，接近するイオンは接近時と離散時に R_x を通過する機会が2度ある．始状態から入射して電子状態の異なる終状態に出射するには，接近時に遷移をして離れるときには遷移しない場合と逆に接近時には遷移せず離れるときに遷移する場合の2通りの経路がある．最終的に始状態と終状態の二状態間の全体の遷移確率 P は

$$P = 2p(1-p) \qquad (3.8.50)$$

で与えられ，R_x 近傍での遷移確率 p の値がちょうど $p=1/2$ のとき最大値 $P_{max}=1/2$ になり，p の値が大きすぎ ($p\to 1$) ても小さすぎ ($p\to 0$) ても終状態へ出射する確率は小さくなり始状態に戻る確率が大きくなる．ポテンシャル曲線の擬交差近傍での状態遷移に基づく反応の断面積は，$\sigma = 2\pi \int P(b,v)b\,db$ で与えられる．

このポテンシャル交差モデルは，内部状態が変化する非弾性衝突（$\Delta E \neq 0$）では反応系と生成系のポテンシャル曲線が適当な位置で交差しきわめて局在した領域（R_x 近傍）で状態遷移が起こることを示している．イオン分光法などで衝突前後の散乱粒子の運動エネルギーの変化量を精密に測定すると，このポテンシャル交差モデルに基づく解析で実験的に衝突系の相互作用ポテンシャルやポテンシャル交差位置に関する知見が得られる．

f. ポテンシャル曲線の交差によらない状態間遷移

前項においてポテンシャル曲線の準位交差あるいは準位擬交差の局在した領域で状態遷移を起こすポテンシャル交差モデルを扱った．しかし，一般に準位交差や準位擬交差でなくても接近した2つのポテンシャル曲線間でも電子遷移の確率が存在する．交差せず接近したポテンシャル曲線間の状態遷移で起こる電子励起や電荷移行は近共鳴反応（デンコフ（Demkov）機構あるいはデンコフ型遷移）と呼ばれ，プラズマ物理，電離層物理，宇宙物理などいろいろな分野で重要な反応過程である．

$$A^+ + B \to A + B^+ + \Delta E \qquad (3.8.51)$$

この近共鳴電荷移行反応 (3.8.51) において，A と B のイオン化ポテンシャルにそれほど差がないと遠方では $A^+ + B$ の始状態と $A + B^+$ の終状態のポテンシャル曲線はほぼ平行で，さらに接近して標的 B の電子が2つの原子核に共有されはじめ準分子を形成する領域に至ると2つのポテンシャル曲線が離れはじめる．デンコフはこのようなポテンシャル曲線の交差によらないポテンシャルの接近領域で起こる電子遷移を扱っている[19]．電子遷移が $H_{12} = \frac{1}{2}(H_1 - H_2)$ となる核間距離 R_x で起こる場合，衝突速度 v におけるその遷移確率に次式を採用している．

$$P(b, v) = \text{sech}^2\left[\frac{\pi \mathrm{H}_{12}(R_x)}{\gamma v}\right] \cdot \sin^2\left[\int_{-\infty}^{\infty} \mathrm{H}_{12} dt\right] \quad (3.8.52)$$

ここで，H_1 と H_2 は遷移領域における2状態のポテンシャルであり，γ は $\gamma = \frac{1}{2}(\gamma_1 + \gamma_2)$ で $\gamma_i^2/2 = I_i$ は衝突粒子のイオン化ポテンシャルである．

3.8.5 イオン衝突におけるいろいろな原子過程
a. イオン衝突における衝突過程のいろいろ

イオン衝突における衝突現象は，入射イオンの弾性衝突にかかわるものと非弾性衝突にかかわるものに分類され，イオンと原子の衝突における主要な非弾性衝突過程は標的の励起や電離，および，標的との電荷交換反応の3つの過程に大別される．これらの衝突過程で入射イオン自身が励起や電離をする場合もある．

$$\mathrm{A}^+ + \mathrm{B} \rightarrow \mathrm{A}^+ + \mathrm{B}^* + \Delta E \qquad \text{励起過程} \qquad (3.8.53)$$
$$\rightarrow \mathrm{A}^+ + \mathrm{B}^+ + e + \Delta E \qquad \text{電離過程} \qquad (3.8.54)$$
$$\rightarrow \mathrm{A}^* + \mathrm{B}^+ + \Delta E \qquad \text{電荷移行} \qquad (3.8.55)$$

衝突前後の反応系の運動エネルギーと内部エネルギーの和に等しい全エネルギーを保存するには，発熱反応（$\Delta E > 0$）では余剰内部エネルギーは運動エネルギーへ変換するか電子や光の放射でエネルギーを放出しなければならない．また，吸熱反応（$\Delta E < 0$）では不足内部エネルギーが運動エネルギーから補完されなければならない．一般に運動エネルギーから内部エネルギーへのエネルギー変換はそれほど容易でないので，吸熱性があまり大きな反応は起こりにくいと考えてよい．通常，1つの衝突系でも複数の衝突過程が競合して衝突エネルギー領域により主要反応が入れ替わっていく．図3.8.10に最も簡単な $\mathrm{H}^+ + \mathrm{H}$ 衝突系における広い衝突エネルギー領域にわたって蓄積された電荷移行反応と電子脱離過程の反応断面積データ[14]示す．これをみると，低エネルギー側での主要反応は電荷移行反応（3.8.55）だが励起過程（3.8.53）も競合し，高エネルギー側では主要反応は電離過程（3.8.54）に移行している．

分子を標的にした衝突系では，上記の標的の励起や電離や標的との電荷移行の3つの過程（式（3.8.53）～（3.8.55））に加えて標的分子の振動・回転の励起，さらには，分子解離を伴う過程が複合する．原子の組み替えや新たな分子形成を行うイオン分子反応（3.8.56）は高エネルギー衝突では起こりえず，低エネルギー特有の衝突過程といえる．

$$\mathrm{A}^+ + \mathrm{BC} \rightarrow \mathrm{AB}^+ + \mathrm{C} + \Delta E \qquad \text{イオン分子反応} \qquad (3.8.56)$$
$$\mathrm{A}^{q+} + \mathrm{B} \rightarrow \mathrm{A}^{(q-r)+*} + \mathrm{B}^{r+} + \Delta E \qquad \text{電子捕獲過程} \qquad (3.8.57)$$

多価イオンの電子捕獲過程（3.8.57）では多価イオンの内部エネルギーが非常に大きいので多価イオンは標的から一度にたくさんの電子を引き抜くことがエネルギー的に可能になる．標的が分子であるとたくさんの電子を引き抜かれて生成した分子多価イオンはクーロン崩壊を起こすであろう．また，標的から引き抜かれた電子が多価イオンの励起準位に捕獲されると，オージェ電子の放出や光を放射する脱励起過程が追従するであ

ろう．近年，多価イオンには標的から状態選別的に特定エネルギー準位に電子捕獲する特性が実験的に証明されて以降，多価イオン衝突に関する研究は理論・実験の両面から飛躍的に進展し，今日多価イオン衝突による数々の興味深い衝突現象が解明されるに至っている．多価イオン衝突の詳細は 4.1 節で扱うので本節ではこれ以上言及しない．

b. 電荷移行反応

電荷移行反応は入射イオンの電荷が標的粒子に移行する反応であるが，

$$A^+ + B \rightarrow A + B^+ + \Delta E \tag{3.8.58}$$

標的の電子がイオンに移行あるいはイオンが標的から電子を捕獲して標的がイオン化する反応である．このため電荷移行反応は電子捕獲反応や電荷交換反応などとも呼ばれる．電荷移行反応は衝突前後で粒子の内部状態が変化する非弾性衝突過程の 1 つで，衝突前後における相対運動のエネルギー変化量 ΔE は内部エネルギーの変化量に等しい．すなわち生成された A が基底状態にあるならば ΔE は A と B のイオン化ポテンシャルの差に等しい．電子を励起準位に捕獲することを考慮に入れても $\Delta E \approx 0$ となることはまれであろう．

電荷移行反応におけるイオンと標的原子が同種の場合，もしイオンが標的から電子を基底準位ではなく励起準位に捕獲すると

$$A^+ + A \rightarrow A^* + A^+ + \Delta E \tag{3.8.59}$$

内部エネルギーの変化量が $\Delta E < 0$ の吸熱反応となる．一般に，原子の励起準位のエネルギーはけっこう大きいので $|\Delta E|$ が大きくなりすぎてイオンが励起準位に電子を捕獲する確率は小さい．このため同種のイオンと原子間の電荷移行反応では，イオンが電子を基底準位に捕獲する確率が圧倒的に大きく，衝突前後の生成系と反応系はまったく対称で内部エネルギーが変化しない $\Delta E = 0$ の反応過程が主要となる．

$$A^+ + A \rightarrow A + A^+ \tag{3.8.60}$$

この反応は対称共鳴電荷移行反応（symmetric resonant charge transfer）と呼ばれ，同種のイオンと原子分子が共存するイオン源や放電やプラズマ中では最も頻繁に起こる反応である．

(1) 対称共鳴電荷移行反応

対称共鳴電荷移行反応は電荷移行反応のうちの特殊なものではあるが，イオン生成の場には必ずイオンと同種の原子分子が存在するのでこの反応過程に遭遇する機会は多く，歴史的には古くから実験的・理論的研究の対象とされてきた．図 3.8.10 にみられるように対称共鳴電荷移行反応断面積は，低エネルギー領域では比較的ゆるやかな衝突エネルギー依存 $\sigma^{1/2} = a - b \log E$ をもち，高エネルギー領域では $\sigma \propto 1/E^6$ の強い衝突エネルギー依存を示すことが知られている．keV 以上の高エネルギー領域における電荷移行の理論的扱いには，3.8.4 項 d で説明した電子走行因子（ETF）の導入が不可欠である．

最も簡単な陽子と水素原子間の対称共鳴電荷移行反応は，電子走行因子（ETF）が

3.8 イオンと原子・分子・イオンの衝突

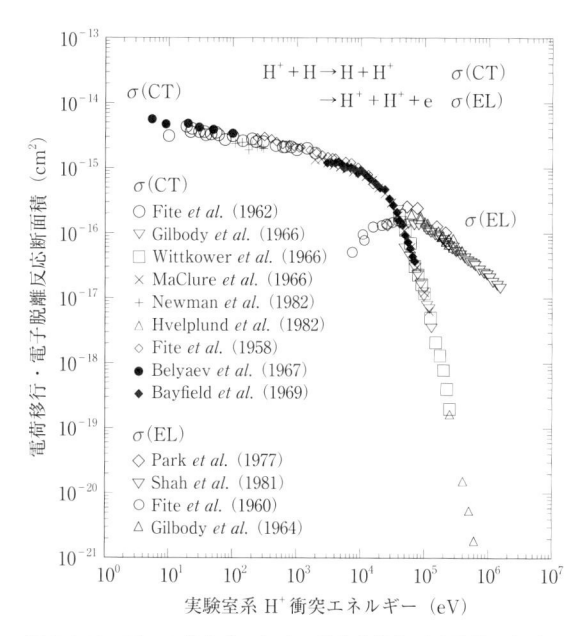

図 3.8.10 $H^+ + H$ 衝突系における電荷移行と電子脱離反応断面積の実験データ[14]

無視できる低エネルギー衝突においては次のような理論的扱いで概説される.

$$H_A + H_B^+ \rightarrow H_A^+ + H_B \tag{3.8.61}$$

一電子の衝突系 $(H_A^+ + e) + H_B^+$ を準分子 $(H_AH_B)^+$ とみなし,衝突前に核 A に束縛されていた電子が衝突後核 B の束縛状態へ移行する過程を考える.水素原子 H_A と H_B の一電子系原子軌道関数を φ_A と φ_B とするとき,H_2 準分子状態を記述する波動関数に LCAO 近似により原子軌道関数を 1 次結合した次の二状態の分子軌道関数を採用する.

$$\phi_g = \frac{1}{\sqrt{2+2S}}(\varphi_A + \varphi_B), \quad \phi_u = \frac{1}{\sqrt{2-2S}}(\varphi_A - \varphi_B) \tag{3.8.62}$$

$$S = \int \varphi_A \varphi_B d\tau \tag{3.8.63}$$

ここで S は原子軌道関数の重なり積分で,分子軌道の波動関数につけた添え字の "u" と "g" は原子軌道関数の 1 次結合が分子の中心に対して対称(gerade)と反対称(ungerade)の対称性を示す.分子軌道関数 ϕ_g, ϕ_u を解とするシュレーディンガー方程式 $H\phi_{g,u} = E_{g,u}\phi_{g,u}$ のエネルギー固有値 E_g, E_u は核間距離 R の関数で与えられる.

$$E_g = E_H + \frac{1}{R} + \frac{H_{AA} + H_{AB}}{1+S}, \quad E_u = E_H + \frac{1}{R} + \frac{H_{AA} - H_{AB}}{1-S} \tag{3.8.64}$$

ただし, H_{AA} と H_{AB} は

$$H_{AA} = \int \varphi_A \left(-\frac{1}{r_B}\right) \varphi_A d\tau, \quad H_{AB} = \int \varphi_A \left(-\frac{1}{r_B}\right) \varphi_B d\tau \tag{3.8.65}$$

である. 定常状態における H_2^+ 分子イオンの $(1s\sigma_g)^2\Sigma_g^+$ 状態と $(2p\sigma_u)^2\Sigma_u^+$ 状態のポテンシャル曲線は図 3.8.11 に示す $E^+ = E_g - E_H$ と $E^- = E_u - E_H$ の曲線に対応する.

H_2^+ 準分子の分子軌道関数 $\phi(R)$ には式 (3.8.62) の ϕ_g と ϕ_u を採用し, 時間依存のシュレーディンガー方程式を衝突径数法で解くと時間とともに変化する電荷移行の衝突過程を記述できる. 衝突前の $t = -\infty$ のときに電子が核 A に束縛されているとする初期条件で, 時刻 $t = +\infty$ において電子が核 B にある確率 P は

$$P = \sin^2\left(\int_{-\infty}^{\infty} \frac{E^- - E^+}{2} dt\right) = \sin^2\left(\int_{-\infty}^{\infty} \frac{H_{AB} - H_{AA}S}{1 - S^2} dt\right) \tag{3.8.66}$$

で表される[30]. 式 (3.8.63) と式 (3.8.65) の積分で表される S, H_{AA}, H_{AB} は R の関数で与えられる. 等速直線運動を仮定する衝突径数法では, 時刻 t における核 A からみた核 B の位置ベクトル $\boldsymbol{R}$ は衝突径数 $\boldsymbol{b}$ と衝突の相対速度 $\boldsymbol{v}$ を用いて $\boldsymbol{R} = \boldsymbol{b} + \boldsymbol{v}t$ の関係により時間 t の関数で記述できるので, 電荷移行の反応確率は速度 v と衝突径数 b の関数で表せる.

$$P(b, v) = \sin^2[Q(b, v)] \tag{3.8.67}$$

$$Q(b, v) = \int_{-\infty}^{\infty} \frac{E^- - E^+}{2} dt = \frac{1}{v} \int_{-\infty}^{\infty} \frac{E^- - E^+}{2} \frac{dR}{\sqrt{1 - (b/R)^2}} \tag{3.8.68}$$

図 3.8.11 のポテンシャル曲線からわかるように核間距離 R が減少すると二状態間のエネルギー差 $E^- - E^+$ は急増するので, $Q(b, v) \gg \pi$ となる領域では電荷移行の反応確

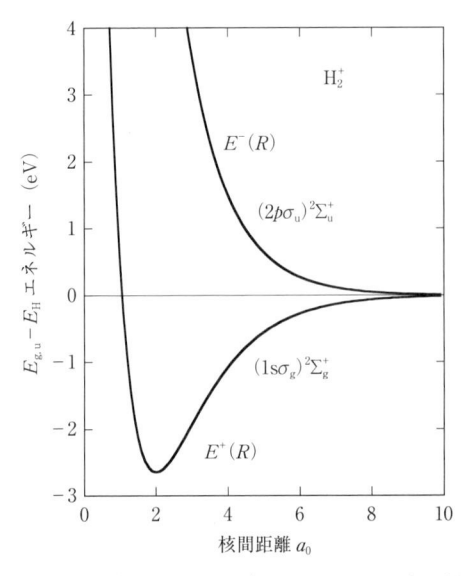

図 3.8.11 水素分子イオン H_2^+ のポテンシャルエネルギー

率 $P(b, v)$ は 0 と 1 の間を激しく振動する．

1 価イオンの対称共鳴電荷移行反応において，水素様の s 電子型波動関数

$$\varphi(r) = \gamma^{3/2} \pi^{-1/2} \cdot \exp(-\gamma r) \tag{3.8.69}$$

を採用し，$\gamma R \gg 1$ の条件化で式 (3.8.68) の積分は次のように近似できる．

$$Q(b, v) \approx \frac{A}{v} \cdot \exp(-\gamma b) \tag{3.8.70}$$

ここで γ は水素原子に対するイオン化ポテンシャルの比 $\gamma = (I/I_H)^{1/2}$ で，A は定数である．

ラップとフランシス[21]は振動する $P(b, v)$ の積分を $P(b_1, v) = 1/4$，つまり $Q(b_1, v) = \pi/6$ となる b_1 までの領域の遷移確率は平均 $1/2$ と近似し，$\sigma_{CT}(v) = 2\pi \int_0^\infty P(b, v) b\, db$ により与えられる反応断面積が半経験的に知られている次の速度依存をもつことを導いている．

$$\sigma_{CT} \approx \frac{1}{2} \pi b_1^2 = \frac{\pi}{2\gamma^2} \left(\log \frac{6A}{\pi v} \right)^2 = (k_2 - k_1 \log v)^2 \tag{3.8.71}$$

ここで，k_1 と k_2 は定数で v は衝突の相対速度である．式 (3.8.71) の対称共鳴電荷移行反応断面積は γ^2 に反比例，つまりイオン化ポテンシャル I に反比例するので，H 以外の衝突系の反応断面積 $\sigma_{CT}(X)$ はイオン化ポテンシャル $I(X)$ を用いて H の衝突系におけるイオン化ポテンシャル $I(H)$ と反応断面積 $\sigma(H)$ の積から簡便に見積もれる．

$$\sigma_{CT}(X) \approx \frac{I(H)}{I(X)} \cdot \sigma_{CT}(H) \tag{3.8.72}$$

式 (3.8.71) で予測される 1 価イオンの対称共鳴電荷移行の反応断面積は $10^{-15} \sim 10^{-13}$ cm^2 の大きな値となり，その速度依存は比較的ゆるやかである．

(2) 非対称電荷移行反応

3.8.4 項 c のマッセイの判別式によると，一般に非弾性衝突における状態遷移は，粒子が適当な速度で接近し適当な粒子間距離で衝突前後の内部エネルギー差 ΔE がそれほど大きくない領域で起こり，具体的には $a\Delta E/\hbar v \sim 1$（ただし，a は数 Å の領域の大きさ）の関係にある領域で反応が起こる確率が大きいことが期待される．$\Delta E \neq 0$ の非対称電荷移行反応における理論的扱いには，3.8.4 項 e の「衝突系の始状態と終状態のポテンシャル曲線交差による状態間遷移（ランダウ-ツェナーの公式）」，あるいは，3.8.4 項 f の「ポテンシャル曲線の交差によらない状態間遷移（デンコフ型機構）」の手法が適用できる．

対称共鳴電荷移行における反応断面積の半経験的な関係 (3.8.71) を導いたラップとフランシス[21]はマッセイの判別式 $a\Delta E/\hbar v \sim 1$ を取り込んで非対称電荷移行における遷移確率 $P(b, v)$ を導き，対称共鳴電荷移行における遷移確率 $P_0(b, v)$ との次の対応関係を与えた．

$$P(b, v) = P_0(b, v) \cdot \text{sech}^2 \left[\frac{\Delta E}{\hbar v} \left(\frac{\pi b}{2\gamma} \right)^{1/2} \right] \tag{3.8.73}$$

ここで，γ は関係する二原子のイオン化ポテンシャルのうち小さい方のイオン化ポテン

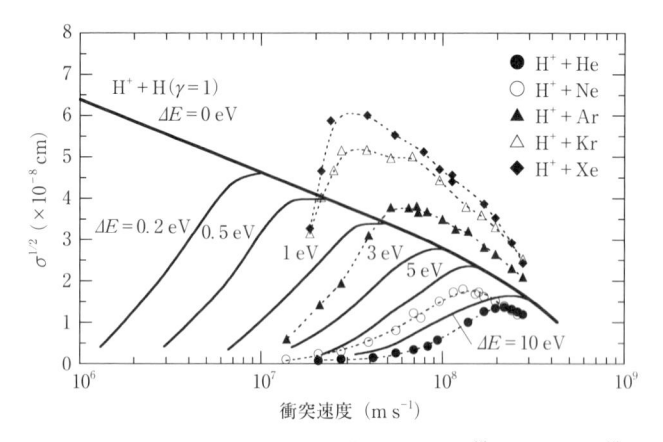

図 3.8.12 非対称電荷移行反応断面積の理論的予測[21]と実験データ[22]
H$^+$ + He, Ne, Ar, Kr, Xe 各衝突系の電荷移行反応における反応エネルギー ΔE は、それぞれ $-11\,{\rm eV}$, $-8.0\,{\rm eV}$, $-2.3\,{\rm eV}$, $-1.0\,{\rm eV}$, $+0.2\,{\rm eV}$, である.

シャル I を用い $\gamma \sim \sqrt{I/I_{\rm H}}$ で近似. 図 3.8.12 に, $\gamma = 1$ で各種 ΔE の非対称電荷移行に対して遷移確率 (3.8.73) を積分して求まる反応断面積を示す. H$^+$ + He, Ne, Ar, Kr, Xe 衝突系における非対称電荷移行反応断面積データ[22]との定量的な一致はそれほどではないが速度依存の定性的な関係はおおむね再現されている. 低エネルギー領域の非対称電荷移行の反応断面積は $\sigma \propto \gamma^2 v^4 / \Delta E^4$ の速度依存をもち, マッセイの判別式 $a\Delta E / \hbar v \sim 1$ の速度領域で極大となり, それより高いエネルギー領域では遷移確率 (3.8.73) は $P(b, v) \approx P_0(b, v)$ なので同一 γ 値の対称共鳴電荷移行反応断面積と合致することを予言している.

(3) 電荷移行反応断面積の全貌と理論・実験の比較

衝突速度が遅い低エネルギー衝突では分極力により衝突軌道が曲がり直線近似は使えなくなり, すでに 3.8.2 項 d で説明したように分極力によるオービティング散乱が衝突を支配するような低速領域になると対称共鳴電荷移行の反応断面積の速度依存はランジュバン断面積の速度依存と v^{-1} に移行することが予想される. 分極力によるオービティング軌道半径は $R_{\rm orb} = (\alpha q^2 / 2E_{\rm cm})^{1/4}$ の関係で衝突エネルギーの減少とともに増大するが, オービティング半径 $R_{\rm orb}$ が電子移行の反応領域 R_x を超える衝突エネルギー領域はかなり低い. 対称共鳴電荷移行反応断面積における式 (3.8.71) のゆるやかな速度依存から v^{-1} の速度依存へ移行する現象が最初に観測されたのはイオン移動管法による比較的分極率が大きな Kr と Xe の衝突系の実験で, 1価イオンではなく 2価イオンの対称共鳴二電子移行の反応断面積においてであった[4]. 1価イオン入射による対称共鳴一電子移行反応断面積の v^{-1} 速度依存への移行現象は後の液体窒素温度まで冷却したイオン移動管にて再確認された[23]. 図 3.8.13 に Kr$^+$ + Kr と Kr^{2+} + Kr の衝突系においていろいろな実験法で測定された $10^{-2} \sim 10^5$ eV の広範なエネルギー領域にわたる電荷移行反応

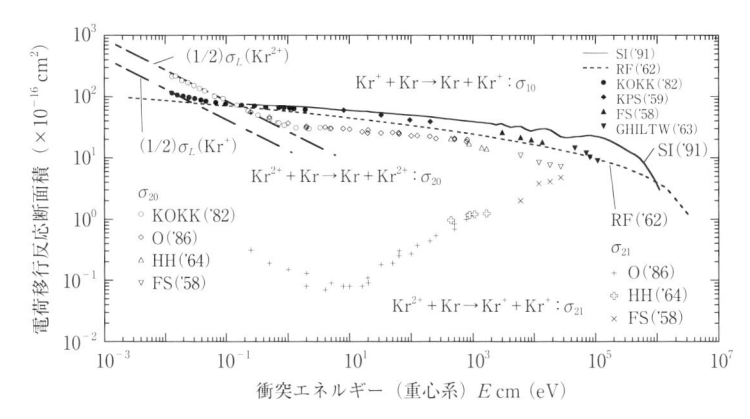

図 3.8.13 $Kr^+ + Kr$, $Kr^{2+} + Kr$ 系における電荷移行反応断面積データ. $\sigma_L(Kr^+)$ と $\sigma_L(Kr^{2+})$ はランジュバンの断面積. 理論は SI('91)[21], RF('62)[21], 実験は KOKK('82)[23], KPS('59)[25], FS('58)[26], GHILTW('63)[27], O('86)[28], HH('64)[29].

断面積の実験データと理論計算の結果とを比較表示した.

1価イオンの対称共鳴電荷移行

$$Kr^+ + Kr \to Kr + Kr^+ : \sigma_{10} \tag{3.8.74}$$

の反応断面積 σ_{10} においては, イオン移動管法による KOKK[23] が低エネルギー端で $(1/2)\sigma_L$ に沿う v^{-1} の速度依存への移行を示唆し, ビーム法による KPS[25], FS[26], GHILTW[27] を合わせた広いエネルギー領域にわたる実験データは電子走行因子（ETF）を組み入れた計算（実線）と式（3.8.71）により求まる反応断面積（点線）の理論的予測の中間に位置し, 高エネルギー端ではとりわけ電子走行因子（ETF）を組み入れた理論的予測（実線）が反応断面積の急速減少傾向を示している.

一方, $Kr^{2+} + Kr$ 衝突系では一電子移行と二電子移行の電荷移行反応が競合するが,

$$Kr^{2+} + Kr \to Kr^+ + Kr^+ \quad \sigma_{21}, \tag{3.8.75}$$
$$\to Kr + Kr^{2+} \quad \sigma_{20}, \tag{3.8.76}$$

一電子移行（3.8.75）の反応断面積 σ_{21} は衝突エネルギーの減少とともに減少してしまうので, 10 keV 以下の低エネルギー領域では対称共鳴二電子移行（3.8.76）が主要な反応過程である. 対称共鳴二電子移行の反応断面積 σ_{20} は, 1 eV 以上のエネルギー領域では Kr^+ の対称共鳴電荷移行反応断面積 σ_{10} とほぼ平行で, 反応断面積 σ_{10} に対する割合は $\sigma_{20}/\sigma_{10} \approx 0.36$ で, その割合はおおむねイオン化エネルギーの比 I^+/I^{2+} に等しい. 衝突エネルギーの減少とともに対称共鳴二電子移行の反応断面積 σ_{20} の速度依存は 1 eV 近傍で v^{-1} に移行し $(1/2)\sigma_L$ に一致して増大し, 0.1 eV 以下の低エネルギー領域では Kr^+ の対称共鳴電荷移行反応断面積 σ_{10} よりも大きい. また, 数 eV 領域以下の低エネルギー領域における反応断面積 σ_{21} が増大に転じている. かくして, 低エネルギー領域におけるオービティング効果の重要性が明瞭に示されている.

c. イオン衝突における散乱波の位相干渉効果

イオン衝突では古典的な粒子描像が成り立ちやすいが量子論の波動的扱いを必要とする量子力学的な効果が重要になる散乱過程も多々ある．量子論に基づく散乱問題の波動的扱いの詳細は量子力学の教科書に委ねることとし，ここでは波動的扱いにおいて最も重要な量子論的散乱現象の1つである散乱波の位相干渉効果についてふれておく．

波動的扱いにおける散乱波の位相のずれは軌道角運動量（量子数）により異なる値をもち，散乱波の位相そのものは観測できない量であるが，位相の異なる他の波との干渉によってのみ観測可能な現象として現れる．散乱現象に散乱波の位相干渉効果が現れるには，1つの散乱角に至る2つ以上の衝突径数あるいは2つ以上の散乱経路が必要になる．極小構造をもつポテンシャルによる弾性散乱においては，レインボー角 Θ_r 以下で散乱角が同一となる3つの経路がありそれらの干渉効果により微分断面積や積分断面積に振動構造が現れることはすでに 3.6 節の「中性粒子衝突」や 3.8.2 項 c で説明されている．イオン衝突の非弾性衝突では必ず始状態と終状態の異なるポテンシャル曲線が関与するので複数の散乱経路が生じる．ここでは，とくにポテンシャルの極小構造によるレインボー角 Θ_r 以上の大角散乱における位相干渉効果について述べることにする．

$H^+ + H$ や $He^+ + He$ のような対称な衝突系における等核二原子分子イオンの電子状態には核間軸中点での反転に関して対称な"gerade"状態（g）と反対称な"ungerade"状態（u）に対応する二状態があり，それらのポテンシャル曲線は H_2^+ に対する図 3.8.11 のように核間距離の離れたところでは1つに縮退しているが接近するに伴い $E^+(R)$ と $E^-(R)$ の2つの曲線に分枝している．

電子がイオン核 A に束縛されている状態を A，イオン核 B に束縛されている状態を B で記し，衝突の初期状態 A から衝突後再び A に戻る過程が弾性散乱，B に至る過程が対称共鳴電荷移行反応である．u, g 二状態のポテンシャルによる散乱波の散乱振幅をそれぞれ $f_u(E, \theta)$, $f_g(E, \theta)$ と表すと，弾性散乱と電荷移行反応の微分断面積 $q_{AA}(E, \theta)$, $q_{AB}(E, \theta)$ は

$$q_{AA}(E, \theta) = \frac{1}{4}|f_u(E, \theta) + f_g(E, \theta)|^2, \quad q_{AB}(E, \theta) = \frac{1}{4}|f_u(E, \theta) - f_g(E, \theta)|^2 \quad (3.8.77)$$

で与えられる．散乱角 θ への半古典的な散乱振幅 $f_{u,g}(E, \theta)$ は，u, g 二状態の各ポテンシャル散乱による古典論の微分断面積 $q_{u,g}(E, \theta)$ に位相のずれ $\eta_{u,g}(E, \theta)$ を用いて

$$f_{u,g}(E, \theta) = [q_{u,g}(E, \theta)]^{1/2} \exp[i \cdot \eta_{u,g}(E, \theta)] \quad (3.8.78)$$

と記述される．その結果，弾性散乱と電荷移行の微分断面積と反応確率は

$$q_{AA, AB}(E, \theta) = \frac{1}{4}\{q_u + q_g \pm 2[q_u \cdot q_g]^{1/2} \cdot \cos(\eta_u - \eta_g)\} \quad (3.8.79)$$

$$p_{AA, AB}(E, \theta) = \frac{1}{2}[1 \pm \cos(\eta_u - \eta_g)] \quad (3.8.80)$$

で与えられる[30]．位相差 $\eta_u - \eta_g$ は衝突エネルギー E と散乱角 θ の関数であるので，散乱角 θ を固定した散乱断面積には衝突エネルギー依存に，および，衝突エネルギーを固

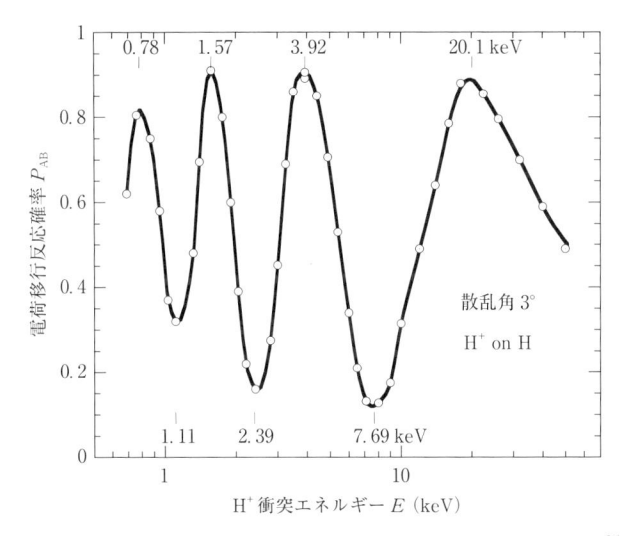

3.8 イオンと原子・分子・イオンの衝突

図 3.8.14 H$^+$+H 衝突における電荷移行反応確率の衝突エネルギー依存[31] 実験室系散乱角 $\theta = 3°$ 固定.

定した微分断面積には散乱角依存に振動構造が現れることになる.

図 3.8.14 は H$^+$+H 衝突系で実験室系 $\theta = 3°$ 方向に散乱される中性化粒子計測による電荷移行反応確率

$$p_{AB}(E, \theta) = \frac{q_{AB}(E, \theta)}{q_{AA}(E, \theta) + q_{AB}(E, \theta)} \tag{3.8.81}$$

の測定結果[31] である.実験室系の 0.7 keV から 50 keV までの衝突エネルギー領域で反応確率が振動する.この衝突エネルギー依存の振動構造は,式 (3.8.80) による散乱波の位相干渉効果で理論的に説明され,図 3.8.14 の横軸を衝突エネルギー E から速度の逆数 v^{-1} に変更して表示するとその振動周期はほぼ等間隔となる.

一方,図 3.8.15 は He$^+$+He 衝突系において実験室系で比較的低エネルギーの 20 eV から 600 eV の領域で測定された弾性散乱の微分断面積[32] である.式 (3.8.79) によれば弾性散乱と電荷移行反応における振動は位相が π だけずれるが,実際に He$^+$+He 衝突系の電荷移行反応の微分断面積には弾性散乱における振動の山と谷が逆の相補的な振動構造が観測されている[33, 34].なお,図 3.8.15 には衝突エネルギーが高くなると散乱角の大きな領域に u-g 振動の上に同種粒子衝突固有の θ 方向と π-θ 方向の散乱を区別できないことによる干渉効果による周期の短い振動が重なって現れている.

対称共鳴型の衝突過程において観測される散乱波の位相干渉効果は対称共鳴型以外の非対称な種々の衝突過程でも観測される.たとえば,A$^+$+B 衝突系にかかる相互作用ポテンシャル曲線が図 3.8.16 のような関係にあると,b から入射して a へ出射する近接共鳴過程による非対称電荷移行反応では

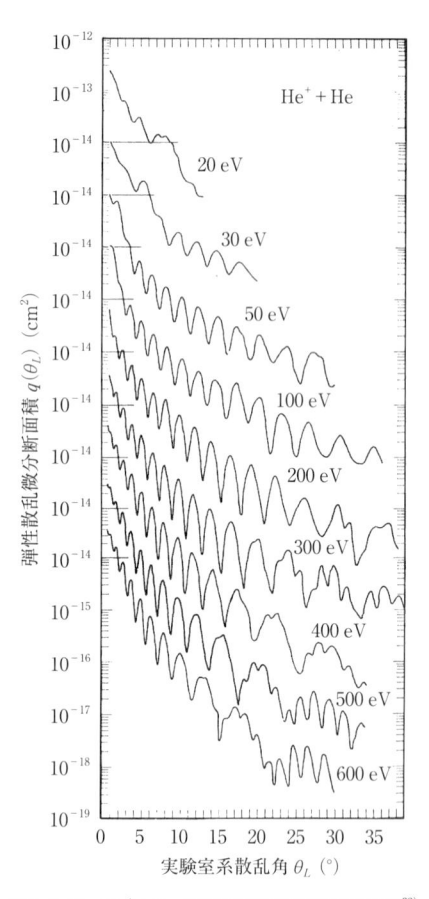

図 3.8.15 $He^+ + He$ 衝突の弾性散乱微分断面積[32] 衝突エネルギーは20〜600 eV（実験室系）．θは実験室系散乱角．縦軸スケールは微分断面積曲線ごとに1桁ずらしてある．

$$A^+ + B \rightarrow A + B^+ \tag{3.8.82}$$

前述の u, g ポテンシャル曲線による散乱と同様に a, b 2つのポテンシャル曲線による散乱波の位相干渉効果が生じる．また，b から入射して c に出射する励起過程では，

$$A^+ + B \rightarrow A^+ + B^* \tag{3.8.83}$$

最近接距離 R_0 がポテンシャル交差点 R_x より内側に接近（$R_x > R_0$）する場合には b' または c' を経由して c へ出射する2つの経路が生じ u-g 振動の場合と類似して散乱波の位相干渉効果により微分断面積上に振動構造が現れる．この微分断面積上の振動構造は積分すると平均化されてしまうので，積分断面積上の振動構造は観測されにくくなるのが通常である．

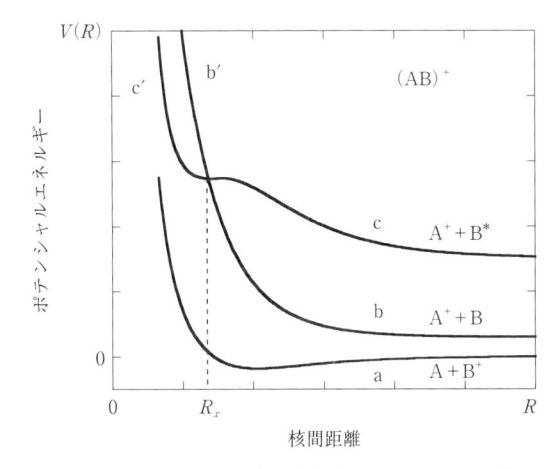

図 3.8.16 $A^+ + B$, $A^+ + B^*$, A^+B^+ 系のポテンシャルエネルギー曲線例

d. イオン分子反応

　イオン分子反応は，イオン分子間の電子交換や振動・回転・電子励起や原子の組み替えなどを含む気相の非弾性衝突過程である．中性の原子分子同士の反応過程とイオン分子反応とは，反応式の表示上では入射粒子が中性粒子から電荷をもつイオンに代わるだけだが衝突の様子はだいぶ異なる．たとえば，$A+BC \to AB+C+\Delta E$ などの中性粒子間の反応ではポテンシャル曲面に沿って進む反応は一般に（ABC）錯合体（complex）という中間状態を経由して進行し，その反応領域は近接した距離である．この錯合体の形成には活性化エネルギーを必要とし，そのエネルギーは通常 BC の解離エネルギーより小さい．始状態と終状態の内部エネルギーの差 ΔE が反応エネルギー（反応熱）であるが，たとえ $\Delta E>0$ の発熱反応であってもこの活性化エネルギーの障壁を超えなければ反応は起こらない．一方，イオン分子衝突では，イオンが電荷をもつので標的分子に接近すると標的分子が分極し，イオンと標的分子間には無限遠方に及ぶ分極力による引力ポテンシャルが誘起される．この引力ポテンシャルは近接領域ではたいへん強いので錯合体イオン形成の活性化エネルギーによるポテンシャル障壁はほとんど無視できる．3.8.2 項 d で述べたように分極力に支配された衝突系では，ある特定の衝突径数 $b_{orb}=(2\alpha q^2/E_{cm})^{1/4}$ による衝突軌道は半径 $R_{orb}=b_{orb}/\sqrt{2}$ のオービティング軌道をとり，$b<b_{orb}$ の衝突径数の衝突軌道は必ず衝突中心に向かう．このオービティング軌道半径は衝突エネルギーの減少とともに増大するのでこのオービティング軌道半径と反応領域との相互位置関係が反応の様相を大きく変えることが予測される．イオン・分子衝突において，衝突エネルギーに依存するオービティング軌道が錯合体形成領域を内包するほどの低エネルギー領域では衝突径数が $b<b_{orb}$ の衝突軌道は分極力による引力ポテンシャルで引

き込まれて反応領域に到達できる．このようなオービティング軌道内で起こるイオン分子反応断面積はランジュバンの断面積と同じ v^{-1} の速度依存をもち中性粒子衝突による反応断面積よりはるかに大きいことが期待される．

引力ポテンシャルで遠方より引き込まれて標的分子に衝突するイオン分子反応は，とりわけ粒子密度の希薄な宇宙空間における物質合成にとってはきわめて重要な衝突過程である．宇宙空間で最も存在量が多い星間物質は H_2 である．宇宙空間では H_2 が一度イオン化されると H_2 との衝突で H_3^+ を生成する．発熱反応なので効率よく H_3^+ イオンが生成される．

$$H_2^+ + H_2 \rightarrow H_3^+ + H \tag{3.8.84}$$

星間電波天文学の分野では，1980年の H_3^+ イオンの分光学研究に基づく岡らの提言[35]で星間空間における H_3^+ 探索が開始され，1989年に惑星の上層大気からの赤外線発光の観測や1996年の暗黒星雲の星間雲中での赤外線吸収の観測などで次々と H_3^+ イオンによるイオン分子反応の重要性が確認された．

$$H_3^+ + X \rightarrow XH^+ + H_2 \tag{3.8.85}$$
$$H_3^+ + CO \rightarrow HCO^+ + H_2 \tag{3.8.86}$$

H_3^+ イオンは双極子モーメントをもたないが分子雲中のいろいろな原子・分子とのプロトン移行反応で双極子モーメントをもつ分子イオンを生成する．とりわけ CO は星間空間で H_2 に次いで存在量も多く電波望遠鏡による双極子モーメントをもつ HCO^+ 生成イオンの検出は容易なので反応 (3.8.86) は天文学において重要なイオン分子反応である．また，宇宙空間に H^+ や He^+ に次いで多く存在する C^+ イオンの一連のイオン分子反応は

$$C^+ + H_2 \rightarrow CH^+ + H$$
$$CH^+ + H_2 \rightarrow CH_2^+ + H$$
$$CH_2^+ + H_2 \rightarrow CH_3^+ + H \tag{3.8.87}$$

いずれも発熱反応で反応断面積が大きく宇宙空間における有機物生成に関連する反応過程として関心が高い．

イオン分子反応は，i) 錯合体形成を経由する近距離反応，ii) 原子やイオンを引き抜くなど運動量移行を伴わない反応過程，iii) 電荷移行や振動・回転励起など原子移行・組み替えを伴わない比較的遠方で起こる反応過程の3タイプに大別される．錯合体を形成するタイプ i) の反応では，錯合体が崩壊して生ずる生成物は重心系において等方的に散乱する．タイプ ii) の引き抜き反応はストリッピング（stripping）モデルあるいは残りの原子やイオンが元の運動を持続する傍観者であることに注目してスペクテイター（spectator）モデルとも呼ばれ，反応は比較的遠方で起こり散乱方向が前方に偏重し反応断面積も大きい傾向がみられる．生成物がいずれの反応過程によるのか，またどのようなサイズの錯合体形成を経由したかなどは生成物の運動量観測により識別可能である．実際のイオン・分子衝突では種々のイオン分子反応過程が競合するので，同位体試料の活用は反応過程の分離識別に有効である．イオン・分子衝突における各種イオン分子反応の競合状態や衝突エネルギー依存の様子を示すため，衝突箱にビームガイドを組

3.8 イオンと原子・分子・イオンの衝突

み込んで質量分析する複式質量分析計[7]による H^+, H_2^+, H_3^+ イオンと H_2 分子との衝突における反応断面積の測定結果[36]を紹介する.

原子組み替えを含むイオン分子反応を分離識別するため図 3.8.8 に示したビームガイドを装着したタンデム質量分析装置を使用し, 同位体試料を活用して H^+/H_2 衝突系に対し H^+, D^+/H_2, D_2, H_2^+/H_2 衝突系に対し H_2^+, D_2^+/H_2, D_2, H_3^+/H_2 衝突系に対し H_3^+, D_3^+/H_2, D_2 と組み合わせを変えたそれぞれ 4 種の系にて 0.1〜1000 eV(重心系)の衝突エネルギー領域で観測される生成イオンの生成断面積を測定しそれぞれの比較検討により識別分離された反応種とその反応断面積をそれぞれ表 3.8.1 と図 3.8.17 に示す. 表および図の中の A と B の表示は衝突系の入射イオン側と標的側のそれぞれの元素を表し H または D である. この実験では衝突箱に組み込んだビームガイドに印加した RF 振動電場がイオンの動径方向の運動を封じ込めて軸方向の運動量をもつイオンを損失なく下流に運ぶ. 図中の点線で示した $\sigma(\text{att})$ は標的ガス中における入射イオンビームの減衰断面積で全積分断面積に相当するので, 入射イオンの減衰量は生成イオンの全量に等しいことが期待される. 図中の点線で示した測定結果をみると, A_3^+/B_2 の衝突系の生成断面積の総和はおおむね $\sigma(\text{att})$ に等しいが, A^+/B_2 と A_2^+/B_2 の衝突系においては

表 3.8.1 A^+, A_2^+, A_3^+/B_2 衝突系におけるイオン分子反応種と反応エネルギー

反応種	ΔE(eV)	反応断面積	反応番号
衝突系 $A^+ + B_2$			
$\to AB + B^+$	+0	$\sigma(B^+)$	(1)
$\to AB^+ + B$	−1.83	$\sigma(AB^+)$	(2)
$\to A + B_2^+$	−1.83	$\sigma(B_2^+)$	(3)
$\to A + B + B^+$	−4.48	$\sigma(B^+)$	(4)
$\to A^+ + B_2^+ + e$	−15.43	$\sigma(B_2^+)$	(5)
衝突系 $A_2^+ + B_2$			
$\to AB_2^+ + A$	−2.06	$\sigma(AB_2^+)$	(6)
$\to A_2B^+ + B$	−2.06	$\sigma(A_2B^+)$	(7)
$\to AB^+ + AB$	+0	$\sigma(AB^+)$	(8)
$\to A_2 + B_2^+$	+0	$\sigma(B_2^+)$	(9)
$\to A^+ + A + B_2$	−2.75	$\sigma(A^+)$	(10)
$\to A_2 + B + B^+$	−2.75	$\sigma(B^+)$	(11)
$\to AB^+ + A + B$	−4.48	$\sigma(AB^+)$	(12)
$\to A + A + B_2^+$	−4.48	$\sigma(B_2^+)$	(13)
衝突系 $A_3^+ + B_2$			
$\to AB_2^+ + A_2$	+0	$\sigma(AB_2^+)$	(14)
$\to A_2B^+ + AB$	+0	$\sigma(A_2B^+)$	(15)
$\to A_3 + B_2^+$	−1.96	$\sigma(B_2^+)$	(16)
$\to A_2B^+ + A + B$	−4.47	$\sigma(A_2B^+)$	(17)
$\to A^+ + A_2 + B_2$	−4.81	$\sigma(A^+)$	(18)
$\to AB^+ + A_2 + B$	−6.52	$\sigma(AB^+)$	(19)
$\to A_2^+ + A + B_2$	−6.52	$\sigma(A_2^+)$	(20)
$\to A_2 + A + B_2^+$	−6.52	$\sigma(B_2^+)$	(21)

A と B は, H または D の元素種.

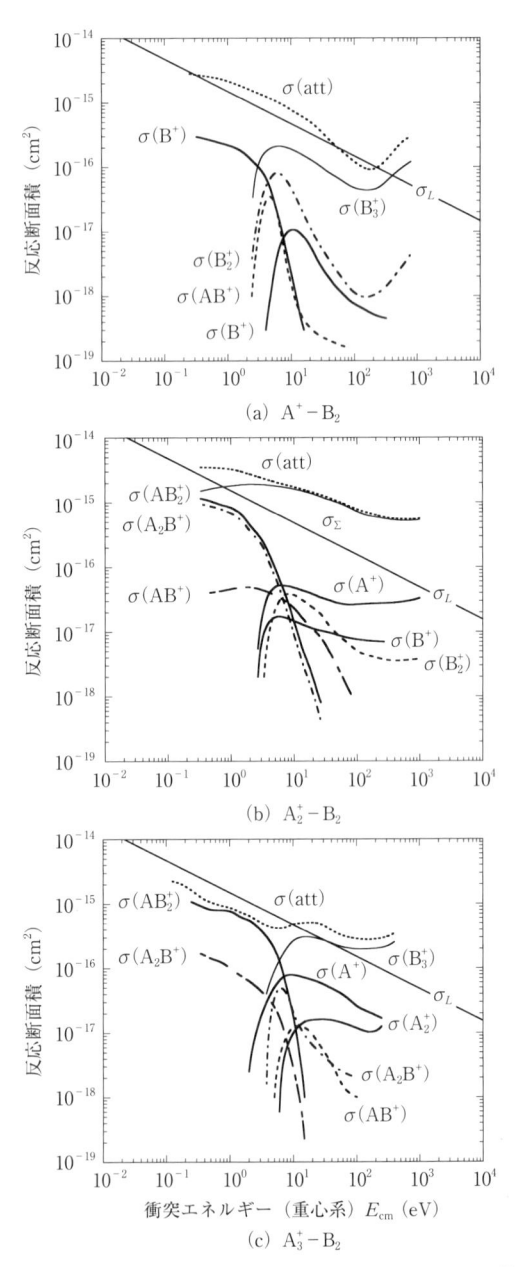

図 3.8.17 H^+, H_2^+, H_3^+/H_2 衝突系における各種反応断面積[36] σ_L はランジュバンの断面積, $\sigma(\mathrm{att})$ は全断面積, $\sigma(B_3^+)$ は 2 次反応断面積.

生成イオンの断面積の総和はσ(att)に満たない．A^+/B_2 衝突系では同位体使用で後方散乱や大角散乱の寄与の増大で生成イオンの捕集が完全ではなく，A_2^+/B_2 の衝突系では対称共鳴電荷移行反応（表3.8.1の(9)）で生成される B_2^+ イオンはほとんど運動量をもたないので輸送効率がよくない．ビームガイド中にトラップされた B_2^+ イオンは B_2^+ + $B_2 \rightarrow B_3^+ + B + 2.06\,eV$ の2次反応で B_3^+ イオンに置換される．A_2^+/B_2 系において測定した衝突エネルギーの全領域で低速の B_2^+ イオンと B_3^+ イオンが観測されるがその和はσ(att) から各反応断面積を差し引いた σ_Σ には満たない．A^+/B_2 と A_3^+/B_2 の衝突系でも B_3^+ イオンが観測されその生成断面積を $\sigma(B_3^+)$ として図中に示してあるがそのエネルギー依存から反応(3)，(5)および反応(16)，(21)の生成 B_2^+ イオンによる次反応の生成物と推定できる．図3.8.17に示すように識別分離された各衝突系の反応断面積は，共通して数eVの衝突エネルギー領域を境にして様相が一変している．表3.8.1において反応エネルギーが $\Delta E \geq 0$ となる反応種，A^+/B_2 衝突系の反応(1)，A_2^+/B_2 衝突系の反応(6)，(7)，(8)，A_3^+/B_2 衝突系の反応(14)，(15)のいずれの反応断面積も $E_{cm} < 1\,eV$ の低エネルギー領域でランジュバンの断面積 σ_L に沿い $E^{-1/2}$ のエネルギー依存を示し，数eVの衝突エネルギー領域で急激に減少してしまう．各生成イオンの運動量の観測によると反応(1)は $(A^+ \cdot B_2)$，反応(6)，(7)，(8)は $(A_2^+ \cdot B_2)$，反応(14)，(15)は $(A_3^+ \cdot B_2)$ の錯体イオン形成を経由して等方的な散乱をするタイプi）のイオン分子反応であり，A_2^+/B_2 衝突系における反応断面積 $\sigma(AB^+)$ は反応(8)と反応(12)が寄与していると推定される．

一方，吸熱反応の反応断面積はいずれも数eV領域で衝突エネルギーの増大とともにそれぞれの ΔE 値に対応するエネルギー位置から次々と急激に立ち上がる．とくに強い共鳴的な極大構造を示す A^+/B_2 衝突系の反応(2)，A_2^+/B_2 衝突系の反応(12)，そして A_3^+/B_2 衝突系の反応(17)と反応(19)は，生成イオンの運動量観測によるといずれも錯合体形成を経由するタイプi）のイオン分子反応であるが錯合体からの崩壊の様子は発熱反応のものとは異なり衝突エネルギーの増大に伴い後方散乱から前方散乱に移行していることが確認された．また，吸熱反応である反応(4)の $\sigma(B^+)$，反応(10)と(18)の $\sigma(A^+)$ の生成イオンのもつ運動量は A^+ 移行やB引き抜きなどのタイプii）のイオン分子反応の関与によると判定された．

かくして H^+，H_2^+，H_3^+/H_2 の衝突系で識別分離された種々のイオン分子反応は，$E_{cm} = 1 \sim 10\,eV$ の衝突エネルギー領域を境にして主要反応が低エネルギー側の発熱反応から高エネルギー側の吸熱反応過程に交替している．この劇的な反応過程の交替はイオン分子衝突における反応領域と分極力によるオービティング軌道の位置関係が密接にかかわる．ちなみに，H_2 を標的するイオン分子衝突におけるオービティング軌道半径 r_{orb} は $E_{cm} = 1\,eV$ のとき $r_{orb} = 1.54$ Å と算出されるのでオービティング軌道は錯合体形成領域を内包してしまうが，$E_{cm} > 10\,eV$ の衝突エネルギー領域では $r_{orb} < 0.87$ Å となり吸熱反応の反応領域はいずれもオービティング軌道の外側に位置すると推定される．

e. 負イオンの特性と衝突過程

どんな原子・分子でも電子を脱離すれば正イオンになるが，すべての原子・分子が電子を付着して安定な負イオンになれるとは限らない．電子親和力（electron affinity, EA）が負の中性原子・分子はたとえ電子を付着しても電子は自動電離してしまい安定な負イオンを形成することができない．この電子親和力は負イオンにおける電子の結合エネルギーに対応し，原子の負イオンにおける電子の結合エネルギー値はハロゲン族元素負イオンのものが最大で $3.0 \sim 3.6\,\mathrm{eV}$，$O^-(^2P)$ で $1.5\,\mathrm{eV}$，$H^-(^1S)$ では $0.75\,\mathrm{eV}$ と小さく，Be^- や N^- や Ne^- などの負イオンは存在しない．負イオンの生成過程には i) 電子付着，ii) イオン対生成，iii) 電荷移行反応などの過程があるが，通常のプラズマ中で主要な負イオン生成過程は電子付着である．一般に原子の電子付着断面積は非常に小さく，電子親和力の大きなハロゲンや酸素を含む分子が電子を捕獲して負イオンになりやすい．

負イオン衝突における電子脱離過程は標的の電子を脱離させる正イオンの電子脱離過程とは異なる特有なもので，生成分子種が安定化合物であると結合性衝突電子脱離

$$A^- + B \rightarrow AB + e \tag{3.8.88}$$

となり，原子イオン・原子衝突や高速衝突では単純な衝突電子脱離

$$A^- + B \rightarrow A + B + e \tag{3.8.89}$$

となることが多い．また，負イオンにおける電荷移行反応

$$F^- + F \rightarrow F + F^-$$
$$CF_3^- + F \rightarrow CF_3 + F^- \tag{3.8.90}$$

では，正イオンのイオン化エネルギーに比べて負イオンの電子親和力は小さいので，非対称電荷移行反応であっても反応エネルギー ΔE はそれほど大きくなることはない．

負イオンのイオン・分子反応は正イオンに比べてデータは少ない．正イオンのイオン・分子反応の多くが活性化エネルギーをもたないのに対して，負イオン・分子反応では，

$$A^- + B \rightarrow C^- + D \tag{3.8.91}$$

分子 A と C の電子親和力および原子組み替えの結合エネルギーによって，活性エネルギーが大きく著しい吸熱反応となることが多い．

負イオンの特徴はイオンの電荷が負であるだけでなく電子の結合エネルギーが小さいことにあり，負イオンにおける電子はリュードベリ原子における高励起電子のごとく電子の結合エネルギーが小さく電子軌道が大きいので外場からの影響を受けやすい．このため負イオンの分極率などは中性の基底状態にある原子分子のものとは桁違いに大きい．

負イオンには正イオンにはない特徴があるので，負イオンは実用的・応用面側面からの関心が高い．たとえば，絶縁物の基板へのイオン注入やエッティング加工においては基板のチャージアップ障害は深刻な問題である．正イオン照射における基板からの 2 次電子放射は基板のチャージアップを加速するが，負イオン照射なら基板からの 2 次電子放射は逆に基板のチャージアップを軽減する効果がある．実際の半導体素子の集積回路

3.8 イオンと原子・分子・イオンの衝突

製造工程などでは，負性電気ガス導入による負イオン過程を活用した基板のチャージアップ制御が行われている．また，加速した負イオンビームを炭素薄膜やガスターゲットによる電子脱離で正イオンとし，同一電場で再び追加速するタンデム加速器による高エネルギー正イオンビーム生成には負イオンが不可欠である．さらには，負イオンにおける電子の束縛エネルギー（電子親和力）が小さいのでレーザー照射により効率よく電子を脱離して負イオンを中性化できる．高速の原子・分子中性ビーム生成法には，正イオンビームを中性化する電荷交換法と負イオンビームのレーザー照射による電子脱離法があるが後者の方がはるかに容易で効率がよい．このように負イオンはいろいろな分野で利用されているので応用的・実用的側面からの研究は多いが，正イオンに比べて負イオンに関する定量的・系統的な基礎研究は非常に少ない．比較的基礎研究の多い核融合研究分野においてさえ負の水素イオンによる素過程の基礎データは数少ない．

負イオン–原子の衝突における最も簡単な衝突系である $H^- + H$ 衝突における電荷移行反応と電子脱離過程

$$H^-(1s^2) + H(1s) \rightarrow H + H^- \tag{3.8.92}$$

$$H^-(1s^2) + H(1s) \rightarrow H_2 + e^- \tag{3.8.93}$$

$$H^-(1s^2) + H(1s) \rightarrow H + H + e^- \tag{3.8.94}$$

の反応断面積データ[37-39]を図 3.8.18 に示す．ハンマー（Hummer）ら[37]は電荷移行と電子脱離過程の反応断面積を識別して測定している．一方，ゲデス（Geddes）ら[38]およびベルプルント（Hvelplund）ら[39]による高エネルギー側の測定データは H^- イオンの中性化反応断面積で (3.8.92) と (3.8.94) の反応断面積の和に相当するものであるが，電荷移行は衝突エネルギーの増大とともに減少してしまうので測定されたエネルギー

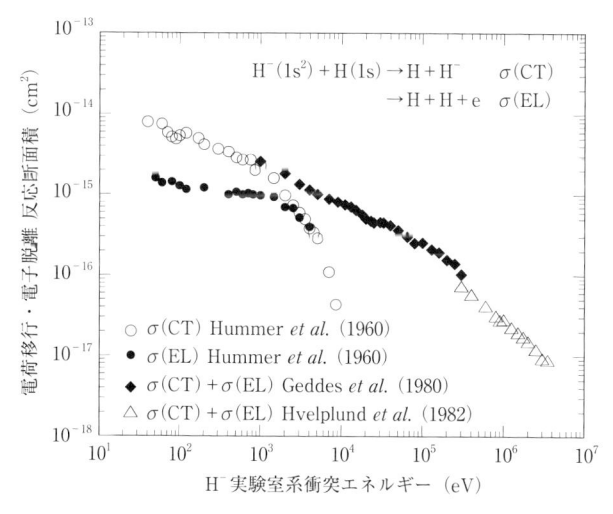

図 3.8.18 $H^-(1s^2) + H(1s)$ 衝突系における電荷移行と電子脱離反応断面積[37-39]

領域では反応 (3.8.94) の電子脱離過程が主要反応になっていると推定される．$H^+ + H$ 衝突系における電荷移行と電子脱離過程の反応断面積を示した図 3.8.10 と比較すると，H^- の電荷移行は H^+ のものより反応断面積は大きく衝突エネルギー依存も強く，高エネルギー側の急激な減少に転じるエネルギー領域は H^+ 衝突では 20 keV あたりだが H^- 衝突では 2 keV あたりと 1 桁近く低い．これは衝突速度が移行する電子の軌道速度を超えると電子移行確率が急減するので，負イオンにおける電子の結合エネルギーが小さく電子の軌道速度が遅い，いわゆる FTP 効果による．一方，H^- の電子脱離反応断面積は H^+ のものよりはるかに大きくエネルギー依存も様相がまったく違う．これは H^- 衝突における電子脱離が負イオン特有の 2 つの反応過程 (3.8.93) と (3.8.94) の競合によるもので標的原子が電離する H^+ の電子脱離過程とはまったくの別物であるからである．

負イオン衝突特有の反応過程には正負の水素イオン衝突における相互中性化過程がある．

$$H^-(1s^2) + H^+ \to H(1s) + H(nl) \qquad (3.8.95)$$

相互中性化過程の反応断面積は，ランドル (Rundel) ら[40] によるビーム斜交差法およびモズレイ (Mosley) ら[41] によるビーム合流法で測定されている．図 3.8.19 に示すようにこの過程の反応断面積は低エネルギーで非常に大きく衝突エネルギー依存も非常に強い．反応 (3.8.95) の衝突系における始状態と終状態のポテンシャル曲線の交差状況から判断すると，図 3.8.19 に示された測定結果は基底状態への中性化によるものではなく大部分は $n = 2, 3$ への励起状態への中性化によるものと考えられる．ランダウ-ツェナーの公式を用いたベイツ (Bates) ら[42] の計算結果 (図 3.8.19 中の点線表示) は実験データよりかなり小さいが，より精度の高いポテンシャル曲線を用いるなどモデルに改良を加えたヤーネフ (Janev) ら[43] の計算結果 (図 3.8.19 の実線表示) は実験との一致がよくなっている．

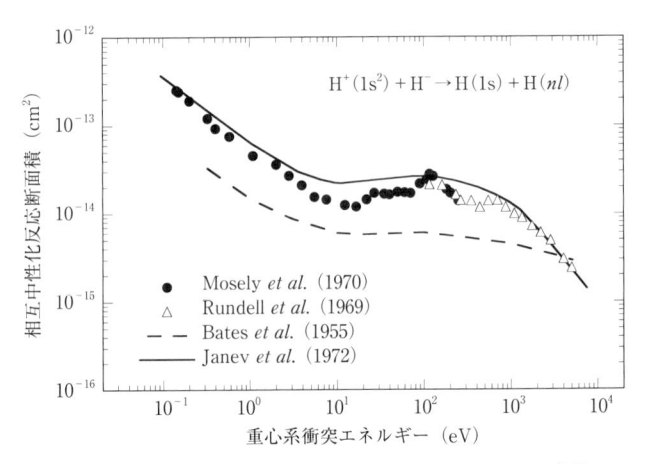

図 3.8.19 $H^-(1s^2) + H^+$ 衝突における相互中性化反応断面積[40-43]

以上述べたように最も簡単な負の水素イオン衝突系において負イオン特有の反応過程が起こり，とりわけ低エネルギー領域でその反応断面積が非常に大きい．さらに大きな分子の負イオンの衝突系では断面積の大きないろいろな反応過程が起こりうるのであろう．負イオンクラスターをはじめ負イオン分子の衝突過程は応用的観点からもたいへん興味深いが，まだ今後の研究を待つところが多い． 〔奥野和彦〕

文　献

1) 金子洋三郎,「原子衝突入門」(培風館, 1999) p. 81.
2) 金子洋三郎,「原子衝突入門」(培風館, 1999) p. 89.
3) 高柳和夫,「電子・原子・分子の衝突」(培風館, 1972) p. 24.
4) K. Okuno, T. Koizumi and Y. Kaneko, *Phys. Rev. Lett.* **40**(1982) 1708.
5) J. P. Toennies, W. Wels and G. Wolf, *J. Chem. Phys.* **61**(1974) 2461 ; *ibid.*, *J. Chem. Phys.* **71**(1979) 614.
6) W. C. Wiley and I. H. McLaren, *Rev. Sci. Instrum.* **26**(1955) 1150.
7) B. A. Mamyrin, V. I. Kareataec, D. V. Shmikk and A. Zagulin, *Sov. Phys. JETP*, **37**(1973) 45.
8) S. M. Trujillo, R. M. Neynaber and E. W. Rothe, *Rev. Sci. Instr.* **37**(1966) 1655.
9) E. Teroy and D. Gerlich, *Chem. Phys.* **4**(1974) 417.
10) 奥野和彦・金子洋三郎, 質量分析, **34**(1986) 351.
11) 金子洋三郎,「新実験化学講座」(丸善, 1978) 17 巻, p. 259;金子洋三郎, 日本物理学会誌 **37**(1982) 560 ; 金子洋三郎,「原子衝突入門」(培風館, 1999) p. 131.
12) G. H. Wannier, *Bell System Tech. J.* **22**(1953) 170.
13) N. Saito, T. M. Kojima, N. Kobayashi and Y. Kaneko, *J. Chem. Phys.* **100**(8) (1994) 5726 ; H. Tanuma, M. Sakamoto, H. Fujimatsu and N. Kobayashi, *Rev. Sci. Instrum.* **71**(2000) 2019.
14) 核融合科学研究所・原子分子データベース.
15) H. C. Brinkman and H. A. Kramers, *Proc. Acad. Sci. Amst.* **33**(1930) 973, I. M. Cheshire, *Proc. Phys. Soc.* **84**(1964) 89.
16) L. Landau, *Z. Phys. Zeits. Sowjetunion* **1**(1932) 88, *ibid.* **2**(1932) 46.
17) C. Zener, *Proc. Roy. Soc.* **A137**(1932) 696.
18) C. Zhu and N. Nakamura, *J. Chem. Phys.* **101**(1994) 10630, *ibid.* **102**(1995) 7448.
19) Y. N. Demkov, *Soviet Phys. JETP* **18**(1964) 138.
20) O. B. Firsov, *Zhur. Elesper. Teor. Fiz.* **21**(1951) 1001.
21) D. Rapp and W. F. Francis, *J. Chem. Phys.* **37**(1962) 2631.
22) J. B. H. Stedeford and J. B. Hasted, *Proc. Roy. Soc. (London), * **A227**(1955) 466.
23) T. Koizumi, K. Okuno, N. Kobayashi and Y. Kaneko, *J. Phys. Soc. Jpn* **51**(1982) 2650.
24) S. Sakabe and Y. Izawa, *At. Data Nucl. Data Tables* **49**(1991) 257.
25) R. M. Kushnir, B. M. Palyukh and L. A. Sena, *Bull. Acad. Sci. USSR Phys. Ser.* **23**(1959) 995.
26) L. P. Flaks and E. S. Sotov'ev, *Soviet Phys. Tech. Phys.* **3**(1958) 564.
27) H. B. Gilbody, J. B. Hasted, J. V. Ireland, A. R. Lee, E. W. Thomas and A. S. Whiteman, *Proc. Roy. Soc.* **A274**(1963) 40.
28) K. Okuno, *J. Phys. Soc. Jpn.* **55**(1986) 1504.
29) J. B. Hasted and M. Hussain, *Proc. Phys. Soc.* **83**(1964) 911.
30) R. P. Marchi and F. T. Smith, *Phys. Rev.* **139**(1965) A1025.
31) G. Lockwood and E. Everhart, *Phys. Rev.* **125**(1962) 567.
32) D. C. Lorents and W. Aberth, *Phys. Rev.* **139**(1965) A1017.
33) H. H. Fleishmann, R. A. Young and J. W. McGowan, *Phys. Rev.* **153**(1967) 19.
34) J. C. Brenot, J. Pommier, D. Dhuicq and M. Barat, *J. Phys. B: Atom. Molec. Phys.* **8**(1975) 448.

35) T. Oka, *Phys. Rev. Lett.* **45**(1980) 531.
36) K. Okuno, *At. Plasma-Mater. Interact. Data Fusion* **10**(2002) 163.
37) D. G. Hummer, R. F. Stebbings, W. L. Fite and L. M. Branscomb, *Phys. Rev.* **119**(1960) 668.
38) J. Geddes, J. Hill, M. B. Shah, T. U. Goffe and H. B. Gilbody, *J. Phys. B* **13**(1980) 319.
39) P. Hvelplund and A. Andersen, *Phys. Scri.* **26**(1982) 370.
40) R. D. Rundell, K. L. Aitken and M. F. A. Harrison, *J. Phys. B: Atom. Molec. Phys.* **2**(1969) 954.
41) J. Mosley, W. Aberth and J. R. Peterson, *Phys. Rev. Letters* **24**(1970) 435.
42) D. R. Bates and J. T. Lewis, *Proc. Phys. Soc.* (*London*) **A68**(1955) 173.
43) R. K. Janev and A. R. Tančić, *J. Phys. B: Atom. Molec. Phys.* **5**(1972) L250.

3.9 イオンと固体表面の衝突

　エネルギーをもったイオンが固体表面に衝突すると，後方散乱された入射イオンの外に，電子，イオン，中性原子，光子などの放出が観測される．二体衝突をおもに扱う原子衝突の立場から眺めると，いろいろな過程が複雑に競合している．このイオン-固体表面衝突の基礎的研究は，学問的な意義はもとより，表面処理，表面加工技術，薄膜形成，表面洗浄などの応用面でも大切である．中性原子の励起と脱励起の話は，あまりほかに解説が見当たらないこともあり，少し詳しくとりあげた．2次粒子の生成におよぼす表面吸着酸素原子の化学的効果についても，イオンビーム照射下で定常的な酸素原子被覆率をもとに，どのように考えればよいかをとりあげる．ここでは，入射イオンは1価イオンとし，入射イオンの衝突エネルギーは数10keV以下の低エネルギー領域に限定した．

3.9.1　固体標的原子のスパッタリング

　固体標的を構成する原子がイオン衝撃によりエネルギーを得て，表面からはじき出される現象をスパッタリング（sputtering）という．スパッタリングのメカニズムは入射イオンのエネルギーや標的の組成などに依存し，これまでに多くの研究がなされてきた[1,2]．

a. 衝突カスケードモデル

　入射イオンのエネルギーが数100eVから数10keVのエネルギー範囲の場合，単原子からなる固体内で，多数回にわたり引き続いて等方的に起こる玉突き弾性衝突を衝突カスケード（collision cascade）と呼ぶ（図3.9.1）．玉突きをされた原子が表面から真空中に飛び出すには，表面結合エネルギー U_b（数eV程度，昇華エネルギー）を超えることが必要となる．
　シグムント（Sigmund）はスパッタリングが衝突カスケードにより生じるとして，垂直入射の場合，任意の入射イオンと標的物質の組み合わせに対して線形ボルツマン方程式をもとにして，スパッタリング収量の入射エネルギー依存性を統一的に説明すること

3.9 イオンと固体表面の衝突

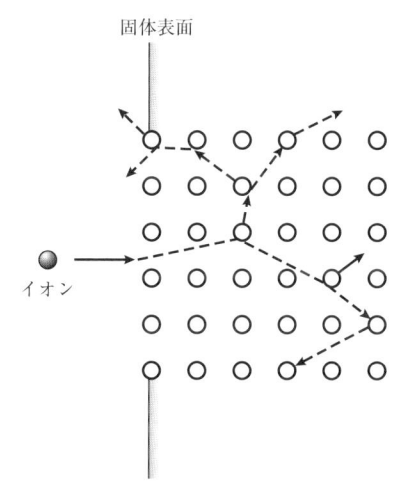

固体表面

イオン

図 3.9.1 線形衝突カスケードの概念図

を試みた[3]．充分に等方的に発達した衝突カスケードの場合には，標的表面の法線方向を極軸とすると，微分スパッタリング収量としてエネルギー・角度分布に対して

$$\Phi(E, \Omega)dEd\Omega \propto \frac{E\cos\theta}{(E+U_b)^3}dEd\Omega \tag{3.9.1}$$

を得る[3,4]．エネルギー分布 $E/(E+U_b)^3$ はトンプソン分布（Thompson distribution）と呼ばれ，高エネルギー側で $\sim E^{-2}$ のようにふるまい，$E=U_b/2$ で極大を示す[5]．この式では，角度分布は等方的であるが，一般的には，以下の 3.9.1 項 c に述べるように，放出角度分布は入射イオンのエネルギーに依存する．

低エネルギー領域のイオン衝撃では，充分に多数回の衝突カスケードが起こらなくなり，スパッタリング自体にも"しきい値"が存在する[6]．垂直入射の場合，さまざまなイオンと標的の組み合わせに対して，放出される標的原子数が入射イオンのエネルギーの関数としてグラフで表されている[7]．

b. スパッターされた粒子のエネルギー分布

スパッターされた原子の運動エネルギー分布は，衝突カスケードが充分に成り立っている場合には式（3.9.1）で表される．図 3.9.2 は 2 keV の Ar^+ 垂直入射により，表面の法線方向にスパッターされた Cu, V, および Nb 原子の運動エネルギー分布である[8]．実線はトンプソン分布で，ほとんど重なっている．

c. スパッターされた粒子の角度分布

垂直入射イオンによりスパッタリングで放出される標的原子の角度分布を $\cos^n\theta$ とおくと，エネルギーの高い場合にはオーバーコサイン分布（$n>1$），充分に多数回の衝突

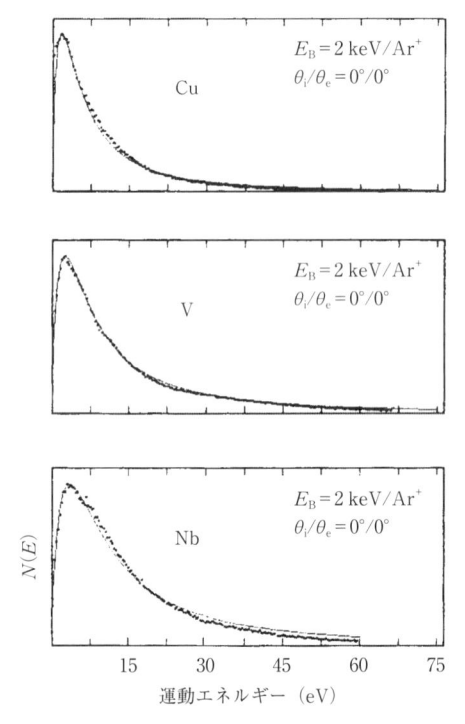

図 3.9.2 垂直入射 Ar$^+$(2 keV) により，表面と垂直方向に
スパッターされた原子の運動エネルギー分布[8]
実線はトンプソン分布．

カスケードが起こらないような低エネルギー領域のイオンになると，角度分布は等方的でなくハート形となる．80 keV の Ar$^+$ で Ge, Cu, Pt 表面を衝撃した場合にはオーバーコサイン分布となり，Ge 標的で $\cos^{1.57}\theta$ となる[9]．また 40 keV の Ar$^+$ が Al 表面に垂直入射した場合には，放出される Al 原子の分布は，ほぼコサイン分布（等方的分布，$n=1$）となる[10]．

Cu, Nb 表面への垂直入射の場合には，スパッターされた原子のエネルギーおよび角度分布について，モンテカルロ法による解析がある[11]．角度分布を $S(\theta)\sim\cos\theta(1+B\cos^2\theta)$ とおき，B をフィッティングのパラメータとしている．B 値は単純な入射エネルギーの増加関数ではなく，高エネルギー入射に対してはむしろ減少傾向を示す．

3.9.2 励起原子の生成

固体標的表面をイオンで衝撃すると表面近傍が光る．そのほとんどは，標的を構成する原子が励起状態にスパッターされて，表面から離れながら自然発光する現象である．たとえば Ar$^+$ で金属 Al 表面を衝撃すると，励起 Al 原子からの発光がみられる（図 3.9.3）．

Ar⁺ →

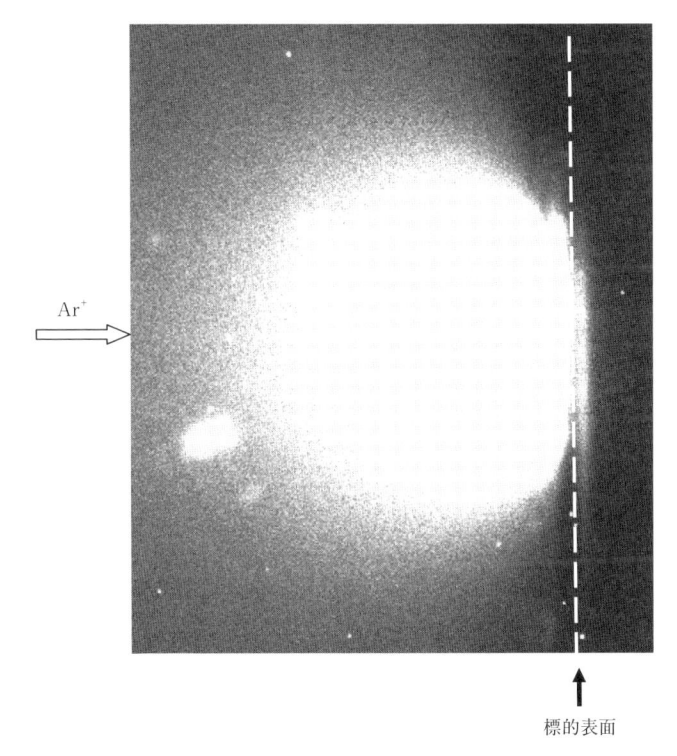

標的表面 ↑

図 3.9.3 金属 Al 表面を Ar⁺(40 keV) で衝撃したときの発光の様子
写真は筆者の研究室で撮影.

このような現象は BLE (bombardment-induced light emission) として,早くから注目されてきた.

BLE が注目される理由は,第一には,分光スペクトルの測定・解析により,表面組成についての詳しい情報が得られることである.この点は表面から放出される2次イオンを質量分析する SIMS (secondary ion mass spectrometry) と相補的な関係にある.また,スパッタリングで放出される励起原子やイオンの生成メカニズム,表面との相互作用についての知見なども得られる.

励起原子の生成メカニズムには,いろいろなモデルが提唱されてきた.ここでは代表的な2つのモデルについて紹介する.固体のバンド構造 (band structure) に基づく電子捕獲モデル (electron-pickup model) と,表面第一層に位置する標的原子が非弾性二体衝突により励起されるとする統計モデル (statistical model or binary-collision model) である.

BLE の発光強度や2次イオンの生成率は表面の化学的な状態に大きく依存する.表面に酸素原子などの吸着子がある場合の局所的な結合切断モデル (bond-breaking model）は別途とりあげる．

a. 電子捕獲モデル
(1) 許容遷移

電子捕獲モデルは，金属標的を構成している原子のコアイオンがスパッターされる途中で，伝導電子帯の電子を捕獲して，励起原子が生成されるというモデルである．さまざまな，きれいな固体標的からスパッターされた励起原子からの発光スペクトルを系統的に分析し，励起準位の占有率を求めて，モデルの妥当性についての検討が行われた[12-15]．図 3.9.4 において，2 の準位への電子移行は共鳴遷移（resonance electron-transfer），1 および 3 への電子移行は非共鳴遷移である．実際には表面との相互作用によるエネルギー準位の広がりやシフトがあるが簡略のため考慮されていない．入射イオンとして，10～80 keV の Ar^+ および 20～160 keV の Ar^{2+} を用いて，B, Be, C, Mg, Al, Zn, Cd などの標的を衝撃した．スパッターされた励起原子（イオン）からの BLE を測定して，励起準位の占有率を詳細に検討した結果，金属の価電子帯に面しているエネ

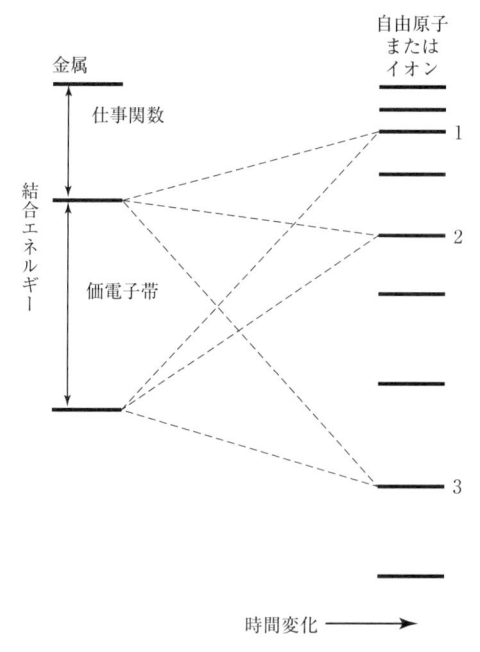

図 3.9.4 自由原子やイオンのエネルギー準位（右）および固体表面のエネルギー準位（左）[14]
2 の準位への電子移行は共鳴遷移，1 および 3 への電子移行は非共鳴遷移である．実際には，レベルの広がりやシフトがあるが，図では簡略のため考慮されていない．

ギー準位は,そうでない準位に比べて,より大きい占有率をもつことなどが判明した.具体的事例として以下のことが列挙できる.

1) Cd原子の$5p^3P$準位の結合エネルギーは5.2 eVで,カドミウム金属表面の仕事関数(4.2 eV)より大きい.$5p^1P$準位はフェルミ準位よりも上に位置する.$5p^3P$三重項準位の占有率は$5p^1P$準位の占有率よりも〜100倍も大きい[12].また,励起関数の入射エネルギー依存性も異なっている[13].

2) カスケード遷移の寄与を考慮すると,Al^{2+}の4p準位(価電子帯に面している)の占有率は3p準位(価電子帯の底からさらに〜6 eV下に位置する)の占有率よりも,少なくとも3倍大きい.占有率が逆転している[14].

3) 中性Bの$2s^23s$準位の励起はほとんど起こらない.$2s^23s$準位が固体標的のバンドギャップに面していて,電子移行が起こらないためである[15].

4) 中性Beの場合,準分子モデルの対応図(図3.9.5)では3s準位への励起チャンネルは開かれているが,3d準位への励起チャンネルはない.ところが3d準位の占有率は3s準位よりも大きい.とくに,二電子捕獲による三重項の強い励起がみ

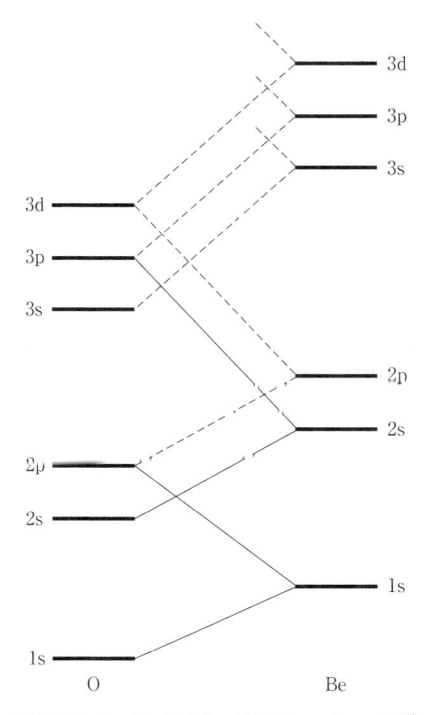

図 3.9.5 Be-Be衝突系の透熱ポテンシャル図[15]
実線は電子が入っている原子軌道を,点線は電子が空の軌道を表す.

られる．三重項 $3d^3D$ は一重項 $3d^1D$ の強度よりも 10 倍以上強い（統計的重率比では 3 倍）．二原子準分子モデルでは説明できない[15]．

5) 励起 Be イオンの $2p^2P$ 準位は電離と励起を同時に伴う過程で励起される．準分子モデルでは観測できないはずであるが，割合強く検出されている[15]．

以上の実験事実はバンド構造をもとにした電子捕獲モデルが妥当であることを示している．これらの実験結果は以下に示す統計モデルでは説明できない．統計モデルが成り立つならば，透熱ポテンシャル曲線（diabatic potential curve）をもとにした準分子モデルが適用できるはずである．

(2) 準安定状態

$5\sim15$ keV の Ne^+, Ar^+, Kr^+, O_2^+ イオンを Ag 表面に照射すると準安定原子 $Ag^*(4d^95s^2)$ $^2D_{5/2}$ が生成される．検出はレーザーと飛行型質量分析計の組み合わせで行われる[16]．基底状態の $Ag(4d^{10}5s)^2S_{1/2}$ の運動エネルギー分布は，式 (3.9.1) で与えられるトンプソン型エネルギー分布 $E/(E+U_b)^3$ で非常によく再現できる．準安定 Ag^* は高エネルギー側で，トンプソン型エネルギー分布より早い減衰を示す．

準安定 Ag 原子の励起確率を v_0 を定数，$v_\perp$ を表面に垂直方向の速度成分とすると，励起確率は $P^* \propto 1-\exp(-v_0/v_\perp)$ と表されるので，$\propto E^{-0.5}$ であることが予測できる[16, 17]．この点は実験の結果ほぼ満たされている．これらの結果は，準安定 $Ag^*(4d^95s^2)^2D_{5/2}$ はスパッターされたイオンが伝導帯からの電子を捕獲する共鳴中性化により生成されるとすれば，合理的に説明できる．速いイオンは，イオンのまま表面から離れる確率が大きいので，結果として，Ag^* の速度分布は高エネルギー側でより早く減衰する．

入射イオンが固体 Ag 標的に入り込んだときに，i) 伝導帯電子の集団的な相互作用で，局所的に非平衡な状態がつくり出される．ii) それを反映した d 軌道に穴の開いた Ag^+ $(4d^95s)$ が表面を離れる際に，5s 軌道に共鳴中性化で電子を捕獲して $Ag^*(4d^95s^2)^2D_{5/2}$ が生成される[18]．Ag^* の全収量や速度分布をうまく再現できるし，固体標的の電子状態の変化を取り込んでいる点で新しい．また，2 つの Ag 原子からなる準分子モデルでは，実験結果を説明できないことも指摘された．

固体 Ni 標的からスパッタリングで生成される基底状態 a^3F_4 および準安定状態 a^3D_3 の Ni 原子の速度分布が測定された[19]．部分的に酸素吸着した面から飛び出す Ni 原子の速度分布は，きれいな表面から飛び出す Ni 原子の速度分布よりも，基底状態および準安定状態とも速度の速い方に分布が広がる．

局所的な d 軌道様電子の状態密度（DOS）は，NiO の方が Ni よりも大きい．速度分布で観測された吸着酸素依存性の傾向は，NiO 価電子のトンネル割合が Ni よりも大きいということを意味している[19]．トンネル過程による電子捕獲が準安定原子生成のおもなメカニズムであるということが再確認されたといえる．

b. 統計モデル

表面第一層に位置する標的原子が，衝突カスケードにより外向きの運動量を得た原子

3.9 イオンと固体表面の衝突

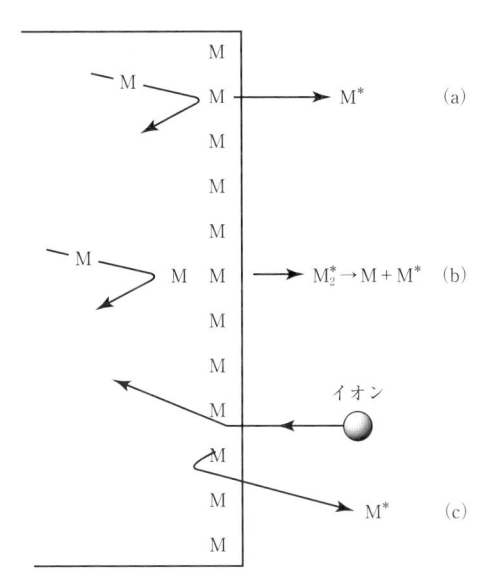

```
        M
   M    M
    ↘  M  →  M*          (a)
        M
        M
        M
        M
   M    M
    ↘  M  →  M₂* → M + M*  (b)
        M
        M
        M
        M  ←───── イオン
        M
        M
        ↗
        M  → M*           (c)
        M
        M
```

図 3.9.6 統計モデルによる励起の機構[20]

に玉突き衝突をされて，表面から飛び出すモデルである[20]．図 3.9.6 で，(a) は通常の衝突カスケードでスパッターされる場合を表す．二体衝突モデルを適用して励起原子の生成を考える．(b) は励起 M_2^* 分子が表面から飛び出した後に解離する場合，(c) は反跳で励起原子が飛び出す場合を表している．

この理論では，衝突エネルギー E に比例した ΔE_e が，スパッターされる原子に移ると仮定し，ΔE_e 以下の励起エネルギーの準位が，多重度 $2J+1$ に比例した確率で励起されるとする．$\Delta E_e = KE$ で，計算に使われた K は $\sim 10^{-2}$ である．このことは数 eV のエネルギー準位の励起に，数 100 eV の衝突しきいエネルギーが必要となることを意味する．Ar^+ 衝撃で Al 表面からスパッタリングで生成される Al (4s) の運動エネルギーは，おおよそ $2 \times 10^4 \mathrm{m\,s^{-1}}$ (56 eV) 以下である[21, 22]．また，モデルでは非輻射性脱励起過程を取り入れていない．中性励起原子の相対的収率の励起エネルギー依存性を再現できるが，イオンの励起状態についての議論は今後の課題となっている．このモデルでのスパッターされた励起原子の生成機構は，運動エネルギーを考慮すると，準分子の電子状態を表す透熱ポテンシャル曲線をもとにして記述できるはずであるが，実験結果は必ずしもそうなっていない．

3.9.3 脱励起過程

表面近傍の励起原子は，必ずしも自然発光で脱励起するとは限らない．その一部は表面との相互作用により，非輻射性脱励起（radiationless de-excitation）を起こす[17, 23-25]．

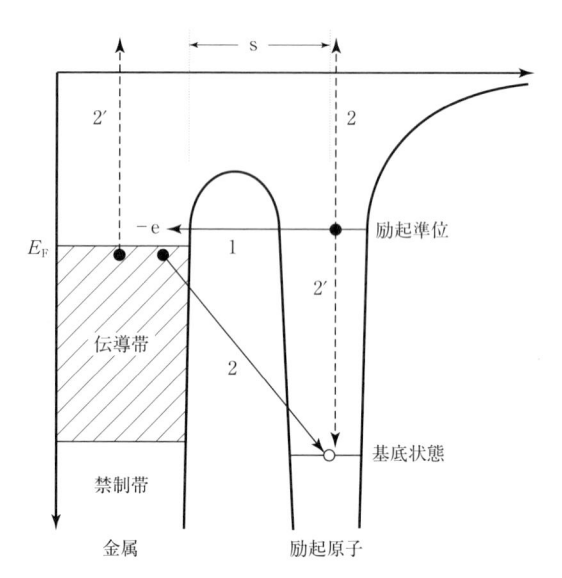

図 3.9.7 励起原子と金属固体表面との相互作用
プロセス1は共鳴イオン化，2はオージェ脱励起を示す．2′は2次電子のポテンシャル放出を表す．

非輻射性脱励起過程は量子トンネル現象であり，図3.9.7のプロセス1で示される"共鳴イオン化（resonance ionization）"，プロセス2の"オージェ脱励起（Auger de-excitation）"などがある．2′は固体からの2次電子放出による脱励起過程を示す．sは固体表面と原子との実効的な距離を表す．表面と励起原子との相互作用は，表面の吸着子により影響を受ける．この分野の研究は学問的興味だけでなく，プロセス技術に最適なポテンシャル障壁のデザインをも可能にするであろう．

a. 生存確率

金属表面と励起原子との距離がsの場合に，励起原子が共鳴脱励起を起こす割合$R(s)$は$R(s)=A\exp(-as)$で近似される．遷移確率Aは10^{14}〜10^{16} s^{-1}であり，aは減衰因子で，ともに定数である．励起原子が表面法線方向の速度成分が$v_\perp$で表面から離れる場合に，非輻射性脱励起を免れて，表面から真空中に離れる確率（生存確率，survival probability）Pは次式で与えられる[17, 23, 24]．

$$P = \exp\left(-\frac{A}{av_\perp}\right) \qquad (3.9.2)$$

ここにA/aは生存係数と呼ばれる定数で，トンネル過程の起こりやすさを表す．相互作用領域はたかだか50 Å以下であり[25, 26]，だいたい$a=2$〜3×10^{10} m^{-1}である[17, 23, 26]．SiとSiO$_2$標的，AlとAl$_2$O$_3$標的をとりあげてみよう．

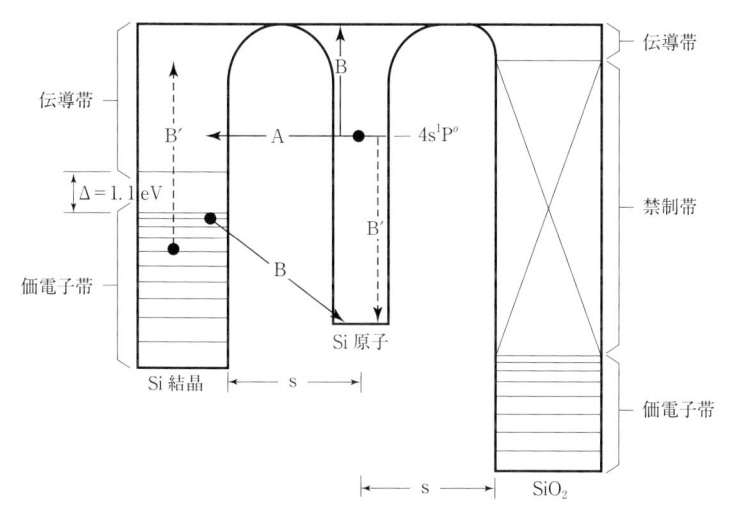

図 3.9.8 バンド構造モデルによる励起 Si 原子の脱励起過程[27].
A は共鳴イオン化,B および B' はオージェ脱励起を表す.

b. Si と SiO_2 標的

固体 Si 標的をイオン衝撃すると,きれいな表面の場合,発光強度はきわめて弱い.他方,少量の酸素ガス雰囲気中では,中性 Si 原子の 4s→3p 遷移に伴う強い発光が観測される.この現象は,従来次のように説明されてきた.固体 Si 表面との相互作用では,固体表面の空準位に共鳴イオン化が起きやすいため,スペクトル線の強度は弱い.他方,絶縁体の SiO_2 では,4s 準位はバンドギャップを眺めることになり,トンネルを起こせない(図3.9.8).したがって,自然発光で脱励起するために発光強度が強くなるという解釈である[25, 27].しかしながら,酸化物表面からの励起原子やイオンの生成において,発光強度やイオン強度が大幅に増すプロセスでは,局所的な相互作用が重要で,大きなバンドギャップは必ずしも必要条件ではない.このことは,3.9.5項で別途述べる.

c. Al と Al_2O_3 標的

標的が金属 Al 表面の場合も,従来同じような説明がされてきたが[28],表面空準位との混成を考慮すると,Al 原子の 4s 準位は下方に押しさげられて,核間距離が〜4Å以下になると,フェルミ準位よりも低くなる[29-31].4s 準位の電子は,電子が詰まった価電子帯には移れない.数Å離れないと共鳴イオン化による脱励起は不可能である.他方,Al_2O_3 表面との相互作用では,バンド間ギャップに位置する表面準位にトンネルが可能である[21, 30].イオンの状態で Al 表面から離れる場合には,伝導電子帯から空の 4s 準位への電子移行が可能で,励起 Al(4s) 原子生成のメカニズムの1つと考えられる[31].

d. A/a の測定

量子トンネルに関連した式（3.9.2）の中の定数 A/a（survival coefficient）については1960年後半より，多くの報告がある[17, 21, 23, 24, 26, 28, 32-45]．スペクトル線のドップラー広がりを測るもの，発光強度の入射イオンエネルギー依存性を測定するもの，発光強度の表面からの距離依存性を測るものなどがある．また後方散乱粒子からの発光解析も行われている．

スパッタリングで飛び出した標的構成原子の測定では，A/a は $10^3 \sim 10^5 \mathrm{~m~s}^{-1}$ 程度，入射イオンが励起状態で後方散乱される場合は $10^5 \sim 10^6 \mathrm{~m~s}^{-1}$ 程度の値となっている．スパッターされた粒子の測定では，同じ標的，スペクトル線であるにもかかわらず，値のばらつきが目立つ．Al, Cu においては約1オーダーの差がある．これは表面への酸素原子の吸着状態の指定の曖昧さや，エネルギー分布の考察方法などの違いによると考えられる．また，発光強度の表面からの距離依存性を測る場合には，当該の励起準位に対する上準位からのカスケード遷移による寄与を差し引く必要がある[22, 39, 40]．

Ar^+ 衝撃で Al 表面から生成される励起 Al(4s) 原子の A/a の値は，きれいな表面の場合には小さい値を示す．トンネル効果による脱励起が起こりにくいことを意味する．定常的な酸素原子の被覆率 θ_∞（$0 \leq \theta_\infty \leq 1$）が $\theta_\infty \sim 0.2$ 付近で極大を示し，$\theta_\infty \sim 0.7$ あたりで絶縁体である Al_2O_3 の A/a の値に近づく[21]．スペクトル線幅を反映した，表面に平行な速度成分の θ_∞ 依存性も，よく似た形を示す．

きれいな Al 金属表面（$\theta_\infty = 0$）からスパッタリングで生成された Al 原子の 4s → 3p 遷移に伴う発光スペクトルの線幅は，Al_2O_3 標的から飛び出した励起 Al 原子のスペクトル線幅より狭い．$\theta_\infty \sim 0.2$ あたりで，スペクトル線幅の傾向は逆転する[21]．過去の報告で線幅の結果が逆転しているのは，このためであろう[43, 46]．実験で得られた $A/a = 4.5 \times 10^4 \mathrm{~m~s}^{-1}$（極大値）[21]に，$a \sim 2.5 \times 10^{10} \mathrm{~m}^{-1}$ を代入すると $A \approx 1.1 \times 10^{15} \mathrm{~s}^{-1}$ となる．

Cs を吸着させた Cu や Al の仕事関数の変化をもとに，バンド構造モデルでの共鳴電子遷移に疑問が投げかけられたが[47]，表面に吸着子があると物理化学的な状況は異なってくる．入射イオンが金属固体内に入ると電子雲に擾乱を生じるが，緩和時間は $10^{-19} \sim 10^{-15}$ s であり，衝突カスケードによりスパッタリングを起こすまでの時間に比べると充分に速い．これに比べて，絶縁体の場合は励起状態の寿命は，衝突カスケードの時間と同じ程度か，長いくらいである．表面に酸素原子などが化学吸着すると，その部分は局所的に電子状態が変化し，励起されると緩和時間が長くなる．表面を離れつつある原子は，励起状態にある局所的表面をおもにみることになる．このことはイオンの放出率や発光強度が増加するという化学的効果（chemical effect）の原因と考えられる．

3.9.4　標的表面の化学的効果

励起原子と固体表面との相互作用は，表面の化学的な状態に大きく依存する．とくに，表面の酸素原子の被覆状態にはたいへん敏感である．したがって，標的固体表面の酸素原子被覆率を厳密に指定してやらないと定量的な話ができない．従来の測定値に大幅な

3.9 イオンと固体表面の衝突

ばらつきがあるのも，多くは表面状態の指定が曖昧なことによる．標的表面をイオンビームで衝撃すると，当てているときには，ややきれいになるが，定量的にどのくらいの酸素原子が付着しているのか特定ができない．ビーム照射を止めると，再び直ちに表面への吸着が始まる．引き続く次の測定のときには，もう同じ状態ではない．また，弱い強度のイオンビームを，そっと当てればよいかというと，今度はシグナルが極端に弱くなり測定が困難となる．以下ではAr^+を金属Al表面に当てたときのAl原子 $4s \rightarrow 3p$ の発光強度の変化を具体的な例としてあげながら，化学的効果について考察する．

a. イオン衝撃下での定常的な酸素被覆率

従来の"さらし量"，L（ラングミュア）$= 10^{-6}$ Torr s では，さらす前の表面の状態指定が曖昧であるし，ビームを当てた途端に，表面のLが変化してしまうなどの不安が残る．ある物理量の時間平均を測定しようとする場合には，定常状態を実現させて測定をする．そこで，イオンビーム強度を一定に保ち，一定の酸素ガス圧のもとで，酸素原子の吸着と脱離とが平衡状態になるような状況をつくりだして測定をすると，どのような側面が見えてくるかを考察してみよう．

きれいな固体表面に酸素分子が解離吸着（dissociative adsorption）をする場合，被覆率をθとすると，$0 \leq \theta \leq 1$の場合には，次の吸着と脱離のバランス関係が成立する[25, 28, 38, 48-52]．

$$\frac{d(N_s\theta)}{dt} = -\frac{J}{e}\sigma N_s\theta + 2\nu P_{O_2}s_0(1-\theta) \qquad (3.9.3)$$

ここに，N_sは格子原子の面密度，Jは入射イオン電流密度，eは素電荷，σは吸着酸素

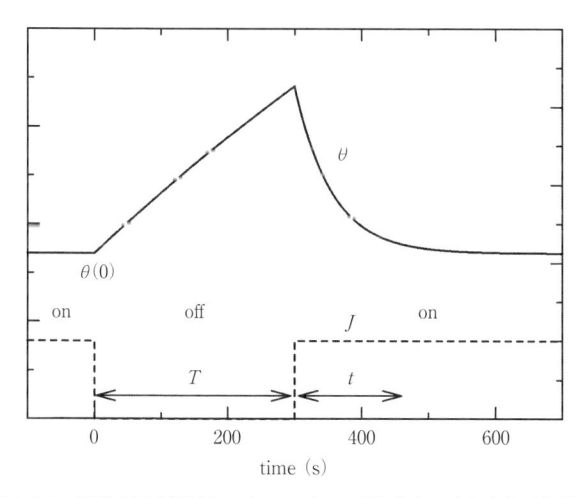

図 3.9.9 固体表面を照射するイオンビーム電流強度の時間変化（点線）[52]
実線は被覆率θの時間変化．

原子の脱離断面積（detachment cross section），νP_{O_2} は酸素分子の入射頻度，P_{O_2} は酸素分子の分圧，s_0 は表面で酸素分子から解離吸着をする酸素原子の初期吸着確率（initial sticking coefficient for dissociative adsorption）を表す．単原子被覆層ができた状態を $\theta=1$ とする．酸素分子は解離吸着の形で2個の酸素原子として吸着する．

イオンビームの電流密度を図3.9.9のようにオン→オフ→オンという境界条件のもとに式（3.9.3）を解き，表面被覆率 θ が時間の関数として，どのように変化するかを考える[52]．ここで，入射イオンを遮断し固体表面を吸着種の気体にさらしている時間を T，入射イオンを表面に当てた瞬間からの時間を t，また，入射イオンを遮断した瞬間の表面被覆率を $\theta(0)$ とする．入射ビームが遮断されている間の表面被覆率の時間変化は次式で与えられる．

$$\theta(T) = 1 - (1-\theta(0))\exp\left(\frac{-2\nu P_{O_2} s_0}{N_s}T\right) \tag{3.9.4}$$

また，イオンビームを当てたときの表面被覆率の時間変化は次のようになる．

$$\theta(T+t) = (\theta(T)-\theta_\infty)\exp\left(-\frac{t}{\tau}\right)+\theta_\infty \tag{3.9.5}$$

ここに

$$\theta_\infty = \frac{\kappa P_{O_2}}{J/e + \kappa P_{O_2}} \tag{3.9.6}$$

$$\tau = \frac{1}{\sigma(J/e + \kappa P_{O_2})} \tag{3.9.7}$$

$$\kappa P_{O_2} = \frac{2\nu P_{O_2}}{\sigma N_s}s_0 \tag{3.9.8}$$

であり，θ_∞ はイオンビームを十分長い時間照射したとき，つまり吸着と脱離とが平衡状態に至ったときの"定常的な表面被覆率"を表す[28, 38, 48-52]．ここに，κ はフィッティングパラメータである．κ は表面付近で起こる発光現象を観測することにより求めているので，直接表面状態を反映する量である．標的槽内の真空度は，実際には表面で測定しているわけではないので，この値を実験より求めることは，直接表面状態を知るという意味で重要である．κ は入射イオンのエネルギーにほとんどよらない．

b. 発光強度の時間依存性

スペクトル線の発光強度 Y は，酸素が吸着している部分からの発光 Y_{MO} と，吸着していない，きれいな金属表面からの発光 Y_M との和になる．

$Y_{MO} = k\dfrac{J}{e}S_{MO}F^i_{MO}P_{MO}\theta$，$Y_M = k\dfrac{J}{e}S_M F^i_M P_M(1-\theta)$ とおくと，

$$Y = \frac{J}{e}(\alpha\theta + \beta) \tag{3.9.9}$$

ここに，$\alpha = k(S_{MO}F^i_{MO}P_{MO} - S_M F^i_M P_M)$，$\beta = kS_M F^i_M P_M$ である．k は幾何学的定数，添え字の MO は酸素原子の吸着面を，M は金属面を表す．S_M, S_{MO} はスパッタリング率，

3.9 イオンと固体表面の衝突

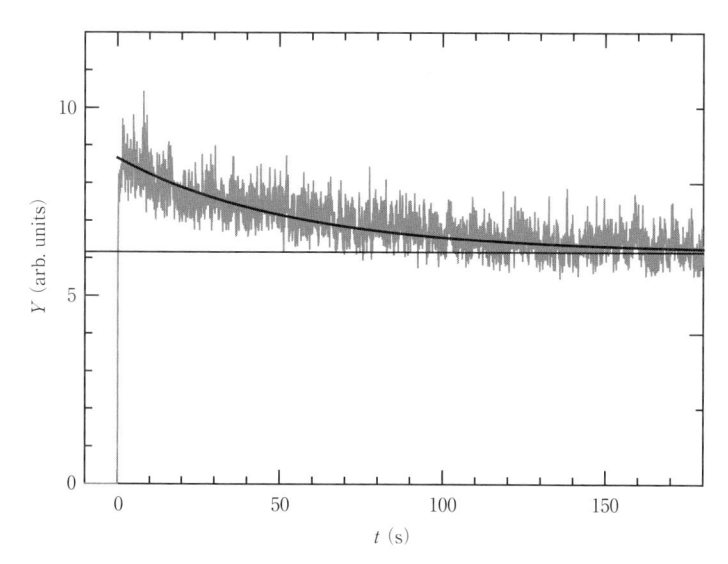

図 3.9.10 Ar$^+$(40 keV) → Al でスパッターされた Al 原子の発光強度 Y($4s^2S_{1/2}$ → $3p^2P^o_{2/3}$, 396.1 nm) の時間依存性．入射イオンビームを遮断して充分に時間が経ってから，標的表面に再びイオンを当てる[52]．実線は式 (3.9.10)．$P_{O_2} = 2 \times 10^{-7}$ Torr.

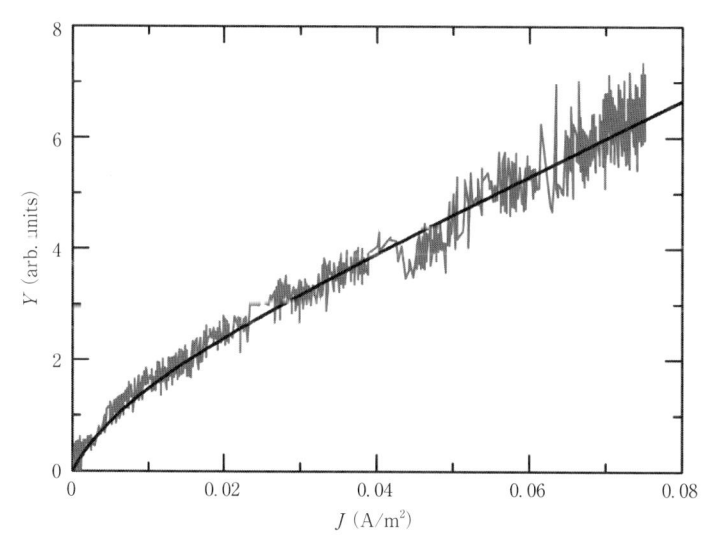

図 3.9.11 Ar$^+$(40 keV) → Al でスパッターされた Al 原子の発光強度 Y ($4s^2S_{1/2}$ → $3p^2P^o_{2/3}$, 396.1 nm) の電流密度依存性[51]．実線は式 (3.9.11)．

F_M^i, F_{MO}^i はそれぞれ i 準位への励起確率, P_M, P_{MO} は表面から励起状態のまま離れて自然放出をする割合を表す. $0 \leq \theta \leq 1$ での発光強度の時間変化は次のようになる.

$$Y(T+t) = \frac{J}{e}(\alpha\theta(T+t) + \beta)$$

$$= \frac{J}{e}\left[\alpha\left\{(\theta(T) - \theta_\infty)\exp\left(-\frac{t}{\tau}\right) + \theta_\infty\right\} + \beta\right] \quad (3.9.10)$$

Ar$^+$(40 keV) を金属 Al 表面に照射したときの様子を図 3.9.10 に示す. 図の左縦軸は相対的な発光強度を表す. 真空槽内の酸素分圧は 2×10^{-7} Torr であり, 実線は式 (3.9.10) を表す[52]. このような減衰曲線の実測から時定数 τ が求められる.

c. 発光強度の電流密度依存性

先に求めた定常状態での表面被覆率を式 (3.9.10) に代入して, 標的槽の真空度, ビーム電流密度, スパッターされた原子の発光強度の関係を求めることができる. Ar$^+$ (40 keV) を金属 Al 表面に当てたときの, 発光強度 Y の電流密度 J 依存性を図 3.9.11 に示す. 酸素分圧は 1.6×10^{-7} Torr である. 電流値が小さい領域では, Y の J に対するふるまいは非線形となっている[51].

標的表面上で酸素の吸着と脱離とが平衡状態にあるような条件下で, スパッターされた原子の発光強度とイオン電流密度との関係は式 (3.9.6), (3.9.10) より次のようになる.

$$Y(t \to \infty) = \frac{J}{e}(\alpha\theta_\infty + \beta)$$

$$= \frac{J}{e}\left(\frac{\alpha\kappa P_{O_2}}{J/e + \kappa P_{O_2}} + \beta\right) \quad (3.9.11)$$

$\alpha\kappa P_{O_2}$, κP_{O_2}, β をパラメータとして, 式 (3.9.11) を実測値にフィッティングさせる. κP_{O_2} と τ が求まると式 (3.9.7) から σ が得られる. また, 式 (3.9.8) から s_0 が求まる. 放出される発光スペクトルの特性を調べることにより θ, σ, s_0 が非接触で求められる.

d. 発光強度の θ_∞ 依存性

図 3.9.12 に Al(396.1 nm, $4s^2S_{1/2} \to 3p^2P^o_{2/3}$) の発光強度 Y の θ_∞ 依存性を示す. Y は式 (3.9.11) が示すとおり, $\theta_\infty \sim 0.7$ 付近まで直線的に増加し, 以後, Al$_2$O$_3$ ができはじめると急激に増加する[21,51]. また, Al$^+$ の強度と Al(396.1 nm, $4s^2S_{1/2} \to 3p^2P^o_{2/3}$) 発光強度との比はイオン衝撃時間によらずに一定値を示す[54]. Al の 4s→3p 遷移に伴う発光強度が酸素原子被覆率 θ_∞ に直線的に比例するということは, Al(4s) や Al$^+$ の生成の割合が酸素原子を含む局所的な結合の手の数に比例することを示唆している. しかしながら, $\theta_\infty = 0$ でも発光強度 Y が 0 にならないということは, 局所的でないグローバルな相互作用による Al(4s) 生成のメカニズムも存在することを意味する[31].

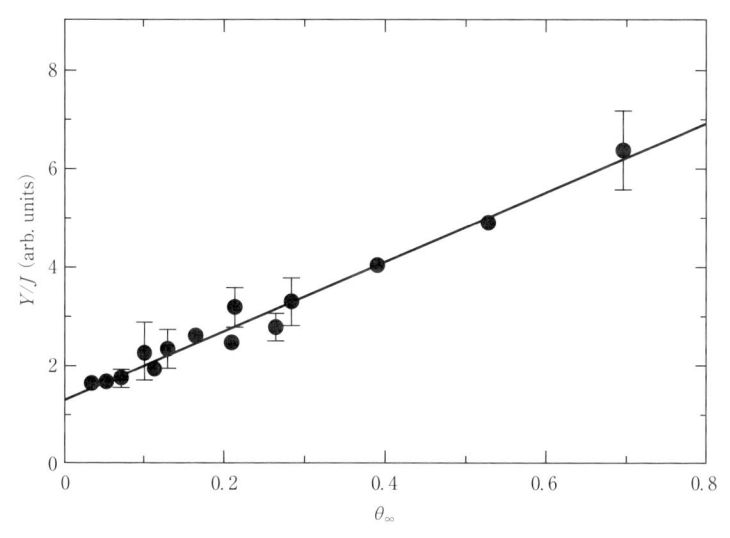

図 3.9.12 $Ar^+(40\,keV) \to Al$ でスパッターされた $Al(396.1\,nm, 4s^2S_{1/2} \to 3p^2P^o_{2/3})$ の発光強度 Y の θ_∞ 依存性[21,51]
$\theta_\infty \sim 0.7$ 付近までは直線的に増加する. $Y(0) \neq 0$ である.

e. イオン衝撃による吸着酸素原子の脱離断面積

標的表面に吸着した酸素原子の脱離断面積を表 3.9.1 に示す. 標的物質や入射イオンのエネルギーなどが異なるので単純に比較することはできないが, 基本的データとしてあげておく. 多結晶の Al で $N_s = 1.5 \times 10^{15}$ atoms/cm^2 (平均値) とおくと[28], Ar^+ (40 keV) 垂直入射のとき, $\theta = 1$ の表面からの吸着酸素原子のスパッタリング率 σN_s は 0.56 atoms/ion となる.

f. 酸素分子の解離吸着の初期吸着確率

標的槽中の酸素について理想気体を仮定し, 酸素原子が Al 表面へ解離吸着する初期吸着確率 s_0 を式 (3.9.8) から求めることができる. 表 3.9.2 にいくつかの結果をあげてある. M を分子量, T を絶対温度 (K) とすると, 標的の単位面積当たりに毎秒入射する分子数は $\nu P_{O_2} = 3.51 \times 10^{22} \left(\dfrac{1}{MT}\right)^{1/2} p(\text{Torr}) \left(\dfrac{1}{\text{cm}^2 \text{s}}\right)$ である. 標的槽の温度を室温 $\left(288\,\text{K}, \dfrac{3}{2}kT = 37\,\text{meV}, k \text{はボルツマン定数}\right)$ として νP_{O_2} を求めた[52]. 多結晶 Al 標的の面密度 N_s については, 単結晶の面密度の平均値 $N_s = 1.5 \times 10^{15}$ (atoms/cm^2) を用いた[28]. Al 表面への酸素原子の s_0 については, STM を用いて, 化学吸着した原子の像を直接とらえた研究結果も報告されている[57]. また, 酸素の中性分子ビームを照射する方法での s_0 研究は, 衝突頻度などがより正確に求められるので信頼性が高いと考えられる[58].

表 3.9.1　吸着酸素原子の脱離断面積

文献	入射イオンと標的	脱離断面積 $\sigma(m^2)$	σN_s
de Wit et al.[55]	$Ar^+(1\sim5\,keV) \rightarrow Cu(110)$	$2\times10^{-19}\sim7\times10^{-19}$	
de Wit et al.[55]	$Ne^+(1\sim7\,keV) \rightarrow Cu(110)$	$1\times10^{-19}\sim2.5\times10^{-19}$	
Taglauer et al.[53]	$He^+(1.2\,keV) \rightarrow Ni(110)$	6×10^{-21}	
Lee and Lin[56]	$Ar^+(20\,keV) \rightarrow Al(111)$		0.20
Ghose et al.[50]	$Kr^+(300\,keV) \rightarrow Si(100)$		0.87
Wada and Tsurubuchi[52]	$Ar^+(40\,keV) \rightarrow Al(多結晶)$	$(3.7\pm0.2)\times10^{-20}$	0.56

表 3.9.2　Al 表面上における酸素分子解離吸着の初期吸着確率 s_0

文献	方法	初期吸着確率 s_0
Brune et al.[57]	Al (111), STM*, 300 K	0.005
Österlund et al.[58]	Al (111), AES*, 分子線, 300 meV 24 meV～0.6-2.0 eV	0.01 $(1.4\pm0.5)\times10^{-2}\sim0.90\pm0.04$
Zhukov et al.[59]	Al(111), XPS*, HREELS*, 300 K 標的温度 95～773 K	≈ 0.023
Wada and Tsurubuchi[52]	Al(多結晶), 分光法, 288 K	0.010 ± 0.001

＊：STM (scanning tunneling microscopy), AES (auger electron spectroscopy), XPS (X-ray photoelectron spectroscopy), HREELS (high resolution electron energy loss spectroscopy).

3.9.5　2次イオンの生成メカニズム

標的の金属や半導体表面からの2次イオンの生成には多数のモデルが提唱されてきた．ここでは，バンド構造に基づくトンネルモデル，吸着子がある場合の局所的な結合の手の切断による生成モデル，および内殻励起による生成モデルをとりあげる．

a. 電子トンネルモデル

きれいな金属表面からスパッターされたイオンは，価電子帯の非局所的な状態との相互作用により，共鳴型トンネル電子移行により中性化される．この電子トンネルモデル (electron-tunneling model) はイオン収量の仕事関数依存性をうまく説明できる[24,60,61] (図 3.9.13)．また，スパッタリングによる負イオン収量の仕事関数依存性なども，うまく説明できる[62]．

Cs を吸着した金属 Al 表面に Li を吸着させて仕事関数を変えながら，Ne^+ 衝撃によるスパッタリングで生成される Cs^+ の収率を計測する場合を一例として示す．Cs^+ の収率は金属 Al 表面のフェルミ準位 E_F と Cs 原子の 6s 電子のイオン化エネルギー E_a との相互位置関係で決まってくる．$E_a(z)$ は鏡映ポテンシャルを考慮すると，表面からの距離 z に応じて変化する．$\phi \leq 3.4\,eV$ で電子捕獲による中性化が起こり，イオンの収率が激減する．$I=3.9\,eV$ なので $0.5\,eV$ の差があるが，$z\sim\infty$ では電子移行が起こらず，$\phi\sim 3.4\,eV$ あたりから実効的な距離となることを意味する[61] (図 3.9.14)．

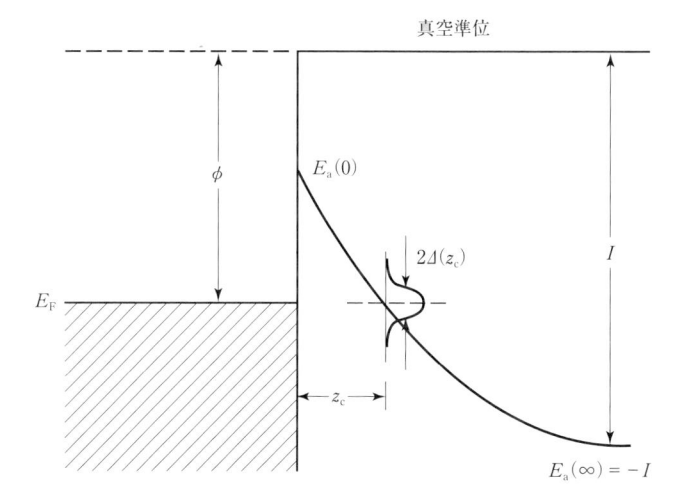

図 3.9.13 共鳴トンネル電子捕獲[61]
$E_a(z)$ と E_F との交差点におけるエネルギー幅の広がり $2\Delta(z_c)$ が電子遷移の起こりやすさの目安となる．

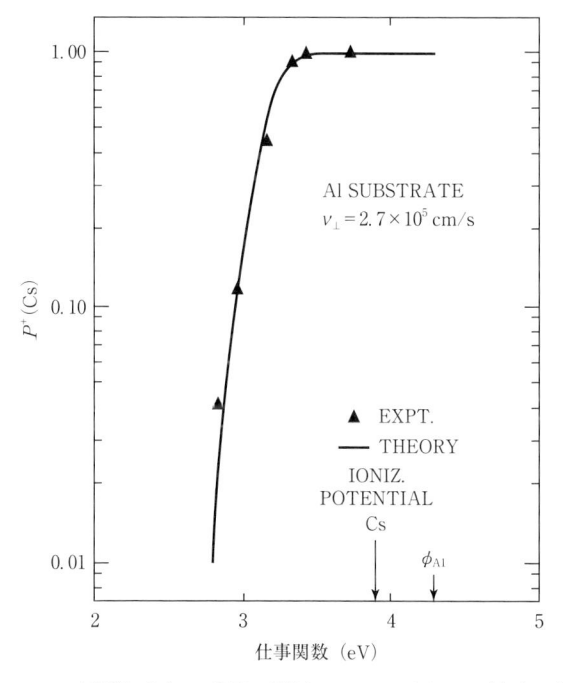

図 3.9.14 Ne^+ 衝撃により Al 表面に吸着している Cs からの Cs^+ 生成の確率[60] 平らなところを 1.00 としている．

b. 結合切断モデル

スパッタリングで生成されるイオンの収率は，酸素原子吸着などの表面の化学的な状態により大きく変わる．それを説明するモデルとして，バンド構造モデルによらない結合切断モデル（bond-breaking model）が提唱された．衝突カスケードにより内側から玉突をされて運動エネルギーを得た表面の金属原子と吸着酸素原子との二原子準分子を考える方法である[63-67]．

図 3.9.15 に示すように，最表面に位置する金属原子に酸素原子が吸着している場合，"分子" M-O を考え，解離が [M^+O^-] ポテンシャル曲線に沿って進むと仮定する[63]．玉突きをされて核間距離がいったん縮まり，$1 \to 2 \to 1 \to 3 \to 4$ の順に進む．解離する際に，[M^+O^-] 分子のポテンシャル曲線は多数の励起状態のポテンシャル曲線をよぎるので，$C_1, C_2, C_3, \ldots$ での相互作用も取り入れないといけない．最終的に，M^+O^- の結合の手が切れて M^+ が生成される．これはイオン・原子衝突におけるポテンシャル交差問題と本質的に同じである．このモデルでの励起原子は，[M^+O^-] 曲線と [M^*O] 曲線との交差領域での電子の乗り移りにより生成される．M^+ と励起原子 M^* の生成が同じ枠組みで議論できる点は注目される．

ポテンシャル曲線の交差を取り入れた M^+ や M^* の生成は次のようにも考えられる[67]．イオン衝撃により表面の原子が弾き飛ばされて空格子点（vacancy）をつくる．このカチオン空格子点（cation vacancy）X が，少なくとも $\sim 10^{-13}$ 秒くらいのスパッタリングプロセスの間，電子を捕獲して X^- を形成し，M^+ が放出されると考える．M^+ は [M^+X^-] ポテンシャル曲線に沿って解離する．核間距離は表面に位置する X^- から M^+ までの距離で，後のシナリオは上に述べたものと同じである．

きれいな金属や半導体表面からのスパッタリングによるイオン放出は，表面の仕事関

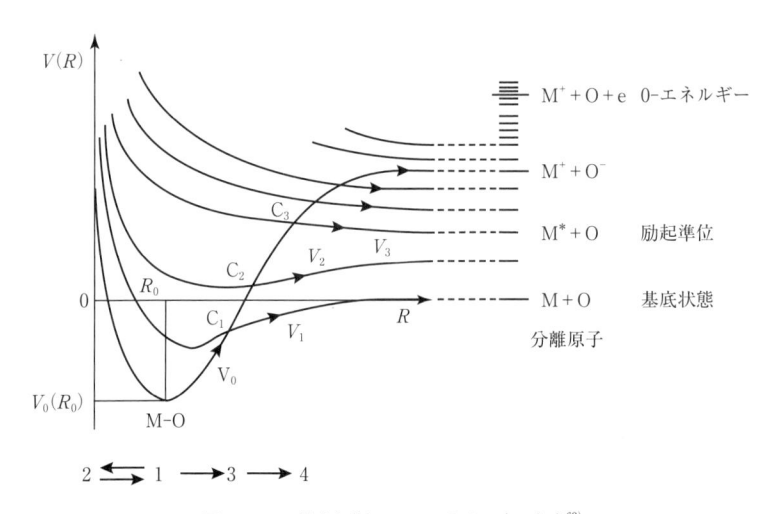

図 3.9.15 結合切断モデルによる M^+ の生成[63]

数と強い相関があり，電子のトンネルモデルでうまく説明できるが，これに対して強い化学的効果を示すような表面からのイオン放出は，仕事関数やバンドギャップとの相関は弱く，局所的な結合状態と，より強い相関をもっていそうである[68,69]．たとえば，Si 表面への酸素吸着による化学的効果で，Si^+放出強度が大幅な増加（$\sim 10^3$）を示すが，Si^+収量は酸素被覆量に比例し，SiO_2の大きなバンドギャップとの相関はあまりみられない．

酸素以外の吸着子に対しても化学的効果は観測されている．たとえば窒素吸着した Si 表面からのSi^+放出強度は窒素の被覆量に比例している．このことは，Si^+強度はSi_3N_4分子の数に直接比例することを示している[69]．また，多結晶 Ni 表面に CO 分子を吸着させ，$1\sim2\,keV$のHe^+, Ne^+, Ar^+で衝撃すると，放出される中性 Ni 原子のスペクトル線（352.5 nm）の発光強度は，Ni^+と同様に CO の被覆量に比例する[48,70]．これらの結果は局所的な結合切断モデルが妥当であることを示唆している．

c. 電子昇位による 2 次イオン生成

充分にエネルギーをもった衝突では，入射イオンと表面に位置する標的原子との直接衝突により，電子昇位による内殻励起が起こり，表面を離れながらオージェ電離を引き起こす場合がある．たとえば，Ar^+($1\sim10\,keV$)で Si 表面を衝撃すると，二体の直接衝突では，Si 原子の 2p 軌道は $3d\pi$ および $4f\sigma$ 準分子軌道となり，併合原子（Ge）の 3d および 4f 軌道に昇位する[71]．$4f\sigma$ 軌道は数多くの準分子軌道と交差しながらもちあがるので，それらの交差を通して電子の移動が起こる．L殻に孔の開いた Si 原子は，表面から離れる際にオージェ電離によりSi^+となる．このような直接衝突に起因する 2 次イオン生成もメカニズムの 1 つとしてあげられる．

3.9.6 2 次電子放出
a. 運動量放出

2 次電子放出のメカニズムには，運動量放出とポテンシャル放出（図 3.9.7 のプロセス 2'）とがあるが，ここでは，運動量放出 2 次電子をとりあげる．ポテンシャル放出についてはハグストラム（Hagstrum）の詳しい解説がある[23]．運動量放出については理論的な研究も多くあり[72-74]，一般的に次の過程が重要である．

1) イオンが固体に入射すると，標的中の原子や電子との衝突相互作用を経て固体原子の束縛を受けない 1 次電子が生成される．（固体内原子のイオン化や，入射粒子により励起されたプラズモンの減衰で 1 次電子が生成される．）
2) 1 次電子は固体内を拡散し，あるものは他の固体内原子や電子と相互作用をする．その結果，固体内の束縛から逃れる電子がカスケード的に増加，拡散する（拡散，輸送）．
3) このような電子が表面付近に到達したとき，ある程度のエネルギーをもっていれば 2 次電子として真空中へ放出される（脱出）．

2次電子放出率γ（放出2次電子数/入射イオン）は1），2）の過程からわかるように，入射イオンのエネルギーが固体へ移行する度合いと，そのエネルギーの移行が表面からどの程度の深さで行われるか，また，3）の過程で，固体から真空中への電子の放出のされやすさが関係する．これらをふまえて，運動量放出による2次電子放出率γは，γ$=AD$ と表せる[72]．D は標的表面にイオンが入射したときの電子的阻止能，A は標的の仕事関数，1次電子の輸送，カスケード電子の拡散のしやすさなどを表すパラメータで，標的の種類，表面の特性による．A の値はいろいろな物質に対して実験的に求められている[75]．

b. エネルギー分布とスペクトル例

運動量放出による2次電子のエネルギー分布は，2～3 eV にピークをもち，だいたい～20 eV くらいまでに急速に減衰する．この傾向は標的によらずだいたい共通している．図3.9.16 に測定スペクトルの一例を示す[76]．Na$^+$(40 keV) を Mg 表面に当てた場合のスペクトルで，I は低エネルギーピーク，II は Na のオージェスペクトル，III は Mg のオージェスペクトルを表す．26.8 eV にみられる Na 原子の $L_{23}M_1M_1$ オージェスペクトルは，気体標的との衝突で観測されている値より 1eV 程度高めに出ているが，これは，Na で覆われた電極の仕事関数の低下によるためと考えられる．実験の際には注意が必要である．

c. 2次電子放出率

固体の2次電子放出率γを測定する実験は，超高真空下で標的表面をきれいに保って実験を行う必要がある．これは，一様な金属や半導体などの固体表面上に存在する吸着層や改質層は標的の表面やバルクの性質を変化させるためである．逆に吸着酸素の影響

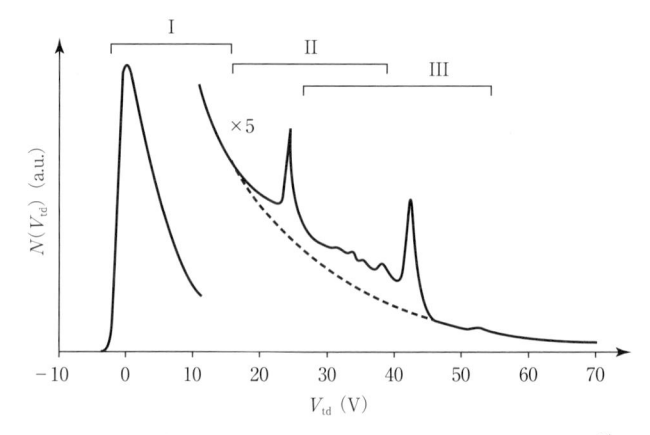

図 3.9.16 Na$^+$(40 keV) → Mg で観測される2次電子のスペクトル[76]
標的と検出電極との電位差の関数として与えられている．

や酸化物標的からのγについて報告した例も多数ある.

これまでは,表面で起こる現象を,吸着種ガスの雰囲気中に標的表面をさらした量 (L) を用いて定量化してきた.だが,この方法は前述のとおり,必ずしもビーム照射中の定常的な表面の状態を評価しているとはいえない.イオンビームを長い時間照射して,酸

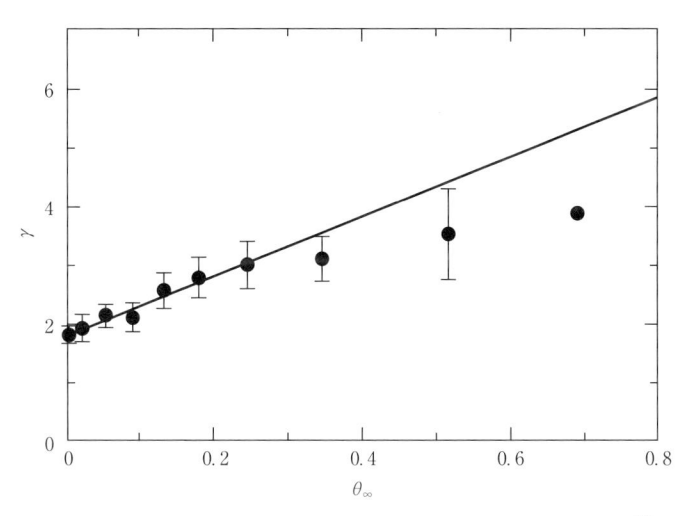

図 3.9.17 Ar^+ (40 keV) を Al 表面に垂直入射した場合の γ と θ_∞ の関係[51] $\gamma(0) = 1.82 \pm 0.06$ である.

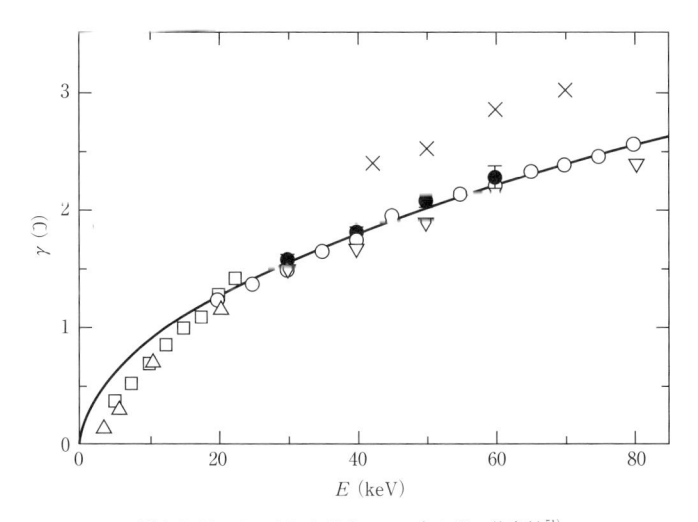

図 3.9.18 $\theta_\infty = 0$ における γ のエネルギー依存性[51]
● ($\theta_\infty = 0$) および ○ ($P_{O_2} = 2.0 \times 10^{-10}$ Torr) は文献[51],×は文献[77],△は文献[78],▽は文献[79],□は文献[80],実線は $\sqrt{E}$ (E は入射イオンのエネルギー).

素ガス雰囲気中での吸着と脱離が平衡状態に至ったときの表面被覆率 θ_∞ は式（3.9.6）で表される．

Ar$^+$（40 keV）を多結晶 Al に垂直入射させると，γ は図 3.9.17 のような θ_∞ 依存性を示す．θ_∞ が 0 極限で γ は 1.82 ± 0.06 である[51]．θ_∞ の小さな範囲では増加が直線的であるが，大きな範囲では γ は直線からはずれゆるやかな増加を示す．固体内で生成された 2 次電子が表面から次第に脱出しにくくなることを意味する．図 3.9.18 に，いくつかの測定例を示す[51,77-80]．入射エネルギー E が数十 keV の領域では γ は $\sqrt{E}$ に比例することがわかる．

d. その他

ポテンシャル放出および運動量放出が実質起きないような，イオン化エネルギーの小さい低エネルギーの Na$^+$（500 eV 以下）を，酸素に充分にさらしたアルミ表面に照射すると，2 次電子とともに O$^-$ などの 2 次負イオンが放出される[81]．これらの収率は Al 表面の酸素被覆率に強く依存する．放出される 2 次電子のエネルギー分布は，ピークが 0.8 ～1.0 eV で幅が 1.0～1.5 eV の連続スペクトルである．O$^-$ は～1 eV にピークをもち，高エネルギー側に，かなりの"すそ"を引いている．この様子は衝突する入射イオンのエネルギーによらない．AlO$^-$ の解離を伴う電子励起モデル AlO$^- \rightarrow [\mathrm{AlO}^-]^* \rightarrow$ Al$+$O$^-$ あるいは Al$+$O$+$e が提唱された． 〔鶴淵誠二〕

文　献

1) 藤本文範・小牧研一郎，「イオンビーム工学—イオン・固体相互作用編—」（内田老鶴圃，1995）
2) *Topics in Applied Physics 64, Sputtering by Particle Bombardment III*, Edited by R. Behrisch and K. Wittmaack（Springer-Verlag, 1991）.
3) P. Sigmund, *Phys. Rev.* **184**（1969）383.
4) G. Falcone and P. Sigmund, *Appl. Phys.* **25**（1981）307.
5) M. W. Thompson, *Vacuum* **66**（2002）99.
6) Y. Yamamura, *Rad. Eff.* **55**（1981）49.
7) Y. Yamamura and H. Tawara, *Atomic Data and Nuclear Data Tables* **62**（1996）149.
8) J. Dembowski, H. Oechsner, Y. Yamamura and M. Urbassek, *Nucl. Instrum. Meth. B* **18**（1987）464.
9) H. H. Andersen, B. Stenum, T. Sørebsen and H. J. Whitlow, *Nucl. Instrum. Meth. B* **6**（1985）459.
10) G. Orlinov, G. Mladenov, I. Petrov, M. Braun and B. Emmoth, *Vacuum* **32**（1982）747.
11) Y. Yamamura, T. Takiguchi and M. Ishida, *Rad. Eff. Def. Solids* **118**（1991）237.
12) E. Veje, *Surf. Sci.* **110**（1981）533.
13) E. Veje, *Nucl. Instrum. Meth. B* **48**（1990）581.
14) E. Veje, *Phys. Rev. B* **28**（1983）5029.
15) E. Veje, *Phys. Rev. B* **28**（1983）88.
16) W. Berthold and A. Wucher, *Phys. Rev. B* **56**（1997）4251.
17) H. D. Hagstrum, *Phys. Rev.* **96**（1954）336.
18) A. Wucher and Z. Šroubek, *Phys. Rev. B* **55**（1997）780.
19) A. Cortona, W. Husinsky and G. Betz, *Phys. Rev. B* **59**（1999）15 495.

20) R. Kelly, *Phys. Rev. B* **25**(1982) 700.
21) S. Tsurubuchi and T. Nimura, *Surf. Sci.* **513**(2002) 539.
22) C. S. Lee, Y. C. Chang and Y. H. Chang, *Nucl. Instrum. Meth.* **149**(1999) 294.
23) H. D. Hagstrum, *Inelastic Ion-Surface Collisions*, Edited by N. H. Tolk, J. C. Tully, W. Heiland and C. W. White (Academic Press, 1977) p. 1.
24) W. F. van der Weg and P. K. Rol, *Nucl. Instrum. Meth.* **38**(1965) 274.
25) W. F. van der Weg and E. Lugujjo, *Atomic Collisions in solids*, Edited by S. Datz, B. R. Appleton and C. D. Moak (Plenum, New York, 1975) Vol. 2, p. 511.
26) C. W. White, E. W. Thomas, W. F. Van der Weg and N. H. Tolk, *Inelastic Ion-Surface Collisions*, Edited by N. H. Tolk, J. C. Tully, W. Heiland, C. W. White (Academic Press, 1977) p. 201.
27) C. W. White, D. L. Simms, N. H. Talk and D. V. McCaughan, *Surf. Sci.* **49**(1975) 657.
28) R. Kelly and C. B. Kerkdijk, *Surf. Sci.* **46**(1974) 537.
29) P. Nordlander and P. H. Avouris, *Surf. Sci.* **177**(1986) L1004.
30) W. Husinky and G. Betz, *Scanning Michrosc.* **1**(1987) 1603.
31) V. G. Drobnich and S. Yu. Medvedev, *Nucl. Instrum. Meth. B* **78**(1993) 148.
32) W. F. van der Weg and D. J. Bierman, *Physica* **44**(1969) 206.
33) C. W. White and N. H. Tolk, *Phys. Rev. Lett.* **26**(1971) 486.
34) W. E. Baird, M. Zivitz and E. W. Thomas, *Phys. Rev. A* **12**(1975) 876.
35) W. E. Baird, M. Zivitz and E. W. Thomas, *Nucl. Instrum. Meth.* **132**(1976) 445.
36) R. Hippler, W. Krüger, A. Scharmann and K. -H. Schartner, *Nucl. Instrum. Meth.* **132**(1976) 439.
37) S. Y. Leung, N. H. Tolk, W. Heiland, J. C. Tully, J. S. Kraus and P. Hill, *Phys. Rev. A* **18**(1978) 447.
38) E. O. Rausch and E. W. Thomas, *Nucl. Instrum. Meth.* **149**(1978) 511.
39) T. Nimura and S. Tsurubuchi, *Jpn. J. Appl. Phys.* **41**(2002) 826.
40) S. Tsurubuchi and T. Nimura, *Nucl. Instrum. Meth. B* **232**(2005) 159.
41) R. S. Bhattacharya, D. Hasselkamp and K. -H. Schartner, *J. Phys. D* **12**(1979) L55.
42) R. B. Wright and D. M. Gruen, *J. Chem. Phys.* **73**(1980) 664.
43) S. Reinke, D. Rahmann and R. Hippler, *Vacuum* **42**(1991) 807.
44) M. El-Maazawi, R. Maboudian, Z. Postawa and N. Winograd, *Phys. Rev. B* **43**(1991) 12078.
45) D. Ghose, *Vacuum* **46**(1995) 13.
46) G. Betz, *Nucl. Instrum. Meth. B* **27**(1987) 104.
47) G. E. Thomas and E. E. De Kluizenaar, *Nucl. Instrum. Meth.* **132**(1976) 449.
48) R. J. MacDonald, E. Taglauer and W. Heiland, *Applications Surf. Sci.* **5**(1980) 197.
49) Th. M. Hupkens and J. M. Fluit, *Surf. Sci.* **143**(1984) 267.
50) D. Ghose, U. Brinkmann and R. Hippler *Surf. Sci.* **327**(1995) 53.
51) S. Tsurubuchi, R. Wada and T. Nimura *J. Phys. Soc. Jpn.* **71**(2002) 773.
52) R. Wada and S. Tsurubuchi, *J. Phys. Soc. Jpn.* **71**(2002) 2886.
53) E. Taglauer, G. Marin and W. Heiland, *Appl. Phys.* **13**(1977) 47.
54) R. Shimizu, T. Okutani, T. Ishitani and H. Tamura, *Surf. Sci.* **69**(1977) 349.
55) A. G. J. De Wit, R. P. N. Bronckers, Th. M. Hupkens and J. M. Fluit, *Surf. Sci.* **90**(1979) 676.
56) C. S. Lee and T. M. Lin, *Surf. Sci.* **471**(2001) 219.
57) H. Brune, J. Wintterlin, J. Trost, G. Ertl, J. Wiechers and R. J. Behm, *J. Chem. Phys.* **99**(1993) 2128.
58) L. Österlund, I. Zorić and B. Kasemo, *Phys. Rev. B* **55**(1997) 15 452.
59) V. Zhukov, I. Popova and J. T. Yates Jr., *Surf. Sci.* **441**(1999) 251.
60) M. L. Yu and N. D. Lang, *Phys. Rev. Lett.* **50**(1983) 127.
61) M. L. Yu and N. D. Lang, *Nucl. Instrum. Meth. B* **14**(1986) 403.
62) M. L. Yu, *Phys. Rev. Lett.* **40**(1978) 574.
63) G. Blaise *Surf. Sci.* **60**(1976) 65.
64) G. E. Thomas, *Surf. Sci.* **90**(1979) 381.

65) P. Williams, *Surf. Sci.* **90**(1979) 588.
66) I. S. T. Tsong, *Inelastic Particle-Surface Collisions*, Edited by E. Taglauer and W. Heiland (Springer-Verlag, 1981) p. 258.
67) M. L. Yu, *Nucl. Instrum. Meth. B* **18**(1987) 542.
68) M. L. Yu, J. Clabes and D. J. Vitkavage, *J. Vac. Sci. Technol. A* **3**(1985) 1316.
69) K. Mann and M. L. Yu, *Phys. Rev. B* **35**(1987) 6043.
70) R. J. MacDonald, W. Heiland and E. Taglauer, *Appl. Phys. Lett.* **33**(1978) 576.
71) J. W. Rabalais and J. N. Chen, *J. Chem. Phys.* **85**(1986) 3615.
72) G. Holmén, B. Svensson, J. Schou and P. Sigmund, *Phys. Rev. B* **20**(1979) 2247.
73) J. Schou, *Phys. Rev. B* **22**(1980) 2141.
74) D. Hasselkamp, *Particle Induced Electron Emission II*, Edited by D. Hasselkamp, H. Rothard, K. -O. Groeneveld, J. Kemmler, P. Varga and H. Winter (Springer-Verlag, 1991) vol. 123, p. 1.
75) R. A. Baragiola, E. V. Alonso, J. Ferrón and A. Oliva-Florio, *Surf. Sci.* **90**(1979) 240.
76) N. Benazeth, J. Mischler and M. Negre, *Surf. Sci.* **205**(1988) 419.
77) S. Ya. Lebedev, N. M. Omel'yanovskaya and V. I. Krotov, *Sov. Phys. -Solid State* **11**(1969) 1294.
78) E. V. Alonso, R. A. Baragiola, J. Ferrón, M. M. Jakas and A. Oliva-Florio, *Phys. Rev. B* **22**(1980) 80.
79) B. Svensson and G. Holmén, *J. Appl. Phys.* **52**(1981) 6928.
80) P. C. Zalm and L. J. Beckers, *Philips J. Res.* **39**(1984) 61.
81) J. C. Tucek and R. L. Champion, *Surf. Sci.* **382**(1997) 137.

4 特異な原子分子

4.1 多価イオン

4.1.1 はじめに

『物理学辞典』(培風館) によれば,「多価イオン」とは「2価以上の正,負イオン」のことであり一般には分子イオンも負イオンも含まれるが,この節では,中性原子から複数の電子を取り去ることにより生成される正の原子イオンに限定する.原子物理学の世界では,この狭義の意味に限定される場合が多い.中性原子から電子を1つ取り去ったものを1価イオンと呼び,さらにもう1つ取り去ったものを2価イオンと呼ぶ.取り去られた電子の数をそのイオンの「価数」と呼ぶが,上の定義に従えば価数が2以上のイオンはすべて多価イオンとされる.多価イオンに対する英語は highly charged ion (HCI) がよく用いられるが,これは価数が非常に高い(およそ10以上)場合に限定し,価数がそれほど高くない場合には multiply charged ion (MCI) と呼んで区別することもしばしばある.Aという元素で価数がqの多価イオンはA^{q+}と表記される.たとえば価数が10の鉄イオンはFe^{10+}などである.一方,中性原子をローマ数字でIとし,1+イオンをII, 2+イオンをIIIとするような表記法もとくに分光学の世界でよく使われる.たとえば,前出の10価の鉄イオンは Fe XI と表記される.

このハンドブックにおいては,多価イオンは「特異な原子分子」の1つとして取り上げられているが,宇宙空間全体を考えれば決して特異な存在ではない.宇宙の物質の99%以上はプラズマ状態にあるといわれているが,とくに温度の高いプラズマの中では多価イオンはむしろ主役である.たとえば太陽コロナの中では,鉄をはじめ,シリコン,マグネシウムなどさまざまな元素が多価イオンとなって存在している.図4.1.1は電離平衡における鉄イオンの存在比をプラズマの温度の関数として示したものであるが,数百万度の温度をもつとされている太陽コロナでは16価程度までの鉄多価イオンが大きな存在比をもつことがわかる.核融合実験炉ではさらに高い温度のプラズマとなり,たとえば現在建設が進められている国際熱核融合実験炉ITERでは1億度以上の中心温度を得ることが計画されている(ITERは2019年頃の運転開始を目指し,日本・欧州連合(EU)・ロシア・米国・韓国・中国・インドの共同で開発が進められている核融合実

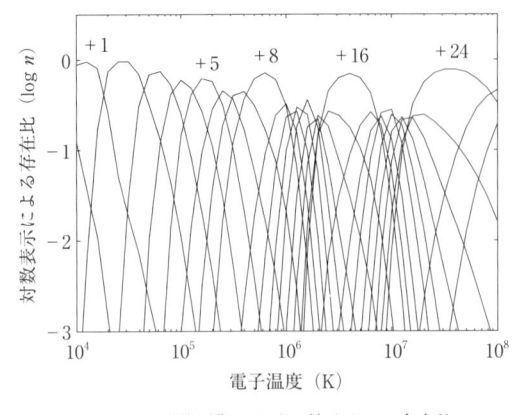

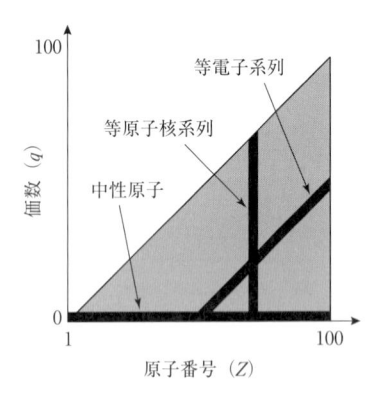

図 4.1.1 電離平衡における鉄イオンの存在比
数値データは核融合科学研究所データベース:
http://dpsalvia.nifs.ac.jp/ionfracdata/ より引用.

図 4.1.2 原子番号と価数をそれぞれ横軸と縦軸にとった空間において多価イオンの存在する領域

験炉，あるいはそのプロジェクトの名称．日本原子力研究開発機構が主催するホームページ http://www.naka.jaea.go.jp/ITER/index.html などを参照）．そのようなプラズマに鉄が混入すると，完全電離イオンも大きな存在比をもつようになることが図 4.1.1 からわかる．

　ここで，横軸に原子番号，縦軸に価数をとった 2 次元マップを考えると，多価イオンの存在する領域は図 4.1.2 に示したような三角形となる．自然界に存在する最も重い元素は原子番号 92 のウランであり，人工的に生成される元素を含めたとしても，原子番号軸は 100 程度を上限とすれば足りる．原子物理学において中性原子のみを考えるのであれば，研究対象はこの原子番号軸に沿った 100 程度の元素に限られるが，多価イオンを含めるとこれに価数の軸が加わるため，研究対象がこの三角形を埋める 5000 程度にまで広がる．多価イオンの観測は 1920 年頃から始まったとされるが（Bowen と Millikan[1]）が真空スパーク放電で生成した多価イオンのスペクトルを観測したのが最初とされる[2]），それから 1 世紀の時がすぎようとしているいまもなお，この三角形のほとんどが未知であるといっても過言ではないほど研究対象は広い．この約 5000 の対象をしらみつぶし的に調べ上げ，イオンのもつ固有データとして蓄積していくことも重要であるが，ある決まった系列に沿って研究を進めると，多価イオンの物理をより理解しやすい．たとえば，価数軸に平行な直線に含まれるイオンの集まりは，原子核が等しいため等（原子）核系列と呼ばれ，価数や原子構造の変化に伴う現象を理解することに役立つ．これに対して傾き 1 の右上がりの直線は，電子の数が等しいため等電子（数）系列と呼ばれ，原子番号の変化に伴う現象を理解することに役立つ．電子数が 1 であるイオンは，水素原子と同じ原子構造をもつことから水素様イオン，その系列は水素様等電子系列などと呼ばれる．同様に，ヘリウム様イオン（ヘリウム様等電子系列），リチウム様イオン（リチウム様等電子系列）などである．

4.1.2 多価イオンの特徴

多価イオンが中性原子や低価数イオンとどう異なるのかを考えるために，まず原子構造の等しい等電子系列で比較する．最も単純な例として一電子系，つまり水素様等電子系列をボーアの原子模型で考えると，原子番号を Z，主量子数を n として，エネルギー，軌道半径，軌道速度は以下のようになる．

$$E(n) = -E_0 \frac{Z^2}{2n^2} \simeq -27.2 \frac{Z^2}{2n^2} \text{ (eV)} \quad (4.1.1)$$

$$r(n) = a_0 \frac{n^2}{Z} \simeq 5.3 \times 10^{-11} \frac{n^2}{Z} \text{ (m)} \quad (4.1.2)$$

$$v(n) = v_0 \frac{Z}{n} \simeq 2.2 \times 10^6 \frac{Z}{n} \text{ (m s}^{-1}) \quad (4.1.3)$$

ここで a_0, v_0 はそれぞれボーア半径，ボーア速度と呼ばれ，長さ，速さの原子単位である．一方，E_0 はエネルギーの原子単位であり，リュードベリ定数に相当するエネルギーの2倍である．ここで，n を固定し Z を大きくしてみると，軌道速度は Z に比例して大きくなる一方，軌道半径は Z に反比例して小さくなることがわかる．$n=1$ すなわち 1s 電子に関して具体的な値を，$Z=1$ すなわち水素原子の場合と，$Z=92$ すなわち水素様ウランの場合について計算し表 4.1.1 にまとめた．式 (4.1.2)，(4.1.3) あるいは表 4.1.1 からわかるように，多価イオンになると束縛電子が原子核のごく近傍を高速で運動することになる．これこそが多価イオンの電子状態を中性原子や低価数イオンのそれとは大きく異なるものとしている最大の要因である．速度が大きくなり光の速度に匹敵するようになると，当然，相対論の効果が顕著に現れるようになる．速度だけではなく加速度も大きくなるため，光子場との相互作用が大きくなり，量子電磁力学の効果も顕著になる．

また，電子にしてみれば大きな電荷をもった原子核がすぐ近くを激しく運動していることになるので，それが電子の位置につくる電場や磁場は非常に大きなものとなる．たとえば表 4.1.1 にも示したように，水素様ウラン内の 1s 電子は 4×10^{17} V m^{-1} という電場中を運動しているが，その値は対生成が起こるとされている Schwinger 場 (10^{18} V m^{-1})[3)]

表 4.1.1 水素原子と水素様ウランにおける諸量の違い

	水素原子	水素様ウラン	Z 依存
基底状態エネルギー E ($n=1$) (eV)	-13.6	-1.15×10^5	Z^2
1s 電子の軌道速度 v ($n=1$)（光速度との比）	0.0007	0.7	Z
1s 電子の軌道半径 r ($n=1$) (Å)	0.5	0.006	Z^{-1}
原子核半径 ($R = r_0 A^{1/3}$) (fm)	1	7	
原子核半径 (1s 電子の軌道半径に対する比)	$\sim 10^{-5}$	$\sim 10^{-2}$	
1s 軌道半径における電場 (V m^{-1})	5×10^{11}	4×10^{17}	Z^3
2p 準位の微細構造 (eV)	5×10^{-5}	4,500	Z^4
$n=2$ ラムシフト (eV)	4×10^{-6}	75	Z^4
1s ラムシフト (eV)	3×10^{-5}	460	Z^4

注) r_0 は定数で 1.2 fm, A は質量数．

と同程度である．このように，多価イオン内で電子が感じている電場や磁場は，自然界における究極的な値といっても過言ではない．そのような場と相互作用する電子を記述するのに，「弱い」電場・磁場で成功を収めてきた既存の理論が通用するかどうかは当然自明ではない．加えて，遠く離れた電子にとって点電荷であった原子核が，軌道半径が小さくなるにつれ，その大きさや構造が無視できないものとなり，もはや点電荷として扱うことは不適当になってくる．これらの効果が具体的にどのように現れるかは，改めて 4.1.4 項で述べる．

次に等原子核系列に沿って考える．中性原子から電子を1つ剥ぎ取るのに必要な最低エネルギーを第一イオン化エネルギーと呼ぶ．そこからさらにもう1つ電子を剥ぎ取るために必要な最低エネルギーは第二イオン化エネルギー，同様に，第三イオン化エネルギー，第四イオン化エネルギーなどと続く．電離が進むに連れて大きくなる正の電荷に打ち勝って電子を剥ぎ取る必要があるため，イオン化エネルギーの値は第一より第二，第二より第三と徐々に大きくなる．その様子をウラン元素について示したものが図 4.1.3 である．図から，ところどころイオン化エネルギーが大きく変化するところがあることがわかるが，これは，剥ぎ取られる電子の殻が変化するところを表している．たとえば，価数（q）が 82 の位置では電子殻が M 殻から L 殻に，$q=90$ の位置では電子殻が L 殻から K 殻に変化することに起因して，イオン化エネルギーが大きく変化している．K 殻の電子は原子核の最も近傍に位置するため，それを剥ぎ取るのに必要なイオン化エネルギーは，他の電子殻に比べて桁違いに大きくなる．たとえば図に示したウランでは，L 殻のイオン化エネルギーが 20〜30 keV であるのに対し，K 殻のそれは 130 keV にもなる．そのため，ヘリウム様イオンまでを生成するのが比較的容易であっても，水素様イオン，裸のイオンを生成することは一般にきわめて難しい．一般に閉殻構造をもつイオンは安定であり，プラズマ中イオンの価数分布において，M 殻までが閉殻と

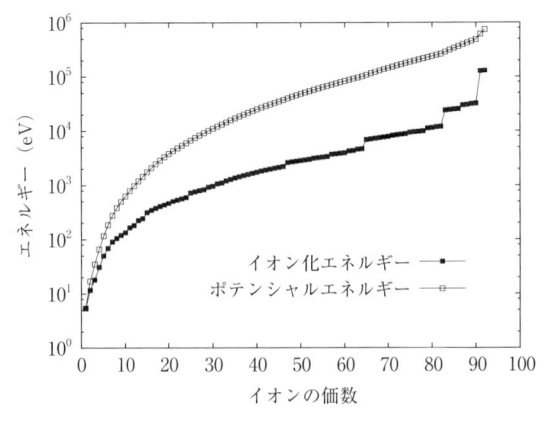

図 4.1.3　ウランイオンのイオン化エネルギーおよびポテンシャルエネルギー（イオン化エネルギーの和）

なっているニッケル様イオン（中性のニッケル原子と異なり，基底状態の電子配置は $1s^22s^22p^63s^23p^63d^{10}$ となる），L殻までが閉殻となっているネオン様イオン，K殻が閉殻となっているヘリウム様イオンなどの占有率が大きくなる傾向がある．中性原子ではヘリウム，ネオンの次に安定構造をとる（つまり閉殻構造とされる）のはアルゴン，クリプトンであるが，中性原子と多価イオンの原子構造の違いから，アルゴン様多価イオンやクリプトン様多価イオンは一般に閉殻構造ではない．そのことは，図4.1.3において電子数 $18(q=74)$ や $36(q=56)$ の位置でイオン化エネルギーが大きくは変化していないことからもわかる．

　イオン化エネルギーを印加されて生成したイオンが再び電子を捕獲し中性原子に戻ると，そのイオン化に要するエネルギーに相当する仕事を外部に与えることになる．つまり多価イオンは，生成に要したイオン化エネルギーの和に等しい内部エネルギーを有している．図4.1.3にはウラン多価イオンに対するその内部エネルギーの値も示している．裸のウランイオンともなると，おおよそ 750 keV というじつに電子の質量（500 keV）を超える莫大なエネルギーになる．多価イオンが固体表面に衝突すると，多数の電子を10 フェムト秒というごく短い時間のうちに奪い中性化することが可能であるため，この膨大なエネルギーが瞬時に放出される．そのため他の粒子にはみられない種々の反応を起こすが，これについては 4.1.6 項 b にて述べる．

4.1.3　多価イオンの生成

　多価イオンを生成するには，原子番号および価数の増加に伴って大きくなるイオン化エネルギーを与えなければならない．現在利用されている多価イオン生成法は，そのエネルギーを電子との衝突によって与える方法がほとんどであるが，衝突エネルギーの与え方は生成法により異なる．静電場により加速した高エネルギー電子ビームを利用する電子ビームイオン源，極小磁場中に閉じ込めたプラズマにマイクロ波を導入し電子サイクロトロン共鳴により加熱した電子を利用する電子サイクロトロン共鳴イオン源，レーザー光の逆誘導放射により加熱した電子を利用するレーザー生成プラズマ，加速器により MeV/u 程度以上の速度に加速したイオンを薄膜通過させ電離する電荷剥ぎ取り法，などがおもな生成方法となっている．最後の電荷剥ぎ取りにおいても，薄膜中の電子との相互作用により電離が起こるので，電子との衝突により多価イオン化している点は他の方法と変わらない．電荷剥ぎ取り法では，質量の重いイオンを他の方法における高速電子と同程度の速度まで加速する必要があり，大型加速器を利用するなど必然的に装置規模が巨大となる．ここでは，きわめて価数の高いイオンを生成可能である電子ビームイオン源について紹介するが，他の方法については文献[1]とその中に含まれる参考文献を参照されたい．

a. 電子ビームイオン源・電子ビームイオントラップ

　電子ビームイオン源（electron beam ion source, EBIS）は 1970 年頃にロシア原子

核研究所の Donets ら[5] によって開発された多価イオン源である．日本で最初の EBIS は，1980 年代初頭に当時の名古屋大学プラズマ研究所で建設された cryo-NICE I[6] と呼ばれるもので，現在も核融合科学研究所で稼動中である．その概略を図 4.1.4 に示す．EBIS は電子銃，ドリフトチューブ，コレクター，ソレノイド磁石，イオン引き出しレンズ系などで構成される．磁石には超伝導磁石を用い，軸方向の強磁場を発生させる．電子銃から出射された電子は図に示されたような電位配置によって加速されると同時に，超伝導磁石によりつくられた磁力線に沿って径方向に圧縮されながらドリフトチューブに入射する．ドリフトチューブはいくつかに分割されており，上流側と下流側のドリフトチューブに中央部分より高い正電圧が印加され，正イオンが軸方向に閉じ込められる．径方向に対するイオンの閉じ込めは，超伝導磁石によって高密度に圧縮された電子ビーム自身がつくりだす空間電荷ポテンシャルによって達成される．このように閉じ込められたイオンは，電子ビームの逐次衝突を受け多価イオン化される．ここで電離に寄与する電子はごくわずかであり，ほとんどの電子はドリフトチューブを通過しコレクターにて回収される．多価イオンは電子ビームとの衝突を繰り返すことにより加熱され，最終的には下流のポテンシャル障壁を乗り越えてイオンレンズ系に導かれビームとしてイオン源から引き出される（このような引き出し方法は DC モードあるいは Leaky モードなどと呼ばれる）．EBIS の運転で重要な点として，(1) 電離レートと閉じ込め性能の向上のため電子電流密度を向上させること，(2) 残留ガスからの電子捕

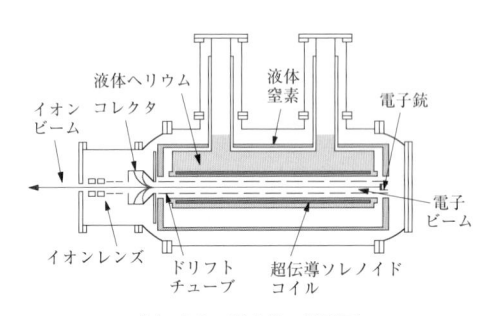

(a) イオン源本体の断面図

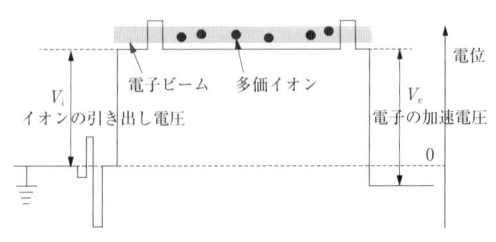

(b) イオン源内の電位配置

図 4.1.4 電子ビームイオン源 cryo-NICE I[6] の概略図

獲を極力抑えるため超高真空から極高真空領域の圧力を保つこと，などがあげられる．とくに，ウランの裸イオンなど高度に電離した多価イオンの生成を行う場合，電離断面積が非常に小さな値（10^{-24} cm^2 程度）となる一方，電子捕獲断面積が非常に大きな値（10^{-13} cm^2 程度）となるので，閉じ込め領域を 10^{-10} Pa 以下の極高真空に保つ必要がある．また，高エネルギー電子ビームにより加熱される多価イオンの閉じ込め時間を向上させるために，軽元素イオンを閉じ込め領域に混入させ，蒸発冷却を行うこともある[7]．

EBIS は多価イオンを装置外部に引き出して用いることのみを想定しているが，閉じ込められた多価イオンから放出される X 線などを観察することを主目的とした装置が 1980 年代の後半に米国のリバモア研究所で開発され，電子ビームイオントラップ（electron beam ion trap, EBIT）と名づけられた[8]．日本では 1997 年，電気通信大学レーザーセンターに Tokyo-EBIT[9] と呼ばれる同型のイオン源が建設された．EBIT は EBIS と同じ原理で多価イオンを生成する装置であるが，イオントラップ内を観測できるように磁場発生にヘルムホルツ型コイルを用いている．EBIS や EBIT ではおおざっぱにいって電子エネルギーが生成しうる最高価数を，電子ビーム電流が生成しうるイオン量をそれぞれ決定するが，Tokyo-EBIT では最大 200 keV-300 mA の電子ビームを発生することが可能であり，きわめて価数の高い多価イオンの生成が可能である．

上述の cryo-NICE I や Tokyo-EBIT のように，多くの EBIS，EBIT では液体ヘリウムを必要とする超伝導磁石を用いているため一般に運転経費が高い．そこで，液体ヘリウムを使わずに運転経費を抑えようとする試みも多くなされている．ここではそれらについて詳しく述べることはしないが，国内だけでも，常伝導コイルや永久磁石を用いた小型 EBIS[10, 11] や，無冷媒超伝導磁石を用いたもの[12]，高温超伝導材を利用したもの[13, 14] などが運転中である．

4.1.4 構　　造
a. 水素様イオン

相対論を考慮した量子力学の基本方程式であるディラック方程式は，原子核を点電荷とみなした水素様イオンについては解析的に解くことが可能であり，そのエネルギー固有値は，α を微細構造定数とすると以下のようになる．

$$E = m_e c^2 \left\{ 1 + \left(\frac{\alpha Z}{n - j - 1/2 + \sqrt{(j+1/2)^2 - \alpha^2 Z^2}} \right)^2 \right\}^{-\frac{1}{2}} \quad (4.1.4)$$

このディラック方程式の解では，電子のもつ全角運動量 j が等しい準位，たとえば $2s_{1/2}$ と $2p_{1/2}$ は縮退しているが，1947 年，これらの間にも微小な分裂があることをラム（Lamb）とラザフォード（Retherford）が水素原子について発見した[15]．この分裂は発見者にちなんでラムシフトと呼ばれるが，水素原子では 4.4×10^{-6} eV と微細構造よりもさらに 1 桁小さい．ラムシフトはいくつかの理由により生じるが，その主たる要因は放射補正あるいは自己エネルギーと呼ばれる量子電磁力学的効果による．荷電粒子同士は光子を交換することで互いの状態に影響を及ぼすが（クーロン相互作用），荷電粒子単独でも，

自身で吐いた（仮想的な）光子を自身で吸うことにより自身と相互作用し，自身のエネルギー状態に影響を与える．これが放射補正と呼ばれる効果であり，多価イオンにおいては電子が大きな加速度をもって運動するため，光子場との相互作用が強くなり，放射補正をはじめとする量子電磁力学的効果が顕著に現れるようになる．ラムシフトの要因には量子電磁力学的効果のほかに，有限サイズ効果，つまり原子核が点電荷でないことに起因する効果があるが，これもやはり原子番号の大きな多価イオンになると顕著になる．これらの寄与をすべて足し合わせたラムシフトの大きさは以下のようにZ^4でスケールされる[16]．

$$\Delta E = m_e c^2 \frac{\alpha}{\pi} \frac{(\alpha Z)^4}{n^3} F(\alpha Z) \tag{4.1.5}$$

ここで，FはZ^4でスケールしきれないふるまいを表しており，Zに強く依存しない関数である．上では$2s_{1/2}$と$2p_{1/2}$の差のみに注目したが（これを狭義のラムシフトという），上式にnが入っていることからもわかるように，$n=2$準位以外にもラムシフトが定義できる．この広義のラムシフトは，「原子核を点電荷としたときのディラック方程式の解（つまり式（4.1.4））と現実の準位エネルギーの差」として定義される．この定義を拡張すると二電子系，あるいは多電子系についてもラムシフトを定義できるようにも思えるし，実際に多電子系に対してラムシフトという言葉が使われることもある．しかし，多電子系のディラック方程式は（原子核が点電荷であっても）解析的に解くことはできずその解は自明ではないため，多電子系に対してラムシフトという言葉が使われている場合には，その意味に注意を要する．

1sラムシフトの測定結果をまとめたものを図4.1.5に示す．測定の多くは，$2p \rightarrow 1s$遷移エネルギーを精密測定し，それに$2p$準位エネルギーの計算値を足し合わせること

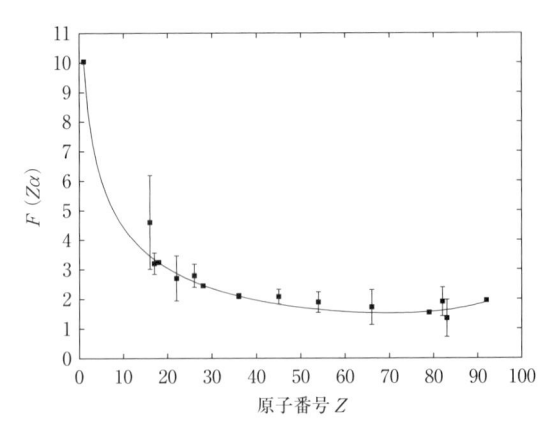

図4.1.5 1sラムシフトの値
縦軸は式（4.1.5）における$F(\alpha Z)$．■は実験値[16,17]，実線は理論値[18]を示す．

で 1s 準位エネルギーを決め，その値とディラック方程式の解（式 (4.1.4)）との差を求めたものである．このとき，2p 準位エネルギーに対する（広義の）ラムシフトは 1s 準位に対するそれに比べれば無視できる程度であるため，計算値の精度は十分に高い（1s 準位エネルギーの計算値や 2p→1s 遷移エネルギーの測定値の不確かさに比べ誤差が十分に小さい）とされている．2p→1s 遷移ではなく，放射性再結合 X 線のエネルギーから，1s 準位エネルギーを直接求める方法もある[17]．

1s ラムシフト（広義のラムシフト）は，現実の 1s 準位エネルギーと（実在しない）ディラック方程式の解との差としてしか定義できないが，2s ラムシフトは実在する $2p_{1/2}$ 準位との差として定義できるため（狭義のラムシフト），実際にその量を遷移エネルギーなどにより直接測定することができる．とくに，適当な原子番号では，可視領域の遷移となるため，精密なレーザー共鳴分光が可能である[19]．

b. 多電子系：角運動量の合成

等電子数系列のイオンであっても，軽元素における LS 結合から重元素における jj 結合へと角運動量の結合様式が変化することなどに起因して，原子番号とともに電子状態も変化する．それを示す例として，図 4.1.6(a) にネオン様等電子系列の $n=3\to2$ 遷移スペクトルの原子番号依存性を示す．この例では，$Z=50\sim56$ という比較的狭い領域における等電子系列イオンのスペクトルであるにもかかわらず，ラインの相対位置が大きく変化し，$Z=50$ と 51 の間，および $Z=54$ と 55 の間ではラインの順序が入れ替わっていることがわかる．これは LS 結合から jj 結合へと移り変わる過程において，この Z 領

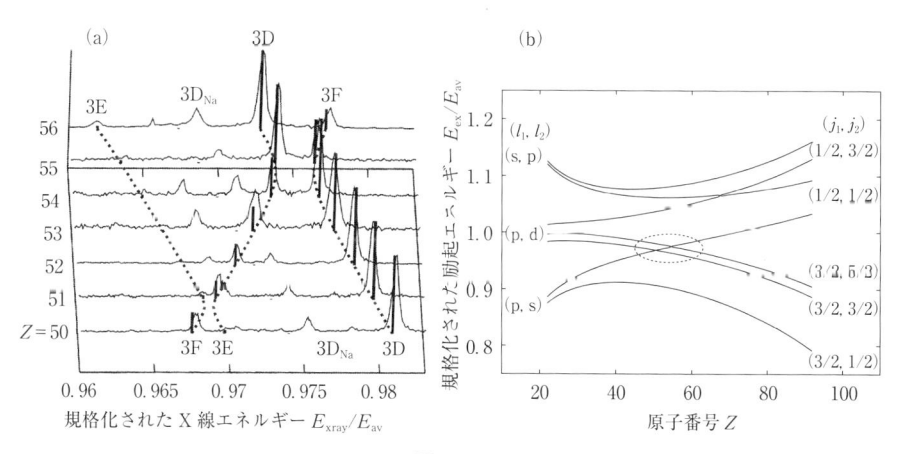

図 4.1.6

(a) ネオン様イオンの X 線スペクトルの原子番号 (Z) 依存性[20]．各記号は次に示す $(2l_1^{-1}3l_2)$ 励起準位から基底状態 $2p^6$ への遷移．3D：$[2p_{3/2}^{-1}3d_{5/2}]_{J=1}$, 3E：$[2p_{3/2}^{-1}3d_{3/2}]_{J=1}$, 3F：$[2p_{1/2}^{-1}3s_{1/2}]_{J=1}$．$E_{av}$ は励起準位 $(2l_1^{-1}3l_2)_1$ の配置平均エネルギー．

(b) 広い原子番号領域における $(2l_1^{-1}3l_2)$ 励起準位の Z 依存性（理論）．点線で囲った部分は (a) で観測された Z 領域．

域で $n=3$ 励起準位の順序が入れ替わるためである．図 4.1.6(b) には，$(2l_1^{-1}3l_2)$ 励起準位の Z 依存性をより広い範囲で示す．LS 結合の描像がよく成り立つ軽元素領域から jj 結合の描像がよく成り立つ重元素領域へと移行する中間領域において，ところどころ準位の入れ替わりがみられる．図 4.1.6(a) の例は，図 4.1.6(b) の点線で囲まれた領域の準位の入れ替わりを観測したものである．もう一度，この領域に注目して図 4.1.6(a) をよく見ると，2つの準位が互いを避けるように交差していることがわかる．この「交差回避（avoided crossing）」は，交差準位間の配置間相互作用により起きる．$Z=50$ と 51 の間における交差よりも，$Z=54$ と 55 の間における交差の方がより顕著に「回避」しているのは，後者の方が交差準位間の対称性がより近く，その結果として配置間相互作用が強いためである．詳しい理論解析により，これらの励起準位はこの原子番号領域において jK 結合の描像がよく成り立ち，$Z=54$ と 55 の間では等しい量子数 K をもつ準位同士強く相互作用していることが示されている[20]．

c. 原子核スピンの影響：超微細構造

原子核のスピンに伴う磁気モーメントは電子のそれに比べ 1/2000 倍の程度小さいため，その磁気的相互作用がエネルギー準位に与える影響は小さい．したがって，電子のもつ全角運動量 J は，多くの場合，よい量子数と考えてよいが，これに核スピン I を考慮すると，それらの合成による原子（イオン）全体の全角運動量は $F = I + J$ となり，F の値によってエネルギー準位にわずかな分裂を生じることになる．これは超微細構造分裂と呼ばれ，水素様イオンに関しては以下のように表される．

$$\Delta E_{hfs} = g_I m_e c^2 \frac{\alpha^4 Z^3}{n^3} \frac{m_e}{m_p} \frac{F(F-1)-I(I-1)-j(j-1)}{2j(j+1)(2l+1)} \{A(1-\delta)(1-\varepsilon)+\chi_{rad}\} \quad (4.1.6)$$

ここで m_e と m_p はそれぞれ電子と陽子の質量，g_I は原子核の磁気回転比（g 因子）であり，磁気モーメントを μ，核磁子を μ_N とすると，$g_I = \mu/\mu_N I$ である．右の波括弧の中のそれぞれの項は，重元素多価イオンにおいてとくに重要になるものである．まず A は相対論的補正を表し，軽元素においてはほぼ 1 であるが，たとえば水素様重元素イオンの基底状態については 1.2 から 2.8 程度の値をもつようになる．δ と ε はいずれも，原子核が点電荷ではなく構造をもつことに起因する補正であり，前者は電荷分布，後者は磁化分布による補正を表す（後者による影響はとくにボーア-ワイスコップ効果と呼ばれる）．いずれも軽元素ではほぼ 0 とみなしてよいが，原子核の構造が電子状態に大きな影響を与える多価イオンでは，$10^{-2} \sim 10^{-1}$ 程度の無視できない量となる．最後の χ_{rad} は放射補正，すなわち量子電磁力学的効果である．原子番号が異なれば当然原子核スピンの値も異なるため，超微細構造分裂の原子番号依存性は単純ではないが，おおまかには式（4.1.6）からわかるように Z^3 に比例して大きくなる．水素原子の基底状態における超微細構造分裂は 0.0475 cm^{-1}，つまりその準位間の遷移はマイクロ波領域であるが，原子番号が 70 程度になると遷移が可視領域に現れるようになる．

s電子の確率分布は，原点つまり原子核の位置においても大きな値をもつ．とくに水

素様重元素多価イオンの 1s 電子では,平均軌道半径が非常に小さいため,原子核と"ふれあい"ながら運動していることになる.したがってその電子状態には原子核の電荷分布や磁化分布などが強く反映されるため,水素様重元素多価イオンの基底状態超微細構造分裂を精度よく調べることは,原子核構造を調べる有効な手段となる[21,22].

4.1.5 放 射 過 程

最もよく使われる意味での選択則は,光を放射する原子(イオン)のサイズに比べ光の波長が十分に長く,そのために電気双極子(以下 E1)遷移のみが可能であるという近似(長波長近似)のもとに成り立っている.これは,1Å 程度の大きさをもつ原子が 5000Å 程度の波長をもつ可視領域の光を放出するような場合にはよい近似として成り立つが,真空紫外から X 線の遷移が優勢である多価イオンのスペクトルには成り立たなくなり,磁気双極子(以下 M1)遷移や電気四重極(以下 E2)遷移などの高次放射も重要となってくる.また,多価イオンではスピン軌道相互作用が大きな効果をもつ相対論的な波動関数になるため,中性の軽元素でよい量子数であった L や S などは意味をもたなくなってくる.よってそれらの量子数に関する選択則も意味をもたなくなる.これらのことから,同じ等電子系列のスペクトルであっても,多価イオンでは中性原子や低価数イオンでは見ることのできないいわゆる禁制遷移が強い強度をもって現れるようになる.以下,水素様イオンとヘリウム様イオンの例に絞って,この禁制線がどのように現れるかを示す.なお,紙面の都合上ここで詳しく紹介することはできないが,遷移確率の測定は蓄積リングや電子ビームイオントラップなどを用いて行われている.それらについては文献[23,24]とそれらに含まれる文献を参照されたい.

a. 水素様イオン

図 4.1.7(a) に水素様イオンの $n=2$ 準位までのエネルギー準位を模式的に示す.2p→1s 遷移は E1 遷移,つまりいわゆる許容遷移であり,原子番号とともにおおよそ

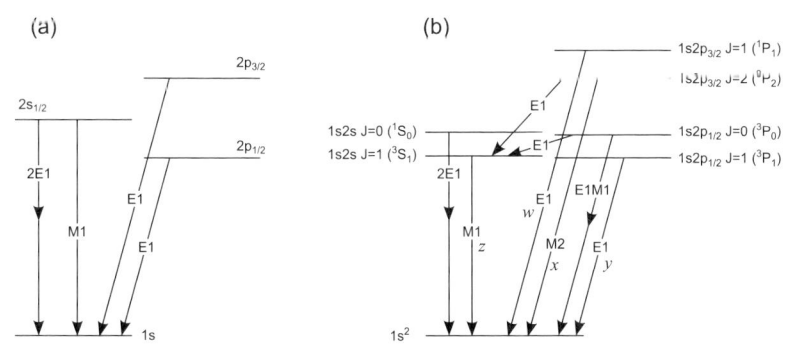

図 4.1.7 水素様イオン (a),ヘリウム様イオン (b) のエネルギー準位 ($n=1$ と 2) と遷移の模式図

Z^4 に従って大きくなるが,軽元素のイオンでも大きな遷移確率をもつ. $2s_{1/2}$ 準位は E1 遷移の選択則により 1s への放射遷移が禁止されているため,軽元素イオンでは長い寿命をもつ準安定状態である. $2s_{1/2} \rightarrow 1s$ 遷移は M1 により可能であるが,軽元素では 2 つの光子を同時に放出して安定化する確率の方が大きい.この二光子放出は,$l=1$ をもつ仮想的な中間状態を介した「2 段階」(実際には段階的ではなく完全に同時)の E1 遷移であり,2E1 と表記される.原子番号の増加とともに,この 2E1 遷移の確率がおおよそ Z^6 に比例して増加する一方,M1 遷移の確率は Z^{10} に比例して増加するため,重元素の水素様イオンでは後者が優勢となる.それぞれの遷移確率は文献[25,26]により以下のように与えられている.

$$A_{2E1} = 8.22943 Z^6 \left(\frac{1 + 3.9448(\alpha Z)^2 - 2.040(\alpha Z)^4}{1 + 4.6019(\alpha Z)^2} \right) (s^{-1}) \tag{4.1.7}$$

$$A_{M1} \simeq 2.46 \times 10^{-6} Z^{10} \ (s^{-1}) \tag{4.1.8}$$

b. ヘリウム様イオン

図 4.1.7(b) にヘリウム様イオンの $n=2$ 準位までのエネルギー準位を模式的に示す(準位の相対的な上下関係は原子番号によって変化するので注意を要する). $n=2\rightarrow 1$ 遷移のうち,LS 結合での選択則を満たすいわゆる許容遷移は $1s2p\ ^1P_1 \rightarrow 1s^2\ ^1S_0$ のみであり(このような基底状態への許容遷移は共鳴線と呼ばれる),ヘリウム原子や軽元素のヘリウム様イオンではこの遷移のみが大きな遷移確率をもつ. $1s2p\ ^3P_1$ 準位は,LS 結合がよく成り立つ領域では $\Delta S=1$(異重項間遷移)となる基底状態への遷移は禁止されているが,原子番号の増加とともに S がよい量子数でなくなり,$(1s_{1/2}2p_{1/2})_{J=1}$ といった jj 結合に基づいた波動関数がより適当になるため(別の言い方をすれば,$1s2p\ ^1P_1$ 準位との配置混合が顕著になるため),基底状態への E1 遷移が可能となる.したがって,重元素のヘリウム様イオンではこの異重項間遷移も大きな遷移確率をもつようになる. $1s2p\ ^3P_{0,2}$ 準位から基底状態への遷移は $J=0$ から 0 への遷移あるいは $\Delta J=2$ となるため,jj 結合の成り立つ相対論領域でも(原子核のスピンを考えない限り)E1 遷移は禁止されている.それらのうち $1s2p\ ^3P_0$ 準位は二光子遷移(2 つの E1 遷移ではなく,E1 遷移と M1 遷移の組み合わせで起こるため E1M1 と表記する)により基底状態に安定化することが可能であるが,$1s2s\ ^3S_1$ へ E1 遷移する確率の方がすべての原子番号において大きい.

$1s2p\ ^3P_2$ 準位も比較的軽元素の場合には,$1s2s\ ^3S_1$ へ E1 遷移する確率が大きいが,基底状態への磁気四重極(M2)遷移が Z^8 に従って大きくなり,$Z>20$ では優勢的になる.

$1s2s$ 準位は,相対論,非相対論にかかわらず,偶奇性(パリティ)の選択則により E1 遷移が強く禁止されている. $1s2s\ ^3S_1$ 準位は M1 遷移,$1s2s\ ^1S_0$ 準位は 2E1 遷移でそれぞれ基底状態へと安定化することが可能であるが,軽元素ではそれらの遷移確率は非常に小さい.重元素では,$1s2s\ ^3S_1 \rightarrow 1s^2\ ^1S_0$ の M1 遷移の遷移確率がおおよそ Z^{10} に従って大きくなり,共鳴線のそれと比べても無視できない値となる.重元素で大きな遷移確

率をもつ 4 つの $n=2\to 1$ 遷移は，図 4.1.7(b) に示されたように w, x, y, z と表記されることがしばしばある．ヘリウム様イオンのこれらの遷移に関する Z スケールは，Z 領域によって異なるため複雑であるが，文献[27]などに詳しくまとめられている．

4.1.6 衝突過程

多価イオンの関与する衝突過程としてプラズマ中で最も重要なものは電子との衝突であるが，3.3 節において詳しく述べられているので，ここではおもに低速多価イオンと原子（分子）および表面との衝突過程について記す．「低速」にはいくつかの定義があるが，原子衝突物理的な意味では，多価イオンが相互作用をしかける相手の原子・分子あるいはその凝集体の内部で運動している active な電子の軌道速度（水素原子ならボーア速度，金属ではフェルミ速度）よりずっとゆっくり近づく状況をさしている．または，多価イオンらしさをよりよく表す指標として，イオンのもつ運動エネルギーが内部エネルギーよりも小さい場合を「低速」と呼ぶ場合もある．いずれにしても，特別な場合を除いて keV/u 以下の速度領域をさすことが多い．

多価イオンは，物質との相互作用において中性粒子や低価数イオンではみられないふるまいを示すが，それは多価イオンのもつ大きな内部エネルギーと，より遠距離まで作用する深いクーロンポテンシャルによって引き起こされる．

a. 原子分子との衝突
(1) 電子捕獲

多価イオンと原子（分子）との衝突において，高速領域では原子や多価イオンから電子が剥ぎ取られる電離過程が優勢であるが，低速領域では原子から多価イオンへと電子が移行する電子捕獲過程が最も重要な過程となる．その中で最も単純な例として，水素原子が標的の場合を考える．

$$A^{q+} + H \to A^{(q-1)+}(n) + H^+ + Q \tag{4.1.9}$$

ここで n は電子が移行する先の主量子数であり，この値によって反応が発熱（$Q>0$）であるか吸熱（$Q<0$）であるかが決まる．発熱量 Q を伴う二体衝突を古典的に解くと，入射多価イオンの並進エネルギーの増加量 ΔE は以下のようになる．

$$\Delta E = \left(\frac{M_1}{M_1+M_2}\right)^2 E_0 \cos^2\theta \left[1 + \left\{1 - \frac{M_2^2 + M_1 M_2}{M_1^2 \cos^2\theta}\left(\frac{M_1}{M_2} - 1 - \frac{Q}{E_0}\right)\right\}^{1/2}\right]^2 - E_0 \tag{4.1.10}$$

ここで E_0 は入射エネルギー，M_1, M_2 はそれぞれ入射多価イオン，標的原子の質量，θ は実験室系での散乱角である．この式より，$\Delta E \ll E_0$, $\theta \approx 0$ の条件が成り立つ場合には，$\Delta E \approx Q$ となり，入射イオンの並進エネルギーの変化を調べることで Q ひいては移行先の主量子数 n を知ることができる．その典型的な実験例を図 4.1.8 に示す．これは，核子当たり 0.75 keV（0.75 keV/u）の低速 C^{6+} が H と衝突し，水素原子から電子を捕獲した C^{5+} の並進エネルギーを測定した結果であるが，反応が発熱であり，その発熱量から $n=4$ に選択的に電子移行が起こっていることがわかる．

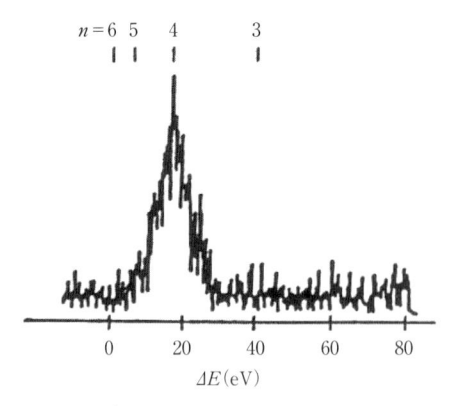

図 4.1.8 $C^{6+}+H$ 衝突におけるエネルギー利得スペクトル[2] 横軸は式 (4.1.10) における ΔE.

図 4.1.9 $q+$ イオンと水素原子が接近した際のポテンシャル 黒点は電子を表す.

(2) オーバーバリアモデル

(1) で紹介した選択的電子捕獲は，オーバーバリアモデル[28]と呼ばれる簡単な古典的モデルで説明することができる．図 4.1.9 に電荷 q の多価イオンと水素原子が接近した際のポテンシャルを示す．ここで多価イオンの内部構造は考えず，電荷 q の点電荷として考える．オーバーバリアモデルではトンネル効果は考えず，電子が多価イオンと水素原子の間に形成される障壁を乗り越えたときに，エネルギーの一致する多価イオンの空の準位へと移行すると考える．そのような条件下において，電子移行が起こるイオン-原子間距離 R_n と移行先の主量子数 n は，簡単な計算で次のように求めることができる（a_0 はボーア半径）．

$$n = \left[q \left(\frac{2q^{1/2}+1}{q+2q^{1/2}} \right)^{1/2} \right] \tag{4.1.11}$$

$$R_n = \frac{2(q-1)}{(q/n)^2-1} a_0 \tag{4.1.12}$$

ここで式 (4.1.11) の角括弧は，括弧中の値を超えない最大の整数を示す．図 4.1.8 で紹介した $C^{6+}+H$ 衝突の例にあてはめ，$q=6$ を導入してみると $n=4$ となり，この簡単なモデルが実験結果を見事再現していることがわかる．$q=7, 8$ の場合にはいずれも $n=5$ となるが，N^{7+}, O^{8+} を入射粒子に使用した実験ではいずれも $n=5$ に選択捕獲が起こることが確かめられており，この古典的なモデルの正当性が示されている．

障壁を超えた電子がすべて多価イオンに捕獲されると考えた場合，電子捕獲断面積は $\sigma = \pi R_n^2$ となるが，この断面積の値も実験値をおおよそ再現する．前出の例 $q=6, n=4$ の場合にこの式に従って断面積を計算すると，$\sigma = 2 \times 10^2$ a.u. $\approx 6 \times 10^{-15}$ cm^2 となる．水素原子を剛体球とした古典的断面積が $\sim 10^{-16}$ cm^2 であることを考えるとこれでも十分に大きな値であるが，極端な例で $q=92$ とした場合，捕獲する準位は $n \sim 40$ にもなり，

断面積は $10^{-13}\,\mathrm{cm}^2$ を超えるまでになる．このように，多価イオンと原子の衝突において電子捕獲は非常に大きな断面積をもつ最も重要な過程であるが，それは多価イオンのもつ深いクーロンポテンシャルが引き起こす結果である．

ここでは標的が水素原子の場合のみを考えたが，オーバーバリアモデルは多電子標的からの多電子捕獲過程にも拡張されている[29]．また，多電子系に拡張されたオーバーバリアモデルをより簡素化した以下のような単純なスケール則[30]でも電子捕獲断面積の値を比較的精度よく推定することができる．

$$\sigma_j = 2.6 \times 10^3 jq/I_j\,\mathrm{cm}^2 \tag{4.1.13}$$

ここで σ_j は j 個以上の電子を捕獲する断面積であり，I_j は eV 単位で表した標的原子の第 j イオン化エネルギーである．

なお上の議論でもわかるように，このモデルでは電子捕獲過程は衝突速度には依存しない．速度が非常に大きい（～MeV/u）場合には電子捕獲が小さくなり電離が優勢になるほか，速度が非常に小さい場合（～eV/u）には分極効果を考えなければならず，いずれもオーバーバリアモデルの範疇では扱えないが，0.1～10 keV/u 程度の速度領域ではおおよそオーバーバリアモデルの描像に従った電子捕獲過程が優勢であると考えてよい．

b. 表面との衝突
(1) オーバーバリアモデル

前項で扱ったオーバーバリアモデルは，標的が表面の場合にも拡張されている[31]．多価イオンが導体表面に近づく場合を考え，図 4.1.10(a) のような座標系を導入する．このとき電子が真空中に存在すると，以下のようなポテンシャルを感じることになる．

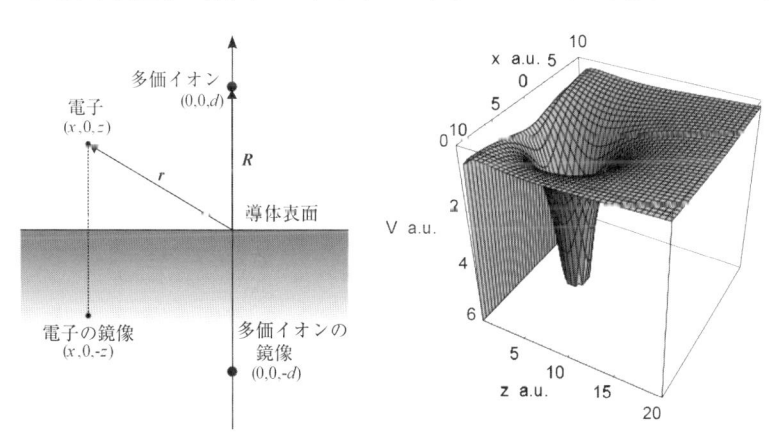

(a) 多価イオンと電子，およびそれらの鏡像電荷の配置

(b) ポテンシャルの3次元的表示（$q=10$, $R=5$）

図 4.1.10 多価イオンが導体表面に近づいた際の電子が感じるポテンシャル

$$V(\boldsymbol{R}, \boldsymbol{r}) = -\frac{q}{|\boldsymbol{R}-\boldsymbol{r}|} - \frac{q}{|\boldsymbol{R}+\boldsymbol{r}|} - \frac{1}{4z} \tag{4.1.14}$$

ここで第1項から第3項はそれぞれ，多価イオン，多価イオンの鏡像電荷，電子の鏡像電荷によるポテンシャルを表している．図4.1.10(b)は$V(\boldsymbol{R}, \boldsymbol{r})$を3次元的にプロットしたものであるが，これからわかるように，イオンと導体表面の間に鞍点が存在する．この鞍点を前項と同様に電子が移行する障壁と考える．鞍点は表面から$z \approx R/2\sqrt{2q}$の位置にあり，その深さは$V_b \sim -\sqrt{2q}/R$であることが簡単な計算によりわかるが，これが表面の仕事関数Wに等しいときに電子移行が起こるとすると，それは多価イオンが表面から

$$R_c \approx \frac{\sqrt{2q}}{W} \tag{4.1.15}$$

の距離に近づいたときであり，移行する先の主量子数nは

$$n \approx \frac{q}{\sqrt{W(2+\sqrt{q/2})}} \tag{4.1.16}$$

と見積もられる（式(4.1.14)～(4.1.16)はいずれも原子単位）．$W \sim 0.2$ a.u.（~ 5 eV）程度であるとき，式(4.1.16)の分母はおおよそ$1(0.8 \sim 1.3)$であるので，$n \sim q$としてもおおざっぱな議論の場合には差し支えがない．

$q=50$, $W=0.2$を式(4.1.15), (4.1.16)に代入してみると，それぞれ$R_c \sim 50$, $n \sim 42$となり，表面のかなり遠方から電子が非常に高い励起準位に移行することがわかる．その後の相互作用の様子の概略を図4.1.11に示す．標的が原子や分子の場合と異なり，伝導電子の数は無数であり，多くの電子が高い励起準位に一度に流れ込む．このように，内殻が空でありながら高励起状態に多くの電子をもつような特殊な状態を中空原子（イオン）と呼ぶ．表面遠方で形成された中空原子は，さらに表面に近づくにつれてオージェ

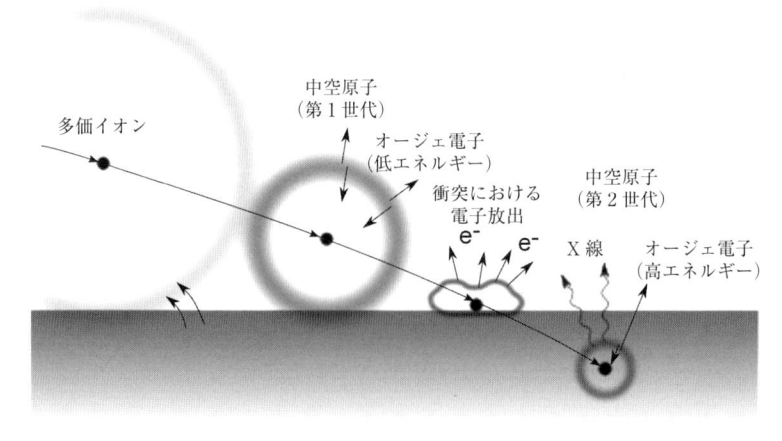

図4.1.11 多価イオンと固体表面との相互作用の様子

過程で安定化するなどしてより内殻の軌道が埋まるようになるが，自身の鏡像電荷で加速を受けることもあり，完全に安定化する以前に表面に衝突する．衝突の際には高励起状態にゆるく束縛されていた電子が真空中に放出されるが，さらに標的内を進むにつれ電子を奪い再び中空原子が形成される．この標的内で形成される第2世代中空原子は，表面から沖合遠方で形成される第1世代中空原子に比べると，電子を捕獲する主量子数は低く，X線を放射して安定化することで反応が終わる．以上が，おおよそ理解されている多価イオンと固体表面との相互作用のシナリオであるが，この過程は複雑かつ複合的でありいまだ理解されていない側面が多い．また，ここでは標的を金属に限って話を進めてきたが，絶縁体や半導体などの場合には当然異なる考え方を加えなければならないし，標的表面のその他の物性によっても相互作用の様子は多様化する．

(2) 2次粒子の放出と表面破壊

低速多価イオンと固体表面（とくに金属表面）との相互作用においては，多くの2次電子が放出される．図4.1.12に金表面に多価イオンを照射した際の2次電子収量（入射イオン1個に対する2次電子の数）を示す．通常，1価の低速イオンの2次電子収量は1の程度，あるいは1に満たない程度であるが，図にみられるように，多価イオンでは価数とともに2次電子収量が増大し，80価ではイオン1個当たりじつに200以上もの2次電子が放出される．この2次電子放出は低価数イオンの2次電子放出とは本質的に機構が異なり，速度が遅いほど収量が大きくなる．これは，低速である方が表面との相互作用時間が増えるためである．

標的が絶縁体の場合には，大量の電子が奪われることにより表面が局所的に正に帯電することになる．その結果，正イオン同士の反発により表面の構成元素が真空中に飛び出す．この現象はクーロン爆発と呼ばれ，多価イオンに特徴的なスパッタリング（運動エネルギーによる通常のスパッタリングと区別するため，ポテンシャルスパッタリングと呼ばれる）現象の1つである．図4.1.13に水素終端シリコンに多価イオンを入射した際の2次イオンの質量スペクトル（飛行時間スペクトル）を示す．下はヨウ素の42+

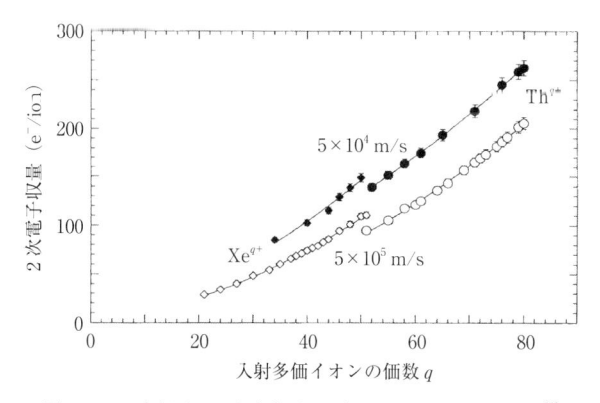

図 4.1.12　多価イオンを金表面に照射した際の2次電子収量[32]

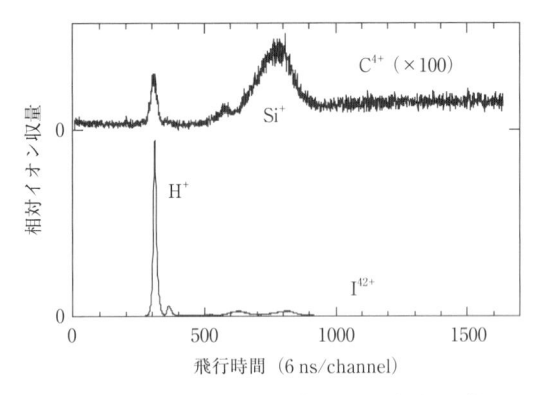

図 4.1.13 多価イオンを水素終端シリコン表面に照射した際の相対的2次イオン収量を示す飛行時間スペクトル[33]

上は入射イオンが C^{4+}, 下は I^{42+} の場合.

図 4.1.14 I^{50+} イオンを Si (111), Si (100), TiO_2 (110) の各表面に照射した際の照射痕[34]

走査型トンネル顕微鏡による観察.

イオンを入射した際の2次イオンスペクトル, 上は同じ試料に炭素の4+イオンを入射した際の2次イオンスペクトルである. 低価数イオンでは運動エネルギーによるスパッタリングが主であり, 相対的に収量が小さく, 表面から固体内部に入り込む過程においてシリコンイオンも多くスパッターされる. 一方, 多価イオンの場合には遠く離れた沖合からの相互作用が主体的となり, 表面第1層の水素イオンの収量が顕著になる. このように, 高価数イオンと低価数イオンでは, スパッタリングの機構が本質的に異なる.

表面を構成する原子がスパッターされれば, 当然表面には穴が開くことになる. 低価数イオンの入射でもスパッタリングは起こるため, そのような欠損をつくることは可能であるが, 一般には, かなり高いエネルギーのイオンでない限り, 表面に欠損をつくる

確率は大きくない．高いエネルギー入射では欠損をつくる確率は高くなるが，表面のみならず，バルク内での飛程全体で影響を及ぼす．一方，多価イオンの場合には運動エネルギーが小さい場合でも多くの粒子をスパッターさせるが，表面数層にのみ大きな影響を及ぼす．図4.1.14に，さまざまな表面上の多価イオン照射痕を走査型トンネル顕微鏡で観測した例を示す．多価イオン1個の入射につきこのようなクレーター状の照射痕が100％の確率で形成されることがわかっている．入射イオンの価数や表面の伝導度などによってクレーターの深さやサイズが異なる．凹状のクレーターの形成はスパッタリングの結果として考えれば理解しやすいが，標的試料によっては凸状に盛り上がった構造となったり，カルデラのような構造となることもある[35,36]．低速多価イオンによる表面改質は新しいナノ構造形成の手法として有望視され盛んに研究が行われている．

〔中村信行〕

文　献

1) I. S. Bowen and R. A. Millikan, *Phys. Rev.* **25** (1925) 295.
2) 大谷俊介，応用物理，**57** (1988) 190.
3) J. Schwinger, *Phys. Rev.* **82**(5)(1951) 664.
4) 坂上裕之・中村信行，プラズマ核融合学会誌，**83**(8)(2007) 671.
5) E. D. Donets and V. P. Ovsyanniko. *Sov. Phys. JETP* **53** (1981) 466.
6) Y. Kaneko, T. Iwai, S. Ohtani, K. Okuno, N. Kobayashi, S. Tsurubuchi, M. Kimura and H. Tawara, *J. Phys. B* **14** (1981) 881.
7) B. M. Penetrante, J. N. Bardsley, M. A. Levine, D. A. Knapp and R. E. Marrs. *Phys. Rev. A* **43** (1991) 4873.
8) R. E. Marrs, M. A. Levine, D. A. Knapp and J. R. Henderson, *Phys. Rev. Lett.* **60** (1988) 1715.
9) N. Nakamura, J. Asada, F. J. Currell, T. Fukami, K. Motohashi, T. Nagata, E. Nojikawa, S. Ohtani, K. Okazaki, M. Sakurai, H. Shiraishi, S. Tsurubuchi and H. Watanabe, *Phys. Scr.* **T73** (1997) 362.
10) K. Okuno, *Jpn. J. Appl. Phys.* **28** (1989) 1124.
11) K. Motohashi, A. Moriya, H. Yamada and S. Tsurubuchi, *Rev. Sci. Instrum.* **71** (2000) 890.
12) M. Sakurai, F. Nakajima, T. Fukumoto, N. Nakamura, S. Ohtani and S. Mashiko *J. Phys. : Conf. Ser.* **2** (2004) 52.
13) N. Nakamura, A. Endo, Y. Nakai, Y. Kanai, K. Komaki and Y. Yamazaki, *Rev. Sci. Instrum.* **75** (2004) 3034.
14) N. Nakamura, H. Kikuchi, H. A. Sakaue and T. Watanabe, *Rev. Sci. Instrum.* **79**(6)(2008) 063104.
15) W. E. Lamb, *Rep. Progr. Phys.* **11** (1951) 19.
16) H. F. Beyer, H. J. Kluge and V. P. Shevelko, *X-ray Radiation of Highly Charged Ions*, Springer Series on Atoms and Plasmas (Springer, Berlin, 1997).
17) N. Nakamura, T. Nakahara and S. Ohtani, *J. Phys. Soc. Jpn.*, **72** (2003) 1650.
18) W. R. Johnson and G. Soff, *At. Data Nucl. Data Tables*, **33** (1985) 405.
19) O. R. Wood, C. K. N. Patel, D. E. Murnick, E. T. Nelson, M. Leventhal, H. W. Kugel and Y. Niv, *Phys. Rev. Lett.* **48**(6)(1982) 398.
20) N. Nakamura, D. Kato and S. Ohtani, *Phys. Rev. A* **61** (2000) 052510.
21) I. Klaft, S. Borneis, T. Engel, B. Fricke, R. Grieser, G. Huber, T. Kühl, D. Marx, R. Neumann, S. Schröder, P. Seelig and L. Völker, *Phys. Rev. Lett.* **73**(18)(1994) 2425.
22) J. R. Crespo López-Urrutia, P. Beiersdorfer, K. Widmann, B. B. Birkett, A.-M. Mårtensson-Pendrill and M. G. H. Gustavsson, *Phys. Rev. A* **57**(2)(1998) 879.

23) E. Trabert, *Can. J. Phys.* **86**（2008）73.
24) A. Wolf, *Atomic Physics with Heavy Ions*（Springer, Berlin, 1999), chapter 1, p. 3.
25) R. Marrus and P. J. Mohr, *Adv. At. Mol. Phys.* **14**(18)（1979）181.
26) S. P. Goldman and G. W. F. Drake, *Phys. Rev. A* **24**(1)（1981）183.
27) H. F. Beyer, H. J. Kluge and V. P. Shevelko, *X-ray Radiation of Highly Charged Ions*, Vol. 2（Springer, Berlin, 1997).
28) H. Ryufuku, K. Sasaki and T. Watanabe, *Phys. Rev. A* **21**(3)（1980）745.
29) A. Niehaus, *Journal of Physics B : Atomic and Molecular Physics* **19**(18)（1986）2925.
30) M. Kimura, N. Nakamura, H. Watanabe, I. Yamada, A. Danjo, K. Hosaka, A. Matsumoto, S. Ohtani, H. A. Sakaue, M. Sakurai, H. Tawara and M. Yoshino, *J. Phys. B* **28**(20)（1995）L643.
31) J. Burgdörfer, P. Lerner and Fred W. Meyer, *Phys. Rev. A*. **44**（1991）5674.
32) F. Aumayr, H. Kurz, D. Schneider, M. A. Briere, J. W. McDonald, C. E. Cunningham and H. Winter, *Phys. Rev. Lett.* **71**（1993）1943.
33) M. Tona, K. Nagata, S. Takahashi, N. Nakamura, N. Yoshiyasu, M. Sakurai, C. Yamada and S. Ohtani, *Sur. Sci.* **600**（2006）124.
34) M. Tona and S. Ohtani, *J. Phys. : Conf. Ser.* **185**（2009）012046.
35) R. E. Marrs, P. Beiersdorfer and D. Schneider, *Physics Today* **47**（1994）27.
36) M. Tona, Y. Fujita, C. Yamada and S. Ohtani, *Phys. Rev. B* **77**（2008）155427.

4.2 原子分子クラスター

4.2.1 クラスターとは何か？
a. クラスターの定義

「同じ種類」の原子（または分子）の有限個の集合体を，原子クラスター（または分子クラスター）という．Aを原子種または分子種，含まれる原子数（または分子数）をnとしてA$_n$と書くことができる．（以前は「マイクロクラスター」と書かれることもあったが，現在はほとんど用いられない．）nの範囲については定義はないが，ここでは原則として2以上10^4程度以下を考える．クラスターと同種の原子からなる分子との区別は必ずしも明確ではない．たとえばフラーレンは分子ともクラスターとも考えることができる．またクラスターと超微粒子の区別も明確ではないが，粒子径が比較的大きく，しかも粒子数を特定できないものを超微粒子と呼ぶ傾向がある．

多くの場合，クラスターの体積は，ほぼ粒子数nに比例する．（この性質を「密度の飽和性」という．）　いまクラスターを球形と考えれば，その半径は$n^{1/3}$に比例する．原子のファンデルワールス半径がÅ程度であるとすると，10^3個の粒子を含むクラスターの半径はnm程度ということになる．

固体や液体などのバルクな状態においては，ほとんどの粒子が表面でなく内部に存在している．一方，クラスターの場合は，構成粒子のうち多くの割合のものが表面に存在する．簡単な計算によれば，n個の粒子からなる球形のクラスターにおいて，表面に存在する粒子の割合は，ほぼ$4n^{-1/3}$である[1]．10^3個の粒子からなるクラスターでは構成粒子のおよそ半分が表面に存在している．このことから，さしわたしがnm程度以下のク

ラスターの物理的，化学的性質はバルクの性質と異なることが推察できる．

b. クラスター研究の目的

原子集団として「クラスター」という概念を最初に提唱したのは，17世紀のイギリスの科学者，ボイルであったといわれる[1]．しかしクラスターの研究が多大の進歩を遂げたのは1980年代以降である．これはクラスターを生成し，分析する実験技術の進歩によるものが大きい．また計算機の進歩に伴い，クラスターの構造やエネルギーの計算ができるようになった．さらにクラスターの性質を理解する上で見通しのよい理論が提唱されてきたことも重要である．

基礎科学的な面でクラスターを研究する目的は以下のように考えられる．

クラスターは個々の原子分子とバルクな物質の中間的なサイズをもっているため，クラスターの研究を行うことにより，物質のミクロな性質とマクロな性質との関連を理解できることが期待されている．しばしばクラスターの研究は，ミクロとマクロの橋渡し(bridge the gap)であるといわれる．一般にバルクな物質の性質は，構成する個々の原子の性質を反映していると考えられる．鉄は，1個の原子としても磁気モーメントをもち，さらにバルクの状態で強い磁性を示す．しかし，一方でミクロとマクロとでは相反する性質をもっている物質も存在する．たとえば水銀はバルクでは金属であるが，水銀原子は希ガスと同様に電子的な閉殻構造をもち，小さな水銀クラスターはファンデルワールスクラスターと似た性質を示す．あるサイズのクラスターにおいて金属的な性質への転移を起こすことは，最近になって知られた事実である[1,2]．

また単一原子でもなく無限系でもない，中間的なサイズに特有な現象が現れることもある．一般にバルクな結晶は並進対称性をもつが（準結晶のような例外はある）クラスターは並進対称性をもたない構造をしていることが多い．たとえば，回転に対して5回対称性をもつ物質はバルクではほとんどないが，クラスターでは頻繁にみられる．また4.2.5項で述べる金属クラスターの超殻構造は，10^3 個程度のフェルミ粒子の系に特有な現象である．

さらに同じ有限多体系である原子や原子核とその性質を比較することも興味深い．原子や原子核は基本的にフェルミ粒子の多体系であるのに対して，クラスターの構成粒子はフェルミ粒子，ボース粒子ともに可能である．さらに原子や原子核では，構成粒子数がたかだか 10^2 個程度の系までしか存在しないが，クラスターでは構成粒子数が1個から無限個の系までほぼ連続的に存在する．

c. クラスターの種類

クラスターを形成するものは，原子間（または分子間）に働く凝集力である．それはファンデルワールス力のような分散力である場合と，共有結合や金属結合のような化学結合を生じる力の場合もある．よってクラスターはおもに凝集力の種類により分類がされる．おもなクラスターについて表4.2.1にまとめた．クラスターが帯電している場合

表 4.2.1 クラスターの種類と特徴

種類	結合力	おもな物質	例	特徴
ファンデルワールスクラスター	分散力	電子的に閉殻な原子, 分子	希ガス 二酸化炭素 フラーレン	結合が比較的弱い
水素結合性クラスター	水素結合	水素結合を生じる分子	水 アンモニア アミノ酸	水素結合によるネットワーク構造
金属クラスター	金属結合	遷移金属でない金属	アルカリ金属 貴金属 アルミニウム	価電子による殻構造
遷移金属クラスター	金属結合	遷移金属	鉄, コバルト	磁気モーメントをもつことが多い
イオン結合性クラスター	静電気力	イオン結晶性物質	塩化ナトリウム	結晶を切り取ったような構造
共有結合性クラスター	化学結合	共有結合性原子	炭素 ケイ素 硫黄	特徴的な構造をもつことが多い

注）貴金属クラスターは遷移金属であるが，アルカリ金属クラスターと似た性質を示す．原子数の少ないアルカリ土類金属のクラスターはファンデルワールスクラスターと近い性質を示す．

は表にある力以外に，静電気力，とくに分極力が重要な働きをする．

クラスターについては，それだけで1冊の本が書けるほど多様な研究がされている．本章ではおもに希ガスクラスターとアルカリ金属クラスターに的を絞り，殻効果を中心にそれらの性質について概要を述べる．それ以外の種類のクラスターについては他書を参考にされたい[1-5]．かご状に結合した炭素クラスター「フラーレン」については，その分野を詳説した書物を参照されたい[6]．

d. クラスター研究の応用

クラスター研究の応用としては以下のような事項があげられる．

1) クラスターや超微粒子は化学反応の「触媒」候補である．とくに金属クラスターは反応性に富む．バルクではきわめて安定な金も超微粒子の状態ではきわめて活性に富む[7]．また銀塩フィルムは銀クラスターの特異な反応性を用いて光化学反応を起こさせるものである[8]．

2) 大気科学，宇宙科学などでもクラスターが重要な働きをしている．大気科学における雨滴の成長などにみられる「核形成」は，まさにクラスターの成長過程にほかならない[9]．また炭素クラスターや，星間塵と呼ばれるものは，星間空間の分子進化において重要な役割を果たすと考えられる[10]．フラーレンの発見が，もともとは天文学的な興味からなされたことは記憶に新しい[11,12]．

3) 将来はいわゆるナノテクノロジーにおいてもクラスターに関する知見が必要になってくるだろう．現在，電子回路に使われている素子はバルクな物質と考えて差し支

えないが,素子が nm サイズまで小さくなれば,バルクとは異なるクラスターの性質が素子の特性を左右することが考えられる.遷移金属のクラスターでは,バルクに比べて1原子当たりの磁気モーメントが大きいものもある[13].将来はこのような物質が素子として使われるかもしれない.

4.2.2 クラスターの生成法と分析法

ここではクラスターをつくる実験的な方法を簡単に列挙する.方法の詳細については他の文献(たとえば文献[5]の中島による解説など)を参照されたい.

a. クラスターの生成法

実験的にクラスターを生成するための,以下のような方法がある.
1) 超音速分子線の真空中への断熱膨張
2) 液体の断熱膨張
3) 炉を加熱しての蒸発
4) レーザーの固体表面への照射
5) 高速イオンと表面の衝突

1) ではバルクから真空中に断熱膨張させる際に,急速に温度が下がることにより原子が凝集する.2) ではいったん気化してからさらに真空中に断熱膨張させる.生成したクラスターは,雰囲気気体(バッファーガス)との衝突で,内部エネルギーを奪われ,温度が下がり安定化する.

3) および 4) では表面から蒸発した原子が雰囲気気体との衝突により,冷却して凝集するものである.

5) の方法では固体表面と高速のイオン(しばしば Xe^+ が用いられる)との衝突によって,固体の表面付近の一部が削り取られ,クラスターが生成される.

b. クラスターの分析法

(1) 質量分析

クラスターの分析の中で最も基本的な方法である.つくられたクラスターには通常さまざまなサイズのものが混じっている.これらをレーザーや電子などを照射してイオン化し,飛行時間法などを用いて質量分析を行い,クラスターに含まれる原子数または分子数の分布を測定する.このサイズ分布は実験条件などにより変化するので,厳密な再現性があるわけではないが,ピークの位置などから,魔法数など安定なクラスターのサイズをつかむのには適している.また質量分析から,多価に帯電したクラスターと,それが存在しうる最小の原子数(臨界サイズ)を見出すこともできる.

(2) 光電子分光

サイズ選別されたクラスター負イオンの光電子分光の測定によりクラスターの電子親和力が測定され,中性クラスターの電子状態に関する情報が得られる.

(3) 電子線回折

クラスターに数 keV 程度のエネルギーの電子線を照射し，その回折パターンからクラスター中の原子構造を推定することができる．

(4) 分光学的手法

原子分子の場合と同様，クラスターにレーザー光を照射し，分光学的方法を用いてクラスターの電子状態や，さらにはプラズマ吸収スペクトルなどを測定することができる．

(5) 移動度の測定

希薄なヘリウム気体中にイオン化されたクラスターを導入し，電場をかけ，その移動度を測定する．移動度が衝突断面積に依存することから，クラスターの幾何学的断面積や構造を推定することができる[14]．

(6) 表面に吸着させて構造観測

表面科学の進歩により，原子レベルでの分解能をもつ電子顕微鏡や，トンネル顕微鏡，原子間力顕微鏡などを用いて，原子配列などの構造を解析する方法が進んできた．生成したクラスターを表面に吸着させ，(軟着陸とも呼ばれる) 構造をその場 (*in situ*) 観測する実験が行われている．ただ気相でのクラスターの構造と表面に吸着した際の構造が同一かどうかは，明らかではない．

4.2.3　クラスターの構造と安定性：殻構造を鍵として

バルクな結晶と違って，クラスターの構造は並進対称性をもたない．かわりにその構造を特徴づけるものが「殻構造」である[15]．殻構造には幾何学的な原子配置によるものと，電子状態によるものがある．前者の代表として希ガスクラスターについて，後者の代表としてアルカリ金属クラスターについて述べる．

4.2.4　ファンデルワールスクラスターの殻構造

a. 幾何学的な殻効果

原子間に働く分散力によって結合しているクラスターが，ファンデルワールスクラスターである．代表的な例が，希ガスクラスターであり，構成粒子同士の結合エネルギーが小さい (1 原子当たり 0.1 eV 以下)．

図 4.2.1 は超音速ノズルからの断熱膨張によって生成されたキセノンクラスター Xe_n の質量分析スペクトルである[16]．この質量分析の結果から，特定の原子数において分布にピークがあることがわかる．これらのピークに相当する原子数のクラスターは比較的安定であると考えられよう．なおここではキセノンクラスターの例を示したが，アルゴンやネオンなど他の希ガスのクラスターでも，ピークを与える原子数などは，ほぼ同一である[17]．

希ガスクラスターにおいて，特定の原子数に安定構造がみられるのは，クラスターの幾何学的構造に関連している．いま希ガス原子を球とみなし，ほかの球と接触させながら，球を配置していくことを考える．このとき全体の表面積をできるだけ小さくすると，

4.2 原子・分子クラスター

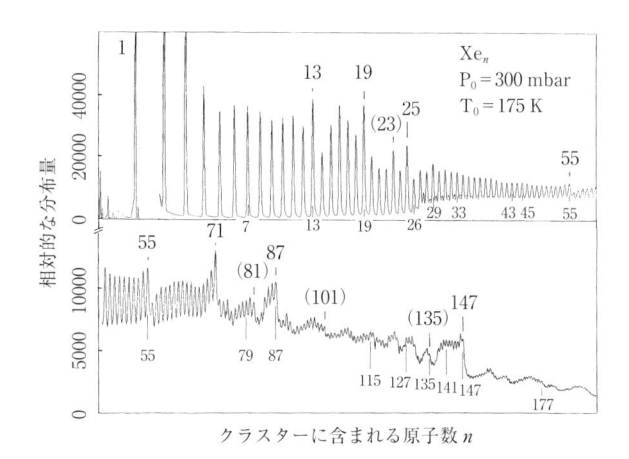

図 4.2.1 Xe クラスターの質量頻度スペクトル[16]

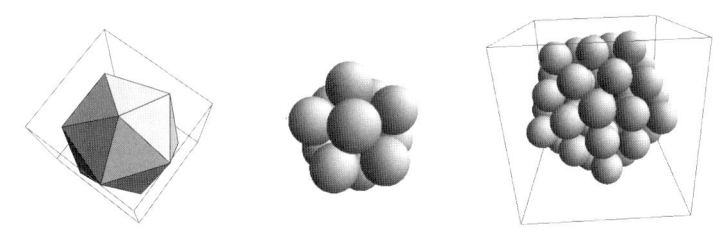

図 4.2.2 正二十面体と安定な 13 量体および 55 量体のクラスターの幾何学的構造 5 回対称軸がみえる.

中心の球の周りに 12 個の球を配置することができる（周囲の球の間にはわずかな隙間がある）．このとき周囲の球は正二十面体構造をつくる．さらにその外側にも次々に正二十面体構造の層をなすように球を配置する．このような構造を殻構造という．中心から数えて k 番目の層には $(10k^2+2)$ 個の球が配置できるので，中心から i 番目の層まで球をつめると合計で

$$n(i) = 1 + \sum_{k=1}^{i}(10k^2+2) = \frac{10}{3}i^3 + 5i^2 + \frac{11}{3}i + 1 \quad (4.2.1)$$

になる[18]．この式に，$i=1, 2, 3$ を代入すると 13, 55, 147 が得られる．このときは最外層が完全に球で敷きつめられることになり，これを閉殻構造という（図 4.2.2）．閉殻構造に相当する粒子数を魔法数と呼ぶ．質量分析スペクトルは，魔法数に相当するところにピークまたはショルダーをもっている．

図 4.2.2 で示されるように，正二十面体構造にはバルクな結晶では存在しない 5 回対称軸が存在する．一方，バルクの希ガス固体は，一般に面心立方格子と呼ばれる結晶構造をしていることが知られている．そこでクラスターに含まれる原子数が大きくなる

と，正二十面体構造から結晶格子をつくる形に構造相転移を起こすことが推測されているが，それがどの程度のサイズかはまだ明らかではない．

b. 理論計算による分析と液滴模型

このようにして $n=13, 55, 147$ のピークの由来がわかったが，それ以外のピークの原因を分析するためには，以下のような理論的な考察が必要である．

一般に 2 つの希ガス原子間の相互作用は，以下のような式で表されるレナード-ジョーンズ（Lennard-Jones）ポテンシャルがよい近似になっている．

$$V(r) = 4\varepsilon\left(\left(\frac{\sigma}{r}\right)^{12} - \left(\frac{\sigma}{r}\right)^{6}\right) \qquad (4.2.2)$$

ここで，r は原子間距離であり，このポテンシャルは $r_m = 2^{1/6}\sigma$ に極小値 $-\varepsilon$ をもち，$r < \sigma$ の領域に不可侵の壁をもつ．クラスターの全体のエネルギーは，構成する原子間の二体ポテンシャルの総和で書くことがよい近似になっている．

$$V_{\text{tot}} = \sum_{i>j} V(r_{ij}) \qquad (4.2.3)$$

ここで r_{ij} は 2 原子間の距離である．n 個の原子からなるクラスターにおける原子の安定配置を決定するためには，系のエネルギーが最小になるように原子配置を最適化する．この最適化は n が大きくなると非常に難しい．極小の数が n とともに急激に増大するためである．n が 13 では 100 程度であるが，147 になるとその数は 10^{60} 個に達するといわれている[19]．こういった極小は構造異性体（isomer）に対応している．最安定な配置を求めるために，いろいろな計算手法が提示されている[20,21]．実際には温度が低いときは最安定構造が実現しているが，温度が高いときはさまざまな異性体が共存していると考えられる（ここでの温度とはクラスターのもつ内部エネルギーの平均的な値である）．

理論計算で得られた最安定構造[19,22-23]は，正二十面体構造をとりながらクラスターが成長していく推測が正しいことを示している．なお，実際には量子効果のため原子核の位置に 0 点振動によるゆらぎがあるが，ヘリウム以外の希ガスについては，このゆらぎは充分小さく，原子配置に対する影響は小さい．

図 4.2.3(a) は理論計算の結果として n 個の原子からなるクラスターの最安定構造のエネルギー $E(n)$ を n の関数としてプロットしたものである．個々の点はそれぞれの計算点に対応し，これを以下のような関数形に平均化することができる．

$$E_{\text{LD}}(n) = an + bn^{2/3} + cn^{1/3} \qquad (4.2.4)$$

クラスターのエネルギーをこのような式で表現することを，液滴模型という．初項，第 2 項，第 3 項は，それぞれクラスターの体積，表面積，半径に比例し，それぞれ体積エネルギー，表面エネルギー，曲率エネルギーという．図 4.2.3(a) ではよくわからないが，真のエネルギー $E(n)$ と液滴模型のエネルギー $E_{\text{LD}}(n)$ の間にはわずかな差があり，この差 $\Delta E_{\text{shell}} = E(n) - E_{\text{LD}}(n)$ のことを殻補正といい，図 4.2.3(b) にサイズ n の関数と

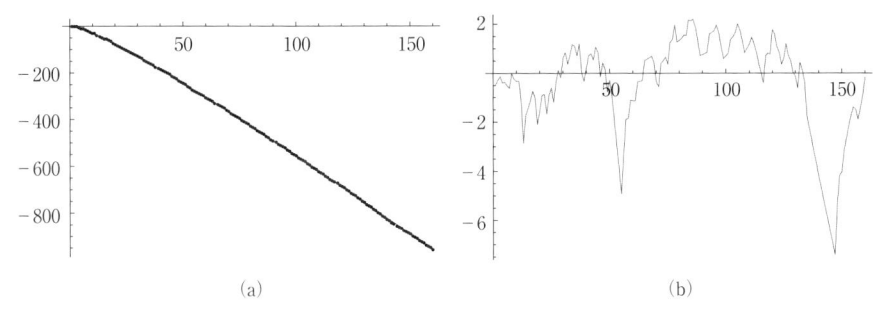

図 4.2.3
(a) レナード-ジョーンズポテンシャルを仮定したクラスターでの全エネルギーを，クラスターサイズ n の関数としてプロットしたもの．線は液滴模型による．
(b) 殻補正エネルギー．上下とも縦軸は ε（2体のレナード-ジョーンズポテンシャルの結合の深さ）を単位とした．

して表した．$n = 13, 55, 147$ などのところに深い凹みがあり，これらの数は正二十面体の殻が閉じる「閉殻」に対応している．さらによくみると，それ以外の粒子数にも，ところどころに凹みがあることがわかる．この原因は以下の2つがある．

(1) 殻の一部分だけ埋まることによってエネルギーが安定化する．たとえば $n = 19$ で構造が安定化するのは正二十面体の1つの頂点にある原子とそれを囲む5つの面上に原子が配置されることによる[22]．このような構造を副殻（サブシェル）構造という．副殻構造に相当するピークは，実験的に観測されており，図 4.2.3(b) で観測される $n = 19, 25, 71$ などの凹みがこれに相当する．

(2) 正二十面体構造とは別の構造をとることにより，系のエネルギーが安定化する．粒子数が 38, 75 および 98 のときは，正二十面体的な成長でなく，別の形が最安定構造になることが理論的に予測されている．ただこれらは，希ガスクラスターの質量スペクトルのピークとしては，明確には観測されてはいない．ちなみに $n = 98$ の最安定原子配置は正四面体の一部が削られた対称性のよい形をしており，レーリー（Leary）の四面体と呼ばれている[24]．

c. 他のファンデルワールスクラスター

フラーレン（C_{60}）はきわめて球に近い形状をしている．さらに C_{60} は電子的に閉殻構造をとっており，C_{60} 間の相互作用は分散力なので，フラーレンクラスターは希ガスクラスターに似た性質をもつ[25]．$(C_{60})_n$ はある実験条件の下で $n = 98$ に顕著なピークが観測され，レーリーの正四面体構造に対応する可能性を指摘されている[26]．ただ C_{60} 間のポテンシャルは，希ガス間のそれと若干異なるため[27]，クラスターの成長の様式は希ガスクラスターの場合と微妙に異なる[28,29]．

中性のヘリウムクラスターは，他の希ガスクラスターとまったく異なった性質を示す．ヘリウム原子間の引力が非常に弱く，かつ原子の質量が軽いため，原子の運動の量子効

果が非常に強く現れる．個々の原子が局在せずに，クラスター全体に広がっている[30]．マクロな液体ヘリウムでは超流動性をもつ量子液体になる．ヘリウムクラスターの中に他の原子分子やクラスターを埋め込む実験が行われており，クラスター科学でのホットな研究分野の1つである[31]．

4.2.5 アルカリ金属クラスターの殻効果と超殻効果
a. アルカリ金属クラスター中の電子の運動とプラズマ振動

アルカリ金属原子クラスターの結合エネルギーは1原子当たり数eVに達し，ファンデルワールスクラスターに比べて大きい．その凝集力は本質的にバルクの金属結合と同一であり，価電子間の交換相互作用に起因している．

アルカリ金属原子では一価イオンが電子的に閉殻構造をとるため，価電子は比較的弱く1価イオンに結合している．このためアルカリ金属原子クラスターでは，価電子は特定の原子に局在せずに，クラスター全体に広がっている．そして，価電子は一様な正電荷の中を自由に運動していると考えられる．このような考えをジェリウム模型という．

このモデルの有効性を示す証拠の1つが，電磁波に対する応答である．図4.2.4はNa_8クラスターに電磁波を照射したときの吸収スペクトルである[32]．図からわかるように，ある振動数のところで強いピークが観測される．このピークは電子が背景の正電荷中を，集団で運動するプラズマ振動に相当している．古典電磁気学を用いたミー（Mie）の理論[33]によれば，半径Rの球に閉じ込められた電荷e，質量mの価電子がn個存在するとき，プラズマ振動の振動数は

$$\omega_p = \left(\frac{ne^2}{mR^3}\right)^{1/2} \tag{4.2.5}$$

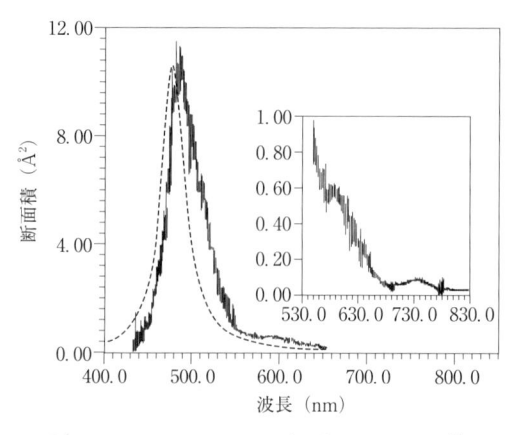

図4.2.4 Na_8クラスターの光吸収のスペクトル[32]
プラズマ振動による吸収のピークがみられる．点線は古典的なミー（Mie）の理論[33]による吸収スペクトル．

となる(この振動数は固体物理学での表面プラズモンの振動数に相当する).プラズマ吸収の存在はジェリウム模型の有効性を示す証拠である.

b. アルカリ金属クラスターにおける殻模型

図 4.2.5 はナイト(Knight)らによって測定されたナトリウムクラスター Na_n の質量分析スペクトルである[34].希ガスクラスターの場合と同様に,分布のところどころにピークが存在し,それらが安定な構造に対応していることが推測されるが,ピークの位置は希ガスクラスターの場合とは異なる.アルカリ金属クラスターの質量分析スペクトルのピークは,クラスターの幾何学的な構造でなく,電子状態に起因している.

金属クラスター中で電子の感じるポテンシャルはウッド-サクソンポテンシャル[35]と呼ばれるものがよく用いられるが,ここでは簡単のため,半径 R の球殻に電子が閉じ込められ,その中を電子が自由に運動していると考えよう.このとき,球対称性から軌道角運動量がよい量子数であり,系の波動関数は,角度方向(球面調和関数)と動径方向(球ベッセル関数)の積で表すことができる.球の表面で波動関数の値が 0 になる境界条件から,電子のエネルギーは

$$E_{li} = \frac{\hbar^2 \alpha_{li}^2}{2mR^2} \qquad (4.2.6)$$

となる.ここで l は全角運動量,α_{li} は l 次の球ベッセル関数の i 番目の 0 点である.エネルギーが低いほうから順に軌道をあげると,図 4.2.6 に示されるように 1s, 1p, 1d, 2s, 2p, 2d となる.(これらの軌道の表記法は,原子の電子軌道の表記とやや異なっている.s,

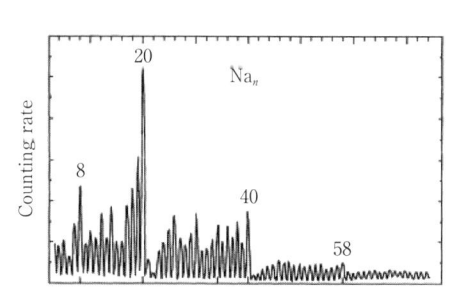

図 4.2.5 ナトリウムクラスターの質量分析スペクトル[34]

原子数 n が 8, 20, 40 などが顕著なピークだが,それ以外のピークもみえる.前者が球対称な状態での殻効果によるもの,後者が球対称からの変形による殻効果である.

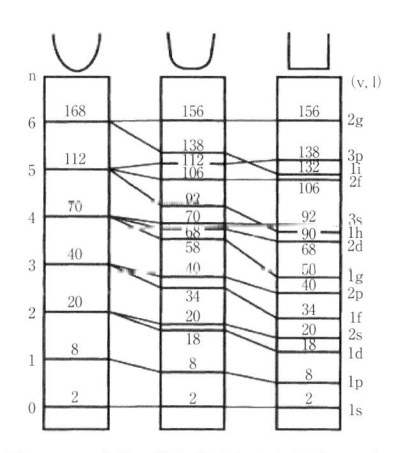

図 4.2.6 球殻に閉じ込められた電子のエネルギー準位[35]

比較のため,左は調和振動子のエネルギー準位,右は井戸型ポテンシャル,中央は両者の中間であるウッド-サクソンポテンシャルでの準位を示す.数字は各準位が閉殻になる粒子数を示す.

p, d... は軌道角運動量を表すが，その前の数字は波動関数の動径方向の節の数に 1 を加えたものである．）各軌道について縮重度を考えた上で（軌道角運動量が l の状態では電子のスピンを含めると $2(2l+1)$ 重に縮重している），エネルギーの低いほうから順番に電子をつめていくと，電子数が 2, 8, 18, 20, 34, 40, 58, ... というところで閉殻になることがわかる．これらの数に対応する原子数のところで，スペクトルにピークがみられる．（実際には $n=2$ のピークはあまり顕著でない．また 1d と 2s の準位はほとんど縮重しているので，$n=18〜20$ のところに，両者が合わさったピークが観測されている．）

c. 金属クラスターの変形

さらに図 4.2.5 のスペクトルをみると，魔法数以外の原子数に対してもピークがみられる．これは以下のように説明される．この模型は原子核物理におけるニールソン（Nielson）のモデル[36]を，クレメンジャー（Clemenger）がクラスターに対して適用したものである[37]．このモデルによればアルカリ金属クラスターは球対称とは限らないので，対称性を落とし，軸対称性をもった回転楕円体とする．そのときの変形によるエネルギー準位の分裂の様子を書いたのが図 4.2.7 である．横軸は変形パラメータ δ であり，$\delta=0$ が球，$\delta>0$ が葉巻型（prolate），$\delta<0$ が洋梨型（oblate）に対応する．

基底状態が閉殻のとき（魔法数に相当する）は，球対称が最安定構造に対応するが，開殻構造をとっているときは，変形によって縮退をとき，エネルギーがより低い状態に粒子をつめたほうが系のエネルギーを減少させることができる（図 4.2.7）．これはヤーン-テラー（Jahn-Teller）効果[38]と呼ばれ，基底状態が縮退しているときに生じる対称

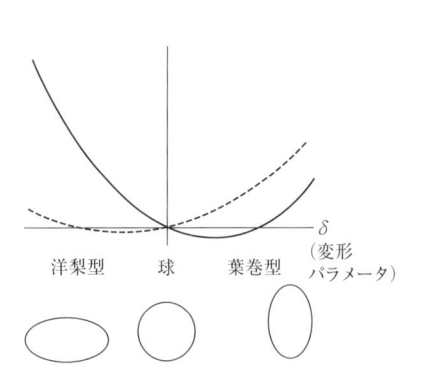

図 4.2.7 変形によるエネルギー準位の分裂の様子

縮退した p 軌道が pσ（実線，縮退度 2）および pπ（点線，縮退度 4）に分裂する．p 軌道に電子を 6 個つめるとしたら球が最安定な形になるが，電子数が 1〜2 個のときは葉巻型が，3〜4 個のときは洋梨型が安定になる．横軸は変形パラメータ．

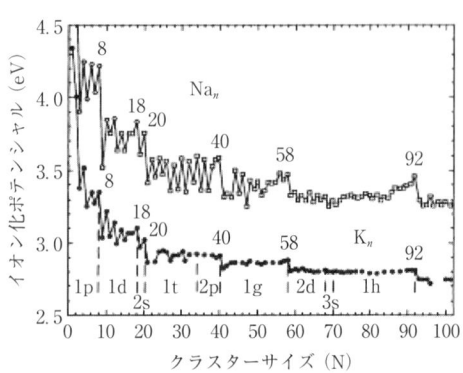

図 4.2.8 ナトリウムおよびカリウムクラスターの第一イオン化ポテンシャルの測定値[39]

魔法数での凹み以外に，偶数奇数の振動がみられる．

性の自発的な破れの一種である．多くの分子について，また原子核においても同様の現象が観測されている．クラスターの変形を考慮すると，分裂した準位が閉じる 2 または 4 ごとに安定になる．このようにして図 4.2.5 における原子数 26 や 30 のピークが説明される．

この傾向はイオン化ポテンシャルのサイズ依存性をみるとより顕著である．図 4.2.8 は，サイズ選別したアルカリ金属クラスターのイオン化ポテンシャルの測定である[39]．魔法数に相当する原子数でイオン化ポテンシャルの値が大きくなっている．さらにその構造にはおおむね偶奇の振動がみられる．これはクラスターの変形に伴い，縮退した準位が分裂して，縮重度が最終的に 2（スピン）になることに相当する．

d. ジェリウム模型を超えた理論計算

現実のアルカリ金属クラスターは完全なジェリウムではなく，イオンと電子からなる系である．計算機の進歩に伴い，原子数の比較的少ないクラスターについては第 1 原理的な電子状態計算によって，その安定構造（原子配置）を決定することができるようになってきた．計算法については他の教科書[40]などを参考にされたい．計算により得られた安定構造は，おおむねクレメンジャーモデルによって推測される構造と対応している．たとえば電子数が魔法数に対応するクラスターは球対称に近い原子配置が最安定になり，電子分布もそれに対応して球対称に近いと考えられる．一方，電子数が魔法数でないクラスターは球対称から大きく変形した形状が最安定構造になっている傾向が強い[41-43]．

e. 超殻効果

図 4.2.9 は原子数が 3000 個程度までのナトリウムクラスターの質量分析スペクトルである[44]．これをみると，粒子数が数百程度までのクラスターでは殻効果による振動が強く観測されるのに対して，1000 個付近に達すると，振幅が減衰する．さらに 3000 個に近づくと再び振幅が増大する．すなわち殻効果が強調される領域と，抑制されている領域とが繰り返し，うねりのような構造を生じている．これを超殻（スーパーシェル）効果と呼ばれ，西岡らによって理論的に予言され[45]，ビヨロンホルムらにより実験的にも確認されたものである．

超殻効果を理解するためには，半古典論的な説明[46,47]が有効である．一般に量子力学的な準位は，その系における閉じた古典軌道に対応している（グッツミラーの跡公式[48]）．金属クラスターを球殻と考えると，その中に閉じ込められた量子準位は，古典軌道が正三角形の軌道と正方形の軌道の寄与が大きい（図 4.2.10）．この 2 つの軌道の長さがわずかに異なるため，その軌道間の干渉によって状態密度にうなり構造が生じ，それが超殻構造である．

f. アルカリ金属クラスターにおける幾何学的殻効果

アルカリ金属クラスターにおいて，そのサイズが数千を超えると，電子による殻効果

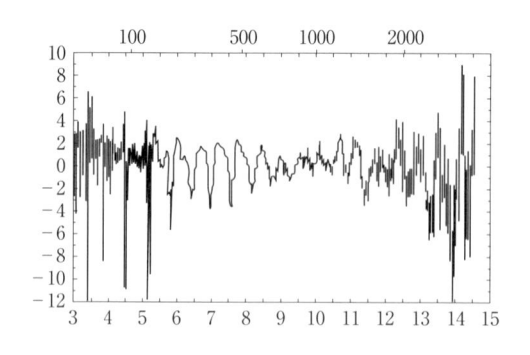

図 4.2.9 $n=3000$ 程度までのアルカリ金属クラスターの質量分布スペクトル[44]
超殻効果により殻効果が強調されている部分と抑制されている部分がうねりのような構造で生じることがわかる．

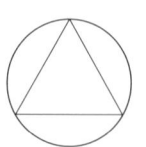

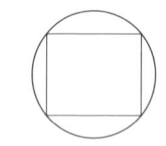

図 4.2.10 球殻に閉じ込められた粒子における超殻効果に寄与する2つの古典的軌道
2つの古典軌道の長さが異なることが，うねりの原因になる．

が消え，希ガスクラスターの場合と同様な幾何学的な殻構造が観測されている[49]．なお，正二十面体構造では結晶をつくることができないので，原子数がさらに大きくなれば，バルクと同一の構造（立方体心構造）に構造転移することが期待されるが，それがどのサイズかはまだわかっていない．

　以上をまとめると，アルカリ金属クラスターを特徴づける構造は，原子数の増大とともに，

　　電子による殻構造 → 電子による超殻構造 → 幾何学的殻構造 → バルクの結晶構造

と移り変わっていくことがわかる．このようなことが明らかになったのは最近のクラスター科学の進展の成果にほかならない．

g. アルカリ金属以外の金属クラスターでの殻構造

　アルカリ金属クラスターと同様な価電子による殻構造は，金，銀などの貴金属[50] や，アルミニウムのクラスター[39] などにみられる．

　カルシウムなどのアルカリ土類金属のクラスターでは，希ガスクラスターと同様に原子配置に基づく魔法数が観測される[51]．これはアルカリ土類金属原子の最外殻の電子が閉殻構造をとるためと考えられる．

h. 金属超微粒子における久保効果

　バルクな金属では電子のエネルギーは連続的で価電子帯と伝導電子帯の間にエネルギーギャップがない．一方，電子数が有限の系では，エネルギー準位は離散的であり，つねにエネルギーギャップが存在する．ここで，T を絶対温度，ボルツマン定数を k_B として，最上位の分子軌道（フェルミ面）付近でエネルギー間隔 $\Delta E \simeq k_B T$ となれば，

事実上レベルが連続であると考えられ，金属とみなしてもよいと考えられる．逆に，$\Delta E > k_B T$ となる場合は，バルクの金属のさまざまな性質が成り立たないことになる．このような条件が成り立つ金属の超微粒子では，電子の状態密度が離散的になるために，バルクと違った諸性質が出現することが考えられる．久保亮五はこのような系では，低温におけるスピン帯磁率が特異なふるまいをすることを示した（久保効果）[52]．

4.2.6 多価に帯電したクラスターの安定性とダイナミクス
a. クラスター多価イオンの生成法
原子の場合と同様に，クラスターの多価イオンもつくられ，研究の対象となっている．実験的にクラスターの（正の）多価イオンを生成するのには，次のような方法がある．
1) クラスターに対する電子衝撃
2) クラスターへのレーザー照射
3) 高速イオンと固体表面との衝突
4) クラスターと多価原子イオンとの衝突
5) X線照射によるクラスターを構成する原子の内殻電離

このうち1)～3)では比較的高温のクラスターが生成される．一方4)では非常に低温のクラスターが生成できることで，最近注目を集めている[53]．5)では内殻に空孔が空いた後，クラスターを構成する原子内（または原子間）でのオージェ過程によりクラスター多価イオンを生成する[54]．

b. 多価に帯電したクラスターの安定性
原子では中性から裸の原子核まで，あらゆる価数の多価イオンが安定に存在するが，クラスターではそうならない．多価に帯電したクラスターはつねに

$$X_n^{z+} \rightarrow X_m^{q+} + X_{n-m}^{(z-q)+} \tag{4.2.7}$$

といった2つのイオンに分裂するチャネルが存在する．この分裂によりクーロンエネルギーを減少させることができるが，系全体の表面エネルギーが増大する．親クラスターのクーロンエネルギーを E_C，表面エネルギーを E_S としたとき，$f = E_C/(2E_S)$ を分裂パラメータ（fissility parameter）という．いまクラスターが対称に分裂することを仮定し古典電磁気学を仮定すると，$f > 1$ であれば安定になることが示される[55]．いま分裂前のクラスター多価イオンがクラスター中に一様に帯電し，その表面張力を σ，構成する物質の誘電率を ε，クラスターを構成する原子1個の半径を r_0 とすると，古典電磁気学を用いて $f > 1$ は

$$n > n_c(z) = \frac{3}{10\pi\varepsilon\sigma r_0^3} z^2 \tag{4.2.8}$$

と書ける．このことから，価数 z のクラスターには安定に存在できる最小のサイズ $n_c(z)$ があり，それは z の2乗に比例することがわかる．このサイズを出現サイズ(appearance size)または臨界サイズ（critical size）という．臨界サイズは実験的には質量分析スペ

表 4.2.2 おもな多価クラスターイオンの出現サイズ，実験値と理論値

原子または分子 \ 価数	2	3	4
Ne	288 (868)	656 (2950)	— (6424)
Ar	91 (122)	226 (333)	— (648)
Xe	51 (46)	114 (107)	208 (196)
CO_2	45 (43)	109 (112)	216 (216)
C_2H_4	51 (47)	108 (115)	192 (214)
C_{60}	5 (9) 7*	10 (15) (13*)	21 (23) (23*)

注) 実験値（計算値）は，文献[56-58]および文献[63]を使用．

クトルから決めることができる．

クラスター多価イオンの安定性についての，より精密な議論はエヒトらによって行われた[56]．彼らはモデルを用いてあらゆる分裂についてエネルギー障壁を計算し，それがすべて正であるものが安定なクラスターであるとした．表 4.2.2 はおもなクラスター多価イオンの出現サイズについて，計算値と測定値との比較である．多くの場合，モデルは実験結果をよく説明するが，一部については，うまく説明できず，相違の原因については，いまなお議論されている[57,58]．

c. クラスター多価イオンの分解過程

クラスターの内部温度が高いとき，臨界サイズより大きなクラスター多価イオンもさまざまな形で分解する．この過程の研究が興味をもたれる理由の1つは，原子核で起こる核分裂や中性子蒸発と類似していることがあげられる[55]．クラスター多価イオンの分解過程として代表的な現象は次の2つである．

(1) 分裂：$X_n^{z+} \to X_m^{q+} + X_{n-m}^{(z-q)+}$ というような電荷をもった粒子に分解する．二体分裂以外に，多体分裂を起こしてクラスターがばらばらになることがある．

(2) 蒸発：$X_n^{p+} \to X_{n-1}^{p+} + X$ というように，クラスターから中性の単原子，または二量体が飛び出してくる過程を蒸発という．蒸発はつねに吸熱反応であり，クラスターが冷やされて，安定化する機構である．

通常，分裂と蒸発は競合過程にある．同じ価数のクラスター多価イオンではサイズの大きなクラスターでは蒸発を起こしやすくなり，逆にサイズの小さいものは分裂を起こしやすくなる傾向がある[55,59,60]．

4.2.7 クラスターと他の粒子の相互作用

クラスターと他の原子（イオンを含む），分子，電子の衝突，さらにはクラスターと固体表面との衝突過程などについても，多様な研究がなされている．さらにクラスターと強い電磁場との相互作用も興味をもたれている問題である．紙面の関係でこのような問題については他の文献を参照されたい[61,62]．　　　　　　　　　　　　　　〔中村正人〕

謝辞

本節を執筆するに当たり，コメントを寄せていただいた，市川行和，野々瀬真司両先生に深く謝意を表したい．

文　献

1) R. L. Johnston, Atomic and Molecular Clusters (Taylor & Francis, 2002).
2) G. M. Pastor and K. H. Bennemann, *Clusters of Atoms and Molecules*, Edited by H. Haberland (Springer, 1994), Chapter 2.4.
3) 「特集 マイクロクラスター」, 日本物理学会誌 **44** (4) (1989).
4) 茅 幸二・西 信之, 「クラスター」(産業図書, 1994).
5) 「マイクロクラスター科学の新展開」, 季刊化学総説 **38** (1998).
6) 篠原久典・斉藤弥八, 「フラーレンの化学と物理」(名古屋大学出版会, 1997).
7) 春田正毅, 表面科学 **26** (2005) 578.
8) T. Tani, *Physics Today* **42** (1989) 36.
9) F. F. Abraham, *Homogeneous Nucleation Theory : The Pretransition Theory of Vapor Condensation* (Academic Press, 1973).
10) 福井康夫ほか編, 「星間物質と星形成」, 現代の天文学 (日本評論社, 2008).
11) H. W. Kroto *et al.*, *Nature* **318** (1985) 162.
12) ジム・バゴット著, 小林茂樹訳, 「究極のシンメトリー」(白揚社, 1996).
13) G. M. Pastor, Course 8, in *Atomic Clusters and Nanoparticles*, Edited by C. Guet *et al.* (Springer-Verlag, 2001).
14) A. A. Shvartsburg *et al.*, *Chem. Soc. Rev.* **30** (2000) 26.
15) T. P. Martin, *Phys. Rep.* **273** (1996) 199.
16) O. Echt, K. Sattler and E. Recknagel, *Phys. Rev. A* **47** (1981) 1121.
17) H. Haberland, *Clusters of Atoms and Molecules*, Edited by H. Haberland (Springer-Verlag, 1994), Chapter 4.6.
18) A. L. Mackay, *Acta. Crystallogr.* **15** (1962) 916.
19) D. Wales and J. Doyes, *J. Phys. Chem. A* **101** (1997) 5111.
20) D. J. Wales, Course 10, in *Atomic Clusters and Nanoparticles*, Edited by C. Guet *et al.* (Springer-Verlag, 2001).
21) S. Kirkpatrick *et al.*, *Science* **220** (1983) 671.
22) J. A. Northby, *J. Chem. Phys.* **87** (1987) 6166.
23) Y. Xiang *et al.*, *J. Phys. Chem. A* **108** (2004) 3586, 9516.
24) R. H. Leary and J. P. K. Doye, *Phys. Rev. E* **60** (1999) R6320.
25) T. P. Martin *et al.*, *Phys. Rev. Lett.* **70** (1993) 3079.
26) W. Branz *et al.*, *Phys. Rev. B* **66** (2002) 094107.
27) J. M. Pacheco and J. P. Prates-Ramalho, *Phys. Rev. Lett.* **79** (1997) 3873.
28) J. P. K. Doye *et al.*, *Phys. Rev. B* **64** (2001) 235409.
29) M. Nakamura, Clusters of Fullerenes, in *Handbook of Nanophysics*, Edited by K. Sattler (CRC Press, 2010).
30) V. R. Pandharipande *et al.*, *Phys. Rev. Lett.* **50** (1983) 1676.
31) J. P. Toennies and A. F. Vilosov, *Ann. Rev. Chem. Phys.* **49** (1998) 1.
32) C. R. C. Wang, S. Pollack and M. M. Kappes, *Chem. Phys. Lett.* **166** (1990) 26.
33) G. Mie, *Ann. Phys.* (Leipzig) **25** (1908) 377.
34) W. D. Knight *et al.*, *Phys. Rev. Lett.* **52** (1984) 2141.
35) M. G. Mayer and J. H. Jensen, *Elementary Theory of Nuclear Shell Structure* (John Willy, New York, 1955).

36) A. Bohr and B. R. Mottelson, *Nuclear Structure Theory*, vol. 2 (Benjamin, 1975), pp. 218-239.
37) K. Clemenger, *Phys. Rev. B* **32** (1985) 1359.
38) 藤永　茂・成田　進, 「化学や物理のためのやさしい群論入門」(岩波書店, 2000).
39) W. A. de Heer, *Phys. Rep.* **65** (1993) 611.
40) 里子充敏・大西楢平, 「密度汎関数法とその応用－分子・クラスターの電子状態」(講談社, 1994).
41) V. Bončić-Koutecký, P. Fantouci and J. Koutecký, *Phys. Rev. B* **37** (1988) 4369.
42) L. Kronik *et al.*, *J. Chem. Phys.* **115** (2000) 4322.
43) I. A. Solov'yov, A. V. Solov'yov and W. Greiner, *Phys. Rev. A* **65** (2002) 053203.
44) J. Pedersen *et al.*, *Nature* **353** (1991) 733.
45) H. Nishioka, K. Hansen and B. R. Mottelson, *Phys. Rev. B* **42** (1990) 9377.
46) R. Balian and C. Bloch, *Ann. Phys.* **69** (1972) 76.
47) M. Brack, *Phys. Rep.* **65** (1993) 677.
48) M. C. Gutzwiller, *Chaos in Classical and Quantum Mechanics* (Springer-Verlag, 1990).
49) T. P. Martin *et al.*, *Chem. Phys. Lett.* **172** (1990) 209.
50) I. Katakuse *et al.*, *Int. J. Mass Spectrom. Ion Proc.* **67** (1985) 229.
51) T. P. Martin *et al.*, *Chem. Phys. Lett.* **183** (1991) 119.
52) R. Kubo, *J. Phys. Soc. Jpn.* **17** (1962) 195.
53) B. Manil *et al.*, *Phys. Rev. Lett.* **91** (2003) 215504.
54) E. Ruhl, *Int. J. of Mass Spectrometry* **229** (2003) 117.
55) U. Näher *et al.*, *Phys. Rep.* **285** (1997) 245.
56) O. Echt *et al.*, *Phys. Rev. A* **38** (1988) 3236.
57) I. Mähr *et al.*, *Phys. Rev. Lett.* **98** (2007) 023401.
58) M. Nakamura, *Chem. Phys. Lett.* **449** (2007) 1.
59) C. Brechignac *et al.*, *Phys. Rev. Lett.* **64** (1990) 2893.
60) W. A. Saunders, *Phys. Rev. Lett.* **64** (1990) 3046.
61) J.-P. Connerade and A. Solov'yov (Eds.), *Latest Advances in Atomic Cluster Collisions, Fission, Fusion, Electron and Ion Impact* (Imperial College Press, 2003).
62) P.-G. Reinhard and E. Suraud, *Introduction to Cluster Dynamics* (Wiley-VCH, 2004).
63) M. Nakamura and P.-A. Hervieux, *Chem. Phys. Lett.* **428** (2006) 138.

4.3　エキゾチック粒子を含む原子

　通常の原子分子物理学では，原子核（陽子と中性子）と電子で形成される系を対象として研究を行っている．一方で，陽子，中性子，電子以外の粒子（エキゾチック粒子）が加速器の発展とともに大量に生成可能となり，エキゾチック粒子を用いた種々の研究や，エキゾチック粒子を含む原子の研究（分光学的な研究を通しての量子電磁力学の検証や原子核の研究）やそれを用いた原子核，物性の研究が行われてきている．

　本節では，エキゾチック粒子を含む原子について全体的な特徴を述べた後，代表的な系を紹介する．ここで扱われていない物性への応用などについては日本語の文献[1,2,3]を参考にしていただきたい．

　この節で扱うエキゾチック粒子を含む原子は以下の3種類に分けられる．

　A　原子核＋負のエキゾチック粒子（エキゾチック原子）　反陽子原子など

B 電子＋正のエキゾチック粒子（水素原子の同位体） ポジトロニウムなど
C 正のエキゾチック粒子＋負のエキゾチック粒子 反水素原子など
それぞれの生成方法は以下のようになる．

Aについては，エキゾチック粒子を〈固相，液相，気相〉の原子に衝突させて原子内の電子と入れ替える．

Bについては，エキゾチック粒子を〈固相，液相，気相〉の原子に衝突させて原子内電子をピックアップする．

Cについては，正負のエキゾチック粒子を用意してなんらかの方法でくっつける（再結合）．

なお，エキゾチック原子という用語は本来Aの意味で用いられていたが，最近A, B, Cすべての場合に用いられる場合もある．以下本節では，本来の意味であるAの場合に用いる．

4.3.1 エキゾチック粒子

電子，陽子，中性子以外に膨大な種類の粒子が存在するが，原子分子物理の対象としては寿命が長い荷電粒子（クーロン相互作用を行う）をエキゾチック粒子と考えればよい．表4.3.1に代表的なエキゾチック粒子（比較のために電子と陽子も含む）の性質をあげる（質量は6桁，寿命は4桁まで示す．詳細は文献[1]を参照）．

4.3.2 エキゾチック粒子を含む原子

通常の原子は原子核と電子がクーロン力により結合した系であるが，原子核と電子以外の負のエキゾチック粒子も安定な系をつくりうるし，逆に原子核以外の正のエキゾチック粒子と電子も安定な系をつくりうる．そのような系を"エキゾチック粒子を含む原子"と呼んでいる．エキゾチック粒子を含む原子の寿命は①構成するエキゾチック粒

表 4.3.1 エキゾチック粒子（比較のため電子と陽子を含む）[1]

レプトン

名前	質量 (MeV)	スピン	寿命 (秒)	おもな崩壊形式
電子 e^-	0.5110	1/2	安定	
陽電子 e^+	0.5110	1/2	安定	
負ミュオン μ^-	105.658	1/2	2.197×10^{-6}	$e^- + \bar{\nu}_e + \nu_\mu$
正ミュオン μ^+	105.658	1/2	2.197×10^{-6}	$e^+ + \nu_e + \bar{\nu}_\mu$

ハドロン

名前	質量 (MeV)	スピン	寿命 (秒)	おもな崩壊形式
負パイオン π^-	139.570	0	2.603×10^{-8}	$\mu^- + \bar{\nu}_\mu$
正パイオン π^+	139.570	0	2.603×10^{-8}	$\mu^+ + \nu_\mu$
負ケイオン K^-	493.677	0	1.238×10^{-8}	$\mu^- + \bar{\nu}_\mu, \pi^- + \pi^0$
陽子 p	938.272	1/2	安定	
反陽子 $\bar{p}$	938.272	1/2	安定	

子の真空中での寿命（表4.3.1の寿命），②原子内の他の粒子との反応までの時間（ポジトロニウム中の電子と陽電子の対消滅，ハドロンと核子の対消滅など），③原子が周囲の物質と衝突して壊れる（反物質である反水素原子と周囲の物質との衝突など）までの時間のいずれかで決まり，反水素原子を除いては多くの場合マイクロ秒程度までである．反水素原子は真空中では安定であるため，超高真空中にトラップし物質との衝突を防ぐことができればいくらでも長くトラップすることができる．

4.3.3　結合エネルギーと軌道の大きさ

正電荷をもつ粒子と負電荷をもつ粒子がクーロン力で結合したクーロン二体系の主量子数 n に対応する結合エネルギー $E(n)$ と軌道半径 $a(n)$ の様子をみるためにボーアモデルによる値を以下に示す[5]：

$$E(n) = -e^4Z^2/(2n^2(4\pi\varepsilon_0)^2\hbar^2) \times m^* = -e^2Z/(8\pi\varepsilon_0\, a(n)) \qquad (4.3.1)$$

$$a(n) = n^2 a(1) = n^2 4\pi\varepsilon_0\hbar^2/(e^2 Z m^*) \qquad (4.3.2)$$

ここで，換算質量 $m^* = mM/(m+M)$，M は正の粒子の質量（たとえば原子核の質量），m は負の粒子の質量（たとえば電子の質量），Z は正電荷の価数（原子核の場合原子番号，それ以外の場合は通常1），$\hbar$ はプランク定数を 2π で割ったもの，ε_0 は真空の誘電率．

式 (4.3.2) からわかるとおり，軌道半径は換算質量に反比例するため，負のエキゾチック粒子（ミュオン，反陽子など）が原子核に結合した場合にはその軌道は同じ主量子数 (n) の電子の軌道に比べてかなり小さくなる（表4.3.2）．ここで，ミュオン原子（muonic atom）は原子の中の電子1個が負のミュオンに置き換わった系であり，パイオン原子（pionic atom）は原子の中の電子1個が負のパイオンに置き換わった系，プロトニウム（protonium）は水素原子の電子が反陽子に置き換わった系である．また，反陽子原子（antiprotonic atom）とは原子の中の電子1個が反陽子に置き換わった系であり，たとえば反陽子ヘリウム（antiprotonic helium, pbar-He）はヘリウムの電子1個が反陽子に置き換わった系をいう．

主量子数 n の状態から $n-1$ の状態への遷移エネルギーは上記近似の範囲で以下のようになる．

表 4.3.2　水素型原子の基底状態 ($n=1$) の軌道半径と結合エネルギー

系	換算質量 (m_e)	軌道半径 ($n=1$) (nm)	結合エネルギー (eV)
水素原子（p e$^-$）	1836/1837〜1	0.053	−13.6
ポジトロニウム（e$^+$ e$^-$）	0.5	0.106	−6.8
ミュオニウム（μ^+ e$^-$）	207/208〜1	0.053	−13.54
ミュオン水素原子（p μ^-）	〜186	0.00028	−2530
パイオン水素原子（p π^-）	〜238	0.00022	−3240
ケイオン水素原子（p K$^-$）	〜633	0.000084	−8610
プロトニウム（p p̄）	〜918	0.000058	−12490

注）換算質量は電子質量 (m_e) を単位としている．

$$\Delta E(n, n-1) = \frac{e^4 Z^2}{2(4\pi\varepsilon_0)^2 \hbar^2} \times m^* \times \frac{2n-1}{(n(n-1))^2} \qquad (4.3.3)$$

4.3.4　A：原子核＋負のエキゾチック粒子の系（エキゾチック原子）

エキゾチック原子，素粒子原子，中間子原子，ハドロン原子などとも呼ばれる．エキゾチック粒子がハドロンである場合は，強い相互作用で核子と対消滅してしまうためにその軌道が原子核の中に入り込むような状態は存在できない．エキゾチック粒子がレプトン（たとえばミュオン）の場合には弱い相互作用で消滅するため，原子核内に入り込むような軌道も存在可能である．

エキゾチック原子の励起状態の生成過程の研究や励起状態間のエネルギーの精密測定からエキゾチック粒子の質量，さらには原子核の構造についての研究が行われている．

a. エキゾチック原子の生成

現在使用可能な負エキゾチック粒子はほとんどの場合高エネルギー（>MeV）で供給されるため，エキゾチック原子生成のためには，目的とする原子を含む凝縮体内（固体，液体，気体）に入射して，凝縮体内での衝突によりエネルギーを下げる必要がある．衝突により～10eVまで減速されたエキゾチック粒子は，原子との衝突で原子内の電子と入れ替わる．原子（原子番号Z）の主量子数n'の電子と負のエキゾチック粒子が入れ替わる場合には電子の存在する軌道付近に入り込み，その場合の負のエキゾチック粒子の主量子数nは以下の式で与えられる．

$$n/n' \approx (m^*/m_e^*)^{1/2} \qquad (4.3.4)$$

ここで，m^*はエキゾチック粒子の場合の換算質量，m_e^*は電子の場合の換算質量である．相手が水素原子の場合には1s軌道の電子と入れ替わり，負のエキゾチック粒子は$n \approx (m^*/m_e^*)^{1/2}$の軌道付近に捕獲される．

b. エキゾチック原子の脱励起過程

生成したエキゾチック原子は励起状態（$n \gg 1$）にあり，オージェ過程あるいは輻射過程により安定な内側の軌道に落ち込んでいく．エキゾチック原子中の電子のイオン化エネルギーをI_eとすると，エキゾチック粒子の主量子数が1つ変化する遷移に伴うエネルギー（$\Delta E(n, n-1)$）がI_eよりも大きければ，オージェ過程が起き，I_eよりも小さい場合にはオージェ過程は起こりにくい．図4.3.1に反陽子原子（軽い原子の場合）の脱励起過程の模式図を示す．この場合のようにエキゾチック粒子がハドロンの場合は，エキゾチック粒子が原子核の位置に存在確率をもつような小さな軌道角運動量状態から直接核子との強い相互作用による対消滅（図中の核子と対消滅と書かれた実線の矢印）が起こる．また大きな軌道角運動量をもつ状態でも，軌道半径が原子核程度になると核子との対消滅を起こしてしまう．このような核子との対消滅を起こす性質や原子核の大きさよりも小さな軌道への遷移が起こらないことを利用して，たとえば，反陽子原子か

416　　　　　　　　　　　　　　　　4. 特異な原子分子

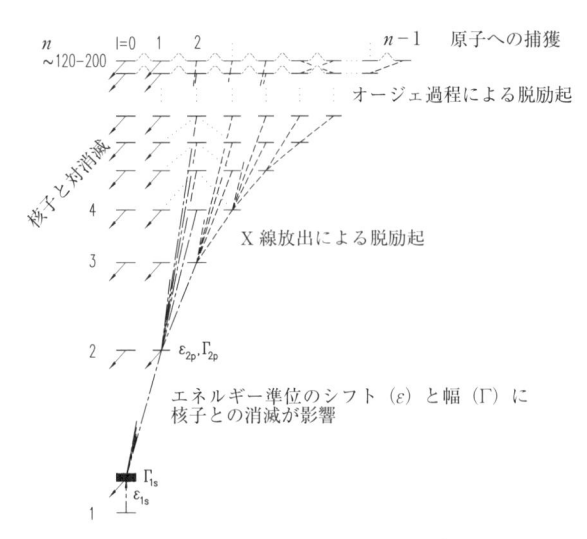

```
n    l=0  1   2            n-1     原子への捕獲
~120-200 ─────────────
                              オージェ過程による脱励起
```

図中ラベル: 核子と対消滅, 4, 3, 2 $\varepsilon_{2p}, \Gamma_{2p}$, X線放出による脱励起, エネルギー準位のシフト (ε) と幅 (Γ) に核子との消滅が影響, 1 Γ_{1s} ε_{1s}

図4.3.1 反陽子原子の脱励起過程[6]

らのX線や核子との対消滅の際に放出される荷電パイオンの総数を測定することで，原子核の大きさや原子核表面の核子の分布の測定が可能（中性子と消滅した場合は電荷の総和が負，陽子と消滅した場合は電荷の総和が0）であり[7]，安定な原子核だけでなく不安定な原子核までも研究の対象となりつつある[8]．

エキゾチック粒子がミュオンのようなレプトンの場合には，原子核内に入り込む軌道も存在できるが，その結合エネルギーはクーロン力だけから見積もられる式 (4.3.1) の値からはずれてくる．

c. エキゾチック原子からのX線

前項で述べたように，エキゾチック原子は，オージェ過程または輻射過程で脱励起をするが，通常の実験条件（薄くとも数hPa以上の標的ガス中）では，放出される電子を測定することは困難で，おもにX線の測定が行われている．エキゾチック粒子の軌道が原子のK殻軌道よりも内側になった場合には，原子核とエキゾチック粒子の間のクーロン相互作用の軌道電子による遮へいは無視できるようになり，原子核とエキゾチック粒子のクーロン二体系と考えることは近似として悪くはなく，原子核とエキゾチック粒子との結合エネルギー $E(n)$，軌道半径 $a(n)$，遷移エネルギーは式 (4.3.1)，(4.3.2)，(4.3.3) で見積もることができる．図4.3.2はアルゴンガス標的中に反陽子を入射して生成された反陽子アルゴン原子中の反陽子の脱励起に伴うX線をSi (Li) 半導体検出器で測定した例である[6]．X線のピーク位置に反陽子の遷移にかかわる2つの状態の主量子数が示してある．この系の場合，L殻以上の電子は反陽子が $n=34$ に到達するまでにオージェ過程ですべて剥ぎ取られている[6]．19-18, 18-17 の遷移エネルギーではK殻

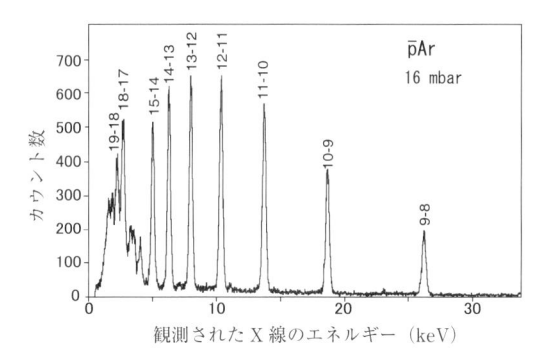

図 4.3.2 反陽子アルゴン原子からのX線[6]

電子をオージェ過程で放出することができず（$\Delta E(n, n-1)$ がK殻電子のイオン化エネルギーよりも小さい）X線が観測されるが，17-16, 16-15 の遷移ではK殻電子をオージェ過程で放出できるためにX線の強度が弱くなっていると解釈されている[6]．ここでは反水素原子の例を取り上げたが，種々の負エキゾチック粒子から生成されたエキゾチック原子からのX線を詳細に測定することで，エキゾチック粒子の質量（負パイオン[9]など）の決定も行われている（遷移エネルギーに負エキゾチック粒子の質量が含まれることを利用する，近似的には式（4.3.3）を参照）[4]．

エキゾチック原子からのX線（エキゾチック粒子の遷移に伴う）は式（4.3.3）からわかるように，通常の原子からのX線（電子遷移に伴う）と同様に元素（原子番号 Z）によってエネルギーが決まっている．この性質を利用して元素分析にも応用されている．とくに，エキゾチック原子からのX線（エキゾチック粒子の遷移による）は式（4.3.3）からわかるように換算質量に比例してエネルギーが高くなり，同じ元素の通常のX線に比べ物質を透過しやすく測定が容易となる．この性質を利用してエキゾチック粒子（パイオンやミュオンなど）を測定したい物質に入射して，エキゾチック原子を生成し，そこからのX線を分析して軽元素（炭素，窒素，酸素など）の分析にも利用されている．

エキゾチック粒子の遷移に伴うX線の測定例を示したが，原子の中にエキゾチック粒子が存在するために電子のエネルギーレベルも当然影響を受けており（負エキゾチック粒子の軌道が電子の場合よりも原子核に近く，核の正電荷を遮へいする効果が大きかったり，負エキゾチック粒子が原子核に吸収されて原子核が壊変してしまったりして），電子の遷移により放出されるX線も通常の原子からのX線とは異なるエネルギーのX線が観測されている[10]．

d. 反陽子ヘリウム原子
(1) エキゾチックヘリウム原子

物質中（固体，液体，気体）に負ハドロン粒子を入射し，エキゾチック原子を生成した場合，多くの場合 10^{-12} s 以下で強い相互作用により原子核の核子と対消滅してしま

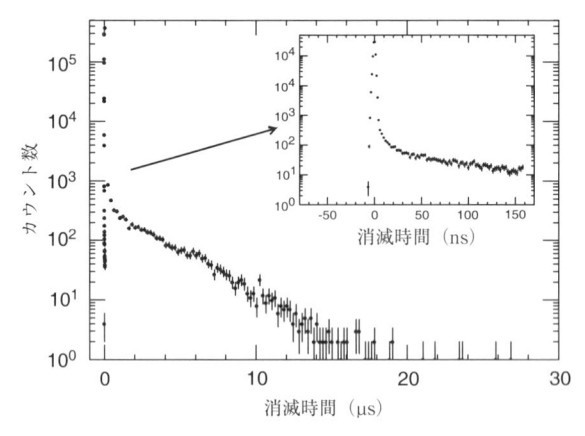

図 4.3.3 液体ヘリウム中に反陽子を入射した場合の反陽子消滅率の時間依存性[12]

うが、ヘリウム中に負エキゾチック粒子を入射してエキゾチック原子を生成した場合には、1～2%程度の粒子が励起状態に長時間存在可能である。図 4.3.3 は、液体ヘリウム中に反陽子入射後発生するパイオン(反陽子が核子と消滅して発生)の強度を反陽子入射からの時間でプロットしたものである[11,12]。反陽子入射直後にほとんどの反陽子が消滅しているが、2%程度の反陽子が液体ヘリウム中で生き残っている(強度が1/eに減るまでの時間を寿命と呼び、ここでは3μs程度)。負ケイオン[13]、負パイオン[14]の場合にも同様な現象が観測されており、それぞれ励起状態に滞在する時間(寿命)は40 ns、10 ns秒程度となっている。この機構については詳細な研究により解明されており[12]、概略以下のようになっている。

ヘリウム液体(気体)に入射した負エキゾチック粒子は多回衝突によりエネルギーを失い、10 eV程度まで減速される。その後、ヘリウムの電子を1個放出しながらK殻電子軌道($n'=1$)付近に捕獲(オージェ過程)される。反陽子、負ケイオン、負パイオンの捕獲される主量子数は、それぞれ$n=38$付近、$n=29$付近、$n=16$付近となる。反陽子ヘリウムの場合についてエネルギーレベルの模式図(図 4.3.4)を用いて説明する。軌道角運動量の小さな状態に捕獲された場合は短時間に核子と対消滅を行うか、小さな主量子数の軌道(原子核に近い軌道)への輻射遷移の後、核子と対消滅する。中間的な軌道角運動量の状態に捕獲された場合(図中の短寿命状態)にも短時間でオージェ過程によりイオンとなり、その後周囲のヘリウム原子との衝突の結果、シュタルク効果で小さな軌道角運動量成分をもつようになり、核子と対消滅を行う。しかし、軌道角運動量の大きな状態($l=n-1$付近、図中準安定状態)に捕獲された反陽子はエネルギー的にオージェ過程が許されず、輻射過程によりオージェ過程が許させる状態までゆっくりと脱励起を行う。反陽子、負ケイオン、負パイオンで観測される寿命の違いは、初期に捕獲される軌道の主量子数の違いと、それに伴うその後の脱励起過程の違いによ

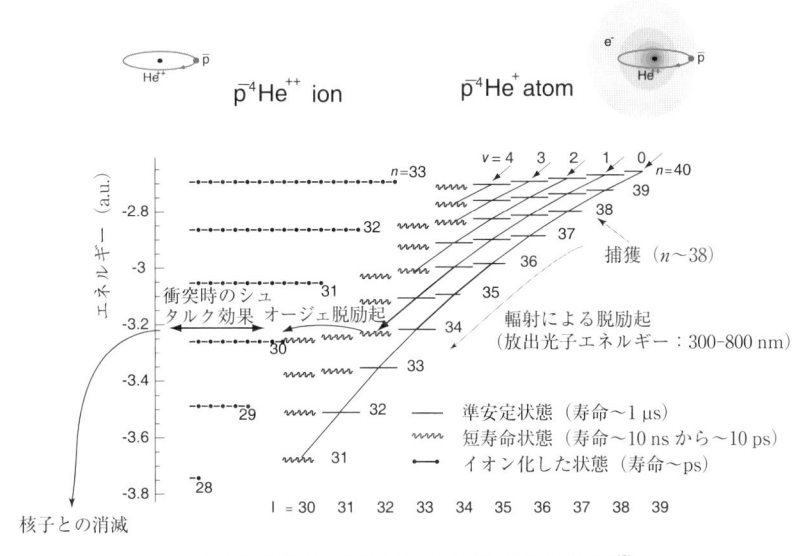

図 4.3.4 反陽子ヘリウムのエネルギー準位の模式図[15]

る[12].

(2) 反陽子ヘリウムのレーザー分光

　反陽子ヘリウム原子は励起状態で存在しており，$n=38$ 付近の励起状態間の遷移に伴い光を放出しているはずであるが，その光を分光するには反陽子ヘリウム原子が少なすぎて不可能である．この励起準位間の分光は巧妙な方法により行われた．前節で述べたように，反陽子ヘリウム原子の軌道角運動量最大の励起状態（$l=n-1$）付近の反陽子は輻射遷移のみが許され，μs 程度の寿命をもち，軌道角運動量最大の状態から離れた状態では，オージェ過程による脱励起が可能となり，短時間に反陽子が原子核に捕獲される．オージェ過程が不可能な状態とオージェ過程が可能な状態との間のエネルギーに相当するレーザーを照射すると誘導放出に伴いオージェ過程が可能な状態に脱励起し，遷移を起こした反陽子ヘリウム原子はすぐにオージェ遷移によりイオン化し，反陽子は核子と対消滅し約 3 個荷電パイオンを発生する．実験装置の周囲をシンチレータで覆うことで実効的にほぼ 100% の検出効率で反陽子ヘリウム中の反陽子の消滅を検出できている[12]．つまり，レーザーを用いて反陽子ヘリウムの励起状態をオージェ遷移禁止状態からオージェ遷移可能状態に遷移させることができれば，ほぼ 100% その現象をとらえることができる．図 4.3.5 は励起状態の反陽子ヘリウムに照射するレーザーの波長を変えながら測定した反陽子消滅の時間依存性である[16]．反陽子入射からおよそ 1.8 μs のところでレーザーを照射しており，図中のスパイクはその際に発生しているパイオンに相当している[16]（図中右上はスパイク部分を拡大した図であり，ピークの減少時間はオー

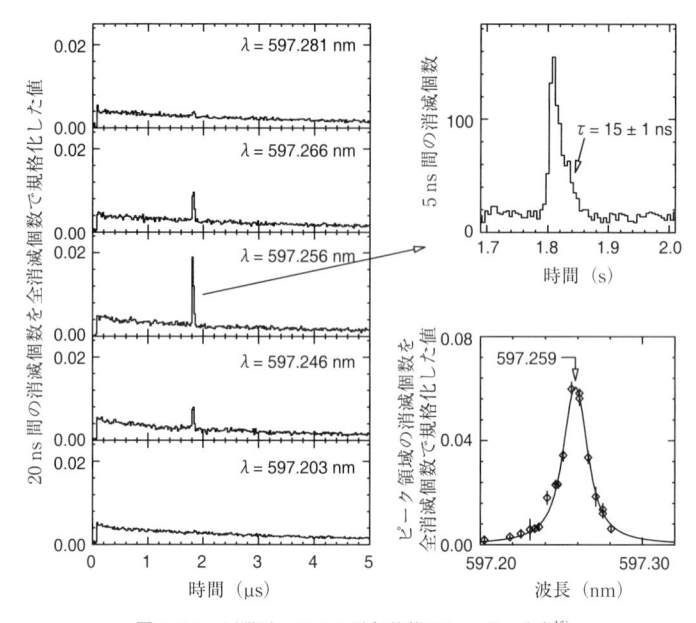

図 4.3.5 反陽子ヘリウム励起状態のレーザー分光[16]

ジェ過程を経て反陽子が核子と対消滅する時間に対応している).励起波長を変えてスパイク部分の強度をプロットすると,上記二準位間のエネルギー差を精密に決定できる(図中右下,$(n, l) = (39, 35)$ から $(38, 34)$ への遷移.このような測定を複数の遷移について行い,その結果から,反陽子の質量と陽子の質量の差の上限値($|m_{\bar{p}} - m_p|/m_p < 7 \times 10^{-10}$)が与えられた[17].

4.3.5　B：電子＋正のエキゾチック粒子の系（水素原子の同位体と考えられる系）

クーロン二体系であり,結合エネルギーや軌道の大きさは式 (4.3.1), (4.3.2) でおおまかな目安が得られる.ポジトロニウム (Ps, positronium, 電子と陽電子の系) とミュオニウム (Mu, muonium, 正ミュオンと電子の系) はレプトン (構造をもたない素粒子) のみからなる系であるため,QED (量子電磁力学) の検証をするのに適した系である (通常の原子の場合,原子核の構造を正確に取り入れるのが困難である).

a. ポジトロニウム：Ps

レプトン（電子と陽電子）だけからなる最も軽い原子（水素原子の 1/919）であり,QED によるエネルギー準位や寿命の計算結果と実験値の詳細な比較（表 4.3.3）が行われている[18,19].

4.3 エキゾチック粒子を含む原子

表 4.3.3 水素原子との比較

	H	Ps	Mu
質量 (m_e)	1837.2	2	207.8
換算質量 (m_e)	0.9995	0.5	0.9952
ボーア半径 (nm)	0.05292	0.10584	0.05315
基底状態のイオン化エネルギー (eV)	13.6	6.8	13.54
超微細構造間遷移周波数 (GHz)	1.4204	203.389	4.46330
正粒子の磁気モーメント (μ_p)	1	658.211	3.18335

注) m_e は電子の質量, μ_p は陽子の磁気モーメント.

表 4.3.4 ポジトロニウムの遷移

遷移	$1^1S_0 - 1^3S_1$	$1^3S_1 - 2^3S_1$	$2^3P_0 - 2^3S_1$	$2^3P_1 - 2^3S_1$	$2^3P_2 - 2^3S_1$
遷移周波数 (GHz)	203.3891(7)[21]	1233607.216(3)[22]	18.500(4)[23]	13.012(2)[23]	8.624(1)[23]

表 4.3.5 ポジトロニウムの崩壊率

状態	縮重状態	基底状態の崩壊率 ($\times 10^6$ s^{-1})		おもな消滅モード
		実験	理論	
o-Ps	$m = 0, \pm 1$	7.0401(7)[18]	7.039979(11)[24]	3γ 消滅
p-Ps	$m = 0$	7990.9(17)[25]	7989.6178(2)[26]	2γ 消滅

　換算質量が水素原子の場合の半分であるため,結合エネルギーは 6.8 eV,軌道の広がりは 0.106 nm である.この系は構成粒子の寿命は無限大であるが,粒子と反粒子の系であり対消滅をしてしまうため有限の寿命となっている.電子と陽電子のスピンの向きにより,オルソ・ポジトロニウム (o-Ps スピンが 1) とパラ・ポジトロニウム (p-Ps スピンが 0) が存在し,真空中でのそれぞれ寿命は約 142 ns (おもに三光子消滅),約 0.125 ns (おもに二光子消滅) である.二光子消滅時に放出される γ 線は単色 (511 keV) であり,三光子消滅で放出される γ 線のエネルギー和は一定 (ほぼ 1022 keV) であるが 1 本を測定すると単色ではない.

　ポジトロニウムのいくつかの遷移と崩壊率を表 4.3.4, 4.3.5 に示す.p-Ps (1^1S_0) と o-Ps (1^3S_1) のエネルギー差が水素原子の超微細構造分裂に対応する.ミュオニウムと水素原子の超微細構造間遷移周波数 (表 4.3.3) の違いは,軌道半径 (3 乗に反比例[5,20]) と磁気モーメントの違いからきているが,ポジトロニウムでの値が水素原子の場合の約 140 倍になることは軌道半径の違いと磁気モーメントの違いだけでは説明できず,この系が電子と陽電子という粒子と反粒子の組み合わせでできていることによる効果を考慮しなくてはならない[19].

　陽電子の生成方法,ポジトロニウムの生成方法や性質については本書 3.5 節を参照.

4.3.6　C：正のエキゾチック粒子＋負のエキゾチック粒子からなる系

　現在研究に用いられている正負のエキゾチック粒子からなる系の代表は反水素原子

(anti-hydrogen,反陽子と陽電子の系で水素原子の反粒子)である.反陽子と陽電子とも使用できる数は限られているが,真空中ではそれぞれ無限大の寿命をもつため,再結合を起こすまでにゆっくりと時間をかけることができる.

a. 反水素原子

反陽子と陽電子からなる最も簡単な反物質である.

物理法則は,C(荷電共役変換),P(パリティ反転),T(時間反転)をすべて入れ替えた場合に,まったく同じように成り立つ(CPT 対称性)とされているが,CPT 対称性が破れている可能性も示唆されており,破れの有無を確認することが必要となっている[15].CPT 対称性が成り立っているならば,反水素原子の質量,結合エネルギー(1s-2s 遷移,基底状態超微細構造など)などは,水素原子と一致するはずであり,違いがあるのかを研究するために反水素原子の合成,トラップを目指して研究,開発が進められている.また,物質と反物質で重力の働き方が異なるのかどうかもまだ確認されておらず,そのような測定も予定されている[27].

(1) 高エネルギー衝突による反水素生成

最初の反水素原子生成は,反陽子の蓄積リング内に設置したガス標的(キセノン Xe および水素)に反陽子を衝突させ,その際に対生成された陽電子を反陽子が捕獲することで行われた(CERN[28]および Fermi 国立研究所[29]).標的との衝突で生成された反水素原子の検出は,蓄積リングの磁石では曲げられずにリング外に飛び出してくる中性粒子が陽電子,反陽子からできていたことを確認して行われた.しかしながら,このような生成方法では反水素原子が生成されたことは確認できるが,詳細な分光学的な研究などは困難であるため,まったく異なる方法での生成が現在進められている.

(2) 低速反水素の生成[30-33]

低速反陽子の生成　反陽子を原子物理研究に使用している CERN の反陽子減速施設(antiproton deceralater, AD)[34,35]では,シンクロトロンで加速された 26 GeV 陽子をイリジウム標的に衝突させて反陽子(2.7 GeV)を生成し,AD リング内に蓄積後,冷却(電子冷却[36],確率冷却[37])と減速を行い,5.3 MeV の反陽子(100 秒ごとに 10^7 個程度)を反水素原子生成の実験に供給している.反水素原子生成だけでなく前述の反陽子ヘリウム研究や低速反陽子ビームとして低速反陽子衝突の研究[38,39]にも用いられる.

低温反水素原子生成過程の研究　低速反水素原子合成方法としてはいくつかの可能性が提案されているが,現在生成に成功しているのは,反陽子と陽電子の再結合反応を用いる方法である.反陽子と陽電子を一様磁場中におかれた複数の円筒電極によりつくられた静電トラップ中に独立にトラップし,反陽子を電子で冷却の後,ゆっくりと陽電子の存在領域に移動して両者を混ぜ合わせ,陽電子を反陽子にくっつける(再結合)[30,31].このような実験装置では,生成された反水素原子はトラップすることができず,熱運動で広がっていき,電極に衝突して消滅する.現在までのところ,反水素原子

ができたことは2種類の方法で検出している．①電極に反水素原子が衝突して消滅した信号を観測，反陽子が電極金属の原子核と消滅する際に発生する複数のパイオンと陽電子が電極金属中の電子と対消滅する際に生成する2本の511 keV γ線が同じ場所から放出されたことを検出し，そこに反水素原子が存在したと判断[30]．②トラップの円筒電極でつくった電場で反水素原子（励起状態）をイオン化して反陽子として，その数を数える[31]．反水素原子合成のための代表的な再結合過程としては以下の三体再結合と放射再結合が考えられる．

三体再結合[40]：

$$\bar{p}+e^{+}+e^{+}\rightarrow \bar{H}+e^{+}$$

再結合率は陽電子密度の2乗に比例し，温度依存性（陽電子温度の-4.5乗に比例）が強く，低温で急激に増加する．生成された反水素の主量子数は大きい．

放射再結合[40]：

$$\bar{p}+e^{+}\rightarrow \bar{H}+h\nu$$

再結合率は陽電子密度の1乗に比例し，温度依存性は小さい（陽電子温度の-0.5乗に比例）．生成された反水素の主量子数は小さい．

反水素合成実験は，低温で陽電子密度の高い条件で行われているため，三体再結合がおもな過程と考えられている．実験では陽電子の温度（100 meV～1.5 eV）を変えて測定した反水素原子生成率が温度の-4.5乗でなく-1.2乗に比例するという結果が得られているが[41]，実験条件を考慮したシミュレーションでは三体再結合率の温度依存性は-4.5乗よりも小さく実験結果に近くなることが示されている[42]．

反水素原子の制御　反水素原子は電気的に中性であるため上記の一様磁場と静電場を組み合わせた方式ではトラップすることができない．しかし，非均一磁場中で反水素原子を合成した場合には磁場勾配と反水素原子の磁気モーメントとの相互作用を利用して，トラップしたり反水素原子の運動を制御することができる．このような方式を用いて，不均一磁場中で合成した反水素原子を1000秒間トラップできている[33]．また，非均一磁場中で反水素原子を合成し，ビームとして引き出す開発も進められている[32,43]．

〔金井保之〕

文　献

1) 伊藤泰男・鍛冶東海・田畑米穂・吉原賢二，「素粒子の化学」（学会出版センター，1985）．
2) 谷川庄一郎，「陽電子を用いた表面研究」物理学最前線5（共立出版，1983）．
3) 永嶺謙忠，「ミュオン触媒核融合」物理学最前線19（共立出版，1988）．
4) K. Nakamura *et al.* (Particle Data Group), *J. Phys.* **G37** (2010) 075021.
5) B. H. Bransden and C. J. Joachain, *Physics of Atoms and Molecules*, 2nd ed. (Prentice Hall, 2003).
6) D. Gotta *et al.*, *Eur. Phys. J.* **D47** (2008) 11.
7) A. Trzcinska *et al.*, *Nucl. Inst. Methods* **B214** (2004) 157.
8) M. Wada and Y. Yamazaki, *Nucl. Inst. Methods* **B214** (2004) 196.
9) S. Lenz *et al.*, *Phys. Lett.* **B416** (1998) 50.

10) H. Schneuwly and P. Vogel, *Phys. Rev.* **A22** (1980) 2081.
11) M. Iwasaki *et al.*, *Phys. Rev. Lett.*, **67** (1991) 1246.
12) T. Yamazaki *et al.*, *Phys. Rep.* **366** (2002) 183.
13) T. Yamazaki *et al.*, *Phys. Rev. Lett.*, **63** (1989) 1590.
14) S. N. Nakamura *et al.*, *Phys. Rev.* **A45** (1992) 6202.
15) R. S. Hayano *et al.*, *Rep. Prog. Phys.* **70** (2007) 1995.
16) N. Morita *et al.*, *Phys. Rev. Lett.* **72** (1994) 1180.
17) M. Hori *et al.*, *Nature.* **475** (2011) 484.
18) Y. Kataoka *et al.*, *Phys. Lett.* **B671** (2009) 219.
19) A. Rich, *Rev. Mod. Phys.* **53** (1981) 127.
20) 高柳和夫,「原子分子物理学」(朝倉書店, 2000).
21) M. W. Ritter *et al.*, *Phys. Rev.* **A30** (1984) 1331.
22) M. S. Fee *et al.*, *Phys. Rev.* **A48** (1993) 192.
23) D. Hagena *et al.*, *Phys. Rev. Lett.*, **71** (1993) 2887.
24) G. S. Adkins, R. N. Fell and J. Sapirstein, *Ann. Physics* (New York) **295** (2002) 136.
25) A. H. Al-Ramadhan and D. W. Gidley, *Phys. Rev. Lett.* **72** (1994) 1632.
26) G. S. Adkins, R. N. Fell and J. Sapirstein, *Phys. Rev.* **A68** (2003) 032512.
27) A. Kellerbauer *et al.*, *Nucl. Instr. Methods* **B266** (2008) 351.
28) G. Baur *et al.*, *Phys. Lett.* **B368** (1996) 251.
29) G. Blanford *et al.*, *Phys. Rev. Lett.* **80** (1998) 3037.
30) M. Amoretti *et al.*, *Nature* **419** (2002) 456.
31) G. Gabrielse *et al.*, *Phys. Rev. Lett.*, **89** (2002) 213401.
32) Y. Enomoto *et al.*, *Phys. Rev. Lett.* **105** (2010) 243401.
33) The ALPHA Collaboration, *Nature Phys.* **7** (2011) 558.
34) S. Maury, *Hyperfine Interactions* **109** (1997) 43.
35) S. P. Belochitskii *et al.*, *Nucl. Instrm. Method.* **B214** (2004) 176.
36) H. Poth, *Phys. Rep.* **196** (1990) 135.
37) S. van der Meer, *Rev. Mod. Phys.* **57** (1085) 689.
38) H. Knudsen *et al.*, *Phys. Rev. Lett.* **101** (2008) 042301.
39) H. Kuroda *et al.*, *Phys. Rev. Lett.* **94** (2005) 023401.
40) A. Müller and A. Wolf, *Hyperfine Interactions* **109** (1997) 233.
41) M. C. Fujiwara *et al.*, *Phys. Rev. Lett.* **101** (2008) 053401.
42) F. Robicheaux, *J. Phys.* **B41** (2008) 192001.
43) A. Mohri and Y. Yamazaki, *Europhys. Lett.* **63** (2003) 207.

5 応 用

5.1 プラズマ中の原子分子過程

5.1.1 磁場閉じ込め核融合プラズマの原子分子過程

　核融合エネルギー開発は，化石燃料に代わる将来の基幹エネルギー確保のために進められている．現在，比較的低いエネルギーの衝突で起こる，重水素（D）と三重水素（T）との核融合反応が最も有望であると考えられている．この反応で発生する 14 MeV の中性子によって生じる熱エネルギーから電気エネルギーを生産する．D-T 核融合反応を人工的に実現するおもな方法として，磁場による高温高密度プラズマ閉じ込め方式，大強度レーザーや重イオンビームによる慣性閉じ込め方式などが研究されている．

　核融合プラズマの温度，密度，閉じ込め時間といった場合，ふつうは水素（同位体）プラズマ，つまり電子と陽子（重陽子，三重陽子）をさしていう．核融合発電の必要条件は，核融合により発生するエネルギーが，プラズマ駆動のために注入したエネルギーを上回ることである．この条件は，D-T 核融合炉の場合，炉心プラズマの温度 T，密度 n，エネルギー閉じ込め時間 τ の積（核融合三重積，または核融合パラメータ）が次の関係を満たすことである．

$$n\tau T > 3 \times 10^{21} \text{ m}^{-3} \text{ keV s} \qquad (5.1.1)$$

これは，ローソン条件と呼ばれる．磁場閉じ込め核融合炉では，ローソン条件を達成するために，ドーナツ状のねじれた磁力線の環に高温の水素同位体プラズマを長時間閉じ込める．たとえば，プラズマの密度が 10^{19} m^{-3} 程度で，閉じ込め時間が 10 秒程度であれば，温度は 10 keV 程度ということになる．よって，水素プラズマの場合，炉心部では完全電離状態となるが，ダイバータ（ドーナツ状の閉じた磁気面の外側に開いた磁力線を板に接地させ，開いた磁力線に沿って，炉心プラズマから核融合生成ヘリウムや不純物イオンをダイバータ板に導いて取り除くための装置．材料には炭素繊維強化炭素やタングステンなどの高融点金属が用いられる）領域では低温の弱電離プラズマになっており，中性の水素原子および分子や負イオンも存在する．

　磁場閉じ込め方式の核融合プラズマ装置のおもなものに，トカマク型とヘリカル型がある．前者はプラズマ内部にトロイダル方向の誘導電流を起こしてねじれた磁力線の環

を形成するのに対し,後者はらせん状の外部周回コイルによりそれを行う.なお,最近国際協力により建設が始まった国際熱核融合実験炉 ITER はトカマク型の装置である.

磁場閉じ込めプラズマの分光診断やモデリングのためには,プラズマ中の原子分子衝突断面積データが必要であり,日本では核融合科学研究所(NIFS)と日本原子力研究開発機構(JAEA)が中心となって,必要なデータの収集・評価,データベース開発が行われている.インターネットで一般に利用できる原子分子衝突断面積の数値データベースが NIFS のウェブページ http://dbshino.nifs.ac.jp で公開されている.

a. プラズマ中の原子イオンの発光と衝突輻射モデル

プラズマ中のイオンの発光にかかわるおもな原子過程は,電子 e とイオン X^{z+},中性原子 B とイオンの衝突,それに伴う光放射 $h\nu$ であると考えてよい.おもな原子過程とその逆過程は以下のようになる[1].なお,個々の素過程の詳細については,本書 3.3 節および 3.8 節を参照していただきたい.

電子衝突電離⇔三体再結合:
$$X^{z+} + e \Leftrightarrow X^{(z+1)+} + e + e$$

放射再結合⇔光電離:
$$X^{(z+1)+} + e \Leftrightarrow X^{z+} + h\nu$$

二電子性捕獲⇔自動電離⇒二電子性再結合:
$$X^{(z+1)+} + e \Leftrightarrow X^{z+**} \Rightarrow X^{z+} + h\nu$$

電子衝突励起⇔脱励起:
$$X^{z+} + e \Leftrightarrow X^{z+*} + e$$

光放射遷移⇔光吸収励起:
$$X^{z+*} \Leftrightarrow X^{z+} + h\nu$$

電荷移行再結合⇔電荷移行電離:
$$X^{(z+1)+} + B \Leftrightarrow X^{z+} + B^+$$

プラズマ中の無数の衝突と光放射は個々に独立して起こっていると考えてよい.イオンの励起準位の平均的な占有密度(ポピュレーション)は,独立した無数の衝突と光放

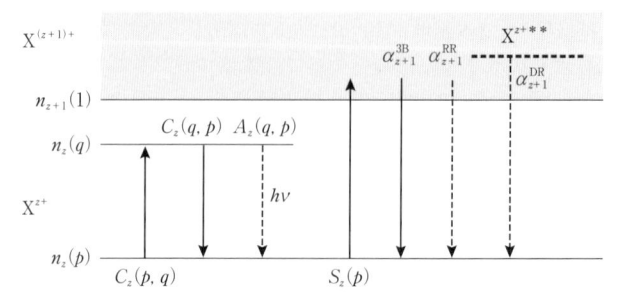

図 5.1.1 イオンのエネルギー準位と電離,再結合,衝突励起,発光過程の模式図

射のバランスで決まる．図5.1.1に，イオンのエネルギー準位（主量子数p）のポピュレーション $n_z(p)$ と発光に関与する原子過程の模式図を示す．電子密度が n_e であるプラズマの場合，これらの速度方程式を具体的に書き下すと以下のようになる．ただし，電離や再結合は1つとなりのイオンの基底準位からのみ起こると仮定する．

$$\frac{dn_z(p)}{dt} = \sum_{q<p} C_z(q,p) n_e n_z(q) + \sum_{q>p} \{C_z(q,p) n_e + A_z(q,p)\} n_z(q)$$
$$- \left[\left\{\sum_{q<p} C_z(p,q) + \sum_{q>p} C_z(p,q) + S_z(p)\right\} n_e + \sum_{q<p} A_z(p,q)\right] n_z(p)$$
$$+ \{\alpha_{z+1}^{3B}(p) n_e + \alpha_{z+1}^{DR}(p) + \alpha_{z+1}^{RR}(p)\} n_e n_{z+1}(1) \tag{5.1.2}$$

ここで，C_z は電子衝突励起・脱励起速度係数，A_z は光放射遷移確率，S_z は電子衝突電離速度係数，α_{z+1}^{3B}, α_{z+1}^{DR}, α_{z+1}^{RR} はそれぞれ三体再結合，二電子性再結合，放射性再結合の速度係数である．衝突の速度係数は電子温度の関数である．

プラズマの密度や温度が原子衝突や光放射過程の時間スケール（普通 10^{-15}〜10^{-9} s 程度）でみればほぼ定常であるとすれば，イオンの励起準位のポピュレーション分布も定常状態で近似（準定常状態近似）できるだろう．この場合，励起準位のポピュレーションに対しては $dn_z(p)/dt = 0$ とおける．プラズマ中の衝突と光放射の速度論を，このよ

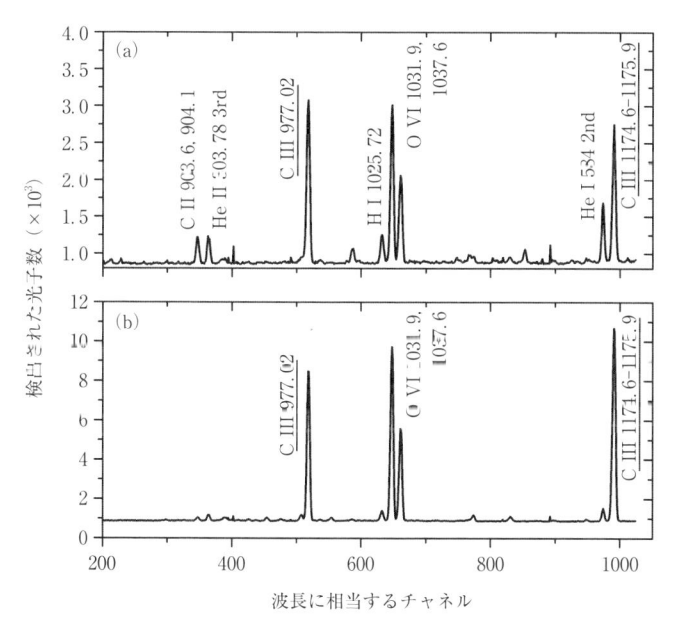

図 5.1.2 LHD（#15080）で測定されたCIIIスペクトル[2]（核融合科学研究所 加藤隆子氏提供の数値データをプロット）
ECR加熱中の電離進行プラズマ(a)および加熱後の再結合プラズマ(b)．図中，記号は発光線を放射しているイオン種を示し，数字は波長（Å）を示している．

うな準定常状態近似の枠組みで取り扱ったものは衝突・輻射モデル（collisional-radiative model, CR-model）と呼ばれる．この枠組みでは，励起準位のポピュレーションは，基底準位からの励起成分と，1つ高い価数のイオンからの再結合成分の線形和で表される．

$$n_z(p) = R_1(p)n_e n_z(1) + R_0(p)n_e n_{z+1}(1) \equiv n_1(p) + n_0(p) \tag{5.1.3}$$

$R_1(p), R_0(p)$をポピュレーション係数と呼び，電子温度と密度の関数となる．加熱によってプラズマの電離が進行している段階（電離進行プラズマ）であれば右辺第1項が支配的となり，いったん加熱されたプラズマが冷えていく段階（再結合プラズマ）であれば第2項が支配的となる．よって，定常状態であっても，電離進行プラズマと再結合プラズマでは，励起準位のポピュレーション分布に違いが生じ，プラズマの発光線スペクトルにその違いが表れる．図 5.1.2 に，NIFSの大型ヘリカル装置 LHD で測定された真空紫外域での発光線スペクトルを示す．図 5.1.2 (a) は電子サイクロトロン共鳴（ECR）により加熱されている段階の電離進行プラズマ（電子温度は 30〜40 eV），(b) は同じ放電で加熱を止めてプラズマが冷えている段階の再結合プラズマ（1 eV 以下）の発光スペクトルである．ベリリウム様炭素イオン C III の共鳴線（$2s^2$ ^1S $-2s2p$ ^1P, 977 Å）と三重項線（$2s2p$ $^3P - 2p^2$ ^3P, 1175 Å）の強度比の違いに注目していただきたい．電離進行プラズマでは，共鳴線の方が強く現れているのに対し，再結合プラズマでは逆に三重項線の方が大きな強度を示している．つまり，前者では共鳴線の一重項状態の上準位の方が大きなポピュレーションをもち，後者では三重項状態の上準位のポピュレーションの方が大きくなっていることを示している．詳細は文献[2]をご覧いただきたい．

b. 電離進行/再結合プラズマでのイオンのポピュレーション分布

電離進行プラズマと再結合プラズマでのイオンのポピュレーション分布は，水素様イオンの場合，見通しのよい考察が可能である．この知見は一般のイオンの場合にもある程度役立つので，ここでは水素原子に限って簡単に概説しておく．詳しくは文献[3]を参考にしていただきたい．

図 5.1.3 に水素原子の主量子数 $p=3$ の準位のポピュレーション係数（式 (5.1.3)）の電子温度と密度依存性を示す．高温領域では衝突励起・電離の影響が強く，電離進行プラズマ成分が支配的で，低温領域ではおもに放射再結合の影響で再結合プラズマ成分が支配的になっている．また，電子密度が高くなると，後で述べるはしご様励起・電離の影響により電離進行プラズマ成分が減少し，一方，再結合プラズマ成分は三体再結合過程の影響により 10 eV 以下での増加が目立つ．とくに，大きな主量子数の準位へのポピュレーションは放射性再結合よりも三体再結合の寄与の方が大きい．以下で，このようなポピュレーションのメカニズムをもう少し詳しく分析してみる．

励起準位 p は電子密度と温度によっていくつかの相に分類できる．与えられた電子密度 n_e (m^{-3}) に対して，電子衝突遷移と光放射遷移の速度が等しくなるような励起準位をグリームの境界（Griem's boundary）と呼ぶ．グリームの境界より上準位では電子衝突遷移が支配的となる．水素原子に対するグリームの境界の目安は $p_G \approx 480 \times n_e^{-2/17}$ で

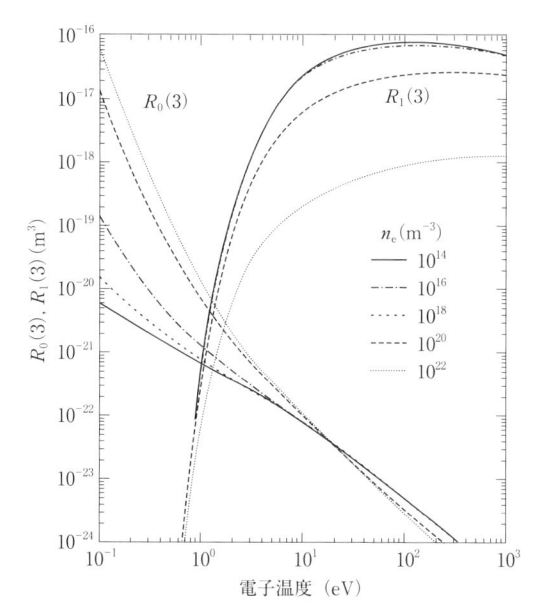

図 5.1.3 水素原子の主量子数 $p=3$ の準位に対するポピュレーション係数（核融合科学研究所 後藤基志氏提供）再結合プラズマ成分 $R_0(p)$ と電子進行プラズマ成分 $R_1(p)$ の電子温度・密度依存性.

与えられ，電離進行プラズマの場合，$p<p_G$ をコロナ相，$p>p_G$ を飽和相と呼ぶ．電子密度の増加に伴い，グリームの境界は低い準位に下がってくる．コロナ相では，基底準位から励起準位への電子衝突励起の後，次の電子との衝突よりも速やかに光放射による脱励起が起こる．この場合，定常状態でのポピュレーションの分布は $n_1(p)/g(p) \approx p^{-1/2}$ のようになる．ただし，$g(p)$ は励起準位に属する量子状態の数（縮退度）である．飽和相では，電子衝突励起による1つ下の準位からの流入と，1つ上の準位への流出（はしご様励起・電離）によってポピュレーションが決まる．この場合のポピュレーション分布は $n_1(p)/g(p) \approx p^{-6}$ で与えられる．図 5.1.4 に，水素原子の場合のポピュレーション $n_1(p)/g(p)$ の理論値を電子密度の関数としてプロットした．特定の準位のポピュレーションの電子密度依存性をみると，コロナ相では電子密度にほぼ比例して増加しているが，飽和相になると，はしご様励起による流出の影響で増加の割合が明らかに減っている．とくに，グリームの境界が $p_G<2$ まで下がると，すべての励起準位のポピュレーションに対して，はしご様励起・電離過程が支配的となり，ポピュレーションは電子密度に依存しなくなる．

さて，低温で現れる再結合プラズマの場合，$p<p_G$ では再結合過程と上準位からの光放射遷移カスケードによる流入，および光放射遷移による下準位への流出によりポピュ

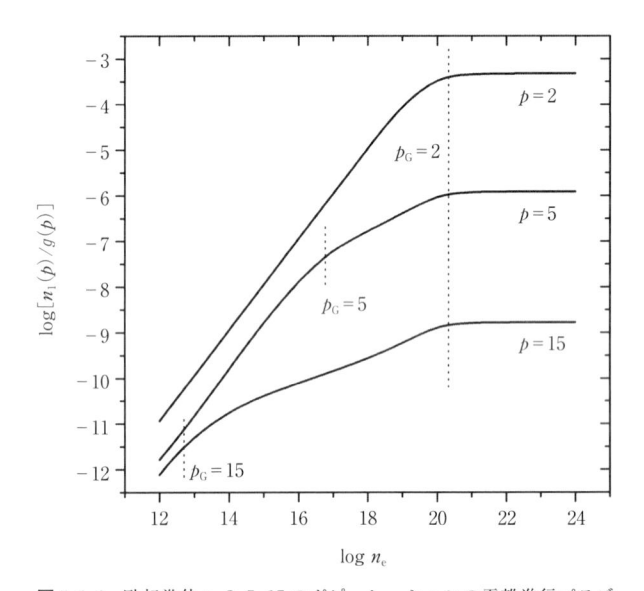

図 5.1.4 励起準位 $p=2, 5, 15$ のポピュレーションの電離進行プラズマ成分 $n_1(p)/g(p)$ (m^{-3}) の電子密度依存性 $n_\mathrm{e}(\mathrm{m}^{-3})$（文献[3]の表 4.1b から数値データを取ել）
電子温度 $T_\mathrm{e}=1.28\times10^5\,\mathrm{K}$, $n_Z(1)=1\,\mathrm{m}^{-3}$ の場合. p_G はグリームの境界を示す.

レーションが決まる. この領域を CRC (capture radiative cascade) 相と呼ぶ. この場合のポピュレーション分布は $n_0(p)/g(p)\approx p^{3/2}$ となり反転分布を示す. 飽和相 $p>p_\mathrm{G}$ は, 電子衝突励起と電子衝突脱励起の速度が等しくなるような準位を境にさらに2つの相に分けられる. この境界をバイロンの境界 (Byron's boundary) と呼び, 電子温度 $T_\mathrm{e}(\mathrm{K})$ のとき $p_\mathrm{B}\approx229\times T_\mathrm{e}^{-1/2}$ で与えられる. 低温の再結合プラズマでは, バイロンの境界より下の飽和相に含まれる励起準位が存在する. この領域では, 電子衝突脱励起が支配的となり, はしご状に下へ下へとポピュレーションの移動（はしご様脱励起）が起こり, ポピュレーション分布は, 電離進行プラズマの飽和相と同様, $n_0(p)/g(p)\approx p^{-6}$ で与えられる. ただし, この場合のグリームの境界は $p_\mathrm{G}\approx1600\times n_\mathrm{e}^{-2/15}$ となることに注意する. 一方, バイロンの境界よりも上準位の飽和相では, となりあう励起準位の間の電子衝突励起と脱励起がつりあった局所熱平衡 (local thermodynamic equilibrium, LTE) が成立する. この場合の励起準位のポピュレーションは, サハ-ボルツマン (Saha-Boltzmann) の関係式で与えられる. 図 5.1.5 に, 電子温度 $T_\mathrm{e}=10^3\,\mathrm{K}$ の再結合プラズマにおける水素原子の励起準位のポピュレーション係数 $R_0(p)/g(p)$ の理論値をプロットした (式 (5.1.3) 参照). ポピュレーション分布が, それぞれ, $p<p_\mathrm{G}$ では CRC 相, $p_\mathrm{G}<p<p_\mathrm{B}$ でははしご様脱励起相, $p>p_\mathrm{B}$ では LTE 相と移行する様子がわかる.

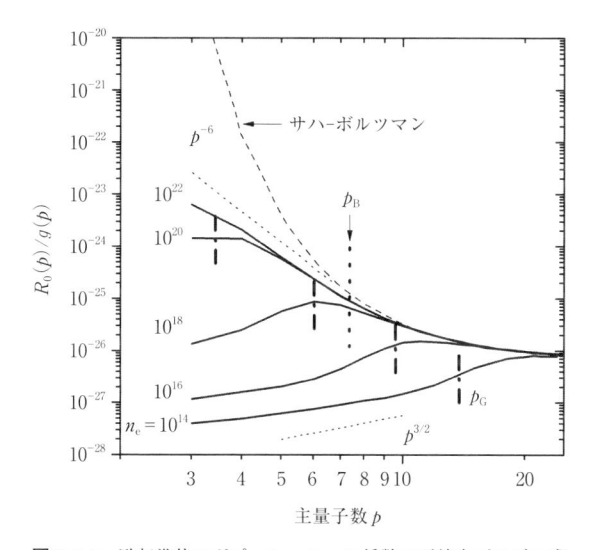

図 5.1.5 励起準位のポピュレーション係数の再結合プラズマ成分 $R_0(p)/g(p)\,(\mathrm{m}^3)$（文献[3] の図 4.20 からデータを数値化してプロットしなおしたもの）
電子温度 $T_\mathrm{e}=10^3\,\mathrm{K}$ の場合．破線はサハ-ボルツマンを仮定した場合のポピュレーション係数．点線は CRC 相とはしご様脱励起相でのポピュレーション係数の p 依存性．p_G, p_B はそれぞれグリームの境界とバイロンの境界を示す．

さて，各励起準位のポピュレーションが与えられれば，式 (5.1.2) から，基底準位のポピュレーション $n_z(1)$ の時間変化が次式のように表せる．

$$\frac{dn_z(1)}{dt} = -S_z^{\mathrm{CR}} n_\mathrm{e} n_z(1) + \alpha_{z+1}^{\mathrm{CR}} n_\mathrm{e} n_{z+1}(1) \tag{5.1.4}$$

ここで，S_z^{CR}, $\alpha_{z+1}^{\mathrm{CR}}$ はそれぞれ，衝突輻射電離速度係数，衝突輻射再結合速度係数と呼ばれる．これらは，励起準位を経由する過程を含んだ実効的な速度係数であり，電子温度と密度の関数である．とくに，式 (5.1.4) の左辺を 0 とおいた場合，つまり，電離と再結合の速度がつりあった状態を電離平衡状態と呼ぶ．図 5.1.6 に，ヘリウムの衝突輻射電離速度係数・再結合係数の電子温度・密度依存性を示す．電子密度が高くなると，はしご様励起・電離の影響で衝突輻射電離速度係数は大きくなる．衝突輻射再結合速度係数は，電子密度の増加に伴い三体再結合過程の影響が顕著になり低温度領域での係数が増加し，中程度の温度領域にみられる二電子性再結合過程によるピークは，はしご様励起・電離によって自動電離の傾向が強くなり消失する．

c. プラズマ中のイオンのスペクトル線の広がり

原子またはイオンが孤立して存在する場合，自発的光放射遷移（主量子数 $q \to p$）に

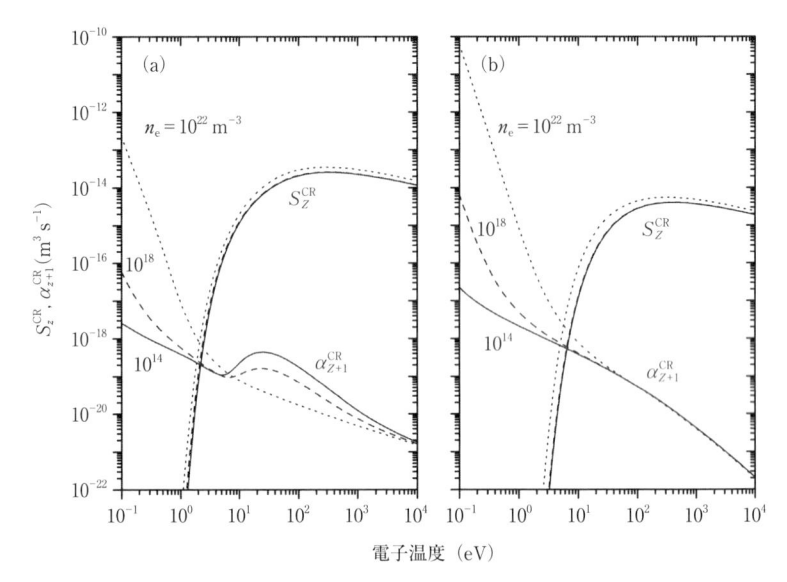

図 5.1.6 ヘリウム原子（a）とヘリウムイオン（b）の衝突輻射電離速度係数 S_z^{CR} と衝突輻射再結合速度係数 α_{z+1}^{CR} の電子温度・密度依存性（核融合科学研究所 後藤基志氏提供の数値データをプロット）

伴うスペクトル線の広がり（自然幅）の全半値幅（Å）は次式で与えられる．

$$\frac{\Delta\lambda}{\lambda} \simeq 5.3 \times 10^{-20} \Bigl(\sum_{k<q} A(q, k) + \sum_{l<p} A(p, l)\Bigr)\lambda \tag{5.1.5}$$

A は光放射遷移確率（s^{-1}）（アインシュタインの A 係数）．右辺頭の係数は速度の逆数の次元（$\mathrm{s\,Å^{-1}}$）をもつ．この場合のスペクトル線のプロファイルはローレンツ（Lorentz）形となる．

発光しているイオンが観測者に対して速度 v で移動している場合には，ドップラー（Doppler）効果により観測した中心波長はシフトする．中心波長のシフト量は次式で与えられる．

$$\frac{\Delta\lambda}{\lambda} = \pm\frac{v}{c} \tag{5.1.6}$$

ここで，c は真空中の光の速度である．＋はイオンが速度 v で観測から遠ざかっている場合，－は向かっている場合である．速度がマクスウェル-ボルツマン分布している場合には，スペクトル線は中心波長 λ_0 の周りに自然幅に加えてガウス（Gauss）形の広がりをもつ．これはドップラー広がりと呼ばれ，その全半値幅（Å）は，イオンの質量数を A，イオン温度 T_i（eV）として次式で与えられる．

$$\Delta\lambda_D \simeq 7.7 \times 10^{-5} \lambda_0 \sqrt{T_i/A} \tag{5.1.7}$$

ドップラー広がりが自然幅よりも十分大きければ（計測系に依存した波長測定精度の不

確定さによる幅が無視できると仮定して),イオン温度の計測に用いることができる.磁場閉じ込めプラズマのイオン温度を不純物イオンのドップラー幅から計測する方法は古くから用いられてきたが,対象となるプラズマの電子温度が高くなり1keVを超えはじめると,軽元素不純物イオンは完全に電離してしまい,発光線は観測できなくなる.そこで,完全電離を起こしにくい重元素の多価イオンの禁制線が測定対象として注目されている.とくに,可視域から近紫外域の波長をもつ禁制線は,自然幅が狭いためドップラー温度計測が容易であることや光ファイバーなどを用いた遠隔検出システムが使えるという利点がある.最近の研究[4]により,チタン様多価イオンの基底項微細構造 $3d^4$ $^5D_J(J=3\rightarrow 2)$ の禁制遷移は,10 keV にもおよぶ電子温度でも近紫外域の波長をもつことが確かめられ,注目されている.参考までに,これらの禁制遷移の波長をまとめたものを,イオンの電離エネルギーの関数として図5.1.7にプロットした(4.1節も参照).

プラズマ中の周囲の電子や他のイオンとの相互作用が顕著になると,これに起因したスペクトル線の広がりが加わる.これは,周囲の荷電粒子のつくる電場(plasma microfield と呼ばれる)によるシュタルク効果で,シュタルク広がりと呼ばれる.また,プラズマ密度が高くなるほど顕著になるため圧力広がりとも呼ばれている.シュタルク広がりは,極端に高密度でない限り,動きの遅い周囲のイオンの影響は準静的近似で,動きの速い電子の影響は衝突近似で表される.水素様イオンの場合,周囲のイオンの影響は1次のシュタルク効果となり,それ以外のイオンでは2次のシュタルク効果となる(1.2.1項参照).とくに,原子番号 Z の水素様イオンの場合,遷移 $q\rightarrow p$ に伴うスペクトル線に対する周囲のイオンによるシュタルク広がり(準静的近似ではHoltsmark分布)

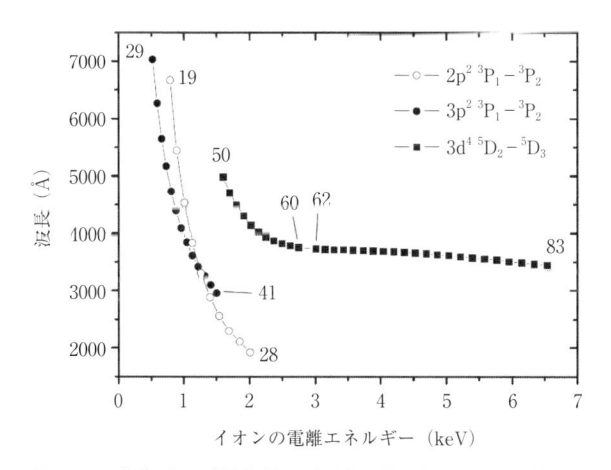

図 5.1.7 基底項間の禁制遷移の波長を電離エネルギーの関数としたプロット(文献[5] 図6(p.486)より転載)
実験値のないものは理論計算値を用いた.図中の○,●,■につけた数字は原子番号.それぞれの曲線に沿って電離エネルギーが増える方向に原子番号が1ずつ増加する.

の全半値幅（Å）は次のようになる．

$$\Delta\lambda_s \simeq 7.4 \times 10^{-23} \left(\frac{z_i}{Z}\right) \lambda_0^2 (q^2 - p^2) n_i^{2/3} \tag{5.1.8}$$

ここで，z_i は周囲のイオンの電荷，n_i はイオン密度（m^{-3}）である．一方，衝突近似によるシュタルク広がりはローレンツ分布となる．このようなシュタルク広がりは，比較的密度が高いプラズマで粒子密度の評価に用いられる．

ところで，イオンから出た光がプラズマ中の同種の他のイオンに再吸収されることを輻射捕獲と呼ぶ．イオンの光吸収断面積（m^2），イオンの数密度（m^{-3}），および光がプラズマ中を通過する距離（m）の3つの量をかけたものを，プラズマの光学的厚み（オパシティー）と呼び，輻射捕獲の影響の大きさを表すときに用いられる．よって，高密度か，あるいは体積の大きなプラズマほど輻射捕獲の影響は顕著になる．再吸収される光の波長は上述のスペクトル広がりをもち，発光強度が大きな中心波長に近い波長の光に対して，プラズマはより大きなオパシティーを示す．とくに，発光強度の大きな共鳴線のスペクトル形状は，オパシティーの影響によって中心波長領域だけ相当押しつぶされ，極端な場合には中心波長領域が窪むこともある（self-reversal）．以上の詳細については文献[3]をご覧いただきたい．

d. 粒子・エネルギー閉じ込めに関与する不純物イオンの原子過程

磁場閉じ込めプラズマ装置では，真空容器の第一壁（プラズマに対向する面）やダイバータ板の構成原子がスパッタリングによってプラズマ中に不純物として混入することがある．材料の一部には鉄，モリブデン，タングステンなど，原子番号の大きな元素も使われている．図 5.1.8 に，LHD で測定された真空紫外スペクトルを示す．中心プラ

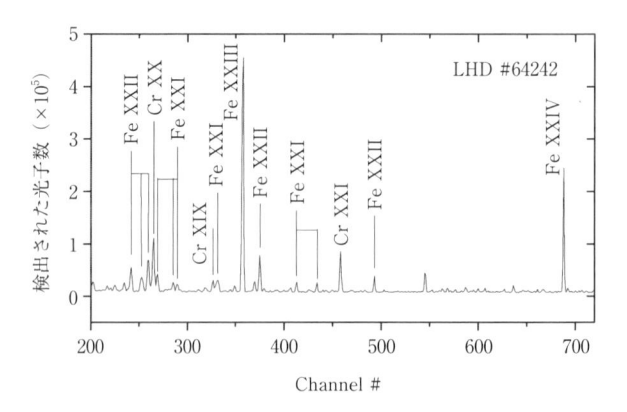

図 5.1.8 LHD 放電時の真空紫外域分光スペクトルの例（核融合科学研究所 森田繁氏提供の数値データをプロット）
プラズマ中心の電子温度は 2.5 keV，線平均電子密度は 4.6×10^{19} m^{-3}．
右上の数字は LHD の放電番号．

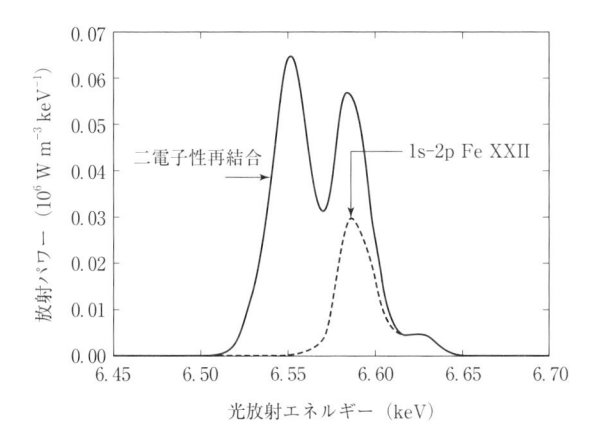

図 5.1.9 鉄の 21 価イオンからの K-X 線の放射パワー密度($Wm^{-3}\,keV^{-1}$) の計算値（文献[6] 図 19-12（p.595）より修正して転載）
横軸は放射される X 線のエネルギー，縦軸はそのエネルギー当たり（すなわち波長当たり）の放射パワー密度．イオン密度 $10^{18}\,m^{-3}$，電子密度 $10^{20}\,m^{-3}$，電子温度 1 keV を仮定．点線は電子衝突励起のみを考慮した場合．

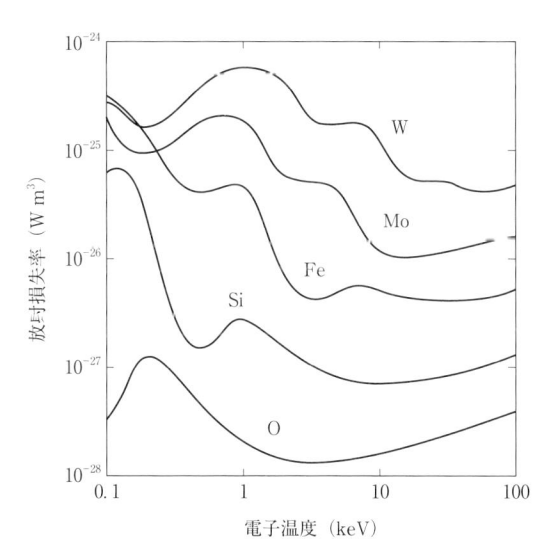

図 5.1.10 電離平衡でのイオン価数分布を仮定した放射損失率(Wm^3) の理論値（文献[7]図 6(p.1191) を数値データ化してプロット）
放射損失率は放射パワー密度を電子密度とイオン密度で割ったもの．

ズマから 20 価程度の鉄やクロムの多価イオンの発光線がはっきりと同定されている.これらはステンレス鋼でできた真空容器表面から混入したものと考えられる.このような重元素の原子は,炉心プラズマ中でも完全電離しない.残った束縛電子は高エネルギープラズマ粒子と衝突して励起され,光放射して脱励起する過程を繰り返す.高温プラズマの光放射パワーは,不完全電離イオンの二電子性再結合によって大きく増加する.例として図 5.1.9 に,1 keV の高温プラズマ中の Fe^{21+} による K-X 線(1s-2p 遷移)の放射パワー密度を示す.図 5.1.10 には,いくつかの不純物元素についてプラズマ中での放射損失率の理論予測値[7]を電子温度の関数としてプロットした.高温プラズマ中でも複数の束縛電子をもつ原子番号の大きなイオンほど,高温で大きな放射損失率を示すことがわかる.このため,重元素不純物イオンが炉心プラズマに蓄積するとエネルギー閉じ込めを壊してしまうこと(照射崩壊)が懸念されている.

一方,ダイバータ板表面への熱負荷を散逸させるために,ダイバータ領域にネオンやアルゴンなどの希ガスを導入して,放射損失を積極的に利用することが考えられている.たとえば ITER 級の磁場閉じ込め装置では,ダイバータ板への熱負荷はピーク時に 10 MW m^{-2} を超えると予測されており,この熱負荷を低減することが必須となっている.希ガスを導入して放射損失を促進し,低温での体積再結合によって,ダイバータ板近傍のプラズマ密度を極端に低下させ,非接触プラズマと呼ばれる状態を形成することが,熱負荷の低減に対して最も有望な方法だと考えられている.

e. プラズマ壁相互作用における原子分子過程

長時間放電での炉心プラズマの燃料粒子密度は,第一壁やダイバータ板からの水素の還流(リサイクリング)の影響を強く受ける.第一壁やダイバータ板の作用を受けた水素イオンは,表面上でほとんどが中性化され,反射や表面再結合によりそれぞれ水素原子や分子として表面から再放出される.水素リサイクリング量は,こうして再放出された中性水素の周辺部での発光線の強度によって評価されている.分光計測の簡便さから,可視域に波長をもつ水素原子のバルマー(Balmer)線がよく用いられる.観測領域の内部で水素原子がすべて電離して観測領域から出ていくと仮定すれば,単位体積から放出される光子数 ε_α(m^{-3}s^{-1})と観測領域に供給される水素原子の量 Γ_H(m^{-3}s^{-1})には次の関係が成り立つ.

$$\Gamma_H = \frac{S}{XB}\varepsilon_\alpha \qquad (5.1.9)$$

ただし,S は電子衝突電離の速度係数,X は電子衝突励起の速度係数,B は発光線の分岐比である.バルマー $-\alpha$ 線(主量子数 $p=3\to2$)の場合,係数 S/XB は,電子温度 > 20 eV,電子密度 < 10^{19} m^{-3} なら,電子温度・密度にほとんど依存せず 10〜20 の値をもつことが知られている.

さて,図 5.1.11 に,壁表面での励起水素原子の生成に寄与すると考えられる過程を模式的に示した.水素原子がプラズマ粒子との衝突によって直接励起される過程に加え,

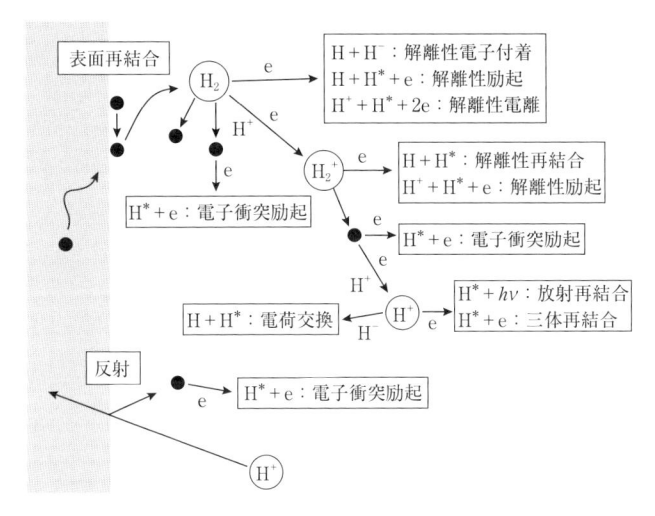

図 5.1.11 固体壁表面からの水素の再放出と周辺プラズマでの励起過程

分子解離を経由するものも重要であることに注意する．したがって，壁表面から放出された水素の総量を評価するには式（5.1.9）では不十分で，分子解離などで生じる励起状態のポピュレーションも考慮に入れたモデルを考えなければならない．分子解離を経由した励起水素原子の生成率は，壁表面から放出された水素分子の振動励起状態に強く依存する．よって，水素分子の発光から，振動励起状態のポピュレーションを測定することも行われている[8]．その場合，可視分光に適したものとしては，比較的発光強度の強いファルカー（Fulcher）-α 線（$d^3\Pi_u \to a^3\Sigma_g^+$）が用いられる．

また，分子が関与するプラズマの体積再結合は，分子活性化再結合（molecular activated recombination, MAR）[9]と呼ばれ，非接触プラズマ形成に寄与する可能性が指摘されている．水素の分子活性化再結合には次の2つの過程がある．
1) $H_2 + H^+ \to H_2^+ + H, H_2^+ + e \to H + H$
2) $H_2 + e \to (H_2)^* \to H + H^-, H^- + H^+ \to H + H$

いずれの過程も，分子の振動励起状態が重要な役割をもち，電子温度が 1～3 eV で重要になると考えられている．2)の過程は電子衝突による解離性電子付着によって始まるが，この断面積は，標的分子が振動励起状態にある場合著しく大きな値をもつ[10]．また，分子活性化再結合では，主量子数 2～4 の励起状態にある原子が選択的に生じると考えられている．一方で，上記1)の過程で生成された分子イオンは，以下の解離反応（molecular activated dissociation, MAD）によってイオンの生成にも寄与する．

3) $H_2 + H^+ \to H_2^+ + H, H_2^+ + e \to H^+ + H + e$

これらの原子分子過程に加えて，壁材料との相互作用も周辺での励起と光放射過程に大きな影響を及ぼす．図 5.1.12 に，炭素とタングステンでできたプラズマ対向壁に重

重水素プラズマ

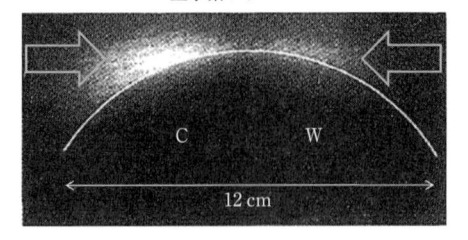

図 5.1.12 磁場閉じ込め重水素プラズマと接した，炭素（C）とタングステン（W）でできたプラズマ対向壁（リミター）表面でのバルマー-α 線の発光分布（文献[11] 図7（p.105）より修正して転載）
白い弧線が壁表面．矢印は磁力線に沿ったプラズマ粒子の流れる方向．

水素プラズマを照射して観測されたバルマー-α 線の発光分布を示す[11]．炭素表面とタングステン表面での発光強度が大きく異なることがわかる．壁材料との相互作用によって，再放出された水素原子や分子の内部状態が変化し，表面での発光強度分布に影響を与えていると考えられる．また，炭素材料の場合は，タングステンに比べてスパッタリング率が大きく，材料内部に侵入した水素の一部は炭化水素として再放出される．よって，炭化水素分子の解離によって生じる励起水素原子からの発光が加わっていると考えられる．

f. 高エネルギー中性粒子ビーム入射での原子過程

炉心プラズマの追加熱の手段として，$100\,\text{keV} \sim 1\,\text{MeV}$ の中性粒子ビーム入射（NBI）が用いられる．プラズマ中での高エネルギー水素原子ビームの電子損失（減衰）は，おもにプラズマ中のイオンとの衝突電離とイオンへの電子移行による．ビームエネルギーが $100\,\text{keV}$ の場合には，水素イオンとの衝突では衝突電離が支配的である．しかし，図 5.1.13 からわかるように，たとえばアルゴンの完全電離イオンとの衝突では電子移行の寄与の方が大きくなる．また，断面積の大きさもアルゴンの完全電離イオンの方が桁違いに大きい．水素原子の電子損失断面積（電荷移行断面積と衝突電離断面積の和）は，エネルギーの低い領域では標的イオンの価数に比例し，高エネルギー領域では価数の2乗に比例して大きくなることが知られている．実際，水素放電とアルゴン放電のプラズマ中でのビーム減衰率を比べると，アルゴン放電でのビーム減衰率の方が著しく大きな結果が得られている．よって，プラズマ中の不純物イオンの蓄積が無視できない場合には，中性粒子ビーム減衰率に対してその影響が重要になると予想されている．

高エネルギー水素原子ビーム生成のために開発された負イオン源での原子分子過程についても簡単に述べておく．高エネルギー水素原子ビーム生成には，水素ガスの放電中にアルカリ金属蒸気や仕事関数の低い金属板と反応させて水素負イオンを生成し，これ

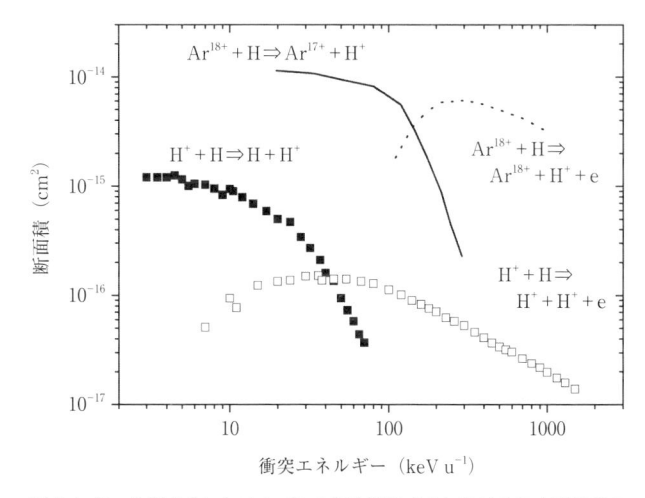

図 5.1.13 水素イオンとアルゴンの完全電離イオンに対する水素原子の電荷移行断面積と衝突電離断面積(数値データは NIFS 原子分子数値データベース http://dbshino.nifs.ac.jp から取得)

を電場で加速した後,最後にガスセルに通して電子脱離を起こし中性化する方法が用いられる.セシウム蒸気を混合させた電極付近で負イオン生成が促進されることが知られ,10 A 級の大電流負イオン源が現実のものとなっている.セシウムなどのアルカリ金属蒸気と陽子の衝突では,二電子移行によって水素負イオン原子が生成されやすい.また,セシウムが電極表面に付着すると,表面電荷分布が変化して仕事関数を低下させることが知られており,これによって電極表面から水素負イオン原子への電子移行が起こりやすくなる.実際には,これらの複合効果によって負イオン生成が促進されると考えられている.負イオン生成のメカニズムの詳細については他の文献[12]を参照いただきたい.

g. ビームプローブ法を用いたプラズマ診断に利用される原子過程

外部から粒子ビームをプラズマ中に入射して,プラズマ内部を診断する方法を総称してビームプローブ法と呼ぶ.従来のプラズマ分光では3次元の物体からの光放射を計測するため,観測される量は放射の視線積分量になってしまい,正確な観測点と放射量を特定することが困難であった.これに対してビームプローブ法の特長は,観測点が粒子ビームと観測光学系の視線との交点となり局所的なプラズマ診断が可能な点である.ビームプローブ法では,磁場を横切って診断領域にビームを到達させる必要があるため,中性粒子やラーモア半径の大きな重イオンビームが用いられる.たとえば,以下のような,水素原子ビームからプラズマ中の完全電離イオン(原子番号 Z)への電子移行再結合に伴う発光を分析する荷電交換分光法がよく知られている.

$$X^{Z+} + H \rightarrow X^{(Z-1)+}(p) + H^+$$

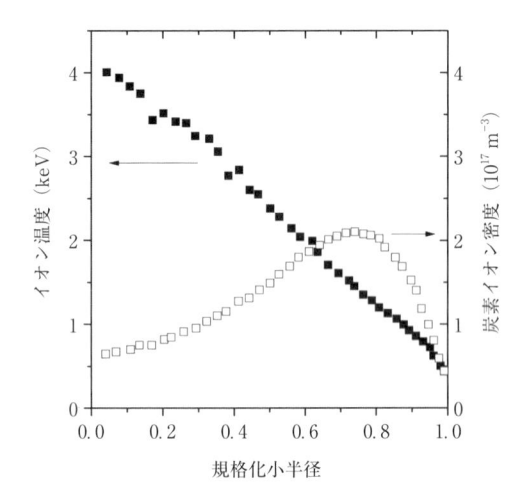

図 5.1.14 荷電交換分光法によって計測された LHD プラズマ中の不純物炭素イオンの温度と密度分布（原著論文[13]に掲載されたグラフから数値データ化したものをプロット）最近の実験で，プラズマ中心部に不純物イオン密度の著しく低い不純物ホールが形成された例．規格化小半径は，最外殻磁気面を1としたプラズマ断面の半径．このときのプラズマ中心（規格化小半径が0）の電子温度は 3.5 keV，電子密度は 10^{19} m^{-3}．

$$X^{(Z-1)+}(p) \rightarrow X^{(Z-1)+}(q<p) + h\nu \tag{5.1.10}$$

この分光法では，電子が乗り移った先のイオンのエネルギー準位を選択すれば，再結合に伴い放射される光の波長を真空紫外から可視光領域にとることができる．たとえば，炭素では主量子数 $p=8 \rightarrow q=7$（529.1 nm），酸素では $8 \rightarrow 7$（297.6 nm）または $9 \rightarrow 8$（434.1 nm），ネオンでは $11 \rightarrow 10$（524.9 nm）がよく用いられる発光線である．特定のエネルギー準位への電子移行断面積は衝突エネルギーに強く依存する．よって，与えられた水素原子ビームのエネルギーで十分な強度が得られる発光線が選択される．発光線のドップラー幅やシフトからは，イオン温度やプラズマの回転速度が得られ，発光線強度の絶対値測定によってイオン密度を知ることができる．よって，閉じ込め領域の熱・粒子輸送や運動量輸送の有力な研究手段として用いられている．ただし，ドップラープロファイルの精密な測定には，微細構造準位の占有密度分布が正確にわかっていなければならない．そのためには，荷電交換断面積の方位量子数依存性，上準位からのカスケード効果，周囲の電子やイオンとの衝突による占有密度の再分配などの影響を考慮する必要がある．図 5.1.14 に，40 keV の水素原子ビームを用いて LHD プラズマ中の不純物炭素イオンのイオン温度と密度の分布を測定した例を示す[13]．図にみられるように，最近の LHD 実験で，中心部の不純物イオン密度が著しく低くなる現象（不純物ホールと呼ばれる）が観測され話題になっている．

磁場閉じ込めプラズマの炉心部は10 keV程度の高温になり，プラズマ内部の局所的な電位測定に静電プローブを用いることができないため，重イオンビームプローブ（HIBP）法が用いられる．この計測法では，数テスラの高磁場を横切って重イオン（Au^+など）のビームを計測領域に届けるために，MeV級の高エネルギービームが用いられる．測定原理の詳細については他の文献[14]に譲るが，ここではMeV程度の衝突エネルギーをもつ重イオンとプラズマ粒子の荷電変換過程が重要になる．以下に，HIBP測定で重要な荷電変換過程をあげる[15]．

1) 標的原子（イオン）との衝突電離　$Au^{z+} + B \rightarrow Au^{(z+j)+} + je + B'$
2) 標的原子からの電子捕獲　$Au^{z+} + B \rightarrow Au^{(z-1)+} + B^+$
3) 標的イオンへの電子移行　$Au^{z+} + B^{j+} \rightarrow Au^{(z+1)+} + B^{(j-1)+}$
4) 自由電子との放射再結合　$Au^{z+} + e \rightarrow Au^{(z-1)+} + h\nu$

5.1.2 高密度プラズマ中の原子分子過程

核融合発電を目指した高温プラズマの研究が20世紀後半に華々しく展開した．その中で，温度と密度に関してきわめて幅広い値をもつ多種多様のプラズマが研究の対象とされてきた．図5.1.15はさまざまなプラズマの電子密度と温度の関係である．密度に関しては10^{10}〜10^{23} m^{-3}のプラズマの生成が可能となり，その領域のプラズマの理解が

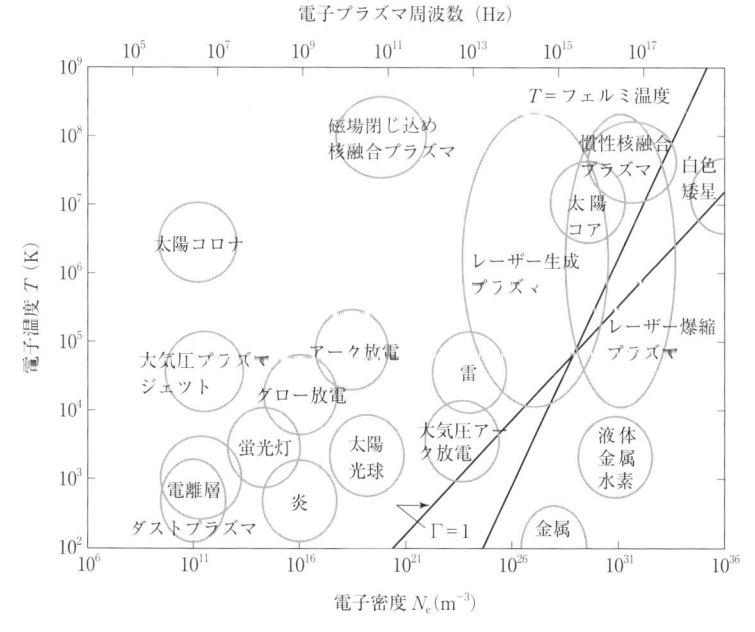

図 5.1.15 さまざまなプラズマの電子密度（プラズマ周波数）と温度との関係
水素プラズマにおける強結合性の境界線（$\Gamma=1$）と電子のフェルミ縮退の起こる境界線を示す．

大いに進んだ．そして，近年になり大強度短パルスレーザーを用いた慣性核融合を目指す研究がはじまり，10^{23} m^{-3} から固体密度をはるかに超える 10^{33} m^{-3} の高密度領域のプラズマも研究対象となった．図 5.1.15 には，代表的に水素プラズマを例としてその物性を表す指数である結合定数 Γ が 1 となる境界線が示されている．この結合定数 Γ は粒子間のクーロン相互作用エネルギーと熱運動エネルギーの比である．$\Gamma \gg 1$ の場合は強結合プラズマと呼ばれ，その物性はクーロン相互作用に支配される．逆に $\Gamma \ll 1$（弱結合プラズマ）では理想気体的なプラズマとなる．そして，電子を考えたとき，その熱運動の温度 T がフェルミ温度になるとエネルギー分布として縮退が始まる．図には参考としてその境界線も示されている．この境界線より右，すなわち，より低温で高密度の領域には縮退した金属プラズマがある．通常の古典的プラズマはこの線より左にある．本項では主としてその中での 10^{25} m^{-3} 以上の高密度領域のプラズマを対象とする．

　まず一般的な考察として，プラズマ中の 1 個のイオンに注目する．そのイオンのつくるクーロンポテンシャルに伴う電界により周辺を走るプラズマ電子はイオンに引き寄せられるように近づき，イオンは遠ざかるように軌道を曲げる．その結果，イオンの周辺にはイオンと異符号の分極電荷が現れ，イオンのつくるクーロンポテンシャルを打ち消すようなポテンシャル分布が形成される．これがプラズマの遮へい効果であり，これによりイオンのつくるポテンシャルはある距離より遠くには及ばなくなる．この特徴的な距離を「デバイの長さ」と呼ぶ．この遮へい効果は，密度が高くなると遮へいに利く電子数が多くなる分だけ大きくなる．すなわち，デバイの長さは密度とともに短くなる．その結果，密度の高いプラズマ中ではイオンの回りのポテンシャルは修正される．そして，高密度プラズマ中で起る原子過程は多くの点で希薄なプラズマの中のそれとは異なることになる．

a. 電離ポテンシャルの低下

　プラズマ中のイオンを取り巻くポテンシャルはその媒質の環境により変化する．Γ が 1 より小さい，すなわち高温低密度の弱結合プラズマでは，電解質溶液中のイオンに対する遮へいポテンシャルとして用いられるデバイ-ヒュッケル型モデルポテンシャルがよい近似とされる．そこではデバイの長さはイオン間の平均距離より十分大きい．つまり，遮へい距離の内側には別のイオンおよび電子が十分多く存在することになる．逆に $\Gamma \gg 1$ の低温高密度の強結合プラズマ中ではデバイ遮へいは不完全となりこのポテンシャルの適用ができなくなる．この場合には，1 個のイオンのポテンシャルの中に他のイオンは進入できず，一方電子はそのポテンシャル内に一様に分布すると仮定したイオン球型モデルポテンシャルを用いる．そして，実際の高密度プラズマに対しては，このような Γ が 1 より小さい，あるいは大きい極限でのモデルポテンシャルを連続的に結ぶモデルがいくつか提案されている．

　デバイモデルでもイオン球モデルでも，その形状はいずれも密度に依存して距離が大きくなるにつれて遮へいのない孤立した裸イオンのクーロンポテンシャルよりも早く減

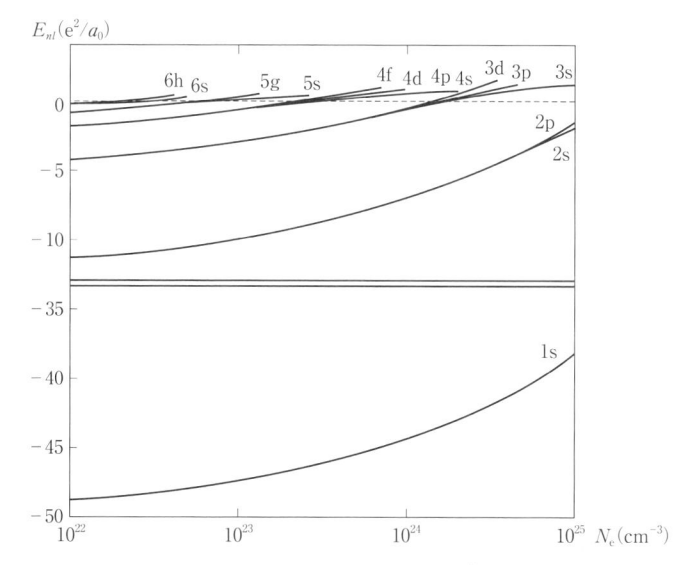

図5.1.16 イオン球モデルで計算した水素様イオン(Ne^{9+})のいろいろな準位(n, l)の束縛エネルギーE_{nl}(e^2/a_0, 原子単位 a.u.)の変化における電子密度(N_e)依存性[16]

少する．そのポテンシャル分布ではプラズマ密度が大きくなるとともにエネルギーの高い（束縛エネルギーの小さい）高リュードベリ軌道から順に，連続状態にまで押し上げられる．すなわち，高い主量子数をもつ離散準位は密度の上昇とともに順次電離した連続状態に移行し，その結果束縛準位の数は減少していく．これまで多くの計算がありその一例を図5.1.16に示す[16]．そこでは電子密度の増大とともに束縛準位がシフトし連続状態に入り込む様子をみてとれる．そして，内殻準位の束縛エネルギーは密度とともに小さい値に変化していく．この準位にプラズマ電子が落ち込む際に発光する放射再結合スペクトルを観測すると，密度上昇に伴って連続スペクトルが始まるエネルギーが低下する．これはあたかも電離が始まる連続状態が下がり束縛準位の中まで入り込んできたかのようにみえることから，電離ポテンシャルの低下と呼ばれる．

　束縛エネルギーの減少は電子の軌道半径の増大と対応し電気双極子モーメントは増加し，遷移の振動子強度は小さくなる．そして，一般に束縛準位数が有限になるとともに電離断面積は増し，再結合の確率は減る．これらの定量的な扱いには，実際の密度分布に応じたモデルポテンシャルに対してエネルギーや波動関数を計算する必要がある．実験では，レーザー生成プラズマからの放射スペクトルの観測が近年盛んに行われており，数多くのデータが得られている．ただし，実際の例では観測されるスペクトル分布にはドップラー効果やシュタルク効果を含む数多くの密度効果が混ざりあっているため，その中から束縛準位のエネルギー変化や電離ポテンシャルの低下現象だけを抜き出した解

析をすることは困難である．ここではスペクトル形状に密度効果がはっきり現れている観測例を1つあげておく[17]．

上述のプラズマ中のモデルポテンシャルは粒子の動きに対する平均的効果を示したもので，実際には電子のプラズマ振動などによりイオンに働く電場は時間的に変動している．高密度プラズマでは，プラズマ振動数はイオンに束縛された軌道電子の角振動数と同程度になりうる（図5.1.15参照）．プラズマ振動のエネルギーは電子密度が$10^{27}\,\mathrm{m}^{-3}$で1eVのオーダーとなり，高密度領域では高い主量子数にいる電子は連続状態の中にいるのと同等となり，この場合も実際上電離ポテンシャルの低下となる．

b. 電子衝突に対する影響

(1) 遮へいイオンとの衝突

一般的に電子衝突による孤立した原子の励起断面積は，電子エネルギーが励起のしきい値までは0であり，しきい値から高エネルギーに向かい除々に大きくなり通常しきい値の数倍のエネルギーで極大値を示す．その後断面積はエネルギーとともにゆっくりと減少する．一方，標的がイオンの場合は，イオンのつくるクーロンポテンシャルのため電子は引き寄せられ，しきい値エネルギーでの励起断面積は0ではなく有限値を示し，多くの場合しきい値での断面積が最大となる．ところが，高密度プラズマの中でのイオンの励起に関してはプラズマの遮へい効果により遠方でクーロンポテンシャルが及ばなくなる．そのため，孤立イオンの場合と異なり電子エネルギーに対する断面積の形はむしろ上述の中性原子の励起断面積構造に似てくる．そして，遮へい効果が大きくなる，すなわち密度の増大とともにその断面積の値も減少すると考えられる．その計算例を図5.1.17に示す[18]．

これまでいろいろなモデルポテンシャルを用いた理論計算が行われているが，その多くは静的な遮へい効果のみを考えた近似に基づいたものである．相互作用の時間変化をとり入れた近似計算はきわめて少ない．この場合には必然的に多体衝突を考慮する必要があるため計算は困難である．実験では，多くの関連する原子過程の複合的結果として観測されるスペクトル形状の解析からイオン励起の密度効果を定量的に導くことはたいへん難しい作業となる．

(2) 多重，多体衝突

電子密度が増大すると多重衝突が無視できなくなる．まず，1回の電子衝突でイオンがある準位に励起されたとする．その励起状態は通常すぐに光を出して脱励起する．ところが電子密度が増えるとこの放射脱励起の速度より速く2回目の電子衝突が起こり，はじめの励起準位はその上の準位に励起される．そして，このような励起過程を順次繰り返し最後には電離される．この過程ははしご様励起・電離（5.1.1項b参照）と呼ばれ，高密度プラズマ中で起こる特有の原子過程である．また，上述の放射脱励起より衝突電離が速い準位から上の準位は実際上連続状態にあることになる．これも電離ポテンシャルの低下となる．

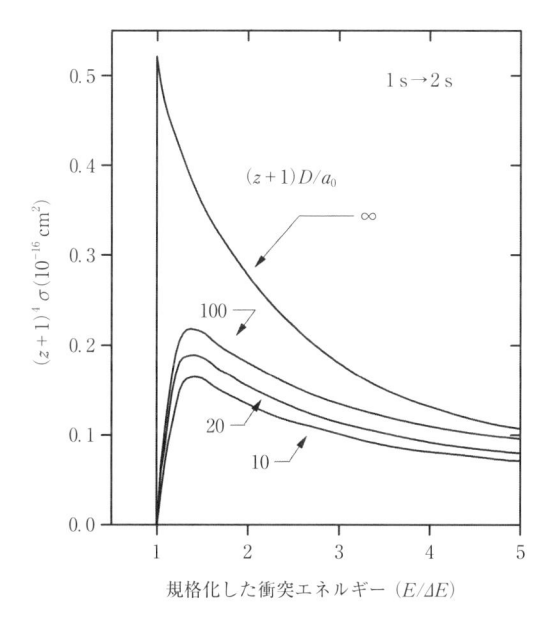

図 5.1.17 高密度プラズマ中での価数 z をもつ水素様イオンの電子衝突による 1s→2s 励起断面積のボルン近似による計算値[18]

異なる価数をもつ水素様イオン種どうしで比較できるように断面積 σ を $(z+1)^4$，衝突エネルギー E を励起しきい値 (ΔE)，そして遮へいの強さを $(z+1)D/a_0$ で規格化している．ここで $(z+1)$ は核電荷，a_0 はボーア半径で D はデバイの長さ．$D \to \infty$ のカーブはプラズマ遮へいのない孤立イオンに対するクーロン-ボルン近似による計算値[19]で，高密度化 ($D \to$ 小) とともに断面積が減少．$\Delta E = 10.2(z+1)^2 \mathrm{eV}$．

イオンの（一電子）励起状態はすべてリュードベリ電子をまとったイオン価数がひとつ下の無数の二電子励起状態を伴っており，そのリュードベリ系列のシリーズリミットになっている．そのため，高密度プラズマ中の電子衝突ではイオンの励起に対しても上の電離過程と同様二電子励起状態を順次経由するはしご様励起過程が重要となる[20]．このような多重衝突による励起，電離過程は高密度プラズマの中では複合的に結合しながら複雑な様相を示す．さらに，これらの逆過程である再結合や脱励起に対しても同様の密度効果があり，より複雑さを加える．そして，これらの中で重要とされる二電子励起状態はもう1個のリュードベリ電子を伴う価数が下のイオンの三電子励起状態と密接に結合している．そのため高密度化とともにイオンの多重励起状態を含む原子過程が順次増していくことになる．

　以上に加えて高密度プラズマ中の原子過程として考慮するべきものとして多数の電子とイオンが同時に関与する多体衝突効果がある．この過程は実験はもとより理論計算に

おいても取り扱いが困難である．ただし，イオンと2個の自由電子との間で起こる三体再結合に関しては電子衝突による電離の逆過程なので詳細釣合の原理を用いてその効果を考察することができる．

最後に，高密度プラズマ中の原子過程についての代表的な参考文献[3, 21-25]をいくつか示す．上述の事象に関するより詳しい解説がなされている．

5.1.3 弱電離プラズマ中の原子分子過程
a. 弱電離プラズマ中の原子分子過程の役割

ここでは電離度の低い，すなわち中性原子分子の割合の多いプラズマを考える．具体的には放電管の中のプラズマや，最近利用の盛んなプラズマプロセス用のプラズマである．そこでの原子分子過程の役割は主として次の3つである．
1) プラズマの生成・維持
2) 電子（およびイオン）の速度分布の決定
3) 活性種（励起原子分子やイオン，ラジカルなど）の生成

プラズマは外からエネルギーを加えてイオンを生成することで維持される．具体的には，電場で加速された電子が原子分子と衝突してイオン化する．できたイオンは壁や電極に到達して消えるが，一部はプラズマ内の電子と衝突して中性原子に戻る（再結合）．プラズマ中の原子分子の種類によっては負イオンが生成されることがある．とくに分子の場合，電子衝突による解離性電子付着過程によって負イオンができる．負イオンができると，当然電子の数が減り，プラズマの性質が変わる．

プラズマのマクロな性質として重要なのは電子やイオンの輸送現象（電気伝導や拡散）である．これは電子（やイオン）の速度分布によって規定される．その速度分布は電場による加速と他のプラズマ内粒子（電子・イオン・中性原子分子）との衝突による減速との兼ね合いで決まる．輸送現象に最も寄与するのは通常運動量移行過程，すなわち進行方向が変わる衝突である．衝突により運動量が変わる程度を表すのは運動量移行断面積で

$$Q_m = 2\pi \int_0^\pi (1-\cos\theta) q(\theta) \sin\theta d\theta \tag{5.1.11}$$

で定義される．ここで q は弾性散乱の微分断面積である．この断面積が速度分布を決める主役をなす．もちろん速度の大きさが変わる非弾性衝突も重要で，基本的にあらゆる種類の原子分子過程が速度分布の決定には関与する．イオンは一般に遅いので，普通は弾性散乱のみを考えればよい．ただ特殊なのは同種粒子間の電荷移行（対称共鳴電荷移行と呼ばれる）

$$A^+ + A \to A + A^+ \tag{5.1.12}$$

が起こることである．これは結果的には弾性散乱と同じであり，イオン衝突での弾性散乱ではこの過程も含めて考える．

プラズマ中にはさまざまな活性種が存在する．プラズマを応用に利用するのはおもに

この活性種を使うためである.これら活性種のほとんどはプラズマ中の原子分子過程の産物である.分子の場合,解離により活性原子やラジカルが生成されることが応用上最も重要である.解離は直接中性分子が壊れることのほかに,電子と同時に壊れる解離性電離過程や負イオンができる解離性電子付着なども忘れてはならない.とくに後者は比較的低エネルギーでも起こる可能性がある.なおその生成の割合を決めるのにも速度分布が深く関与しており,速度分布を制御することで活性種の生成をコントロールできる.

b. 弱電離プラズマ中の原子分子過程の特徴

アルゴンプラズマの生成・維持を例にとって,プラズマ中の原子分子過程の特徴をみてみよう.(文献[26] を参考にした.)

まずアルゴンイオンの生成には電子衝突による直接電離

$$e + Ar \rightarrow Ar^+ + 2e \tag{5.1.13}$$

がある.さらに電子衝突による励起

$$e + Ar \rightarrow Ar^* + e \tag{5.1.14a}$$

で生成された励起アルゴン原子が長い寿命をもつと(準安定状態)

$$e + Ar^* \rightarrow Ar^+ + 2e \tag{5.1.14b}$$

が無視できない.この場合,電離に必要なエネルギーは基底状態にあるアルゴンの場合より低い.すなわち,式 (5.1.14a) + 式 (5.1.14b) を使うと通常の電離エネルギーより低いエネルギーでもイオン化が可能である.アルゴン気体の温度が高ければ,アルゴン同士の衝突

$$Ar + Ar \rightarrow Ar^* + Ar \tag{5.1.15}$$

によっても励起アルゴンをつくることができ,これも式 (5.1.14b) に寄与する.励起(準安定)アルゴン原子が多量にあれば

$$Ar^* + Ar^* \rightarrow Ar_2^+ + e \tag{5.1.16}$$

によってイオンができる.これは結合性電離過程と呼ばれており,場合によっては無視できない寄与をする.

次にイオンの消滅過程としては

$$Ar^+ + e \rightarrow Ar + h\nu \tag{5.1.17}$$

がある.これは一般にかなり遅い過程である.これよりも

$$Ar + Ar + Ar^+ \rightarrow Ar_2^+ + Ar \tag{5.1.18a}$$

$$Ar_2^+ + e \rightarrow Ar + Ar \tag{5.1.18b}$$

の方が速い場合がある.それは解離性再結合と呼ばれる式 (5.1.18b) がかなり速い過程だからである.電子密度が高いと

$$Ar^+ + e + e \rightarrow Ar + e \tag{5.1.19}$$

が主役を演じる.

以上のことからわかるように,プラズマ中の原子分子過程の特徴としては

(1) 単純な二体衝突過程のほかに,密度が高ければ三体衝突も無視できない.

(2) 複数の素過程が組み合わさって結果として目的が達成される複合過程が一般的である．
(3) （準安定）励起状態にある原子分子の役割が重要．

c. 参考文献

弱電離プラズマ中の原子分子過程についてはさまざまな参考書や総合報告が執筆されている．その中で内容が詳しく広範囲にわたって解説されているのが文献[27]である．ただしここに載っている各種原子分子過程データには古いものがある．実際の応用にあたっては，原論文を調べて最新のデータを使うことが望ましい．荷電粒子（電子およびイオン）と分子の衝突に限られているが，プラズマ中の衝突素過程についての最新の解説が文献[28]である．ここには断面積データの探し方や関係するデータベースのリストが含まれている．限定されたトピックスについては多数の解説があり，ここには列挙しきれない．とくに日本語で書かれたものとしては，プラズマ・核融合学会誌にしばしば発表される解説が役に立つ．[29] そのほか，応用物理学会[30]や日本真空協会[31]の機関紙にも有用な解説が発表される．原子分子データベースについてもいろいろあるが，最近のものをあげると文献[32,33]がある． 〔加藤太治・大谷俊介・市川行和〕

文　　献

1) 加藤隆子,「プラズマ診断の基礎」(名古屋大学出版会, 1990) p. 98.
2) 加藤隆子, 日本物理学会誌 **58** (2003) 11.
3) T. Fujimoto, Plasma Spectroscopy (Oxford Univ. Press, 2004).
4) 加藤太治・大谷俊介, 日本物理学会誌 **57** (2002) 890.
5) 坂上裕之・加藤太治, 真空誌 **48** (2005) 483.
6) R. D. Cowan, *The Theory of Atomic Structure and Spectra* (Univ. California Press, 1981).
7) R. V. Jensen et al., *Nuclear Fusion* **17** (1977) 1187.
8) 門 信一郎, プラズマ・核融合学会誌 **80** (2004) 749.
9) N. Ohno et al., *Phys. Rev. Lett.* **81** (1996) 8181.
10) J. M. Wadehra and J. N. Bardsley, *Phys. Rev. Lett.* **41** (1978) 1795.
11) 田辺哲朗, プラズマ・核融合学会誌 **77** (2001) 97.
12) J. Ishikawa, Characterization of Ion Sources, in *Handbook of Ion Sources* (CRC Press, 1995) p. 289.
13) K. Ida et al., *Phys. Plasmas* **16** (2009) 056111.
14) A. Fujisawa et al., *Rev. Sci. Instrum.* **67** (1996) 3099.
15) M. Nishiura et al., NIFS-884 (2007), http://www.nifs.ac.jp/report/nifs884.
16) K. Yamamoto and H. Narumi, *J. Pyhs. Soc. Japan* **52** (1983) 520.
17) M. Nantel et al., *Phys. Rev. Lett.* **80** (1998) 4442.
18) G. J. Hatton et al., *J. Phys. B* **14** (1981) 4879.
19) S.D. Oh et al., *Phys. Rev. A* **17** (1978) 873.
20) T. Fujimoto and T. Kato, *Phys. Rev. Lett.* **48** (1982) 1022, *Phys. Rev. A* **32** (1985) 1663.
21) H, R. Griem, *Plasma Spectroscopy* (McGrow-Hill, 1964).
22) H, R. Griem, *Priniple of Plasma Spectroscopy* (Cambridge Univ. Press, 1997).
23) J. C. Weisheit, Atomic Phenomena in Hot Dense Plasmas, in *Applied Atomic Collision Physics*, Vol. 2 (Academic Press, 1984).

24) R. M. More, Theory of Atoms in Dense Plasmas, in *Physics of Highly-Ionized Atoms*（Plenum Press, 1989).
25) 藤間一美・三間圀興,「高密度プラズマ中での原子構造・原子過程」核融合研究 **65**（1991）192.
26) ジェン・シー・チャング,プラズマ・核融合学会誌 **82**（2006）682.
27) J. S. Chang・R. M. Hobson・市川幸美・金田輝男,「電離気体の原子・分子過程」（東京電機大学出版局, 1982).
28) Y. Itikawa, *Molecular Processes in Plasmas*（Springer, 2007).
29) たとえば,岸本泰明ほか,「小特集 原子・分子過程によって支配されるプラズマの複雑性と構造形成」プラズマ・核融合学会誌 **84**（6〜8）（2008).
30) たとえば,橘 邦英,応用物理 **70**（2001）337.
31) たとえば,堀 勝, *J. Vac. Soc. Jpn.* **52**（2009）491.
32) 季村峯生,応用物理 **74**（2005）1060.
33) 田中 大・星野正光・加藤太治・村上 泉・加藤隆子,プラズマ・核融合学会誌 **83**（2007）336.

5.2 宇宙における原子分子過程

5.2.1 宇宙の探求と原子分子過程
a. 原子分子過程の役割

宇宙——いまの姿,生い立ち,かくある理由——を探求するとき,物質の諸階層(素粒子,原子核,原子分子,微粒子,凝縮系)の物理がすべて関係してくる.そのなかでとくに原子分子の物理は,遠い宇宙の観測の基礎および宇宙で生起する現象自体の基礎をなしているという点で重要である.原子分子の問題は,一般に,定常状態のエネルギー固有値や電磁モーメントなどの静的な性質と,定常状態間の遷移を引き起こす光の吸収・放出や他の粒子との衝突など動的な過程とに大別することができる.宇宙の探求においてとくに重要なのは後者であり,原子分子過程と総称される.

宇宙に関するほとんどすべての情報は,遠方の天体から光速度 c で地球に飛来する光子(電磁波)の観測を通して得られる.そこには,光源および飛来する途上で起こる電磁波の吸収・放出に関する情報が含まれている.原子分子は荷電粒子(電子と原子核)の量子力学的束縛系であるから,原子分子の種類(species)ごとに固有の離散的定常状態が豊富に存在する.定常状態間の量子遷移に伴い,遷移エネルギー E に対応する振動数 $\nu = E/h$ (あるいは波長 $\lambda = c/\nu$) をもつ光子の吸収・放出が起こる.したがって,天体のスペクトル(波長ごとに分けた電磁波の強度)を観測することにより,量子状態の同一性を根拠として,その天体を構成する物質の組成(原子分子の種類と存在量)や物理状態(温度・圧力・磁場など原子分子がおかれている環境,視線方向の運動)に関するさまざまな情報を引き出すことが可能になる.

宇宙で観測されるさまざまな現象は,広範な原子分子過程(中性あるいは電離した原子分子どうしの衝突,それらと光子・電子・イオンとの衝突)を基礎としている.これらの過程は原子分子の種類と内部状態の変化(励起・電離・解離・結合・組み替え)を引き起こすので,天体における物質の存在形態と存在量を規定し,ひいては天体の構造

や進化を支配する.

b. 宇宙における原子分子過程の特徴

　宇宙における原子分子と地上におけるそれとは本質的に同じものである．宇宙における原子分子の姿が本来のもので，人工でつくりだした分子や人工の特異な環境におかれた原子分子があるだけ地上の実験室は特殊な状況にあるともいえる．したがって個々の素過程は本書の他の章で述べられているものと同じである．ただ周囲の環境が地上と異なることがあるため，地上の研究ではなじみのない原子分子過程が問題になることが多い．

　宇宙は全体として物質密度がきわめて低い．平均粒子密度（水素原子の数）は銀河系内で 1 cm^3 に 1 個程度，全宇宙でならすと 10^{-7} 個程度と推定されている．部分的には高密度のところもあるが，星間雲と呼ばれている比較的密度の濃いところでも 10^4 cm^{-3} 程度である．そのため粒子間の衝突頻度は小さく，平均衝突時間はきわめて長い．たとえば地球大気中で 1 秒に 1 回起こる衝突過程は，断面積が同じとすると，星間雲中で 1 億年に 1 回しか起こらない．しかし宇宙における現象の時間・空間スケールは大きいので，個々の原子分子過程が決定的な役割を果たす．もう 1 つ大事なことは宇宙には壁がないことである．宇宙の物質は通常重力で保持されており，実験室のように何かの容器に入っているのではない．実験室では容器の壁での反応が無視できないことが多いが，宇宙ではそのような心配はいらない．

　このような宇宙の環境を大きく反映している例の 1 つがスペクトルにおける禁制線の出現である．原子分子のエネルギー状態間の遷移のうち，選択則により電気双極遷移が禁止されているものは禁制遷移と呼ばれ，その遷移確率（単位時間当たり）は非常に小さい．対応する電磁波（禁制線と呼ばれる）の放出により脱励起が起こる寿命は長く，地上ではむしろ周囲の粒子や壁との衝突で脱励起が起こる．すなわち，地上では禁制線はほとんど観測されない．一方宇宙ではそのような制約がないので，寿命を全うして禁制線が観測されることは珍しくない．量子論による原子構造の解明が進む前は，禁制線の正体がわからず，新しい元素が発見されたと思われたこともある．後の 5.2.4 項で述べる第 1 世代の星形成の際に冷却機構として重要な水素分子 H$_2$ の回転遷移も禁制遷移の一種である．H$_2$ は分子固定系で電気双極子モーメントをもたないので回転遷移は一般的に禁制である．しかし電気四重極を通じてほんのわずかの確率であるが回転遷移が起こる．これに伴う放射（赤外域にある）が最初の星形成には決定的な役割を果たすのである．

　宇宙の環境のもう 1 つの特徴は，地上では実現が困難な（不可能ではないが）環境条件が存在することである．典型的な例は，太陽や星のコロナにおける超高温である．そこでは多価イオンが普通に存在する．また原子分子過程にどのような影響があるか必ずしもはっきりしていないが，超強磁場や超強重力場の存在も知られている．

　後の 5.2.3 項で述べるように，宇宙における原子分子とそのふるまいの研究は，原子

分子そのものの研究の初期からその重要な一分野として行われてきた．したがって個々の研究について詳しく述べることはここでは不可能である．次の 5.2.2 項で天体の進化の過程に沿って関連する原子分子過程の例をあげることにして，一般的な話は章末の参考文献に委ねる．

5.2.2 天体の進化と原子分子過程

　星は分子雲で生まれる．分子雲は水素分子を主成分とする低温（～10 K）で比較的高密度の星間ガスであり，重元素に富む固体微粒子（塵）を含んでいる．密度のゆらぎが自己重力で成長しガスが圧力に抗して集積するためには，重力ポテンシャルから生じる熱エネルギーを放射に転換して外の空間に逃がす必要がある．それによって初めて，中心で高温・高密度の原始星が形成されるのである．この冷却の機構は原子分子過程が担っている．気相中におけるイオン・分子反応または塵表面における化学反応によって原子から分子（H_2, CO など）が生成されることが重要になる．熱的に励起された分子の回転遷移によるマイクロ波（H を含む分子の場合は赤外領域）の放射が冷却の能率を支配する．

　星間空間における中性水素原子 H の分布は，波長 $\lambda = 21$ cm（振動数 $\nu = 1.4$ GHz）の電波によって選択的に観測されている．このスペクトル線は，H の基底状態（$1s_{1/2}$）における超微細構造に由来する禁制遷移（電子と陽子の固有磁気モーメント同士の相互作用によって分裂した合成スピン $F = 0$ と 1 の準位間の磁気双極遷移）である．一方，水素分子 H_2 は，赤外線・電波の波長領域に許容遷移が（磁気双極遷移も）存在しないため，直接検出することが難しい．そのため，分子雲の構造や物理状態を探る手段として，10 K 程度で励起される比較的存在量が多い他の分子の回転遷移が観測されている．とくに CO 分子は，最も安定な二原子分子であり，H_2 分子に次いで豊富に存在するため広く観測されている．CO 分子は異核分子であるがゆえに電気双極子モーメントをもち，$\Delta J = 1$ の回転遷移が許容遷移になる．H_2 分子の存在量も，CO の $J = 1 \to 0$（波長 $\lambda = 2.6$ mm），$J = 2 \to 1$（$\lambda = 1.30$ mm），$J = 3 \to 2$（$\lambda = 0.87$ mm）といった回転遷移の観測強度から推し量られている（数密度の比として $n(CO)/n(H_2) \sim 10^{-4}$ を使う）．

　誕生した星は，内部から核融合反応によって発生するエネルギーを外の空間に電磁波として放出しつづける．この観測が可能であるためには，放射源から地球に飛来する途上で光子が直進でき（透明度が高く）なければならない．たとえば，われわれが太陽の表面しか見ることができないのは，太陽の内部では，物質の密度が高く光子が頻繁に吸収や散乱を受ける（平均自由行程が短い）からである．したがって，星の表面（光球）に存在する物質からの熱的放射が主として観測されることになる．そこでは，おもに赤外・可視・紫外の波長領域において，星の大気に存在する多様な原子分子が豊富な線スペクトルを与えている．

　恒星は核融合反応による元素合成の進行に応じて進化する．重い星の進化の最終段階の姿である高密度星や超新星残骸は X 線の波長領域に強い放射を出すようになる．そ

のような天体や銀河団（銀河間空間）には超高温（$10^7 \sim 10^8$ K）のプラズマが存在し，重元素の多価イオンが輝線として観測される．電子衝突による励起・電離と再結合のスキームがその発光の仕方を規定している．最も安定な原子核であるがゆえに豊富に存在する鉄は，水素様イオン Fe^{25+}（6.9 keV）およびヘリウム様イオン Fe^{24+}（6.7 keV）の主量子数 $n = 2 \to 1$ の遷移が観測されることが多い．さらに，活動銀河中心核や銀河系の中心領域では，中性 Fe 原子の K 殻電離（空孔生成）に伴う Kα 線（6.4 keV）も観測されている．これは，銀河中心の周辺に存在する星間雲（中性ガス）が，銀河核の活動（ブラックホールへの物質の降着）によって生成された高速の荷電粒子の照射を受けていることを意味している．

5.2.3 原子分子研究の始まり
a. 線スペクトルの発見

歴史的にみると，量子力学の成立以前から，宇宙の探求は原子分子研究の母体的な位置にあった．今日においても，地上の実験室で生成困難な分子種が星間ガス中に数多く発見されたり，禁制線が希薄で高温の星雲で強く光ることなど，宇宙の観測が原子分子研究の重要な動機を与えつづけている．

近世の天文学は 17 世紀後半，ブラーへによる諸天体の精密な位置観測から始まったといえる．ケプラーは，ブラーへによる火星軌道の観測記録に基づいて，惑星の運動に関する経験則を定式化した（ケプラーの法則：1609 年，1619 年）．それはニュートンによる物体の運動と重力の理論の創始を導いた（『プリンキピア』，1687 年）．この理論は，天上の運動と地上の運動が同一の法則に従うとし，天体の運動や形状を数理的に説明するものである．その後 18 世紀にかけて，解析力学の数学的体系が整備され，太陽系内の多くの天体（惑星・衛星・彗星）の観測に基づいて「天体力学」が大きく発展した．19 世紀の初頭には，年周視差を観測する努力を通じて，恒星までの距離がいかに遠いかが知られるようになった．この状況で実証主義哲学者コントは，認識の一切の対象を経験的所与たる事実に限る立場から，「星の形・距離・大きさ・運動は観測からわかるかもしれないが，星の化学組成や鉱物構造は調べようがない」と述べている（1835 年）．

ところが，この悲観的言明より以前にフラウンホーファーが突破口を開いていた．彼は自ら制作した精巧なプリズムを用いて太陽光のスペクトルを観察し，多数の暗線（吸収線）を見出した（1814 年）．ニュートン以来知られていた連続的な虹の帯の上に多数の暗い筋が現れたのである．じつはこれ以前の 1802 年，ウォラストンが太陽スペクトルに 5 本の暗線を発見していたが，装置に起因するものと解釈されていた．フラウンホーファーはそれを含む 500 本以上の暗線を発見し，1 秒角の精度をもつ分光器を用いて波長を正確に測定した．とくに強い暗線に A, B, C, … とアルファベットの標識を付してスペクトル図を作成している．これは，天体分光学の始まりであるだけでなく，宇宙か地上かを問わず，およそ原子構造に由来する線スペクトルを分解した最初の観察であった．フラウンホーファーはさらにランプの炎のスペクトルを観測し，黄色の接近した 2 本の

輝線（明るい筋）を見出した．それらの波長は，彼がD線と呼んだ太陽光の2本の暗線に対応していた．これらの発見の後，科学者たちは線スペクトルの起源を論じるようになっていく．

b. 揺籃期の分光学

19世紀も後半になると，宇宙の探求は天体を構成する物質の組成や物理状態を探る方向に広がっていく．天体から届く光（可視光）のなかにそのような情報を見出す方法として分光学が始まり，恒星のスペクトル型による分類や物質組成の観測的研究が進んだ．それは，放射と物質の量子論に先立つ，19世紀末における「天体物理学」の成立につながっていく．

物質のスペクトルに暗線や輝線が現れる機構は長い間不明であった．キルヒホッフは1860年の論文で物体と放射が熱平衡状態にある場合を議論し，あらゆる物体の放射能（単位面積・単位時間当たりの放射エネルギー）と吸収能（ある面積に照射されたエネルギーのうち，その面に吸収されて熱に変わるエネルギーの割合）の比は，温度と波長のみの関数であり他の性質に依存しないことを示した（キルヒホッフの放射法則）．この法則を指針として，キルヒホッフとブンゼンは実験室でスペクトル中に暗線と輝線をつくりだすことに成功し，フラウンホーファーのD線の波長（$\lambda = 5896, 5890$ Å）が食塩を熱したときに現れる輝線（じつはナトリウム原子の許容遷移 $3p_{1/2, 3/2} \to 3s_{1/2}$）と一致することを見出した．彼らは，実験を通じて，太陽光に限らず物体のスペクトルに暗線と輝線が出現する仕方を明らかにし，スペクトル線のパターンが光を放出あるいは吸収する物質に固有であることを示した．「太陽スペクトルおよび化学元素のスペクトルの研究」と題するキルヒホッフの論文（1861年，1863年）は，放電スペクトルとの比較を通じて，太陽大気の相対的に低温の領域に多数の金属元素が存在することを結論している．これによってスペクトル分析の方法が確立し，星のスペクトルの測定が本格的に企てられるようになった．

1868年の皆既日食において，太陽のプロミネンス（紅炎）のスペクトルが初めて観測され，それが輝線から成り立っていること，主成分が水素であることが示された．さらに，それまで観測されたことのない輝線（波長 $\lambda = 5875$ Å，じつはヘリウム原子の励起状態間の許容遷移 $1s3d\ ^3D \to 1s2p\ ^3P^o$）が含まれていた．この輝線は地上で未知の元素に由来するものとみなされ，ギリシャ神話の太陽神 Helios に因んでヘリウムと命名された．1895年になって，ヘリウムがじつは地上にも存在することがラムゼーによって発見された．ヘリウムは，星間ガスが凝縮して形成された原始太陽系星雲に大量に存在したはずだが，化学的に不活性で軽いため地球の重力で保持できず，現在の存在量はわずかである（大気中の体積比 5×10^{-4}%）．

太陽の大気は，高温で希薄なプラズマ（コロナ）が光球の外に大きく広がっている．コロナからのスペクトルも1868年の皆既日食時に初めて観測され，その翌年には未知の強い輝線が発見された．その輝線を出す物質は地上で発見されず，"コロニウム

(coronium)" と呼ばれた. それがじつは鉄の多価イオンの禁制線であることがようやく判明したのは1940年であった. 量子力学に基づく原子構造の詳細な理解が進んだことによってコロニウムの謎がようやく解決したのである. 太陽コロナで観測される禁制線のうち最も目立つ遷移は, 下に示すような, 同一の電子配位をもつ ^2P あるいは ^3P 状態における微細構造準位（スピン軌道相互作用によって分裂した準位）間の磁気双極遷移である.

$$6374\,\text{Å}\ [\text{Fe}^{9+}]\ 3s^23p^5\ ^2P^o_{3/2}-^2P^o_{1/2}$$
$$5302\,\text{Å}\ [\text{Fe}^{13+}]\ 3s^23p\ ^2P^o_{1/2}-^2P^o_{3/2}$$
$$5694\,\text{Å}\ [\text{Ca}^{14+}]\ 3s^23p^2\ ^3P_0-^3P_1$$

中性原子であれば一般に微細構造遷移のエネルギーは 10^{-2} eV 程度であるが, これら3本が可視光の波長領域（遷移エネルギー～2 eV）に現れるのは原子が多価（9価, 13価, 14価）に電離されているためである. このような多価イオンの存在はコロナが非常に高温（～10^6 K）であることを意味しており, 光球（6×10^3 K）に比べて2桁も高い. これは太陽コロナの加熱問題と呼ばれ, 上記の輝線が多価イオンに由来することが判明して以来, 太陽物理学の大きな謎として今日まで君臨している.

5.2.4 宇宙における原子分子過程の始まり

宇宙では, 放射源である高温高密度の恒星が広大な星間空間に点在している. 星間空間では, 低温で希薄なガスを材料として星が生まれる一方, 星の爆発や星風によって物質の循環が起こる. そのとき, 星の内部で生成された重元素が星間空間にまき散らされる. このように, 温度と密度が極端に変化する局所的な構造が, 原子分子過程が宇宙の有為転変にかかわる舞台となっている. しかし, 膨張宇宙の歴史をはるかに遡ると, 放射と物質が熱平衡にある, 空間的に一様な高温・高密度のプラズマ状態にたどりつく.

このプラズマ状態においては, 光子は自由電子による散乱（トムソン散乱）を受けて直進できない. しかし, 宇宙の膨張とともに温度が3000 K程度まで下がると, ほとんどの電子が陽子に束縛（再結合）されて水素原子が生成し, 宇宙は中性化する. そのため, 光子の平均自由行程が十分に長くなり, 遠くまで伝搬することが可能になった（宇宙の晴れ上がり）. これは宇宙の開闢（ビッグバン）から38万年後の時期であり, 電磁波によって見通せる距離（遡れる過去）の原理的限界を与えている. このとき放射された光子が, いま, 温度が 2.725 K のほぼ等方的な黒体放射スペクトルとして観測されている（宇宙マイクロ波背景放射）. 宇宙膨張による赤方偏移のため, この光子が最後に散乱されてから現在までの137億年の間に波長が1100倍延びている. 再結合が進む温度（$3\sim4\times10^3$ K）は, 電離・再結合の化学平衡 $e+p \rightleftharpoons H(1s)$ から見積もることができる. この温度が, 水素原子の束縛エネルギー $B_{1s}=13.6$ eV に対応する温度（～10^5 K）に比べてかなり低いのは, その時点の宇宙の希薄さ（粒子密度 $n_e=n_p\sim 10^2$ cm^{-3}）に関係している.

宇宙の晴れ上がりは, 放射と物質の結合が切れ, 宇宙全体として熱平衡状態から離れ

たことを意味している．熱平衡状態は，平衡に至る過程を問わないから，原子分子過程によらない．実際，熱平衡のもとでの存在確率分布は定常状態のエネルギーと縮退度だけから定まり，原子分子の状態を変化させる衝突の断面積に依存しない．熱平衡から離脱した後，物質密度のゆらぎが成長して宇宙の構造形成が起こり，第一世代の星が誕生する．原子分子過程が意味をもつようになるのはこの段階である．

　星形成に至るほど高密度になるためにはガスが冷却されることが必要になる．そのために有効なのは放射冷却である．最も大量に存在する水素原子はその励起エネルギーが高く，1万度以上にならないと放射冷却にきかない．低温で有効なのは分子の振動回転状態間の遷移に伴う放射である．ここでは水素分子の回転状態間の電気四重極遷移に伴う赤外線の放射がそれを担うと考えられている．そこで，水素原子から水素分子を形成する過程が鍵になる．ただし水素原子どうしが衝突しただけでは，余分なエネルギーをうまく逃がす機構がないため分子を形成できない．また，始源ガスは重元素（ヘリウムより重い元素）を含まないので微粒子が存在せず，塵表面反応による水素分子形成も起こらない．

　仮に完全な熱平衡分布を仮定すると，ボルツマン因子 $\exp(-B_{1s}/(k_BT))$ のために，温度 T が晴れ上がりの温度 3000 K から 10% 程度低下するだけで電離度が急速に減少し自由電子は完全に消滅する．しかしこの少し以前から，宇宙膨張の速さに関係する非断熱性に起因し，断熱変化（熱平衡分布）からのずれが生じてくる．基底状態（1s）の束縛エネルギーが励起状態（主量子数 $n\geq 2$）に比べて突出して大きい（$B_{1s}\gg B_{n=2}$）という水素原子の特別な構造に由来し，$k_BT\ll B_{1s}-B_{n=2}$ の温度では，励起状態が放射との平衡を維持する一方で基底状態が温度の低下に追随しなくなるのである．そのため，温度がさらに低下するなかで，小さいとはいえ 0 でない電離度（$\sim 10^{-4}$）が残るようになる．

　始源ガスにおける水素分子の形成には次の2つの過程が寄与すると考えられている．ここでは，晴れ上がり以後も再結合を免れた残存電子・陽子が触媒の役割を果たしている．それらが水素原子 H と衝突すると，光子 γ を放出する結合反応によって負イオン H^- と正イオン H_2^+ が生じ，さらにそれらのイオンと水素原子の衝突により水素分子が形成される．

　(1) H^- を経由する過程

$$e+H\rightarrow H^-+\gamma, \quad H^-+H\rightarrow H_2+e$$

　(2) H_2^+ を経由する過程

$$H^++H\rightarrow H_2^++\gamma, \quad H_2^++H\rightarrow H_2+H^+$$

これらの過程には競合過程（分子形成を阻害する）がいくつも存在する．それらすべてを考慮したモデル計算が行われており，現在では (1) がより有効であるとされている．また H に加えて，わずかに存在するヘリウム He や重水素 D を考慮したモデルも考えられている．とくに，D があると分子 HD ができる．この分子は電気双極子モーメントをもつので，回転遷移に伴い効率よく赤外放射が起こる．以上いずれにしろ，最初の星

の形成には原子分子過程が密接にかかわっており，今後の研究の発展が原子分子研究にとっても興味深い．

〔市村　淳〕

文　献

1) 岡村定矩編，シリーズ現代の天文学全15巻（日本評論社，2007～2009）．
2) 桜井邦朋，「新編天文学史」（筑摩書房，2007）．
3) 国立天文台編，理科年表，丸善，毎年刊行
4) S. Weinberg, *Cosmology* (Oxford Univ. Press, 2008).
5) J. Tennyson, *Astronomical Spectroscopy* (Imperial College Press, 2005).
6) A. R. P. Rau, *Astronomy-inspired Atomic and Molecular Physics* (Kluwer, 2002)
7) T. W. Hartquist and D. A. Williams, *The Chemically Controlled Cosmos* (Cambridge Univ. Press, 1995).

5.3　放射線作用の基礎過程

5.3.1　はじめに

　放射線を用いた技術がさまざまな分野で用いられるようになった．放射線は物質への透過力が強いため，物質表面でなく，物質内部に熱エネルギーと比べてはるかに大きなエネルギーを付与したり，放射線粒子そのものを注入することができる．このため，物質の改質（構造鎖の切断あるいは架橋），加工，半導体不純物の打ち込み，あるいは殺菌などの工学技術だけでなく，がん治療や診断などの医学応用にも用いられている．これと同様かつ裏腹の側面として，原子力，核融合，宇宙開発などに伴い，物質や生命の放射線壊質・損傷や修復などについても活発な研究が進められている．

　放射線作用とは α 線，β 線，γ 線，あるいは，加速器によって発生させた荷電粒子やX線といった高エネルギー粒子線（1次粒子，1次放射線）が物質に照射された際に，物質中で起こる荷電粒子のエネルギー損失やイオン化による電子の発生（これを1次粒子に対して2次電子と呼ぶ）といった物理的な放射線相互作用，2次電子と物質の相互作用によって引き起こされるさまざまな化学種（励起原子・分子，ラジカル，イオンなど）の生成・消滅および化学種間の反応，そして，対象が生体系であるならば，以上のような物理的・化学的相互作用が蓄積・増殖されることによって起こる生物学的変化の全般を意味する．放射線による化学的変化が主として2次電子によって誘起されるものであるため電離放射線という表現が用いられることがあるが，これらの化学的，生物学的変化は放射線に特有の現象ではなく，2次電子を生成するようなエネルギーをもつ粒子の存在する放電，プラズマ，火炎，電離層大気などにも共通して見出される．

　1次粒子による物質への放射線作用は物質を構成する原子や分子と高速電子，イオン，電磁波との相互作用によるイオン化・励起であり，それに後続する2次電子によって誘起される現象においては，いずれも不安定活性種と物質のつくる非定常状態が定常状態

に回帰する際の時間発展的な緩和現象である．そこでは種々の不安定活性種の生成・消滅の関与するきわめて多種の反応が含まれており，このような原子・分子素過程に還元して研究した上で再現・応用を試みる放射線物理学・化学の観点は有効であろう．

5.3.2　放射線の減速スペクトル・トラック構造

まず放射線の物質へのエネルギー付与について考えてみる．γ 線，X 線のような電磁波の場合にはエネルギーに応じて，電子対創生，コンプトン効果，光電効果によりエネルギー付与が行われ，いずれも電子が（電子対創生の場合は陽電子も）放出される．このうちコンプトン効果は電子波の非弾性散乱であり，その後も非弾性散乱が起こりうるが，電子対創生と光電効果は電磁波の吸収（消滅）であり，その後の放射線効果は 2 次電子の減速による．

α 線（He^{2+}）や陽子イオン，あるいは重イオン，そして，β 線や高速電子ビームのような高速荷電粒子が物質に入射すると，物質を構成する原子・分子との非弾性散乱により物質にエネルギーを付与しながら進み，減速される．高速荷電粒子が通過した飛跡（これをトラックと呼んでいる）上にはイオンや 2 次電子が発生しており，霧箱や泡箱といった放射線の軌跡を可視化する検出器を用いると，イオン化による塩析を起こした微小な点をとびとびにみることができ，これをたどることによりトラックを知ることができる（図 5.3.1）．

このようにトラック上には，連続的にではなく飛び石のようにイオン化が起こる．これは放射線の種類（線質）やエネルギーにもよるが，大づかみに考えると，高エネルギー粒子であることから量子的な大きさの見積もりである電磁波の波長 $\lambda = hc/E$，あるいは，荷電粒子の物質波の波長 $\lambda_p = h/\sqrt{2mE}$ がきわめて小さいことによる．放射線作用は 1 次放射線によるエネルギー付与に引き続く 2 次電子の衝突によって主として引き起こされる．

トラック上のイオン化位置では 2 次電子が放出され，またイオンが生じる．気体中ではイオンを核にして凝集（塩析，クラスタリング）が起こり，また固体では原子変移や構造変化が起こる．1 次放射線に対して 2 次電子のエネルギーは小さく衝突確率が高いため，放出位置からそれほど遠くない場所で次の衝突を起こし，原子・分子のイオン化・

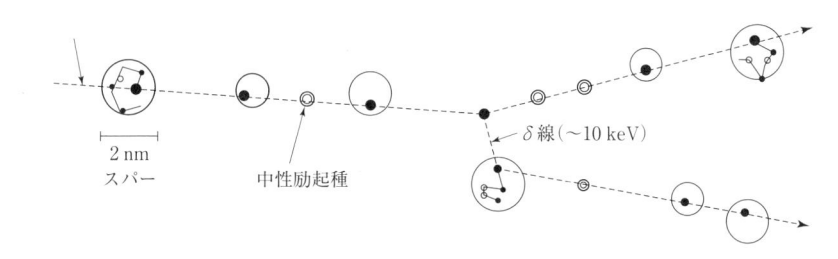

図 5.3.1　放射線のトラック構造
たとえば 100 keV の電子線が物質中に入射した場合．
（2 nm スパー，中性励起種，δ 線（~10 keV））

表 5.3.1 電子線（E>100 eV）と α 粒子（E>1 MeV）に対する気体の W 値，および第一イオン化エネルギー（IP）

気体	電子	α粒子	IP	気体	電子	α粒子	IP
空気	33.97	35.18		N_2	34.8	36.4	15.58
He	41.3	42.7	24.59	O_2	30.8	32.4	12.07
Ne	35.4	36.8	21.56	CO_2	33.0	34.2	13.77
Ar	26.4	26.4	15.76	CH_4	27.3	29.1	12.61

注）単位はいずれも eV．

励起などを引き起こす．こうして構造変化が数 nm 以下の範囲にわたって生じたものをスパー（spur, とげ）という．

スパーの大きさはイオン化位置で物質に付与されたエネルギーの大小によって決まる．通常，スパーに付与されるエネルギーは 10〜100 eV 程度とされている．それよりも大きなエネルギー（100〜500 eV）の付与が起こったときには，ブロブ（Blob, スパーの塊）と呼んで区別することがある．物質中で放射線エネルギーの付与が起こるときに，1 対の 2 次電子とイオンの生成に必要な平均的なエネルギーを W 値という．表 5.3.1 にいくつかの気体に対する W 値を示すが，線質に大きく依存せず，おおよそ第一イオン化エネルギーの 2 倍程度である．これはエネルギー付与には，イオン化だけでなく電子励起も競合して起こるためである．こうして何段階かの正味のイオン化が後続するような大きめのスパーがブロブである．これ以上のエネルギー（500〜5000 eV 程度）が付与される場合はトラックが分枝するような構造となり，ショートトラックあるいは δ 線などとも呼ばれる．エネルギー付与の大きさが，単純なスパーを生じさせるだけのものか，ブロブやショートトラックを生じるものかは確率的な現象であり，決定論的な推測は困難である．しかし，物質全体に付与されるエネルギーの総量とその効果は放射線の線質やエネルギー，そして物質の組み合わせに対して固有である．このことから，あとで述べるような確率論的な理論によって放射線効果をシミュレートすることができる．

微小距離（dx）の進行に対して荷電粒子が失う運動エネルギー（dT）を微分係数として表したもの（dT/dx）を阻止能と呼ぶ．阻止能をトラックに沿って積分すれば放射線が物質に付与する全エネルギーが求められ，また，その逆に放射線が物質に入射したときのエネルギーがすべて失われる距離（飛程という）を見積もることもできる．

これに対して，荷電粒子が単位長さを進行する際に物質に付与されるエネルギーの大きさを LET（linear energy transfer，線エネルギー付与）と呼ぶ．阻止能と LET はほぼ同様の概念であるが，阻止能が放射線粒子，エネルギー，被照射媒体できまる粒子のエネルギー損失の連続変化量であるのに対して，LET は媒体に付与される正味のエネルギーという観点からみたもので，実質的に媒体には付与されない制動放射などのエネルギーは含まれない．両者は本来同様の意味のはずであるが，LET は媒体中を運動しながら連続的に変化する物理量を表すものというより，ある定められた媒体に入射する

特定のエネルギーをもつ粒子の線質を定義する現象論的な平均量として用いられる．これは，放射線から付与されるエネルギーの概数を表すだけでなく，その大小によって異なる放射線効果を示す指標となる．たとえば，低速多価イオンビームのように1 nm当たりに数10 eVものエネルギーが付与される高LET放射線の場合には，スパーやブロブがほぼ間断なく，もしくは，重なりあって形成され，高密度のエネルギー付与が行われる．DNAの2本鎖切断やクラスター損傷のような多重損傷の発生は，このような高密度励起において起こると考えられる．一方，小さなLETの放射線の場合には，スパーは独立して発生し，損傷や壊質もまた独立して起こる．このように，粒子線質の違いや放射線エネルギーの違いによる区別だけでなく，両者を総合して，放射線作用の頻度や程度という観点から放射線質を大づかみに把握するにもLETは有用である．

a. モンテカルロシミュレーション

近年，上記のようなトラック構造についてのモンテカルロシミュレーションによる研究が普及している．とくに，有人宇宙衛星環境，放射線治療の効果や2次被曝など，実証実験の行いにくい生体・人体への放射線効果を評価するためには，信頼に足るシミュレーションがきわめて重要であるが，一般的な材料・物質の放射線による改質・変換技術の設計指針としても効果的である．

モンテカルロシミュレーションでは，放射線効果を時間領域に特有な素過程に分解して計算する．まず，1次放射線の媒質中での弾性衝突とイオン化や励起（非弾性衝突）について，実験・理論両側面からの断面積をもとに確率過程として扱い，これらの衝突が起こる位置と付与するエネルギーを求める．これが約10^{-15} s程度の時間で起こる物理プロセスの計算であり，シミュレーションの基点である．結晶のような均質な媒質だけでなく，細胞のような不均質媒質であれば，連続的な細胞水に細胞物質をランダムに配置しておき，放射線のトラックと物質とが重なり合えば，1次放射線による直接的なイオン化や励起の発生する確率が生じる．付与されたエネルギーがイオン化エネルギーを超えるものであれば，2次電子が発生するため，部分イオン化断面積に応じてそのエネルギーと方向を確率事象として定め，2次電子が亜励起エネルギーとなるまで繰り返す．以上により1次放射線の入射から約10^{-12} s後には媒質中へのエネルギーの付与が終了する．そして，これまでに生じたイオン，ラジカル，亜励起電子などの媒質中の拡散と化学反応により損傷が定着する約10^{-6} sまでの化学的プロセスを粒子のランダムウォークと反応素過程の断面積から確率的に計算する．

このように初期条件だけでなくすべての衝突・反応の過程を確率的に扱うが，上述のとおり，放射線のトラック構造の発生が確率的な現象であるため，統計現象とみなせるまでに入射放射線の個数を増やしていくことにより，放射線効果がきわめてよくシミュレートできるものとされている．放射線効果に特化したモンテカルロシミュレーションについての国際学会も2000年には行われるまでになり[1]，また2009年に行われた第26回原子衝突国際会議においても原子分子物理学の1つの医学応用と認識されるに至って

いる[2]．

b. 素過程データの必要性

放射線効果を再現する上での方法論としてのモンテカルロシミュレーションの妥当性は広く認識されるに至ったが，その信頼性を跡づけるものは，シミュレーションに取り込まれる種々の素過程の妥当性，すなわち，モデリングの妥当性と，その素過程の断面積データの信頼性である．前述のとおり，放射線（高速荷電粒子）と物質との相互作用の断面積は実験だけでなく，ボルン-ベーテ近似のような理論によってかなりの程度まで表すことができるが，2次電子や低速イオンのような低速荷電粒子，中性ラジカルなどの断面積を定量的に，かつ，精度よく表すことはまだ理論的には難しい．したがって，実験的なデータが不可欠である．これは何もモンテカルロシミュレーションにとどまらず，放電プラズマや核融合プラズマの診断ならびにモデリングに用いられるボルツマン方程式による解析でもきわめて重要である[3]．米アルゴンヌ国立研究所の井口（道生）はこのような幅広い断面積データの応用に注目し，"Correct, Absolute, and Comprehensive"な断面積の重要性を指摘している．

このような断面積データの収集・評価・データベース化が，米国のアルゴンヌ国立研究所，NIST，あるいは国内でも核融合研究所などで以前から行われているが，国際原子力機構が放射線医療技術の設計という観点から断面積データ集積の指針を出しており[4]，放電プラズマに特化した形ではあるが，電気学会でも電子衝突などの素過程データの収集・評価委員会が継続的に行われている[5]．

5.3.3 放射線作用と超励起分子
a. 超励起分子の役割

トラック内に発生した2次電子が非弾性衝突によって物質のイオン化を起こすと，2次電子が増殖してスパーを拡大する．それに対して中性の励起状態が生成した場合にはスパーは徐々に終端することになる．モンテカルロシミュレーションでは物質に付与されるエネルギーにより2次電子の発生と励起を区別するとしたが，物質にイオン化ポテンシャル以上のエネルギーが付与されても2次電子を生成しない場合が存在する．これは分子の超励起状態の生成によるものと理解されている．以下に超励起分子について概説する．

高速の荷電粒子が分子の近傍を通過する際，分子にはδ関数的な瞬時の電磁場が与えられる．これは振動数にフーリエ変換すると連続的な振動数スペクトルをもつ電磁波，いわば"白色光"に対応する．つまり分子は白色光を照射された場合と同様な挙動を示すと考えられる．このような考えに基づき分子の光学的振動子強度分布（光吸収断面積）をイオン化ポテンシャルより上と下のエネルギー領域で積算することによってイオン種/励起種の生成比を求めてみると，W値の解析から実験的に求められたものよりも大きく下回る．つまり，イオン化ポテンシャル以上での光吸収がすべてイオン化に寄与する

5.3 放射線作用の基礎過程

ものではない．プラッツマンはこのような現象を理論的に解明する上で，イオン化ポテンシャルより大きな内部エネルギーをもつ中性励起状態の存在を提唱し，超励起状態（superexcited state）と呼んだ[6, 7]．また放射線の減速スペクトルはエネルギーが連続的に減小してもほとんど変化しないが，これはイオン化が連続的な波動関数をもつ連続状態への遷移であるためである．ところが，飛程の最終端（トラックエンド）では励起状態の生成が主となるため，離散状態への電子遷移に対応してきわめて強いエネルギー吸収が起こることになる．プラッツマンはこのように電子の有効な減速を行わせる中性励起状態がイオン化ポテンシャル以上のエネルギー領域においても存在し，これらが速やかに中性断片への解離

$$AB^{**} \rightarrow A + B$$

を行うことによって十分にエネルギー緩和しイオン化ができなくなると考えた．これは気相孤立分子における超励起状態の特質をよく示すものである．

原子物理学では，オージェ効果の発見と同時期の 1920 年代にローレンスが水銀原子の電子衝突により放出される電子の観測において連続的な電子エネルギースペクトル中に離散的な構造があることを見出した[8]．電子衝突は上述のように選択的なエネルギー損失を起こすものではないため，離散的状態がなければ連続的な放出電子スペクトルしか観測されないはずである．1930 年代にはボイトラーが重い希ガス原子の第一イオン化エネルギーよりも若干高いエネルギーをもつ多数の離散的状態を見出した[9]．希ガスの最外殻電子に対して $^2P_{1/2}$ と $^2P_{2/3}$ というエネルギーの異なる 2 つのイオン化閾値が存在するが，$^2P_{1/2}$ のエネルギーがやや大きく，このイオンが電子を束縛した離散的状態が 2 つのイオン化閾値の間に多数存在する．このように"2 つのイオン状態に対応するイオン化閾値の間に出現する離散的状態"という表現もまた，超励起状態の特質をよく表している（なお，原子では解離によってイオン化の割合を低下させることがないため，電子励起状態としては分子の場合と同質であるものの，プラッツマンの定義からは"原子の超励起状態"という表現は不適である）．

1950 年代の終わりにラセッターらが，電子衝突分光法によりヘリウムなどの二電子励起状態の存在を示し[10]，コドリングとマッデンは同時期に同じエネルギー領域のシンクロトロン放射光を用いて初めて気体原子の分光を行い，離散的かつ非対称の構造をもつ強い吸収スペクトル構造を初めて示した[11]．ファーノは，電子状態の離散・連続配置間の相互作用の結果，離散→連続状態への電子状態の漏れが自発的電子放出（自動イオン化）を誘起するという理論的定式化を行い，また吸収スペクトルに現れる幅・シフト・非対称な共鳴吸収構造が説明された．これはボイトラー–ファーノの式として知られている[12, 13]．

このほか，Kr および Xe の d 内殻イオン化閾値の前後に離散構造があることがコドリングとマッデンによって確認され[14]，国内でも東大原子核研究所において東京教育大の中村（正年）らにより，Ar の 2s, 2p 内殻イオン化閾値や N_2 の K 殻吸収端領域でのリュードベリ状態が観測された[15, 16]．これらは原子・分子の内殻励起状態の初めての観測であ

る.

　以上のように放射線化学と原子物理という独立の分野で発展してきたイオン化ポテンシャルを超えた中性励起状態についての研究はその発展の時期を一にしている.

b. 超励起分子の物性

　超励起状態について分光的な知見を得る上では，光励起による方法が最も直接的である．一般に分子の最低イオン化ポテンシャル（IP）は 10 eV 前後であり，これを光の波長に換算する真空紫外領域ということになる．また，一般に原子・分子は複数の殻に電子が存在する多電子系であるため，超励起状態は真空紫外から軟 X 線までの極紫外領域に幅広く無数に存在する．この幅広い波長範囲にわたる連続的な光源は現在のところシンクロトロン放射光しかない[17]．したがって超励起状態の最近の研究の進歩はこのシンクロトロン放射光の発達・普及と放射光分光学の発展に負うところがきわめて大きい．

　電磁波に対する分子内束縛電子の応答性の波長依存性を調べれば，超励起状態の固有エネルギー（波長）において光吸収断面積は離散的な特異値を示し，吸収スペクトル中にピーク構造を観測することができる．また，超励起状態とイオン化連続状態との間の相互作用のために，電子を連続状態へと放出する無輻射緩和過程（自動イオン化）が起こりイオン化部分断面積にも離散的な自動イオン化構造を観測することができる[18]．

　超励起状態は通常の励起状態に比べて，より大きな内部エネルギーをもつため，超励起分子を AB^{**} と表すと，以下のような種々の崩壊過程があると考えられている[7,19]．

$$AB + h\nu \rightarrow AB^{**} \rightarrow AB^+ + e^- \text{（自動イオン化）}$$
$$\rightarrow A + B \quad \text{（中性解離）}$$
$$\rightarrow A^+ + B^- \quad \text{（イオン対生成）}$$
$$\rightarrow AB + h\nu \quad \text{（蛍光放出）}$$

このうち最も重要なものは上述の自動イオン化と中性解離である．自動イオン化の寿命はおよそ ps-fs の時間領域にある．分子の解離は結合軌道にある電子が励起されることによる分子構造の不安定化によって起こり，直接解離と分子振動を契機とする前期解離とがある．両者とも振動と同程度の時間領域（ps-fs）で起こるため，自動イオン化と競争する．解離には中性解離とイオン対生成[20]とがあり，両者は生成物こそ異なるものの，きわめて類似した過程である．しかし負イオン断片にはわずかな状態しか存在しないため，中性解離に比べてイオン対生成の断面積はきわめて小さいとされている．蛍光放出は[21] ps-fs の時間領域で起こる解離あるいは自動イオン化に比べはるかに遅い（μs-ns）過程であるため相対的な割合はきわめて小さい．

(1) イオン化量子収率にみる超励起分子の自動イオン化と中性解離

　以上，超励起状態の崩壊にはイオン化と並んで中性解離が大きな割合をもつ．とくに第一イオン化エネルギー近傍などの外殻吸収領域では，解離によって生成する断片ラジカル種の内部エネルギーでは自動イオン化を起こせないために，イオン化と中性解離とが競争過程となる（これに対して，内殻イオン化・励起の多くの場合は直接的には結合

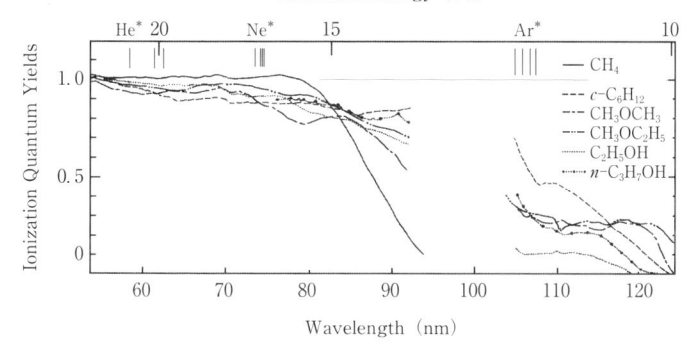

図 5.3.2 有機分子のイオン化量子収率
これらの分子の第一イオン化エネルギーは，CH_4(12.61 eV)，c-C_6H_{12}(10.32 eV)，CH_3OCH_3(10.04 eV)，$CH_3OC_2H_5$(9.86 eV)，C_2H_5OH(10.64 eV)，n-C_3H_7OH(10.49 eV)であり，CH_4 以外，ほぼ図の右端付近に存在する．

に関与しない内殻電子を遷移した状態の結合構造が大きく変化しないため，後続するオージェイオン化によって価電子を失った分子イオンの解離が主になる点が異なる[22])．

　自動イオン化と中性解離との競争の様子はイオン化量子収率（1回のエネルギー吸収に対するイオン化の割合．たとえば光吸収断面積に対する光イオン化断面積の比）[23, 24)]の付与エネルギーに対する依存性にみることができる．図 5.3.2 は光吸収におけるイオン化量子収率の例であるが，分子のイオン化閾値近傍では光イオン化量子収率は1よりもはるかに小さく直接イオン化よりも超励起状態の生成とそれに引きつづく中性解離が重要である．励起エネルギーが増大するにつれて光イオン化量子収率は1へと近づき，超励起よりは直接イオン化の割合が増加し，また超励起状態の崩壊過程においても自動イオン化の割合が大きくなることを示している．

　超励起状態としてはいくつかの種類が考えられ，いずれの場合も励起電子および空孔軌道による分子の分極が重要である．超励起状態について系統的な理論研究を行っている中村（宏樹）は，自動イオン化における非断熱遷移の関与の有無の観点から以下の2つに大別し，b) のような電子状態の再配置のみによって自動イオン化を起こしうるものを"第1種"の超励起状態，a) のような非断熱遷移を伴って自動イオン化を起こすものを"第2種"の超励起状態と呼んでいる[25)]（なお，スピン-軌道相互作用でイオンのエネルギー準位の開裂が起こり上位のイオンに収束するリュードベリ状態のうち下位の準位を上回るものは超励起状態たりうる[22, 26)]．ヘリウムを除く希ガス原子の最低イオン化エネルギー（$^2P_{3/2}$ 状態イオンの生成）と次のイオン化エネルギー（$^2P_{1/2}$ 状態イオンの生成）の間に現れる状態の自動イオン化がこれに相当するが酸素分子などでも同様の自動イオン化が観測されている）．

　a) 電子的基底状態イオンに収束するリュードベリ状態はそのままでは超励起状態で

はない．しかし，リュードベリ状態の振動・回転励起エネルギーまでを内部エネルギーに加えるとイオン化エネルギーを超えるものが現れる．このような超励起状態の自動イオン化は振動・回転状態の脱励起によって起こる非断熱的なプロセスである[25]．またリュードベリ状態のうち反発ポテンシャル構造をもつものの場合には，その反発ポテンシャル壁上に励起されたものが第一イオン化エネルギーを超える場合がある．このような超励起状態はイオンの原子間運動（解離の相対運動）の連続状態中に現れ，自動イオン化はきわめて起こりにくい．

　b) 電子的に励起したイオンに電子が束縛されたリュードベリ状態，つまり最小ではない束縛エネルギーに相当する軌道の電子が励起した場合（内側の Valence 軌道の励起状態），あるいは，二電子励起状態といった超励起状態が存在する．この場合には，原子の内部運動の脱励起を伴わない断熱遷移のみによって自動イオン化が可能になる．このとき，a) に比べてはるかに速やかに自動イオン化が起こる[25]．

　以上のような超励起分子のエネルギー状態とその緩和過程を考えるならば，光イオン化量子収率がエネルギーの増大とともに1に収束していく様子を大まかには理解することができる．すなわち第一イオン化エネルギー直後のエネルギー領域においては"第2種"の超励起状態が主であり，自動イオン化は分子内原子の相対運動（振動・解離）と比べて速くない．しかしエネルギーの増大とともに"第1種"の超励起状態が出現し自動イオン化が重要な崩壊過程となる．しかし，最低イオン化エネルギー直後だけでなく，電子的に励起したイオンへのイオン化閾値付近でみられる超励起状態も，多くの場合，核運動の励起を伴っており，非断熱的な崩壊過程との結合について吟味される必要がある．

(2) イオン化断面積と中性解離断面積

　図5.3.3に CO_2 分子の $CO_2^+(A^2\Pi_u)$ イオン生成の部分イオン化過程と中性解離過程

$$CO_2 + h\nu \longrightarrow CO_2^+(\tilde{A}^2\Pi_u) + e^-$$
$$\longrightarrow CO(A^1\Pi) + O$$

の断面積を示す[27]．先述した希ガスの最外殻軌道にみられたものと同様に，CO_2 分子の $A^2\Pi_u$ および $B^2\Sigma_u^+$ という2つのイオンの生成閾値に挟まれた領域に存在する $CO_2^+(B^2\Sigma_u^+)$ に収束するリュードベリ状態がこの場合の超励起状態である．スペクトル線幅の異なる"sharp"と"diffuse"の2つのリュードベリ系列が断面積強調のピーク列として観測されており，図では R_B "s" および "d" と記した．17.3 eV 付近から $CO_2^+(A^2\Pi_u)$ 状態のイオンの生成が始まり，エネルギーの増大とともにイオン化部分断面積が徐々に増加する．このゆるやかな増大は直接イオン化によるものである．2つのリュードベリ系列の超励起状態では，s系列に比べてd系列のピークがより広い幅で観測され，自動イオン化速度が大きいことを示す．イオン化部分断面積では自動イオン化によるピーク列の構造がdとsの両系列でほぼ同程度の強度でみられているのに対し，解離断面積ではd系列のピーク強度はきわめて小さい．つまり自動イオン化の速度が大きなd系列では中性解離の割合が減少し，超励起状態の中性解離における選択性として現れたと解釈で

5.3 放射線作用の基礎過程

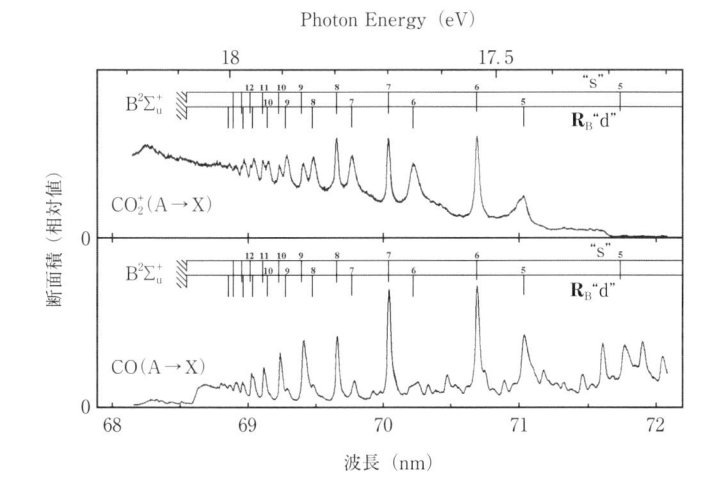

図5.3.3 蛍光励起スペクトルにみる CO_2 の超励起状態の解離と自動イオン化の競争
上はイオンの発光 $CO_2^+(\tilde{A}^2\Pi_u) \to CO_2^+(\tilde{X}^2\Pi_g) + h\nu'$ の観測によるイオン化部分断面積.下は中性解離で生成した解離断片の発光 $CO(A^1\Pi) \to CO(X^1\Sigma) + h\nu''$ の観測による中性解離断面積.

きる.

また,イオン化閾値($CO_2^+(B^2\Sigma_u^+)$:18.1 eV)においては中性解離断面積は階段状に減少している.このイオン化閾値以下では $CO_2^+(B^2\Sigma_u^+)$ イオンに小さなエネルギーで電子を束縛する超励起状態(リュードベリ状態)を生成していたのに対し,イオン化閾値以上のエネルギーを吸収すると遷移する電子がもはやこのイオンには束縛されずに放出される過程に移行し,超励起状態の生成密度が大きく減少したことを示している.

(3) 非フランク-コンドン効果

分子イオンのポテンシャルエネルギー曲線の解明には紫外光電子分光法による振動構造解析が大きな役割を果たしてきた.そこではボルン-オッペンハイマー近似がよく成り立ち,基底分子と分子イオンの振動の波動関数の重なりであるフランク-コンドン因子:

$$F = |\langle \chi_{i,v'} | \chi_{g,v} \rangle|^2 \quad (5.3.1)$$

が異なる振動状態のイオン生成に対する相対強度を与えると考えられてきた.しかし超励起状態が存在すると,基底状態からの超励起とそれに後続する自動イオン化過程という3準位間2段階遷移となりフランク-コンドン因子として式(5.3.2)のようなものが観測されてしまうことになる.

$$F' = |\langle \chi_{i,v'} | \chi_{\sup} \rangle|^2 |\langle \chi_{\sup} | \chi_{g,v} \rangle|^2 \quad (5.3.2)$$

紫外光電子分光に用いられるヘリウム共鳴線(HeI:21.2 eV,HeII:40.8 eV)のような高エネルギー光の吸収領域ではもはや超励起状態のイオン化過程への寄与は重要ではな

いと考えられていたため，このようなフランク-コンドン因子の歪曲は無視しうるものとされていたが，HeI, HeII両者によって紫外光電子スペクトルを測定した場合に異なる振動分布を示すものが少なくない．このように超励起状態の内部運動の反映としてイオン化における非フランク-コンドン的な影響が現れる．このような超励起分子の運動の極限である解離が併存して起こる場合を考えると，さらに複雑な非フランク-コンドン的な挙動を示す．

(4) 自動イオン化と動力学

イオン化エネルギー以上のエネルギーを吸収して超励起状態のポテンシャル曲線 $V^*(R)$ の斥力壁上に励起された分子 AB^{**} は外向きの力により，相対距離 R_0 を始点として解離運動を始める（図5.3.4）．運動の始点における全エネルギーを $E^* = V^*(R_0)$ とする．このとき B^{**} がB原子のイオン化ポテンシャルを超えている場合には，解離運動中のすべての核間距離 R において自動イオン化が起こる．ここではもはや解離と自動イオン化が二者択一的な競争ではなく，協調的な現象として起こる．これを解離性自動イオン化と呼ぶ．このような現象は結合に関与する電子の励起・イオン化が支配的である外殻吸収領域において一般的に見出される現象であるが[28]，内殻吸収領域でも観測されている[29]．

この場合を例にとって超励起状態の自動イオン化の様子を考えてみる[30]．簡単のため

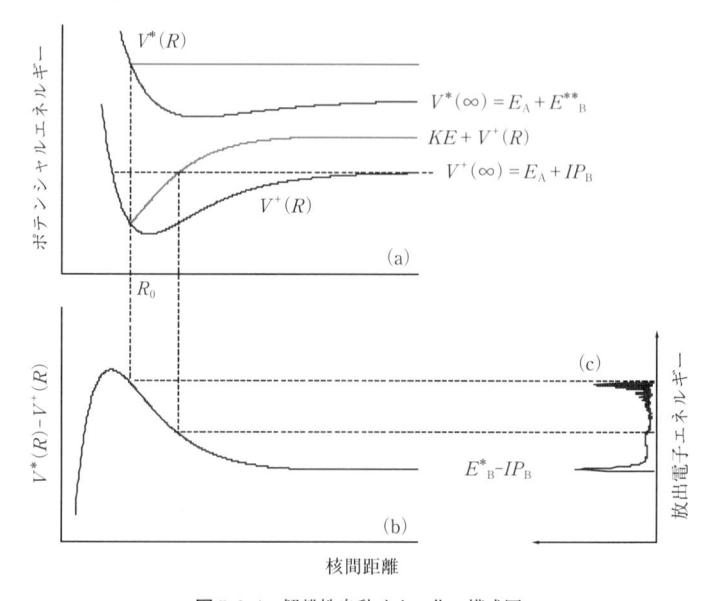

図5.3.4 解離性自動イオン化の模式図

(a) は超励起状態のポテンシャル曲線 $V^*(R)$ とイオン状態のポテンシャルシャル曲線 $V^+(R)$，(b) は放出電子エネルギーの核間距離 R に対する依存性，(c) は放出電子エネルギー．

に，原子の相対運動を古典的に，電子遷移を量子力学的に考えることにする．超励起状態および自動イオン化によって生成するイオンのポテンシャルエネルギーを $V^*(R)$ および $V^+(R)$ とすると，自動イオン化によって放出される電子のエネルギーは $\epsilon(R) = V^*(R) - V^+(R)$ である．ここで，自動イオン化直前の原子間の相対運動エネルギー $KE = E^* - V^*(R)$ は自動イオン化終了直後にも保存され，イオンは $KE + V^+(R)$ というエネルギーの状態として生成する．このエネルギーがイオンの解離極限のエネルギー $V^+(\infty)$ よりも小さければ結合した分子イオン AB^+ の状態を生成し，大きければイオンは $A + B^+$ へと解離する．自動イオン化が十分 $R \to \infty$ とみなせる核間距離に到達してから起こるならば，原子 B^{**} の自動イオン化にすぎないため，放出電子のエネルギーは $\epsilon(\infty) = E_B^{**} - IP_B$ である．ここで，E_B^{**} は B^{**} の励起エネルギー，IP_B は B のイオン化エネルギーである．電子のエネルギーは $\epsilon(R_0) \sim \epsilon(\infty)$ の範囲に出現する離散・連続スペクトルとなる．

c. 超励起分子の生成・崩壊

超励起状態の生成は光吸収，電子衝突，イオン衝突など種々のエネルギー付与によって引き起こされる．超励起状態の生成・崩壊の観点から中村（宏樹）が統一概念図[31]を示している（図5.3.5）．これは計算方法の概念的把握であり，量子力学的状態変化が正・逆両方向で可能であるという点から整理されている．また，生成・崩壊の現象論的概念図としても興味深い．光吸収による超励起状態の生成に引きつづく自動イオン化と中性

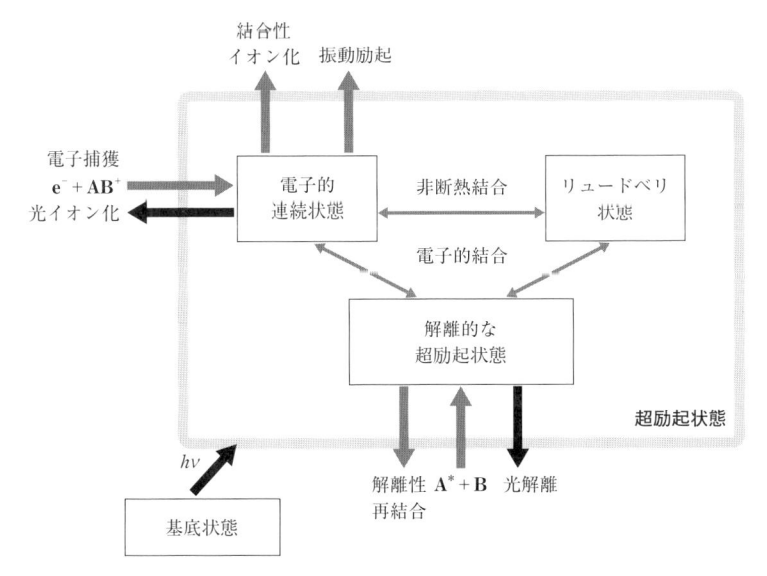

図 5.3.5 超励起分子の生成過程と崩壊過程

解離の崩壊過程は，図の下側にある基底分子を基点として超励起状態が生成し，左側の電子・イオン対の生成と右下の原子対への分解の競争を述べたものであった．超励起状態の生成は，自動イオン化の逆過程である電子・イオン再結合過程（図の左側を起点）や，光解離の逆過程として中性原子・分子どうしの衝突（右下を起点），などさまざまなものがある．そのほとんどはすでに第3章の衝突過程に個別的に解説されている．以下では光による超励起とは別の側面ということから，超励起状態が化学反応ダイナミクスの中間状態（遷移状態）として重要な役割を果たしているペニングイオン化を取り上げて述べる．

d. ペニングイオン化

ヘリウム・ネオンなどの希ガス原子の最低励起状態のエネルギーはほとんどの原子・分子の第一イオン化エネルギーよりも大きく，これらとの衝突により原子・分子 B のイオン化を誘起することができる．

$$A^* + B \longrightarrow A + B^+ + e^-$$

この反応はペニングイオン化（Penning ionization）と呼ばれる[32, 33]．ここで A^* は衝突種 A の電子的励起状態である．また終イオン状態として AB^+ イオンを生ずる場合，

$$A^* + B \longrightarrow AB^+ + e^-$$

を結合性イオン化（associative ionization）と呼ぶ．この反応は解離性再結合の逆過程である．ペニングイオン化と結合性イオン化は同一の現象であり，異なる分子間距離において異なる原子間運動の終状態が生成する過程とみなされる．超励起分子の解離性自動イオン化を，光や電子衝突ではなく，中性の原子・分子衝突を起点としてみたものということもでき，図5.3.5において（$V^*(R)$ を，$A+B^{**}$ のポテンシャルでなく，A^*+B のものと読みかえて），$R:\infty \to R_0 \to \infty$ という往復運動中の自動イオン化に相当する．この過程は衝突種 A の内部エネルギーが標的に受け渡されることによりイオン化が起こるという一種の化学反応であるため，化学的イオン化（chemi-ionization）ともいわれる．ここで重要なことは，孤立した A^* の励起エネルギーが B に受け渡されてイオン化するのでなく，分子間距離 R における"擬似分子 AB"の電子状態間での自動イオン化であることである．したがって，2つの粒子の分子間相互作用がイオン化確率を決定し，A^* の状態が異なれば，エネルギー準位が近接していても，また，同じ $A+B^+$ を生じるのであっても，自動イオン化の確率（一般の二体衝突の場合と同様，反応断面積で表される）が大きく異なる場合が少なくない[33]．

この反応により5.3.2項に述べた物質の W 値が大きく減少する．たとえばヘリウムの W 値は42 eV 程度であり，放射線による励起がイオン化とほぼ同程度の割合で起こることを意味するが，ヘリウム気体にアルゴンや窒素などの微量の不純物が含まれていると，励起したヘリウムによるペニングイオン化によって，励起原子の生成に使われたエネルギーがイオン化に寄与するためである．これは放射線作用における Jesse 効果として知られている．

5.3.4 2次粒子による生体分子の損傷

放射線と物質の相互作用が生体中で起こることを被曝といい，放射線障害を引き起こすことがある．放射線障害防止法によればそれは2つに大別される．1つは，多量のエネルギーが付与されることにより，熱分解反応が起こったり，2次電子や遊離基（ラジカル）などのさまざまな2次粒子との化学反応により分子がが不可逆的に分解・変形され，細胞が代謝活性を失って損なわれる細胞死である．これは，一定の放射線量のしきい値を超えると確実に起こるという意味で確定的影響といわれる．もう1つは，細胞核中の DNA の損傷によって引き起こされるものであり，被曝直後には外見上の影響が見えずとも，細胞分裂などの生命活動とともに時間を経て起こるため生物効果，あるいは，遺伝的効果とも呼ばれる．たとえば，紫外線のような低エネルギー放射線の照射により DNA 上の近接するチミン，シトシンが共有結合した2量体をつくることが知られている．これが一方の DNA 鎖内で起こると複製が行えなくなり，二重鎖間の架橋として起こると鎖の分離ができなくなる．これらはいずれも DNA の複製に対する放射線障害の原因と考えられている．遺伝的効果は放射線量に対するしきい値をもたず，放射線量に比例した一定の確率をもって起こるため確率的影響といわれている．放射線治療の効果の評価，そして2次被曝の見積りといった観点からは前者・後者ともに重要であり，原子炉の管理や有人宇宙衛星などで必要とされている低線量リスク防護の観点からは，後者の確率的影響が重要であるとされている．しかし放射線被曝に対する人的データが限られているために，これらの区別は必ずしも明確ではない．

生体分子への放射線効果には，1次放射線もしくは2次電子による生体分子へのエネルギー付与によって起こるものがあり直接効果と呼ばれる．これは通常の物質と放射線の相互作用の場合と同様である．これに対して，生体が溶液系であるため，細胞液などへのエネルギー付与を経て生じた粒子種が拡散し細胞内のさまざまな部位の生体分子との反応が起こる．これを間接効果という．

これまでのところ生体分子に対する間接効果を担う重要な粒子種としては，細胞水中に発生した OH 遊離基，一重項酸素分子 $O_2(a^1\Delta_g)$，負イオン $O_2^-(X^2\Pi_g)$，そして，水和電子が知られている[34]（負イオンはスーパーオキシド（超酸化物）と呼称されることもある．また OH や負イオンが不対電子をもち反応性に富む遊離種であることを示すために，ルイス式にならって $\cdot OH$, O_2^- のように書かれることもある．これに従うと基底酸素分子はジラジカル $\cdot O_2 \cdot$ である．ここでは通常の原子・分子物理の記法に従い，ドット記号は用いていない）．細胞液中の反応であるため，このような分子種の形態で反応が行われるとは言い切れない．また反応に必要なエネルギーの供給や発熱エネルギーの吸収の可能な，いわば "熱浴" 中で行われる反応であるため，原子物理学的な素反応衝突とは同次元で考えることは難しいかもしれない．これらの活性種は放射線照射が行われない場合にも存在し，また他の活性種との反応によって，

$$O_2 + e^- \longrightarrow O_2^-$$

$$O_2^- + 2H^+ + e^- \longrightarrow H_2O_2$$

$$H_2O_2 + H^+ + e^- \longrightarrow OH + H_2O$$
$$OH + H^+ + e^- \longrightarrow H_2O$$

のように，最終的には溶媒に回帰するさまざまの反応に関与しているため，それぞれの2次粒子を独立したものと扱うことはできないが，ここでは，放射線照射に伴う主たる生成過程と生体分子との反応による消滅過程の概略を述べることにする．

O_2^- の生成は，水中に溶存する酸素と熱平衡化した2次電子との反応，つまり，放射線による2次電子の発生に伴って生成する．このほかに，放射線分解で生じる H 原子との反応によっても生成する．

$$O_2 + e^- \longrightarrow O_2^-$$
$$O_2 + H \longrightarrow HO_2$$
$$HO_2 \longrightarrow H^+ + O_2^- \quad (pK = 4.6 \sim 4.9)$$

後者の生成反応は水の自己解離によるプロトン生成と競合するため，溶液の pH に依存する．

O_2^- は，かつては生体中の放射線損傷に中心的な役割を果たすものと考えられていたが，他の活性種に比べて反応性が低いため，現在はそれほど重要であるとは考えられなくなってきている．上述のように，他の粒子種の反応と明確に区別することがむずかしいため，一重項酸素や OH による反応が O_2^- によるものと誤認され，じつは O_2^- はこれらの粒子種の発生源として用いられているというケースも多数存在するようである．O_2^- 自体の反応としては SH 基をもつ化合物との反応性が高く，また，SOD という酵素の存在下での酸化・還元反応があるとされている．

一重項酸素 $O_2(a^1\Delta_g)$ の生成は，酸素分子の基底状態が三重項であるため，基本的に電子交換衝突であり，塩素酸イオン OCl^- と過酸化水素との衝突のような化学反応を経由するもの，光や放射線により生成した2次電子や，励起分子と基底酸素分子との衝突，などの物理的過程を経由して生成する．$O_2(a^1\Delta_g)$ は反応性が高く，有機分子の二重結合に分子ごと挿入される酸素酸化と呼ばれる反応を起こし，環状もしくは鎖状の過酸化物をつくる．これらはいずれも不安定化合物であり，他の分子と反応して分解することにより，天然状態の分子を分解する．

OH ラジカルの生成は水の放射線分解であり，2次電子衝突による励起やイオン化による解離，あるいは低速化した電子との解離性付着などが重要な生成要因と考えられる．また溶存イオンとの衝突による過酸化水素の還元反応などによっても定常的に生成する．

$$Fe^{2+} + H_2O_2 \longrightarrow Fe^{3+} + OH + OH^-$$

OH の生体分子との反応は，一般の有機分子との反応と同様に，生体分子からの H 原子の引き抜き，H 原子と O 原子の挿入（それぞれ還元反応，酸化反応），そして電荷移動を起こすことが知られている．タンパク質は種々のアミノ酸のペプチド重合体であるが，芳香族アミノ酸（フェニルアラニン，チロシンなどベンゼン環を含むアミノ酸）に対しては環状不飽和結合（π 結合）を開裂させて，そこに H と O が結合する挿入反応

が支配的である．これに対して，脂肪族アミノ酸（イソロイシン，セリン，グルタミンなど飽和炭化水素骨格をもつアミノ酸）の場合には，H原子の引き抜きを主として行い，OHは水となり，アミノ酸のラジカルをつくる．

OHとDNAとの反応を考える．DNAは核酸塩基，糖（デオキシリボースもしくはリボース），およびリン酸で構成されたヌクレオチドという単位からなり，リン酸と糖のエステル結合がDNAの鎖状構造をつくる．このうちOHは不飽和環状分子である核酸塩基の不飽和結合へのOとHの挿入（酸化的損傷）反応の反応性が最も高いとされており，その代表例としては核酸塩基の1つであるグアニンから8-オキソグアニンが生じることが知られている（図5.3.6）．通常のグアニンがシトシンとG-C対をつくるのに対して，8-オキソグアニンではプリン環の6位のC＝O，および，7位に生じたN-Hを用いた水素結合によってアデニンとG-A対をつくるため，遺伝情報が書き換えられてしまう．

核酸塩基以外の部分との反応では，OHはリン酸と糖の結合部位 P-O-CH$_2$- からのH原子の引き抜きにより，C原子の部分を遊離基化する．これによりO-C結合が弱まり，加水分解により切断される．これがDNAの鎖切断であり重要な放射線損傷である．

水和電子は2次電子が熱化したのち溶媒を配向分極させた分極ポテンシャルに捕捉された一種のポーラロンである．水和電子の束縛ポテンシャルからの離脱に対応する720 nm付近に極大をもつ吸収スペクトルを示す．このため水和電子の多数存在する水は着色しており，いわゆる色中心などと類似のものである．分子との反応は電子付着による負イオン生成，もしくは解離性電子付着による分子の分解である．ここで生じた負イオン分子は他の分子との電荷交換反応などを通じて分解される．

以上，間接効果にはいくつかの2次粒子が関与しており，その全容が明らかにされているわけではないが，OHの反応がかなり重要な寄与を果たすものと理解されている．ところで，放射線のトラックが必ずしも細胞中の特定の分子上を通るとは限らないので，一般的には細胞液（水）へのエネルギー付与によって生じた2次粒子による間接効果が主要な寄与を占めると考えられてきた．しかし直接効果と間接効果の寄与の割合についてもまだ明確ではない．細胞液は純水ではないので間接効果にかかわる2次粒子は拡散の途中できわめて多種の捕捉分子と出会って消滅するため，かなりの割合の直接効果があるとする報告もある．たとえば，横谷らは，γ線やX線によるDNA単鎖切断の間接：

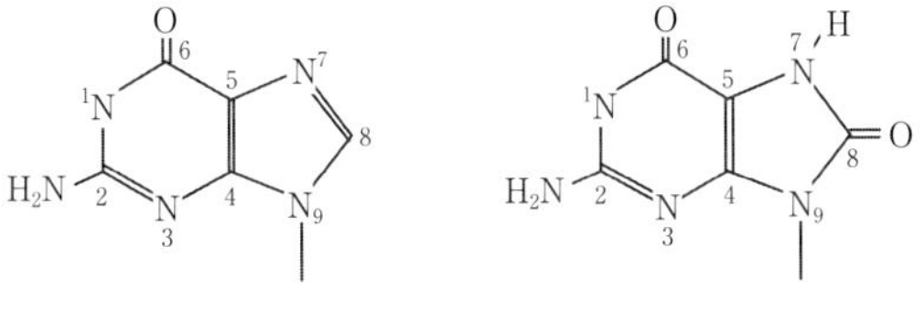

グアニン　　　　　　　　8-オキソグアニン

図5.3.6　グアニンとその酸化的損傷生成物

直接効果の割合は7:3と報告している[35]. また，生体分子は親水相互作用を行うサイトによって細胞液と水和結合して溶解しており，生体分子の水和近圏と外圏外のバルクの細胞液とでは同じ水への放射線作用が生じても生体分子への影響は異なるため，直接効果と間接効果の範囲が明確ではない.

また，生体中での放射線効果は凝縮相中での反応であり本質的に三体反応，あるいは非孤立分子の反応が主となるため，要素還元的な識別が難しい. さらに，放射線効果の時間発展が単純な緩和現象でなく，遺伝子への放射線損傷に特徴的であるが，分子の複製や代謝活動によって1個の損傷が増殖することにより拡大するという点が一般の物質に対する放射線効果とは大きく異なることであろう. これに関連した原子・分子物理学とは異なる観点として，生体中では分子レベルの機能監視システムが働いていることも重要である. 分子へのエネルギー付与に引き続くイオン化・励起，そして解離や異性化などにより，通常とは異なる分子種の発生が検出されたとすれば，これは分子レベルで放射線損傷が発生したと解釈できるが，環境放射線（地表に到達する宇宙放射線や放射性同位体から発生する放射線など避けることのできない低レベルの放射線）程度の照射で発生するある種の異常分子種に対しては，細胞が自己修復作用を発現するからである. たとえば，DNA上に発生した損傷により異常な代謝物が発生すると，修復酵素というタンパク質が異常配列を探知し，これを破壊して再生させる. また，DNAの二重鎖のうち一本鎖の切断に対しては，多くの場合，自己修復が行われる. 切断されていない他方の一本鎖が損傷前の構造の記憶となるためであろう. しかし二本鎖切断が起こると，もはや分子修復は困難となり，損傷と認識され修復酵素が発現する. このように，放射線損傷の発生についてのとらえ方が分子生物学と細胞生物学とでは異なっており，いわば時間スケールが異なっているように思われる. したがって放射線量に対するしきい値の有無や，確率的影響に一定の比例係数があるかなどについては，現行の国際原子力機構勧告による放射線障害防止法上の判断であり，学問的には確定しているとはいいがたい. 今後の研究によっては説明が異なるかもしれない. 今後の発展の望まれる分野である.

5.3.5 凝縮系効果

原子・分子物理学的なアプローチでは，物質の変化を孤立状態にある原子や分子の素反応という二体衝突に還元し1回限りの散乱における状態間の遷移として理解する. しかし，通常，放射線効果を考える対象は液体や固体，そして低くても大気圧という高圧の気体，つまり，物質粒子が高密度に存在する凝縮系であり，要素還元的に捉えるにしても孤立系とは異なるスタンスが必要である. ただし，原子・分子物理学と固体物理学のように，放射線にさらされる物性のとらえ方の違いを述べるものではない. 凝縮系であっても，イオン化や励起といった初期の放射線相互作用は，1個，もしくは，ごく少数の原子や分子と放射線粒子の間で行われるものであり，孤立系での原子・分子衝突と大きく変わるものではない. しかしこれを起点とする放射線効果には高密度媒質である

ことの違いが生じるという点にしぼっていくつかコメントする.

たとえば,希ガスの孤立原子と固体や液体の真空紫外-軟X線領域の光吸収スペクトルはよく似ている.これは希ガスの凝縮が化学結合によるものでなく,ファンデルワールス力によるため,光に対する応答性が孤立原子と凝縮系とで大きく異ならないためである.しかし,孤立原子では電子励起やイオン化によって放射線効果が終了してしまうのに対して,液体や高圧気体ではイオン化とともにスパーが発生しイオンを取り囲むように局所的な密度の増加が起こる.イオンが生じると,イオンと中性分子との分極相互作用や化学結合力により分子間相互作用は格段に強くなり,また,多重衝突により,クラスタリングの際に発生する過剰エネルギー(結合エネルギー)を離反する粒子が持ち去る三体衝突によりイオンクラスターが成長するためである.

$$A^+ + 2A \longrightarrow A_2^+ + A$$
$$A_2^+ + 2A \longrightarrow A_3^+ + A$$
$$\cdots$$

放射線効果はこのような構造変化(あるいは局所的な相転移)が発生する動的過程であることに注意する必要がある.なお,イオン化後のクラスタリングによる局所的な密度の増加は大気圧程度の気体の放射線効果でも発生する.標準状態の希ガスや空気などでは中性分子はその分子単位として存在するため,励起やイオン化などの現象は孤立分子の視点から現象をとらえられるが,生成したイオンの関与する反応は凝縮相の見方を加えなければならない.

放出された2次電子はただちに周囲の原子との何段階もの衝突によって熱平衡化され,熱平衡化が親イオンのクーロン力の及ぶ範囲であれば引き戻されて初期再結合(対再結合)を起こし,シンチレーションを発生させる.これによりイオンの中性化が起こり放射線照射以前の状態に戻ってしまう.

$$e^- + A_n^+ \longrightarrow A_m^* + A_{n-m}$$
$$A_m^* \longrightarrow A_m + h\nu$$

つまりこれは物質中に発生した2次電子が,物質中から失われるプロセスである.このような2次的な反応は後続して起こるというよりは,イオン化とほぼ同時に,もしくは電子の減速と同時に行われる.

放出電子が親イオンのクーロン力の影響が無視できる距離まで逃散したのちに熱平衡化すれば媒質中の熱電子となるが,拡散過程においてあるものは他のスパー内にあるイオンと再結合(体積再結合)して初期再結合と同様に中性化し,また,あるものは中性原子との分極相互作用により溶媒和されて運動が束縛される.これは溶媒和電子と呼ばれ,上述の水和電子はその例である.固体中では格子欠陥などの局所的なポテンシャル変化のある場所にとらえられる(色中心などと呼ばれる).このような電子を熱的にポテンシャルから開放して正孔と再結合させて発光させるものがTLD(熱ルミネッセンス放射線検出器)である.体積再結合も溶媒和電子の生成も,放射線による物理的・化学的作用が2次電子の関与する衝突・反応であるという観点からは,放射線初期過程の

終端化現象であるといえる.

　凝縮系でのイオン化は孤立系とはやや異なるとらえ方をされる．媒質分子が電子付着性のものであれば，電子付着により媒質の負イオンが生成する．イオン化閾値よりもわずかに大きなエネルギーを吸収した際には2次電子のエネルギーがきわめて小さく，2次電子放出とともに電子付着が起こり負イオン共鳴状態を生成し，三体衝突により過剰エネルギーを放出して安定負イオンが生成する．しかし分子どうしがつねに近接して存在していれば，自由電子の付着というプロセスを経ずに，励起軌道にある電子が周囲の分子の安定負イオンの状態にトンネル効果により電荷移動することも高い確率で起こりうる．この場合，分子のイオン化エネルギーは，孤立分子のような「電子・正イオン対をつくるのに必要な最低のエネルギー」ではなく，「正負イオン対をつくるのに必要な最低エネルギー」となる．放射線エネルギーの付与の過程は共通でも，生成する化学種は異なるわけである．さらに，生成種間の干渉や協調的な2次的なプロセスがイオン化と同期して起こる場合も考慮される必要があるだろう．たとえば，低速の多価イオンと低密度の原子・分子との反応は二体衝突としてとらえられるのに対して，低速多価イオンのような高LET放射線粒子と高密度物質との相互作用はスパーが隣接した高密度励起となるため，2次生成物間の相互作用や高分子中での多重励起・多重イオン化なども重要となる．先に述べたDNAの二本鎖切断などもこのような場合には顕著となり，放射線影響についての可成性が成り立たなくなる．　　　　　　　　　　　　　〔鵜飼正敏〕

文　　献

1) A. Kling, F. Barão, M. Nakagawa, L. Távora and P. Vaz (Eds.), *Advanced Monte Carlo for Radiation Physics, Particle Transport Simulation and Applications,Proceedings of the Monte Carlo Conference, Lisbon, 2000* (Springer, Berlin, 2001).
2) M. Fuss, A. Muñoz, J.C. Oller, F. Blanco, P. Limão-Vieira, C. Huerga, M. Téllez, M. J. Hubin-Franskin, K. Nixon, M. Brunger and G. García, *J. Phys；Conf. Ser.* **194** (2009) 012028.
3) M. Inokuti (Ed.) *Fundamentals of Plasma Chemistry, Advances in Atomic, Molecular and Optical Physics*, vol. 43 (Academic Press, San Diego, 2000).
4) *Atomic and molecular data for radiotherapy and radiation research*, IAEA-TECDOC-799 (1995).
5) 低エネルギー電子・イオンダイナミックスとシミュレーション技法，電気学会技術報告，**691** (1998)；**853** (2001)；**1061** (2006).
6) R. L. Platzman, *Vortex*, **23** (1962) 372；*Radiat. Res.* **17** (1962) 419.
7) Y. Hatano, *Phys. Rep.* **313** (1999) 109.
8) E. O. Lowrence, *Phys. Rev.* **28** (1926) 947.
9) H. Beuter, *Z.Phys.* **86** (1933) 710；**93** (1935) 177.
10) E. N. Lassettre and S. Silverman, *J. Chem. Phys.* **40** (1964) 1265.
11) R. P. Madden and K. Codling, *Astriohys. J.* **141** (1965) 364.
12) U. Fano, *Nuovo Cimento* **12** (1935) 550.
13) U. Fano, *Phys. Rev.* **124** (1961) 1866.
14) R. P. Madden and K. Codling, *Phys. Rev. Lett.* **12** (1964) 106；*Appl. Opt.* **4** (1965) 1431.
15) M. Nakamura, M. Sasanuma, S. Sato, M. Watanabe, H. Yamashita, Y. Iguchi, A. Ejiri, S. Nakai, Y. Yamaguchi, T. Sagawa, Y. Nakai, and T. Oshio, *Phys. Rev. Lett.*, **21**, (1968) 1303.

16) M. Nakamura, M. Sasanuma, S. Sato, M. Watanabe, H. Yamashita, Y. Iguchi, A. Ejiri, S. Nakai, Y. Yamaguchi, T. Sagawa, Y. Nakai, and T. Oshio, *Phys. Rev.* **178** (1969) 80.
17) 市村禎二郎・簾野嘉彦・井口洋夫編,「シンクロトロン放射光―化学への応用」, 日本分光学会測定法シリーズ 24 (学会出版センター, 1991) などを参照.
18) 井口道生, 日本物理学会誌 **22** (1967) 196.
19) I. Nenner and J. A. Beswick, *Handbook of Synchrotron Radiation* Vol. 2, Edited by G. V. Marr (Elsevier, Amsterdam, 1987) p. 355.
20) K. Mitsuke, *Atomic and Molecular Photoionization*, Edited by A. Yagishita and T. Sasaki, (Universal Academy Press, Tokyo, 1996) p. 187;見附孝一郎, 放射光 **7** (1994) 309.
21) M. Glass-Maujean, J. Breton, B. Thieblemont and K. Ito, *Photophysics and Photochemistry above 6eV*, Edited by F. Lahmani (Elsevier, Amsterdam, 1985) p. 403.
22) たとえば, H. Lefebvre-Brion and F. Keller, *J. Chem. Phys.* **90** (1989) 7176.
23) 亀田幸成, 放射線化学 **54** (1992) 10.
24) D. A. Shaw, D. M. P. Holland, M. A. MacDonald, A. Hopkirk, M. A. Hayes and S. M. McSweeney, *Chem. Phys.* **163** (1992) 387;**166** (1992) 379;**173** (1993) 315.
25) H. Nakamura, *J. Phys. Chem.* **88** (1984) 4812.
26) D. Čubrić, A. A. Wills, J. Comer and M. Ukai, *Phys. Rev. Lett.*, **71** (1993) 983;*J. Phys. B* **26** (1993) 3081.
27) M. Ukai, K. Kameta, N. Kouchi, K. Nagano, Y. Hatano and K. Tanaka, *J. Chem. Phys.* **97** (1992) 2835.
28) A. A. Wills, A. A. Cafolla and J. Comer, *J. Phys. B* **24** (1991) 3989;A. A. Wills, D. Čubrić, M. Ukai, F. Currel, B. J. Goodwin, T. Reddish and J. Comer, *J. Phys.* B **26** (1993) 2601.
29) P. Morin and I. Nenner, *Phys. Rev. Lett.* **56** (1986) 1913.
30) A. U. Hazi, *J. Chem. Phys.* **60** (1974) 4358.
31) H. Nakamura, *Int. Rev. Phys. Chem.* **10** (1991) 123.
32) A. Niehaus, *Adv. Chem. Phys.* **45** (1981) 399.
33) M. Ukai and Y. Hatano, *Charged Particles and Photon Interaction with Matter-Chemical, Physicochemical, and Biological Consequences with Applications*, Edited by A. Mozumder and Y. Hatano (Marcel Dekker, New York, 2004) Chapter 6.
34) 山本 修編,「放射線障害の機構」(学会出版センター, 1982).
35) A. Yokoya, K. Fujii, N. Shikazono and M. Ukai, *Charged Particles and Photon Interaction with Matter-Recent Advances, Applications and Interfaces*, Edited by Y. Hatano, Y. Katsumura and A. Mozumder (CRC/Taylor and Francis, 2010) Chapter 21.

5.4 環境科学における原子分子過程

「環境科学とは何か」の議論はさておき, ここではごく一般的に,「『人間社会を含めた地球』を構成しているシステムを対象とした科学」程度に考えることにする. さらに, 環境科学を, それを構成する要素に還元してとらえるとの立場で話を進める. すなわち, 地球を「大気圏」,「水圏」,「地圏」などのようにプロセスが進行する場に分割し, さらにそれぞれの場のシステムを構成する物理, 化学, 生物などのプロセスに分解して, システムに対する負荷の応答や影響を調べる. また負荷を及ぼす側のプロセスを調べる. その後, いくつもの要素に分解して得られた知見を再構築することでシステムを理解する, という考え方である. このような要素還元型のアプローチは, 環境科学研究におい

て必ずしも主流となるアプローチとはいえないが，地球環境システムの基礎を理解する際には，わかりやすい考え方であろう．

上記のように分類した環境科学の構成要素を念頭に，環境科学における原子分子過程を考えてみる．1つ目の対象は，人間活動や自然活動（火山噴火，太陽活動ほか）あるいは生物活動を通して負荷が及ぼされた大気圏・水圏・地圏・生物圏の応答——とくに物質，エネルギー，運動量などの変化を伴う応答——に関与する原子分子過程である．2つ目は，負荷ならびに負荷に対する自然界としての地球の応答が，人の健康や生態系などに影響を及ぼすプロセスに関与する原子分子過程である．またさらに，環境の保全や修復あるいは環境監視のための環境技術面で，原子分子過程の基礎知識がおおいに活用されている．

このように，原子分子過程は多くの形で環境科学にかかわっている．しかしながら，関連する部分の多くを網羅することはあまりに散漫になる恐れがある．そこで，ここではとくに気相中での原子・分子の過程が関係する環境科学として，大気環境科学との接点に絞って説明する．その中でもとくに，大気中の化学物質の濃度やその時空間分布の変動にかかわる化学反応に着目して，環境科学における原子分子過程の例をいくつか紹介する[1]．

5.4.1 地球大気の構造

地球の標準大気の気圧ならびに気温の鉛直構造[2,3]を図5.4.1に示す．気圧の鉛直構

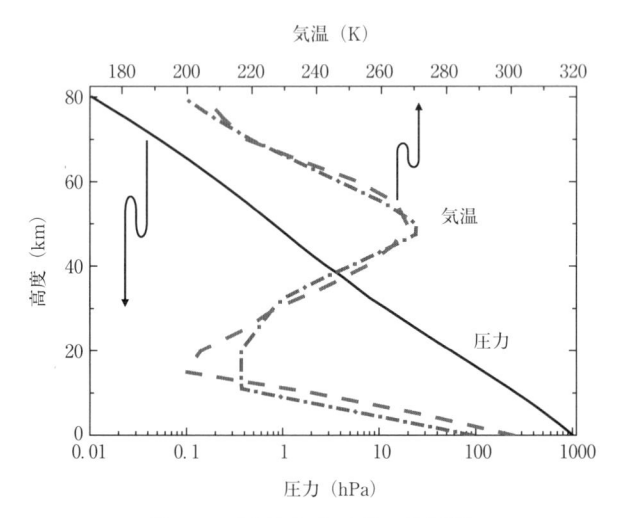

図5.4.1 気圧ならびに気温の鉛直構造
圧力（実線）ならびに気温（一点破線）は米国標準大気モデル[2]のデータをもとに作成．破線の気温は赤道での1月の平均気温でCIRA-86データ[3]をもとに作成．

造は,高度 z での気圧 $P(z)$ と地表面での気圧 $P(0)$ の比として式 (5.4.1) で与えられる.
$$P(z)/P(0) = \exp(-z/H)$$
$$H = R \times T/(M \times g) \tag{5.4.1}$$
ここで R は気体定数,T は気温,M は空気の平均分子量,g は重力加速度を表す.H はスケールハイト(scale height)と呼ばれる係数であり,$H \sim 8$ km である.

気温の鉛直構造から大気はいくつかの層に分類されている.対流圏と呼ばれる地上から高度 10 km 程度の領域では,高度が上がるに従って,気温 T は断熱膨張によりほぼ一定減率 Γ(~ 6.5 K km^{-1})で低下している.
$$T(z) - T(0) \sim -\Gamma \times z \tag{5.4.2}$$
高度約 10~50 km の領域は成層圏と呼ばれ,オゾン(O_3)の光分解が新たな熱源となり,温度の逆転が起こっている.さらにその上の中間圏(50~80 km)では再び気温は高度が上がるに従って低下している.

対流圏から成層圏での化学反応を考える場合の反応条件は,圧力が $1\sim 10^3$ hPa,気温が 190~300 K 程度の範囲である.

5.4.2 大 気 組 成

地球大気を構成する成分は,水蒸気を別にすると,N_2, O_2, Ar で 99.9% 以上を占める.その次に存在量の多い CO_2 でも,その存在量は 400 ppm(0.04%)弱と低い.このほかにも大気中には,多種多様な物質が存在する.それらの濃度は低く,「大気微量成分」と呼ばれている.

大気中での物質の濃度の表し方には,数密度(単位:molecule cm^{-3} など)など絶対量と,相対値である混合比(ppmv = μmol/mol など)の 2 通りある.一般に化学反応の速度を議論する場合は数密度の方が便利である.一方,大気微量成分の分布などを述べる場合は混合比を用いる方が便利である(着目する空気塊内では,物質が新たに生成や消失しない限りその混合比は変化しないため).本節ではとくに区別が必要でない限り,両者を同じ用語「濃度」を用い,化学物質 X の濃度を「X」として表記する.

5.4.3 化学反応速度

大気微量成分の消失や生成には,太陽光を光源とした光化学反応を含む多数の化学反応がかかわっている.大気化学反応の多くは,反応性の高い活性化学種(原子,ラジカル,励起状態の原子や分子など)が関与する連鎖反応で構成されている.大気化学では,化学物質の生成速度や消滅速度が重要な情報となるため,反応速度論(chemical kinetics)[4] に基づいた議論[5] がなされることが多い.なお,大気中での化学反応に関する素反応速度や光化学データはいくつかのデータベースにまとめられている[6,7].

a. 反応速度と寿命

化学反応の速度は,「単位時間当たりに変化する化学物質の濃度」として定義される.

単純な二分子衝突の素反応 A+B→C+D を考えると，速度式は

$$-\frac{dA}{dt} = -\frac{dB}{dt} = \frac{dC}{dt} = \frac{dD}{dt} = k \times [A] \times [B] \tag{5.4.3}$$

と書くことができる．ここで，比例係数 k は反応の速度係数（rate coefficient）である．

大気中での化学物質の変化を議論する際，「（大気）寿命」が時間の目安として用いられる．上記の A+B 反応による A の寿命 τ_A は，

$$\tau_A = (k \times [B])^{-1}$$

として定義される．τ_A は一定の値とは限らない．たとえば，B の濃度の時間的，空間的な変動や気温や気圧の変化などに依存して τ_A も変化する．

b. 化学平衡

大気中では化学物質 AB の生成反応（A+B→AB）とその逆反応である分解反応（AB→A+B）が競合することがある．物質 AB の生成・消失に対する速度式は

$$\frac{d[AB]}{d[t]} = k_p \times [A] \times [B] - k_d \times [AB] \tag{5.4.4}$$

で与えられる．ここで，k_p および k_d は AB の生成反応ならびに分解反応の速度係数である（注：k_p と k_d では単位が異なる）．化学平衡は AB の生成と分解の速度がつりあっている（$d[AB]/dt=0$）ことに相当し，（無次元の）平衡定数 K_{eq} は

$$K_{eq} = \frac{[AB]/[M]°}{([A]/[M]°) \times ([B]/[M]°)} = K_c \times [M]° = (k_p/k_d) \times [M]° \tag{5.4.5}$$

と定義できる．ここで，$[M]°$ は標準状態（圧力 = 10^3 hPa．注：かつては 1 atm = 1013.25 hPa を標準状態としてきた）での空気の濃度，K_c は濃度$^{-1}$の次元をもった表記での平衡定数を表す（熱力学的には K_{eq} を，速度論的には K_c を用いるのが便利）．

c. 逐次反応と定常状態近似

大気中での化学反応はいくつもの化学反応が逐次的に進む．たとえば，A→B→C なる逐次反応系を考えると，それぞれの物質に対する速度式から，A, B, C の濃度の時間変化は，

$$[A]_t = [A]_0 \times \exp(-t/\tau_A)$$
$$[B]_t = [A]_0 \times \tau_B/(\tau_A - \tau_B) \times \{\exp(-t/\tau_A) - \exp(-t/\tau_B)\}$$
$$[C]_t = [A]_0 - ([A]_t + [B]_t)$$

で与えられる（$\tau_A \neq \tau_B$ を仮定）．ここで，$[A]_0$ は A の初期濃度（$[B]_0 = [C]_0 = 0$ を仮定），$[X]_t$ は時間 t での X の濃度，τ_A は A→B 反応による A の寿命，τ_B は B→C 反応による B の寿命を表す．ここで τ_B が，[A] や [C] の変化を議論する時間スケールならびに τ_A に比べて充分に短いと，$[B]_t/[A]_t \approx (\tau_B/\tau_A) \ll 1$ と近似できる．よって，$d[B]/dt$ は $d[A]/dt$ に比べ，充分に小さく，$d[B]/dt = 0$ と仮定することが可能である（定常状態近似）．

d. 連鎖反応

大気中での化学反応は，1つの反応で生成した中間体が次の反応で別の中間体を生成し，さらにその中間体がその次の反応で別の中間体を生成する，といった連鎖反応（chain reaction）を構成している．連鎖の成長を担う中間体は，連鎖の担体（chain carrier）と呼ばれ，大気化学反応では多くの場合，フリーラジカルがそれを担っている．連鎖反応はいくつかの反応段階（①連鎖開始反応，②連鎖成長反応，③連鎖停止反応）に分類できる．

e. 光分解反応の速度

太陽光による地球大気中での分子Xの光分解の速度係数 $J(\mathrm{s}^{-1})$ は

$$J = \int_\lambda F(\lambda) \times \sigma(\lambda) \times \phi(\lambda) d\lambda \tag{5.4.6}$$

で与えられる．ここで $F(\lambda)$ は波長 λ での単位面積，単位時間，単位波長当たりの太陽光フラックス（photon cm^{-2} s^{-1} nm^{-1}），$\sigma(\lambda)$ は分子 AB の吸収断面積（cm^2 molecule^{-1}），$\phi(\lambda)$ は光分解量子収率である．太陽光フラックスは天頂角や大気混濁度，着目している高度よりも上空の大気成分の分布（たとえば対流圏での太陽紫外光のフラックスは成層圏オゾンの分布に影響される），さらにはアルベドに依存する．AB の光分解チャネルが複数存在する場合，ϕ は AB の光分解収率と光分解チャネルごとの分岐比の積として与えられる．

5.4.4 大気中での化学反応

a. 成層圏での化学反応

(1) 成層圏における太陽光スペクトル

図 5.4.2 に成層圏での 150～350 nm の波長領域での高度別の太陽光スペクトルを表す．高度 20～30 km において，190～220 nm の波長領域に太陽光強度の増大が認められる．この領域は「大気の窓領域」と呼ばれている．太陽光のうち 190 nm 以下の波長領域の光は O_2 によって，また 250 nm 付近の波長領域の光は O_3 によって吸収されるため光強度の低下が著しい．一方，大気の窓領域は O_2 と O_3 の吸収帯（図 5.4.3）の間にあり，太陽光が低い高度まで降りそそぐことになる．

(2) チャップマン機構

成層圏オゾン層の生成の基本的な部分はチャップマン（Chapman）機構または純酸素機構と呼ばれる O-O_2-O_3 系の反応で説明される（表 5.4.1）．チャップマン機構の反応はその役割から以下の通り 3 つに分類される（図 5.4.4）．

光-熱変換の役割をもつ O_3 の光分解（R3）と再生反応（R2）では，O 原子と O_3 の寿命はそれぞれ反応（R2）と（R3）で支配される（$\tau_O(\mathrm{R2}) = (k_2 \times [O_2] \times [M])^{-1}$, $\tau_{O_3}(\mathrm{R3}) = J_3^{-1}$）．これらの寿命は，反応（R4）による O 原子ならびに O_3 の消失寿命（$\tau_O(\mathrm{R2}) = (k_4 \times [O_3])^{-1}$, $\tau_{O_3}(\mathrm{R3}) = (k_4 \times [O])^{-1}$）に比べて充分に短い．よって，O 原子と O_3 は反応

480   5. 応　用

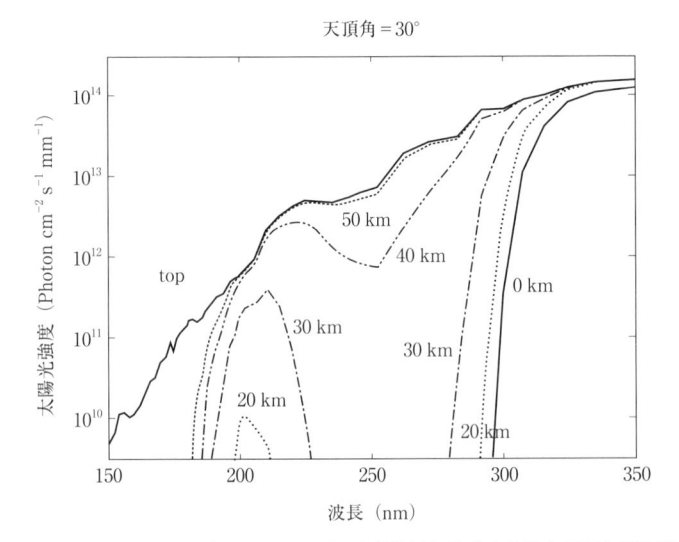

天頂角 = 30°

図 5.4.2 高度別の太陽光スペクトル（国立環境研究所 秋吉英治主任研究員提供）

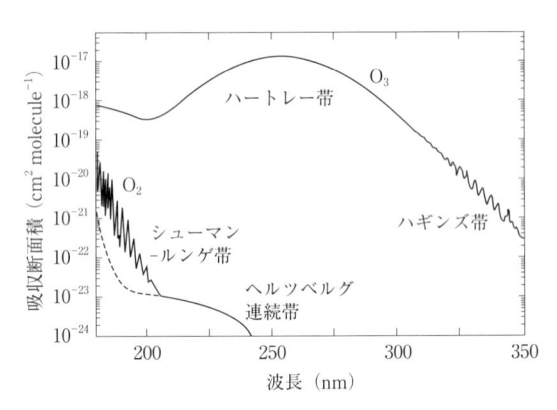

図 5.4.3 紫外線域での酸素ならびにオゾンの吸収スペクトル
（文献[6, 8, 9]をもとに作成）

(R2) と (R3) の間で光化学平衡にあるとみなすことができる．よって O 原子と O_3 の定常濃度比は次のように近似できる．

$$\frac{[O]}{[O_3]} \approx \frac{J_3}{\alpha_{O_2} \times k_2 \times [M]^2} = J_3 \times \tau_O \quad (5.4.7)$$

ここで $\alpha_{O_2} = [O_2]/[M] \sim 0.21$，M は反応 (R2) で生成した O_3 の内部余剰エネルギーを取り去る役割の第三体で，大気中では主として N_2 や O_2 である．ここで $O_x(=O+O_3)$ に対しても定常状態近似が成立すると仮定すると，式 (5.4.7), (5.4.8) から成層圏で

表 5.4.1　チャップマン機構を構成する素反応

	反　応	速度係数および単位（次元）
(R1)	$O_2 + h\nu \to O + O$	$J_1 = 4.7 \times 10^{-10}$ s^{-1}
(R2)	$O + O_2 + M \to O_3 + M$ $(M = N_2, O_2)$	$k_2 = 1.0 \times 10^{-33}$ cm^6 molecule^{-2} s^{-1}
(R3)	$O_3 + h\nu \to O + O_2$	$J_3 = 2.0 \times 10^{-3}$ s^{-1}
(R4)	$O + O_3 \to 2O_2$	$k_4 = 1.5 \times 10^{-15}$ cm^3 molecule^{-1} s^{-1}

速度係数は緯度 0°，高度 40 km（$T = 239$ K，$[M] = 1.0 \times 10^{17}$ molecule cm^{-3}），天頂角 0° を仮定.
反応速度係数は文献[6] をもとに，光分解速度係数は文献[9] をもとに算出.

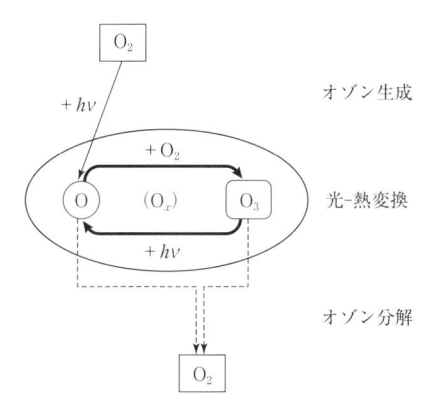

図 5.4.4　チャップマン機構による成層圏でのオゾンの生成と分解

のオゾンの鉛直分布を見積もることができる．

$$d[O_x]/dt = P(O_x) - L(O_x) = 2 \times J_1 \times [O_2] - 2 \times k_4 \times [O] \times [O_3] = 0 \quad (5.4.8)$$

ここで $P(O_x)$ ならびに $L(O_x)$ はそれぞれ，O_x の生成速度ならびに消失速度を表す．なお下部成層圏では，気圧が高くなり O 原子の寿命 τ_O が短くなるため O 原子の定常濃度は低い．そのため下部成層圏では，反応 (R4) で決定される O_x の寿命は長くなる（O_x に対する化学的寿命が大気の輸送時間と同程度かそれより長くなるため，光化学的な定常状態近似の適用は適当でなくなる）．

実際に観測されるオゾンの高度分布はチャップマン機構から推定される高度分布とは異なっている．とくに O_x に対する定常状態近似がよく成り立つはずの低緯度上部成層圏においても，チャップマン機構はオゾン濃度を過大評価してしまう．過大評価の原因は反応 (R4) 以外の O_x の消失反応が存在するためである．

(3) ClO_x オゾン分解サイクル

ここでは，成層圏でのオゾン分解反応サイクルの1つである ClO_x サイクルを例に成層圏でのオゾン分解反応を説明する．ClO_x サイクルを構成する基本的な反応は次の2

つの反応からなる連鎖反応である.

$$Cl + O_3 \rightarrow ClO + O_2 \tag{R5}$$

$$ClO + O \rightarrow Cl + O_2 \tag{R6}$$

正味としての反応：$O_3 + O \rightarrow 2\,O_2$

　成層圏への塩素の供給は対流圏からの有機塩素化合物（クロロフロロカーボンなど）の輸送である．有機塩素化合物の大気の窓領域の紫外光による光分解などで放出されたCl原子は塩素のリザーバーである塩化水素（HCl）や硝酸塩素（$ClONO_2$）として貯留される．上部成層圏での$ClONO_2$の光化学寿命は短いため，$ClONO_2$はリザーバーとはいえないが，議論を単純化するため，以下ではあえてリザーバーに加える.

　表5.4.2に示すとおり，活性塩素（$ClO_x = Cl + ClO$）は日中の化学反応によって無機塩素（HClや$ClONO_2$）から生成される．逆に無機塩素を生成するClO_xの消失反応はClO_xサイクルの連鎖停止反応として働く．また，成層圏でのClO_xサイクルには，オゾン分解反応以外にオゾンを分解せずに$Cl \leftrightarrow ClO$の平衡に影響を与える反応も存在する.

$$Cl + O_3 \rightarrow ClO + O_2 \tag{R5}$$

$$ClO + NO \rightarrow Cl + NO_2 \tag{R11}$$

$$NO_2 + h\nu \rightarrow NO + O \tag{R11}$$

$$O + O_2 + M \rightarrow O_3 + M \tag{R11}$$

正味としての反応：何も変化しない

以上，成層圏でのClO_xオゾン分解サイクルにかかわる反応系を図5.4.5にまとめた.

表 5.4.2　成層圏でのClO_xオゾン分解サイクルにかかわる素反応

	反応	速度係数および単位（次元）
オゾン分解反応		
（R5）	$Cl + O_3 \rightarrow ClO + O_2$	$k_5 = 1.0 \times 10^{-11}$ cm^3 molecule^{-1} s^{-1}
（R6）	$ClO + O \rightarrow Cl + O_2$	$k_6 = 4.0 \times 10^{-11}$ cm^3 molecule^{-1} s^{-1}
ClO_x生成反応		
（R7）	$OH + HCl \rightarrow Cl + H_2O$	$k_7 = 6.3 \times 10^{-13}$ cm^3 molecule^{-1} s^{-1}
（R8）	$ClONO_2 + h\nu \rightarrow Cl + NO_3$ $\rightarrow ClO + NO_2$	$J_8 = 4.4 \times 10^{-4}$ s^{-1}
連鎖停止反応		
（R9）	$Cl + CH_4 \rightarrow HCl + CH_3$	$k_9 = 3.5 \times 10^{-14}$ cm^3 molecule^{-1} s^{-1}
（R10）	$ClO + NO_2 \rightarrow ClONO_2$	$k_{10} = 3.5 \times 10^{-14}$ cm^3 molecule^{-1} s^{-1}
ClO_x分配反応		
（R11）	$ClO + NO \rightarrow Cl + NO_2$	$k_{11} = 1.9 \times 10^{-12}$ cm^3 molecule^{-1} s^{-1}
NO_xによるO_3生成		
（R12）	$NO_2 + h\nu \rightarrow NO + O$	$J_{12} = 1.5 \times 10^{-2}$ s^{-1}

速度係数は緯度0°，高度40 km（$T = 239$ K, [M] $= 1.0 \times 10^{17}$ molecule cm^{-3}），天頂角0°を仮定．（R10）は三体反応だが，2次の反応速度係数（k_{10}）として与える．
反応速度係数は文献[6]をもとに，光分解速度係数は文献[9]をもとに算出．

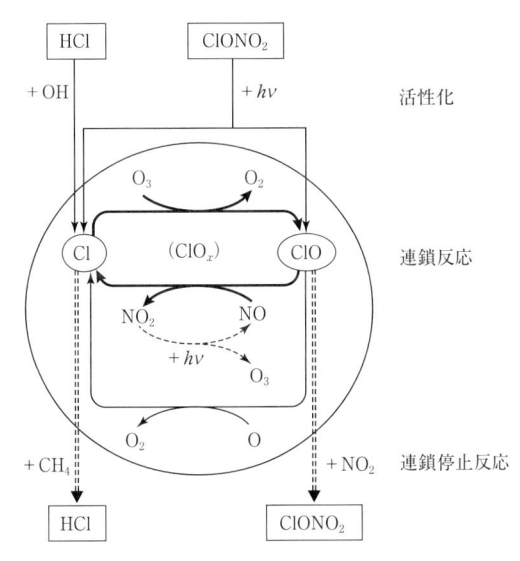

5.4 環境科学における原子分子過程

図 5.4.5 ClO_x オゾン分解サイクルに関係する反応とその役割

表 5.4.3 成層圏でのオゾン分解サイクルを構成する化学種と素反応

	HO_x サイクル	NO_x サイクル	ClO_x サイクル
連鎖の担体 (X, XO)	OH, HO_2	NO, NO_2	Cl, ClO
XO_x の前駆体と XO_x 生成	H_2O $O_3 + h\nu \to O^* + O_2$ $O^* + N_2O \to 2\,OH$	N_2O $O_3 + h\nu \to O^* + O_2$ $O^* + N_2O \to 2\,NO$	有機塩素 (Org-Cl) $Org\text{-}Cl + h\nu \to Cl + others$ $O^* + Org\text{-}Cl \to ClO + others$
リザーバー分子	H_2O, (H_2O_2)	HNO_3	HCl, $(ClONO_2)$
リザーバーからの XO_x 生成	$O_3 + h\nu \to O^* + O_2$ $O^* + H_2O \to 2\,OH$	$OH + HNO_3 \to NO_3 + H_2O$ $HNO_3 + h\nu \to OH + NO_2$ $\to H + NO_3$	$OH + HCl \to Cl + H_2O$ $ClONO_2 + h\nu \to Cl + NO_3$ $\to ClO + NO_2$
オゾン分解連鎖	$OH + O_3 \to HO_2 + O_2$ $HO_2 + O \to OH + O_2$ or $OH + O_3 \to HO_2 + O_2$ $HO_2 + O_3 \to OH + 2\,O_2$	$NO + O_3 \to NO_2 + O_2$ $NO_2 + O \to NO + O_2$	$Cl + O_3 \to ClO + O_2$ $ClO + O \to Cl + O_2$
連鎖の分岐	$HO_2 + NO \to OH + NO_2$	$NO_2 + h\nu \to NO + O$	$ClO + NO \to Cl + NO_2$
連鎖停止反応	$OH + HO_2 \to H_2O + O_2$ $HO_2 + HO_2 \to H_2O_2 + O_2$	$OH + NO_2 \to HNO_3$	$Cl + CH_4 \to HCl + CH_3$ $ClO + NO_2 \to ClONO_2$

O^* は励起酸素原子 $O(^1D)$ を表す.

上部成層圏では，反応（R5），（R6），（R11）によるCl原子やClOラジカルの相互変換反応による寿命がClO_xの生成や消失反応による寿命に比べ短いため，Cl原子とClOラジカルは光化学平衡にあると仮定できる．またClO_xに対しても定常状態近似の適用が可能であるため，活性塩素の定常濃度を見積もることができる．

$$\frac{[Cl]}{[ClO]} = \frac{k_6 \times [O] + k_{11} \times [NO]}{k_5 \times [O_3]} \tag{5.4.9}$$

$$\frac{d[ClO_x]}{dt} = P(ClO_x) - L(ClO_x)$$
$$= \{k_7 \times [OH] \times [HCl] + J_8 \times [ClONO_2]\}$$
$$- \{k_9 \times [Cl] \times [CH_4] + k_{10} \times [ClO] \times [NO_2]\} = 0 \tag{5.4.10}$$

ClO_xサイクルでのO_xの分解速度$L(O_x)$は，律速反応（rate-limitingまたはrate-determining reaction）によって制御されている．上記のClO_xサイクルの律速反応は反応（R6）である．

$$L(O_x) = k_5 \times [Cl] \times [O_3] + k_6 \times [ClO] \times [O] - k_{11} \times [ClO] \times [NO]$$
$$\approx 2 \times k_6 \times [ClO] \times [O] \tag{5.4.11}$$

また連鎖反応の連鎖の長さ（chain length, CL）は律速反応の速度と連鎖停止反応の速度の比として与えられる．反応（R5）と（R6）によって構成される連鎖反応でのCLは以下のとおり．

$$CL = \frac{k_6 \times [ClO] \times [O]}{\{k_9 \times [Cl] \times [CH_4] + k_{10} \times [ClO] \times [NO_2]\}} \tag{5.4.12}$$

反応（R5）と（R6）で構成されるオゾン分解反応の正味としての反応は，チャップマン機構の反応（R4）と同じである．反応（R4）は活性化エネルギー障壁（$E_a \sim$ 17 kJ mol^{-1}）をもった反応であるのに対し，ClO_xの律速反応である反応（R6）の速度係数はほとんど温度に依存しない．よってClO_xサイクルは反応（R4）の活性化エネルギー障壁を下げることに対応しており，「触媒反応」とも呼ばれている．なお，下部成層圏では酸素原子濃度は低いため，反応（R6）の速度は小さい．そのためClO_xサイクルの$L(O_x)$は小さく，またCLも短い．

ClO_xサイクルにならってClO_xサイクル以外のオゾン分解サイクル（HO_xサイクル，NO_xサイクル）も表5.4.3にまとめた．

b. 下層大気（対流圏）での化学反応
（1）メタンの酸化反応と光化学オゾン生成

地球大気の主成分の1つがO_2であるため，大気に放出されたさまざまな化合物の大気化学反応は，基本的には酸化反応である．ここでは最も基本的な大気酸化反応である$OH-HO_2$系の連鎖反応について説明する．

最も簡単な炭化水素であるCH_4の大気酸化反応の正味の変化は

$$CH_4 + 2\,O_2 + 2\,NO \rightarrow HCHO + H_2O + 2\,NO_2$$

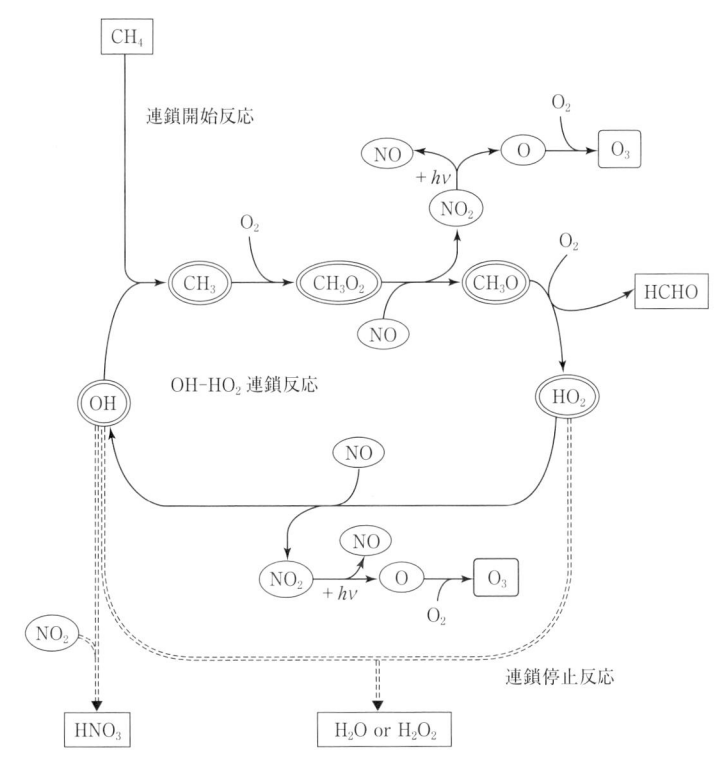

図 5.4.6 CH_4 の大気酸化反応（OH-HO_2 連鎖反応からの整理）

で表される。CH_4 の酸化反応系を構成するおもな素反応は表 5.4.4 にまとめたとおりで，酸化反応を OH-HO_2 の連鎖反応の観点から整理すると図 5.4.6 のように表すことができる．なお各反応で生成するラジカルの寿命は短く，定常状態近似が適用できる．

表 5.4.4 に示した連鎖停止反応である $HO_x(=OH+HO_2)$ の消失反応による HO_x の寿命も短いとして，HO_x についても定常状態近似の適用が可能である．すなわち，HO_x の生成速度 $P(HO_x)$ と消滅速度 $L(HO_x)$ はバランスしている．

$$\begin{aligned}\frac{d[HO_x]}{dt} &= P(HO_x) - L(HO_x) \\ &= P(HO_x) - \{(k_{18} \times \xi + k_{19}) \times [HO_2] + k_{20} \times \xi \times [NO_2]\} \times [HO_2] \\ &= 0 \end{aligned} \quad (5.4.13)$$

$$\text{ただし} \quad \xi = \frac{[OH]}{[HO_2]}$$

式（5.4.13）からもわかるように，HO_x の消失速度には，NO_x 濃度に敏感な領域と NO_x 濃度にあまり依存しない領域が存在する（図 5.4.7）．

表 5.4.4 CH_4 の酸化反応にかかわる素反応

	反 応	速度係数および単位（次元）
連鎖開始反応		
(R13)	$OH + CH_4 \rightarrow CH_3 + H_2O$	$k_{13} = 6.3 \times 10^{-15}\ cm^3\ molecule^{-1}\ s^{-1}$
連鎖成長反応		
(R14)	$CH_3 + O_2 + M \rightarrow CH_3O_2 + M$	$k_{14} = 8.2 \times 10^{-13}\ cm^3\ molecule^{-1}\ s^{-1}$
(R15)	$CH_3O_2 + NO \rightarrow CH_3O + NO_2$	$k_{15} = 7.7 \times 10^{-12}\ cm^3\ molecule^{-1}\ s^{-1}$
(R16)	$CH_3O + O_2 \rightarrow HCHO + HO_2$	$k_{16} = 1.9 \times 10^{-15}\ cm^3\ molecule^{-1}\ s^{-1}$
(R17)	$HO_2 + NO \rightarrow OH + NO_2$	$k_{17} = 8.0 \times 10^{-12}\ cm^3\ molecule^{-1}\ s^{-1}$
連鎖停止反応		
(R18)	$OH + HO_2 \rightarrow H_2O + O_2$	$k_{18} = 1.1 \times 10^{-10}\ cm^3\ molecule^{-1}\ s^{-1}$
(R19)	$HO_2 + HO_2 \rightarrow H_2O_2 + O_2$	$k_{19} = 2.5 \times 10^{-12}\ cm^3\ molecule^{-1}\ s^{-1}$
(R20)	$OH + NO_2 + M \rightarrow HONO_2 + M$	$k_{20} = 1.1 \times 10^{-11}\ cm^3\ molecule^{-1}\ s^{-1}$
オゾン分解反応		
(R21)	$OH + O_3 \rightarrow HO_2 + O_2$	$k_{21} = 7.3 \times 10^{-14}\ cm^3\ molecule^{-1}\ s^{-1}$
(R22)	$HO_2 + O_3 \rightarrow OH + 2\ O_2$	$k_{22} = 1.9 \times 10^{-15}\ cm^3\ molecule^{-1}\ s^{-1}$
(R23)	$NO + O_3 \rightarrow NO_2 + O_2$	$k_{23} = 1.9 \times 10^{-14}\ cm^3\ molecule^{-1}\ s^{-1}$
オゾン生成反応		
(R12)	$NO_2 + h\nu \rightarrow NO + O$	$J_{12} = 8.0 \times 10^{-3}\ s^{-1}$
(R2)	$O + O_2 + M \rightarrow O_3 + M$	$k_2 = 6.1 \times 10^{-34}\ cm^6\ molecule^{-2}\ s^{-1}$

速度係数は $T = 298$ K, $[M] = 2.46 \times 10^{19}\ molecule\ cm^{-3}$, 天頂角 30° を仮定.
(R14) および (R20) は三体反応だが，2 次の反応速度係数 k_{14}, k_{20} として与える.
k_2 は 3 次の速度係数.
反応速度係数は文献[6]をもとに，光分解速度係数は文献[9]をもとに算出.

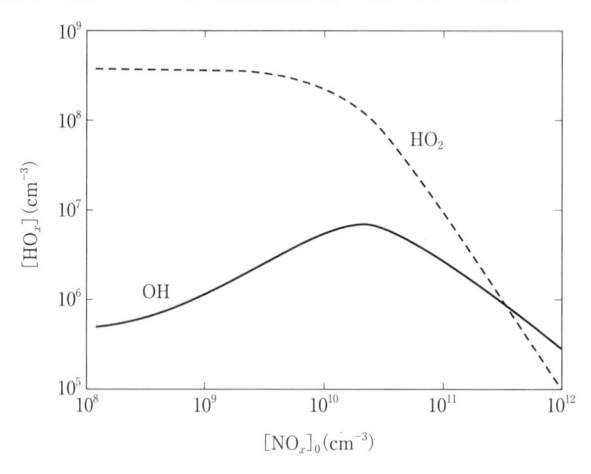

図 5.4.7 CH_4 酸化反応系における OH ならびに HO_2 ラジカル濃度の $[NO_x]_0$ 依存性

NO_x 依存性が明瞭になるように $OH + CH_4$ 反応の速度係数は実際の値より大きな値を用いての計算結果. この条件下では，HO_2 の消失は，$[NO_x]_0 < 2.5 \times 10^9\ molecule\ cm^{-3}$ では反応 (R19) に依存，$[NO_x]_0 > 2.5 \times 10^{10}\ molecule\ cm^{-3}$ では (R20) に依存する.

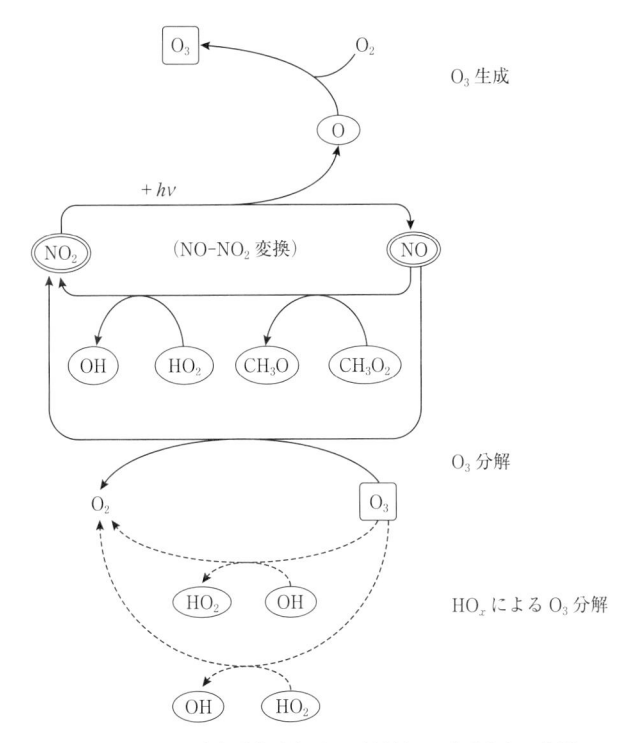

図 5.4.8 CH_4 の大気酸化反応（NO_x 連鎖と O_3 生成からの整理）

図 5.4.6 では CH_4 の大気酸化反応を HO_x 連鎖反応の視点からまとめたが，対流圏でのオゾン生成や NO_x 連鎖反応の観点からの整理も可能である（図 5.4.8）．$[NO] > [OH]$，$[HO_2]$ の条件では，反応（R23）がおもなオゾン分解反応になることから，対流圏での O_3 の正味の生成速度 $P(O_3)$ は，反応（R12）と（R2）による O_3 の生成速度と反応（R23）によるオゾンの消失速度の差として与えられる．

$$P(O_3) \approx J_{12} \times [NO_2] - k_{23} \times [NO] \times [O_3] \qquad (5.4.14)$$

NO_2 の光分解が速い状況下（中緯度の日中はその条件を満たす）では，NO_2 に対して定常状態近似を適用できることから，NO_2 の定常濃度を求めることができる．

$$[NO_2] \approx (k_{15} \times [CH_3O_2] + k_{17} \times [HO_2] + k_{23} \times [O_3]) \times \frac{[NO]}{J_{12}} \qquad (5.4.15)$$

よって，$P(O_3)$ は過酸化ラジカル（CH_3O_2 や HO_2 ラジカル）と NO の反応速度に依存することがわかる．

$$P(O_3) \approx (k_{15} \times [CH_3O_2] + k_{17} \times [HO_2]) \times [NO] \qquad (5.4.16)$$

(2) 対流圏での HO_x（OH, HO_2）生成と光化学

対流圏での HO_x 生成にかかる光分解反応として，O_3 ならびにホルムアルデヒド

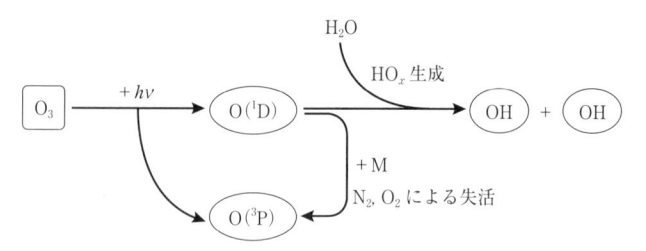

図 5.4.9 電子励起酸素原子 $O(^1D)$ の反応による OH ラジカル生成

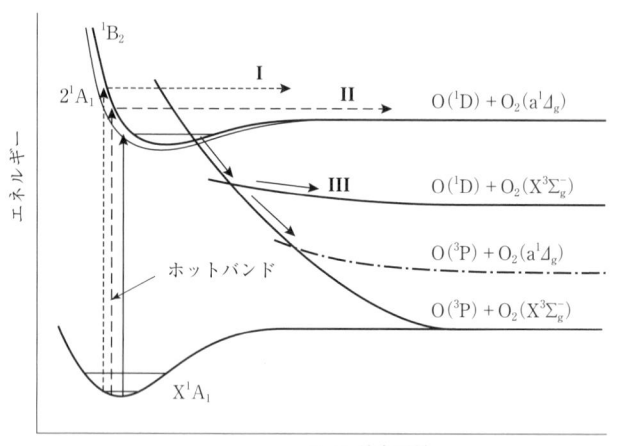

図 5.4.10 オゾンの光分解チャネル（文献[10]をもとに作成）
I, II, III は $O(^1D)$ 原子の生成チャネル．I は直接解離による生成．II はホットバンド励起での直接解離からの生成．III は前期解離を経由した生成．

(HCHO) の光分解反応について紹介する．

O_3 の光分解反応 連鎖反応の開始剤である OH ラジカルは，O_3 の光分解で生成される電子励起 $O(^1D)$ 原子（O^* と略す）と水蒸気の反応によって生成する（図 5.4.9）．大気中での $O(^1D)$ 生成の主要な生成源は，O_3 光分解による $O(^1D)$ 生成で，

$$O_3 + h\nu(\lambda < 310 \text{ nm}) \rightarrow O(^1D) + O_2(^1\Delta_g) \tag{R3a}$$

$$O_3 + h\nu(\lambda < 411 \text{ nm}) \rightarrow O(^1D) + O_2(^3\Sigma_g^-) \tag{R3b}$$

の 2 つのチャネルが，$O(^3P)$ 生成チャネルと競合して存在する（図 5.4.10）．O_3 光分解での $O(^1D)$ 生成量子収率の光分解波長依存性[10]を図 5.4.11 に示す．

HCHO の光分解反応 HCHO の消失過程としては OH ラジカルとの反応以外に，紫外域での光分解が存在する．光分解反応には，ラジカル機構と分子機構が競合する．

$$HCHO + h\nu(\lambda < 323 \text{ nm}) \rightarrow H + HCO \tag{R24a}$$

$$HCHO + h\nu \rightarrow H_2 + CO \tag{R24b}$$

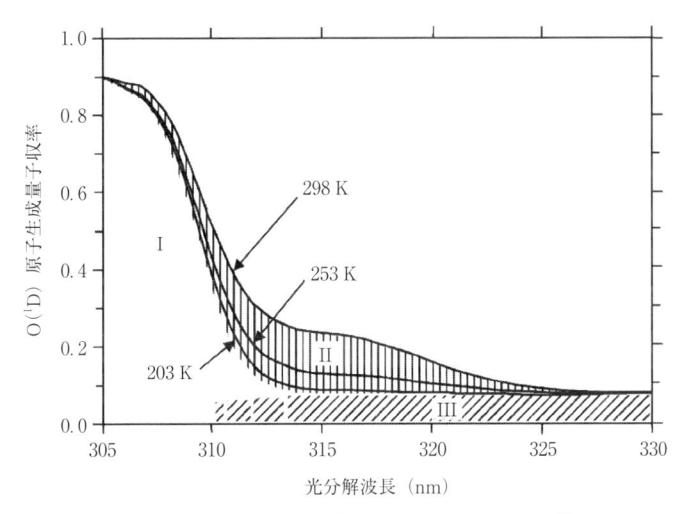

図 5.4.11 オゾンの光分解による O(^{1}D) 原子の生成収率（文献[10] より引用）I, II, III はそれぞれ，図 5.4.10 に示した生成チャネルに対応.

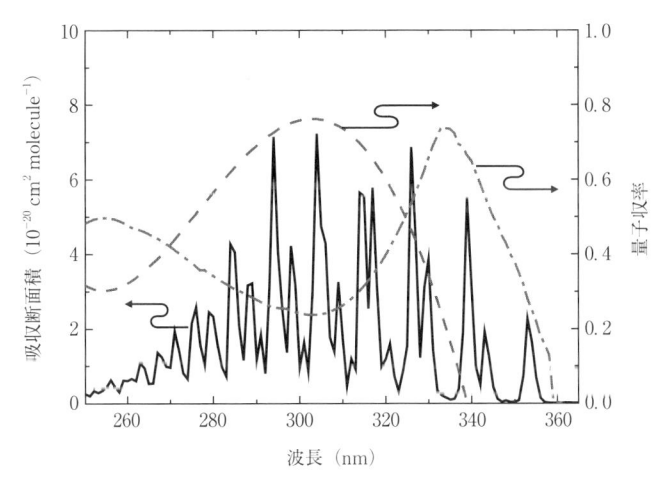

図 5.4.12 HCHO の吸収スペクトル（実線）と光分解量子収率（JPL 推奨値[6]）をもとに作成）
破線は H+HCO チャネル，一点破線は H_2+CO チャネルを表す.

反応 (R24a) は最終的に HO_2 ラジカルが 2 つ生成する HO_x 生成反応になっている. HCHO からの H_2+CO 生成反応は，エネルギー的にはほぼ中立の反応であり，大気中での H_2（対流圏では CH_4 に次いで 2 番目に大気中濃度が高い反応性ガス）の生成反応になっている. ラジカル機構と分子機構の分岐は HCHO の励起状態の振動・回転準位

にも依存する（図 5.4.12）.

(3) 対流圏での化学反応の多様性

過酸化ラジカル（RO_2）の反応　5.4.4 項 b.(1) では CH_4 の大気酸化反応を，きわめて単純化したスキームで説明した．実際には図 5.4.6 で示した連鎖反応に競合するいくつかの化学反応が存在するため，反応全体はもっと複雑である．とくに CH_3O_2 は O_2 とは反応しないため，NO をはじめとする大気微量成分との反応が重要となる．CH_3O_2 が関係する反応を図 5.4.13 として整理した．過酸化物（CH_3OOH）の除去（水滴への取り込みや土壌や植生への沈着など）が速ければ，CH_3OOH 生成反応は OH-HO_2 連鎖反応の停止反応になる．また $CH_3O_2+NO_2 \leftrightarrow CH_3O_2NO_2$ の平衡反応により，$CH_3O_2NO_2$ は $NO_x(=NO+NO_2(+NO_3))$ の一時的なリザーバーとして働く．

　CH_3O_2 よりも大きな過酸化ラジカル（peroxy radical, RO_2 と略す）についても，大気中での反応として考慮すべき反応は CH_3O_2 の反応と基本的に同じである．

　RO_2+NO_2 反応で生成される RO_2NO_2 が安定な例として，アセトアルデヒド（$CH_3C(O)H$）の酸化反応の中間体である $CH_3C(O)O_2$ と NO_2 の反応生成物の $CH_3C(O)O_2NO_2$ （peroxy acetyl nitrate, PAN）があげられる．

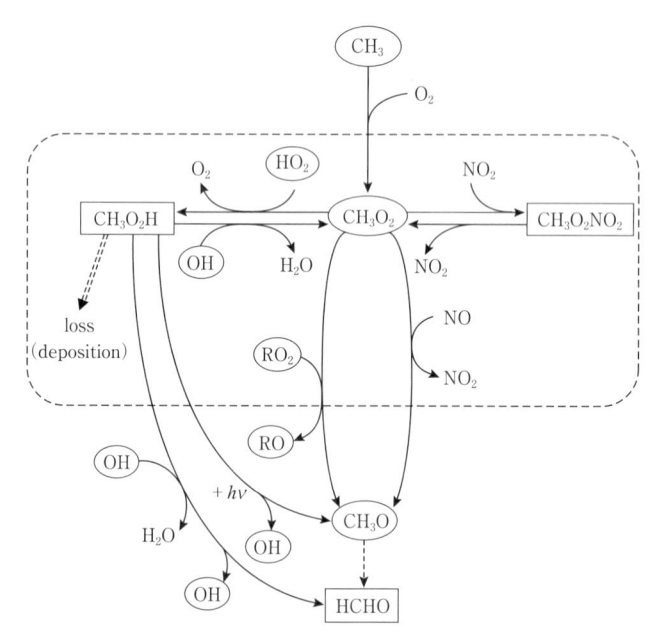

低［NO_x］時の反応経路　　　　　　　高［NO_x］時の反応経路

図 5.4.13　CH_3O_2 ラジカルが関与する反応
HO_2 との反応による CH_3O_2H 生成や RO_2 との反応は低 NO_x 時の反応経路，$NO \rightarrow NO_2$ 変換ならびに $CH_3O_2NO_2$ との平衡反応は高 NO_x 時の反応経路．

$$\mathrm{CH_3C(O)O_2 + NO_2 + M \leftrightarrow CH_3C(O)O_2NO_2 + M} \qquad (\mathrm{R25}/-\mathrm{R25})$$

PAN の K_{eq} は $\mathrm{CH_3O_2NO_2}$ に比べ約 3 万倍大きく,また熱分解の寿命は 4 日程度(US 標準大気の $z=3$ km に相当する $P=700$ hPa, $T=269$ K の場合)となる.この寿命は,平均風速を 10 m s^{-1} と仮定すると,4000 km 程度の輸送距離に相当するので,PAN は NO_x のリザーバーとして NO_x の輸送に寄与する(なお $T=300$ K,1 気圧条件では,PAN の寿命は 30 分程度である).

$\mathrm{RO_2 + NO}$ 反応でも,R が大きくなると別の生成物チャネル(結合反応)の寄与が無視できなくなる.$\mathrm{RONO_2}$ は大気寿命が長いため,$\mathrm{RONO_2}$ 生成は連鎖停止反応になる.

$$\mathrm{RO_2 + NO \rightarrow RO + NO_2} \qquad (\mathrm{R26a})$$
$$\rightarrow \mathrm{RONO_2}(+\mathrm{M}) \qquad (\mathrm{R26b})$$

アルコキシラジカル(RO)の反応 $\mathrm{CH_3O}$ 型のラジカルはアルコキシラジカル(alkoxy radical,RO と略す)と呼ばれている.$\mathrm{CH_3O}$ の場合は $\mathrm{O_2}$ との反応(R16)が主要な反応である.一方,R が $\mathrm{CH_3}$ よりも大きな RO ラジカルの場合,$\mathrm{O_2}$ 反応と競合する反応の寄与が増大する.$\mathrm{CH_3-C(O\cdot)H-C_3H_7}$ ラジカルを例に,競合する反応($\mathrm{O_2}$ との反応,開裂反応,異性化反応)を図 5.4.14 に示す.開裂反応と異性化反応はともに熱反応であるため,その速度は RO を生成する反応の反応熱ならびに余剰エネルギーが分子内の自由度にどのように分配されるかに依存する.

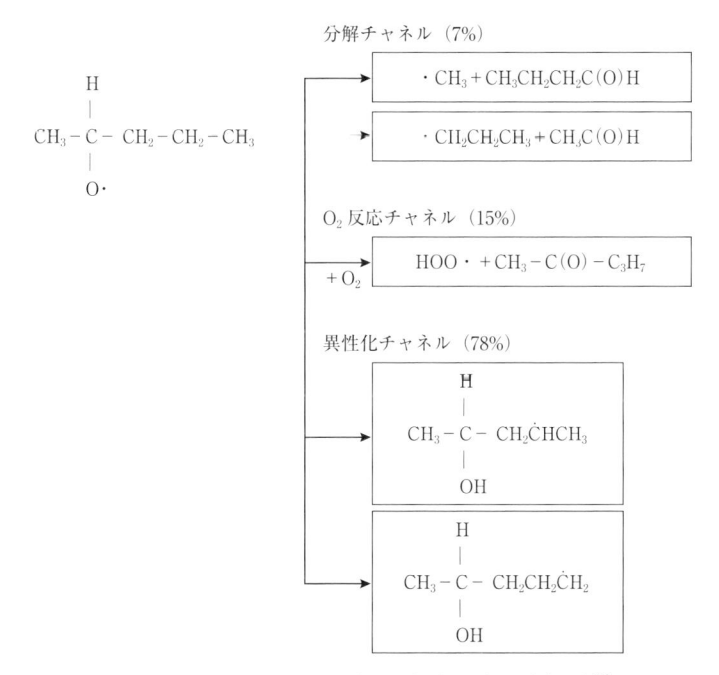

図 5.4.14 2-pentoxy radical($\mathrm{CH_3C(O\cdot)C_3H_7}$)の消失反応[11]

HO_x 消失反応の反応機構　　HO_x の消失反応である，反応（R20）と（R19）について，反応機構の点から説明する．

　OH + NO_2 反応：　OH ラジカルと NO_2 の反応（R20a）は NO_x ならびに HO_x の消失反応になっている．

$$OH + NO_2 + M \rightarrow HONO_2 + M \tag{R20a}$$

一方，OH と NO_2 との反応には，別の生成物チャネル（R20b）が存在していることを示唆する結果[12]も得られている（図5.4.15）．

$$OH + NO_2 + M \rightarrow HOONO + M \tag{R20b}$$

$HONO_2$ 生成が一般に NO_x（ならびに HO_x）の消失源として働くのに対し，HOONO は光分解反応や熱分解反応が存在するため寿命が短い．

$$HOONO + h\nu \rightarrow OH + NO_2 \tag{R27}$$
$$HOONO + M \rightarrow OH + NO_2 + M \tag{-R20b}$$

そのため，HOONO 生成は NO_x ならびに HO_x の消失ではなく，一時的なリザーバーとしての役割をもつことになる．

　$HO_2 + HO_2$ 反応：　HO_2 ラジカル同士の反応（R19）の速度係数は圧力依存性を示し，三体反応も競合している．

$$HO_2 + HO_2 \rightarrow H_2O_2 \tag{R19}$$
$$HO_2 + HO_2 + M \rightarrow H_2O_4 + M \rightarrow H_2O_2 + O_2 \tag{R28}$$

三体が関与する反応（R28）では，M = H_2O の場合の速度係数の増加が，反応（R28）の三体 M（N_2 など）に対する圧力依存性から予想される増加に比べてはるかに大きい．H_2O 共存系ではシャペロン機構（chaperone mechanism）が働いていると考えられる．

$$HO_2 + H_2O \leftrightarrow HO_2 - H_2O \tag{R29}$$
$$HO_2 + HO_2 - H_2O \rightarrow H_2O_2 + H_2O \tag{R30}$$

オゾン-アルケン反応　　O_3 は分子内に C = C 結合を有するアルケン類の酸化開始剤の1つである．反応は C = C 結合への O_3 の付加（オゾニドの生成）で開始され，その後，開裂反応を経て，カルボニル化合物とクリーギー中間体（Criegee intermediate）が生成される．クリーギー中間体は気相中ではいまだ直接検出がなされていない化学種である．最終安定生成物分布の測定から，クリーギー中間体を経由した反応機構の推定が行われている．その一例として，O_3 + $CH_3CH = CH_2$ 反応を例に，反応生成物測定結果をもとにした反応機構を図5.4.16にまとめた．

(4) 同位体と物質収支

　CH_4 の発生源にはさまざまなものが存在する．発生源ごとの CH_4 の発生速度（発生源強度）を見積もる方法の1つとして，同位体比情報を用いる方法がある．これは，CH_4 の総排出量を満足しつつ，反応（R13）の速度係数に対する動的同位体効果（kinetic isotope effect, KIE と略す），ならびに個々の発生源ごとの発生プロセスにおける同位体比の情報を用いて，大気中の CH_4 の同位体比（CH_4 に対する $^{13}CH_4$ や CH_3D の濃度比）の観測結果が説明できるように，個々の発生源強度を見積もるものである．

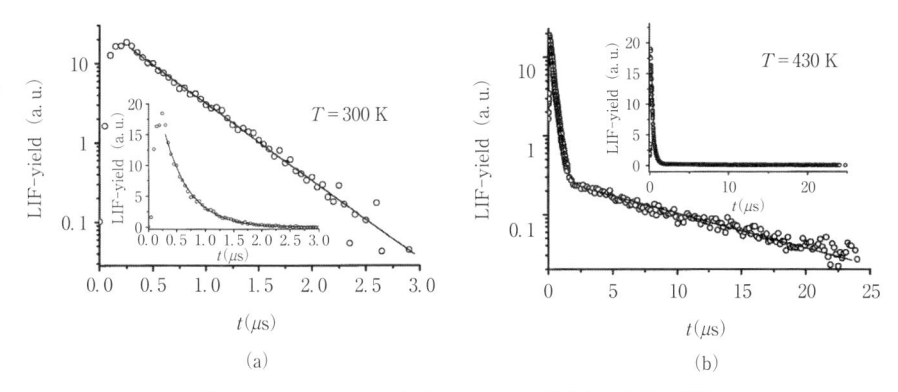

5.4 環境科学における原子分子過程

図 5.4.15 OH + NO$_2$ 反応系での OH の信号強度の時間変化[12]

(a) $T = 300$ K での測定例.OH の減衰は単一指数関数的であり,OH + NO$_2$ → products 反応が進行していると解釈可能.

(b) $T = 430$ K での測定例.OH の減衰は,2 つの指数関数の和として表され,OH + NO$_2$ → products 反応とは別に,OH + NO$_2$ ↔ products 平衡反応が存在することを示唆している.この温度では HONO$_2$ との間では平衡は認められないことから,生成物として HOONO の存在が示唆される.

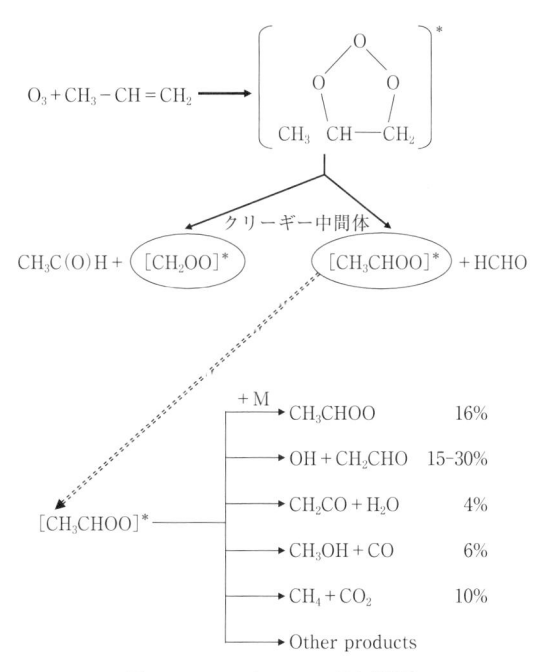

図 5.4.16 O$_3$ と C$_3$H$_6$ の反応経路[7]

反応 (R13) に対する H/D の KIE は，パルス的に生成した OH ラジカルの減衰を直接計測する絶対法によって測定されている．一方，$^{12}C/^{13}C$ の KIE は非常に小さいため，KIE は，相対速度法（反応容器内で OH ラジカルを発生させ，容器内に共存する $^{12}CH_4$ と $^{13}CH_4$ の濃度の減少を相対的に測定して速度係数比を決定する方法）によって測定されている．

5.4.5 イオン-分子反応と大気計測

大気中での微量成分の計測には質量分析法が用いられることがある．試料から目的とする一連の化学種を分離したあとに同定・定量を行う方法（例：ガスクロマトグラフ-質量分析）とは別に，イオン-分子反応の特異性を利用して，特定の微量成分のみを選択的に検出する方法も実大気計測に応用されている．ここでは例として，ガス状硝酸 (HNO_3) と SiF_5^- イオンとのイオン分子反応を利用した HNO_3 計測方法[13]を述べる．

$$SiF_5^- + HNO_3 + M \leftrightarrow SiF_5^- \cdot HNO_3 + M \qquad (R31/-R31)$$

SiF_5^- イオンは N_2 や O_2 とは反応しないが水蒸気とは反応する．

$$SiF_5^- + nH_2O \rightarrow SiF_5^- \cdot (H_2O)_n \quad (n=1\sim3) \qquad (R32)$$

しかしながら，HNO_3 との平衡反応の平衡定数は [H_2O] には依存しないため，[HNO_3] は

$$[HNO_3] = \frac{[SiF_5^- \cdot HNO_3]}{[SiF_5^-] \times K_{eq}}$$

で与えられる．よって，SiF_5^- ならびに $SiF_5^- \cdot HNO_3$ イオンの相対強度を測定することで，ガス状 HNO_3 の濃度を定量できる． 〔今村隆史〕

文　献

1) 大気化学の入門書としては，D. J. Jacob 著，近藤　豊訳，「大気化学入門」（東京大学出版会，2002）がある．
2) U. S. Standard Atmosphere 1976.
3) E. L. Fleming et al., Monthly Mean Global Climatology of Temperature, Wind, Geopotential Height, and Pressure for 0-120 km, NASA Technical Memorandum 100697 (1988).
4) たとえば，笛野高之,「化学反応論」（朝倉書店，1975）を参照．
5) たとえば，J. I. Steinfeld, J. S. Francisco, W. L. Hase 著，佐藤　伸訳，「化学動力学」（東京化学同人，1995）15 章を参照．
6) S. P. Sander et al., Chemical Kinetics and Photochemical Data for Use in Atmospheric Studies, Evaluation Number 17 (JPL Pub., 2010) 10.
7) R. Atkinson et al., Atmos. Chem. Phys. **6**, (2006) 3625.
8) P. Warneck, Chemistry of the Natural Atmosphere, 2nd ed. (Academic Press, 2000).
9) G. P. Brasseur, J. J. Orland, G. S. Tyndall (Eds.), Atmospheric Chemistry and Global Change (Oxford Univ. Press, 1999).
10) Y. Matsumi and M. Kawasaki, Chem. Rev. **103** (2003) 4767.
11) B. J. Finlayson-Pitts and J. N. Pitts, Jr., Chemistry of the Upper and Lower Atmosphere (Academic Press, 2000).

12) H. Hippler et al., *Phys. Chem. Chem. Phys.* **4** (2002) 2959.
13) L. G. Huey et al., *J. Geophys. Res.* **103** (1998) 3355.

5.5 精密測定・標準

 物理学において，最も基本的で重要な量は時間や周波数であろう．基準となる時間（秒）や周波数をもとにして，物理学において最も基本となる物理定数をきわめて高い精度で測定が行われつつあり，いまや物理定数が本当に定数であるか否か，時間や空間で一定であるかの検証がなされようとするほどになってきている．このような時間（周波数）標準やそれをもとにした精密測定の研究の進歩は目を見張るものがあり，数十年前とはまったく異なった様相を呈している．急速な進歩をもたらした要因は，レーザーなどの光源や，光検出技術の飛躍的な向上があげられるが，さらに原子やイオン，分子のレーザー冷却やトラッピングといった革新的な制御方法の開発に負うところがきわめて大きい．ここでは精密測定・標準の分野で最も飛躍的な進歩を遂げ，将来の基礎科学全体に大きな影響を与えることが予想される周波数標準（時間標準），周波数測定に重点をおき述べることにする．最近，光周波数の安定度，不確かさも 10^{-18} 台に突入し，実験室で重力による赤方シフトの観測も夢ではなくなってきている．

5.5.1 時間（周波数）標準

a. 現在における秒の定義

 1956年に至るまで時間（秒）は地球の自転をもとにして定義されていた．しかし，地球の自転には潮汐などによるゆらぎがあり，10^{-7} 程度の不確かさがあった．その後1秒の定義には地球の公転に基づいて定義されたが，不確かさは 10^{-9} 程度に改善された．このように地球の運動には本質的にゆらぎが存在し，より確かな秒を定義するために，当時盛んに研究がされていた原子や分子の内部状態間の共鳴を利用する方法，すなわちアンモニア分子，水素原子，セシウムなどのアルカリ原子を用いた原子時計の開発が有力であることが示された．最終的には1967年に開催された第13回国際度量衡総会議においてセシウム原子を用いた新しい秒の定義がされた．採択された秒の定義は「セシウム133原子の基底状態の2つの超微細構造準位間の遷移に対応する放射の9,192,631,770周期の持続時間」である[1]．

b. セシウムビーム原子時計[2]

 周波数は単位時間（1秒間）当たりの振動数を意味するので，時間標準と周波数標準は，その一方が確立されれば他方は自動的に決まる．上述したように1秒の定義は現在，Cs原子のマイクロ波帯の遷移により定義されている．^{133}Cs原子は最外殻に1つの電子をもち，核スピンIが7/2であるアルカリ原子である．図5.5.1に示すように，基底状

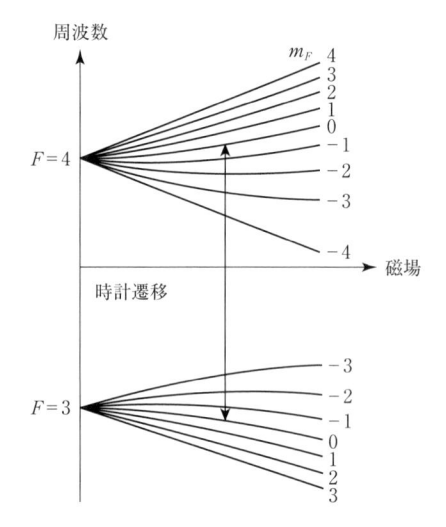

図 5.5.1 磁場を変化させたときのセシウム原子の基底状態エネルギー

態は，最外殻電子と原子核スピン間の相互作用により 2 つの超微細構造準位 $F=4$ と $F=3$ に分裂している．原子に磁場を加えるとこれらの超微細構造準位の縮退は解け，それぞれ 9 本，7 本のゼーマン準位に分離する．秒の定義で用いられている準位は，最も磁場の影響を受けにくい $F=4$, $m_F=0$ 準位と $F=3$, $m_F=0$ 準位間の遷移である．どうして Cs 原子が選ばれたのであろうか．まず，自然に存在する Cs 原子は 1 つの同位体のみが存在することがあげられる．また，溶解温度が 28.4℃ と比較的低く，オーブンを 100℃ 程度に熱するだけで充分強い原子ビームが得られること．さらに，Cs 原子の超微細構造遷移（時計遷移）が上述したようにマイクロ波素子を得やすい X バンドの周波数帯にあり，後に述べるようなラムゼー共振器[3]などの製作にも有利であったことも Cs 原子が選ばれた理由の 1 つであろう．

(1) 不均一磁場による状態の選択

図 5.5.2 に，初期の頃から長年にわたって使われた周波数標準の原理図を示す．オーブンから出てくる Cs 原子ビームを利用するが，磁石 A によりビームに不均一な磁場を与え，原子のゼーマン準位によりビーム方向が変わるように，とくに $F=4$, $m_F=0$ 準位に存在する原子が，ラムゼー共振器[3]を通過できるように調節している．共振器内でマイクロ波と相互作用をした原子は再び磁石 B により不均一磁場を与え，$F=3$, $m_F=0$ 準位に移行した原子数を検出する．

(2) ラムゼー共鳴

原子は非常に長い寿命の基底状態にあるが，原子速度には分布があり，またマイクロ場を通過する時間 τ が有限であるために，観測される共鳴線には広がりが観測される．

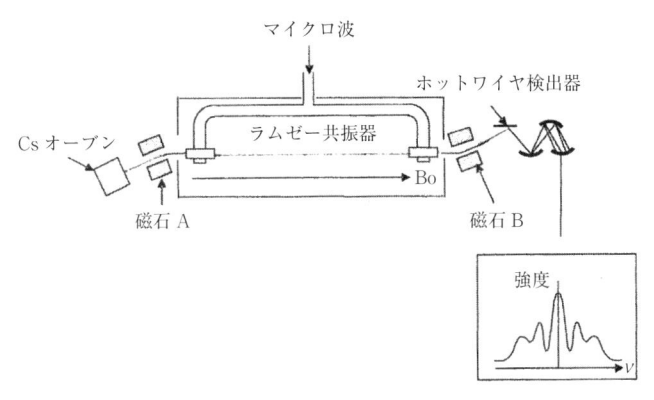

図 5.5.2 セシウム原子ビーム時計の光学部分
原子状態の選択に磁石が使われている.

この広がりを軽減するために考案されたのがラムゼー共振器を用いる方法である[3]. 同じ発信器からのマイクロ波を2つの共振器に供給し,原子ビームが異なった2つの位置で共鳴するようにしたものである. すなわち,原子はスピンエコーと同様に2つのマイクロ波パルスと相互作用するのである. 原子ビームの速度を v,2つの共振器の間隔を L とすると,原子は時間間隔 L/v の2つのマイクロ波パルスをみることになる. 最初のパルスで原子にマイクロ波と同じ周波数で変化する双極子モーメントがつくられ,それが2番目のパルスがくるまで持続する. 2番目のパルスで双極子モーメントが $F=3$, $m_F=0$ の原子数に変換され検出されるのである. したがって,マイクロ波の周波数を共鳴周波数近傍で変化させると,周期構造が現れるが,これをラムゼーフリンジと呼んでいる. このフリンジの間隔は, L を大きくするに従い狭くなり,各フリンジはより鋭くなっていく. 原子の速度はビーム中でも一様でなく,速度分布に関して平均をとると,中央のフリンジ以外は互いに打ち消しあい減少する. このようにして得られる中央のフリンジの周波数から正確に共鳴周波数を測定できることになる.

(3) 光ポンピングによる状態の選択

上述したように,当初開発された原子時計では,原子状態の選択,選択的な検出には強い不均一磁場により原子ビームの方向を曲げることで行われた. しかし,この方法ではマイクロ波との相互作用領域でも不均一磁場の影響はあり,共鳴線のシフトや広がりがあった. さらに,1次のドップラー効果は実験的に消去できるが,2次のドップラー効果の共鳴周波数への影響は原子の速度分布から推定し,実験値に補正を与える方法が採られた. その際問題となったのは不均一磁場により曲げられた原子ビームの速度分布は比較的複雑であり,正確な補正は困難なことであった.

(4) 光ポンピングによる原子の量子状態の選択

上述の方法では原子の状態の選択は不均一磁場を原子ビームに与えることにより行われた. 原子の状態の選択と検出は原子ビームにレーザー光を与えることによっても可能

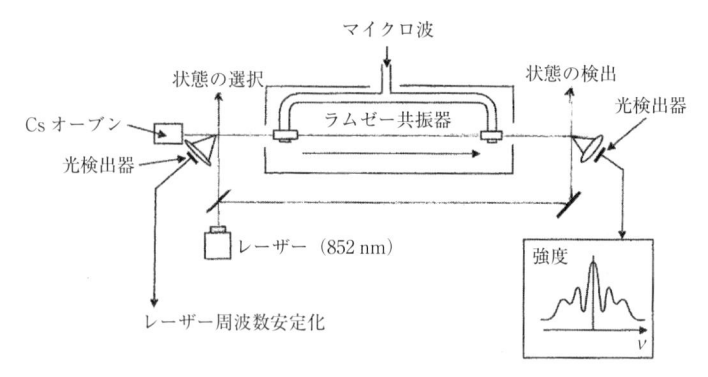

図 5.5.3 セシウム原子ビーム時計[1]
光ポンピングによる状態の選択，観測に使われている．

である．その方法はレーザー周波数を適当に同調することで，一方の超微細構造準位からの励起を行うと他方の準位に原子が移行するいわゆる光ポンピングが生じる．さらに，ポンピング光の偏光を適当に選ぶことにより，特定のゼーマン準位が選択されポンピングされ観測される．この光ポンピングを用いた原子時計の概念図を示す（図5.5.3）．この場合には原子ビームの速度分布は変化せず，したがって2次のドップラー効果による共鳴周波数のシフトは理論的に推定することができる．

c. 冷却セシウム，ルビジウムによる原子泉時計[4]

1980年台に入りレーザー光により中性原子，とくにアルカリ原子のレーザー冷却が盛んに研究され，気体原子を室温から μK あるいはそれ以下にまで冷却できるようになってきた．レーザー冷却法の発展により原子分子物理学や量子物理学などの基礎研究は大幅に発展をもたらし，最も貢献をしたCohen-Tannoudji, Chu, Phillipsの3人がノーベル物理学賞を受賞している．近年の原子時計の飛躍的な発展は，このレーザー冷却によるものということができる．ここではレーザー冷却されたセシウムやルビジウム原子を用いた原子泉時計について説明する．

原子泉時計の原理を理解するために基本な部分を図5.5.4に示す．セシウム槽の温度は室温前後にあり原子の圧力は 10^{-6} Pa 程度である．この熱原子を磁気光学トラップ（magneto-optical trap, MOT）や光学的糖蜜（optical molasses）の手法を用いて冷却する．どちらの手法でも原子には互いに逆方向に進行するレーザービーム対が直行する3軸に与えられている．原子は，共鳴周波数の低周波側に離調したレーザー光 ν を吸収し，自然放出光を放出して基底状態に戻る．自然放出光の周波数は平均して共鳴周波数 ν_0 であるので，1個の光子の吸収，放出の過程で $h(\nu_0-\nu)$ のエネルギーが原子の運動エネルギーの減少として生じる．

このようにしておおよそ $1\mu K$ にまで冷却された原子は，他の2本のレーザービーム

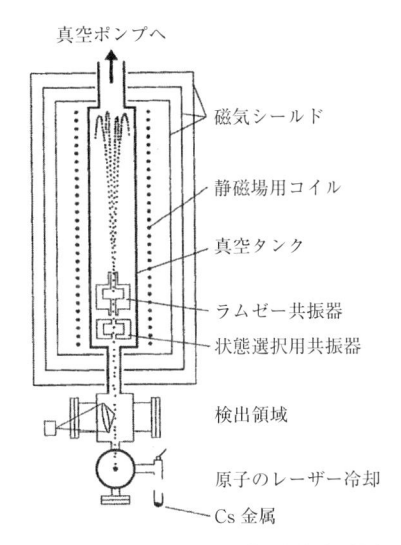

図5.5.4 原子泉時計の光学系,真空系の簡略図

により上方に打ち上げられる.打ち上げられる原子は$F=3, m_F=0$にある原子が選択される.打ち上げに用いるレーザービームは上下方向から与え,それらの周波数に若干の差を与えたもので定在波が上方に移動するようにしているが,その移動速度が打ち上げの初速度を与える.典型的な初速度は数$m\,s^{-1}$程度が選ばれる.打ち上げられた原子は,約50 cm上方に設置した共振器を通りマイクロ波と再び相互作用をする.このようにしてラムゼー共鳴が生じ,非常に鋭いフリンジとして検出される.相互作用時間は1秒にも達し,これにより1 Hzの非常に幅の狭いラムゼー共鳴スペクトルが観測されるのである.

セシウムを用いた原子時計の研究は50年以上の年月を経過したのち現在では10^{-16}の不確かさのレベルまでに達している.この不確かさは,セシウム原子間衝突による共鳴線のシフトが最大の原因であることが知られている.この衝突によるシフトはセシウムに比べルビジウム原子の方がかなり小さいことも実験的に確かめられている.

5.5.2 光周波数標準に向けた新しい動向

5.5.1項では,秒の定義に使われているマイクロ波領域のセシウム原子の超微細構造間の遷移周波数で働く原子時計について述べたが,近年,光トラップや電磁トラップにより捕捉され,レーザー冷却された中性原子やイオンの光領域のスペクトルを用いた周波数標準(原子時計)の研究が飛躍的な進歩を遂げている.

(1) レーザー周波数の安定化と光速の再定義

1960年の国際度量衡会議で「メートルはクリプトン86原子^{86}Krの$2p_{10}$準位と$5d_5$

準位との間の遷移に対応する放射の真空中の波長の 1,650,763.73 倍に等しい長さ」という定義が採択された．この長さの定義は Kr ランプからの発光スペクトルに基づいたもので，不確かさは 10^{-8}～10^{-9} 程度であった．その後の安定化レーザーの開発とともに，飽和吸収分光など，原子や分子の吸収スペクトルに熱運動によるドップラー広がりのないいわゆるドップラーフリーの高分解能法が盛んに開発された．それらの分光法により得られる鋭い原子・分子スペクトルに波長を固定した，レーザー周波数安定化の研究が進められ，周波数の不確かさも 10^{-12} にも達し，^{86}Kr のランプの性能をはるかにしのぐこととなった．そこで Kr ランプに代わり，最適な原子や分子吸収スペクトルを選び，その波長に精密に固定化したレーザーにより新しい波長標準の定義を行おうとする動きが活発になった．しかし，いくつかの候補のうちどの波長安定化レーザーが最良であるかの優劣がつけがたく，結局は特定の波長安定化レーザーよりむしろ，それまで測定で決定される物理量であった光速 c を不変の物理定数として与え，定義された秒を基準とした時間から長さを決めた方がよいとの結論に至った．すなわち，1983 年の第 17 回の国際度量衡総会において，メートルは 1 秒の 299,792,458 分の 1 の時間に光が真空中を伝わる行程の長さと再定義されたのである．その背景には，セシウム原子時計の周波数と ^{86}Kr の波長をもとに高安定化したレーザーの周波数比較が直接行われ，光速 c の値がきわめて高い精度で得られるようになったことがあげられる．

(2) 周波数の不確かさの表現

原子時計のより高い安定度や正確さは外部からの影響の受けにくい鋭いスペクトル（幅：$\Delta\nu$）をもつより高い周波数 ν_0 をもつ遷移，すなわち $Q(=\nu_0/\Delta\nu)$ 値の高い遷移を利用することが肝要である．安定度の指標を与える量としてアラン分散があげられる．1 回の測定に τ 秒かけて，N 回の測定を繰り返し行った場合アラン分散は

$$\sigma_y(\tau) = \frac{\Delta\nu}{\nu_0} \frac{1}{\sqrt{N}\tau} \tag{5.5.1}$$

と表現される．したがって，同じ線幅 $\Delta\nu$ であればセシウム原子時計のマイクロ波よりも光周波数 ν_0 で観測する方がより高い安定度の原子時計が実現できることになる．これが最近盛んに研究が進められている光時計実現のための大きな動機となっている．また，光と原子の相互作用時間を長くすることによりその逆数で与えられるフーリエ限界の線幅は狭くなる．セシウム原子時計で低温原子を用いた原子泉が有効であったのもそのためである．一方，最近の光領域の遷移を利用する光原子時計では，イオンや中性原子を電磁場や光でつくられるポテンシャルにより小さな空間内に閉じ込め，相互作用時間を長くしている．

(3) ラム-ディッケ閉じ込め

一般に，光領域で遷移周波数を正確に知るためには，原子や分子，イオンの熱運動によるドップラーシフトをできる限り小さくする必要がある．そのために過去にはドップラー効果の現れない種々の分光法が考案されてきたのである．一方，レーザー冷却法を用いて原子を冷却したらどうであろうか．当然ドップラー効果は大幅に軽減するが，

μK 程度にまで冷却してもドップラーシフトによる不確かさは 10^{-16} 程度が予想されている．それでは冷却された原子やイオンを狭いポテンシャルに捕捉した場合にはドップラー効果はどのように現れるのであろうか．

ポテンシャルにトラップされた原子は単振動に近い運動をする．したがって原子がみるレーザー光の周波数はドップラー効果により単振動周波数 Ω で変調され，スペクトルに $\nu \pm n\Omega$ のサイドバンドが現れる（ν：レーザー周波数，$n = 0, 1, 2, \ldots$）．変調指数 η をトラップ領域の大きさ Δ_x と遷移波長 λ_0 で表現すると $\eta = \Delta_x/\lambda_0$ と表せる．すなわち，波長に比べ小さな領域に原子を捕捉すると，サイドバンドが消えキャリア成分（$n = 0$ 成分）のみが残るのである．換言すると，$\eta \ll 1$ の条件を満足させた場合はラム-ディッケ閉じ込めと呼ばれ，ドップラー効果は現れない．このラム-ディッケ閉じ込めは，後に述べる電磁力によりトラップされたイオンや光格子にトラップされた中性原子により実現されている．

(4) 光周波数コム：光周波数計測

光領域で新しい原子時計を実験で実現しようとするとき大きな問題があった．マイクロ波領域でのセシウム原子時計の場合には周波数を測るカウンターがあり，セシウムの 9 GHz の遷移周波数を秒に結びつけることができた．2000 年以前には，光領域の周波数を測定しようとしてもこのように直接周波数を計測できるカウンターは存在しておらず，9 GHz の周波数標準から被測定レーザー周波数まで周波数を順次逓倍して測定する逓倍型周波数チェーンと呼ばれる方法が用いられてきた．この方法では特定のレーザーの周波数しか測定できないという欠点があり，そのうえ 10^5 も違う周波数を不確かさを増大することなく結ぶには種々の技術的な困難があった．ところが1999年頃からドイツとアメリカのグループで，モード同期超短パルスレーザーによる"光周波数コム"を用いたレーザー周波数計測が提案され，有用性が実証されてこの分野も大きく変化した[5]．光周波数コムの先駆的な研究に対し，Hänsh と Hall が 2005 年のノーベル物理学賞を受賞している．

モード同期超短パルスレーザーを周波数軸でみると，共振器の縦モード周波数を間隔とした多数のモードからなり，全体のスペクトルが櫛状になっているので光周波数コム（略して光コム）と呼ばれている．ちょうど目盛りを切った物差しで長さを測るように，光コムを周波数の物差しとして被測定光の周波数を測定することができる．すなわち光コムのそれぞれのモード周波数が既知であれば，1つのモードと被測定レーザー光とのビート周波数を測ればその周波数がわかるのである．

モード同期レーザーのすべてのモードの周波数は2つのパラメータとなる周波数，ν_{rep} と ν_{CEO} が与えられれば決定される．ここで ν_{rep} はパルスの繰り返し周波数であり ν_{CEO} はオフセット周波数である．n 次モードの周波数 $\nu(n)$ は $\nu(n) = n \times \nu_{\text{rep}} + \nu_{\text{CEO}}$ と表すことができる．ν_{rep} の測定は簡単である．ν_{CEO} の測定は，周波数が精密に知られている基準となるレーザーがあればやはり簡単であろう．しかし，そのような基準レーザーがない場合でも，自己参照法と呼ばれる方法が開発され ν_{CEO} の測定が可能となっ

た．それはフォトニック結晶ファイバー中の非線形光学効果を利用して光コムの範囲を1オクターブ以上に広げることで可能にするものであるが詳細は割愛する．

セシウム原子時計を利用して ν_{rep} と ν_{CEO} を制御すれば，光コムのすべてのモードの周波数が原子時計と同じ精度を有する光周波数の基準となり，レーザーとのビート周波数を測定すればその周波数の絶対値を測定できる．

(5) イオントラップ光時計[6]

荷電粒子であるイオンを電磁力で空間に閉じ込めることができる．これがイオントラップであり多くの装置が開発されているが，高周波電場を用いる高周波トラップ（ポール（Paul）トラップ）と静磁場も用いるペニング（Penning）トラップに大別できる．振動する電場の中にあっても，条件が満たされると実効的に静的なポテンシャルが生じ，空間的な勾配により非常に狭い空間に閉じ込めることができるのである．ポテンシャルに捕捉された粒子は振動するが，レーザー光を与えることにより冷却され，ポテンシャルの底近傍に存在する最低エネルギー状態に押し込めることができる．その原理は以下のように簡単に理解できる．すでに述べたように，振動するイオンからみるとレーザーの周波数はドップラー効果により，いくつかのサイドバンドが現れる．そのサイドバンドの1つが原子の共鳴周波数に一致させるとイオンはレーザー光を吸収し励起される．一方，励起されたイオンが基底状態に自然放出過程で戻るときに発する光の周波数は平均して共鳴周波数である．すなわち，サイドバンドを通してイオンが吸収するエネルギーと放出するエネルギーが異なり，その差が運動エネルギーの減少をもたらすのである．振動の最低エネルギー状態はポテンシャルの底近傍の狭い空間にあり先に述べたラム-ディッケの条件を満足しているので，トラップされたイオンはドップラーシフトを示さず，観測されるスペクトルは非常に鋭い．しかし，トラップされるイオンが複数個あれば，それらの間のクーロン相互作用がスペクトルのシフトや広がりをもたらすので，光周波数標準では単一イオンをトラップし，その線幅が1 Hz程度あるいはそれ以下の非常に弱い遷移を観測することになる．量子ジャンプとして現れる弱い遷移を効率よく観測するために，共通の準位からの強い遷移を介して観測する方法（electron-shelving法）などの工夫がなされている．従来，光時計遷移として観測されてきたイオンの遷移を表5.5.1に示す[7]．

表5.5.1 光原子時計のために研究されてきたイオンと遷移

イオン	時計遷移	波長（nm）	自然幅（Hz）
^{27}Al$^+$	$^1S_0 - {}^3P_0$	267	8×10^{-3}
^{40}Ca$^+$	$^2S_{1/2} - {}^2D_{5/2}$	729	0.14
^{88}Sr$^+$	$^2S_{1/2} - {}^2D_{5/2}$	674	0.4
^{115}In$^+$	$^1S_0 - {}^3P_0$	237	0.8
^{171}Yb$^+$	$^2S_{1/2} - {}^2D_{3/2}$	436	3.1
^{171}Yb$^+$	$^2S_{1/2} - {}^2F_{7/2}$	467	$\sim 10^{-9}$
^{199}Hg$^+$	$^2S_{1/2} - {}^2D_{5/2}$	282	1.8

5. 応 用

ポテンシャル

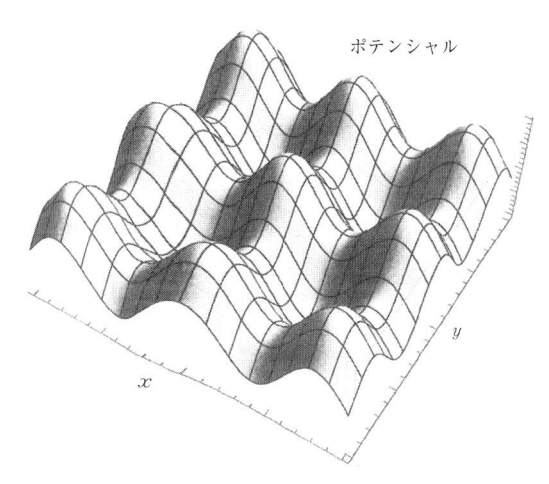

図 5.5.5 非共鳴光の干渉縞として現れる光格子
レーザー冷却により冷却された原子はこのポテンシャルの
底近傍に捕捉される.

光格子時計の開発も行われている. 光周波数の安定度も現在は 10^{-16} 程度で
将来 10^{-18} を達成することも夢ではないであろう.

おわりに：原子を用いた基礎物理の研究

は原子時計の近年の進展について解説したが, 最近の飛躍的な進歩の最大の
ザー光により原子や分子の内部状態, 位置, 運動量, 運動エネルギーを精密
ことと, 高精度・高感度計測が多く開発されたことである. そのため, いく
な研究も開始されはじめている. 原子時計に関しては 10^{-18} 程度の不確実さ
たことから, 微細構造定数の時間変化の測定が, 宇宙論の立場から興味がも
また, 重力による赤方シフトを通した一般相対性理論の検証も関心がもた
また, 低温原子泉を用いた原子干渉計により重力加速度がきわめて高い精度
ており, 万有引力定数の精密測定もなされつつある. その他にも, レーザー
スピン量子非破壊測定技術などを駆使して, 原子や分子の永久電気双極子
の超高精度測定を行い, 時間反転対称性の破れを検証しようとする実験も世
われつつある. このように原子分子物理学は新しい段階に突入しており, こ
々の基礎科学の分野での新しい応用が可能であろう. 〔藪﨑 努〕

文 献

, 洪鋒雷, 日本物理学会誌 **65** (2010) 80.
ームを用いた原子時計（周波数標準）の総合報告は, J. Vanier and C. Audoin, *Metrologia*

これらの遷移を用いて周波数安定化したレーザーの
NISTにおいてAl⁺を用いて得られ，周波数の不確か⋯

(6) 光格子時計

前述した電磁力でトラップされたイオントラップは⋯
る手段である．しかし，単一イオンの非常に弱い光学⋯
確定さを向上させるためには式（5.5.1）における測定⋯
ばならない．すなわち長時間の測定が必要となる．

測定回数を減らし短時間で測定を可能にするために⋯
ほどの距離に多数の原子を捕捉すればよい．2003年に⋯
てこのようなことを可能にする方法が提案され注目を⋯
る[8]．

レーザー光が原子に及ぼす力には，光子の吸収に⋯
と，光子が吸収されなくても生じる双極子力（dipole f⋯
force）と呼ばれる力がある．中性原子をレーザーによ⋯
われるのは後者である．分極率 α の原子がレーザー光⋯
原子は静的なポテンシャル

$$U(r) = -\frac{1}{2}\alpha|E(r)|^2$$

の中で $F(r) = -\text{grad } U(r)$ で表される力を受ける．す⋯
力である．分極率 α はレーザー周波数が原子の共鳴周⋯
テンシャルは最大強度の場所で最小になる．空間中に4⋯
3次元的な光の干渉縞が形成され，原子の周期的ポテ⋯
れる．対抗するレーザー光を直交する3軸に沿って与え⋯
間隔はレーザー波長 λ の半分の長さになる．原子を⋯
子が捕捉される領域は λ に比べかなり小さくなり，先⋯
満たされドップラー効果が無視できる．$(\lambda/2)^{-3}$ で与え⋯
く，全部の格子点に原子がトラップされていなくても⋯
5.5.5）．

非共鳴のレーザー光で多数の原子を光格子点に捕捉す⋯
非常に有力であることがわかる．しかし，つねに非共鳴⋯
ために，それが原子のエネルギー準位への影響，光シフト⋯
が問題になる．これをキャンセルする方法が香取らによ⋯
る基底状態と励起状態では光シフト量が違うが，特定の⋯
同一の値をとる．すなわち，遷移周波数はトラップ光の⋯
チウム原子Sr（時計遷移波長698 nm）を用いた研究では⋯
スペクトルの中心周波数を2 Hz程度の不確かさで決定さ⋯

光格子時計の研究は現在，急速に研究が進められ，原⋯

Yb, Hgな⋯
あるが，近⋯

5.5.3

本節で⋯
要因はレ⋯
に制御し⋯
つかの斬新⋯
で達成さ⋯
たれてい⋯
れている．
で測定さ⋯
冷却技術⋯
モーメン⋯
界各国で⋯
れからの⋯

1) たとえ⋯
2) 原子ビ⋯

42 (2005) S31.
3) N. F. Ramsey, *Phys. Rev.* **78** (1950) 695.
4) 原子泉時計の総合報告は, R. Wynands and S. Weyers, *Metrologia* **42** (2005) S64; S. R. Jefferts, T. P. Heavner, T. E. Parker and J. H. Shirley, *ACTA Physica Polonica* 112 (2007) 759.
5) Th. Udem, J. Reichert, R. Holzwarth and T. W. Haensch, *Phy. Rev. Lett.* **82** (1999) 3568; D. J. Jones, S. A. Diddams, J. K. Ranka, A. Stentz, R. S. Windeler, J. L. Hall and S. T. Cundiff, *Science* **288** (2000) 635.
6) イオントラップの先駆的な研究は, W. Paul, *Rev. Mod. Phys.* **62** (1990) 531; H. Dehmelt, *Rev. Mod. Phys.* **62** (1990) 525.
7) 解説論文は, P. Gill, *Metrologia* **42** (2005) S125.
8) 光格子時計の解説論文は, 香取秀俊, 応用物理 **74** (2005) 726.
9) M. Takamoto, F. L. Hong, R. Higashi and H. Katori, *Nature* **435** (2005) 321.

付録　基礎物理定数および原子単位

　本書の内容に関係の深い基礎物理定数，および原子分子物理学でしばしば用いられる「原子単位」（本書1.1.1項a参照）について，表1および表2にまとめて示す．これらはすべて米国標準・技術研究所（National Institute of Standards and Technology, NIST）のウェブページ：

http://physics.nist.gov/constants

にまとめられているものから引用した．有効数字8桁目を四捨五入して7桁を表示してある．ただし，真空中の光速度は定義で決まっているものをそのまま示した．これらの数値は基礎物理定数の国際推奨値の最新版2006 CODATAに基づいている．その詳細は文献：

P. J. Mohr, B. N. Taylor and D. B. Newell, *J. Phys. Chem. Ref. Data* **37**（2008）1187

に与えられている．なお，ここに挙げていない数値については上記NISTのURLか文献を参照してほしい．

　〔付記：CODATAによる2010年の改訂版が発表された．上記NISTのウェブページに掲載されている．ただし，詳細を記した文献はまだ準備中である．〕　〔市川行和〕

表1　基礎物理定数

物理量	記号	数値（SI）
真空中の光速度	c	299792458 m s^{-1}（定義）
プランク定数	h	6.626069×10^{-34} J s
プランク定数÷2π	$\hbar$	1.054572×10^{-34} J s
素電荷	e	1.602176×10^{-19} C
ボーア磁子	μ_B	9.274009×10^{-24} J T^{-1}
微細構造定数	α	7.297353×10^{-3}
微細構造定数の逆数	α^{-1}	137.0360
リュードベリ定数	R_∞	1.097373×10^{7} m^{-1}
電子の質量	m_e	9.109382×10^{-31} kg
電子の磁気モーメント	μ_e	$-9.284764 \times 10^{-24}$ J T^{-1}
陽子の質量	m_p	1.672622×10^{-27} kg
中性子の質量	m_n	1.674927×10^{-27} kg
アボガドロ定数	N_A	6.022142×10^{23} mol^{-1}
ボーア半径	a_0	5.291772×10^{-11} m
原子質量単位	u	1.660539×10^{-27} kg
ボルツマン定数	k または k_B	1.380650×10^{-23} J K^{-1}
〃		8.617343×10^{-5} eV K^{-1}
電子のコンプトン波長	λ_C	2.426310×10^{-12} m
古典電子半径	r_e	2.817940×10^{-15} m

表 2 原子単位

物理量	原子単位	数値 (SI)
長さ	a_0	5.291772×10^{-11} m
質量	m_e	9.109382×10^{-31} kg
エネルギー	E_h	4.359744×10^{-18} J
〃		27.21138 eV
速さ	$a_0 E_h/\hbar$	2.187691×10^{6} m s^{-1}
時間	$\hbar/E_h$	2.418884×10^{-17} s
運動量	$\hbar/a_0$	1.992852×10^{-24} kg m s^{-1}

索　　引

欧　文

β^+ 崩壊　258
γ 線　256
　　——の対生成　259

AC シュタルクシフト　164, 165
ADK 理論　168

BEB スケーリング　203
BEB モデル　219
BE モデル　219
BLE　355

CCC 法　220, 233
CCD　106, 117, 125
CH$^+$　251, 252
CI 計算　64
ClO$_x$ オゾン分解サイクル　481
CRC 相　430

DNA　471
DNA 塩基分子　207
DNA 多価負イオン　253
DNA の鎖切断　471
D-T 核融合反応　425

FASSST　147

H$_2^+$　248, 251
H$_3^+$　245, 252
HeH$^+$　245, 252

IOS 近似　292
ITER　377

Jesse 効果　468
jj 結合　25

KFR 理論　168

K 殻電離　452

LCAOMO　54
LCAOMO-SCF 法　57
LET　458
LiF$^+$　252
LS 結合　16
L-S 相互作用　261
LUMO　206

MAD　437
Mollow の三重線　165
MQDT　250

O$_2^+$　251
off-the-energy-shell　252
OH ラジカル（OH 遊離基）　469, 470, 488

PAN　491
PCI　206
plasma microfield　433
PMT　114, 116, 123
PsH　258
PsH 生成　265

QCLDB　75
QCLDB II　75
QDT　28, 250

R 行列法　221, 231, 248

S 行列　215
SCFMO　56
Schwinger 場　379
SIMS　355
super elastic collision　246

TDS　151
two-step 法　251

Volkov 状態　168

W 値　458, 468

Z_{eff}　266
zitterbewegung　39

ア

アインシュタイン係数　79
アクチノイド　23
圧力（衝突）幅（圧力広がり）　82, 141, 433
アナライザー　184, 189
アバランシェフォトダイオード　124
アルカリ金属クラスターの殻効果　404
アルコキシラジカル　491
亜励起電子　459
アンジュレーター　107, 110, 111
暗線　452, 453
安定構造の不確かさ　47

イ

イオン移動管法　325
イオン化エネルギー　380
イオン化断面積（電離断面積）　83, 182, 237
イオン化部分断面積　464
イオン化ポテンシャル（電離ポテンシャル）　63, 406, 443
イオン化量子収率　463
イオン球型モデルポテンシャル　442
イオンクラスター　473
イオン結合　63, 299
イオン結合性クラスター　398
イオン衝撃　370
イオン蓄積リング　229, 247
イオン対生成　246, 253, 294, 296, 299, 462
イオントラップ光時計　502
イオン分子反応　343

索引

イーグル型分光器 114
異重項間遷移 388
異常ゼーマン効果 37
位相差（位相のずれ） 179, 215, 274, 275, 292
移相子 113, 120
位相のずれ（位相差） 179, 215, 274, 275, 292
一重項 358
一重項酸素 469
——の生成 470
一電子等電子系列 4
一般化振動子強度 199, 217
一本鎖切断 472
移動度 400
異方性ポテンシャル 290
イメージングプレート 124
インバージョン法 272, 281
引力 270
引力ポテンシャル 272, 284

ウ

ウィグラー 110, 119
ウィリー-マクラーレンの二段加速 322
ウォルター型ミラー 119
宇宙の晴れ上がり 454
宇宙の膨張 454
ウッド-サクソンポテンシャル 405
運動量移行断面積 182, 446
運動量放出 371

エ

エアリー関数 280, 293
エキゾチック原子 412, 415
——の脱励起過程 415
エキゾチック粒子 412, 413
液滴模型 402
越閾イオン化 166
エネルギー移行（損失）スペクトル 292, 294
エネルギー準位 20
エネルギー選別器 184
エネルギー損失スペクトル 297, 298
エネルギー損失モード 191
エネルギー分解能 123, 124, 190
エネルギー分析器（アナライザー） 184, 189
エミッタンス 110
鉛塩半導体レーザー 151
演算子 2
遠心力ポテンシャル 285
遠心力歪み 134
遠赤外 148

オ

大型ヘリカル装置 LHD 428
$O(4)$ 群 30
オージェイオン化 463
オージェカスケード 86
オージェ過程 419
オージェ効果 206
オージェスペクトル 372
オージェ脱励起 360
オゾン 477
オパシティー 434
オーバートーンバンド 138
オーバーバリアモデル 390, 391
オービティング共鳴 321
オービティング共鳴散乱 286
オービティング効果 339
オービティング半径 319
オルソ水素 290
オルソ窒素 288
オルソ-パラ変換反応 257
オルソ分子 287
オルソヘリウム 297
オルソポジトロニウム 257
オーレギャップ 257

カ

開殻 21
回折効果 281, 283
回折格子 100
回転結合 295, 296, 297, 329
回転準位間の間隔 50
回転・振動（振動・回転） 47, 48, 50, 65
回転・振動遷移（振動・回転遷移） 136, 293, 295
回転遷移 271, 277, 286, 287, 450, 451
——の微分断面積 289
回転定数 66, 133
回転波近似 162
回転励起断面積 194
回転レインボー 292
回転レベル分布 287
外部共振器型半導体レーザー 152
解離（過程） 92, 172, 181, 197
解離吸着 363
解離極限 53, 55, 56, 58, 59, 61, 62, 63, 64
解離性再結合 246, 247, 248, 447, 468
解離性自動イオン化 466, 468
——の模式図 466
解離性電子付着（過程） 183, 207, 446, 471
解離性励起 246, 252
ガウス型関数 143
ガウス型スペクトル 128, 142
化学吸着 362
化学クエンチング 257
化学的イオン化 468
化学的効果 362
可換 5
殻 8, 11
角運動量 5, 6, 65, 272
——の加法則 14
角運動量演算子 45, 66
核形成 398
殻構造 21, 400
——の概念 25
拡散係数 189
殻芯部励起共鳴 200
角分散 100
殻補正 402
核融合三重積 425
核融合パラメータ 425
確率論的な解釈 2
過酸化ラジカル 487
カスケード過程 186
活性種 446
荷電交換分光法 439
価電子 404
価電子帯 356
荷電粒子の軌道計算 191
加熱分子 210
環境放射線 472
換算角 296
換算質量 41, 178, 272
干渉効果 283, 284
慣性核融合 442
慣性主軸 66

索 引 511

慣性乗積 66
慣性閉じ込め 425
慣性モーメント 66
間接解離過程 92
間接過程 250
間接効果 469, 471

キ

擬エネルギー状態 38
幾何学的殻効果 407
希ガス固体 262
擬軌道 234
擬似光吸収測定 198
擬似交差 295
基準振動モード 136
擬状態 232
擬似ランダムチョッパー 280
奇数次高調波 170
輝線 453
気体レーザー 151
基底状態 7, 53, 57, 57, 185
軌道 8
軌道角運動量 11
基本バンド 138
吸収断面積 79
球状回転子 67
球対称ポテンシャル 271, 290
吸着 363
球面回折格子 101, 103, 114, 115
強結合プラズマ 442
凝縮系 472
共鳴イオン化 360
共鳴現象 228
共鳴状態 181, 235, 249
共鳴線 388
共鳴遷移 356
共鳴多光子イオン化 165
共鳴脱励起 360
共鳴中性化 358
共鳴励起二重自動電離断面積 238
共有結合 63, 64
共有結合性クラスター 398
行列力学 1
局所熱平衡 430
局所崩壊モデル 249
均一幅 140
近共鳴反応 332
禁制線 450

禁制遷移 387
近赤外 148
金属クラスター 398
　──の変形 406
金属超微粒子 408
緊密結合法 220, 231, 289

ク

空気カーマ 125
偶然(の)縮退 7, 30, 75
グッツミラーの跡公式 407
久保効果 408
クライオカロリメータ (極低温放射計) 106, 118
クラスター 396
　──の種類 397
　──の生成法 399
　──の分析法 399
クラスター損傷 459
クラスター多価イオン 409
　──の分解過程 410
クラスター分子 149
クラスタリング 457, 473
クリーギー中間体 492
グリームの境界 428
グロトリアン図 180
　ヘリウムの── 82
グローリ散乱 274, 278, 284, 316
クーロン引力 294, 299
クーロン散乱振幅 230, 235
クーロン縮退 7
クーロン爆発 173, 393
クーロン-ボルン近似法 233

ケ

計算の信頼度 76
形状共鳴 201
結合エネルギー 55
結合音バンド 138
結合性イオン化 (結合性電離過程) 447, 468
結合性の軌道 55
結合切断モデル 355, 370
結合定数 442
結合軟化 172
検光子 113
原子価型状態 60, 61, 62
原子価結合 61
原子間力顕微鏡 400

原子基底 328
原子軌道関数 53, 54, 58
原子泉時計 498
原子単位系 8
原子分子過程 449
減速材 262
元素の周期律 20

コ

高 LET 放射線 459, 474
光学定数 95
光学的許容遷移 180
光学的禁制遷移 181
光学的振動子強度 87, 217
光学的振動子強度分布 460
光学的糖蜜 498
交換関係 11
項間交差 185
交換子 5
交換相互作用 404
後期障壁曲面 306
交差角 276
交差ビーム実験 278, 279
交差ビーム法 229
交差分子線法 308
構造異性体 402
構造相転移 402
高速量子振動 39
光電効果 457
光電子増倍管 (PMT) 104, 116, 123
光電子分光 86, 399
光伝導アンテナ 150
光度 98
後方散乱 362
高密度媒質 172
高密度励起 459, 474
合流ビーム法 229
高リュードベリ原子 26, 213
高リュードベリ状態 26
光路差 100, 113
5回対称軸 401
国際熱核融合実験炉 ITER 426
固体のバンド構造 355
固体標的 357
古典軌道計算 294
古典的軌道 3
コヒーレント状態 164
固有角運動量 11

固有値方程式　5
コロナ相　429
コーン-シャム密度汎関数法　42
コンビネーションバンド　138
コンプトン効果　457
コンプトン散乱　78
コンボリューション　144

サ

最近接距離　273, 285, 316
再結合　228, 247
再結合速度定数　242
再結合プラズマ　428
最低非占軌道　129, 131
最低励起一重項状態　185
最低励起三重項状態　185
差周波数混合　99
サハ-ボルツマンの関係式　430
サブドップラー分光法　153
さらし量　363
酸化物表面　361
三重項　357
三重項遷移　181
三重微分断面積　204
酸素（原子）吸着　358, 370
酸素原子被覆率　362, 366
三体再結合　423, 426, 446
三体衝突　447, 473, 474
三電子励起状態　34, 445
残余エネルギー一定モード　191
散乱角　273
散乱（の）振幅　176, 215, 230, 274
散乱波位相差　28
散乱波の位相干渉効果　340

シ

ジェリウム模型　404
紫外光電子分光　465
時間依存束伝播法　303
時間発展演算子　158
しきい値　353
しきい電子分光　206
磁気回転比　35
磁気光学トラップ　498
磁気量子数　6
ジーゲルト擬状態　252
試行関数　16

自己エネルギー　383
自己修復作用　472
仕事関数　357
自己無撞着場の方法　18
四重極型質量分析装置　279
自然（寿命）幅　82, 432
実験室（座標）系　178, 276, 311
質量中心　69
質量分極　14, 41
質量分析　399
質量分析器　208
質量分析スペクトル　401
自動イオン化（自動電離）　84, 85, 202, 236, 426, 462, 463, 464, 466, 467, 468
自動電離状態　30, 205
自動電離定数　241
自動二重電離　237
自動離脱状態　33
シードビーム　277, 279
磁場閉じ込め核融合炉　425
ジャイロ効果　36
ジャイロトロン　150
弱結合プラズマ　442
弱電離プラズマ　446
斜交ビーム法　229
斜入射　114, 116, 119
重イオンビームプローブ法　441
周期表　21
重心（座標）系　177, 272, 276, 311
重心速度　276
収束する緊密結合法　220, 233
自由電子気体　41
自由電子レーザー　111
周波数混合　98, 112
周波数逓倍器　145
周波数の不確かさ　500
修復酵素　472
縮重度　406
縮退　6
シュタルク効果　37
シュタルク広がり　433
出現サイズ　409
出現電圧質量分析法　208
朱-中村理論　296
寿命　260, 478
寿命幅　128, 131

主要電子配置　63, 74
主量子数　7
シュレーディンガー方程式　5, 14, 43, 302
準安定原子　358
準安定状態　201, 388, 447
瞬間近似　289
純酸素機構　479
準束縛状態　222
準定常状態近似　427
準分子　359
準分子イオン化　298
照射崩壊　436
状態規格化した解離状態　252
状態密度（DOS）　358
衝突カスケード　352
衝突強度　231
衝突径数　273, 315, 327
衝突径数法　327
衝突後相互作用（PCI）　206
衝突断面積　175
衝突幅　141
衝突頻度　175
衝突輻射再結合速度係数　431
衝突輻射電離速度係数　431
衝突・輻射モデル　428
蒸発　410
障壁抑制イオン化　167
消滅率　254, 260
初期吸着確率　364
初期再結合　473
触媒　398
ショートトラック　458
真空紫外　107, 462, 473
シンクロトロン放射光　85, 107, 461, 462
シンチレーション　473
シンチレーションカウンター　123
振動・回転（回転・振動）　47, 48, 50, 65
振動・回転遷移（回転・振動遷移）　136, 293, 295
振動緩和　185
振動準位間の間隔　50
振動遷移　271, 287
振動励起　127, 131, 181
振動励起断面積　194

索　引

ス

水素結合性クラスター　398
水素様イオン　4, 452
水和電子　471
スウォームパラメータ　189
スウォーム法　188
スケーリング則　199
スパー　458, 473
スパッタリング　278, 352, 434
スパッタリング収量　352
スピン角運動量　11
スピン-軌道相互作用 (L-S 相互作用)　16, 25, 39, 40, 215, 261, 463
スピン禁制遷移　196
スピン偏極電子　213
スペクトル線の幅　140
スペクトルの非対称性　200
スレーター行列　13, 25

セ

星間ガス　451
正常ゼーマン効果　36
生成・消滅演算子　163
生存確率　360
静電型（イオン）蓄積リング　248, 253
正二十面体構造　401
積分散乱断面積　272, 273, 278, 283
斥力　270
斥力ポテンシャル　270, 272, 281, 286
セシウムビーム原子時計　495
摂動論（ボルン近似）　198, 217
ゼーマン効果　35
瀬谷-波岡型分光器　114
遷移確率　79, 360
遷移行列　231
遷移金属クラスター　398
遷移元素　22
遷移状態　305
遷移状態理論　304
遷移速度　160
遷移モーメント　163
全運動量　45
線エネルギー付与　458
前期解離　92
前期量子論　1

ゼ

全散乱角測定　192
選択則　185, 387
全断面積　182
全電離断面積　202, 203
全反射臨界角　119
全微分散乱断面積　289

ソ

相関量子数　31
早期障壁曲面　306
双極子　125, 159
双極子モーメント　127
相互作用エネルギー　296
相対座標　45
相対速度　272, 276
相対論効果　38, 233
総和則　87, 217
速度係数　189
束縛エネルギー　219
束縛状態　197
阻止能　458
ゾーンプレート　119

タ

第一イオン化ポテンシャル　23
第一壁　434
大気酸化反応　484
大気の窓　479
対称回転子　67
対称共鳴電荷移行（反応）　320, 334, 446
対称共鳴二電子移行　339
対称禁制遷移　196
対称コマ分子　133
対称伸縮　68
対称伸縮振動　70
対称偏角振動　71
体積効果　41
体積再結合　473
ダイバータ　425
ダイバータ板　434
太陽コロナ　454
ダーウィン項　39
多価イオン　229, 377
多光子過程　158
多重衝突効果　293
多重度　15
多重反射レーザー吸収法　208
多体分裂　410
畳み込み　144

多段電極型イオンチェンバー　118
多チャネル量子欠損理論　28
脱離断面積　364
脱励起　185
多電子原子　20
多電子励起　85
多電子励起状態　26, 29
多配置ハートリー-フォック法　25
単一チャネル量子欠損理論　28
タングステン　262
単原子被覆層　364
短周期型周期表　21
弾性散乱（弾性衝突）　181, 235, 280, 313
── の微分断面積　289
弾性衝突（弾性散乱）　181, 235, 280, 313
炭素クラスター　398
断熱近似の破れ　50
断熱膨張　277, 400
断熱ポテンシャル　50, 51, 55, 56, 60, 62, 64, 295, 331
── の非交差則　63, 64
タンパク質分子イオン　253

チ

チタンサファイアレーザー　151
チャップマン機構　479
チャネル関数　20
中間共鳴状態　240
中空原子　29, 392
中空ベリリウム　85
中空リチウム　85
中心力ポテンシャル　178, 214
中性解離（過程）　208, 462, 464
中性解離断面積　465
中性粒子ビーム入射（NBI）　438
中赤外　148
超音速ノズル　400
超音速ビーム　277
超音速分子線　399
超角　19
超殻効果　407
超球座標　303
超球座標法　19
超球楕円座標系　20

514 索引

超球断熱ポテンシャル 20, 32
長周期型周期表 21
超多重項 31
長波長近似 387
超半径 19
超微細構造 41, 451
超微細構造分裂 139, 386
超微粒子 396
超励起状態 90, 249, 460, 462, 464, 467, 468
　　第 1 種の―― 463, 464
　　第 2 種の―― 463, 464
超励起分子 460, 466
　　――の生成過程 467
直接イオン化（直接電離） 202, 236, 297
直接解離過程 92
直接効果 469, 471
直接電離（直接イオン化） 202, 236, 297
直接電離断面積 238
直線分子 68
チョッパー 279

ツ

対再結合 473
対消滅 256
対生成 254
ツェルニ-ターナー型分光器 103
冷たい衝突 211

テ

定常状態近似 478
低線量リスク 469
低速陽電子ビーム 262
ディラック方程式 39, 215, 383
デバイ遮へい 442
デバイの長さ 442
デバイ-ヒュッケル型モデルポテンシャル 442
電荷移行再結合 426
電荷移行電離 426
電荷移行反応 278
電荷移行反応断面積 338
電荷結合素子 106
電荷剥ぎ取り法 381
電気的四重極 194
電気的二重極 194

典型元素 22
デンコフ型遷移 332
デンコフ機構 332
電子・イオン再結合 468
電子・イオン衝突 228
電子移行 361
電子移動 185
電子エネルギー損失分光法 184
電子顕微鏡 400
電子構造理論 43
電子サイクロトロン共鳴イオン源 381
電子再衝突 169
電子昇位 371
電子状態 46, 50, 72, 73
電子（状態間の）遷移 295
電子（状態）励起 181, 297
　　――の微分断面積 296
電子状態励起断面積 182
電子衝突断面積 182
電子衝突断面積データベース 225
電子親和力 17, 23, 63, 349
電子線回折 400
電子相関 17, 59, 60
電子相関効果 181
電子走行因子 330
電子損失断面積 438
電子対創生 457
電子対結合モデル 56
電子的阻止能 372
電子トンネルモデル 368
電子のジグザグ運動 39
電子の集団運動 19
電子配置 16
電子ビームイオン源 381
電子ビームイオントラップ 229, 383
電子プラズマ周波数 441
電子分光系の動作法 191
電子分光法 184, 229
電子捕獲 389
電子捕獲モデル 355
伝導電子帯 356
電離 181
電離進行プラズマ 428
電離断面積（イオン化断面積） 83, 182, 237
電離平衡状態 431

電離放射線 456
電離ポテンシャル（イオン化ポテンシャル） 63, 406, 443

ト

同位体シフト 41
透過減衰法 188
等価な電子 21
動径結合 295, 297, 329
動径相関 19
統計的エネルギー分配 307
動径方向の速度 285
統計モデル 355
等（原子）核系列 378
同時計測 205, 297, 298
動重力ポテンシャル 166
同種粒子の衝突 281
同種粒子の不可識別性 12
等電子（数）系列 378
透熱ポテンシャル 296
透熱ポテンシャル曲線 359
トカマク型 425
独立粒子的描像 18, 20
独立粒子モデル 24
ドップラー効果 128
ドップラー幅（ドップラー広がり） 82, 141, 432
ド・ブロイ波長 2,
トーマス-フェルミ-ディラック模型 42
トーマス-フェルミ模型 41
ドラゴン型分光器 115
トラック 457
トラックエンド 461
トラップ 209
トランジットタイム幅 141
ドリフト速度 189
ドレスト状態 163, 172
トロコイダル分光法 187
トロコイダルモノクロメータ 208
トンネルイオン化 167
トンネル過程 358
トンネル顕微鏡 400
トンネル効果 285, 362, 474
トンプソン分布 353

ナ

内殻励起 461
内殻励起状態 205

索　　引

内部エネルギー変化　276
ナノテクノロジー　398
軟X線　107, 462, 473

ニ

2結晶配置　122
二原子準分子モデル　358
二原子分子　51
二光子放出　388
2次イオン　355
　　——の生成　368
2次電子　181, 456
2次電子増倍管　279
2次電子放出　203, 371
2次電子放出率　372
二重自動電離　236
二重微分散乱断面積　297
2準位系　161
二体衝突（BE）　219
二体分裂　410
二電子性再結合　84, 240, 426
二電子性再結合積分断面積　241
二電子性再結合速度定数　242
二電子性捕獲　426
二電子等電子系列　12
二電子捕獲　357
二電子励起　85, 461
二電子励起状態　84, 201, 249, 445, 464
二本鎖切断　459, 472
ニュートンダイヤグラム　313
ニールソンのモデル　406

ヌ

メクレオチド　471

ネ

熱電子　473
熱平衡化　473

ハ

倍音バンド　138
配置関数　58
配置間相互作用　19, 25, 223
配置間相互作用法　58
パイロリシス　211
バイロンの境界　430
パウリ近似　39
パウリの原理（排他律）　13,
　　20, 181, 287
はしご様脱励起　430
はしご様励起・電離過程　429, 444
発光過程　185
発光断面積　186
パッシェン-バック効果　37
波動関数　2
波動力学　2
波動・粒子の二重性　3
ハートリー-フォック近似　20
ハートリー-フォック法　18
パラ水素　290
パラ窒素　288
パラ分子　287
パラヘリウム　297
パラポジトロニウム　257
パリティ　11
パルス化　279
パルス波高分布（PHD）　105
バルマー-α線　436
　　——の発光分布　438
反結合性の軌道　55
半古典論的　407
反水素原子　413, 422
反水素生成　268
反対称伸縮　68
反対称伸縮振動　71
半値全幅　143
半値半幅　143
半導体検出器　124
半導体レーザー　152
バンドオリジン　137
バンドギャップ　361
反応速度係数（定数）　176, 301, 478
反応断面積　301, 468
反発交差　172
反陽子原子　412
反陽子ヘリウム原子　417
反粒子　254

ヒ

光イオン化断面積（光電離断面積）　83, 84, 241
光吸収スペクトル　473
光吸収断面積　79, 131, 199, 460
光格子時計　503
光周波数コム　501
光周波数標準　499
光電離（過程）　206, 241
光電離断面積（光イオン化断面積）　83, 84, 241
光の吸収放出における選択則　14
光の量子仮説　1
非共鳴遷移　356
飛行時間スペクトル　288
飛行時間分析　279, 280
飛行時間（分析）法　322, 399
微細構造　25
微細構造準位　454
微細構造分裂　139
微小振動　68, 69
ひずみ波法　233
飛跡　457
非接触プラズマ　436
非線形現象　98, 99
非束縛状態　197
非対称回転子　67
非対称コマ分子　134
非対称パラメータ　86
非弾性衝突　181, 313
非断熱遷移　50, 51, 64, 252, 463
非断熱相互作用　250
ピックオフ消滅　257
飛程　458
被曝　469
非輻射性脱励起（過程）　359
被覆率　363
　　酸素原子の——　362, 366
非フランク-コンドン効果　465
微分散乱断面積　272, 273, 280, 281, 286, 316
微分断面積　192, 197, 231
　　——の実験方法　193
微分反応断面積　304
非密封線源　259
ビームガイド法　324
ビーム強度の減衰　278
ビーム交差法　190
ビーム合流法　323
ビームプローブ法　439
秒の定義　495
表面エネルギー　402
表面空準位　361
表面結合エネルギー　352
表面被覆率　364

定常的な―― 364
比例計数管 123, 124

フ

ファーノ効果 200
ファーノパラメータ 86
ファーノプロファイル 30, 33, 85
ファルカー-α線 437
ファンデルワールスクラスター 398
　――の殻構造 400
ファンデルワールス分子 149
ファンデルワールス力 397, 473
負イオン共鳴状態 474
負イオン生成 471
フィゾー型速度選別器 277, 278
フェシュバッハ共鳴 33, 200
フェシュバッハ共鳴解法 248
フェシュバッハ共鳴理論 249
フェルミ準位 357
フェルミ速度 389
フェルミ-ディラック統計 12
フェルミ粒子 12, 287
フォークト型関数 144
フォトダイオード 105, 123
フォールディ-ウウトホイゼン変換 39
不確定性原理 2
不均一幅 141
副殻 11, 21
副殻構造 403
複合粒子（負イオン） 181
輻射捕獲 434
輻射補正 41
　→放射補正
複素ポテンシャル 249
不純物ホール 440
付着 181
物質波 1
物理定数 507
不等間隔溝 100, 113
部分波展開 179, 215
部分波の混合 252
ブーメランモデル 201
ブライト-ウィグナーの一準位公式 223
ブライト相互作用 39

ブライト-パウリ R 行列法 234
ブライト-パウリ方程式 40
フラウンホーファー 452
フラウンホーファー回折 289
プラズマ振動 404
プラズマ振動数 444
プラズマの光学的厚み 434
プラズマの遮へい 442
プラズマプロセス 446
ブラッグの条件 120, 121
ブラッグ反射 120
フラーレン 398, 403
フラーレンクラスター 403
フランク-コンドン因子 89, 127, 465
フランク-コンドン領域 196
フーリエ分光器 155
フーリエ変換型マイクロ波分光計 145
振り子状態 171
ブリュースター角 97
フレネル反射係数 95
フレーム変換 251
フローケ状態 38
ブロブ 458
（分光器の）分解能 100, 101, 103, 111, 114, 120
分極率 38, 194, 318
分極力 194
分光学的表示 8
分光感度 104
分子イオン 246
分子雲 451
分子活性化再結合 437
分子間力 270
分子基底 328
分子軌道関数 53, 60
分子軸の回転角速度 296
分子配列 170, 172
フントの経験則 23
分裂パラメータ 409

ヘ

閉殻 21, 403
閉殻構造 64, 401, 404
平均自由行程 176
平衡核間距離 60, 62, 63
平衡原子間距離 271
併合原子極限 55, 56, 60, 61, 62
平衡構造 44, 69
ベーテの漸近形 219
ペニングイオン化 297, 468
ペニングイオン化電子分光法 184
ヘリウムクラスター 403
ヘリウム様イオン 12, 452
ヘリカル型 425
ヘルマン-スキルマンポテンシャル 235
偏角振動 68
偏極 255
偏向関数 273, 316
偏光子 100, 113
偏光子（検光子） 120
偏光性 94
偏光特性 96
偏光分析 298
変数分離 46
変分原理 16
変分法 16, 221

ホ

ボーア磁子 35
ボーア速度 379
ボーア半径 379
ボーアモデル 414
ボーア-ワイスコップ効果 386
方位量子数 6
放射光 211
　→シンクロトロン放射光
放射再結合（過程） 26, 240, 423, 426
放射再結合断面積 241
放射線障害 469
放射線損傷 470, 472
放射損失率 436
放射定数 241
放射電子付着 208
放射パワー密度 435
放射補正 383
放射冷却 455
ポジトロニウム生成 264
ポジトロニウム 257, 413, 420
ポジトロニウム負イオン 258
ポジトロニウム分子 258
　――の生成 268
ボーズ-アインシュタイン凝縮 13

索　引　　　*517*

ボーズ-アインシュタイン統計　12
ボーズ粒子　12, 281, 287
捕捉分子　471
ボダール型分光器　114
ポテンシャル井戸　307
ポテンシャルエネルギー　270, 272
ポテンシャル曲線　180
　——の非交差則　295
ポテンシャル交差　252
ポテンシャルスパッタリング　393
ポテンシャル放出　371
ポピュレーション係数　428
ポーラロン　471
ボルン-オッペンハイマー（の断熱）近似　20, 43, 44, 126, 302, 465
ボルン-ベーテ近似　460

マ

マイクロチャネルプレート　106, 116
　——の構造　117
マイクロ波　132
マイクロ波分光　144
マッセイの判別条件　329
マッハ数　277
魔法角　86
魔法数　399, 401

ミ

密度汎関数法　42
密封線源　259
ミーの理論　404

ム

無輻射遷移　185

モ

モノクロメーター　184
モンク-ギリソン型分光器　116
モンテカルロシミュレーション　459

ヤ

ヤコビアン　277
ヤコビ座標　303
ヤーン-テラー効果　75, 406

ヤーン-テラー分裂　72

ユ

有限サイズ効果　384
有効距離の公式　215
有効ポテンシャル　201, 285, 315
有効ポテンシャル障壁　285
遊離基（ラジカル）　446, 469
ゆがみ波法　220
　→ ひずみ波法
輸送係数　189

ヨ

陽電子　254
陽電子-原子・分子衝突　254
陽電子散乱実験　262
陽電子仕事関数　262
陽電子寿命スペクトル　259
陽電子寿命測定　259
陽電子溜め込み装置　265
溶媒和電子　473

ラ

ラザフォード散乱　218, 235
ラジカル（遊離基）　446, 469
ラッセル-ソンダース結合　16
ラビ周波数　163
ラマン散乱　78
ラムザウアー極小値　263
ラムザウアー-タウンゼント効果　183, 263
ラムシフト　41, 383
ラムゼー共鳴　496
ラム-ディッケ閉じ込め　500
ラムディップ分光法　154
ランジュバンの断面積　319
ランダウ-ツェナーの公式（近似式）　296, 331
ランタノイド　23
ランバート-ベールの法則（方法）　126, 188

リ

リサイクリング　436
律速反応　484
流動残光法　326
リュードベリ型軌道　129, 131
リュードベリ軌道　201
リュードベリ系列　62

リュードベリ状態　60, 62, 463
量子液体　404
量子化　1
量子欠損　27
量子欠損理論（QDT）　28, 250
量子電磁力学効果　41
量子トンネル現象　360
量子力学　2
臨界角振動数　108
臨界サイズ　409
臨界衝突径数　319

ル

累積電離　202
ルジャンドル多項式　271
ルンゲ-レンツベクトル　7, 30

レ

励起エネルギー移動　185
励起関数　292
励起関数モード　191
励起自動電離断面積　238
励起状態　7, 60, 61
　——の性格　60
励起電子配置関数　64
レイトレーシング　113
レインボー散乱　274, 316
レインボー散乱角　274, 280, 299
レーザー生成プラズマ　381
レーザー誘起イオン化　212
レーザー誘起蛍光法　208
レーザー冷却　209
レーザー冷却法　498
レナー-テラー効果　75, 211
レナー-テラー分裂　71
レナード-ジョーンズポテンシャル　402
連鎖反応　179

ロ

ローソン条件　425
ローランド円　102, 114, 115, 121
ローレンツ型関数　143
ローレンツ型スペクトル　128, 140

ワ

和周波数混合　99

ワーニエ則 206 | 湾曲結晶 121 |

編集者略歴

市川行和(いちかわゆきかず)
1938 年　東京都に生まれる
1966 年　東京大学大学院理学系研究科博士課程修了
1991 年　宇宙航空研究開発機構宇宙科学研究所教授
現　在　宇宙航空研究開発機構宇宙科学研究所名誉教授
　　　　理学博士

大谷俊介(おおたにしゅんすけ)
1943 年　東京都に生まれる
1974 年　学習院大学自然科学系大学院博士課程修了
2002 年　電気通信大学レーザー新世代研究センター教授
現　在　電気通信大学名誉教授
　　　　理学博士

原子分子物理学ハンドブック　　　定価はカバーに表示

2012 年 2 月 25 日　初版第 1 刷

編集者　市　川　行　和
　　　　大　谷　俊　介
発行者　朝　倉　邦　造
発行所　株式会社　朝　倉　書　店
　　　　東京都新宿区新小川町 6-29
　　　　郵便番号　162-8707
　　　　電　話　03(3260)0141
　　　　ＦＡＸ　03(3260)0180
　　　　http://www.asakura.co.jp

〈検印省略〉

© 2012〈無断複写・転載を禁ず〉　　印刷・製本　東国文化

ISBN 978-4-254-13105-5　C 3042　　Printed in Korea

JCOPY　〈(社)出版者著作権管理機構　委託出版物〉

本書の無断複写は著作権法上での例外を除き禁じられています。複写される場合は、そのつど事前に、(社)出版者著作権管理機構（電話 03-3513-6969，FAX 03-3513-6979，e-mail: info@jcopy.or.jp）の許諾を得てください。

朝倉物理学大系〈全22巻〉

荒船次郎・江沢 洋・中村孔一・米沢富美子 編集

駿台予備学校 山本義隆・前明大 中村孔一著
朝倉物理学大系1

解析力学 I

13671-5 C3342　　A5判 328頁 本体5600円

満を持して登場する本格的教科書。豊富な例題を通してリズミカルに説き明かす。本巻では数学的準備から正準変換までを収める。〔内容〕序章—数学的準備／ラグランジュ形式の力学／変分原理／ハミルトン形式の力学／正準変換

駿台予備学校 山本義隆・前明大 中村孔一著
朝倉物理学大系2

解析力学 II

13672-2 C3342　　A5判 296頁 本体5800円

満を持して登場する本格的教科書。豊富な例題を通してリズミカルに説き明かす。本巻にはポアソン力学から相対論力学までを収める。〔内容〕ポアソン括弧／ハミルトン-ヤコビの理論／可積分系／摂動論／拘束系の正準力学／相対論的力学

前阪大 長島順清著
朝倉物理学大系3

素粒子物理学の基礎 I

13673-9 C3342　　A5判 288頁 本体5400円

実験物理学者が懇切丁寧に書き下ろした本格的教科書。本書は基礎部分を詳述。とくに第7章は著者の面目が躍如。〔内容〕イントロダクション／粒子と場／ディラック方程式／場の量子化／量子電磁力学／対称性と保存則／加速器と測定器

前阪大 長島順清著
朝倉物理学大系4

素粒子物理学の基礎 II

13674-6 C3342　　A5判 280頁 本体5300円

実験物理学者が懇切丁寧に書き下ろした本格的教科書。本巻はIを引き継ぎ、クォークとレプトンについて詳述。〔内容〕ハドロン・スペクトロスコピィ／クォークモデル／弱い相互作用／中性K中間子とCPの破れ／核子の内部構造／統一理論

前阪大 長島順清著
朝倉物理学大系5

素粒子標準理論と実験的基礎

13675-3 C3342　　A5判 416頁 本体7200円

実験物理学者が懇切丁寧に書き下ろした本格的教科書。本巻は高エネルギー物理学の標準理論を扱う。〔内容〕ゲージ理論／中性カレント／QCD／Wボソン／Zボソン／ジェットの性質／高エネルギーハドロン反応

前阪大 長島順清著
朝倉物理学大系6

高エネルギー物理学の発展

13676-0 C3342　　A5判 376頁 本体6800円

実験物理学者が懇切丁寧に書き下ろした本格的教科書。本巻は高エネルギー物理学最前線を扱う。〔内容〕小林-益川行列／ヒッグス／ニュートリノ／大統一と超対称性／アクシオン／モノポール／宇宙論

北大 新井朝雄・前学習院大 江沢 洋著
朝倉物理学大系7

量子力学の数学的構造 I

13677-7 C3342　　A5判 328頁 本体6000円

量子力学のデリケートな部分に数学として光を当てた待望の解説書。本巻は数学的準備として、抽象ヒルベルト空間と線形演算子の理論の基礎を展開。〔内容〕ヒルベルト空間と線形演算子／スペクトル理論／付:測度と積分、フーリエ変換他

北大 新井朝雄・前学習院大 江沢 洋著
朝倉物理学大系8

量子力学の数学的構造 II

13678-4 C3342　　A5判 320頁 本体5800円

本巻はIを引き継ぎ、量子力学の公理論的基礎を詳述。これは、基本的には、ヒルベルト空間に関わる諸々の数学的対象に物理的概念あるいは解釈を付与する手続きである。〔内容〕量子力学の一般原理／多粒子系／付:超関数論要典、等

東大 高田康民著
朝倉物理学大系9

多 体 問 題

13679-1 C3342　　A5判 392頁 本体7400円

グリーン関数法に基づいた固体内多電子系の意欲的・体系的解説の書。〔内容〕序／第一原理からの物性理論の出発点／理論手法の基礎／電子ガス／フェルミ流体理論／不均一密度の電子ガス:多体効果とバンド効果の競合／参考文献と注釈

前広島大 西川恭治・首都大 森 弘之著
朝倉物理学大系10
統 計 物 理 学
13680-7　C3342　　　A 5 判 376頁 本体6800円

量子力学と統計力学の基礎を学んで，よりグレードアップした世界をめざす人がチャレンジするに好個な教科書・解説書。〔内容〕熱平衡の統計力学：準備編／熱平衡の統計力学：応用編／非平衡の統計力学／相転移の統計力学／乱れの統計力学

前東大 高柳和夫著
朝倉物理学大系11
原 子 分 子 物 理 学
13681-4　C3342　　　A 5 判 440頁 本体7800円

原子分子を包括的に叙述した初の成書。〔内容〕水素様原子／ヘリウム様原子／電磁場中の原子／一般の原子／光電離と放射再結合／二原子分子の電子状態／二原子分子の振動・回転／多原子分子／電磁場と分子の相互作用／原子間力，分子間力

北大 新井朝雄著
朝倉物理学大系12
量 子 現 象 の 数 理
13682-1　C3342　　　A 5 判 548頁 本体9000円

本大系第7，8巻の続編。〔内容〕物理量の共立性／正準交換関係の表現と物理／量子力学における対称性／物理量の自己共役性／物理量の摂動と固有値の安定性／物理量のスペクトル／散乱理論／虚数時間と汎関数積分の方法／超対称的量子力学

前筑波大 亀渕 迪・慶大表 実著
朝倉物理学大系13
量 子 力 学 特 論
13683-8　C3342　　　A 5 判 276頁 本体5000円

物質の二重性(波動性と粒子性)を主題として，場の量子論から出発して粒子の量子論を導出する。〔内容〕場の一元論／場の方程式／場の相互作用／量子化／量子場の性質／波動関数と演算子／作用変数・角変数・位相／相対論的な場と粒子性

前東大 高柳和夫著
朝倉物理学大系14
原 子 衝 突
13684-5　C3342　　　A 5 判 472頁 本体8800円

本大系第11巻の続編。基本的な考え方を網羅。〔内容〕ポテンシャル散乱／内部自由度をもつ粒子の衝突／高速荷電粒子と原子の衝突／電子-原子衝突／電子と分子の衝突／原子-原子，イオン-原子衝突／分子の関与する衝突／粒子線の偏極

東大 高田康民著
朝倉物理学大系15
多 体 問 題 特 論
―第 1 原理からの多電子問題―
13685-2　C3342　　　A 5 判 416頁 本体7400円

本大系第9巻の続編。2章構成。まず不均一密度電子ガス系の問題に対する強力な理論手段であるDFTを解説。そして次章でハバート模型を取り扱い，模型の妥当性を吟味。〔内容〕密度汎関数理論／1電子グリーン関数と動的構造因子

前京大 伊勢典夫・京産大 曽我見郁夫著
朝倉物理学大系16
高 分 子 物 理 学
―巨大イオン系の構造形成―
13686-9　C3342　　　A 5 判 400頁 本体7200円

イオン性高分子の新しい教科書。〔内容〕屈曲性イオン性高分子の希薄溶液／コロイド分散系／巨大イオンの有効相互作用／イオン性高分子およびコロイド希薄分散系の粘性／計算機シミュレーションによる相転移／粒子間力についての諸問題

前東大 村田好正著
朝倉物理学大系17
表 面 物 理 学
13687-6　C3342　　　A 5 判 320頁 本体6200円

量子力学やエレクトロニクス技術の発展と関連して進歩してきた表面の原子・電子の構造や各種現象の解明を物理としての面白さを意識して解説。〔内容〕表面の構造／表面の電子構造／表面の振動現象／表面の相転移／表面の動的現象／他

元九大 高田健次郎・前新潟大 池田清美著
朝倉物理学大系18
原 子 核 構 造 論
13688-3　C3342　　　A 5 判 416頁 本体7200円

原子核構造の最も重要な3つの模型(殻模型，集団模型，クラスター模型)の考察から核構造の統一的理解をめざす。〔内容〕原子核構造論への導入／殻模型／核力から有効相互作用へ／集団運動／クラスター模型／付：回転体の理論，他

前九大 河合光路・元東北大 吉田思郎著
朝倉物理学大系19
原 子 核 反 応 論
13689-0　C3342　　　A 5 判 400頁 本体7400円

核反応理論を基礎から学ぶために，その起源，骨組み，論理構成，導出の説明に重点を置き，応用よりも確立した主要部分を解説。〔内容〕序論／核反応の記述／光学模型／多重散乱理論／直接過程／複合核過程－共鳴理論・統計理論／非平衡過程

大系編集委員会編
朝倉物理学大系20

現代物理学の歴史 I
―素粒子・原子核・宇宙―

13690-6 C3342　　　A5判 464頁 本体8800円

湯川秀樹・朝永振一郎・江崎玲於奈・小柴昌俊といったノーベル賞研究者を輩出した日本の物理学の底力と努力，現代物理学への貢献度を，各分野の第一人者が丁寧かつ臨場感をもって俯瞰した大著。本巻は素粒子・原子核・宇宙関連33編を収載

大系編集委員会編
朝倉物理学大系21

現代物理学の歴史 II
―物性・生物・数理物理―

13691-3 C3342　　　A5判 552頁 本体9500円

湯川秀樹・朝永振一郎・江崎玲於奈・小柴昌俊といったノーベル賞研究者を輩出した日本の物理学の底力と努力，現代物理学への貢献度を，各分野の第一人者が丁寧かつ臨場感をもって俯瞰した大著。本巻は物性・生物・数理物理関連40編を収載

前東大 山田作衛・東大 相原博昭・KEK 岡田安弘・
東女大 坂井典佑・KEK 西川公一郎編

素粒子物理学ハンドブック

13100-0 C3042　　　A5判 688頁 本体18000円

素粒子物理学の全貌を理論，実験の両側面から解説，紹介。知りたい事項をすぐ調べられる構成で素粒子を専門としない人でも理解できるよう配慮。〔内容〕素粒子物理学の概観／素粒子理論(対称性と量子数，ゲージ理論，ニュートリノ質量，他)／素粒子の諸現象(ハドロン物理，標準模型の検証，宇宙からの素粒子，他)／粒子検出器(チェレンコフ光検出器，他)／粒子加速器(線形加速器，シンクロトロン，他)／素粒子と宇宙(ビッグバン宇宙，暗黒物質，他)／素粒子物理の周辺

理科大 福山秀敏・青学大 秋光 純編

超伝導ハンドブック

13102-4 C3042　　　A5判 328頁 本体8800円

超伝導の基礎から，超伝導物質の物性，発現機構・応用までをまとめる。高温超伝導の発見から20年。実用化を目指し，これまで発見された超伝導物質の物性を中心にまとめる。〔内容〕超伝導の基礎／物性(分子性結晶，炭素系超伝導体，ホウ素系，ドープされた半導体，イットリウム系，鉄・ニッケル，銅酸化物，コバルト酸化物，重い電子系，接合系，USO等)／発現機構(電子格子相互作用，電荷・スピン揺らぎ，銅酸化物高温超伝導物質，ボルテックスマター)／超伝導物質の応用

M.ル・ベラ他著
理科大 鈴木増雄・東海大 豊田 正・中央大 香取眞理・
理化研 飯高敏晃・東大 羽田野直道訳

統計物理学ハンドブック
―熱平衡から非平衡まで―

13098-0 C3042　　　A5判 608頁 本体18000円

定評のCambridge Univ. Pressの"Equilibrium and Non-equilibrium Statistical Thermodynamics"の邦訳。統計物理学の全分野(カオス，複雑系を除く)をカバーし，数理的にわかりやすく論理的に解説。〔内容〕熱統計／統計的エントロピーとボルツマン分布／カノニカル集団とグランドカノニカル集団：応用例／臨界現象／量子統計／不可逆過程：巨視的理論／数値シミュレーション／不可逆過程：運動論／非平衡統計力学のトピックス／付録／訳者補章(相転移の統計力学と数理)

日本物理学会編

物理データ事典

13088-1 C3542　　　B5判 600頁 本体25000円

物理の全領域を網羅したコンパクトで使いやすいデータ集。応用も重視し実験・測定には必携の書。〔内容〕単位・定数・標準／素粒子・宇宙線・宇宙論／原子核・原子・放射線／分子／古典物性(力学量，熱物性量，電磁気・光，燃焼，水，低温の窒素・酸素，高分子，液晶)／量子物性(結晶・格子，電荷と電子，超伝導，磁性，光，ヘリウム)／生物物理／地球物理・天文・プラズマ(地球と太陽系，元素組成，恒星，銀河と銀河団，プラズマ)／デバイス・機器(加速器，測定器，実験技術，光源)他

上記価格(税別)は 2012 年 1 月現在

元素の周期表

周期\族	1	2	3	4	5	6	7	8	9
1	1.008 $_1$H 水素								
2	6.941 $_3$Li リチウム	9.012 $_4$Be ベリリウム							
3	22.99 $_{11}$Na ナトリウム	24.31 $_{12}$Mg マグネシウム							
4	39.10 $_{19}$K カリウム	40.08 $_{20}$Ca カルシウム	44.96 $_{21}$Sc スカンジウム	47.87 $_{22}$Ti チタン	50.94 $_{23}$V バナジウム	52.00 $_{24}$Cr クロム	54.94 $_{25}$Mn マンガン	55.85 $_{26}$Fe 鉄	58.93 $_{27}$Co コバルト
5	85.47 $_{37}$Rb ルビジウム	87.62 $_{38}$Sr ストロンチウム	88.91 $_{39}$Y イットリウム	91.22 $_{40}$Zr ジルコニウム	92.91 $_{41}$Nb ニオブ	95.96 $_{42}$Mo モリブデン	(99) $_{43}$Tc テクネチウム	101.1 $_{44}$Ru ルテニウム	102.9 $_{45}$Rh ロジウム
6	132.9 $_{55}$Cs セシウム	137.3 $_{56}$Ba バリウム	* ランタノイド 57〜71	178.5 $_{72}$Hf ハフニウム	180.9 $_{73}$Ta タンタル	183.8 $_{74}$W タングステン	186.2 $_{75}$Re レニウム	190.2 $_{76}$Os オスミウム	192.2 $_{77}$Ir イリジウム
7	(223) $_{87}$Fr フランシウム	(226) $_{88}$Ra ラジウム	† アクチノイド 89〜103	(267) $_{104}$Rf ラザホージウム	(268) $_{105}$Db ドブニウム	(271) $_{106}$Sg シーボーギウム	(272) $_{107}$Bh ボーリウム	(277) $_{108}$Hs ハッシウム	(276) $_{109}$Mt マイトネリウム

原子量 1.008 元素記号 $_1$H 元素名 水素 (原子番号)

* ランタノイド	138.9 $_{57}$La ランタン	140.1 $_{58}$Ce セリウム	140.9 $_{59}$Pr プラセオジム	144.2 $_{60}$Nd ネオジム	(145) $_{61}$Pm プロメチウム	150.4 $_{62}$Sm サマリウム	152.0 $_{63}$Eu ユウロピウム
† アクチノイド	(227) $_{89}$Ac アクチニウム	232.0 $_{90}$Th トリウム	231.0 $_{91}$Pa プロトアクチニウム	238.0 $_{92}$U ウラン	(237) $_{93}$Np ネプツニウム	(239) $_{94}$Pu プルトニウム	(243) $_{95}$Am アメリシウム

各元素の原子量は 2011 年の日本化学会原子量専門委員会の資料による．安定な同位体が性同位体の一つを選んでその質量数を（　）内に表示した．原子番号 104 番以上の超ア